반도체소자공학

류장렬 지음

Semiconductor
Device
Engineering

청문각

머리말

미래 전자산업의 꽃이라 불리는 반도체는 산업 전반에 걸쳐서 없어서는 안 되는 필수품으로 반도체 없는 세상은 감히 상상도 할 수 없게 되었다. 현대의 첨단 전자·정보산업에서 반도체 소자는 우리 주변에 있는 많은 제품 속에 들어가 여러 가지 기능을 하고 있다. 특히 정보화 사회라 불리는 현대 사회에서 다량의 정보를 처리하기 위한 컴퓨터, 통신 및 신호처리 시스템을 바탕으로 한 다양한 정보기기의 핵심적인 부품이 되고 있다. 반도체 산업은 여러 산업 중 부가가치가 높은 분야로 고도의 기술집약적이고, 성장속도가 빠르며 자원이나 에너지가 적게 드는 산업인 반면, 큰 시설과 연구개발 투자가 소요되어 위험 요소가 비교적 큰 산업이기도 하다.

반도체 자체의 동작원리는 19세기 초부터 규명하기 시작하여 20세기 초반인 1926년 슈뢰딩거Schrödinger, Erwin에 의해 파동 방정식이 발표되었고, 이것을 활용하여 반도체 물질에서의 현상이 하나씩 해명되기 시작하였다. 이러한 여러 발견을 거쳐 1947년, 존 바딘John Bardeen, 월터 하우저 브래튼Walter Houser Brattain에 의해 점 접촉 트랜지스터가 개발되었고, 이어서 윌리엄 쇼클리Schockley, William Bradford에 의해 pn접합 이론을 기반으로 접합 트랜지스터가 발명되면서 본격적인 반도체 시대로 접어들게 되었다. 이어서 1958년 미국의 킬비Jack Kilby, S.와 노이스Noyce, Robert Norton가 집적회로 기술을 독자적으로 발명하게 되며, 이것이 오늘날의 집적회로로 발전하게 된다.

반도체소자는 정보기기의 두뇌 혹은 전력 제어의 심장으로서 우리 실생활에 폭넓게 사용하고 있다. 반도체소자는 증폭, 계산, 기억, 전력변환, 광전변환까지 다양한 기능을 갖는 여러 종류의 소자가 있다. 특히 집적회로 제품은 크게 메모리와 비메모리로 나누어진다. DRAM 등과 같은 메모리 분야에서는 세계적인 기술과 생산능력을 보유하고 있다. 16G 또는 32G DRAM 등의 고밀도 집적회로인 플래시 메모리가 개발되어 각종 정보기기의 시스템에 조합되어 제품을 소형·경량화, 고기능·고신뢰성, 저소비전력 및 저가격화를 이루어 생활의 혁신을 가져오고 있다. 특히 비메모리, 즉 SoCSystem on Chip 분야인 특정 용도의 주문형 집적회로ASIC는 일반적인 집적회로와는 달리 특정의 기능을 수행하기 위하여 설계·제조된 반도체칩으로 일상생활에서 수시로 접할 수 있는 TV 등 디스플레이, 산업용 로봇, 사물인터넷, 미래형 자동차, 우주 항공기에 이르기까지 산업 전반에 걸쳐 폭넓게 사용되고 있고, 앞으로 그 수요는 점차 증대될 것으로 예측된다. 이러한 의미에서 반도체소자공학은 대학에서 반도체 분야를 전공하거나 이 분야의 산업에 종사하고자 하는 우리 젊은 공학자들의 전문 지식으로 반드시 습득해야 하는 중요한 과목의 하나라고 할 수 있다. 여러 종류의 반도체소자의 설계 및 제조를 위해서는 반도체소자에 관한 원리와 공정을 학습하는 것이 필요하다고 본다.

그동안의 강의 경험을 바탕으로 얻은 지식을 기초로 반도체소자 분야에 관한 중급의 내용으로 교재를 엮게 되었다.

이 교재의 구성을 살펴보면 다음과 같다.

제1장은 반도체의 기초 내용으로 반도체 재료의 기본 물성적 특성 등 기초적인 내용을 서술하였다. 제2장에서는 불순물 반도체의 성질을 이용하여 제작한 기초 소자로 pn접합과 다이오드의 동작 원리를 기술하였다. 제3장에서는 집적회로를 구성하는 기본 소자인 MOS형 전계효과 트랜지스터의 동작원리를 서술하였다. 제4장에서는 반도체의 제조 공정 기술에 관한 내용과 집적회로의 설계, 웨이퍼 프로세스, 조립 프로세스 등을 학습하도록 엮었다. 제5장은 최근 대체 에너지 확보 차원에서 폭넓게 사용하고 있는 광전변환 소자 등 광반도체 소자에 초점을 맞추어 이들의 동작 원리, 특성, 용도 등을 학습하도록 엮었다. 제6장은 아날로그 소자의 설계 기법, 접합 구조 및 응용 분야를 기술하였고, 논리 소자의 기본 특성, 표준 논리회로, 각종 논리 IC의 기본 구조와 특징을 기술하였다. 제7장은 반도체 기억 소자의 기본 구성, 읽고, 쓰는 기술, 각종 메모리의 구조, 동작 원리, 응용 분야 등을 기술하였다. 제8장에서는 최근 디스플레이로 광범위하게 사용되고 있는 LCD와 OELD 등에 대하여 학습하도록 구성하였다.

이 책은 국내·외 여러 저서 및 논문들을 참고하여 정리하였기에 이들 저자분들에게 깊은 감사를 드리며, 이들 문헌을 참고하여 쉽게 쓰려고 노력하였으나, 많은 내용을 요약하여 정리하다 보니 다소 미비한 점들이 있을 것으로 예상된다. 따라서 더욱 좋은 교재가 될 수 있도록 독자와 관심 있는 분들의 질책과 격려를 기대한다.

끝으로 이 책이 출간될 수 있도록 지원을 아끼지 않은 청문각 관계자 여러분에게 심심한 감사의 말씀을 드린다.

2016년 4월

저자

차 례

반도체의 기초

pn접합과 다이오드

MOS형 전계효과 트랜지스터

정보 디스플레이

Chapter 1

반도체의 기초

1.1 원자와 결정 구조

Semiconductor Device Engineering

1. 가전자와 결정

물질은 원자의 결합으로 형성되고 있는데, 보어Bohr의 모델에 의하면 원자는 그림 1.1에 나타낸 바와 같이 원자핵과 그 주변에 궤도운동을 하고 있는 전자로 구성되어 있다. 여기서 전자는 극성이 음(-)이며, 기호를 e라 하면 그 값은

$$e = 1.602 \times 10^{-19} \text{ [C]} \tag{1.1}$$

이다. 또한 전자의 질량 m_o는 정지한 상태에서

$$m_o = 9.109 \times 10^{-31} \text{ [kg]} \tag{1.2}$$

이다. 한편, 원자핵은 전자의 전하와 같은 크기를 갖고 있으며, 극성이 양(+)인 양성자proton와 전하를 갖지 않는 중성자neutron로 구성되어 있다. 양성자의 질량은 중성자와 거의 같으며 전자의 질량을 기준으로 1,836배에 이른다. 양성자의 정전하(+)와 전자의 음전하(-)가 서로 상쇄되므로 외부에서 원자를 볼 때, 전기적으로 중성의 상태에 있다. 여기서 전자는 원자핵과 쿨롱coulomb의 힘에 의하여 원자핵에 끌려 묶여 있어서 원형 또는 타원형의 궤도를 운동할 때에 원심력과 평형을 이루어 원자로서의 상태를 유지하게 된다.

그림 1.2에서는 몇 개의 궤도를 갖는 원자를 보여 주고 있는데, 원자에 관한 여러 가지 물리적 현상을 이해할 수 있도록 표현하고 있다. 수소 원자를 예로 하여 그 물리적 현상을 고찰하여 보자. 수소 원자에는 한 개의 전자가 원자핵 주위의 첫 번째 궤도를 운동하고 있다. 전자는 $-e$[C]의 전하와 m_o[kg]의 질량을 갖고 원자핵으로부터 반지름이 r_n[m]인 거리에서 운동하고 있다.

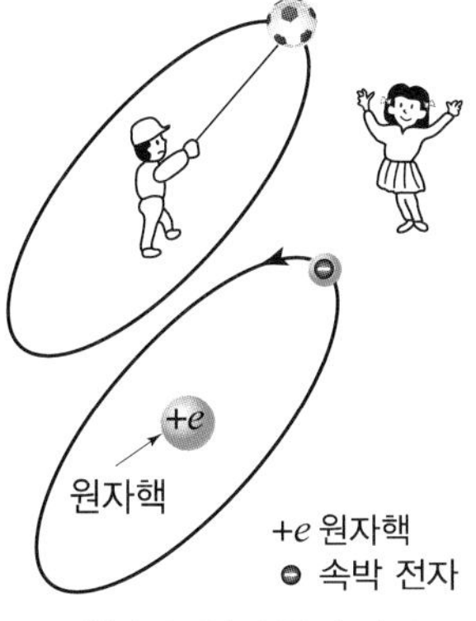

그림 1.1 원자 중의 전자

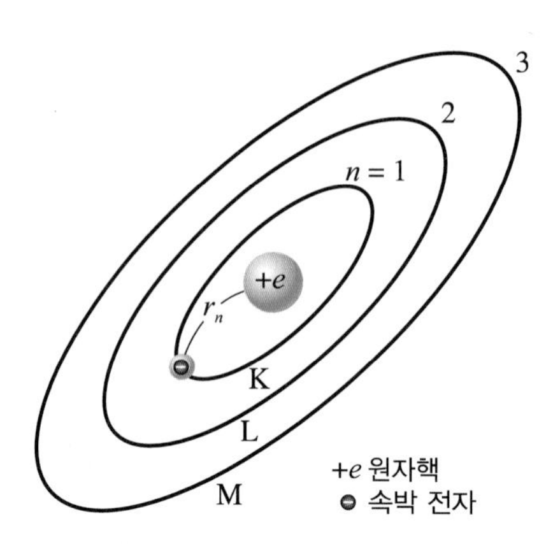

그림 1.2 원자의 궤도

이 때 반지름 r_n은

$$r_n = \frac{n^2 \varepsilon h^2}{m_0 \pi e^2} = 0.053 n^2 \ [\text{nm}] \tag{1.3}$$

이다. 여기서 h는 플랑크plank 상수로 6.626×10^{-34}[J · s]의 값을 갖고 있다. n은 원자핵으로부터 순차적으로 1, 2, 3, ... 인 궤도의 번호인데, 이를 주양자수principle quantum number라 한다. 이것은 양자역학적 표현이고, 분광학(分光學)적 표현으로는 주양자수에 대응하여 K, L, M, N, ...이 사용된다. 이것을 전자주각electron shell이라 한다.

$n=1$인 궤도의 반지름 r_n은 식 (1.3)에서 $r_{n=1}=0.053$[nm]의 값을 얻을 수 있다. 반지름이 r_n인 궤도 위를 회전 운동하고 있는 전자의 전체 에너지 E_n은

$$E_n = -\frac{m_0 e^4}{8 n^2 \varepsilon_o^2 h^2} = -\frac{13.58}{n^2} \ [\text{eV}] \tag{1.4}$$

이다. $n=1$인 K각을 회전 운동하고 있는 전자의 에너지는 식 (1.4)에 의하여 $E_{n=1} = -13.58$[eV]가 된다. ε_o는 진공 중의 유전율로 그 값은 8.85×10^{-12}[F/m]이다.

원자핵에 가까운 궤도를 운동하고 있는 전자일수록 원자핵과의 쿨롱의 힘이 강해서 안정한 상태에 있으나, 전자가 갖는 에너지는 낮은 값을 유지하게 된다. 반대로 원자핵으로부터 멀리 떨어진 궤도를 회전운동하고 있는 전자는 원자핵과의 인력이 약해지기 때문에 불안정한 상태에 있고, 에너지는 높은 값을 갖게 되며, 이 전자들이 화학적 결합의 역할을 하므로 물질을 이루는 근본적인 작용을 하게 되는 것이다. 식 (1.4)에 의한 전자의 에너지는 n이 크게 될수록 원자핵으로부터 멀리 떨어져 있는 상태인데, 이 때 그 값은 음(−)의 큰 값에서 결국 $E_n=0$에 근접하게 되어 에너지가 커지게 되는 것이다.

예제 1-1

기저 상태($n=1$)에서 운동하고 있는 수소 원자의 전자를 전리시키는 데 필요한 에너지는 eV로 얼마인가?

하나의 안정 상태에서 다른 안정 상태로 변화되는 것을 '여기'라 하며, 전리는 운동하고 있는 전자가 원자핵의 구속력을 벗어나 자유 전자로 되는 것을 나타낸다.

따라서 $E_n = -13.58 \times \frac{1}{n^2}$ 이므로

$$E_{n=\infty} - E_{n=1} = -\frac{13.58}{\infty^2} + \frac{13.58}{1^2} = 13.58[\mathrm{eV}]$$

예제 1-2

$n=1$에서 $n=2$인 궤도로 천이하는 원자의 전자를 전리하는 데 필요한 에너지 eV는?

하나의 안정 상태에서 다른 안정 상태로 변화되는 것을 '여기'라 하며, 전리는 운동하고 있는 전자가 원자핵의 구속력을 벗어나 자유롭게 되는 것이다.

따라서 $E_n = -13.58 \times \frac{1}{n^2}$ 이므로

$$E_{n=2} - E_{n=1} = -\frac{13.58}{2^2} - \left(-\frac{13.58}{1^2}\right) = 10.19[\mathrm{eV}]$$

표 1.1 각 궤도에 존재할 수 있는 전자의 최대수

궤 도	$n=1$	$n=2$		$n=3$			$n=4$			
	K각	L각		M각			N각			
	$1s$	$2s$	$2p$	$3s$	$3p$	$3d$	$4s$	$4p$	$4d$	$4f$
전자수	2	2	6	2	6	10	2	6	10	14

이들 궤도를 좀 더 세밀하게 관찰해 보면, 미소한 차이로 구별되는 여러 개의 작은 궤도로 나누어진다. 이들 궤도를 분광학적으로 표시하면 s, p, d, f, g, h …로 나타낼 수 있는데, 이를 전자부각electron sub_shell이라 한다.

이들 궤도에 존재할 수 있는 전자의 최대 갯수는 파울리의 배타율Pauli exclusion principle에 의하여 결정되고 있다. 표 1.1에서는 이를 보여 주고 있다.

반도체 소자의 주재료인 실리콘은 원자번호가 14이다. 하나의 원자에는 14개의 전자가 있다는 뜻이다. 실리콘의 각 궤도의 전자 배치는 $1s^2$, $2s^2 2p^6$, $3s^2 3p^2$이다. 여기서 숫자 1, 2, 3은 주양자수 $n=1, 2, 3$ 즉, K각, L각, M각을 각각 나타내며, 제곱은 전자의 개수를 나타낸다. 세 번째 궤도에는 4개의 전자가 존재하므로 실리콘을 4족 원소로 분류하기도 한다. 이들을 원의 궤도로 표시하면 그림 1.3과 같다. 전자가 4개가 있는 가장 바깥 궤도를 최외각 궤도로 부르며, 이 궤도의 전자가 가전자로 되어 물질의 특성을 결정하는 중요한 요소로 작용한다.

M각의 $3s$궤도에는 전자가 2개까지 들어갈 수 있는데, 실제로도 2개가 들어가서 운동하고 있으므로 이 궤도에는 파울리 배타율에 따라 전자가 가득 차있는 상태가 되는 것이다. 한편, $3p$궤도에는 6개까지 들어갈 수 있으나, 전자가 부족하여 2개밖에 들어갈 수 없고, 나머지 4개의 자리는 비어 있는 것이다. 결국 최외각 궤도 $3s3p$에는 4개의 전자가 들어가고, 4개의 빈자리가 남게 되는 것이다. 빈자리가 존재한다는 것은 그만큼 원자가 불안정하다는 뜻이다. 이 경우 4개의 전자가 이 빈자리를 채우거나 모두 방출한다면 안정한 상태가 될 것이다. 원자번호가 18번인 아르곤(Ar)은 $3s3p$에 전자가 가득 차 있으므로 매우 안정한 상태에 있어 다른 원자와의 화학적 반응이 매우 어렵다. 네온(Ne)은 원자번호가 10이므로 $3s3p$에는 전자가 없어서 안정한 상태를 유지할 수 있게 된다.

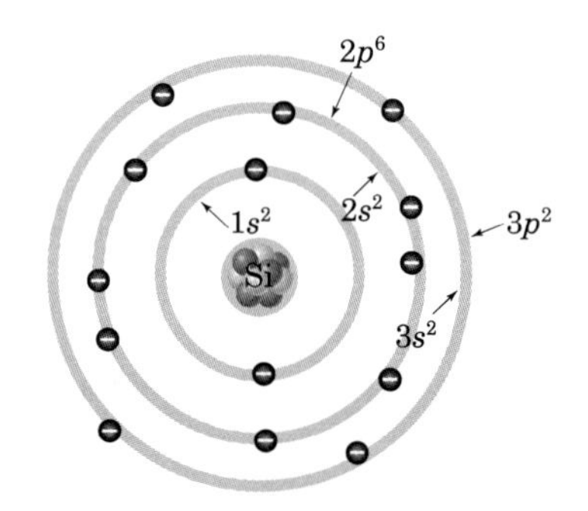

그림 1.3 궤도 운동하고 있는 전자

예제 1-3

반도체의 불순물로 쓰이는 5가 원소인 비소(As)와 3가 원소인 붕소(B)의 전자 배열을 구하시오.

비소(As)는 원자 번호 $Z=33$이고, 붕소(B)는 $Z=5$이다.

As : $1s^2 \quad 2s^2 2p^6 \quad 3s^2 3p^6 3d^{10} \quad 4s^2 4p^3$

B : $1s^2 \quad 2s^2 2p^1$

이와 같이 실리콘 원자는 불안한 상태에 있으므로 원자 1개의 주변에 실리콘 원자 4개를 근접시키면 전자 1개씩을 서로 공유하여 8개의 전자를 만들어주면 안정한 상태를 유지할 수 있게 된다. 이와 같이 원자가 서로 규칙적으로 배열하여 물질로 성장한 것이 바로 결정체(crystal)이다. 이때 서로 공유하여 결합하는 전자를 가전자(價電子 valence electron)라 하고, 이 가전자의 수를 원자가(原子價 valence)라 한다.

2. 물질의 결합

지구상에는 여러 가지 물질이 있는데, 이들은 서로 다른 독특한 결합방식으로 구성되어 물질로 존재하고 있다. 이들을 분류하면 5가지가 있다. 첫째는 이온결합ionic bond인데, 소금(NaCl)과 같이 전자 1개를 서로 주고받아 +, − 이온의 쿨롱의 힘으로 결합하고 있는 것이 있고, 둘째는 실리콘과 같이 각각의 원자가 전자를 공유하여 결합하는 공유결합covalent bond이 있다. 셋째는 리튬$_{Li}$ 등의 알칼리$_{alkali}$ 금속과 같이 다수의 원자가 전자를 내보내서 결합하는 금속결합(金屬結合 metallic bond), 넷째는 분자내의 전하분포가 한쪽으로 쏠리는 경우가 있는데, 수소$_H$는 H^+, 산소$_O$는 O^-와 같이 전하의 분포가 시간적으로 변하지 않고 정전기(靜電氣)적으로 결합하고 있는 물$_{H_2O}$과 같은 수소결합(水素結合 hydrogen bond)이 있고, 다섯째, 헬륨$_{He}$, 질소$_{N_2}$와 같은 분자는 최외각 궤도에 전자가 가득 차 있어서 결합의 힘이 없으나, 냉각 등의 방법으로 저온 상태로 하면 분자 사이의 전하가 이동하여 쌍극자(雙極子 dipole)가 생기고, 이 쌍극자 사이의 인력에 의하여 질소 기체 분자끼리 결합이 발생하여 기체에서 액체질소가 만들어진다. 이것을 반데르 왈스 결합Van der Waals' bond 또는 분자결합(分子結合 molecular bond)이라 한다.

반도체에서 중요한 재료는 실리콘으로 이 물질은 공유결합에 의하여 결정을 이루고 있다. 그림 1.4에서는 실리콘의 공유결합을 모델화하여 평면적으로 묘사한 것인데, 실제로는 그림 1.5에서 보여 주는 바와 같이 하나의 원자가 그 주변의 4개의 원자와 4 방향에서 같은 각도로 입체적으로 결합하고 있다. 이것을 다이아몬드 구조diamond structure라 한다. 그림 1.4의 중앙에 있는 원자가 단독으로 존재할 때는 최외각 궤도에는 4개의 빈자리가 있으나, 원자가 인접하여 접촉하면, 궤도가 중첩되어 합쳐지면서 주변 4개의 원자와의 사이에서 각각 1개씩의 전자를 공유하게 되는 것이다. 이와 같이 공유결합을 하고 있는 결정은 8개의 전자가 각각의 원자를 결합시켜 안정한 상태를 유지하기 때문에 다이아몬드와 같이 기계적으로 강하고, 화학적으로 안정한 상태를 공통적으로 갖게 되는 것이다. 화합물 반도체인 GaAs, InP 등도 이와 같은 결합구조를 갖고 있다.

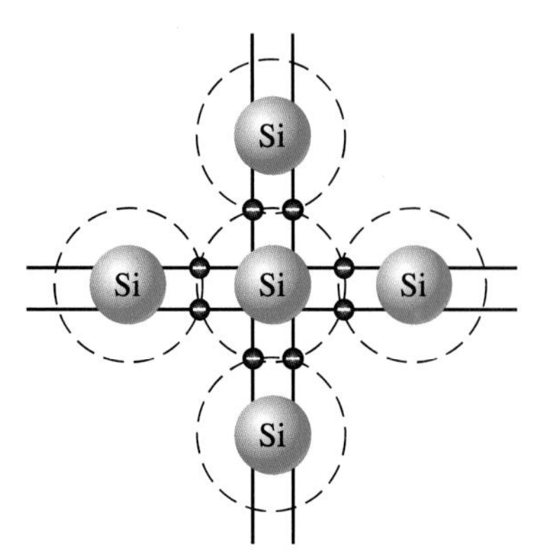

그림 1.4 실리콘의 공유결합

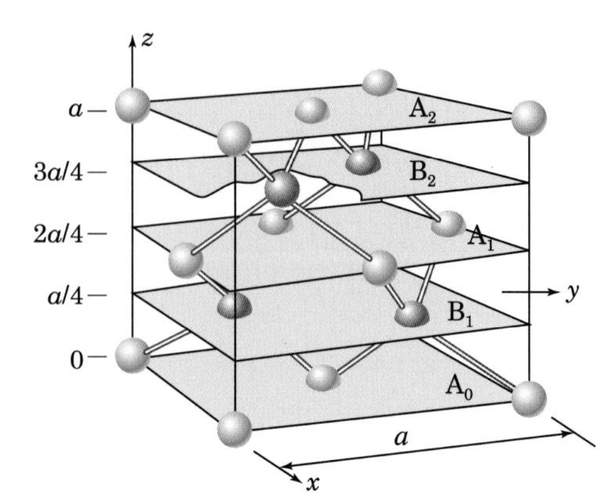

그림 1.5 다이아몬드 구조

예제 1-4

공유 결합을 하고 있는 실리콘 결정의 단위정당 원자수와 단위 체적(m^3)당 원자수를 구하시오.

① 실리콘의 단위정당 원자수

- 단위정의 8개 꼭짓점 : $8 \times 1/8 = 1$개분의 원자
- 단위정의 면 중심 : $6 \times 1/2 = 3$개분의 원자
- 단위정의 내부 공간 : 4개의 원자

$\therefore$ $1+3+4=8$ 단위정에는 8개의 원자가 존재

② 단위 체적(m^3)당 원자수

단위정의 한 변의 길이인 격자 상수가 $a = 5.43$[Å]이므로

$(5.43 \times 10^{-10})^3[m^3]$: 8개$=1[m^3]$: x개에서 $x = 5 \times 10^{28}/[m^3]$

$\therefore$ $1[m^3]$당 5×10^{28}개의 원자가 존재

예제 1-5

길이와 폭이 각각 0.2[μm], 0.3[μm]이고, 두께가 100[Å]인 실리콘 단결정층 속의 원자수 및 가전자수를 계산하시오.

① 원자수 $1[m^3]$: 5×10^{28}개$=0.2 \times 10^{-6} \times 0.3 \times 10^{-6} \times 1 \times 10^{-8}$: x개에서 $x = 0.3 \times 10^8$

$\therefore$ 원자수 : 0.3×10^8[개/m^3]

② 가전자수 실리콘 원자 1개당 가전자수는 4개이므로 원자수×4개 하면 1.2×10^8

$\therefore$ 가전자수 : 1.2×10^8[개/m^3]

3. 결정의 단위세포와 방향

전절에서 살펴본 결합의 형식은 같은 원자가 3차원적으로 결합하여 결정이 구성되고 있다. 그 원자들을 파이프pipe로 묶어보면 입체적인 골격으로 생각할 수 있다. 이 골격을 결정격자crystal lattice라 하는데, 이들의 형태를 보면, 입방체를 쌓아 올린 것과 같은 입방정계(立方晶系), 6각 기둥을 쌓아 올린 육방정계(六方晶系) 등으로 나눌 수 있다. 이와 같이 입방체나 6각 기둥의 하나하나를 단위세포unit cell라 하고, 실리콘과 같은 다이아몬드 구조의 단위세포는 그림 1.5에서 나타낸 것과 같이 입방정(立方晶)의 형태를 갖는다. 그림에서 나타낸 a는 단위세포의 한 변의 길이를 나타내며 이를 격자상수(格子常數 lattice constant)라 하며 상온에서 실리콘 결정은 5.43[Å]이다.

한편, GaAs, InP, InSb 등의 3족과 5족 원소로 구성되는 화합물반도체(化合物半導體 compound semiconductor)의 경우, 원자가 존재하는 위치는 동일하나, 그림 속의 원자 내에서 $z=0$의 A_o면에는 5족 원자, $a/4$의 B_1면에는 3족 원자, $2a/4$의 A_1면에는 5족 원자, $3a/4$의 B_2면에는 3족 원자가 z방향으로 서로 교차하여 위치하고 있다. 따라서 이러한 구조를 섬아연광 구조zincblende structure라 하여 다이아몬드 구조와 구분하고 있다.

이와 같은 결정체로 반도체 소자를 만들 때에는 결정축과 결정면의 방향을 정하게 된다. 그림 1.6에서는 입방정계의 결정면을 나타내고 있는데, 서로 직교(直交)하는 x, y, z축을 이루고 있는 좌표에서 결정격자의 임의의 격자점을 원점 0으로 한다. 격자상수를 a라 하면 그림 1.6(c)에서는 $x=a$, $y=a$, $z=a$에서 각 축과 교차한다. 이들을 역수로 취하면 $1/a$, $1/a$, $1/a$이 되고, 이들을 가정 작은 정수의 값 즉, 최소공배수로 나타내면 1, 1, 1이 된다. 그래서 그림 (c)의 면을 (111)면으로 표시한다. 또 그 면을 향하고 있는 방향, 즉 원점을 출발한 벡터가 그 면과 직교해 나가는 방향을 <111>방향으로 나타낸다. 왜냐하면, 원점을 출발한 벡터는 좌표점 (a, a, a)을 통과하므로 이들을 가장 작은 정수의 비로 나타내면

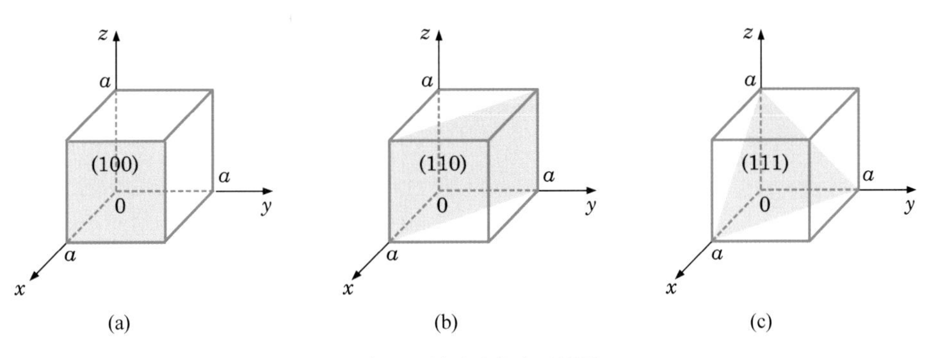

그림 1.6 입방정계의 면 방향

1, 1, 1로 되기 때문이다. 일반적으로 (hkl)표시로 면을 나타내고, 그것과 직교하는 면 방향을 <hkl> 또는 $[hkl]$로 표시한다. 여기서 면의 (hkl)과 면의 방향의 <hkl>의 값이 같은 것은 입방정계일 때만 그렇게 된다. 이 때 hkl을 밀러 지수miller index라 한다. x축 방향은 <100>, y축 방향은 <010>, z축 방향은 <001>로 나타낸다.

예제 1-6

어떤 실리콘 결정을 그림과 같이 절단한 경우 밀러 지수를 구하시오. (단, 격자 상수 $a=1$이다.)

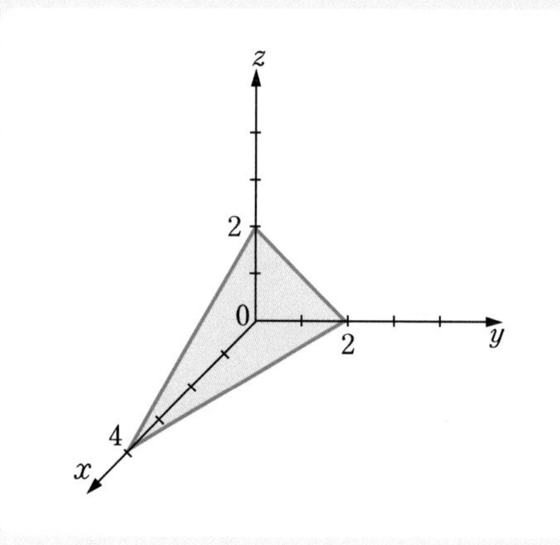

그림에서와 같은 3차원 결정면은 x, y, z축과 (4, 0, 0), (0, 2, 0), (0, 0, 2)의 교차점에서 만난다. 이 교차점의 역수를 취하면, (1/4, 1/2, 1/2)과 같이 된다. 이들 분수의 분모에 최소공배수 즉 4를 곱하면 (1, 2, 2)이다. 따라서 그림과 같은 결정면을 (1, 2, 2)면이라 하고, 이것이 밀러 지수가 된다.

1.2 에너지대와 자유전자

Semiconductor Device Engineering

1. 에너지 준위

식 (1.4)에서 주어진 전자의 전체 에너지는 원자핵과 전자 사이의 쿨롱의 힘에 의한 위치에너지potential energy, E_p와 궤도의 회전 운동에 의한 운동 에너지kinetic energy, E_k의 합으로 나타낼 수 있다. 이들 에너지에 대하여 살펴보자. $+e$[C]인 원자핵을 중심으로 하고, 여기서

반지름이 r_n[m]인 궤도를 운동하고 있는 전자의 위치 에너지를 구하면

$$E_p = -\frac{1}{4\pi\varepsilon}\cdot\frac{e}{r_n}\ \ [\mathrm{eV}] \tag{1.5}$$

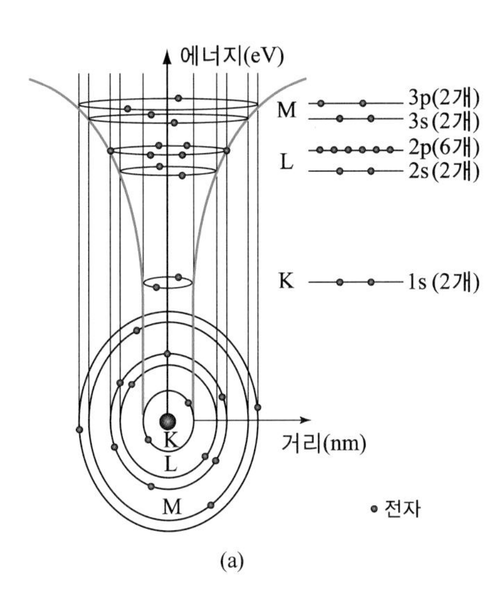

(a)

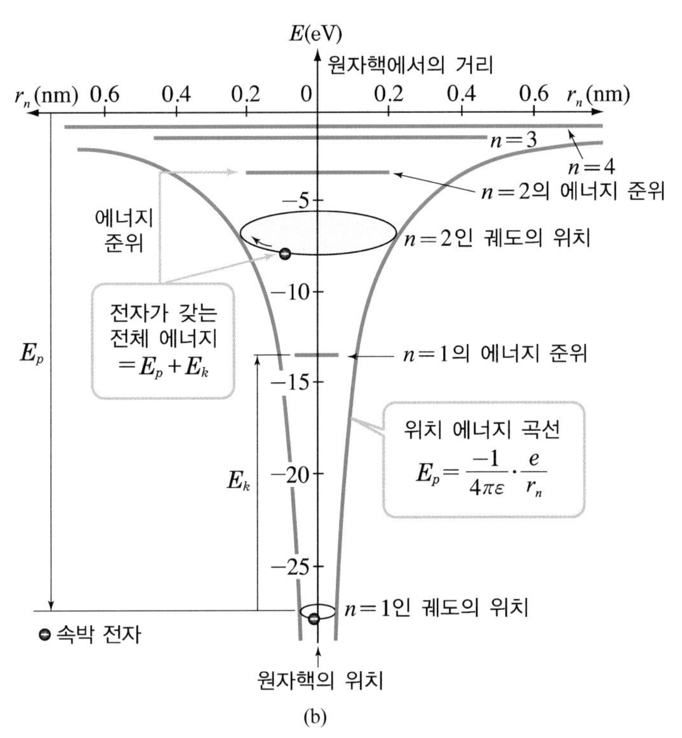

(b)

그림 1.7 실리콘 원자의 (a) 궤도 전자 (b) 전체 에너지

이다. 여기서 ε은 공간의 유전율, [eV]는 전자전압electron Volt이라 하며, 전자가 힘을 받았을 때, 한 일로 정의하는 에너지의 단위이다. 즉, 이 단위는 1개의 전자가 1[V]의 전압을 받을 때, 얻을 수 있는 에너지인데, 일반적인 에너지 단위 [J]을 대체하여 쓰이고 있다. 1[C]의 하전입자(荷電粒子)가 1[V]의 전위차로 가속될 때, 얻는 운동에너지가 1[J]이다. 그러므로 식 (1.1)에서 나타낸 전자의 경우, 이 에너지는 1.6×10^{-19}[J]이지만, 이것을 1[eV]라고 표현한다는 의미가 있다.

그림 1.7에서는 식 (1.5)에서 나타낸 위치에너지의 위치 의존성, 즉 위치곡선potential curve을 보여 주고 있다. 전절에서 기술한 궤도 반지름을 구하는 식 (1.3)에서 $n=2$일 때, 궤도 반지름을 구하면 0.21[nm]가 된다. 이 반지름의 위치에서 위치에너지는 식 (1.5)와 위치곡선이 주어졌으므로 $n=2$일 때의 궤도는 그림 1.7의 궤도상의 위치가 된다. 따라서 $n=2$인 궤도의 전자는 이 궤도를 돌고 있는 것이다.

궤도에 있는 전자는 속도 v로 궤도를 회전 운동하고 있다. 이 때, 운동에너지 E_k는 구심력, 즉 쿨롱의 힘과 원심력을 합한 것으로

$$E_k = \frac{1}{2}m_e v^2 = \frac{1}{8\pi\varepsilon}\frac{e}{r_n} \tag{1.6}$$

이다. 여기서 m_e는 전자의 질량을 나타낸다. 따라서 전체 에너지 E는

$$E = E_p + E_k = -\frac{1}{8\pi\varepsilon}\frac{e}{r_n} \tag{1.7}$$

로 된다. 전체 에너지는 n에 대응하여 그림 1.7에서 가로선으로 띄엄띄엄 나타낸 값을 갖는다. 이 가로선을 에너지 준위energy level라 하며, 그림에서 나타낸 바와 같이 $n=2$인 궤도에 운동하고 있는 전자의 전체 에너지는 $n=2$인 에너지 준위로 나타낼 수 있다.

전절에서 기술한 파울리의 배타율을 적용하여 전자를 살펴보면, 낮은 에너지 준위에서부터 순차적으로 점유한다. 따라서 전자를 1개 밖에 갖고 있지 않는 수소원자의 경우는 $n=1$인 에너지 준위를 점유하게 된다. 이 때, 이 전자에 외부로부터 빛이나 열에너지를 공급한다면 어떻게 될까? 전자가 갖는 전체 에너지는 높게 될 것이고, 식 (1.7)로부터 전자의 궤도 반지름 r은 전위 곡선에 따라서 증가할 것이다. 이것과 같이 식 (1.6)에서 운동하고 있는 전자의 속도 v는 0으로 접근하고, 결국 반지름은 무한대로 되어 전자는 원자핵의 속박으로부터 벗어나 자유롭게 운동할 수 있게 되는 것이다. 수소의 경우, $n=1$인 에너지 준위에서 $E=0$까지의 에너지 차인 13.58[eV]를 공급하면 전자가 원자핵에서 떨어져 나갈 수 있게 되는데, 이와 같은 에너지를 이온화 에너지ionization energy라 한다.

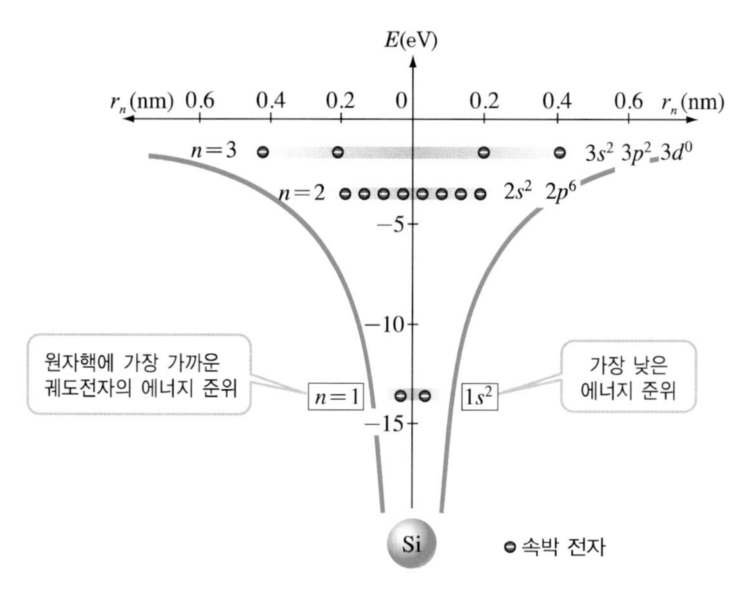

그림 1.8 실리콘 원자의 에너지 준위

그림 1.8에서는 14개의 전자를 갖고 있는 실리콘 원자의 에너지 준위를 나타낸 것이다.

2. 에너지대의 형성

전절에서는 원자가 1개만 있는 고립 상태의 경우에 대하여 살펴보았다. 실제의 결정 물질에서는 수많은 원자들이 인접하여 존재하고 있다. 간단한 설명을 위하여 3개의 실리콘 원자가 인접하여 결합하고 있는 경우를 살펴보자. 그림 1.9에서와 같이 3개의 원자가 직선상으로 나란히 결합하고 있다고 가정하자. 원자와 원자 사이의 위치에너지는 그림과 같이 중첩되어 그 준위 근처에서는 위치에너지 장벽이 없어진다. 그러면 장벽이 없어진 위쪽의 에너지 준위는 인접 원자의 에너지의 영향을 받아서 원자의 개수와 같은 수의 미세한 준위들이 생겨나게 된다. 즉, 1개 원자에서는 1개의 준위, 3개의 원자에서는 3개의 에너지 준위로 분리되는 것이다. 이것은 파울리의 배타율이 적용되기 때문이다. 그림 1.9에서 보는 바와 같이 각 원자에 공통인 준위로 되는 것이다. 또 하나의 현상은 전위 장벽 위쪽 부근의 각 원자의 에너지 준위도 인접하고 있는 원자의 에너지의 영향을 받아서 전자가 1개씩 들어간 4개의 준위로 나누어지는 것이다. 실리콘의 경우, $3s$와 $3p$의 궤도가 일체화(一體化)되어 $3s3p$는 혼성궤도(混成軌道)가 되는 것이다. 위쪽의 4개의 준위는 전체로서는 원자의 수가 3개이므로 $3\times4=12$개의 준위로 나누어진다. 아래쪽의 4개의 준위는 전자가 점유하고 있으며, 이 전자가 가전자가 되는 것이다. 이 전자는 원자핵의 속박된 상태에서는 결정

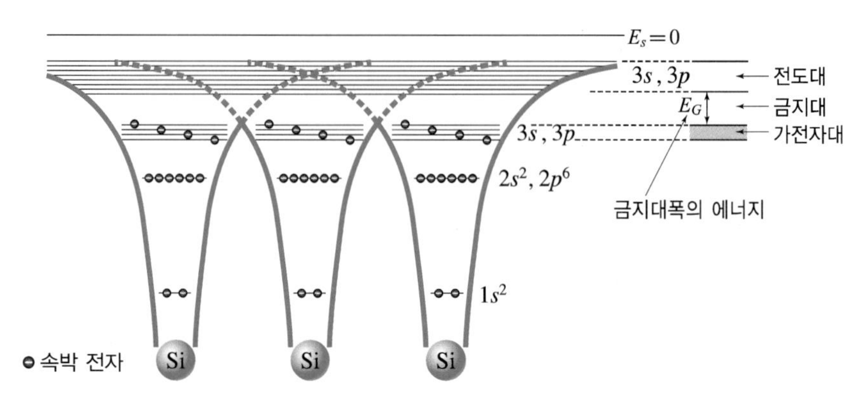

그림 1.9 에너지 준위와 에너지대(실리콘)

내를 돌아다니지 않지만, 외부로부터 빛이나 열에너지를 공급하면 여기excitation되어 위쪽의 에너지 준위로 천이할 수 있다. 천이된 전자는 속박에서 벋어나 자유롭게 결정 내를 운동할 수 있게 된다.

실제, 실리콘 결정의 원자 수는 1[cm^3] 당 5×10^{22}[개]가 있으므로 위쪽의 준위에는 $5\times10^{22}\times4$[개/cm^3]의 준위가 존재하고 있는 것이 된다. 따라서 이것은 독립한 1개씩의 준위라고 하는 것보다는 하나의 에너지 띠energy band와 같이 생각할 수 있다. 그래서 각각의 에너지 준위의 선을 그리지 않고 그림의 오른쪽에 그려진 바와 같이 대band만으로 그려서 나타내고 있다. 이것을 에너지대energy band라고 한다. 위쪽의 에너지대 내에 여러 개의 준위는 전자로 채워져 있지 않아 결국 전기적 빈자리로 되어 있다. 만일 그 에너지대에 전자가 존재하고 전계가 공급된다면 그 전자는 운동 에너지를 얻어서 보다 높은 빈자리의 준위로 올라가 자유롭게 결정 내를 움직이며 운동하여 이동할 것이므로 전류가 만들어지게 된다. 그러므로 이 전자를 전도전자conduction electron라고 부르기도 한다. 이와 같이 이 에너지대는 전자로 하여금 전기적인 전도 작용을 하므로 전도대conduction band라 한다. 아래의 에너지대의 준위는 가전자로 가득 차 있고, 전계를 인가하여 위쪽의 준위로 움직여도 역시 가득 차 있는 상태이기 때문에 충만대(充滿帶) 또는 가전자대valence band라고 한다. 전도대와 가전자대 사이에 있는 전자의 존재가 금지되어 있는 에너지대를 금지대forbidden band라 하고, 그 에너지 차를 금지대폭 또는 에너지 갭energy gap E_G라 한다.

3. 물질의 에너지대 구조

에너지대를 이용하면 금속, 반도체, 절연체의 특성을 보다 쉽게 이해할 수 있다. 그림 1.10에서는 구리(Cu), 실리콘, 다이아몬드의 에너지대를 나타낸 것이다. 그림 (a)의 금속은

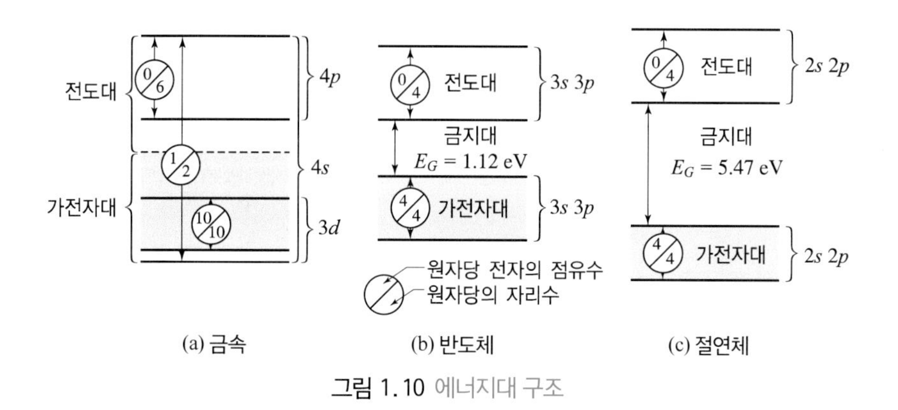

그림 1.10 에너지대 구조

$3d$의 가전자대는 $4s$의 전도대와 겹쳐있어서 금지대가 존재하지 않는다. 그래서 전계가 금속에 인가하면, 전자는 에너지를 얻어서 보다 높은 에너지대로 천이하여 자유롭게 이동하게 된다. 이것이 자유전자free electron라고 하는 것이다. 이 자유전자가 전기전도를 만들어주므로 금속을 도체conductor라고 하는 것이다. 그림 (b)는 반도체의 에너지대 구조를 보여 주고 있는데, 금지대가 있어서 에너지 갭 E_G가 존재한다. 외부에서 E_G 이상의 에너지를 공급하면 가전자대의 전자가 금지대를 뛰어넘어 전도대로 천이하여 전도전자를 만든다. 그림 (c)는 절연체인 다이아몬드의 에너지대 구조를 나타낸 것으로 E_G가 반도체의 그것보다 크다. 따라서 가전자는 상온 정도의 열에너지를 주어도 전도대로 천이하지 못하기 때문에 전도전자를 생성하지 못하여 전기전도가 일어나기가 어렵다.

1.3 반도체의 캐리어

Semiconductor Device Engineering

1. 진성반도체의 캐리어

그림 1.11에서는 실리콘 결정 내에서 공유결합하고 있는 전자가 이탈하여 움직이는 모양을 보여 주고 있는데, 결정의 양 쪽에 전압을 공급한 상태에 있다. 이 상태에서 외부로부터 빛 혹은 열을 공급하면, 공유결합하고 있는 가전자가 그 에너지를 받아 원자핵과의 인력을 뿌쳐나오면서 원자 사이를 자유롭게 움직이게 된다. 전자가 빠져 나온 위치에 전자의 구멍(孔)이 남게 된다. 이 구멍은 $-e$[C]의 전하를 갖고 있었던 전자가 빠져 나간 자취, 즉 전자의 부족 상태이기 때문에 $+e$[C]의 전하를 갖게 된 것으로 볼 수 있다. 이런 뜻에서 이 전기적 구멍을 정공(正孔 hole)이라고 명명하였다. 그림에서와 같이 외부의 에너지에

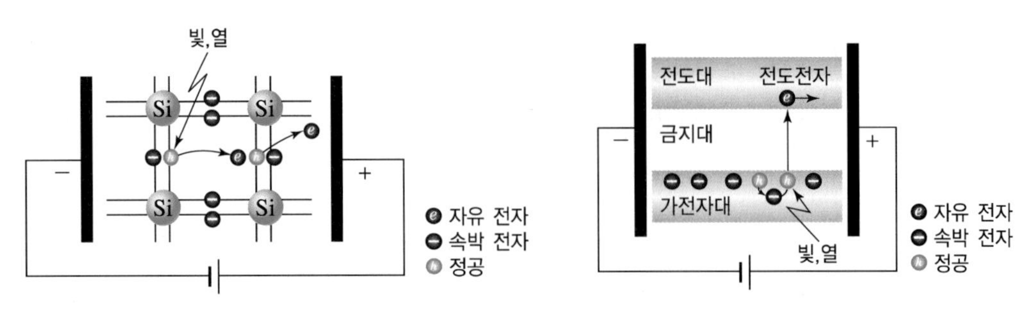

그림 1.11 진성반도체의 캐리어의 발생

그림 1.12 진성반도체의 에너지 대

의하여 뛰쳐나온 전자는 양(+)의 방향으로 주행할 것이다. 그러면 그 전자는 남아 있는 정공으로 이동하여 들어가 마치 $+e$[C]의 전하를 갖는 입자가 음(−)의 전극으로 주행한다고 생각할 수 있다.

이 입자는 전도전자와는 독립적으로 이동하여 전하를 운반하기 때문에 독특한 하전입자로 볼 수가 있다. 이와 같이 $-e$[C]와 $+e$[C]의 전하를 운반하는 매개체인 전자와 정공을 캐리어carrier라 부른다.

이제 그림 1.12에서는 진성반도체의 에너지대에서 정공이 발생하는 과정을 나타내고 있다. 빛 혹은 열에너지를 공급하면, 그림에서와 같이 가전자대의 전자가 금지대를 뛰어넘어서 전도대로 들어가 전도전자로 되는 것이다. 이 전자는 전도대 내에서 양(+)극 쪽으로 이동한다. 한편, 가전자대에서 생긴 정공에는 주변의 전자가 들어와 결국 정공은 음(−)극 쪽으로 이동하게 된다. 이와 같이 정공과 전자라는 캐리어에 의하여 전류가 생성된다. 외부에서 에너지를 공급함에 따라 전자 1개와 정공 1개가 반드시 하나의 쌍pair으로 생기기 때문에 이를 전자-정공쌍electron-hole pair이라 하며, 이 경우는 전자밀도 n과 정공밀도 p는 같다. 이러한 반도체를 진성 반도체intrinsic semiconductor라 한다.

2. 불순물 반도체의 캐리어

(1) n형 반도체의 캐리어

진성반도체에 결정성이 손상 받지 않을 정도로 5족 원소인 인(P) 혹은 비소(As)을 주입하고, 그 반도체에 열에너지를 공급하면 실리콘 원자가 인 혹은 비소와 치환하면서 전도전자의 밀도를 상당히 높여 주게 된다.

그림 1.13(a)에서는 실리콘 원자가 인 원자로 치환될 때, 원자의 결합 특성을 보여 주고 있다. 여기서 인 원자는 5가이기 때문에 가전자가 5개이어서 결합의 손이 5개가 되는 것이

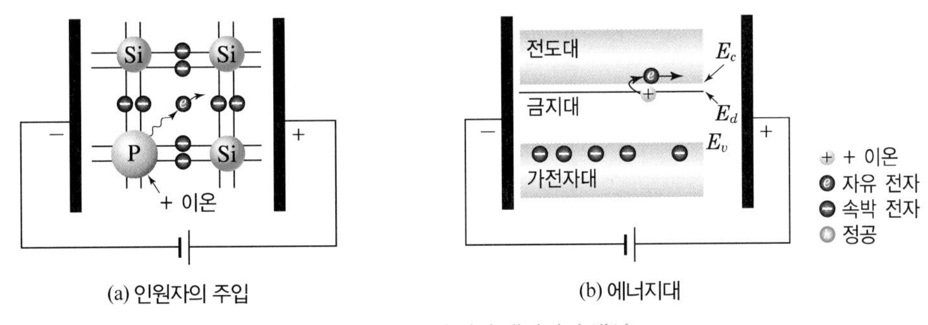

그림 1.13 n형 불순물에 의한 캐리어의 생성

다. 그러나 실리콘 원자는 4가 이므로 4개의 손밖에 없으므로 1개의 손이 부족하게 되는 것이다. 결국 공유결합을 하지 못하는 여분의 전자가 발생하게 된다. 공유결합을 하고 있는 전자는 원자핵과 단단하게 결합을 하지만, 이 여분의 전자는 원자핵과의 약한 인력을 유지하면서 존재하게 된다. 이 전자의 결합은 작은 에너지로도 쉽게 결합을 깰 수 있어서 자유롭게 될 수 있다. 전자가 빠져 나간 후에 인 원자는 양(+)이온으로 변하게 된다. 이 과정을 그림 (b)에서 보여 주고 있다. 결국 작은 에너지로도 전자가 자유롭게 되어 전도전자를 만들어 내는 것인데, 이를 에너지대 구조로 보면 인 원자의 에너지 준위는 전도대 바닥 E_c의 조금 아래에 위치하여 있다고 볼 수 있다. 이 에너지 준위를 도너준위donor level라 하고 그림에서는 E_d로 표시하였다.

이와 같이 이 불순물은 전도전자를 공급하는 역할을 하고 있다. 이 불순물을 실리콘에 전자를 준다는 의미로 도너donor라고 부르고 있다. 실리콘의 경우, 이 도너의 주입밀도는 보통 10^{20}~10^{25}[cm^{-3}]이다. 일반적으로 실리콘의 원자밀도는 5×10^{28}[cm^{-3}]이어서 비교하여 볼 수 있다. 보통 상온에서 주입된 도너는 거의 전도전자로 되고 양(+)이온으로 된다. 따라서 전도전자의 밀도 n은 도너밀도 N_d와 거의 같다. 캐리어는 원래 음(−)인 전하를 갖고 있었으므로 이 전도형은 n형이다. 그래서 이 반도체를 n형 반도체N-type semiconductor라 부른다.

(2) p형 반도체의 캐리어

이번에는 진성반도체에 3족 원소인 붕소(B) 불순물을 넣어보자. 불순물을 넣어 주는 것을 도핑doping한다고 한다. 그러면 실리콘 원자는 붕소원자와 치환하게 되어 정공밀도를 현저하게 증가시킨다. 그림 1.14(a)에서는 실리콘 원자와 붕소 원자가 치환될 때, 원자 결합의 특성을 나타내고 있다. 3가인 붕소 원자는 가전자가 3개이므로 결합의 손이 3개이다. 한편, 실리콘 원자는 4개이기 때문에 전자가 1개 많게 된다. 즉, 붕소는 결합할 수 있는

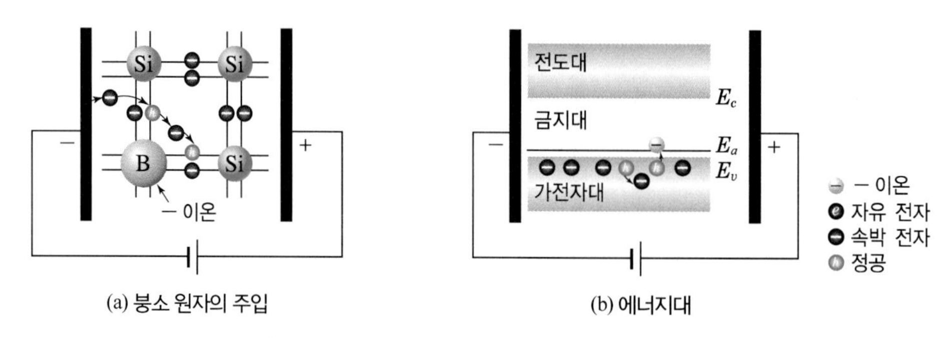

그림 1.14 p형 불순물에 의한 캐리어의 생성

손이 1개 부족한 것이다. 이 부족한 부분은 정전하가 1개 있는 것으로 생각하여 전자 1개를 받을 수 있다. 전자 1개를 받으면서 음(−)으로 이온화하게 된다. 이것을 그림 (b)에서 보여 주고 있다. 상온 정도의 작은 에너지에서도 가전자는 붕소 원자에 포획되기 때문에 그림에서 보여 주고 있는 바와 같이 가전자대 근처에 존재한다고 볼 수 있다. 이 준위를 억셉터 준위acceptor level라 하고 E_a로 표시하였다. 이와 같이 3족 불순물은 실리콘에 정공을 공급하여 준다. 이 불순물은 전자를 받아들인다고 생각하여 억셉터acceptor라고 부르고 있다. 이 억셉터의 주입밀도도 보통 10^{20}~10^{25}[cm^{-3}]이다. 억셉터도 상온에서 전자를 포획하고 거의 이온화된다. 따라서 정공밀도 p는 억셉터밀도 N_a와 거의 같다. 캐리어는 원래 정(+)인 전하를 갖고 있었으므로 이 전도형은 p형이다. 그래서 이 반도체를 p형 반도체p-type semiconductor라 부른다.

n형 반도체는 도너를 주입하고, p형 반도체는 억셉터를 주입하여 그 특성을 변화시켰기 때문에 진성반도체의 명칭에 대비하여 외인성 반도체extrinsic semiconductor 또는 불순물 반도체impurity semiconductor라 부르고 있다.

3. 캐리어의 생성 구조

이상과 같이 반도체 캐리어가 만들어지는 구조는 3가지가 있다. 하나는 반도체 결정의 결합에 기여하는 가전자가 외부에서 빛 혹은 열에너지를 받아서 결합을 이탈하여 자유롭게 되어 전도전자 및 정공으로 되는 것이다. 둘째는 n형 불순물을 도핑하면 불순물에서 여분의 전자가 전도전자로 되는 것이며, 셋째는 p형 불순물을 도핑하면 전자를 받아들이는 정공이 생성되는 것이 그것이다.

1.4 캐리어밀도와 페르미 준위

1. 캐리어 밀도

여러 가지 반도체 소자의 동작은 반도체 속의 전류를 외부의 신호로 제어하는 원리에 기인한다. 그 전류의 크기는 반도체 내의 전자와 정공 밀도인 캐리어 밀도에 비례하게 되는데, 여기서 이것을 구하여 보자. 전도대 내의 전자밀도 n은 식 (1.8)로 구할 수 있는데, 전도대 내에서 전자가 점유할 수 있는 가능한 개수(자리)의 밀도, 즉 단위 에너지 당, 단위 체적 당 밀도 $g_n(E)$와 전자가 그 자리를 점유할 확률 $f_n(E)$를 곱하고 이들을 모두 더한 값을 전도대 내에서 구하면 된다. 다시 말하면 $g_n(E)\cdot f_n(E)$을 전도대 바닥 E_c에서 진공 준위 E_s, 즉 $E=\infty$까지 적분하여 구할 수 있다.

$$n=\int_{E=E_c}^{E=\infty} g_n(E)\cdot f_n(E)dE \tag{1.8}$$

그림 1.15에서는 에너지의 상태 밀도와 페르미-디렉Fermi-Dirac분포함수를 나타낸 것이다. 그림 (a)에서 $g_n(E)$를 살펴보면 위쪽에 선으로 표시한 전도대 내의 단위 에너지의 폭에 포함되어 있는 에너지 준위의 개수인데, 이 $g_n(E)$를 양자역학적 관점에서 다음의 식으로 주어진다.

$$g_n(E)=4\pi\left(\frac{2m_n^*}{h^2}\right)^{3/2}(E-E_c)^{1/2} \tag{1.9}$$

이 $g_n(E)$는 그림 (b)에서 보여 주고 있는 바와 같이 에너지에 비례하여 증가한다. 여기

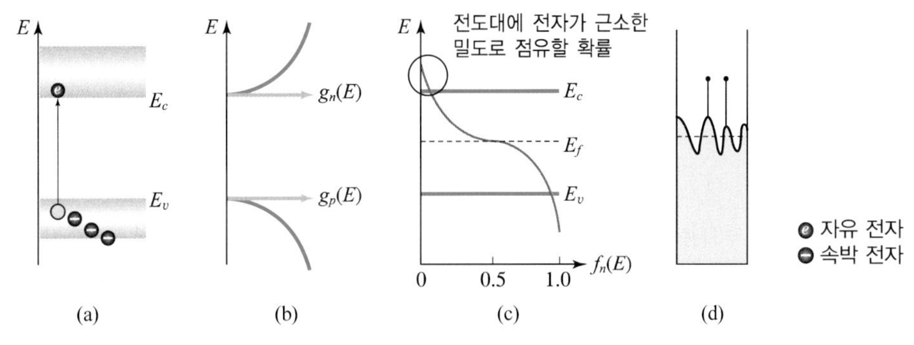

그림 1.15 에너지의 상태밀도와 페르미-디렉 분포함수 (a) 에너지준위와 전자의 천이 (b) 에너지의 상태밀도 함수 (전자 또는 정공의 빈자리) (c) 페르미-디렉 분포함수(전자가 빈자리를 점유할 확률) (d) 물통의 물결

서 m_n^*는 반도체 내에서 전자가 운동하면서 돌아다닐 때, 실효적인 질량을 나타내며, 이를 전자의 유효질량이라 한다.

한편, 전자가 점유할 확률은 통계역학적으로 구할 수 있는데, 이것을 페르미-디렉 분포함수Fermi-Dirac distribution function $f_n(E)$이고 다음의 식 (1.10)과 같이 표현할 수 있다.

$$f_n(E) = \frac{1}{1 + \exp(E - E_f)/kT} \tag{1.10}$$

여기서 E_f는 페르미 준위Fermi level를 나타낸 것이며 그림 (c)에서 이 분포함수를 나타내었다. 그림에서 보면 큰 에너지를 갖고 있었던 전자의 점유 확률은 극히 작다. 식 (1.10)에서 $E = E_f$로 놓으면 점유확률 $f_n(E_f) = 1/2$로 된다. 따라서 페르미 준위 E_f는 전자가 점유할 확률이 1/2이 된다고 말할 수 있다. 그림 (d)에서는 물이 들어 있는 물통에 외부에서 힘을 인가하면 물의 표면에 물결이 일고 있는 상태를 나타낸 것인데, 여기서 페르미 준위란 물의 표면에 물결이 일고 있는 파고를 평균한 에너지 준위의 개념으로 생각할 수 있다.

그림에서 보여 주고 있는 바와 같이 물결이 위쪽 방향까지 올라간다. 결국 이것은 높은 에너지 준위까지 물이 올라갈 수 있다는 것을 보여 주는 것이다. 여기서 물을 전자로 생각하여 높은 에너지까지 약간의 전자가 올라가 존재할 수 있다는 것이다.

식 (1.8)에 식 (1.9)와 식 (1.10)을 대입하여 전자밀도 n을 계산할 수 있지만, 조금 복잡하다. 그래서 식 (1.8)에서 적분 범위 E는 E_c 이상이므로 식 (1.10)의 $(E - E_f)$는 $[(E - E_f)/kT] \gg 1$인 조건을 만족시키는 경우가 많이 존재한다. 이때 식 (1.10)은 다음과 같이 간소화된 식으로 나타낼 수 있다.

$$f_n(E) \fallingdotseq \exp[-(E - E_f)/kT] \tag{1.11}$$

결국, 페르미 분포는 볼츠만Boltzmann 분포의 식으로 근사화하여 표시할 수 있다. 이것을 식 (1.10) 대신 식 (1.8)에 대입하여 간단히 계산할 수 있다. 따라서 전자밀도 n은 식 (1.12)로 주어진다.

$$n = 2\left(\frac{2\pi m_n^* kT}{h^2}\right)^{3/2} \exp(E_c - E_f)/kT \tag{1.12}$$

식 (1.12)에서 점유확률을 나타내는 지수(exp)항 앞에 있는 계수를 N_c로 놓고 이것을 전도대의 유효상태 밀도effective density of state라 부른다.

$$N_c = 2\left(\frac{2\pi m_n^* kT}{h^2}\right)^{3/2} \tag{1.13}$$

상태란 그림 1.15(a) (b)에서 보여준 바와 같이 E_c 이상의 에너지에 걸쳐서 넓게 분포하고 있다는 의미이다. 그러나 식 (1.12)는 $E=E_c$에서의 점유확률을 나타낸 것으로 전도 전자의 개수가 결정될 수 있음을 나타낸 것이다. 식 (1.12)를 다음과 같이 나타낼 수 있다.

$$n = N_c f_n(E_c) \fallingdotseq N_c \exp[-(E_c - E_f)/kT] \tag{1.14}$$

여기서 $f_n(E_c)$는 식 (1.11)의 볼츠만 분포식으로 바꾸어 놓고, $E=E_c$로 한 것이다.

표 1.2에서는 실리콘과 갈륨비소의 물리적 상수의 값을 정리한 것이다.

한편, 가전자대의 정공밀도 p도 같은 방법으로 구할 수 있다. 정공의 점유확률 $f_p(E)$는 전자가 그 상태를 점유하지 않을 확률이므로

$$f_p(E) = 1 - f_n(E) \div \exp[(E - E_f)/kT] \tag{1.15}$$

표 1.2 Si과 GaAs의 물리상수

물리량	단 위	실리콘(Si)	갈륨비소(GaAs)
단위체적당 원자의 수	N [m^{-3}]	5×10^{28}	2.21×10^{28}
원자량	M	28.1	144.6
항복전계	E_B [V/m]	$\sim3\times10^7$	$\sim4\times10^7$
밀도	ρ [kg/m^3]	2.33×10^3	5.32×10^3
비유전율	ε_s	11.8	13.1
전도대의 유효상태밀도	N_c [m^{-3}]	2.8×10^{25}	4.7×10^{23}
가전자대의 유효상태밀도	N_v [m^{-3}]	1.02×10^{25}	7.0×10^{24}
전자친화력	$e\chi$ [eV]	4.05	4.07
금지대 폭	E_G [eV]	1.12	1.43
진성캐리어 밀도	n_i [m^{-3}]	1.5×10^{16}	1.1×10^{13}
격자상수	a [nm]	0.54	0.56
융점	T_m [℃]	1.420	1.238
전도전자의 유효질량	m_n/m_0	0.19	0.068
전도전자의 이동도	μ_n [m^2/V·s]	0.15	0.85
정공의 유효질량	m_p/m_0	0.5	0.5
정공의 이동도	μ_p [m^2/V·s]	0.06	0.04
포화속도	v_s [m/s]	10^5	10^5
열 전도도	K [W/m·℃]	145	46

로 된다. 전도전자의 경우와 같이 볼츠만의 근사식을 이용하였다. 가전자대의 정공밀도는 가전자대의 상태 밀도를 $g_p(E)$로 하여

$$\begin{aligned} p &= \int_{-\infty}^{E_v} g_p(E) f_p(E) dE \\ &= 2\left(\frac{2\pi m_p^* kT}{h^2}\right)^{3/2} \exp[(E_v - E)/kT] \end{aligned} \tag{1.16}$$

로 된다. 여기서 m_p^*는 정공의 유효질량을 나타내며, 전자의 경우와 같이 생각하여 식 (1.16)의 지수(exp) 항 앞의 상수는 다음의 식과 같이 나타내며, 이를 가전자대의 유효상태 밀도라 부른다.

$$N_v = 2\left(\frac{2\pi m_p^* kT}{h^2}\right)^{3/2} \tag{1.17}$$

그러면 정공 밀도 p는 다음과 같이 나타낼 수 있다.

$$p = N_v f_p(E_v) \fallingdotseq N_v \exp[(E_v - E_f)/kT] \tag{1.18}$$

2. 진성 캐리어 밀도

진성반도체의 캐리어 밀도 n, p를 진성 캐리어 밀도intrinsic carrier density라 하며, 이 밀도를 n_i, p_i로 표시한다. 진성반도체의 캐리어는 앞절에서 살펴본 바와 같이 전자-정공 쌍으로 발생하므로 다음의 관계가 성립한다.

$$n_i = p_i = \sqrt{np} \tag{1.19}$$

식 (1.14)와 식 (1.18)을 식 (1.19)에 대입하여 정리하면

$$n_i = p_i = \sqrt{np} = \sqrt{N_c N_v} \exp(-E_G/2kT) \tag{1.20}$$

이 된다. 여기서 E_G는 $E_G = E_c - E_v$로 금지대의 폭을 나타내는 에너지이다. 실리콘의 경우, $T = 300$[K]에서 진성 캐리어 밀도는 $n_i = p_i = 1.5\times10^{16}$[cm^{-3}]이다. 이러한 전자와 정공은 공유결합을 깨면서 발생한 것으로 그 개수는 많아 보이지만, 실리콘의 원자밀도는 5×10^{28}[cm^{-3}]이므로 10^{12}[개]의 실리콘 원자 당 1개의 비율로 전자와 정공이 존재하고 있는 것이 된다. 일반적으로 반도체는 온도가 올라가면 저항이 떨어지는 현상이 있다. 이것

은 그 온도 상승에 의해 식 (1.20)의 지수 항에 의하여 현저히 많은 전자와 정공이 생성되어 캐리어 밀도가 증가하는 것으로 볼 수 있다. 예를 들어 $T=600$[K]로 하면 $n_i = p_i = 3.4\times 10^{20}[\mathrm{cm}^{-3}]$로 되며 여기에 온도를 1,420[℃]로 올리면 결합하고 있던 전자가 모두 뛰쳐나와 버리기 때문에 원자끼리의 결합이 이루어지지 않아 실리콘 결정은 용해되기 쉽다.

예제 1-7

실리콘 재료의 전자 농도 n_i를 구하시오. (단, 절대 온도 $T=300$[K], $N_c=9.74\times10^{18}[\mathrm{cm}^{-3}]$, $N_v=3.02\times10^{18}[\mathrm{cm}^{-3}]$, $E_G=1.12$[eV]이다.)

$n_i^2=p\cdot n=N_cN_v\exp\left(-\frac{E_G}{kT}\right)$에서 $n_i=(N_cN_v)^{1/2}\exp\left(-\frac{E_G}{2kT}\right)$이고,

$k=1.38\times10^{-23}$[J/K], $T=300$[K], $E_G=1.12$[eV]을 대입하여 계산하면,

$\therefore n_i=2.4\times10^9/\mathrm{cm}^3$

예제 1-8

진성 반도체의 페르미 준위 E_{fo}를 계산하시오. (단, $T=300$[K], $m^*=1.08m_o$, $m_v=0.56m_o$이다.)

진성 반도체의 에너지 갭의 중앙을 E_{midgap}이라 하면

$$E_{fo}-E_{\mathrm{midgap}}=\frac{3}{4}kT\,ln\left(\frac{m_v}{m^*}\right)$$

$$=\frac{3}{4}\times0.0259\,ln\left(\frac{0.56}{1.08}\right)=-0.0128[\mathrm{eV}]=-12.8[\mathrm{meV}]$$

∴ 진성 반도체의 페르미 준위는 에너지 갭 중앙에서 12.8[meV] 아래에 있다.

3. 진성 페르미 준위

진성 반도체의 페르미 준위를 E_{fo}라 표기하자. 진성반도체에서는 $n=p$의 관계가 있으므로 식 (1.14)와 식 (1.18)을 같다고 놓고, 이들 식에서 E_f를 E_{fo}로 생각하여 E_{fo}에 관하여 정리하면

$$E_{fo} = \frac{E_c + E_v}{2} + \frac{kT}{2} ln \frac{N_v}{N_c} = \frac{E_c + E_v}{2} + \frac{3}{4} kT ln \frac{m_p^*}{m_n^*} \quad (1.21)$$

으로 된다. 위의 식에서 우변의 제2항은 $N_c \fallingdotseq N_v$이므로 제1항의 값에 비하여 훨씬 작은 값이다. 진성 반도체의 페르미 준위 E_{fo}는 E_c와 E_v의 한 가운데, 즉 금지대의 거의 중앙에 위치하게 된다.

이 E_{fo}와 식 (1.19)의 n_i을 사용하여 식 (1.14)의 n과 식 (1.18)의 p를 나타내면

$$n = n_i \exp\{(E_{fn} - E_{fo})/kT\} \quad (1.22)$$

$$p = n_i \exp\{-(E_{fp} - E_{fo})/kT\} \quad (1.23)$$

으로 된다. 이 식에서 $E_{fn} > E_{fo}$ 즉, 페르미 준위가 금지대의 거의 중앙에 있는 E_{fo}보다 위쪽에 있으면 $n > p$가 되어 n형 반도체가 된다. 한편, $E_{fn} < E_{fo}$ 즉, 페르미 준위가 E_{fo}보다 아래쪽에 있으면 $n < p$가 되어 p형 반도체가 된다. 이와 같이 n형과 p형 반도체는 페르미 준위의 위치로 결정되는 것이지 단순히 주입하는 불순물만으로 결정되는 것이 아니므로 주의할 필요가 있다.

4. 다수와 소수 캐리어

식 (1.22)와 식 (1.23)의 두 식을 곱하여 보자. 그러면

$$pn = n_i^2 \fallingdotseq pn\text{곱\_일정} \quad (1.24)$$

으로 된다. 열평형 상태일 때에는 pn곱_일정의 관계가 성립한다는 것이다. 이것은 진성반도체, 불순물 반도체의 구분 없이 적용된다. 이 관계는 전자 n과 정공 p의 어느 한쪽이 n_i보다 많으면 다른 쪽은 반드시 n_i보다 작아야 된다는 것을 의미하는 것이다. 여기서 밀도가 높은 쪽을 다수 캐리어majority carrier, 적은 쪽을 소수 캐리어minority carrier라 한다.

5. 불순물 반도체의 캐리어와 페르미 준위

불순물 반도체에서 도너의 원자밀도가 N_d[cm^{-3}]인 n형 반도체와 억셉터 밀도가 N_a [cm^{-3}]인 p형 반도체가 있는데, 우선 n형 반도체의 전하밀도를 살펴보자. 도너 불순물 원자로부터 떨어져 나온 전자와 열적인 여기에 의하여 결합을 깨고 가전자대에서 전도대로

뛰어올라온 전자에 의한 전하 밀도는 $-en$, 전자가 떨어져 나와서 이온화 한 도너 이온에 의한 정(+)의 전하밀도가 eN_d, 그리고 열적인 여기로 전도대로 뛰어올라온 후, 남아 있던 가전자대의 정공에 의한 정(+)의 전하밀도 $+ep$가 있다.

반도체는 전체적으로는 중성이므로 결국, 전하의 중성 조건이 성립하므로

$$eN_d + ep - en = 0 \tag{1.25}$$

의 관계가 성립된다. 이것은 앞에서 기술한 바와 같이 식 (1.24)의 pn 곱_일정의 관계가 성립하고 있다. 이제 이 두 개의 식에서 n은 다음과 같이 구할 수 있다.

$$n = \frac{1}{2}\left\{N_d + \sqrt{N_d^2 + 4n_i^2}\right\} \tag{1.26}$$

한편, 식 (1.24)의 관계에 따라서 p는 n이 결정되면 다음의 식으로 구할 수 있다.

$$p = \frac{n_i^2}{n} \tag{1.27}$$

여기서 보통 n형 반도체에서는 도너밀도 N_d는 $N_d \gg n_i$ 조건으로 주입되므로 식 (1.26)과 식 (1.27)은 근사적으로 다음과 같이 구할 수 있다.

$$n \fallingdotseq N_d \tag{1.28}$$

$$p \fallingdotseq \frac{n_i^2}{N_d} \tag{1.29}$$

결국, n형 반도체의 전자밀도 n은 도너 불순물 밀도와 같다. 또 p형 반도체의 p와 n도 다음의 식으로 구할 수 있다.

$$p = \frac{1}{2}\left\{N_a + \sqrt{N_a^2 + 4n_i^2}\right\} \tag{1.30}$$

$$n = \frac{n_i^2}{p} \tag{1.31}$$

여기서도 p형 반도체에서 성립하고 있는 $N_a \gg n_i$의 조건으로 식 (1.30)과 식 (1.31)을 근사적으로 다음과 같이 나타낼 수 있다.

$$p \fallingdotseq N_a \tag{1.32}$$

$$n \fallingdotseq \frac{n_i^2}{N_a} \tag{1.33}$$

캐리어 밀도의 근사 식 (1.28)과 식 (1.32)를 각각 식 (1.22), 식 (1.23)에 대입하여 n형 반도체의 페르미 준위 E_{fn}과 p형 반도체의 페르미 준위 E_{fp}를 구하면

$$E_{fn} = E_{fo} + kT \ln\frac{N_d}{n_i} \tag{1.34}$$

$$E_{fp} = E_{fo} - kT \ln\frac{N_a}{n_i} \tag{1.35}$$

을 얻을 수 있다. 여기서 E_{fo}는 진성반도체의 페르미 준위로 상온에서 금지대의 중앙에 위치한다. 그림 1.16에서는 온도 T에 대한 E_{fn}과 E_{fp}의 변화를 도시적으로 나타낸 것이다. 그림에서 온도가 올라가면 E_{fn}과 E_{fp} 모두 E_{fo}에 근접한다. 이러한 페르미 준위의 변화는 식 (1.33)과 식 (1.35)의 자연대수 ln 앞에 있는 T가 아니고, n_i를 구하는 식 (1.20) 속에 있는 온도 T에 강하게 의존하고 있다.

여기까지는 n형 반도체는 도너$_{\text{donor}}$ 만을, p형 반도체에는 억셉터$_{\text{acceptor}}$ 만을 주입한 경우를 살펴보았다. 일반적으로 억셉터 밀도가 N_a인 p형 반도체에 도너를 주입하여 도너 밀도가 $N_d > N_a$로 되면 도전형이 p형에서 n형으로 변화하게 되어 도너밀도는 $(N_d - N_a)$로 된다. 이 경우에 식 (1.25)~식 (1.29)과 식 (1.34)의 N_d를 $(N_d - N_a)$로 치환하여 계산한다. 마찬가지로 n형을 p형으로 변화하면 억셉터 밀도는 $(N_a - N_d)$로 되어 식 (1.30)~식 (1.33)과 식 (1.35)의 N_a을 $(N_a - N_d)$로 치환하여 계산할 필요가 있다.

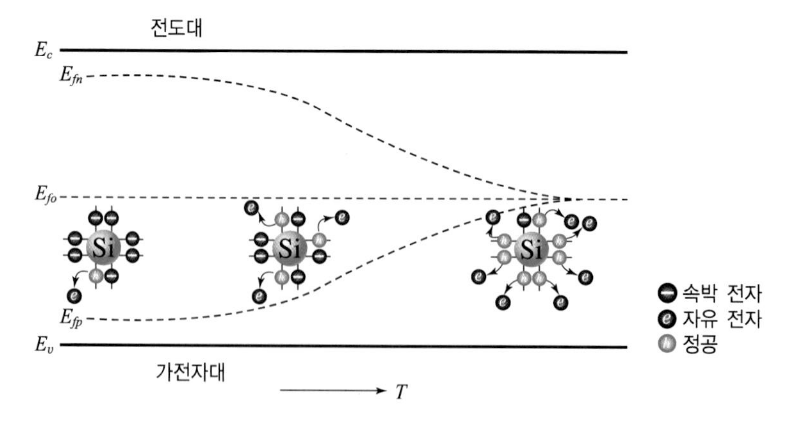

그림 1.16 온도에 따른 페르미 준위의 변화

예제 1-9

전계 $E=50$[V/cm]이고, $N_d=0$, $N_a=10^{16}$[cm^{-3}]인 실리콘 반도체의 드리프트 전류 밀도 J_p [A/cm^2]를 구하시오. (단, $T=300$[K]이며, 정공의 이동도 $\mu_p=450$[cm^2/V·s]이다.)

$N_a > N_d$이므로 p형 반도체이며, 다수 캐리어인 정공 농도 p는

$$p \fallingdotseq N_a = 1\times10^{16}[\text{cm}^{-3}]$$

이고, 소수 캐리어인 전자 농도 n은

$$n=\frac{n_i^2}{p}=\frac{(1.5\times10^{10})^2}{10^{16}}=2.25\times10^4[\text{cm}^{-3}]$$

이다. 결국 드리프트 전류 밀도 J_p는 식 (1.39)와 (1.41)을 이용하여

$$J_p=e(\mu_n n+\mu_p p)E \fallingdotseq e\mu_p pE$$
$$=(1.6\times10^{-19})(450)(10^{16})(50)=36$$
$$\therefore J_p=36[\text{A/cm}^2]$$

예제 1-10

전자의 이동도 $\mu_n=5\times10^{-4}$[m^2/V·s]인 도체에 전계 $E=1$[V/m]를 공급하였을 경우 전류 밀도 및 도체의 고유 저항을 구하시오. (단, 전자 밀도 $n=8.5\times10^{28}$[개/m^2]이다.)

전류 밀도 J_n는

$$J_n \fallingdotseq en\mu_n E=1.6\times10^{-19}\times8.5\times10^{28}\times5\times10^{-4}\times1=68\times10^5[\text{A/m}^2]$$
$$\therefore J_n=68\times10^5[\text{A/m}^2]$$

고유 저항 ρ는

$$\rho=\frac{E}{J_n}=\frac{1}{68\times10^5}=1.47\times10^{-7}$$
$$\therefore \rho=1.47\times10^{-7}[\Omega\cdot\text{m}]$$

1.5 반도체의 전기전도

Semiconductor Device Engineering

1. 드리프트 특성

그림 1.17에서는 반도체 내의 전자의 운동을 나타낸 것이다. 그림 (a)에서 보여 주고 있는 바와 같이 반도체 내의 캐리어는 주변의 열에너지를 받아 결정격자와 충돌하면서 이리저리 운동하게 된다. 이것을 브라운(Brown) 운동이라 하는데, 이것은 외부에서 전계를 공급하지 않는 경우로 시간을 평균할 때의 위치의 이동이 없는 것 즉, 자체적으로 진동을 하는 것으로 볼 수 있다.

이제 그림 (b)에서 보여 주고 있는 것과 같이 전압을 공급하면, 캐리어(전자)는 전계에 의하여 (+)전극 쪽으로 끌려가므로 브라운 운동에 일정한 힘이 더하여져 운동하게 되는 것이다. 그래서 최종적으로 전계가 미치는 영역인 0에서 a의 (+)전극에 도달하는 것이다. 이와 같이 전계의 힘에 의하여 전자가 이동하는 현상을 드리프트drift 작용이라 하며, 전자가 이 거리를 이동하는데 소요되는 시간으로 나누어 얻어지는 속도를 드리프트 속도drift velocity v_d[m/s]라고 한다.

캐리어는 결정격자와 충돌하면서 이동하므로 충돌 시간보다 긴 시간 간격에서 이 속도를 구하여 보면 그 값은 경과 시간에 관계없이 전계에 비례하게 된다. 이 속도는 공급한 전압 V[V] 즉, 반도체에 공급한 전계 E[V/m]에 비례하여 증가하게 된다. 이 특성을 그림 1.18에서 보여 주고 있다. 속도가 직선적으로 증가하는 부분의 기울기를 μ라 놓으면 다음의 식으로 나타낼 수 있다.

$$v_d = \mu E \tag{1.36}$$

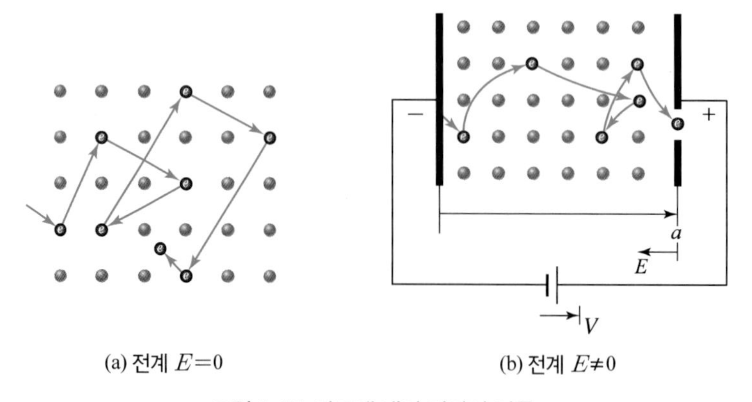

그림 1.17 반도체 내의 전자의 이동

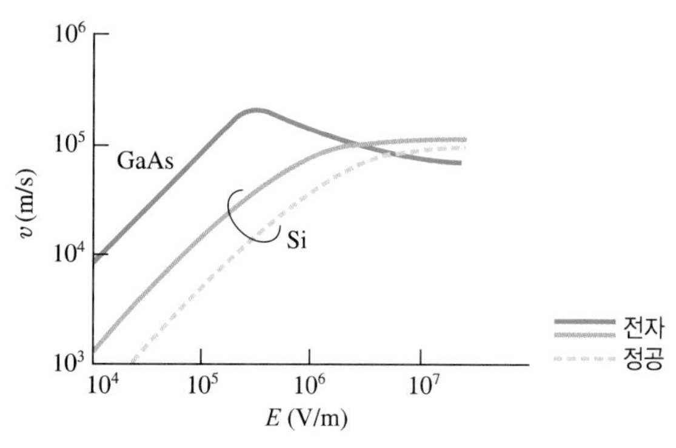

그림 1.18 전계에 따른 캐리어의 속도

표 1.3 반도체의 이동도 $T=300$[K]

재 료	μ_n [m^2/V · s]	μ_p [m^2/V · s]
Ge	0.500	0.200
Si	0.150	0.050
GaAs	0.800	0.040
GaP	0.010	0.0075
InSb	7.800	0.075
InP	0.460	0.015
CdS	0.030	0.005

μ_n: 전자의 이동도, μ_p: 정공의 이동도

이때 비례상수 μ[m^2/V · s]를 드리프트 이동도drift mobility라 한다. 이 식을 변형하면 $\mu = v_d / E$이기 때문에 μ는 단위 전계 당의 속도를 나타내는 것이다. 이것은 결정 재료에 따라서 결정되는 물체가 갖는 고유의 량이다. 표 1.3에서는 몇 가지 물질의 이동도를 나타내었다. 반도체에 공급한 전계를 높여가면 전자는 결정격자와 격렬하게 충돌하여 격자 진동을 일으키므로 그 만큼의 에너지를 소모하게 된다. 이 때문에 속도는 더 이상 증가하지 않고 포화하게 되는데, 이 속도를 포화속도saturation velocity라고 한다. 대부분의 소자에서는 이 포화속도에서 그 속도 성능이 결정되는 것이 많이 있다. 이와 같이 전계에 의하여 전하가 이동하기 때문에 전류가 만들어진다. 이 전류를 드리프트 전류drift current라 한다.

다음에는 그림 1.19에서 보여 주고 있는 바와 같이 p형 반도체를 예로 하여 드리프트 전류를 구하여 보자. 먼저 전류가 어떻게 표현되는지를 살펴보자. 정공밀도가 p[m^{-3}]인 반도체 막대기의 중간에 정공의 흐름을 저지하는 가상적인 수문에 있다고 하자. 이제 정공은 v_p의 속도로 그 수문을 통과할 것이다.

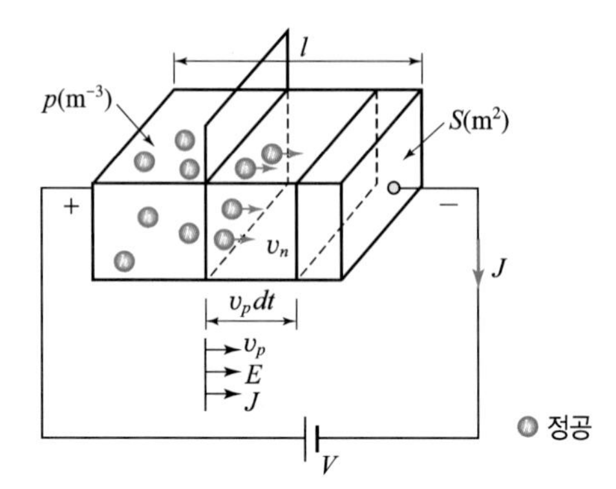

그림 1.19 반도체의 드리프트 전류

전류를 구하기 위하여 필요한 요소를 생각하면 다음과 같다.

$$\begin{aligned} dt\text{시간 동안 정공이 통과한 체적} &= v_p dt S \\ \text{통과한 캐리어의 량} &= p v_p dt S \\ \text{전체 전하량}(dQ) &= e p v_p dt S \end{aligned} \tag{1.37}$$

흐르는 전류를 I, 전류밀도 J라 하면 이는 단위 시간 당 임의의 단면적 S을 통과하는 전류량으로 정할 수 있으므로 전류밀도 $J(J = I/S)$는 식 (1.37)에서 dQ와 $v_p = \mu_p E$를 대입하여 다음의 식을 얻을 수 있다.

$$J = \frac{dQ}{dt}\frac{1}{S} = e p v_p = e p \mu_p E \tag{1.38}$$

여기서 μ_p는 정공의 이동도, E는 반도체 내의 전계이며 $E = V/l$로 주어진다. 이와 같이 생성된 전류는 전계라고 하는 외부의 힘에 의하여 만들어진 것이기 때문에 앞에서 기술한 바대로 드리프트 전류가 된다. 이 식을 분석하여 보면 캐리어 p와 이동도 μ_p가 커지면 많은 량의 전하가 운반되는 것이므로 전류가 증가할 것이고, 또 외부에서 공급된 전계가 증가하면 정공의 속도가 증가하여 결국 많은 량의 전하가 이동하여 큰 전류가 만들어지는 것이다.

2. 반도체의 옴(ohm)의 법칙

그림 1.20에서는 길이가 l, 단면적이 S인 반도체 내에서 이동하는 캐리어와 전류의 흐름을 보여 주고 있는데, 이 반도체에 흐르는 전류 I를 생각하여 보자.

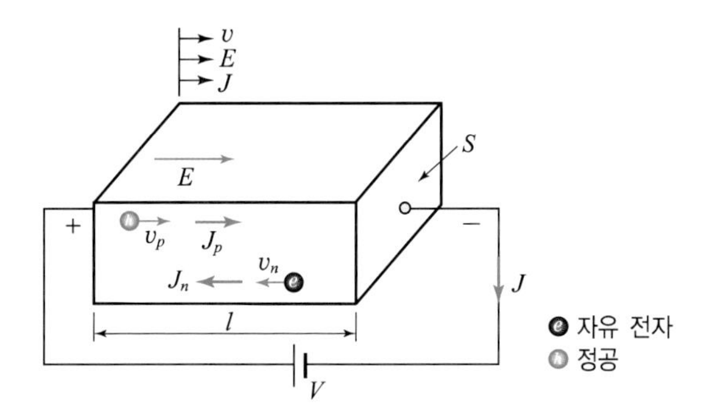

그림 1.20 반도체의 캐리어와 전류

반도체 내에는 전류밀도 $n[\mathrm{m}^{-3}]$과 정공밀도 $p[\mathrm{m}^{-3}]$을 갖는 전자와 정공이 있다. 이 경우의 전류는 음(−)의 전하를 운반하여 만들어진 전자전류와 정(+) 전하를 운반하여 만들어진 정공전류의 합이 된다. 그림에서 나타낸 바와 같이 속도 v_p , 전계 E , 전류밀도 J의 화살표 방향을 기준으로 하고, 정공에 의한 전류밀도를 J_p라 하면 식 (1.38)을 참조하여

$$J_p = epv_p = ep\mu_p E \tag{1.39}$$

을 얻을 수 있다. 한편, 전자에 의한 전류밀도 J_n은 전자가 음(−) 전하를 운반한다는 것과 전자의 속도 v_n이 정공과는 반대로 이동한다는 것을 고려하여

$$J_n = -en(-v_n) = env_n = en\mu_n E \tag{1.40}$$

을 얻을 수 있다. 전체의 전류 밀도는 이들을 더하여 다음의 식으로 구할 수 있다.

$$J = J_n + J_p = e(nv_n + pv_p) = e(n\mu_n + p\mu_p)E \tag{1.41}$$

$I = JS$, $E = V/l$의 관계에서 식 (1.41)을 I, V로 표현하면

$$I = JS = e(n\mu_n + p\mu_p)\frac{V}{l}S \tag{1.42}$$

이다. 따라서 식 (1.42)가 반도체의 옴ohm의 법칙이 되는 것이다. 이 반도체의 저항을 $R[\Omega]$이라 하면 옴ohm의 법칙 $I = V/R$과 식 (1.42)로부터

$$R = \frac{l}{e(n\mu_n + p\mu_p)S} \tag{1.43}$$

을 얻는다. 식 (1.43)을 다르게 표현하면

$$R = \rho \frac{l}{S} = \frac{l}{\sigma S} \tag{1.44}$$

$$\rho = \frac{1}{\sigma} = \frac{1}{e(n\mu_n + p\mu_p)} \tag{1.45}$$

이다. 여기서 ρ는 단위가 [Ω · m]인데, 이를 저항률(抵抗率 resistivity)이라 하고, σ는 그 역수인데, 단위가 [1/Ω · m] 또는 [S/m]이며 이를 도전율(導電率 conductivity)이라 한다. 보통은 반도체 기판으로 n형 혹은 p형, 저항률은 수 [Ω · m]로 규정하고 있다. 식 (1.45)를 다음과 같이 표현하면 보다 용이하게 계산할 수 있다.

- 진성 반도체($n = p = n_i$)

$$\rho = \frac{1}{en_i(\mu_n + \mu_p)} \tag{1.46}$$

- n형 반도체($n \fallingdotseq N_d \gg p$)

$$\rho \fallingdotseq \frac{1}{en\mu_n} \fallingdotseq \frac{1}{eN_d\mu_n} \tag{1.47}$$

- p형 반도체($p \fallingdotseq N_a \gg n$)

$$\rho \fallingdotseq \frac{1}{ep\mu_p} \fallingdotseq \frac{1}{eN_a\mu_p} \tag{1.48}$$

저항률과 이동도의 값을 알면 전자밀도를 계산할 수 있다. 저항률 ρ를 4-탐침법4 probe method으로 측정하여 0.04[Ω · m]의 값을 얻었다면 표 1.3에서 $\mu_n = 0.15[\mathrm{m^2/V \cdot s}]$이니까 이들을 식 (1.47)에 대입하여 계산하면 전자밀도 $n = 1.04 \times 10^{21}[\mathrm{m^{-3}}]$을 구할 수 있다.

이동도mobility는 결정 속에서 캐리어의 이동에 대한 용이성으로 정의되지만, 그림 1.21에서 나타낸 바와 같이 첫째, 열에너지, 결정격자점에 있는 원자의 진동, 캐리어의 이동을 어렵게 하는 격자 산란(格子散亂 lattice scattering)에 의한 것, 둘째는 이온화 한 불순물 원자의 쿨롱coulomb의 힘, 캐리어의 이동 경로가 구부러지는 불순물 산란(不純物 散亂 impurity scattering)에 의한 것 등의 두 가지 작용으로 그 값이 결정된다. 이 때문에 온도와 불순물 밀도가 높지 않아도 이동도는 감소하는 경향이 있다.

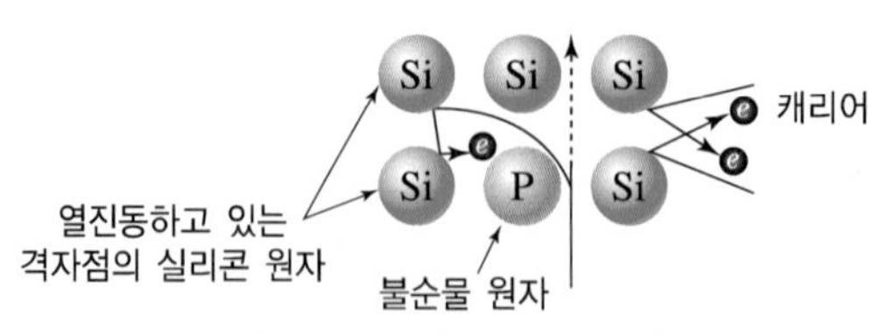

그림 1.21 격자산락과 불순물 산란

예제 1-11

전자 밀도 $n=10^{25}$[개/m^3]인 도체의 전류 밀도 $J_n=10^6$[A/m^2]이었다. 이때 드리프트 속도 v_d는 얼마인가?

$J_n=\sigma E=ne\mu E=nev_d$

$\therefore v_d=\frac{J_n}{ne}=\frac{10^6}{10^{25}\times 1.602\times 10^{-19}}=6.25\times 10^{-1}$ $\therefore v_d=0.625[\mathrm{m/s}]$

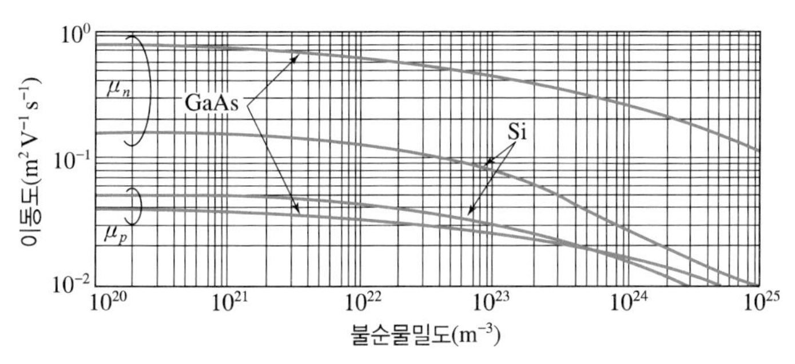

그림 1.22 불순물 밀도에 따른 이동도 특성

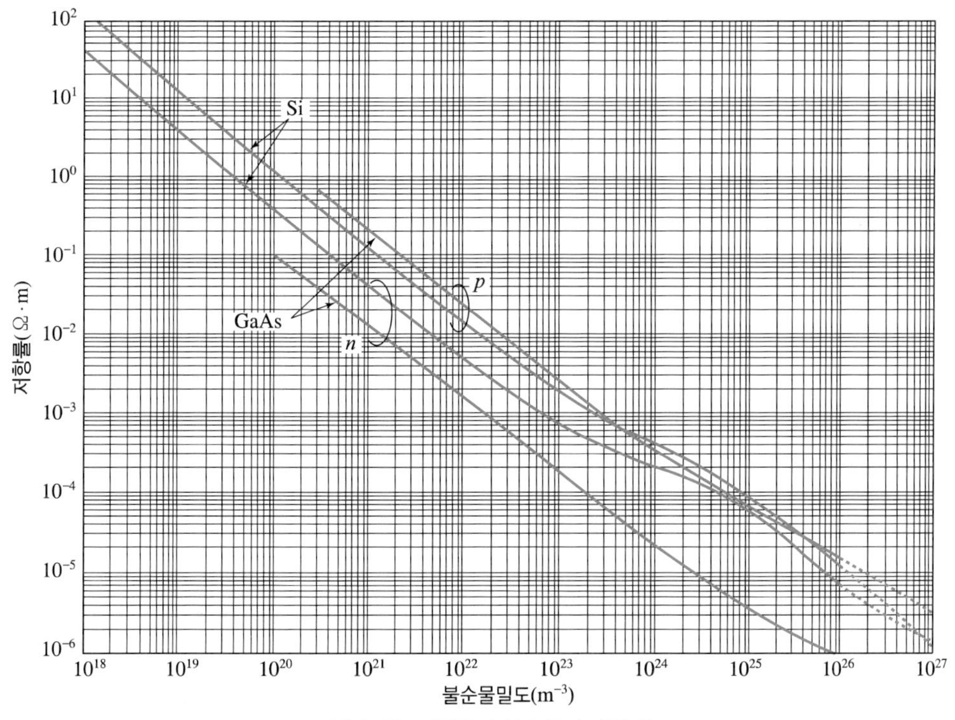

그림 1.23 저항률과 불순물과의 관계

그림 1.22에서는 불순물 밀도에 대한 이동도의 변화를 보여 주고 있는데, 불순물 밀도가 $10^{22}[m^{-3}]$ 이하에서는 이동도가 일정하므로 식 (1.46), 식 (1.47), 식 (1.48)에서 n과 p를 간단하게 구할 수 있으나, 이 이상이 되면 이동도의 불순물 의존성을 고려해야 하는 복잡한 상태에 이른다.

이와 같이 이동도는 불순물에 의존하게 되는데, 이를 고려한 실험값을 기준으로 저항률과 불순물 밀도와의 관계를 그림 1.23에서 나타내었다. 이 곡선의 자료에서 저항률을 알면 불순물 밀도를 알 수 있고, 그 역으로 불순물 밀도를 알면 저항률을 구할 수 있다.

3. 확산전류

그림 1.24에서는 정육면체 반도체의 확산현상과 그 전류의 흐름을 나타내고 있는데, 정공밀도 p가 왼쪽 끝에서 높고, 오른쪽으로 갈수록 낮아지는 상태를 보여 주고 있다. 이 경우에 캐리어는 열운동에 의하여 밀도가 높은 쪽에서 낮은 쪽으로 이동하여 정육면체의 반도체 전체로 보면 평균한 밀도로 존재하게 된다. 이와 같이 밀도의 기울기에 의해서 생기는 캐리어의 이동 현상을 확산(擴散 diffusion)이라 한다. 이 경우, 정(+) 전하를 갖고 있던 캐리어(정공)가 왼쪽에서 오른쪽으로 이동하여 생긴 전류 J_{Dp}가 생성된다. 이것을 정공의 확산전류(擴散電流 diffusion current)라 한다.

캐리어가 x방향으로 흐를 때 발생한 전류의 크기는 정공밀도의 기울기(dp/dx)에 비례한다. 또 그 방향은 밀도가 낮은 쪽으로 흐른다. 정공에 의한 확산전류밀도 J_{Dp}는 다음과 같이 나타낼 수 있다.

$$J_{Dp} = eD_p\left(-\frac{dp}{dx}\right) = -eD_p\frac{dp}{dx} \tag{1.49}$$

여기서 $+e$는 정공이 갖는 전하, 비례상수 D_p는 정공의 열운동에 의한 퍼짐(확산)의 용이성을 나타내며 이를 정공의 확산정수(擴散定數 diffusion constant)라 부른다. ( ) 내의 음(−)의 부호는 캐리어의 확산 방향이 밀도의 기울기와 반대라는 것을 의미한다. 그림 1.24에서 밀도 분포를 전자의 경우로 바꾸면 전자의 확산 전류밀도 J_{Dn}은 다음과 같이 표현할 수 있다.

$$J_{Dn} = -eD_n\left(-\frac{dn}{dx}\right) = eD_n\frac{dn}{dx} \tag{1.50}$$

여기서 $-e$는 전자가 갖는 전하를 의미하며 D_n은 전자의 확산정수이다. ( )안의 음(−)의 부호는 정공의 경우와 같은 이유이다. 그러므로 확산정수는 캐리어의 확산 용이성을

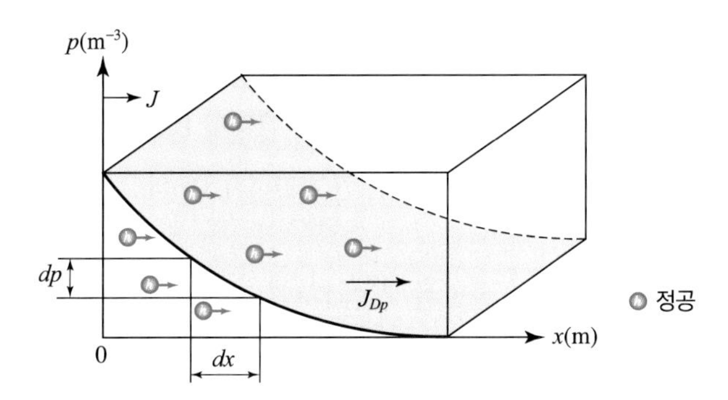

그림 1.24 확산현상과 확산전류

나타내는 척도로 재료에 따라 값이 다르다.

이 확산은 캐리어의 이동도 μ가 클수록 커지는 경향이 있다. 또 확산현상은 열에너지에 기인하기 때문에 온도 T가 높으면 높을수록 캐리어의 확산이 쉬워지게 된다. 이론적으로 전자와 정공의 확산정수 D_n과 D_p는 μ와 T에 관계하며 다음과 같이 나타낼 수 있다.

$$D_n = \frac{k}{e}\mu_n T \tag{1.51}$$

$$D_p = \frac{k}{e}\mu_p T \tag{1.52}$$

여기서 k/e는 볼츠만상수/전자의 전하량인 물리상수이다. 식 (1.51)과 식 (1.52)를 아인슈타인 관계식Einstein's relation이라 한다.

예제 1-12

n형, p형 반도체의 소수 캐리어 수명이 200[μs]일 때, 각 캐리어의 확산 길이를 구하시오. (단, μ_n =0.365[m²/V·s], μ_p =0.155[m²/V·s], T=300[K]이다.)

① n형의 확산 길이를 l_n, 확산 계수를 D_n이라 하면

$D_n = \frac{kT}{e}\mu_n = 0.026 \times 0.365 = 0.0095$이고, 확산 길이 l_n은

$l_n = \sqrt{D_n \tau_n} = \sqrt{0.0095 \times 200 \times 10^{-6}} = 1.38 \times 10^{-3}$ $\quad \therefore l_n = 1.38 \times 10^{-3}[m]$

② p형의 확산 길이를 l_p, 확산 계수를 D_p라 하면

$\frac{kT}{e}\mu_p = 0.026 \times 0.155 = 0.00403$이고, 확산 길이 l_p는

$l_p = \sqrt{D_p \tau_p} = \sqrt{0.00403 \times 10^{-6}} = 0.898 \times 10^{-3}$ $\quad \therefore l_p = 0.898 \times 10^{-3}[\mathrm{m}]$

4. 캐리어의 연속의 식

열평형 상태에서 정공과 전자밀도가 각각 p_o, n_o인 p형 반도체에 외부에서 소수 캐리어인 전자와 다수 캐리어인 정공을 주입하여 그림 1.25 (a), (b)와 같이 전자와 정공밀도 분포가 이루어진 경우를 생각하여 보자.

이 때, 다수 캐리어인 정공밀도 분포는 그림 (b)와 같이 전자밀도 분포와 같게 된다. 이것은 주입에 의한 정공의 증가는 원래의 정공밀도가 p_o로 높았기 때문에 더 높은 밀도로 증가하지 않는다. 그러나 그림 (a)와 같이 주입에 의한 전자의 증가는 원래 전자밀도가 n_o로 낮았기 때문에 그 증가 비율이 높아진다. 따라서 캐리어의 이동 현상을 조사하는 데에는 다수 캐리어보다 소수 캐리어의 움직임을 조사하는 쪽이 이해하기 쉽다. 이것은 1,000명의 남성과 10명의 여성이 모여 모임을 갖는 장소에서 추가로 남성과 여성이 20명씩 추가로 그곳에 들어 왔을 때, 20명의 남성 움직임 보다는 20명의 여성(즉, 소수 캐리어) 움직임이 더 빨리 눈에 들어올 것이다. 이 이치와 같은 것이다. 그래서 소수 캐리어에 주목하여 살펴보는 것이다. 그림 (a)와 같이 단위 체적인 상자 속에 유입하기도, 유출하기도 하고,

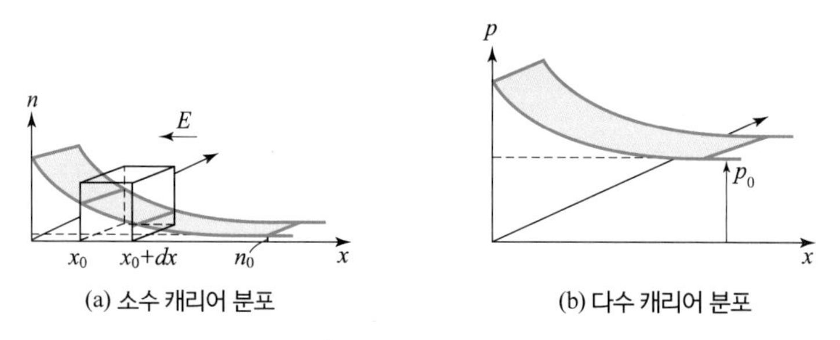

그림 1.25 캐리어의 분포

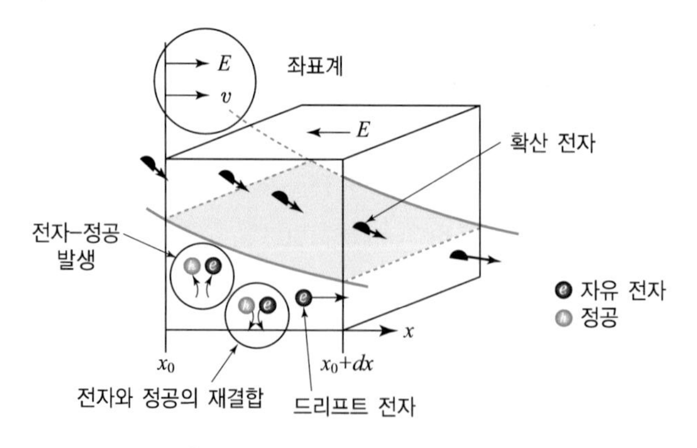

그림 1.26 단위체적 내의 캐리어의 변화

또 그 속에서 발생하기도, 소멸하기도 하면서 변화가 생길 것이다. 이 그림 속의 상자 부분만을 확대한 그림 1.26을 살펴보자. 그림을 통하여 다음 4가지의 현상을 알 수 있다.

- 확산현상에 의한 체적 내에서 캐리어 밀도의 시간적 증가율은 x_o을 유입, x_o+dx를 유출하는 캐리어의 유속(流束, flux)의 기울기로 결정되며 다음의 식으로 표현할 수 있다.

$$-\frac{d\left\{D_n\left(\frac{-dn}{dx}\right)\right\}}{dx}=+D_n\frac{d^2n}{dx^2} \tag{1.53}$$

여기서 왼쪽 항의 음(−)을 표현한 것은 체적 중에서 캐리어의 유속의 기울기가 x 방향으로 진행함에 따라 낮아지기 때문이다.

- 드리프트 현상에 의한 체적 내 캐리어 밀도의 증가 비율은 캐리어 유속의 기울기로 결정되고, 전계 E가 그림에 표시된 방향으로 일정하게 공급된다고 가정하면 다음과 같이 표현할 수 있다.

$$-\frac{d\{n\mu_n(-E)\}}{dx}=+\mu_nE\frac{dn}{dx} \tag{1.54}$$

- 빛이 조사되는 경우, 이 상자 속에서 단위 시간에 발생하는 전자−정공 쌍의 수는 G_n개가 발생한다.
- 발생한 전자−정공 쌍은 다시 결합하여 캐리어가 소멸하여 가는 재결합(再結合 recombination) 현상이 생긴다. 이 상자 속에서 단위 시간 당 재결합에 의해서 소멸해 가는 캐리어 밀도와 열적으로 생기는 캐리어 밀도의 차, 즉 재결합 비율을 R이라 하자. 정상상태에서는 열적인 발생과 재결합에 의한 소멸이 평형을 이루어 R은 0이 된다. 열평형 이상에서는 캐리어의 밀도가 높을수록 재결합이 생기기 쉽다. 또 전자가 정공과의 재결합 정도를 나타내는 캐리어 수명시간carrier lifetime τ_n을 고려하자. 이것이 짧을수록 재결합이 높아진다. 이 수명시간을 사용하여 재결합 비율 R을 나타내면 다음과 같다.

$$R=\frac{n-n_0}{\tau_n} \tag{1.55}$$

여기서 τ_n은 소수 캐리어인 전자의 수명시간이다. 결국, 이 단위 체적인 상자 속의 소수 캐리어 밀도의 증가 비율인 dn/dt은 다음 식으로 표현할 수 있다.

$$\frac{dn}{dt}=D_n\frac{d^2n}{dx^2}+\mu_nE\frac{dn}{dx}+G_n-\frac{n-n_0}{\tau_n} \tag{1.56}$$

또 n형 반도체에서는 정공이 소수 캐리어가 된다. 이 정공 밀도의 증가 비율인 dp/dt 도 τ_p을 정공의 수명시간으로 하여 다음과 같이 나타낸다.

$$\frac{dp}{dt} = D_p \frac{d^2 p}{dx^2} - \mu_p E \frac{dp}{dx} + G_p - \frac{p - p_0}{\tau_p} \tag{1.57}$$

식 (1.56)과 식 (1.57)을 연속의 식(連續 式 continuity equation)이라 한다.

예제 1-13

도너 밀도 $N_d = 10^{20}[m^{-3}]$인 n형 실리콘 반도체의 전자 수명 τ_n을 구하시오. (단, 진성 캐리어 밀도 $n_i = 1.5 \times 10^{16}[m^{-3}]$, 생성률 $G_n = 2 \times 10^{15}[m^{-3}]$이다.)

$n_o = N_d$, $n_o p_o = n_i^2$이고, $p_o = 2.25 \times 10^{12}$

$$\tau_n = \frac{n_i^2}{G_n(n_o + p_o)} = \frac{(1.5 \times 10^{16})^2}{2 \times 10^{15}(10^{20} + 2.25 \times 10^{12})} = 1.125 \times 10^{-3}$$

$$\therefore \tau_n = 1.125[\text{ms}]$$

| 연구문제 |

1. 붕소(B), 갈륨(Ga), 인(P) 원자의 가전자의 수는 얼마인가?

2. 실리콘 결정에서 다음을 계산하시오.
   (1) 단위세포(unit cell)에 존재하는 원자의 수
   (2) 단위세포에 존재하는 가전자의 수
   (3) $1[m^3]$의 체적에 존재하는 원자의 수
   (4) $1[m^3]$의 체적에 존재하는 가전자의 수

3. $n=2$와 $n=3$의 궤도에 운동하고 있는 전자의 에너지는 어느 쪽이 높은지 설명하시오.

   hint $E_n = -\dfrac{me^4}{8n^2\varepsilon^2h^2} = -\dfrac{13.6}{n^2}$

4. 에너지 준위란 궤도를 돌고 있는 전자의 어떤 에너지를 말하는 것인가?

5. 실리콘 결정의 전도대에서 $3s3p$의 궤도에 에너지 준위의 수는 얼마인가? 단, 두께 100[Å], 폭 $0.2[\mu m]$, 길이 $0.2[\mu m]$인 체적을 갖고 있다.

   hint 하나의 원자당 궤도의 준위수는 4, 원자밀도 $5\times10^{28}[m^{-3}]$

6. 문제 5의 체적 속에 $3s3p$의 궤도에는 최대 몇 개의 전자가 들어갈 수 있는가?

   hint 하나의 에너지 준위에 1개의 전자가 점유

7. 가전자대의 전자가 전도대로 뛰어올라 가기 위해서는 외부에서 얼마의 에너지를 공급하면 되는가?

8. 반도체에서 캐리어(carrier)는 어떤 것이 있는가?

9. 진성반도체에서는 어떤 방법으로 캐리어를 발생할 수 있는가?

10. 불순물 반도체에서는 어떤 방법으로 캐리어를 발생시킬 수 있는가?

11. n형 실리콘의 전자밀도가 $n=10^{23}[\mathrm{m}^{-3}]$인 경우, 정공밀도 p는 얼마인가? 단, 진성 반도체의 전자밀도는 $n_i=1.5\times10^{16}[\mathrm{m}^{-3}]$이다.

hint $np=n_i^{\ 2}$

12. $10^{23}[\mathrm{m}^{-3}]$의 붕소 원자를 실리콘 결정 속에 도핑(doping)한 경우, 정공과 전자밀도는 각각 얼마인가? 단, 절대온도 $T=300[\mathrm{K}]$이다.

hint 실온에서 붕소는 거의 정공생성, $np=n_i^{\ 2}$

13. $T=300[\mathrm{K}]$에서 $N_d=10^{20}[\mathrm{m}^{-3}]$인 n형 반도체와 $N_a=10^{21}[\mathrm{m}^{-3}]$인 p형 반도체의 페르미 준위를 계산하시오.

hint $E_{fn}=E_{fo}+\dfrac{kT}{e}ln\dfrac{N_d}{n_i},\ E_{fp}=E_{fo}-\dfrac{kT}{e}ln\dfrac{N_a}{n_i}$

14. 진성 반도체에서 500[kV/m]의 전계를 인가한 경우, 전자와 정공의 드리프트 속도 v_n과 v_p를 구하시오.

hint $v_n=\mu_nE,\ v_p=\mu_pE$

15. 길이가 1[cm]인 n형 반도체의 양 끝에 100[V]의 전압을 인가한 경우, 전자의 드리프트 속도 v_n은 얼마인가? 단, 이동도는 $\mu_n=0.15[\mathrm{m^2/V\cdot s}]$이다.

hint $E=V/l,\ v_n=\mu_nE$

16. $n=10^{23}[\mathrm{m}^{-3}]$인 n형 반도체에 1[kV/m]의 전계를 인가한 경우, 드리프트 전류밀도를 구하시오.

hint $J_n=en\mu_nE$

17. 저항률 $\rho=0.002[\Omega\cdot\mathrm{m}]$인 p형 반도체에서 소수 캐리어인 전자의 확산계수 D_n은 얼마인가? 단, $T=300[\mathrm{k}]$이다.

hint $D_n=\dfrac{k}{e}\mu_nT$

Chapter 2

pn접합과 다이오드

2.1 반도체 재료

1. 공핍층

억셉터 밀도가 N_a인 p형 반도체와 도너 밀도가 N_d인 n형 반도체가 결정(結晶)으로서 접촉하여 금속학적 접촉을 이루고 있는 것이 pn접합pn junction이다.

그림 2.1은 n형과 p형 반도체가 접촉하는 과정을 나타낸 것이다. 그림 (a)는 n형 및 p형 반도체를 나타내었고, 그림 (b)는 에너지 준위를 나타낸 것인데, n형과 p형의 페르미 준위를 각각 E_{fn}, E_{fp}라 하면 이들 페르미 준위에는 에너지 차가 존재하게 된다.

이제 이 두 물질을 접합하였을 때, 양측의 불순물이 확산하여 열평형 상태에 도달할 때까지 충분한 시간이 지나면, 양측의 페르미 준위는 동일한 높이로 된다. 마치 수위(水位)가 다른 두 개의 물통을 연결하면 양쪽 물통의 수위가 같게 되는 것과 유사한 원리이다. 즉, 반도체의 pn접합부에서는 전자와 정공의 이동이 발생한다. n형 반도체의 n형 불순물인 도너는 확산 현상에 의해 그 밀도가 낮은 p형 반도체로 이동하며, 이 도너가 접합부 근처에서 억셉터와 결합하여 (+)의 전기적 성질을 갖는 도너 이온을 발생시키게 된다.

한편, p형 반도체의 p형 불순물인 억셉터도 역시 확산 현상에 의해 그 밀도가 낮은 n형 반도체로 이동한다. 이 정공은 접합부에서 도너와 결합하여 (−)의 전기적 성질을 갖는 억셉터 이온이 발생한다.

그림 (c), (d)에서 나타낸 바와 같이, 접합부 부근에서 부(負)전하인 억셉터 이온과 정(正)전하를 갖는 도너 이온이 존재하게 되며, 이 영역을 공간전하 영역space charge region이라고 한다. 이 이외의 영역은 그림 (c), (d)와 같이 n형 반도체 중에는 전도 전자와 도너 이온이, p형 반도체에서는 정공과 억셉터 이온이 존재하는 중성 영역이다.

공간전하 영역에서는 정(+)이온에서 부(−)이온으로 향하는 전기력선, 즉 전계가 형성되고 이들 전계에 의하여 전자는 n형 영역으로, 정공은 p형 영역으로 밀어붙여 공간 전하 영역 내에서는 캐리어가 존재하지 못하므로 이 영역을 공핍층(空乏層depletion layer)[1]이라고도 한다.

이 전계는 n형 측에서 p형 측으로 전자의 확산, p형 측에서 n형 측으로 정공의 확산을 저지하는 반발력(反撥力)으로서도 작용하게 된다.

이와 같이 캐리어의 확산이 정지하여 전하의 이동이 없어지는 정상 상태(定常狀態steady

1 공핍층 pn접합의 n 영역에 ⊕이온, p 영역에 ⊖이온이 남게 되어 전기적 2중층을 형성하므로 공간 전하층이라고도 한다. 이 영역에서 형성된 전계에 의하여 캐리어가 결핍되었다는 의미로 공핍층이라고 한다.

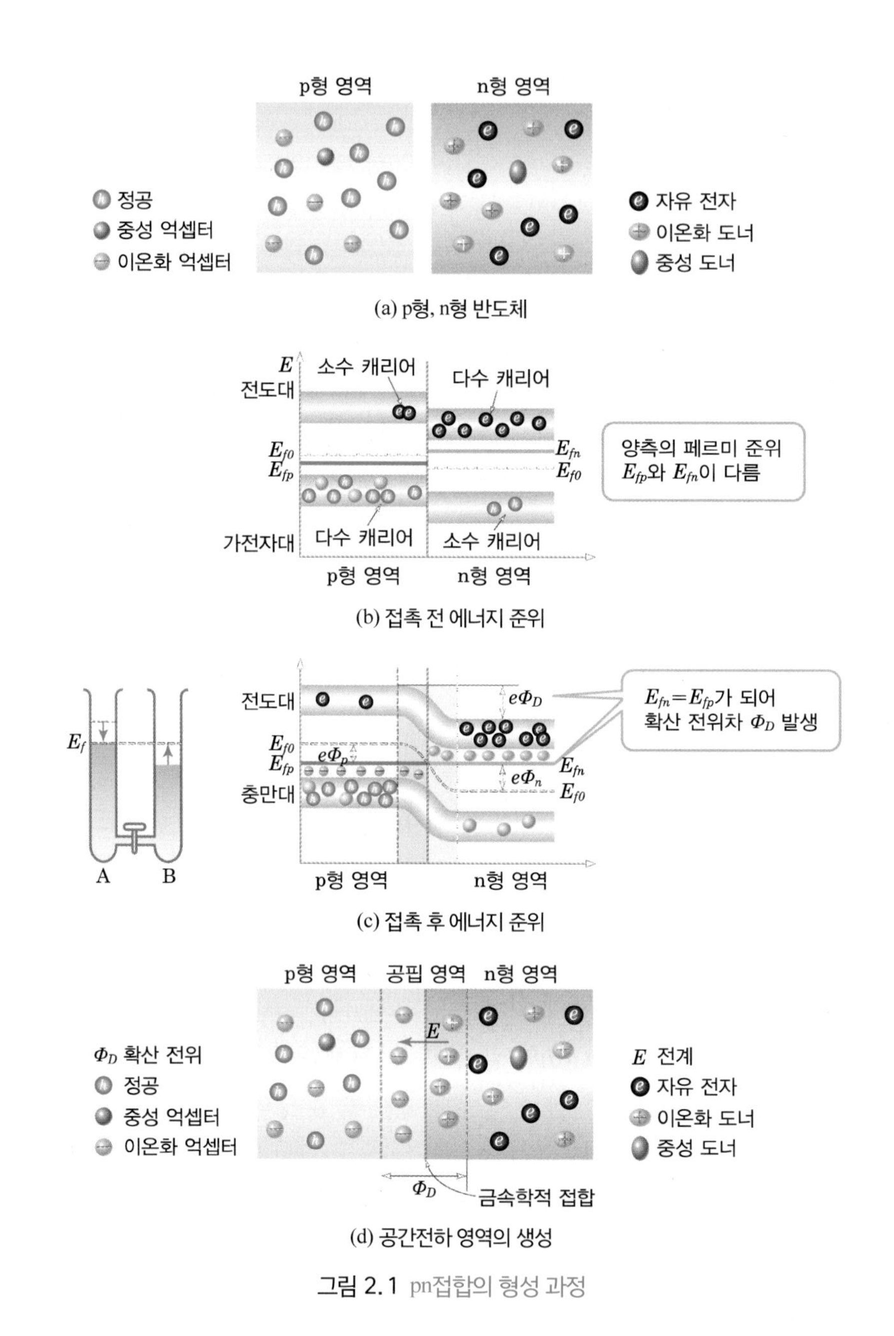

그림 2.1 pn접합의 형성 과정

state)인 열평형 상태thermal equilibrium로 된다. 여기서 이 전계가 존재한다는 것은 그림 (c)에서 나타낸 바와 같이 Φ_D라 하는 전위차가 생기는 것을 의미하며, 이 전위차를 확산전위(擴散電位diffusion potential) Φ_D 혹은 내부전위(內部電位built-in potential) V_{bi}라 한다.

이 전위에 상당하는 에너지 $e\Phi_D$는 n형 반도체에서 p형 반도체로 확산하는 전자를 막고, 또 p형 반도체에서 n형 반도체로 정공의 확산을 가로막는 에너지의 벽(壁)이 되기 때문에 전위 장벽(電位障壁potential barrier)이라고 한다.

이 전위는 그림 (c)에서와 같이

$$\Phi_D = V_{bi} = \Phi_n - \Phi_p = \frac{E_{fn} - E_{fo}}{e} - \left(-\frac{E_{fo} - E_{fp}}{e}\right) \tag{2.1}$$

로 주어진다. 여기서 E_{fo}는 진성 페르미 준위이다.

2. 확산 전위

p형 반도체와 n형 반도체를 접촉하여 생긴 도너 이온과 억셉터 이온에 의한 전위차 Φ_D를 구해 보자. 우선, 열평형 상태의 pn접합에서 진성 반도체의 캐리어 밀도intrinsic carrier density를 n_i, p_i라 하면 $np = n_i^2$에서

$$n_i = p_i = \sqrt{np} \tag{2.2}$$

이고, 진성 반도체의 페르미 준위를 E_{fo}라 하면

$$n_i = N_c \exp\left(\frac{E_{fo} - E_c}{kT}\right) \tag{2.3}$$

이고, 똑같이 p_i는 다음과 같이 나타낼 수 있다.

$$p_i = N_v \exp\left(\frac{E_v - E_{fo}}{kT}\right) \tag{2.4}$$

전도대의 전자 밀도 n과 가전자대 정공 밀도는 식 (1.14), 식 (1.18)에서

$$n = N_c \exp\left(\frac{E_{fn} - E_c}{kT}\right),\ p = N_v \exp\left(\frac{E_v - E_{fp}}{kT}\right) \tag{2.5}$$

로 나타냈다. 식 (2.3)과 식 (2.4), 식 (2.5)에서 각각

$$\begin{aligned} n &= n_i \exp\left(\frac{E_{fn} - E_{fo}}{kT}\right) \\ p &= p_i \exp\left(\frac{E_{fo} - E_{fp}}{kT}\right) \end{aligned} \tag{2.6}$$

이고 n형 반도체의 전자 밀도는 대부분 도너 원자 수에 기인된 것으로 $n \fallingdotseq N_d$로 놓으면

식 (2.6)의 n은

$$n \fallingdotseq N_d = n_i \exp\left(\frac{E_{fn} - E_{fo}}{kT}\right) \tag{2.7}$$

이다. 식 (2.7)에서 E_{fn}을 구하기 위해 양변에 자연대수 ln을 취하여 정리하면

$$E_{fn} = E_{fo} + kT\,ln\frac{N_d}{n_i} \tag{2.8}$$

이다. 같은 방법으로 E_{fp}를 구하면

$$E_{fp} = E_{fo} - kT\,ln\frac{N_a}{n_i} \tag{2.9}$$

이다. 식 (2.8)과 식 (2.9)를 식 (2.1)에 대입하여 정리하면

$$\begin{aligned}\Phi_D &= \frac{kT}{e}ln\frac{N_d N_a}{n_i^2} = \frac{kT}{e}ln\frac{p_{po}n_{no}}{p_{po}n_{po}}\\ &= \frac{kT}{e}ln\frac{p_{po}n_{no}}{p_{no}n_{no}}\end{aligned} \tag{2.10}$$

이고, 여기서 $n_{no} = N_d$, $p_{no} = n_i^2/N_d$, $p_{po} = N_a$, $n_{po} = n_i^2/N_a$이다. 여기서 n_{no}와 p_{no}는 열평형 상태에서 n형 반도체의 전자와 정공 밀도이며, p_{po}와 n_{po}는 p형 반도체의 정공과 전자 밀도를 각각 나타낸다. 식 (2.10)의 Φ_D가 접촉 전위(接觸電位)차 또는 확산 전위(擴散電位)차이다.

예제 2-1

계단 접합의 실리콘 pn접합에서 p 영역과 n 영역의 불순물 밀도가 각각 10^{17}[개/cm^3], 10^{16}[개/cm^3]일 때, 300[K]에서의 접촉 전위차(확산 전위차) Φ_D를 구하시오. (단, 상온에서 진성 캐리어 밀도는 $n_i = 1.5\times10^{10}$[개/cm^3]이다.)

접촉 전위차 Φ_D는

$$\begin{aligned}\Phi_D &= \frac{kT}{e}ln\frac{N_a N_d}{n_i^2}\\ &= 0.026\,ln\frac{10^{17}\times10^{16}}{(1.5\times10^{10})^2} = 0.026\,ln\frac{10^{33}}{2.25\times10^{20}} = 0.754\end{aligned}$$

$\therefore \Phi_D = 0.754$[V]

예제 2-2

실리콘(Si)의 pn접합에서 n형 반도체의 다수 캐리어와 p형 반도체의 소수 캐리어 밀도가 각각 1.75×10^{23}[개/m^3], 1.75×10^{17}[개/m^3]일 때 열평형 상태에서 확산 전위차 Φ_D는 얼마인가? (단, $n_i=1.5\times10^{16}[m^{-3}]$이고, 300[K]이다.)

열평형 상태의 확산 전위차 Φ_D는

$$\Phi_D=\frac{kT}{e}ln\frac{N_aN_d}{n_i^2}=\frac{kT}{e}ln\frac{p_{po}n_{no}}{p_{po}n_{po}}$$

$$=\frac{kT}{e}ln\frac{n_{no}}{n_{po}}$$

$$=0.026\,ln\frac{1.75\times10^{23}}{1.75\times10^{17}}=0.026\,ln10^6$$

$$=0.359$$

$$\therefore\ \Phi_D=0.359[V]$$

예제 2-3

$N_d=10^{23}[m^{-3}]$인 n형 실리콘과 $N_a=10^{23}[m^{-3}]$인 p형 실리콘의 페르미 준위 E_{fn}, E_{fp}는 각각 얼마인가? (단, $n_i=1.5\times10^{16}[m^{-3}]$, 실리콘의 금지대 폭은 1.12[eV]이다.)

$$E_{fn}=E_{fo}+\frac{kT}{e}ln\frac{N_d}{n_i}=\frac{1.12}{2}+0.026\,ln\frac{10^{23}}{1.5\times10^{16}}$$

$$\therefore\ E_{fn}=0.967[eV]$$

$$E_{fp}=E_{fo}-\frac{kT}{e}ln\frac{N_a}{n_i}=\frac{1.12}{2}-0.026\,ln\frac{10^{23}}{1.5\times10^{16}}=0.153$$

$$\therefore\ E_{fn}=0.153[eV]$$

3. 공핍층의 전계

공간 전하 영역에서 전하 밀도 ρ는 접합면에서 0이며, 접합면을 중심으로 p형 측은 부(負), n형 측은 정(正)의 이온 분포를 갖게 되는데, 이를 그림 2.2에 나타내었다. 이 전하의 밀도에 의한 x 지점의 전계의 세기 $E(x)$는 그림 2.3 (c)와 같다.

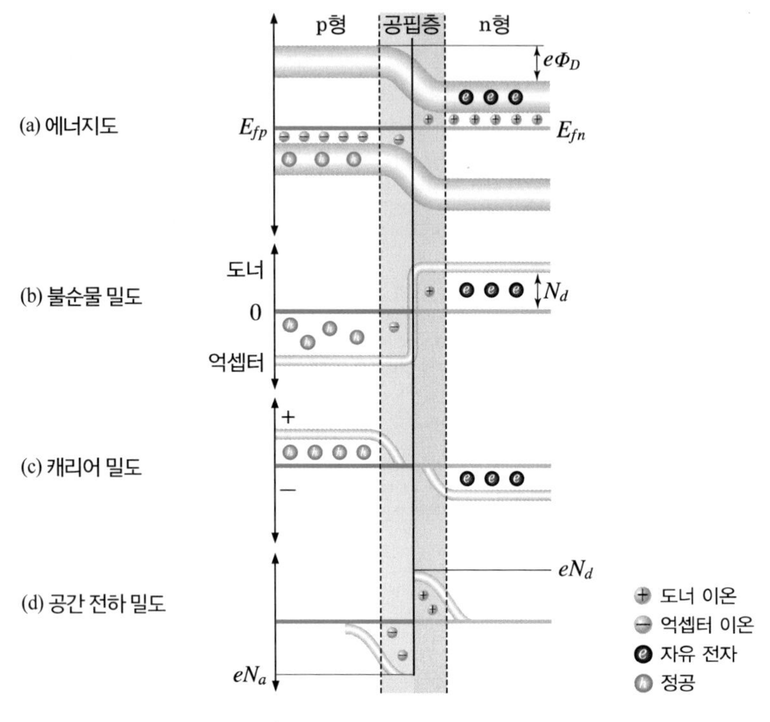

그림 2.2 pn접합의 불순물 분포

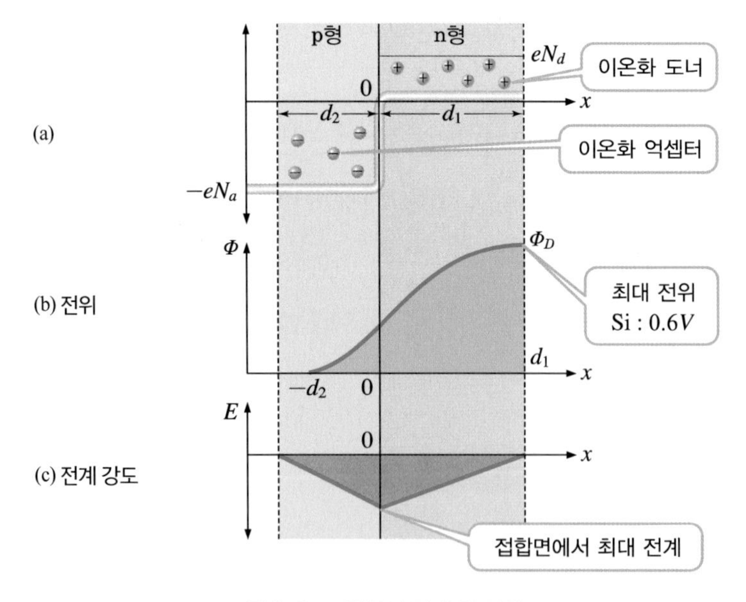

그림 2.3 pn접합의 전계 및 전위

전계의 분포는 전하 밀도 곡선의 적분값에 비례하여 쿨롱의 법칙을 전하 분포로 변형시킨 정전계(靜電界)의 기본식인 푸아송Poisson 방정식에서 얻을 수 있다.

$$\frac{d^2 V}{dx^2} = -\frac{\rho}{\varepsilon_o \varepsilon_s} \tag{2.11}$$

여기서 ε_o : 진공 중의 유전율(8.855×10^{-12}[F/m]) ε_s : 반도체의 비유전율

ρ : 전하 밀도 V : 임의의 x점의 전위

이다. 공간 전하 영역에서의 전하 밀도 ρ는 다음 두 가지 성분으로 되어 있다.

첫째는 정공 밀도 $p(x)$와 전자 밀도 $n(x)$ 즉

$$e(p(x) - n(x)) \tag{2.12}$$

이고, 둘째는 억셉터 이온 및 도너 이온에 의한 전하로서 p형 측에서는 $-eN_a$, n형 측에서는 $+eN_d$이다. 따라서 식 (2.11)은 다음과 같이 표시된다.

$$\begin{aligned} \frac{d^2 V}{dx^2} &= -\frac{e[p(x) - n(x) - N_a]}{\varepsilon_o \varepsilon_s} \quad \text{(p형 영역)} \\ &= -\frac{e[p(x) - n(x) + N_d]}{\varepsilon_o \varepsilon_s} \quad \text{(n형 영역)} \end{aligned} \tag{2.13}$$

접합면에서 정공 $p(x)$와 전자 $n(x)$가 없다고 가정하면, 식 (2.13)은

$$\begin{aligned} \frac{d^2 V}{dx^2} &= +\frac{eN_a}{\varepsilon_o \varepsilon_s} \quad \text{(p형 영역)} \\ &= -\frac{eN_d}{\varepsilon_o \varepsilon_s} \quad \text{(n형 영역)} \end{aligned} \tag{2.14}$$

이다. 전계의 세기 $E(x)$는 다음과 같이 주어지므로

$$E(x) = -\frac{dV(x)}{dx}$$

식 (2.14)는

$$\begin{aligned} \frac{dE}{dx} &= -\frac{eN_a}{\varepsilon_o \varepsilon_s} \quad \text{(p형 영역)} \\ &= +\frac{eN_d}{\varepsilon_o \varepsilon_s} \quad \text{(n형 영역)} \end{aligned} \tag{2.15}$$

로 나타낼 수 있다. p형 영역의 전계 분포는 식 (2.15)를 적분하면 된다. 즉,

$$E(x) = -\int \frac{eN_a}{\varepsilon_o \varepsilon_s} dx = -\frac{eN_a}{\varepsilon_o \varepsilon_s} x + C \tag{2.16}$$

이고, C는 적분상수이다. 지금 p형 영역의 공핍층 폭을 d_2라 하면 $x = -d_2$, $E(x = -d_2) = 0$인 경계 조건을 적용하여 적분 상수 C를 구하면, $C = -\frac{eN_a}{\varepsilon_o \varepsilon_s} d_2$이므로, p형 영역의 전계 분포 식 $E(x)$는

$$E(x) = -\frac{eN_a}{\varepsilon_o \varepsilon_s}(x + d_2) \tag{2.17}$$

이고, $x = 0$인 접합면의 전계의 세기 $E(x)$는

$$E(x)|_{x=0} = -\frac{eN_a}{\varepsilon_o \varepsilon_s} d_2 \tag{2.18}$$

로 되어 $x = 0$에서 전계 분포가 최대로 된다. 이와 같은 방법으로 n형 측의 공핍층 폭을 d_1이라 하면 n형 측의 전계 분포 $E(x)$는

$$E(x) = \frac{eN_d}{\varepsilon_o \varepsilon_s}(x - d_1) \tag{2.19}$$

이고, $x = 0$인 경계면에서 전계의 세기는

$$E(x)|_{x=0} = -\frac{eN_d}{\varepsilon_o \varepsilon_s} d_1 \tag{2.20}$$

이다. 식 (2.18)과 식 (2.19)를 같다고 놓으면 다음과 같다.

$$N_a d_2 = N_d d_1 \tag{2.21}$$

식 (2.21)은 불순물 밀도와 공핍층 폭과의 관계를 나타낸 것으로, 불순물 밀도가 높으면 폭이 얇아야 하고, 낮으면 폭이 두꺼워야 한다.

4. 전위 분포

공간 전하 영역의 전위 분포는 전계의 세기 $E(x)$를 적분하여 얻을 수 있다. 식 (2.17)에

서 $E(x) = -dV(x)/dx$의 관계를 적용하면

$$\frac{dV(x)}{dx} = \frac{eN_a}{\varepsilon_o \varepsilon_s}(x + d_2) \tag{2.22}$$

이다. $x = -d_2$에서 $V = 0$인 경계 조건을 적용하여 식 (2.22)를 적분하고, 적분 상수 C를 구하여 정리하면

$$V(x) = \frac{eN_a}{\varepsilon_o \varepsilon_s}\left(\frac{1}{2}x^2 + d_2 x + \frac{1}{2}{d_2}^2\right) \tag{2.23}$$

이다. 식 (2.23)은 적분 상수 $C = -\frac{eN_a d_2}{\varepsilon_o \varepsilon_s}$로 구한 것이다. 따라서 p형 측의 전위 분포에 대한 경계 조건을 이용하여 $x = 0$에서

$$V(x)|_{x=0} = \frac{eN_a}{\varepsilon_o \varepsilon_s}\frac{1}{2}{d_2}^2 \tag{2.24}$$

이고, 같은 방법으로 n형 측의 전위 분포는 식 (2.19)와 식 (2.24)로부터

$$V(x) = -\frac{eN_d}{\varepsilon_o \varepsilon_s}\left[\frac{1}{2}x^2 - d_1 x\right] + \frac{eN_a}{\varepsilon_o \varepsilon_s}\frac{{d_2}^2}{2} \tag{2.25}$$

으로 구해진다.

5. 공핍층의 폭

공간 전하 영역의 폭 d를 구해 보자. 식 (2.25)에서 $x = d_1$에서의 접촉 전위차 Φ_D를 구하면

$$\Phi_D = \frac{eN_d}{2\varepsilon_o \varepsilon_s}{d_1}^2 + \frac{eN_a}{2\varepsilon_o \varepsilon_s}{d_2}^2 \tag{2.26}$$

$$= \frac{e}{2\varepsilon_o \varepsilon_s}\left[N_d {d_1}^2 + N_a {d_2}^2\right]$$

이고, 식 (2.21)의 관계를 식 (2.26)에 대입하여 Φ_D에 관하여 정리하면

$$\Phi_D = \frac{eN_a}{2\varepsilon_o \varepsilon_s}{d_2}^2\left[1 + \frac{N_a}{N_d}\right] \tag{2.27}$$

$$\Phi_D = \frac{eN_d}{2\varepsilon_o \varepsilon_s} {d_1}^2 \left[1 + \frac{N_d}{N_a} \right] \tag{2.28}$$

이다. 따라서 식 (2.27)과 식 (2.28)을 d_1, d_2에 관하여 정리하면

$$d_2 = \sqrt{\frac{2\varepsilon_o \varepsilon_s}{eN_a(1+N_a/N_d)}} \sqrt{\Phi_D} \tag{2.29}$$

$$d_1 = \sqrt{\frac{2\varepsilon_o \varepsilon_s}{eN_d(1+N_d/N_a)}} \sqrt{\Phi_D} \tag{2.30}$$

이다. 식 (2.29)와 식 (2.30)의 합이 전체 공핍층 폭 d가 된다.

$$d = d_1 + d_2 = \sqrt{\frac{2\varepsilon_o \varepsilon_s \Phi_D}{e} \left[\frac{N_a + N_d}{N_a N_d} \right]} \tag{2.31}$$

식 (2.29), 식 (2.30)에서 d_2와 d_1의 비를 구하면

$$\frac{d_2}{d_1} = \frac{N_d}{N_a} \tag{2.32}$$

이고, 여기서 d_2/d_1은 억셉터 및 도너 불순물에 반비례하고 있음을 알 수 있다. 그러므로 p형 억셉터 밀도를 n형의 도너 밀도보다 강하게 도핑한 p^+n 접합의 경우 전체 공간 전하 영역의 폭 d는

$$d = d_2 + d_1 \fallingdotseq d_1 \tag{2.33}$$

이며, n형 측 공핍층 두께 d_1이 거의 전체 공핍층 두께가 되는 것이다.

예제 2-4

pn접합에서 $N_a = 10^{16}[\text{cm}^{-3}]$, $N_d = 10^{15}[\text{cm}^{-3}]$, $\Phi_D = 0.635[\text{V}]$일 때, 공간 전하 영역의 폭 d와 최대 전계 $E_{\max}$를 구하시오. 단, $\varepsilon_o = 8.85 \times 10^{-14}[\text{F/cm}]$, $\varepsilon_s = 11.9$이다.

공간 전하 영역의 폭에 관한 식 (2.31)에서

$$\begin{aligned} d &= \sqrt{\frac{2\varepsilon_o \varepsilon_s \Phi_D}{e} \left[\frac{N_a + N_d}{N_a N_d} \right]} \\ &= \sqrt{\frac{2(8.85 \times 10^{-14})(11.9)(0.635)}{1.6 \times 10^{-19}} \left[\frac{10^{16} + 10^{15}}{(10^{16})(10^{15})} \right]} = 0.951 \times 10^{-4}[\text{cm}] \end{aligned}$$

식 (2.30)에서 d_1은 0.864μm이고, 최대 전계는 pn접합부이므로 식 (2.20)에서

$$E_{\max} = -\frac{eN_d}{\varepsilon_o \varepsilon_s} d_1 = -\frac{(1.6\times10^{-19})(10^{15})(0.864\times10^{-4})}{(8.85\times10^{-14})(11.9)}$$

$$= -1.31\times10^{4}[\mathrm{V/cm}]$$

$\therefore d = 0.951[\mu\mathrm{m}]$

$\therefore E_{\max} = -1.31\times10^{4}[\mathrm{V/cm}]$

2.2 pn접합 다이오드

Semiconductor Device Engineering

1. 다이오드의 동작

그림 2.4에서 보여 주고 있는 작은 조각이 바로 다이오드$_{\text{diode}}$[2]라는 반도체 소자이다. 검은 띠는 두껍게, 은색 띠는 얇은 표식으로 나타내었다. 그냥 무늬라고 생각할 수 있으나, 여기에는 중요한 의미가 담겨 있다. 모든 다이오드는 이런 표식으로 나타낸다.

그림 2.4 다이오드의 모양

왜 이런 표식이 필요한지를 그림 2.5의 쥐덫을 이용하여 살펴보자.

지금은 찾아보기 어려운 것이겠으나, 옛날 농사짓던 시골에서 쥐는 곡식을 훔쳐먹거나 병원균을 옮기기 때문에 나쁜 동물로 취급하여 쥐잡기가 하나의 일과처럼 된 적이 있었다. 그래서 여기저기 쥐덫을 놓아 쥐를 잡았다. 쥐덫의 가장 큰 특징은 입구는 있으나, 출구는 없다는 것이다. 출구가 있으면 쥐가 빠져나갈 테니 말이다. 쥐는 쥐덫의 망 속에 있는 먹이를 먹는 순간 입구가 막혀 꼼짝없이 갇히게 되는 것이다.

그런데 쥐덫은 출구가 없으나, 다이오드는 출구가 있는 쥐덫에 비유할 수 있다. 이 말은

2 다이오드(diode) 전류를 한 방향으로만 흐르게 하고, 그 역방향으로 흐르지 못하게 하는 성질을 가진 반도체 소자를 다이오드라고 한다. 2극 진공관의 의미를 표시하는 경우도 있다. 다이오드의 전류를 한 방향만으로 흐르게 하는 작용을 정류라 하며, 교류를 직류로 변환할 때 쓰인다. 다이오드에는 이 정류용 다이오드가 흔히 쓰이지만 그 밖에도 여러 가지 용도가 있다.

그림 2.5 출구가 있는 쥐덫

입구로 들어갈 수는 있지만, 출구로 들어갈 수는 없다는 것이다. 쥐덫을 전기 회로, 쥐를 전류라고 생각해 보자.

쥐덫의 입구에 양(+)전기, 출구에 음(−)전기를 공급하면 쥐가 입구로 들어갈 테니 전류가 입구에서 출구로 흐를 것이다. 그러나 반대로 전기의 극성을 바꾸면 출구에서 입구로 전류가 흐르지 못할 것이다. 출구로는 쥐가 들어갈 수 없기 때문이다. 그래서 다이오드는 한 방향으로는 전류가 흐르나, 그 반대 방향으로는 전류가 흐르지 못하는 반도체 소자이다. 제품으로 나온 다이오드에는 그림 2.4와 같은 표식이 필요한 것이다. 양(+)전압이 연결될 곳은 두껍게, 음(−)전압이 연결될 곳은 얇은 표식을 하여 사용한다.

이제 다이오드에서 전류가 한 방향으로만 흐르는 원리를 살펴보자. 지금까지 살펴본 다이오드는 p형 반도체와 n형 반도체가 만나서 이루어진 것이다. 두껍게 표식한 부분이 p형 반도체이고 그 반대가 n형 반도체이다. 두 반도체가 만났으니, 이를 pn접합pn junction이라 하고, 이렇게 두 반도체가 접하여 만들어진 소자를 pn접합 다이오드pn junction diode라고 부르게 되었다.

p형 반도체에서는 정공, n형 반도체에서는 주로 자유 전자가 이동하여 전류가 만들어지는 것이다. 즉, 그림 2.7 (a)와 같이 p형 반도체에 양(+)전압, n형 반도체에 음(−)전압을 연결하면 자유 전자와 정공이 접합면을 자유롭게 서로 이동하여 전자와 정공을 합한 큰

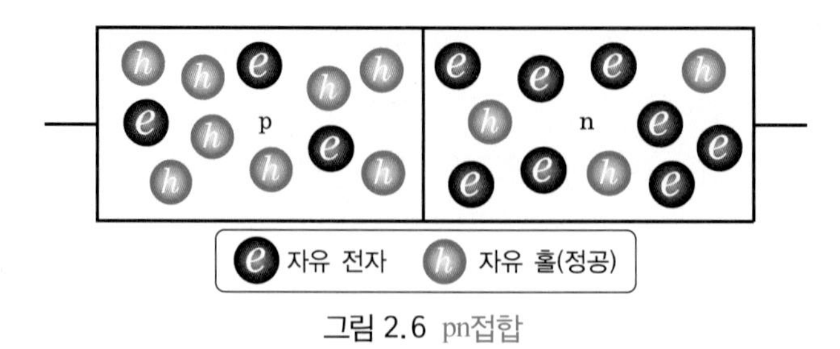

그림 2.6 pn접합

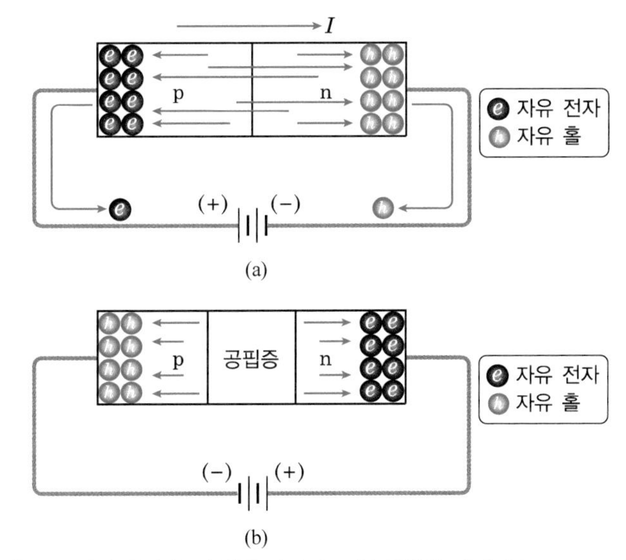

그림 2.7 전압 공급 (a) 순방향 바이어스 (b) 역방향 바이어스

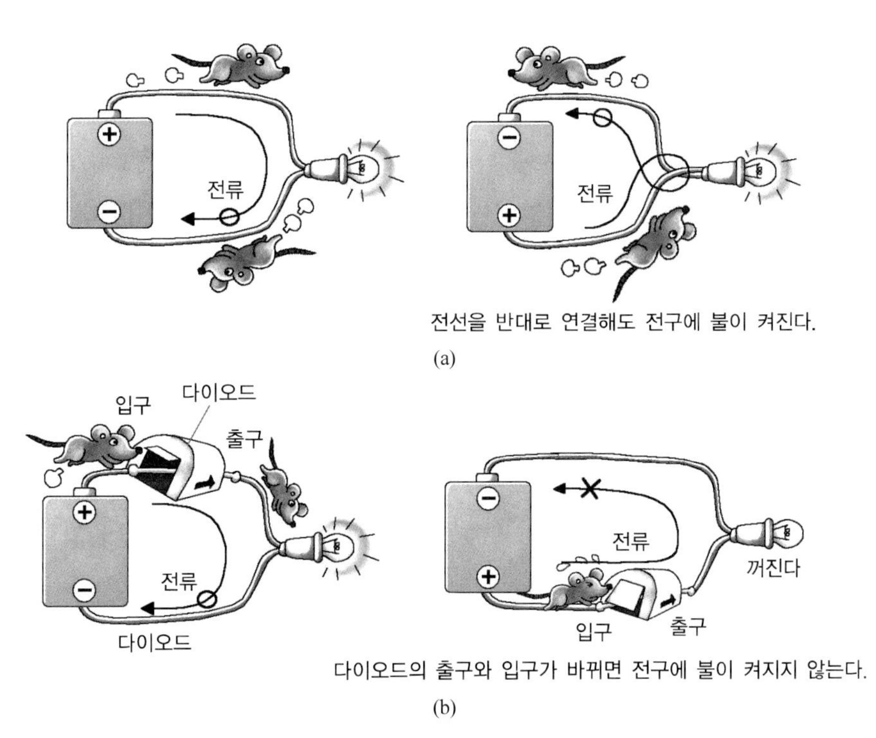

그림 2.8 (a) 전구와 (b) 다이오드 회로

전류가 흐르게 된다. 이렇게 전압을 공급하는 것을 순방향 바이어스forward bias라고 한다.

바이어스란 반도체 소자가 기본적인 동작을 하기 위하여 일정한 직류 전압을 공급해 주는 것을 말한다. 반대로 그림 2.7 (b)와 같이 p형 반도체에 음(−)전압, n형 반도체에 양(+)전압을 공급하면 p형 반도체에 있는 정공이 음(−)극, n형 반도체에 있던 자유 전자들이 양(+)극으로 옮겨 가는데, 이때 접합면에서는 어떤 강한 힘이 자유 전자와 정공의 이동을 막아 전류를 더 이상 흐르지 못하게 한다. 이를 역방향 바이어스reverse bias라고 한다. 그러니까 순방향 바이어스에서는 전류가 잘 흐르나, 역방향 바이어스에서는 전류가 흐르지 못하는 것이다.

우리가 그동안 많이 사용해 오던 전구와 비교하여 다이오드의 원리를 생각해 보자.

그림 2.8 (a)에서와 같이 전구는 전압을 어느 방향으로나 공급해도 불이 켜지지만, (b)와 같이 다이오드는 순방향 전압일 때만 불이 들어오는 것이 전구의 동작과 다른 점이다. 즉, 전구는 출구와 입구를 반대로 연결하여도 불이 들어오지만, 다이오드는 출구와 입구가 바뀌면 전구에 불이 들어오지 않는다.

2. 정류 특성

pn접합의 전기적 특성은 정류 특성rectification 즉, 한 방향으로는 전류가 잘 흐르나 반대 방향으로는 전류가 흐르지 못하는 것이다. 앞 절에서 기술한 pn접합에 외부에서 전압 v_D를 인가한 경우 어떤 전류가 흐르는지 생각해 보자.

그림 2.9 (a)와 같이 p형 반도체에 (+), n형 반도체에 (−) 전압을 인가한 경우를 순방향(順方向)[3] 바이어스forward bias한다고 한다. 이때 이 전압에 의해 ev_D만큼의 전위 장벽(電位障壁)이 낮아져 $e(\Phi_D - v_D)$로 된다. 따라서 전도대의 전자와 가전자대의 정공은 전압을 인가하기 전에 비하여 쉽게 장벽을 넘을 수 있다.

결국 전자와 정공은 pn접합의 공간 전하에 의해 만들어진 전위 장벽에 역행하여 각각 반대 측 영역으로 흐른다. 양측으로 들어간 전자와 정공은 드리프트drift 현상에 의해서 전자는 (+)전극으로, 정공은 (−)전극으로 이동하여 외부 회로(外部回路)에는 전자에 의한 전류와 정공에 의한 전류의 합 i_D가 흐르게 된다. 인가한 전압 v_D를 높여 주면 i_D는 급격히 커진다. 이때 $i_D - v_D$ 특성을 순방향 특성(順方向特性forward characteristics)이라고 한다. 그림 (b)에서와 같이 역방향으로 전압을 인가한 경우를 역(逆)바이어스reverse bias한다고 한다. 이 역방향 전압 v_D에 의해 페르미 준위는 ev_D만큼 차이가 생기고, 전위 장벽은 $e(\Phi_D + v_D)$만큼 높아지게 된다.

따라서 전자와 정공은 이 장벽을 넘어서 이동하기 어렵게 된다. 이 때 n형 반도체 내에

3 순방향 pn접합의 p형 쪽에 +, n형 쪽에 −의 전압을 인가하는 방향을 순방향이라고 하며, 보통의 pn접합에서는 이 방향이 전류가 잘 흐르는 방향이므로 이와 같이 부른다.

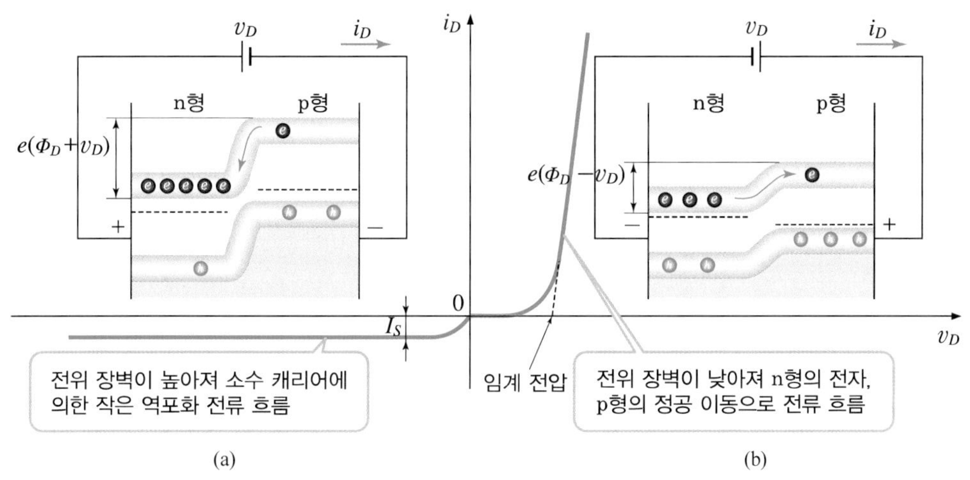

그림 2.9 pn접합의 정류 특성 (a) 순방향 (b) 역방향

는 도너(donor) 불순물에서 공급된 다수 캐리어인 전자 이외에 열적으로 여기되어 있는 소수 캐리어인 정공이 존재하고, 또 p형 반도체에서는 억셉터acceptor에서 공급된 정공 이외에 전자가 존재한다. 이들 소수 캐리어에 대하여 전위장벽은 장벽으로 작용하지 않기 때문에 이들 소수 캐리어의 이동으로 인한 미세한 전류가 형성된다. 이와 같이 소수 캐리어에 의해서 흐르는 전류를 역방향 전류(逆方向電流reverse saturation current)[4] I_s라 하며, 이때의 i_D-v_D특성을 역방향 특성(逆方向特性reverse characteristics)이라고 한다.

순방향 특성과 역방향 특성을 합한 특성이 pn접합의 전류－전압 특성($I-V$ 특성)이다. 이와 같이 순바이어스 상태에서는 전류가 흐르고, 역바이어스 상태에서는 전류가 거의 흐르지 않는다. 이 특성을 정류 특성(整流特性)이라 하고, 이 정류 특성을 갖는 소자가 pn접합 다이오드pn junction diode[5]이다.

3. pn접합 다이오드의 전류

앞 절에서 pn접합에 순바이어스로 하면 전류가 잘 흐르고, 그 역으로 하면 전류가 흐르지 않는다는 것을 확인하였다.

pn접합 다이오드에서 전류가 크게 흐르기 시작하는 전압을 임계 전압threshold voltage이라

4 역방향 전류 pn접합에서는 p 쪽에 정공, n 쪽에 전자를 다수 캐리어가 있어 역방향 전압을 가했을 때 접합부에 생긴 전기적 2중층이 전위 장벽으로 되어 다수 캐리어의 이동을 막는다. 역방향 전압을 걸었을 때 다수 캐리어에 의한 전류의 흐름은 발생하지 않게 되며, p 쪽의 전자, n 쪽의 정공인 소수 캐리어의 이동만으로 역방향 전류를 형성하게 된다.

5 pn접합 다이오드 다이 일렉트로드(di-electrode)를 줄인 말로, 일반적으로 반도체의 2극 소자를 가리키는 경우가 많으며, 그중에서도 pn접합 다이오드가 많으므로 흔히 다이오드라고 하면 pn접합 다이오드를 의미하기도 한다. 즉, 다이오드는 전류를 한쪽 방향으로만 흐르게 하는 두 단자 소자이다.

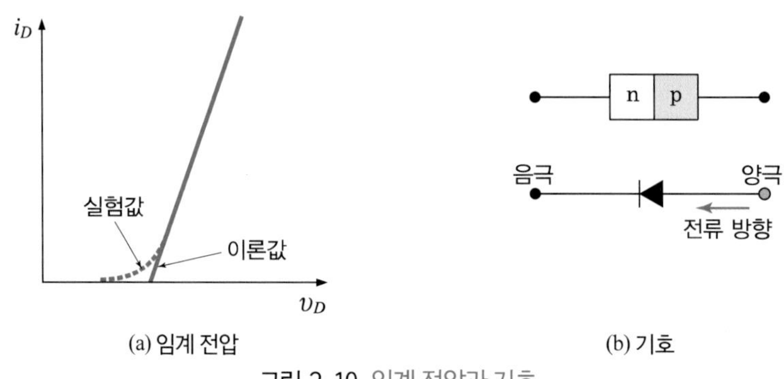

(a) 임계 전압

(b) 기호

그림 2. 10 임계 전압과 기호

하며, 이는 금지대 폭 E_g가 클수록 큰데 실리콘인 경우 0.6[V], 게르마늄은 0.4[V], 갈륨비소는 0.9[V] 정도이다. 그림 2.10에서는 임계 전압과 다이오드의 기호를 나타내었다.

이번에는 그 전륫값을 정량적(定量的)으로 구해 보자. 일반적으로 열평형 상태(熱平衡狀態)에서 n형 반도체의 전자, 정공 농도 n_{no}, p_{no}는

$$n_{no} = n_i \exp\left(\frac{e\Phi_n}{kT}\right)$$
$$p_{no} = n_i \exp\left(-\frac{e\Phi_n}{kT}\right) \tag{2.34}$$

으로 된다. 또 p형 반도체 중의 전자, 정공 밀도 n_{po}, p_{po}는

$$n_{po} = n_i \exp\left(\frac{e\Phi_p}{kT}\right)$$
$$p_{po} = n_i \exp\left(-\frac{e\Phi_p}{kT}\right) \tag{2.35}$$

이다. 식 (2.34), 식 (2.35)와 식 (2.1)과의 관계에서 소수 캐리어는 각각 다음과 같이 얻어진다.

$$n_{po} = n_{no} \exp\left(-\frac{e\Phi_D}{kT}\right) \tag{2.36}$$

$$p_{no} = p_{po} \exp\left(-\frac{e\Phi_D}{kT}\right) \tag{2.37}$$

그림 2.11에 나타낸 것과 같이 pn접합에 외부 전압 v_D을 인가하면 i_D 전류가 흐른다. 이 i_D 전류는 그다지 큰 전류는 아니며, 결국 n형 영역에서 접합을 통과하여 p형 영역으로 들어간 전자 농도 및 p형 영역에서 n형 영역으로 들어온 정공 밀도가 양측의 다수 캐리어

밀도에 비하여 충분히 작은 경우는 근사식으로 농도를 구할 수 있다.

$x=0$, $x'=0$에서 각각의 캐리어 밀도는 $n_p(o)$, $p_n(o)$는 식 (2.36), 식 (2.37)의 Φ_D을 $(\Phi_D - v_D)$로 치환하여 다음과 같이 주어진다.

$$\begin{aligned} n_p(o) &= n_n(o)\exp\{-e(\Phi_D - v_D)/kT\} \\ &= n_{no}\exp\{-e(\Phi_D - v_D)/kT\} \\ &= n_{po}\exp(ev_D/kT) \end{aligned} \tag{2.38}$$

$$\begin{aligned} p_n(o) &= p_p(o)\exp\{-e(\Phi_D - v_D)/kT\} \\ &= p_{po}\exp\{-e(\Phi_D - v_D)/kT\} \\ &= p_{no}\exp(ev_D/kT) \end{aligned} \tag{2.39}$$

p형 영역, n형 영역에는 각각 n_{po}, p_{no}의 소수 캐리어가 존재하고 있으며, 접합을 통하여 캐리어가 주입된다. 이 주입된 캐리어에 의하여 소수 캐리어가 증가하게 되어 결국 과잉 소수 캐리어excess minority carrier $n_p'(o)$, $p_n'(o)$가 된다.

$$n_p'(x=0) = n_p(o) - n_{po} = n_{po}\{\exp(ev_D/kT) - 1\} \tag{2.40}$$

$$p_n'(x'=0) = p_n(o) - p_{no} = p_{no}\{\exp(ev_D/kT) - 1\} \tag{2.41}$$

캐리어는 pn접합에서 생긴 전위 장벽을 통과해 간다. 그것에 의한 확산전류를 구하기 위하여는 캐리어의 공간 밀도를 구하지 않으면 안 된다. 정상 상태에 대하여 구하는 것이므로 $\dfrac{dn}{dt} = \dfrac{dp}{dt} = 0$로 하고, $x=0$ 또는 $x'=0$을 원점으로 한 각 중성 영역에서 밀도 분포를 구해야 하므로 이 영역 내에서는 중성(中性)이므로 전계 $E=0$로 한다.

또 외부에서의 에너지에 의한 캐리어 발생 비율은 없으므로 $G_p = G_n = 0$로 놓고, 이들 조건을 연속의 식에 적용하면 다음과 같은 간단한 연속의 식으로 된다.

$$\frac{d^2 n'}{dx^2} = \frac{n'}{D_n \tau_n} = \frac{n'}{l_n^2} \tag{2.42}$$

$$\frac{d^2 p'}{dx^2} = \frac{p'}{D_p \tau_p} = \frac{p'}{l_p^2} \tag{2.43}$$

여기서 $l_n = \sqrt{D_n \tau_n}$, $l_p = \sqrt{D_p \tau_p}$로 각각 전자, 정공의 확산 거리이다. 이 식의 일반해(一般解)는 A, B, C, D를 정수로 하여 정리하면

$$n'(x) = A\exp(-x/l_n) + B\exp(x/l_n) \tag{2.44}$$

$$p'(x) = C\exp(-x/l_p) + D\exp(x'/l_p) \tag{2.45}$$

이고, 여기서 $x \to \infty$, $x' \to \infty$에서 n', p'는 ∞로 되지 않으므로 $B = D = 0$이다.

$x = 0$, $x' = 0$에서의 $n'(o)$, $p'(o)$의 각각을 식 (2.40)과 식 (2.41)과 같다고 놓으면 A, C가 구해진다. 그 결과 각 중성 영역(中性領域)에서의 소수 캐리어의 공간 분포는 다음과 같다.

$$n_p(x) = n_{po}\{\exp(ev_D/kT) - 1\}\exp(-x/l_n) \tag{2.46}$$

$$p_n(x') = p_{no}\{\exp(ev_D/kT) - 1\}\exp(-x'/l_p) \tag{2.47}$$

pn접합을 통과하여 이동한 전자 밀도는 p 영역 중에서 식 (2.46)에 의해 그림 2.11과 같이 감소하고, 정공 밀도는 n 영역 중에서 식 (2.47)에 의해 그림과 같이 감소한다. 이와 같이 캐리어 밀도가 공간적으로 기울기를 가지고 있기 때문에 그 기울기에 비례한 확산전류가 그림 $i_n(x)$, $i_p(x')$와 같이 흐른다.

식 (2.46), 식 (2.47)의 각각을 다음 식에 대입하면

$$i_p(x') = -eD_p\frac{dp}{dx}$$

$$i_n(x) = eD_n\frac{dn}{dx}$$

$$i_n(x) = -e\frac{D_n}{l_n}n_{po}\left\{\exp\left(\frac{ev_D}{kT}\right) - 1\right\}\exp\left(\frac{x}{l_n}\right) \tag{2.48}$$

$$i_p(x') = -e\frac{D_p}{l_p}p_{no}\left\{\exp\left(\frac{ev_D}{kT}\right) - 1\right\}\exp\left(\frac{x}{l_p}\right) \tag{2.49}$$

이다. 전체 전류 밀도 j_D는 위 두 식의 합이 된다.

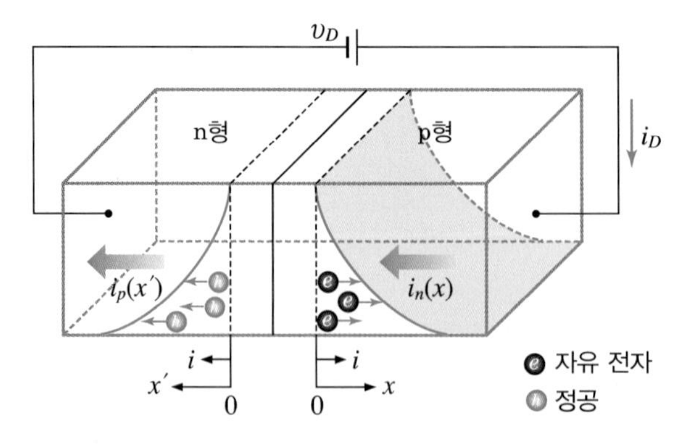

그림 2.11 중성 영역을 흐르는 확산전류

$$J_D = i_n(x) + i_p(x') = i_s\left\{\exp\left(\frac{ev_D}{kT}\right) - 1\right\} \qquad (2.50)$$

여기서 i_s는

$$i_s = -e\left(\frac{D_n}{l_n}n_{po} + \frac{D_p}{l_p}p_{no}\right) \qquad (2.51)$$

로서 역포화 전류 밀도(逆飽和電流密度)이다. 전류 밀도 j_D을 전류의 형으로 하기 위하여는 j_D에 접합 단면적 S를 곱해야 한다. 결국 $i_D = J_D S$, $I_s = i_s S$라 하면

$$i_D = I_s\left\{\exp\left(\frac{ev_D}{kT}\right) - 1\right\} \qquad (2.52)$$

이며, 식 (2.52)가 다이오드의 전류식이다. 여기서 I_s는 소수 캐리어에 의하여 흐르는 역포화 전류, k는 Boltzmann 상수, T는 절대 온도, v_D는 외부에서 공급한 전압이다.

예제 2-5

다음과 같은 실리콘 pn접합의 물리적 변수가 주어진 경우 이상적인 역포화 전류 I_s를 구하시오.

$N_a = N_d = 10^{16}[\text{cm}^{-3}]$, $n_i = 1.5\times10^{10}[\text{cm}^{-3}]$

$D_n = 25[\text{cm}^2/\text{sec}]$, $\tau_p = \tau_n = 5\times10^{-7}[\text{sec}]$

$D_p = 10[\text{cm}^2/\text{sec}]$, $\varepsilon_s = 11.9$, $S = 10^{-4}[\text{cm}^2]$

$T = 300[\text{K}]$

역포화 전류 밀도 i_s는

$$i_s = \frac{eD_n n_{po}}{l_n} + \frac{eD_p p_{no}}{l_p}$$

이고, 이를 다시 표현하면

$$i_s = en_i^2\left[\frac{1}{N_a}\sqrt{\frac{D_n}{\tau_n}} + \frac{1}{N_d}\sqrt{\frac{D_p}{\tau_p}}\right] = 4.15\times10^{-11}[\text{A/cm}^2]$$

$$\therefore\ i_s = 4.15\times10^{-11}[\text{A/cm}^2]$$

역바이어스의 역포화 전류 밀도는 대단히 적다. pn접합의 단면적이 $S = 10^{-4}[\text{cm}^2]$인 경우 역포화 전류 I_s는

$$\therefore\ I_s = i_s\times S = 4.15\times10^{-15}[\text{A}]$$

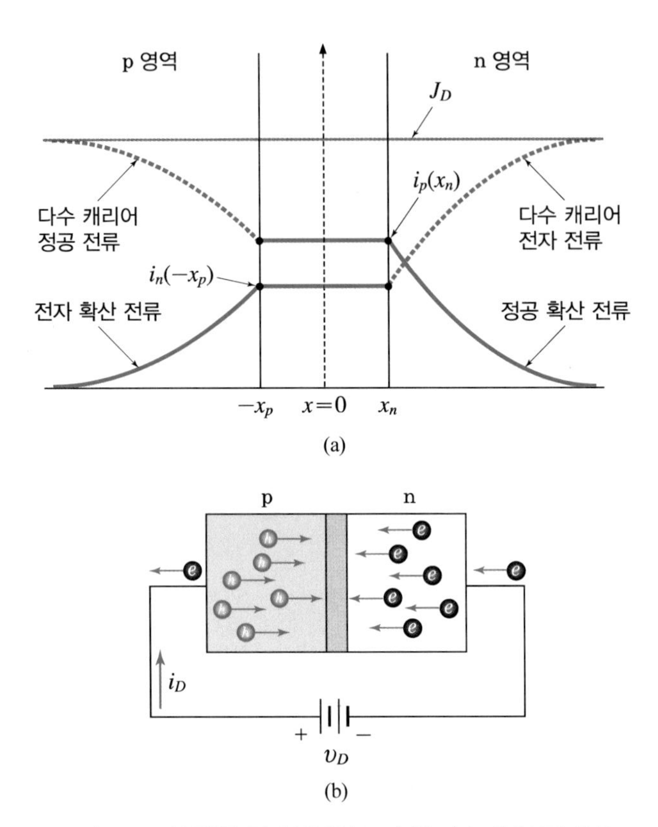

그림 2.12 (a) 정공, 전자 전류의 크기 (b) 다수 캐리어의 흐름

그림 2.12는 정공 및 전자에 의한 전류의 크기를 나타낸 것이다.

예제 2-6

연습문제 2-5의 물리적 변수를 갖는 pn접합에서 전계의 크기를 계산하시오. (단, T=300[K]이고 v_D=0.65[V], μ_n=1,500[cm²/V·s]이다.)

$$i_D = I_s\left[\exp\left(\frac{ev_D}{kT}\right)-1\right] \text{에서}$$

$$=(4.15\times10^{-15})\left[\exp\left(\frac{0.65}{0.025}\right)-1\right]=3.29[\mathrm{A/cm^2}]$$

$i_D = i_n \fallingdotseq e\mu_n N_d E$ 에서

$$E=\frac{i_D}{e\mu_n N_d}=\frac{3.29}{(1.6\times10^{-19})(1500)(10^{16})}=1.37[\mathrm{V/cm}]$$

$$\therefore\ E=1.37[\mathrm{V/cm}]$$

예제 2-7

300[K]에서 저항률이 $\rho_p = 10^{-3}[\Omega \cdot m]$인 p형 실리콘과 $\rho_n = 10^{-2}[\Omega \cdot m]$인 n형 실리콘의 pn접합에서 0.518[V]의 전압을 인가하였다. n 영역에 주입된 정공 밀도 p을 구하시오. (단, $\mu_n = 0.1[m^2/V \cdot s]$이다.)

$p = p_{no}\left[\exp\left(\frac{ev_D}{kT}\right) - 1\right]$, $n_{no} = \frac{1}{e\mu_n\rho_n}$, $p_{no} = \frac{n_i^2}{n_{no}}$ 에서

$$n_{no} = \frac{1}{e\mu_n\rho_n} = \frac{1}{1.6\times 10^{-19}\times 10^{-1}\times 10^{-2}} = 6.25\times 10^{21}[m^{-3}]$$

$$p_{no} = \frac{n_i^2}{n_{no}} = \frac{(1.5\times 10^{16})^2}{6.25\times 10^{21}} = 0.36\times 10^{11}[m^{-3}]$$

$\therefore p = 1.75\times 10^{19}[m^{-3}]$

예제 2-8

300[K]의 실리콘 pn접합 다이오드에서 포화 전류 $I_s = 1.48\times 10^{-13}[A]$, 순방향 전류 $i_D = 4.42\times 10^{-1}[A]$일 때, 순방향 전압 v_D를 구하시오.

$i_D = I_s\left[\exp\left(\frac{ev_D}{kT}\right) - 1\right]$ 에서

$$ln\left(\frac{i_D}{I_s} + 1\right) = \frac{ev_D}{kT} \text{ 이고, } v_D = \frac{kT}{e} ln\left(\frac{i_D}{I_s} + 1\right) = 0.744$$

$$\therefore v_D = 0.744[V]$$

4. pn접합 다이오드의 정특성

pn접합 다이오드에 바이어스 전압 v_D을 공급한 경우 다이오드에 흐르는 전류 i_D는 식 (2.52)에 의하여

$$i_D = I_s\left[\exp\left(\frac{ev_D}{kT}\right) - 1\right] \tag{2.53}$$

로 표시된다. 여기서 I_S는 역포화 전류로서

$$I_s = eS\left[\frac{D_p p_{no}}{l_p} + \frac{D_n n_{po}}{l_n}\right] = eS\left[\frac{l_p p_{no}}{\tau_p} + \frac{l_n n_{po}}{\tau_n}\right]$$
$$= eS\left[\frac{D_p}{N_d l_p} + \frac{D_n}{N_a l_n}\right] n_i^2 \tag{2.54}$$

이다. 식 (2.54)의 첫째 항은 정공, 둘째 항은 전자에 의하여 형성된 전류의 크기를 나타낸다.

$v_D > 0$인 순바이어스의 경우 전류 i_D는 바이어스 전압 v_D의 증가에 따라 증가한다. $v_D \gg \exp(ev_D/kT)$인 범위에서 식 (2.53)의 제2항은 무시할 수 있으므로

$$i_D \fallingdotseq I_s \exp\left(\frac{ev_D}{kT}\right) \tag{2.55}$$

의 근사식을 얻을 수 있다. 식 (2.55)에서 다이오드 전류 i_D는 외부의 공급 전압 v_D에 따라 지수함수적으로 증대함을 알 수 있다. $v_D < 0$인 역바이어스의 경우는 $v_D \gg (kT/e)$으로 지수함수항이 1보다 훨씬 적으므로 다이오드 전류 i_D는

$$i_D \fallingdotseq -I_s \tag{2.56}$$

로 된다. 따라서 큰 역바이어스를 공급한 경우는 바이어스 전압과는 무관한 역포화 전류 reverse saturation current I_S만 존재하게 된다.

그림 2.13은 다이오드의 정특성 곡선을 나타낸 것이다.

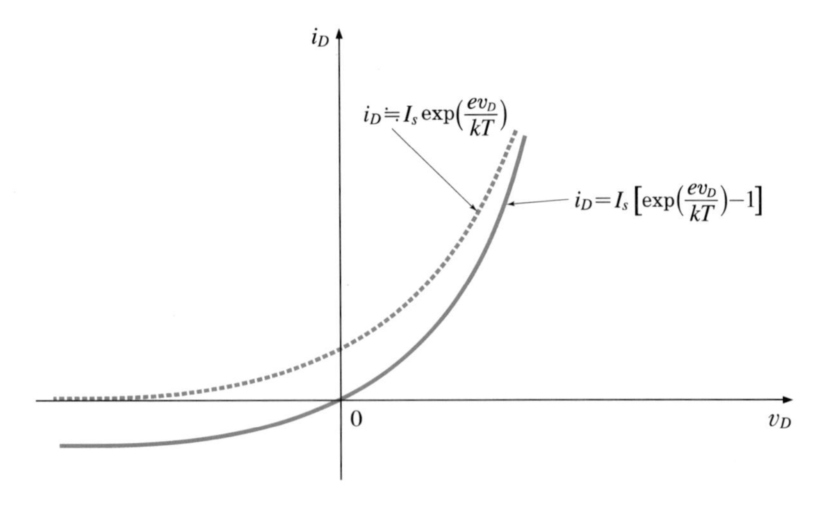

그림 2.13 다이오드의 정특성 곡선

5. 공핍층 영역의 변화

pn접합 다이오드에 외부에서 순바이어스 전압을 공급하면 식 (2.29), 식 (2.30)에서

$$d_2 = \sqrt{\frac{2\varepsilon_o \varepsilon_s}{eN_a(1+N_a/N_d)}}\ \sqrt{\Phi_D - v_D} \qquad (2.57)$$

$$d_1 = \sqrt{\frac{2\varepsilon_o \varepsilon_s}{eN_d(1+N_d/N_a)}}\ \sqrt{\Phi_D - v_D} \qquad (2.58)$$

로 나타낼 수 있다. 식 (2.57)과 식 (2.58)에서 역바이어스 전압인 경우는 $-v_D$ 대신에 $+v_D$를 대입한다. 또한 p^+n 다이오드($N_a \gg N_d$)인 경우

$$d = d_2 + d_1 \fallingdotseq d_1 = \sqrt{\frac{2\varepsilon_o \varepsilon_s}{eN_d}}\ \sqrt{\Phi_D - v_D} \qquad (2.59)$$

이다. 결국 순바이어스($v_D > 0$)의 경우 공핍층의 폭 d_2, d_1은 좁아지며, 반대로 역바이어스($v_D < 0$)의 경우는 넓어지게 된다.

예제 2-9

pn접합부에 역바이어스 전압 $V_R = -5$[V]를 인가하고, $N_a = 10^{16}$[cm^{-3}], $N_d = 10^{15}$[cm^{-3}], $\Phi_D = 0.635$[V]일 때, 공간 전하 영역의 폭 d를 계산하시오. (단, $\varepsilon_o = 8.85\times10^{-14}$[F/cm], ε_s = 11.9이다.)

$$d = \sqrt{\frac{2(8.85\times10^{-14})(11.9)(0.635+5)}{1.6\times10^{-19}}\left[\frac{10^{16}+10^{15}}{(10^{16})(10^{15})}\right]} = 2.83\times10^{-4}$$

$$\therefore d = 2.83[\mu\text{m}]$$

예제 2-10

Si pn접합 다이오드의 역방향 전압을 변화시키며 공핍층 용량을 측정하였더니, 40[pF]에서 10[pF]로 변화하였다. 이때 공핍층의 변화 폭은 얼마인가? (단, 접합 면적 $S = 8\times10^{-7}$[m^2]이다.)

$$d = \frac{\varepsilon S}{C_d} = \frac{11.8\times8.85\times10^{-12}\times8\times10^{-7}}{40\times10^{-12}} - \frac{11.8\times8.85\times10^{-12}\times8\times10^{-7}}{10\times10^{-12}}$$

$$= 2.09 \sim 8.35\times10^{-6}$$

$$\therefore d = 2.09 \sim 8.35[\mu\text{m}]$$

2.3 다이오드의 커패시터

Semiconductor Device Engineering

1. 접합 커패시터

pn접합에서는 다음에 기술하는 두 종류의 용량이 존재한다. 첫째는 pn접합부에서 생기는 공간 전하 영역(空間電荷領域)이 고정된 이온의 형태로 전하를 축적하여 생기는 용량으로 공핍층 용량(空乏層容量depletion layer capacitance)이 그것이다.

둘째는 n 영역에서 pn접합을 통하여 p 영역으로 주입된 전자는 소수 캐리어이므로 정공에 포획되어 재결합하여 결국 소멸하지만 완전하게 소멸하지 않는 시간 범위에서는 어느 정도 전하를 축적할 수 있게 된다. 이와 같이 축적된 전자의 개수에 상당하는 용량이 있다. 이 값은 다이오드에 가해진 순바이어스 전류의 크기에 의해서 변화한다. 이것을 확산 용량(擴散容量diffusion capacitance)이라고 한다. 확산 용량은 C_{dn}과 C_{dp}로 주어지는데, n형 영역에서 $C_{dn} = dQ_p/dV$, p형 영역에서 $C_{dp} = dQ_n/dV$이다.

2. 공핍층 커패시터

그림 2.14 (a)는 pn접합 다이오드를 역바이어스한 때의 공간 전하와 공핍층을 나타낸 것이다. 다이오드에 인가한 전압 v_D가 dV 만큼 변화한 때에 공간 전하량이 dQ 만큼 변화한다면, 공핍층 용량 C_d는

$$C_d = \frac{dQ}{dV} \tag{2.60}$$

에 의해 구해진다. 이때 이 공간 전하 영역 내의 고정된 이온의 전하밀도는 불순물 밀도에서 미리 결정되기 때문에 전압 V만큼 값이 변화되어도 변화하지 않는다. 그러나 dQ도 변화하지 않는 것은 아니다. 이는 공간 전하 영역의 폭이 변화하기 때문이다. 결국 이온에 의한 전하를 받아들이는 용기의 체적이 변화하기 때문에 그 영역 내의 총전하량 dQ가 변화하게 되어 용량 C_d가 생기게 되는 것이다.

다음에는 이 용량을 계산해 보자. 그림 (b)에 나타낸 것과 같이 공핍층의 n 영역에는 도너 이온에 의한 eN_d의 +전하가 생성되고, p 영역 측에는 억셉터 이온에 의한 전하가 생성되어 있다. 이와 같이 전하가 존재하고 있는 영역에서의 전위 V는 전하밀도를 ρ라 하면, 식 (2.11)과 같이 푸아송 방정식으로 주어지고, n 영역의 공핍층의 폭을 d_1이라 하면 식 (2.58)과 같이 d_1이 구해진다.

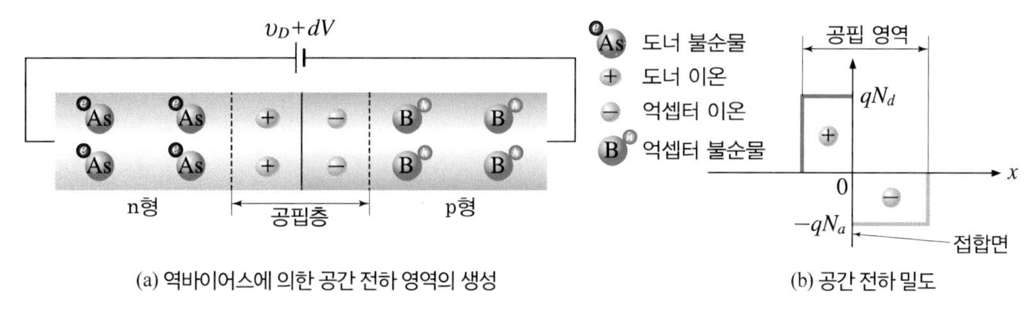

(a) 역바이어스에 의한 공간 전하 영역의 생성

(b) 공간 전하 밀도

그림 2.14 역바이어스에 의한 공간 전하의 생성

이제 전극 면적을 S라 하면 공핍층 내 n 측의 + 전하의 전체 전하량 Q는

$$Q = eN_d d_1 S = \sqrt{\frac{2eN_aN_d}{N_a+N_d}}\sqrt{\Phi_D - v_D}\, S \tag{2.61}$$

이며, p 영역의 부(負)이온의 전전하(全電荷)도 이와 같다.

외부 전압 v_D를 변화시키면 Q가 변화하고, 접합부는 이 때문에 공핍층 용량을 갖게 된다. 이때 용량 C_d는

$$C_d = \frac{dQ}{d(\Phi_D + v_D)} = \sqrt{\frac{e\varepsilon_o\varepsilon_s N_aN_d}{2(N_a+N_d)}}\frac{1}{\sqrt{\Phi_D - v_D}}\, S \tag{2.62}$$

이며, 용량 C_d는 $1/\sqrt{v_D}$에 비례하고 있음을 알 수 있다. 식 (2.57), 식 (2.58)에서 전체 공핍층의 폭 d는

$$d = d_1 + d_2 = \sqrt{\frac{2\varepsilon_o\varepsilon_s(N_a+N_d)}{eN_aN_d}}\sqrt{\Phi_D - v_D}$$

이고 식 (2.62)를 공핍층 폭 d로 표현하면

$$C_d = \frac{\varepsilon_o\varepsilon_s S}{d} \tag{2.63}$$

이다. 위의 식과 같이 나타내는 것은 이 용량이 그림 2.15 (a)와 같이 유전율이 $\varepsilon_o\varepsilon_s$이고, 두께가 d인 실리콘(Si) 결정 재료를 면적이 S인 전극판으로 한 정전 용량과 등가인 것을 의미한다. 이 용량은 식 (2.62)에서와 같이 외부에서 인가한 전압 v_D의 증가에 따라 감소한다.

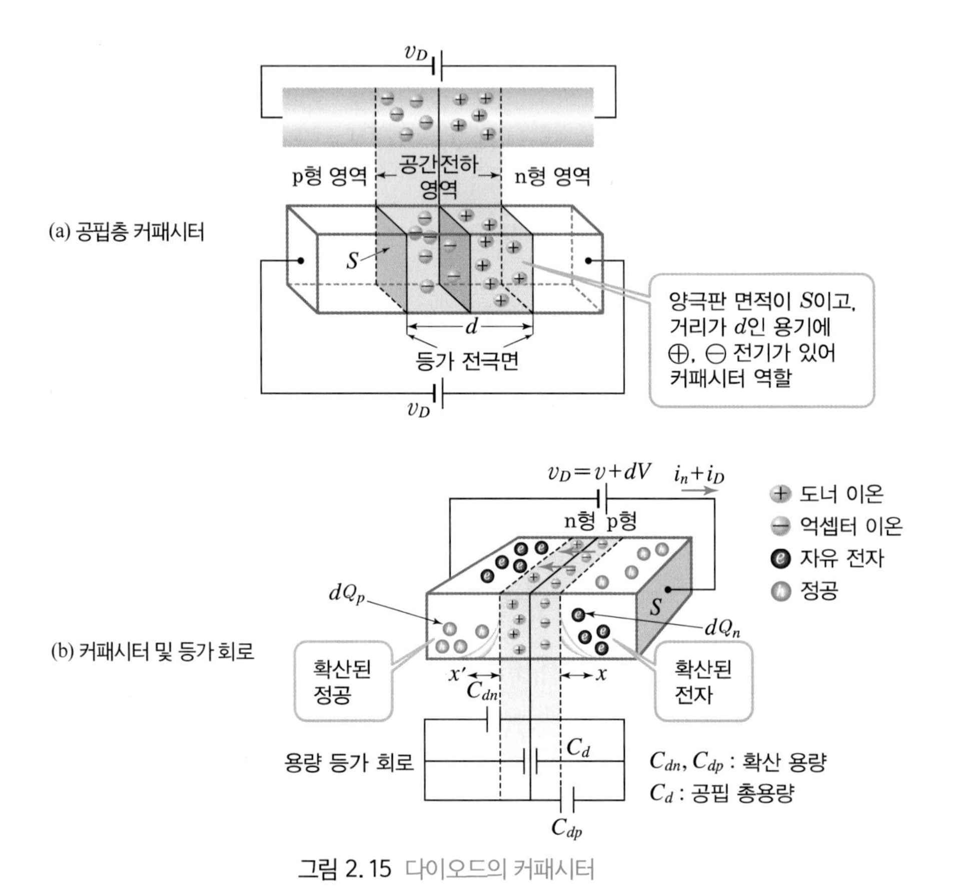

그림 2.15 다이오드의 커패시터

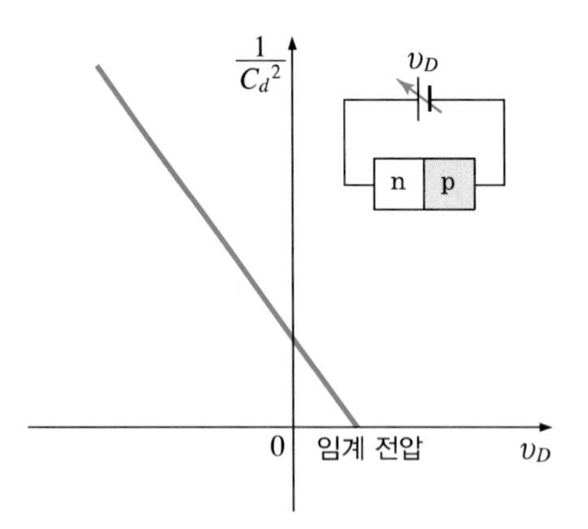

그림 2.16 커패시터와 전압 관계

이와 같이 다이오드 양단에 역바이어스를 인가한 경우 외부에서 공급한 전압에 의하여 그 용량값이 변화한다. 즉, 가변 커패시터variable capacitor가 얻어진다. 그림 (b)는 확산 및 전체 커패시터의 등가 회로를 보여 주고 있다.

이제 식 (2.62)를 변형하고 역바이어스를 공급하면

$$\frac{1}{{C_d}^2} = \frac{2(N_a + N_d)}{S^2 e\,\varepsilon_o \varepsilon_s N_a N_d}\{\Phi_D - (-v_D)\} \tag{2.64}$$

이고, $1/C_d^2$과 v_D의 관계를 그림 2.16에 나타내었다. 그림에서 직선의 기울기는 불순물 밀도와 관계가 있으며 그 직선과 v_D축과의 교차점은 임계 전압이다.

예제 2-11

계단형 pn접합에 역방향으로 -8[V]를 인가한 경우 공핍층 용량 C_d와 폭 d는 얼마인가? (단, n 영역과 p 영역의 불순물 밀도는 각각 10^{26}[m^{-3}], 10^{23}[m^{-3}]이고, 확산 전위차는 0.992[V], 접합 면적은 10^{-7}[m^2]이다.)

(1) 용량 : C_d

$$C_d = S\sqrt{\frac{e\,\epsilon_o \epsilon_s N_a N_d}{2(N_a + N_d)}}\ \frac{1}{\sqrt{\Phi_D - (-v_D)}}$$

$$= 10^{-7}\sqrt{\frac{1.6\times10^{-19}\times8.85\times10^{-12}\times11.9\times10^{23}\times10^{26}}{2(10^{23}+10^{26})}}\ \sqrt{\frac{1}{0.992-(-8)}}$$

$$= 30.5\times10^{-12}$$

$\therefore\ C_d = 30.5$[pF]

(2) 공핍층 폭 : d

$$d = \sqrt{\frac{2\varepsilon_o \varepsilon_s (N_a + N_d)}{e(N_a N_d)}}\ \sqrt{\Phi_D - (-v_D)}$$

$$= \sqrt{\frac{2\times8.85\times10^{-12}\times11.9\times(10^{23}+10^{26})}{1.6\times10^{-19}(10^{23}\times10^{26})}}\ \sqrt{0.992-(-8)}$$

$$= 3.43\times10^{-7}[\mathrm{m}]$$

$\therefore\ d = 0.343[\mu\mathrm{m}]$

예제 2-12

연습문제 2-11의 다이오드를 평행 평판 커패시터capacitor로 생각하여 공핍층 폭 d를 구하시오.

$$d = \frac{\varepsilon_o \varepsilon_s S}{C} = \frac{8.855 \times 10^{-12} \times 11.9 \times 10^{-7}}{30.5 \times 10^{-12}} = 0.345 \times 10^{-6}$$

$$\therefore d = 0.345 [\mu\text{m}]$$

2.4 항복 현상

Semiconductor Device Engineering

이상적인 pn접합에서 역바이어스 전압은 소자를 통하여 작은 역포화 전류를 흐르게 한다. 그러나 역바이어스 전압이 서서히 증가하여 어떤 전압에 도달하면 역바이어스 전류는 급격하게 증가하게 된다. 이 점에서의 공급전압을 항복 전압breakdown voltage[6]이라 하며, 그림 2.17에서와 같이 역포화 전류 $I_R = -I_s$는 역방향 전압의 임계 전압 V_{BR}까지는 성립하지만, 이 이상이 되면 전류가 급격히 증가하는 현상이 발생한다. 이 물리적 현상을 항복 현상 혹은 절연파괴 현상이라 한다. pn접합에서 역바이어스에 의한 항복 현상은 두 가지 물리적 메커니즘에 의하여 발생한다. 즉, 제너 항복zener breakdown과 애벌란시 항복avalanche breakdown이 그것이다.

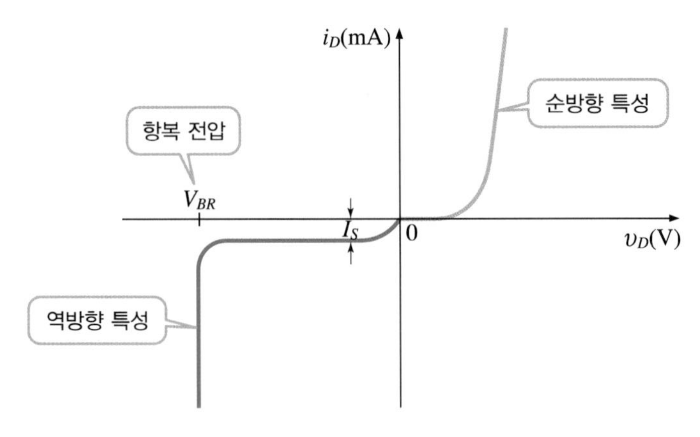

그림 2.17 다이오드의 전류-전압 특성

6 항복 전압 p-n 접합 다이오드에 과도한 역방향 전압을 가했을 때 어느 한계를 넘으면 역방향 전류가 급격히 증가하게 되는데, 이 현상을 breakdown 또는 접합의 항복이라고 하며, 이 한계 전압을 브레이크다운 전압이라고 한다. 반도체 소자에 이 전압을 초과하는 전압을 가하면 소자가 파괴된다.

1. 애벌란시 항복

공간 전하 영역에 역바이어스를 인가한 경우 n 영역에서 열생성된 정공이 공핍층 내의 전계에서 얻은 운동 에너지로 p 영역을 향하여 진행하게 된다. 이때 높은 에너지를 얻은 정공은 결정격자(結晶格子)와 충돌하여 전자-정공쌍을 만들면서 공유 결합의 전자를 전도대로 올리고 이온화시킨다. 마찬가지로 p형 중성 영역에서 열생성된 전자가 공간전하 영역을 통하여 n 영역으로 진행할 때에도 충돌에 의한 전자-정공쌍이 만들어진다. 이를 그림 2.18 (a)에 나타내었다.

이와 같이 원래의 캐리어와 이온화에 의해 생성된 캐리어들이 이동하면서 연쇄 충돌 과정이 일어나 보다 많은 캐리어들이 급속히 증가하여 큰 전류를 형성하게 된다. 이 과정을 그림 (b)에 나타내었다. 이와 같이 충돌에 의하여 캐리어가 증가하는 현상을 애벌란시 항복이라 한다.

역전압이 증가하면 전계가 강해지고 동시에 공간 전하 영역의 폭이 넓어지므로 이온화 과정이 발생할 수 있는 비율도 높아진다.

역전류 I_R와 I_s와의 관계는

$$I_R = \frac{I_s}{1-\left(\dfrac{V_R}{V_{BR}}\right)^m} = MI_s \tag{2.65}$$

이고, 전자 증가율 M은 위의 식에서

$$M = \frac{1}{1-\left(\dfrac{V_R}{V_{BR}}\right)^m} \tag{2.66}$$

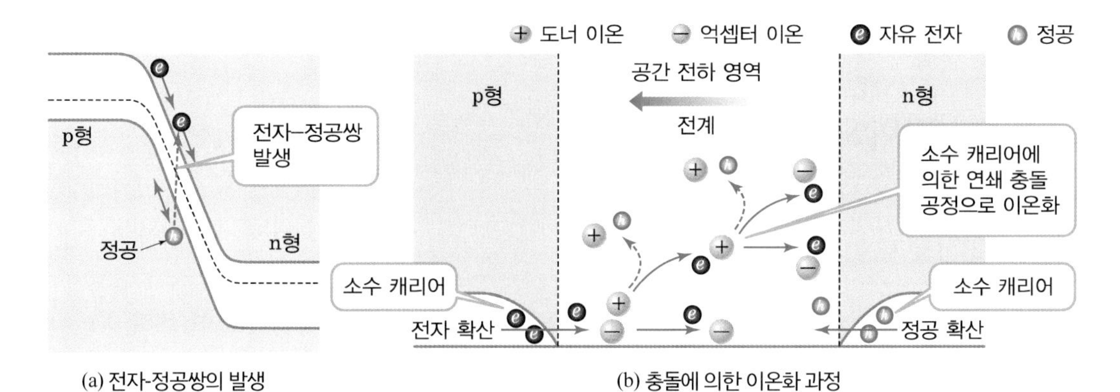

(a) 전자-정공쌍의 발생　　(b) 충돌에 의한 이온화 과정

그림 2. 18 애벌란시 항복 현상

이다. 여기서 V_{BR}는 항복 전압이고, V_R는 역바이어스 전압, m은 재료의 종류에 따라 정해지는 정수로서 2.5~6 사이의 값을 갖는다.

2. 제너 항복

pn접합 양측에 불순물 함유량이 많은 경우 공핍층의 폭이 대단히 좁아지고, 작은 역전압에 의해서도 10^6[V/cm] 정도의 강전계가 생긴다. 이 전계에 의하여 캐리어들이 충돌한 후 이온화되기도 하며, 또 양자역학적 터널 효과에 의하여 p 측의 공유 결합대의 전자가 n 측의 전도대로 흐르는 양이 많게 된다. 이것을 그림 6.19에 에너지 상태로 나타내었다.

강역전계(强逆電界)에서 공핍층의 중앙부 C, D점에서 최대 전계가 가해져 전자는 C→D로 금지대의 에너지 장벽을 뚫고 이동한다. 이 현상이 제너 항복zener breakdown이다. 전자가 에너지를 얻어 결정격자와 충돌하여 전자-정공쌍을 만드는 것은 그림에서 C→D 방향이나 D→C 방향에는 에너지가 필요하지 않고 열전자 방사(熱電子放射)와 같이 통과하여 이동하기 때문에 터널 효과tunnel effect라고도 한다.

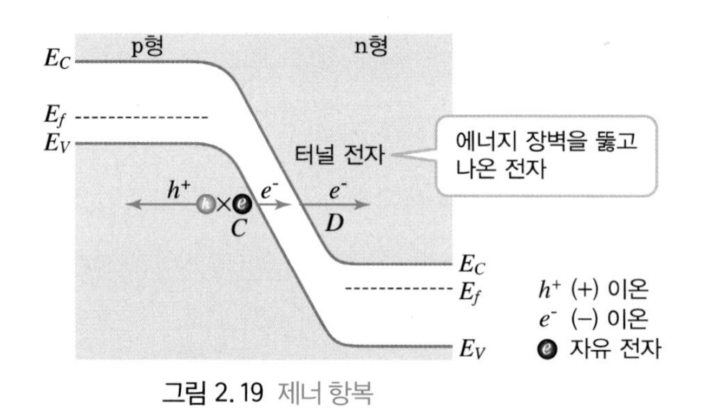

그림 2.19 제너 항복

2.5 다이오드의 응용

Semiconductor Device Engineering

1. 다이오드의 저항

실리콘 반도체 다이오드 회로에 순방향 직류 전압을 인가하면 시간에 따라 변하지 않는 특성곡선이 만들어지는데, 이를 그림 2.20에 나타내었다. 특성 곡선에서 임계 전압 근처의 만곡부 부근 아래의 저항은 수직 상승 부분에 비하여 크게 된다.

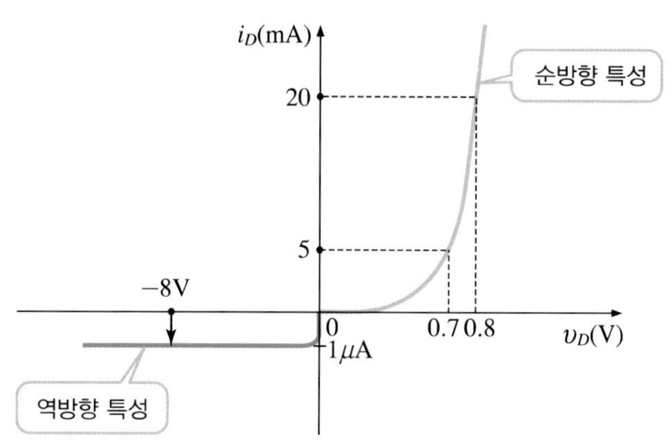

그림 2.20 다이오드의 특성 곡선 예

역방향 전압의 경우는 pn접합의 장벽 높이가 깊어지므로 저항은 매우 크다. 다이오드의 직류저항 R_D는 다음 식으로 구할 수 있다.

$$R_D = \frac{V_D}{I_D} \tag{2.67}$$

예제 2-13

그림 2.20의 다이오드 특성 곡선에서 (1) I_D=5[mA] (2) I_D=20[mA] (3) V_D=−8[V]일 때 직류 저항을 구하시오.

(1) $I_D = 5[\text{mA}]$일 때, $V_D = 0.7[\text{V}]$이므로

$$R_D = \frac{V_D}{I_D} = \frac{0.7[\text{V}]}{5[\text{mA}]} = 140[\Omega]$$

(2) $I_D = 20[\text{mA}]$일 때, $V_D = 0.8[\text{V}]$이므로

$$R_D = \frac{V_D}{I_D} = \frac{0.8[\text{V}]}{20[\text{mA}]} = 40[\Omega]$$

(3) $V_D = 8[\text{V}]$이므로

$$R_D = \frac{V_D}{I_D} = \frac{8[\text{V}]}{1[\mu\text{A}]} = 8 \times 10^6[\Omega]$$

이제, 교류 전압인 정현파를 다이오드 회로에 인가한 경우를 살펴보자. 입력이 시간에 따라 변하는 교류 신호가 공급되면 특성 곡선의 동작점이 변하게 된다. 지금 그림 2.21

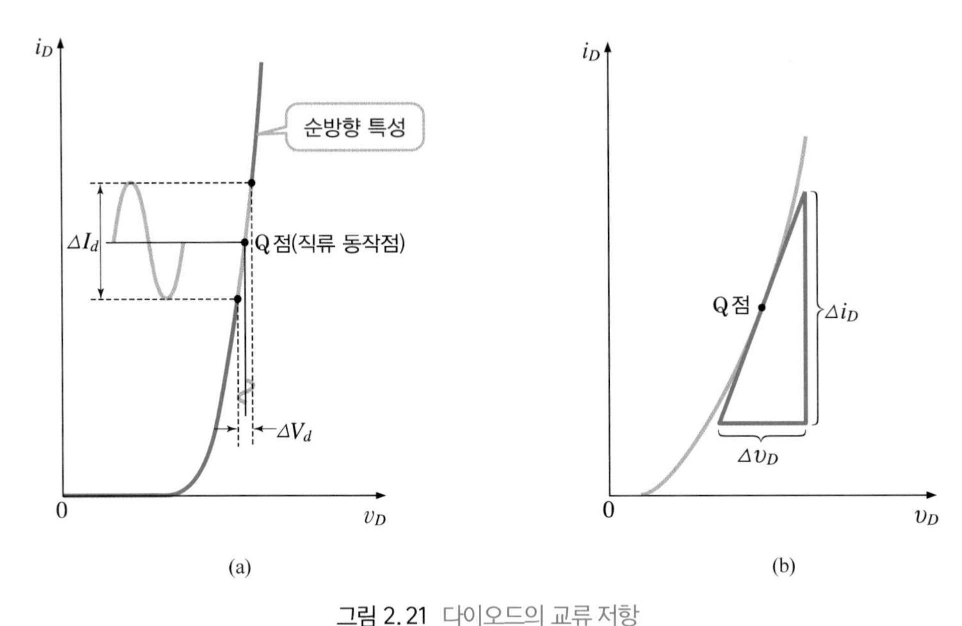

그림 2.21 다이오드의 교류 저항

(a)에서와 같이 전류와 전압이 변한다. 변화하지 않는 직류 신호가 인가된 경우 그림 (a)의 Q점(Q-point)에 정지하게 된다.

그러나 교류 신호의 경우, 그림 (b)와 같이 전류와 전압의 변화량이 발생하게 되는데, 이 변화의 비에 해당하는 저항을 교류 저항AC resistance 또는 동적 저항dynamic resistance이라고 한다. 전압과 전류의 변화량이 Q점을 중심으로 적게 변화하도록 해야 한다. 기울기가 클수록 Δi_D의 변화에 대하여 Δv_D의 변화가 적어 저항이 적게 된다. 교류 저항을 r_d라 하면

$$r_d = \frac{\Delta v_D}{\Delta i_D} \tag{2.68}$$

$$= \frac{1}{di_D/dv_D} = \frac{kT/e}{I_s \exp\left(\frac{ev_D}{kT}\right)} = \frac{kT/e}{i_D + I_s} = \frac{\eta V_T}{i_D + I_s} \tag{2.69}$$

이 되며, η는 상수로서 1이다. 이때 $i_D \gg I_s$인 경우는 다음과 같다.

$$r_d \fallingdotseq \frac{kT/e}{i_D} = \frac{\eta V_T}{i_D} \tag{2.70}$$

예제 2-14

실리콘의 pn접합 다이오드에 교류 신호를 공급한 경우 상온에서 순방향 전류가 26[mV]로 측정되었다. 동저항 r_d은 얼마인가?

$r_d = \frac{dv_D}{di_D} \fallingdotseq \frac{\eta V_T}{i_D}$ 이고 300K에서 $V_T = \frac{kT}{e} \fallingdotseq 26$ [mV]

$$\therefore r_d = \frac{\eta V_T}{i_D} = \frac{1 \times 26[\mathrm{mV}]}{26[\mathrm{mA}]} = 1[\Omega]$$

2. 제너 다이오드 회로

pn접합에서 비교적 적은 역방향 전압에서는 전류의 변화가 크게 나타나지 않으나, 매우 큰 역방향 전압을 인가하면 그림 2.22와 같이 어느 영역에서 매우 급격한 전류 변화가 나타난다. 이렇게 급격한 전류 변화가 일어나는 역방향 전압이 제너 전압zener voltage이며, V_Z로 나타내었다.

이제, 항복 전압 V_Z를 p형과 n형 실리콘 재료에 불순물 농도를 증가시켜 특성 곡선을 수직적으로 만들 수 있다. 항복 영역을 −5[V] 정도의 매우 낮은 수준으로 감소하면 제너 항복이 전류의 급격한 변화에 관여하게 된다. 이는 원자 내부의 결합력을 깰 수 있는 강한 전계가 접합 영역에서 일어나 캐리어를 발생시키기 때문이다.

제너 항복은 V_Z가 낮은 수준에서 전류 변화에 관여하는 것이지만, 어느 수준에서 전류 특성의 급격한 변화가 일어나는 영역이 제너 영역이며, 이 부분의 특성을 이용하는 pn접합이 제너 다이오드zener diode이다.

제너 다이오드는 일반적으로 전압 조정 회로에 사용되고 있다. 가장 단순한 제너 다이오드 회로를 그림에서 보여 주고 있는데, 이를 해석하여 보자.

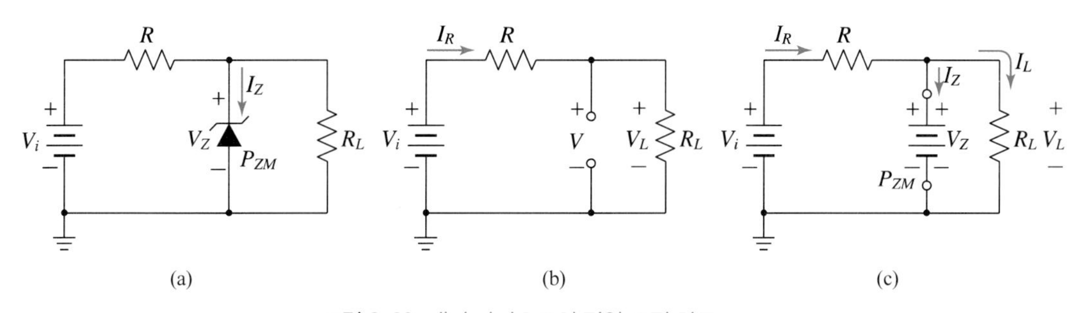

그림 2.22 제너 다이오드의 전압 조정 회로

제너 다이오드를 제거하여 개방된 상태에서 전압을 인가하여 제너 다이오드 양단의 전압을 구하면 전압 분배 법칙에 의하여

$$V_L = \frac{V_i R_L}{R + R_L} \tag{2.71}$$

이 된다. 여기서 $V \geqq V_Z$의 조건에서 제너 다이오드는 도통(ON), $V < V_Z$이면 차단(OFF) 상태가 된다. ON 상태의 경우, 그림 (c)와 같은 등가 회로를 얻을 수 있다. 다이오드와 부하 저항 양단의 전압은 같고, 제너 다이오드 전류는 키르히호프 전류 법칙에 따라

$$I_Z = I_R - I_L \tag{2.72}$$

제너 다이오드에 소모되는 전력은

$$P_Z = V_Z I_Z \tag{2.73}$$

이다.

예제 2-15

다음과 같이 제너 다이오드를 이용한 전압 조정 회로가 도통 상태로 되기 위한 입력 전압의 범위를 구하시오.

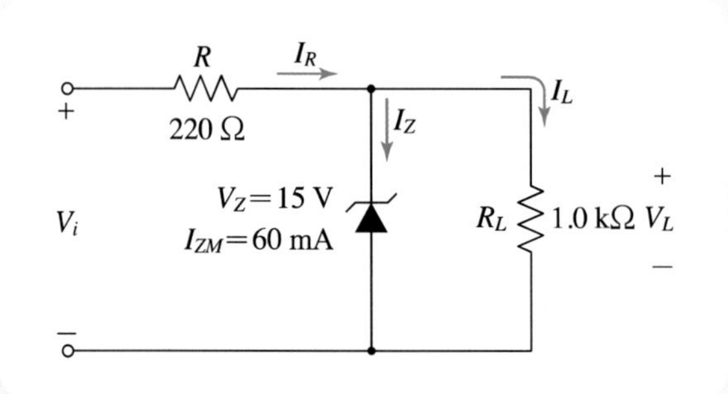

(1) 입력 최소 전압 $V_{i\min}$

$$V_{i\min} = (R_L + R) \times \frac{V_Z}{R_L}$$

$$= 1.0[\mathrm{K\Omega}] + 0.22[\mathrm{K\Omega}] \times \frac{15[\mathrm{V}]}{1.0[\mathrm{K\Omega}]} = 18.3[\mathrm{V}]$$

(계속)

(2) 저항 R에 흐르는 최대 전류 $I_{R\max}$

$$I_L = \frac{V_Z}{R_L} = \frac{15[\mathrm{V}]}{1.0[\mathrm{K\Omega}]} = 15.0[\mathrm{mA}]$$

$$I_{R\max} = I_{ZM} + I_L = 60[\mathrm{mA}] + 15.0[\mathrm{mA}] = 75.0[\mathrm{mA}]$$

(3) 입력 최대 전압 $V_{i\max}$

$$V_{i\max} = I_{R\max}R + V_Z$$
$$= (75.0[\mathrm{mA}])(0.22[\mathrm{K\Omega}]) + 15[\mathrm{V}] = 31.5[\mathrm{V}]$$

(4) 따라서 출력 전압에 대한 입력 전압의 범위는 다음과 같다.

$$V_i = 18.3[\mathrm{V}] \sim 31.5[\mathrm{V}]$$

3. 전파 정류 회로

전파 정류full wave rectification 회로는 정현파 신호를 입력 회로에 공급하여 출력에서 직류에 가까운 전압의 형태를 얻는 회로를 말한다. 가장 일반적인 전파 정류 회로를 그림 2.23에서 보여 주고 있는데, 다이오드 네 개가 브리지 형태로 구성되어 정류하므로 브리지 정류기 bridge rectifier라 하기도 한다.

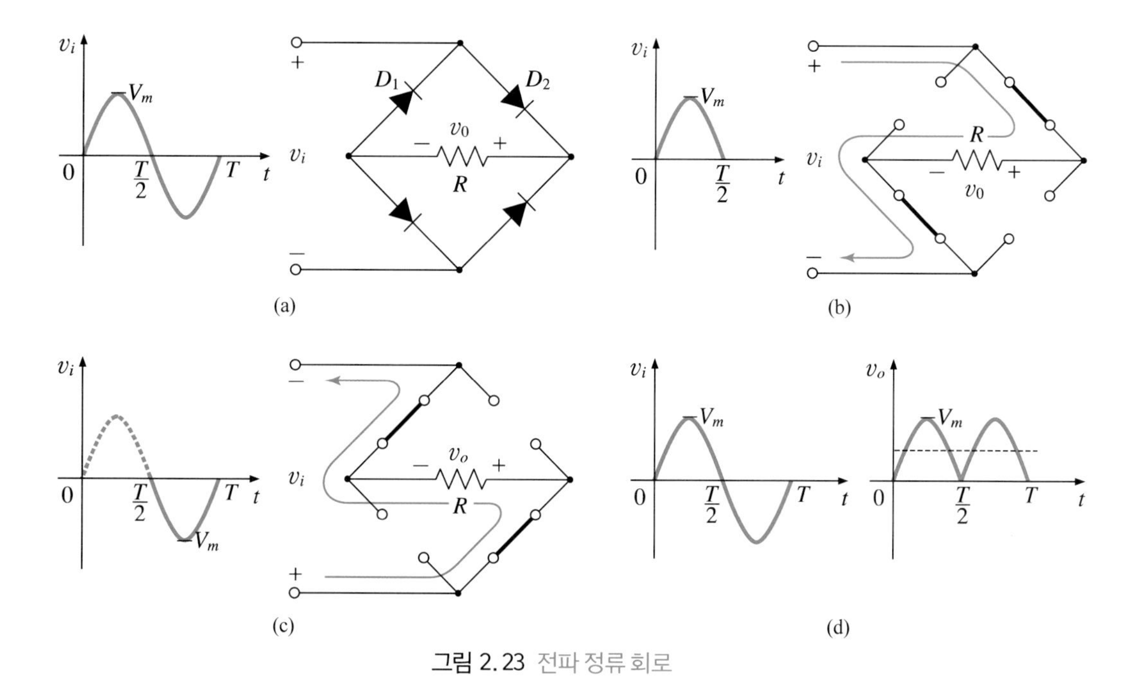

그림 2.23 전파 정류 회로

그림 (b)에서 나타낸 바와 같이 D_2, D_3가 도통(ON) 상태로 되어 전류가 이 경로를 통하여 입력 전압의 정(+)의 반주기 동안이 출력에 나타난다. 그림 (c)에서는 입력의 부(−)의 반주기 동안을 나타낸 것인데, D_1, D_4가 도통되어 반파가 출력에 나타난다. 결국, 그림 (d)와 같은 전파 정류된 출력을 얻을 수 있게 된다.

4. 클리퍼와 클램퍼

클리퍼clipper는 입력되는 교류 파형의 일정 부분을 제거하고 남은 부분을 출력에 나타나도록 하는 회로를 말하는데, 다이오드를 이용하여 회로를 구성할 수 있다.

그림 2.24 (a)에서는 정현파 입력이 인가되어 일정 부분이 제거되고 나머지가 출력에 나타나는 회로를 보여 주고 있는데, 출력은 저항 R 양단에 나타난다. 이제, 입력 전압 v_i가 정(+)의 반주기 동안에 직류 전원이 다이오드를 ON 되도록 하고, 직류 전원이 음(−)이면 다이오드가 OFF 되기 전에 5[V]의 직류 공급 전원이 넘치게 되어 이만큼 상승하는 효과가 있다. −5[V]보다 더 작은 입력 전압에서 다이오드는 개방 회로 상태가 되어 출력은 0[V]가 된다.

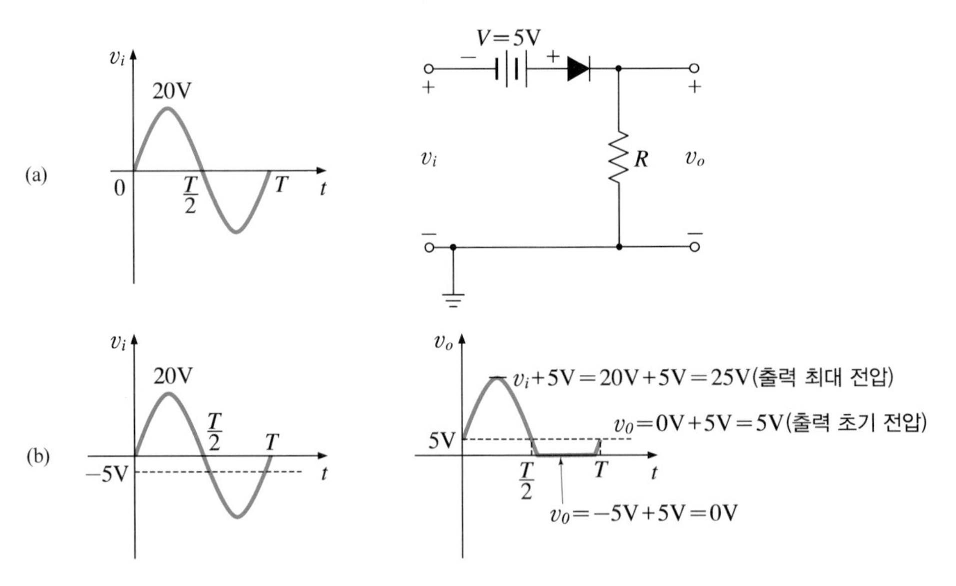

그림 2.24 다이오드를 이용한 클리퍼

예제 2-16

다음 회로에서 다음과 같은 구형파 펄스를 입력한 경우 출력 전압을 구하시오.

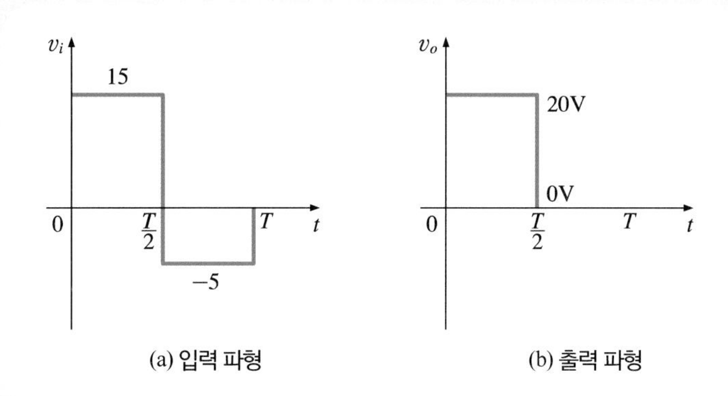

(a) 입력 파형　　(b) 출력 파형

입력의 정(+)의 반주기인 입력 전압 $v_i = 15[V]$에서 다이오드는 단락 상태가 되어 출력은 $15[V] + 5[V] = 20[V]$로 나타난다. 부(−)의 반주기인 $-5[V]$에서는 다이오드가 개방 상태이므로 0[V]이다. 결국, 위의 그림 (b)와 같은 파형을 얻게 된다.

한편, 클램퍼clamper는 인가된 신호의 모양을 바꾸지 않고, 파형을 다른 직류값으로 변위(變位) 이동시키는 데 쓰이는 회로이다. 그림 2.25에서 정현파 입력을 갖는 클램퍼의 예를 보여 주고 있다.

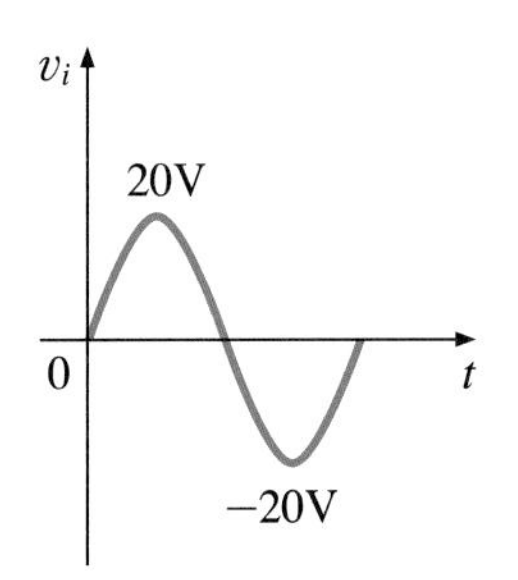

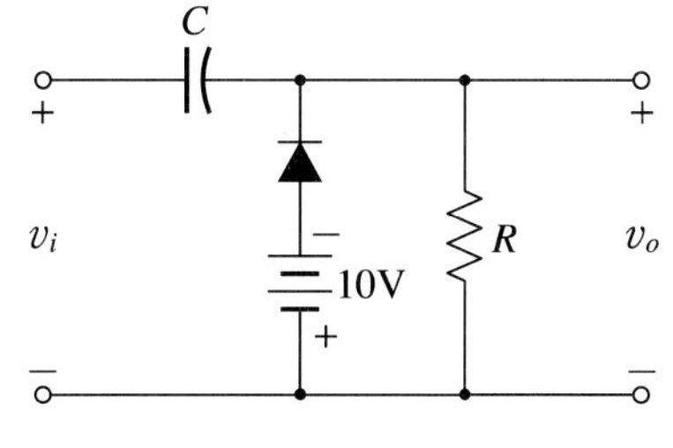

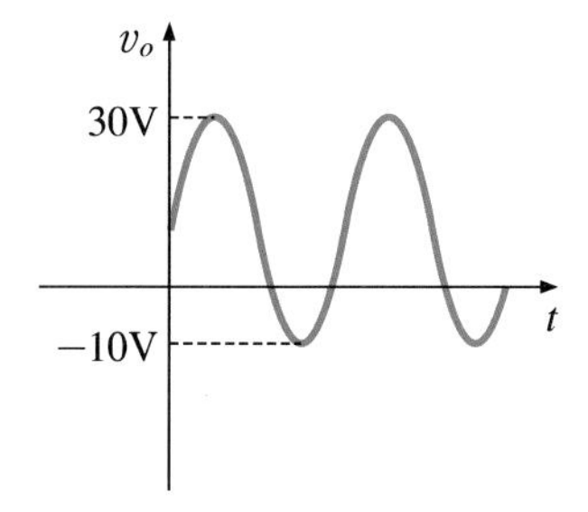

그림 2.25 다이오드를 이용한 클램퍼

| 연구문제 |

1. pn접합 다이오드의 $C-V$ 특성을 측정하였더니 다음 그림과 같이 $1/C_d^2-V$ 그래프가 되었다. $S=10^{-7}[\text{m}^2]$, $N_d \gg N_a$인 경우 N_a의 값은 얼마인가?

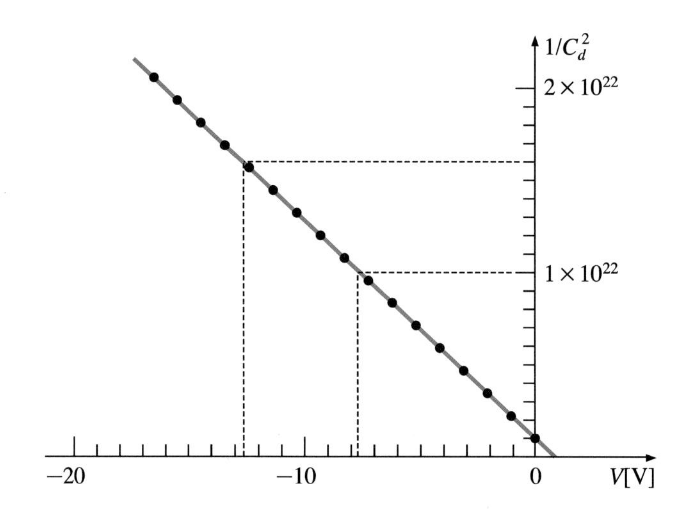

hint $\left[\dfrac{1}{C_d^{\,2}}=\dfrac{2(N_a+N_d)}{S^2 e\,\varepsilon_0\varepsilon_s N_a N_d}(\Phi_D-v_D),\ \text{기울기 } a=\dfrac{\dfrac{1}{c_d^{\,2}}}{(\Phi_D-v_D)}\right]$

2. pn접합에서 확산 전위차를 구하시오. (단, $N_a=1\times10^{18}[\text{cm}^{-3}]$, $N_d=1\times10^{15}[\text{cm}^{-3}]$, $n_i=1.5\times10^{10}[\text{cm}^{-3}]$이며, $T=300[\text{K}]$이다.)

hint $\left(\Phi_D=\dfrac{kT}{e}ln\dfrac{N_a N_d}{n_i^{\,2}}\right)$

3. 계단형 실리콘 pn접합에서 $N_a=10^{15}[\text{cm}^{-3}]$, $N_d=2\times10^{17}[\text{cm}^{-3}]$일 때 확산 전위차 Φ_D, 공핍층 폭 d_1, d_2, d 및 최대 전계 $E_{\max}$를 구하시오. (단, $T=300[\text{K}]$이며, 바이어스 공급은 없는 것으로 한다.)

4. pn접합 다이오드에서 이상적인 역전류가 역포화 전류 I_s의 90%에 도달하기 위해서는 몇 [V]의 역바이어스 전압이 필요한가? (단, T=300[K]이다.)

hint $\left[i_D = I_s\left\{\exp\left(\frac{ev_D}{kT}\right) - 1\right\}\right]$

5. 다음 표에 주어진 특성을 갖는 실리콘 pn접합 다이오드에서 다음을 구하시오.

① 확산 계수 D_n, D_p ② 확산 길이 l_n, l_p

③ 농도 n_p, p_n ④ 역포화 전류 I_s

특 성	p 영역	n 영역
길이(l)	$l_p = 1\times10^{-4}$[m]	$l_n = 3\times10^{-4}$[m]
불순물 농도(N)	$N_a = 2\times10^{21}$[m^{-3}]	$N_d = 2\times10^{21}$[m^{-3}]
소수 캐리어 수명(τ)	$\tau_p = 3\times10^{-4}$[s]	$\tau_n = 4\times10^{-5}$[s]
이동도(μ)	$\mu_p = 0.134$[m^2/V · s]	$\mu_n = 0.048$[m^2/V · s]
진성 캐리어 농도(n_i)	$n_i = 1.5\times10^{16}$[m^{-3}]	
접합 면적(S)	$S = 10^{-6}$[m^2]	
온도(T)	$T = 300$[K]	
실리콘의 비유전율(ϵ_s)	$\varepsilon_s = 11.8$	
진공 중의 유전율(ϵ_o)	$\varepsilon_o = 8.85\times10^{-12}$[F/m]	

6. 다음 제너 다이오드 회로에서 V_{RL}이 10[V]로 유지되기 위하여 R_L과 I_L 값의 범위를 결정하고, 다이오드의 최대 정격을 구하시오.

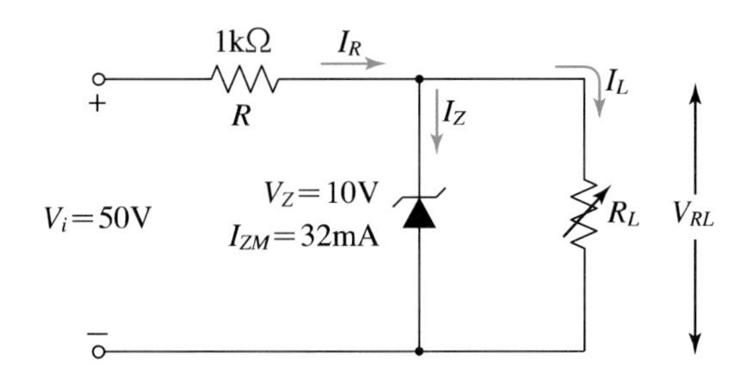

7. 다음 회로에서 출력전압 v_o를 구하여 파형을 그리고, 설명하시오.

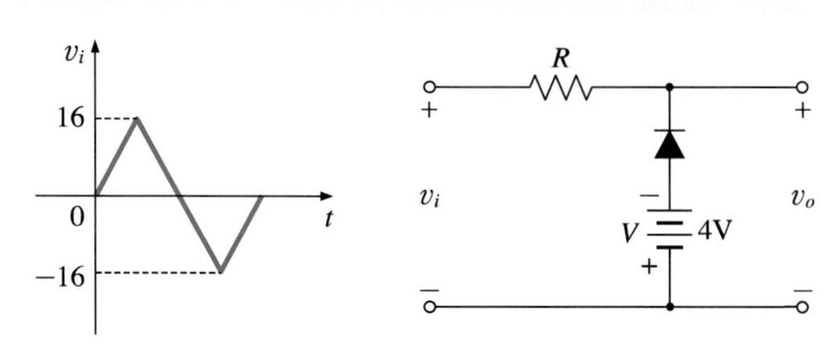

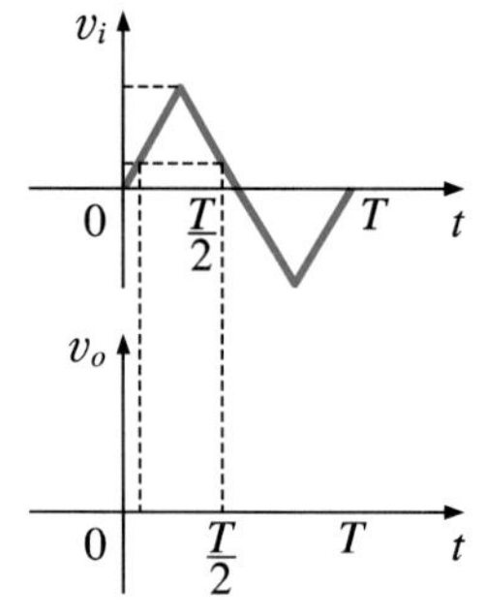

Chapter 3

MOS형 전계효과 트랜지스터

3.1 MOSFET의 구조
3.2 MOS 구조의 에너지대
3.3 MOSFET의 동작
3.4 MOSFET의 특성
3.5 MOSFET의 접지 방식
3.6 CMOS 소자의 공정
3.7 디지털 회로

3.1 MOSFET의 구조

절연게이트형 전계효과 트랜지스터는 게이트와 채널 사이에 얇은 절연막인 산화막(酸化膜 : SiO_2)이 있다는 것이다. 게이트의 금속 전극과 채널 사이의 저항률이 극히 작기 때문에 게이트 전압에 의한 전계는 저항 성분이 큰 산화막층에 강하게 형성된다. 따라서 입력 임피던스가 대단히 커지므로 게이트 전류는 거의 흐르지 않게 된다.

절연게이트형 전계효과 트랜지스터는 금속－절연체－반도체metal-insulator-semiconductor 구조를 갖는 전계효과 트랜지스터로서 MOSFETMetal Oxide Semiconductor Field Effect transistor가 그 대표적 소자이다.

MOS 소자는 금속(또는 ploysilicon)－산화물－반도체 세 개의 층이 적층 구조를 이루어 형성하므로 MOSMetal Oxide Semiconductor 구조라 명명하고 있다. MOSFET의 동작은 MOS 구조에 인가된 전압에 따라 캐리어가 이동할 수 있는 통로가 생성하기도 하며 또는 소멸하기도 하여 전류의 흐름을 도통하기도 하고 차단하기도 하는데, 이것이 전계효과field effect이다. 그리고 이 효과를 이용한 소자가 MOSFET이다. 따라서 MOSFET라 함은 MOS 구조의 전계효과에 의해 소자가 동작하는 트랜지스터의 의미를 갖는다.

그림 3.1에는 MOS 구조를 나타내었다. 그림의 MOS 구조는 위의 층인 금속막을 게이트gate 단자를 형성하며 게이트 전압이 이 단자를 통하여 공급된다. 금속층의 재료로 알루미늄(Al)을 사용해 오고 있으나 다른 재료로 게이트를 형성하는 기술이 개발되고 있다. 금속층 대신에 사용되는 물질로는 다결정 실리콘polysilicon이 있다. 이 물질은 실리콘과 같은 용융점을 가지므로 게이트 형성 후 열처리 과정에서 게이트의 용융점을 따로 고려할 필요가 없으며, n형 및 p형 불순물 주입이 모두 용이하다는 장점이 있다.

중간층인 산화막층은 산화실리콘(SiO_2)을 사용하고 있으며, 이 층의 역할은 금속인 게이트와 기판인 실리콘을 분리하는 절연체로 작용한다. 바닥층인 실리콘층은 단결정single

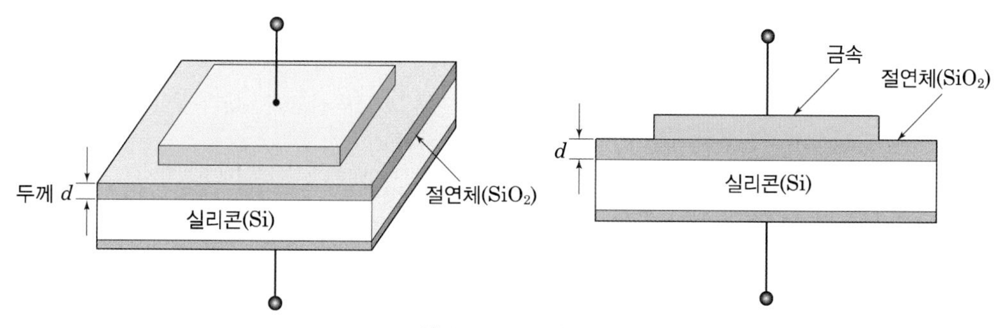

그림 3.1 MOS의 구조

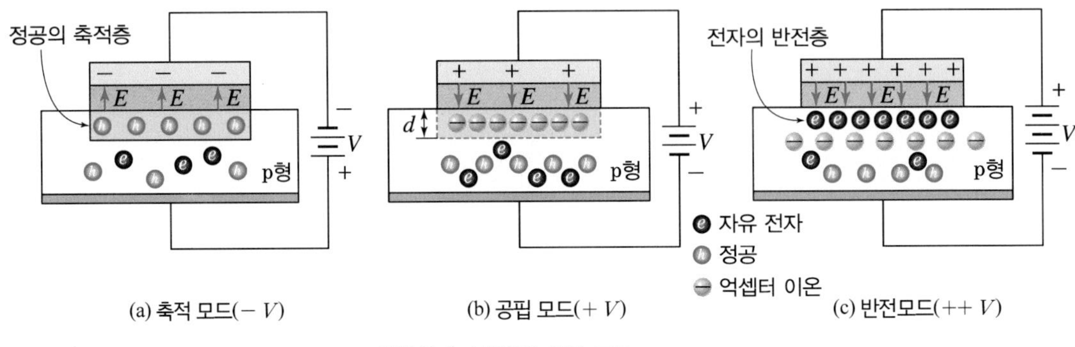

그림 3.2 MOS의 동작 모드

crystal이며, 주입된 불순물의 종류에 따라 n형 또는 p형 실리콘으로 구분된다. 이 불순물층을 기판substrate 또는 벌크bulk라 하며, 이 영역도 단자가 있다.

MOS 구조의 전기적 특성은 금속과 실리콘 사이의 산화막으로 형성하는 게이트 용량에 의해 결정되는데, 이것은 게이트에 인가된 전압에 의해 발생하는 전계효과가 영향을 미쳐 그 특성을 나타낸다. 게이트 전압 V_{GS}가 기판 전압 V_B에 대하여 어떤 값을 갖느냐에 따라 축적 모드accumulation mode, 공핍 모드depletion mode 및 반전 모드inversion mode로 그 동작이 구분된다. 이들을 그림 3.2에 나타내었다.

1. 축적 모드accumulation mode

그림 (a)에서와 같이 p형 기판을 갖는 MOS 용량 구조에서 게이트 금속 극판의 전압 V_{GS}가 기판 전압 V_B보다 낮은 전위를 갖는 경우, 산화막층에 나타낸 방향으로 전계 E가 형성된다.

이 전계가 반도체 내로 침투될 때 다수 캐리어인 정공이 전계의 힘을 받게 되어 정공이 반도체 표면에 축적되는 것이다. 이 층을 축적층accumulation layer이라고 하며, MOSFET의 동작을 결정하는 데에는 큰 의미가 없다.

2. 공핍 모드depletion mode

그림 (b)와 같이 $V_{GS} > 0$의 게이트 전압을 인가한 경우 (+)전하가 위의 금속판에 존재할 것이고 전계는 그림 (a)의 반대 방향으로 작용할 것이다. 이 전계가 반도체 내로 침투하면 다수 캐리어인 정공이 표면에서 밀려나고 고정된 억셉터acceptor 이온에 기인하여 ⊖공간 전하 영역이 발생하게 된다.

3. 반전 모드inversion mode

공핍 모드에서 전압 V_{GS}를 더욱 증가시키면 공핍층이 확대되는 현상이 일어난다. 그림 (c)에서와 같이 V_{GS}가 어느 정도 증가하면 전계의 증가에 따라 산화막과 실리콘 경계면에 전자가 모이게 되는데, 이는 캐리어가 정공에서 전자로 바뀌는 것이므로 반전inversion되었다고 한다.

이 반전층inversion layer을 MOSFET에서 채널channel이라고 부르며, 이 채널을 통하여 전하가 이동하므로 전류가 형성된다. 이와 같이 반전층이 형성되어 전류가 흐르기 시작하는 시점의 게이트 전압을 문턱 전압theshold voltage이라 하고 V_T로 표시하고, 특히 기판 전압이 $V_B=0$인 경우의 문턱 전압을 V_{TO}로 나타내기로 한다.

3.2 MOS 구조의 에너지대

Semiconductor Device Engineering

1. 에너지대의 기본 구조

MOS 구조의 에너지대 이론은 MOSFET의 특성을 이해하는 데 중요하다. 여기서는 MOS 구조에서 반도체 계면에서의 에너지대와 표면 캐리어 농도에 대하여 살펴보기로 한다.

그림 3.3에서는 금속-절연체-p형 반도체의 접촉하기 전 에너지대 구조를 나타낸 것이다. $e\Phi_M$은 금속의 일함수, 즉 전자를 금속에서 떼어내어 진공 준위까지 옮기는 데 필요한 에너지이며, E_{fm}는 금속의 페르미 에너지이다. 한편, 반도체 측의 $e\chi$는 전자 친화력을 나타내는데, 이것은 전도대 바닥 에너지인 E_c에서 진공 준위까지의 에너지차를 말한다. $e\Phi_S$는 반도체의 일함수이고, E_{fp}는 p형 반도체의 페르미 에너지이다.

일반적으로 금속과 반도체의 일함수 $e\Phi_M$과 $e\Phi_S$의 크기는 같지 않으나, $e\Phi_M=e\Phi_S$라 하고 산화막 중의 전하 분포나 반도체 표면 준위가 없는 이상적인 MOS 구조의 에너지대를 그림 3.4에서 보여 주고 있다. 그림 (a)는 p형 반도체, 그림 (b)는 n형 반도체의 경우를 나타내고 있다.

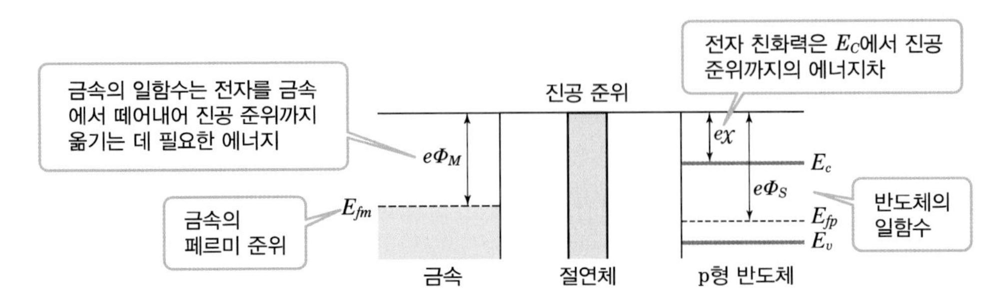

그림 3.3 접촉 전 MOS의 에너지 구조

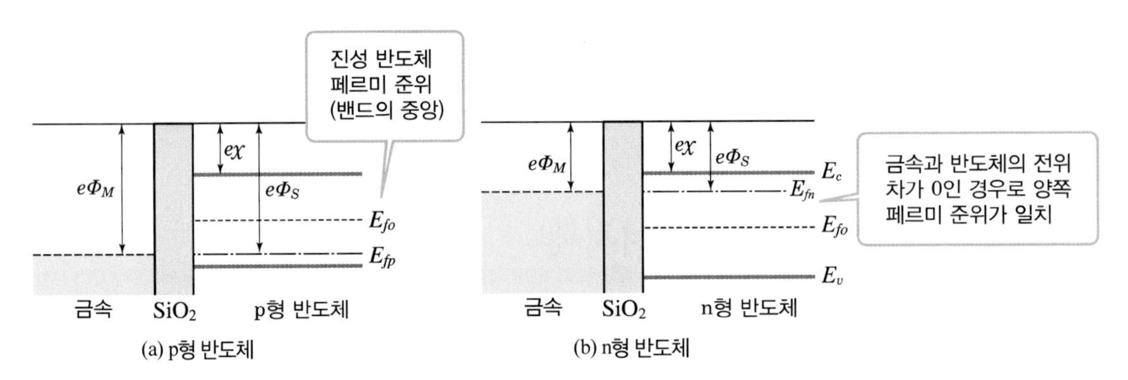

그림 3.4 접촉 후 MOS의 에너지 구조

2. 반도체 계면의 에너지 구조

MOS 구조에서 금속인 게이트와 반도체 기판 사이에 게이트 전압 V_G를 인가하면 그 극성과 크기에 따라 캐리어의 축적 상태, 공핍 상태, 반전 상태가 일어난다. 그림 3.4에서는 반도체 기판이 p형일 때의 게이트 전압에 따른 에너지 구조를 나타낸 것이다.

(1) 축적 상태

금속의 페르미 준위 E_{fm}은 반도체의 페르미 준위 E_{fp}에 비하여 $e\,V_G$만큼 높아지며, 반도체의 표면에 정공이 모여 축적층이 만들어진다. 반도체의 표면에서 E_v가 E_{fp}에 접근하면 정공 밀도가 높아져 p^+형으로 되고 이 층이 축적층이 된다. n형 기판의 경우 축적층은 n^+가 된다. p형 기판의 경우는 $V_G < 0$이고, n형 기판은 $V_G > 0$의 조건이어야 한다. 그림 3.5 (a)에서는 금속 측에 (−)전압을 인가하여 발생한 축적 상태의 에너지대 변화를 나타내었다.

(2) 공핍 상태

그림 3.5 (b)에서 보여 주는 것과 같이 반도체에 (+)전압을 인가하면 금속의 페르미 준위 E_{fm}은 반도체의 페르미 준위 E_{fp}에서 eV_G만큼 낮게 된다. 반도체 표면에서 E_c, E_v, E_{fo}는 아래쪽으로 구부러지며 표면의 정공은 정전 유도에 의하여 표면에서 반도체 안쪽으로 밀려난다. 그래서 표면에서는 억셉터 이온만이 남아 공간 전하층 즉, 공핍층이 만들어진다. 이때의 조건은 p형 기판의 경우는 $V_G > 0$이고, n형 기판은 $V_G < 0$이어야 한다.

p형 기판의 불순물 밀도를 N_a라 하고, 표면에서 충분히 떨어진 위치의 E_{fo} 준위를 기준 전위 0이라 하면 반도체 표면에서의 깊이 y인 곳의 전위 $\Phi(y)$는 푸아송 방정식의 해에서 얻을 수 있다.

$$\frac{d^2\Phi(y)}{dy^2} = -\frac{\rho}{\varepsilon_o\varepsilon_s} \tag{3.1}$$

여기서 ε_s는 반도체의 유전율, ρ는 전하 밀도이다. 단위 면적당 공간전하 밀도는 $\rho = -eN_a$로 주어진다.

그림 (b)에서 경계 조건을 적용하여 $y = d_1$에서 $d\Phi(y)/dy = 0$, $\Phi(y_d) = 0$, $y = 0$에서 $\Phi(0) = \Phi_s$ 즉, 반도체 표면의 정전 위치 에너지로 하여 $\Phi(y)$는 다음과 같이 표현할 수 있다.

$$\Phi(y) = \Phi_s\left(1 - \frac{y}{d_1}\right)^2 \tag{3.2}$$

여기서 반도체의 위치 에너지 Φ_s는

$$\Phi_s = \frac{eN_a}{2\varepsilon_o\varepsilon_s}d_1{}^2 \tag{3.3}$$

이다. 따라서 공핍층의 억셉터 이온에 의한 단위 면적당 공간전하 밀도 Q_d는

$$Q_d = eN_a d_1 = -\sqrt{2\varepsilon_o\varepsilon_s eN_a\Phi_s} \tag{3.4}$$

로 된다.

(3) 반전 상태

그림 3.5 (c)에서 보여 주는 것과 같이, 금속의 페르미 준위 E_{fm}은 반도체의 페르미 준

위 E_{fp}보다 훨씬 커서 eV_G만큼 낮아지고 반도체 표면에서 에너지대가 급격히 구부러진다. 이때 표면에서는 진성 페르미 준위 E_{fo}와 E_{fp}의 위치가 바뀌어 E_{fp}는 E_c에 접근한다. 이것은 반도체 표면이 p형에서 n형으로 바뀐 것을 의미한다.

따라서 반도체 표면에 전도 전자가 모여 전자층이 형성되며, 이 층은 p형 반도체의 다수 캐리어인 정공과 다르기 때문에 반전층이라 하는 것이다.

3. 반도체 계면의 캐리어 밀도

그림 3.5 (c)에서 반도체 표면의 캐리어 밀도를 구하여 보자. 에너지 준위의 파라미터로 진성 페르미 준위를 E_{fo}, 표면에서 깊이 y 지점의 진성 페르미 준위를 $E_{fo}(y)$라 할 때, 반도체 표면과 내부의 정전 위치 에너지 $\Phi(y)$, Φ_F는

$$E_{fo} - E_{fo}(y) = e\Phi(y) \tag{3.5}$$
$$E_{fo} - E_{fp} = e\Phi_F$$

로 주어진다.

반도체의 캐리어 밀도 p와 n은 E_{fo}와 진성 캐리어 밀도 n_i 요소로 다음과 같이 표현할 수 있다.

$$p = n_i \exp\left(\frac{E_{fo} - E_{fp}}{kT}\right) \tag{3.6}$$
$$n = n_i \exp\left(\frac{E_{fp} - E_{fo}}{kT}\right)$$

여기서 포화 온도 영역에서

$$p = N_a,\ n = N_d \tag{3.7}$$

로 놓을 수 있다. 식 (3.5), 식 (3.6), 식 (3.7)에서 반도체 내부의 정전 위치 에너지 Φ_F는

$$\Phi_F = \frac{kT}{e} ln \frac{N_a}{n_i} \ \text{(p형 반도체)} \tag{3.8}$$
$$\Phi_F = -\frac{kT}{e} ln \frac{N_d}{n_i} \ \text{(n형 반도체)}$$

로 되어 반도체 내부의 정전 위치 에너지는 불순물 밀도에 의하여 결정된다.

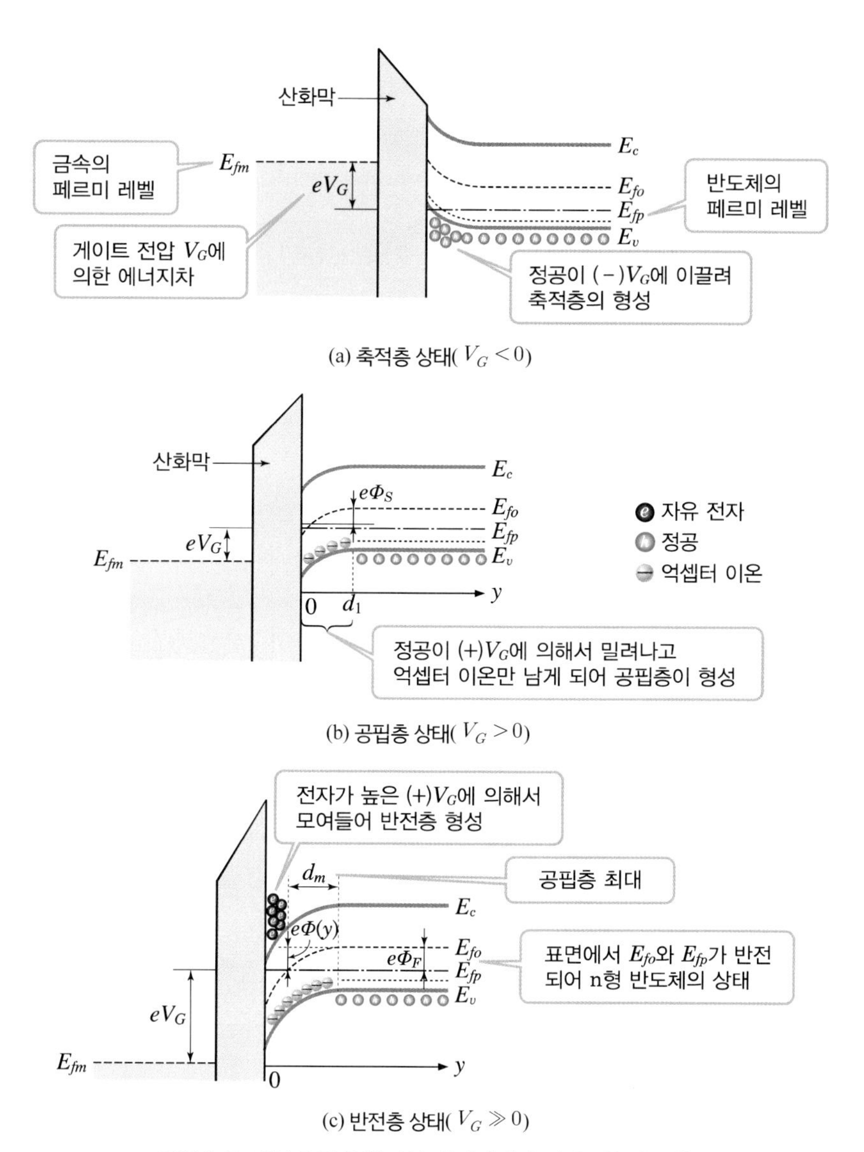

(a) 축적층 상태($V_G < 0$)

(b) 공핍층 상태($V_G > 0$)

(c) 반전층 상태($V_G \gg 0$)

그림 3.5 게이트 전압에 따른 에너지대의 변화(p형 반도체)

반도체 표면의 y 방향의 임의의 깊이에서 캐리어 밀도 $n(y)$, $p(y)$는 식 (3.5)와 식 (3.6)으로부터

$$n(y) = n_i \exp\left[\frac{e(\Phi(y) - \Phi_F)}{kT}\right] \tag{3.9}$$

$$p(y) = n_i \exp\left[\frac{e(\Phi_F - \Phi(y))}{kT}\right]$$

로 된다. 따라서 $y=0$에서 표면의 캐리어 밀도를 각각 $n(0) = n_s$, $p(0) = p_s$라 하면

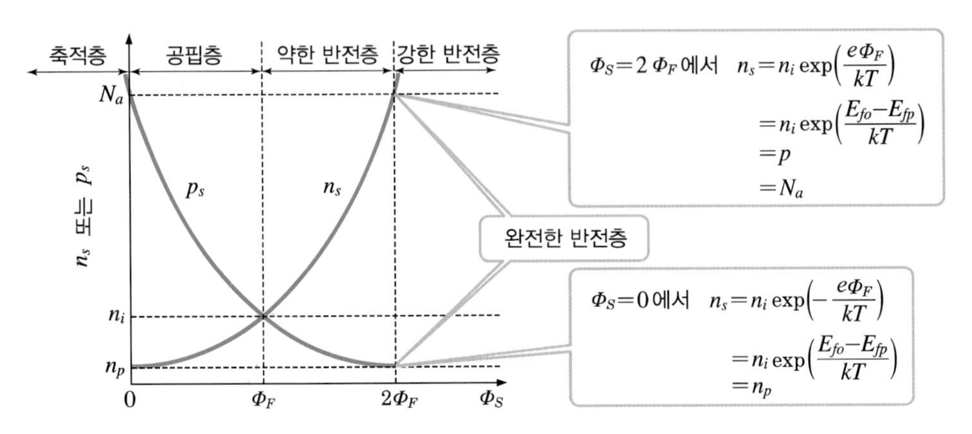

그림 3.6 Φ_S에 대한 표면 캐리어 밀도 변화

$$n_s = n_i \exp\left[\frac{e(\Phi_S - \Phi_F)}{kT}\right] \tag{3.10}$$

$$p_s = n_i \exp\left[\frac{e(\Phi_F - \Phi_S)}{kT}\right]$$

로 주어진다.

식 (3.10)을 이용하여 p형 반도체 표면의 캐리어 밀도를 표면 전위 Φ_S의 함수로 나타낸 것이 그림 7.32이다. 그림에서 $\Phi_S = \Phi_F$의 경우, 표면 캐리어 밀도는 진성 반도체의 것과 같게 된다. $\Phi_S > \Phi_F$의 조건에서 표면의 캐리어 밀도는 $n_s > p_s$가 되어 p형에서 n형으로 반전하게 되는 것이다.

이제, $\Phi_S = 2\Phi_F$ 되는 경우를 살펴보자. 이 경우는 $n_s = N_a$가 되는데, 이것은 표면의 전자 밀도가 p형 기판의 정공 밀도와 같게 되어 완전한 반전층이 형성된다. $\Phi_S = 2\Phi_F$를 반전층의 형성 조건이며, 이때 공핍층의 두께 d_1은 최댓값 d_m이다.

3.3 MOSFET의 동작

Semiconductor Device Engineering

MOSFET는 앞서의 설명과 같이 MOS 구조의 원리가 적용되는데, 게이트 전압에 의하여 생성되는 채널의 양쪽에 고농도 불순물 영역, 즉 소스와 드레인 단자를 만들면 두 단자 사이에서 채널은 전하의 이동통로 역할을 하게 된다. 이 채널을 통하여 흐르는 전류의 양은 두 단자 사이의 전압에 의해서 변화하도록 하는 것이 MOSFET의 동작 원리이나 3차원의 영향으로 두 단자 사이의 전압뿐만 아니라 게이트 전압에도 영향을 받게 된다.

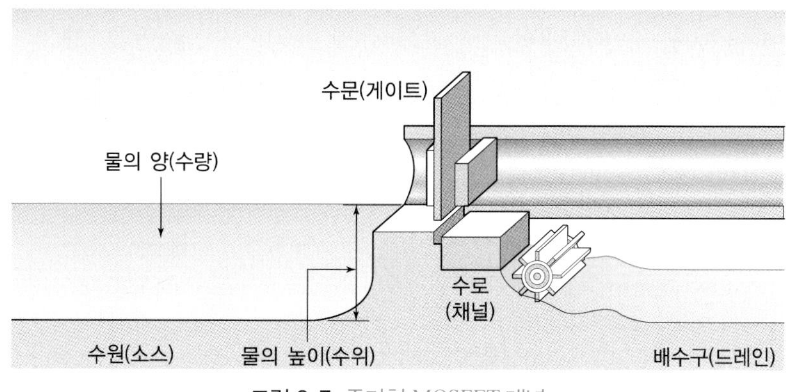

그림 3.7 증가형 MOSFET 개념

MOSFET의 종류에는 게이트에 인가된 전압이 채널을 형성하는가 또는 이미 만들어진 채널을 소멸시키는가에 따라 증가형$_{\text{enhancement type}}$과 공핍형$_{\text{depletion type}}$ MOSFET로 구분된다. 형성된 채널에서 이동하는 캐리어의 종류에 따라 전자에 의해 동작되는 nMOS와 정공에 의해 동작되는 pMOS가 있다.

MOS 소자의 동작을 이해하기 위한 개념도를 그림 3.7에 나타내었는데, 그림 3.8과 비교하여 수원은 소스, 배수구는 드레인, 수로는 게이트를 각각 대응하여 생각할 수 있다.

1. 증가형 MOS의 구조

그림 3.8에서는 증가형 MOSFET와 그 기호를 나타내었다. 그림 (a)에서와 같이 MOSFET의 구조는 게이트 영역을 중심으로 좌우에 기판보다 높은 밀도의 영역 즉 nMOS는 n^+, pMOS는 p^+를 정의하고 두 영역 사이의 전위차에 의해서 전류가 흐를 때 캐리어의 주입구를 소스$_{\text{source}}$, 출구를 드레인$_{\text{drain}}$으로 정한다.

그림 (b)는 MOSFET의 평면도를 나타내고 있는데, MOS의 동작에 가장 큰 영향을 주는 요소 중 채널길이(L)와 채널 폭(W)은 MOS 소자를 설계하는 데 중요한 요소로 작용하며, 특히 종횡비$_{\text{aspect ratio}}$라고 하는 W/L은 MOS의 채널 영역의 저항 성분을 결정하는 것으로서 MOS의 동작에 큰 영향을 미친다.

그림 (c), (d)에서는 n형, p형 MOS의 기호를 나타낸 것인데, 벌크$_{\text{bulk}}$ 단자를 표시하는 경우와 그렇지 않은 경우를 보여 주고 있다. 게이트 영역의 산화막은 저항률이 상당히 크기 때문에 게이트 전압에 의한 전계는 대부분 산화막에 걸린다. 그러므로 게이트에 (+)전압을 인가한 경우 산화막층에 존재하는 전계 E가 기판 내에 존재하는 전자를 끌어당겨 기판 표면에 모이게 한다. 이것은 원래 p형이었던 표면이 n형으로 변화된 반전층의 형성을

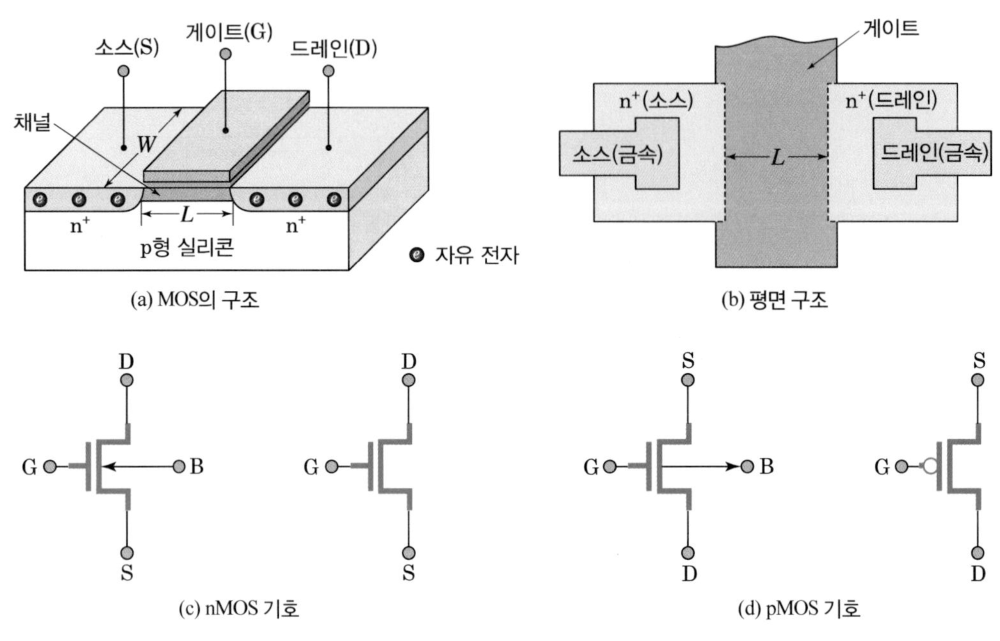

그림 3.8 증가형 MOSFET

의미한다. 이와 같이 게이트의 (+)전압에 의하여 기판 표면에 n 채널이 형성되어 FET가 동작하도록 하는 방식의 소자를 증가형 MOS$_{\text{enhancement type MOS}}$라 한다.

2. nMOS의 동작

전계효과 트랜지스터는 pMOS가 먼저 개발되어 사용되었고, 그 다음 nMOS, CMOS의 순으로 개발되었다. 먼저 nMOS의 동작에 관하여 살펴보자.

그림 3.9에서 nMOS의 단면을 보여 주고 있는데, 기판은 p형 반도체이다. 그러므로 정공이 많이 있고, 전자가 적은 물질의 특성을 갖는다. 외부의 단자에 전압이 공급되지 않은 상태이다. p형 반도체이므로 기판에는 정공이 전자보다 많이 분포하고 있다. 전압은 전위차와 같은 것이므로 전압을 표시할 때는 항상 기준 전압이 있어야 한다.

지금 그림 3.10에서는 FET의 세 단자, 즉 소스, 게이트, 드레인이 표시되어 있고, 소스와 기판(이것을 영어로 bulk라고도 한다)이 접지와 연결되어 있다. 여기서 먼저 게이트 전압이 음(−)의 전압이라고 하자. 게이트−소스 사이의 전압 V_{GS}가 0[V]이다. 게이트에 음(−)전압이 공급되면, 게이트 밑에 있는 MOS 커패시터의 산화막에 강한 전계가 만들어지는데, 이 전계의 힘 방향이 위쪽으로 걸리니까 산화막 밑의 반도체 표면에 정공이 많이 모이는 정공의 축적 효과가 나타난다.

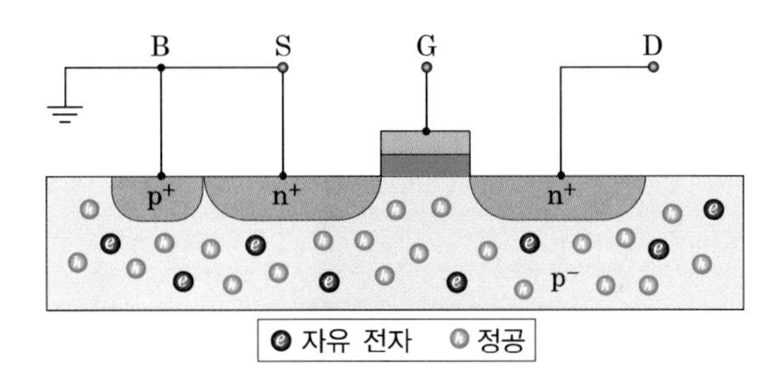

그림 3.9 nMOS의 구조(전압을 공급하지 않은 경우)

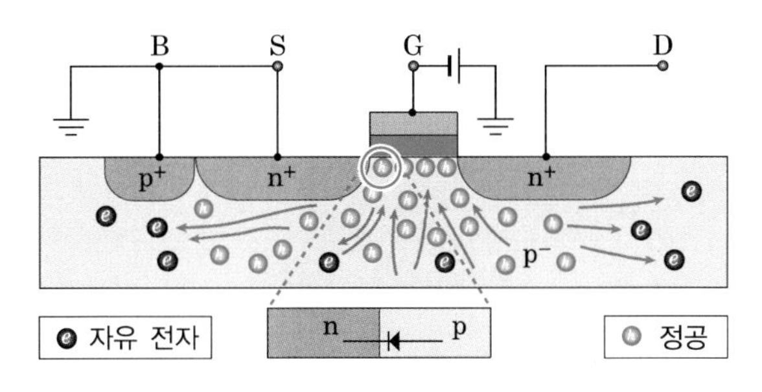

그림 3.10 nMOS의 전자와 정공의 이동($V_{GS} < 0$)

축적 효과란 기판이 p형 반도체이어서 원래 정공이 많이 있는 물질인데, 정전 유도 현상에 의해서 기판 표면에 더욱 많은 정공이 쌓이는 현상을 말한다. 소스 영역과 기판 표면 사이에는 pn접합 다이오드가 있는 것으로 생각할 수 있다. n형에 비하여 p형의 전압이 높지 않으므로 전류가 흐를 수 없는 상태이다. 소스에서 드레인으로 전류가 흐르지 못하는 스위치 – 차단(SW-OFF) 상태가 된다.

이제 그림 3.11 (a)와 같이 게이트 전압이 낮은 양(+)의 전압으로 바뀌게 되면 산화막에 걸렸던 전계의 힘이 점차 반대로 걸리게 된다. 그러면 게이트 밑에 몰렸던 정공들이 기판의 밑부분으로 밀려나고 대신 음(−)전하인 자유 전자들이 게이트 밑으로 몰려오기 시작한다. 게이트의 전압이 양(+)전압으로 더욱 커지게 되면 그림 (b)와 같이 되어 기판의 표면이 n형의 성질을 띠게 된다. 게이트의 전압에 의해서 산화막에 전계가 생겨 반도체의 표면이 반대의 성질로 바뀌게 된다. 그러면 소스의 n^+ 영역의 소스 영역과 역시 n^+ 영역의 드레인이 서로 연결되는 효과를 가져온 것이다. 즉, 두 영역으로 전자가 이동할 수 있는 길이 만들어진 것이다. 이와 같이 전하가 이동할 수 있는 길인 통로를 채널이라고 하였다. 전자가 이동할 수 있는 통로이므로 n 채널이라고 이름을 붙여 사용하고 있다. 전자가 소스에서 드레인으로 이동하였으니 전류는 드레인에서 소스로 흐른 것이다. 이 상태가 스위치 – 접속(SW-ON) 상태이다.

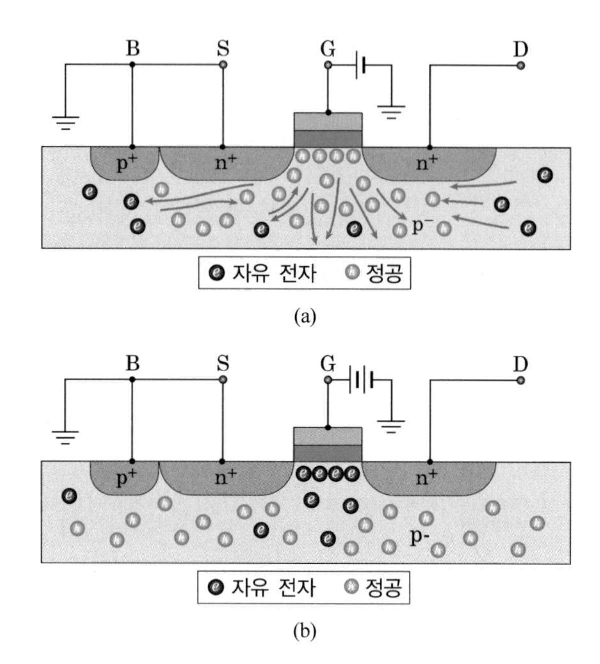

그림 3.11 nMOS의 (a) 게이트 전압이 낮을 때와 (b) 높을 때의 상태

여기서 결론을 내 보자. nMOS는 게이트 전압이 0[V] 이하이면 SW-OFF 상태가 되고, 문턱 전압 이상이 되면 스위치 – 접속(SW-ON) 상태가 된다. 문턱 전압은 대략 0.6~0.7[V]이다.

nMOS에서 게이트를 중심으로 왼쪽, 오른쪽에 있는 소스와 드레인 영역은 물성적 특성이 동일하다. 다만, 전압이 높은 쪽이 드레인이 되고 낮은 쪽이 소스 단자가 된다.

3. pMOS의 동작

그림 3.12는 pMOS의 구조를 나타낸 것이다. 기본적으로 nMOS와 다를 것이 없다. 다만, n-well 영역이 존재하고, 그 속에 게이트를 중심으로 왼쪽과 오른쪽에 p^+ 영역이 있는 점이 다르다.

well이란 우리말로 우물이라는 뜻이다. n-well은 전자가 많이 있는 우물이라는 말이다. n-well이 필요한 이유는 MOS 소자를 만들 때는 기판의 물질과는 반대의 물질로 만들어야 하기 때문이다. 즉, nMOS에는 p형, pMOS를 만들 때는 n형 기판이 필요한 것이다. p형 기판 위에 pMOS를 만들어야 하니 n형 기판이 필요한 것이다. 그래서 n-well 영역을 만든 것이다. 이것은 CMOS를 전제하여 한 것이다. CMOS는 하나의 기판 위에 두 개의 소자를 제작해야 하기 때문이다.

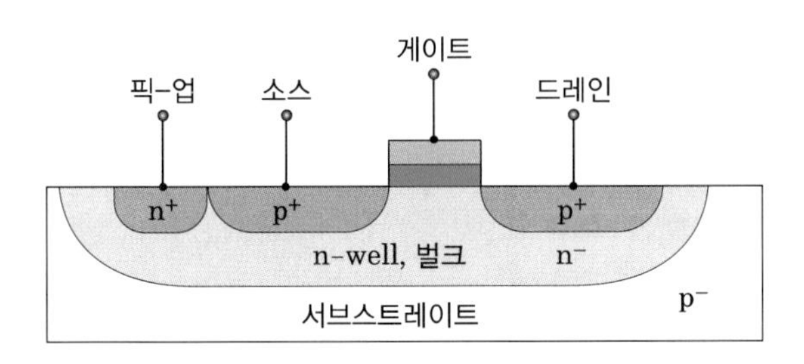

그림 3.12 n-well pMOS의 구조

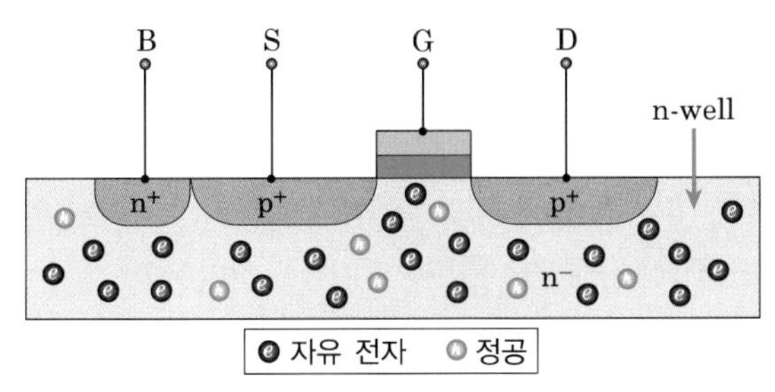

그림 3.13 pMOS의 구조

이제 pMOS의 동작을 살펴보자. pMOS는 nMOS와 반대로 생각하면 된다. 그림 3.13에서는 전압이 공급되지 않은 pMOS의 상태를 보여 주고 있다.

기판으로 쓰이는 n-well은 전자가 많이 있고, 상대적으로 정공이 적게 분포하는 것이다. 그런데 n^- 표시가 있다. 이것은 무엇인가? 반도체 소자를 만들 때 불순물을 넣어 주어야 하는 것은 이미 알고 있다. n^-, n^+, p^+ 등의 표시는 불순물의 양을 나타낸다. 그러니까 n^+는 n^-보다 불순물의 양이 많다는 것을 의미한다. 그 차이는 대략 1,000배 정도이다.

그림 3.14 (a)를 보자. 기판$_{\text{bulk}}$과 소스에 전원 전압 V_{DD}가 공급되었고, $V_{GS} > 0$, 즉 게이트 전압이 소스 전압보다 높을 때, 산화막에 걸리는 전계가 게이트 밑의 n형 표면에 전

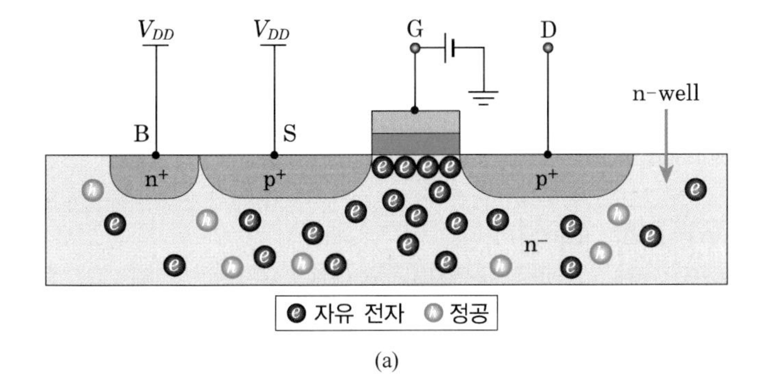

(a)

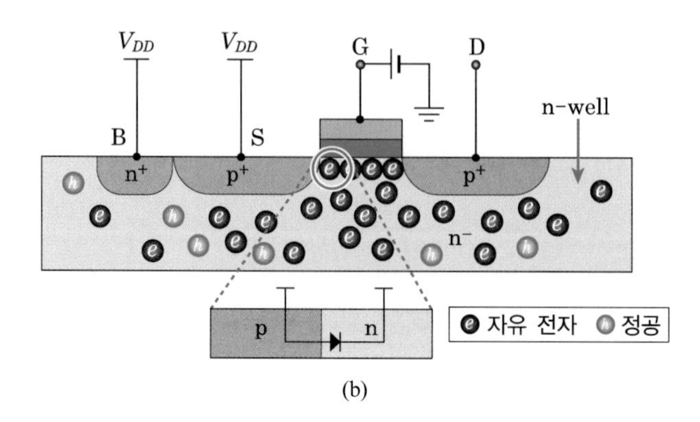

그림 3.14 (a) pMOS의 상태 (b) p 채널이 없는 상태($V_{GS}>0$)

자들이 몰려들게 하면서 정공을 밀쳐 내는 작용을 하게 된다. 그림 (b)와 같은 방향의 pn접합 다이오드가 생기는 것으로 볼 수 있다.

이 상태에서는 p형과 n형 사이의 전압이 같으므로 전류가 흐르지 못한다. 이제 그림 3.15와 같이 게이트 전압이 계속 떨어져서 음(−)의 값에 도달, 즉 $V_{GS}<0$이면 정공이 게이트 밑으로 모이고 전자들은 기판으로 밀려날 것이다. 정공이 게이트 밑으로 몰려와 정공이 지나갈 수 있는 길이 만들어졌다. 즉, p 채널이 생겨 소스에서 드레인으로 정공이 이동할 수 있는 것이다. pMOS에서도 문턱 전압이 있는데, 보통 −0.6∼−0.7[V] 정도이다.

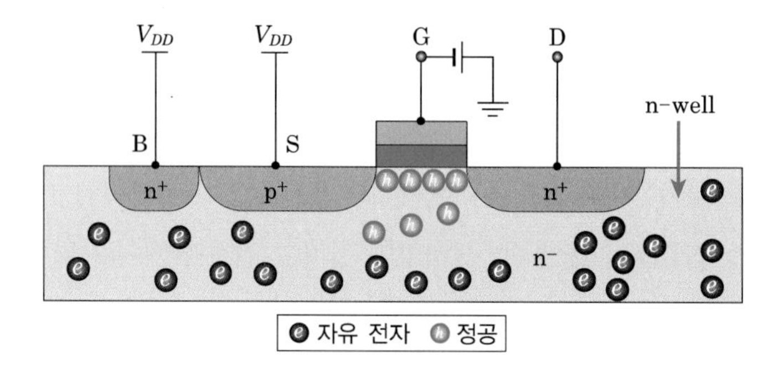

그림 3.15 pMOS의 p 채널의 형성

3.4 MOSFET의 특성

Semiconductor Device Engineering

MOS의 전류는 산화물-반도체 경계 근처의 채널 영역 혹은 반전층에서의 전하의 흐름에 기인한다. MOS의 동작은 크게 증가형 MOS_{enhancement type MOS}와 공핍형 MOS_{depletion}

type MOS로 나누어진다. 전자는 반전층 전하의 생성에 의하여 동작되며, 후자는 게이트 전압이 없는 경우에도 이미 채널이 형성되어 동작하는 것이다.

1. 증가형 MOSFET

n 채널 MOSFET를 예로 하여 동작 원리를 살펴보기 위하여 MOS 구조를 그림 3.16에 다시 나타내었다. 그림 (a)에서는 게이트 전압 $V_{GS}=0$의 경우를 보여 주고 있는데, 이때 nMOS 트랜지스터는 동작하지 않는 차단 상태(cut-off)가 된다. V_{GS}를 약간씩 증가시킴에 따라 드레인과 소스 영역의 pn접합에 공핍 영역이 생기기 시작한다. V_{GS}를 더욱 증가시키면 많은 전자가 게이트 밑의 기판 표면에 모여 이 부분을 n형으로 바꾸는 반전층inversion layer이 생성되어 채널이 만들어진다. 이때의 전압이 바로 문턱 전압threshold voltage V_{TO}인 것이다.

$V_{GS} > V_{TO}$, $V_{DS} < (V_{GS} - V_{TO})$인 경우 미세한 전류가 채널을 흐르기 시작하는데, 이때 채널에서 전류에 의한 전압 강하가 일어나기 때문에 이 전압 범위를 저항성 영역 혹은 선형 영역liner region이라고 한다. 이를 그림 (b)에 나타내었다.

여기서 한 가지 유의할 점은 공핍 영역의 형성이다. V_{DS}가 (+)전압을 가질 경우 드레인 영역에서 공핍층이 크게 형성되는데, 이 경우 드레인 영역의 pn접합은 소스보다 상대적으로 큰 역바이어스 상태가 되기 때문이다. 이 문제는 소자의 크기가 작아짐에 따라 고온전자hot carrier 발생의 원인으로 소자의 특성을 열화시킨다.

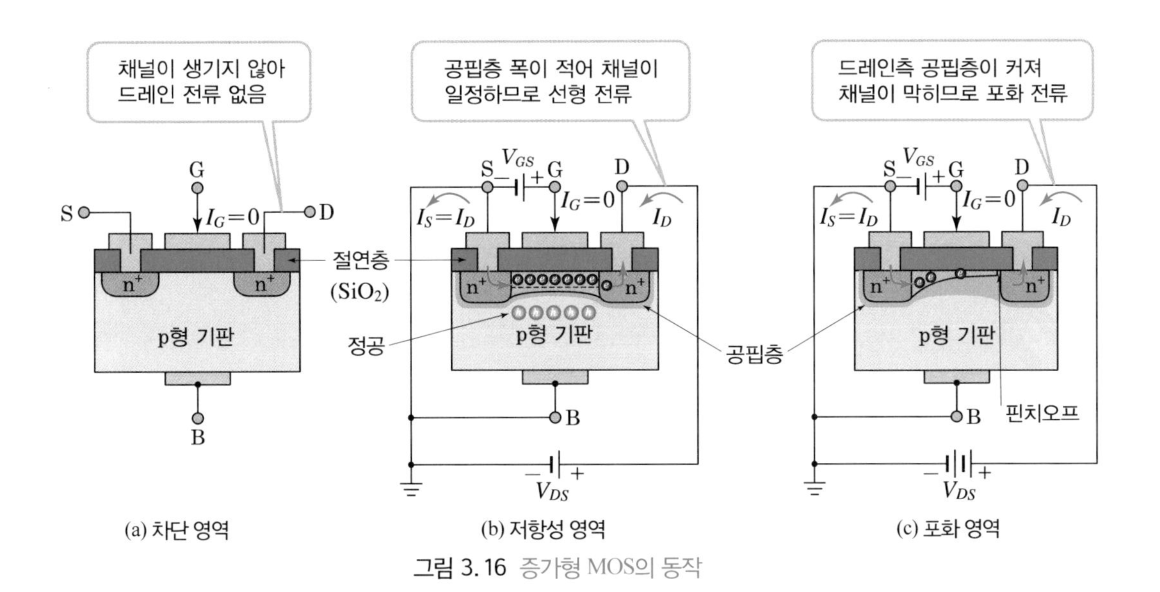

그림 3.16 증가형 MOS의 동작

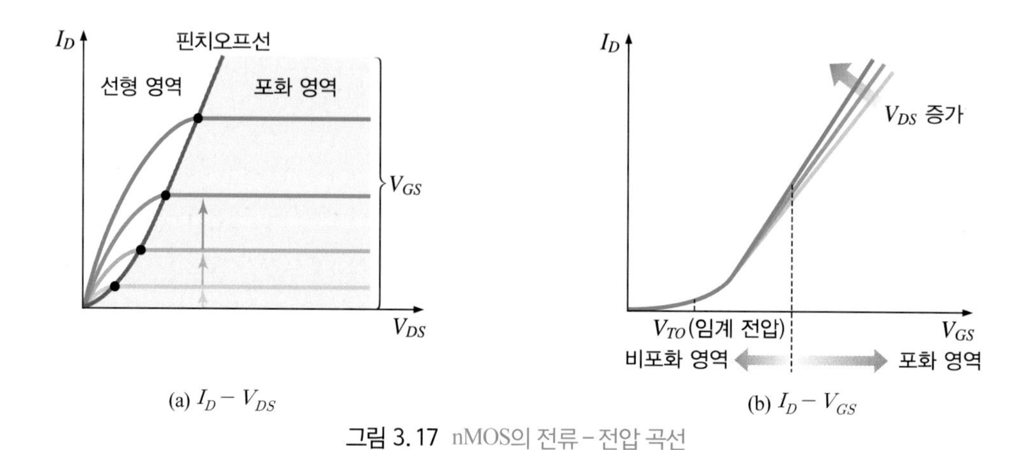

그림 3.17 nMOS의 전류 – 전압 곡선

그림 3.17 (a)에서는 V_{GS}를 변수로 하여 $I_D - V_{DS}$의 관계를 나타낸 것이며, 그림 (b)는 V_{DS}를 변수로 한 $I_D - V_{GS}$ 관계의 특성 곡선이다. 일반적으로 MOS의 특성상 V_{GS}를 입력 전압input voltage, V_{DS}를 출력 전압output voltage, I_D를 출력 전류output current로 나타낸다. 그러므로 그림 (a)는 출력의 전압 – 전류의 관계이므로 출력 특성output characteristics, 그림 (b)는 입력 전압에 대한 출력 전류의 관계이므로 전달 특성transconductance characteristics이라고 한다.

한편, pMOS의 출력 및 전달 특성은 nMOS와 같으나 모든 바이어스 전압의 극성을 반대로 하면 된다.

2. 공핍형 MOSFET

공핍형 MOS는 공정 단계에서 미리 채널을 형성하고, 게이트 전압에 의하여 채널을 소멸시키는 형태로 동작한다.

그림 3.18에서는 공핍형 MOS의 구조와 기호를 나타내고 있는데, 채널이 이미 생성되어 있음을 보여 주고 있다. p형 기판을 갖는 MOS의 문턱 전압은 (−)값을 갖는데, 이는 게이트 전압이 인가되지 않은 경우에도 이미 전자의 반전층이 형성되어 있으므로 게이트 전압 $V_{GS}=0$에서도 n 채널이 존재하여 드레인 전류가 흐르게 된다. 이러한 현상이 공핍형 MOSdepletion type MOS의 중요한 특성이다. (−)게이트 전압을 인가하면 (+)전하들이 채널에 유기되어 채널의 전자 농도를 감소시키므로 도전율을 감소시켜 드레인 전류 I_D도 역시 감소된다. n 채널의 경우 $V_{GS}<0$이면 채널 저항이 증가하여 전류는 감소하고, $V_{GS}>0$이면 채널 저항이 감소하여 전류는 증가하게 된다. 즉, 게이트 전압에 의하여 채널의 유동 전하밀도를 변화시켜 드레인 전류를 제어하는 것이다.

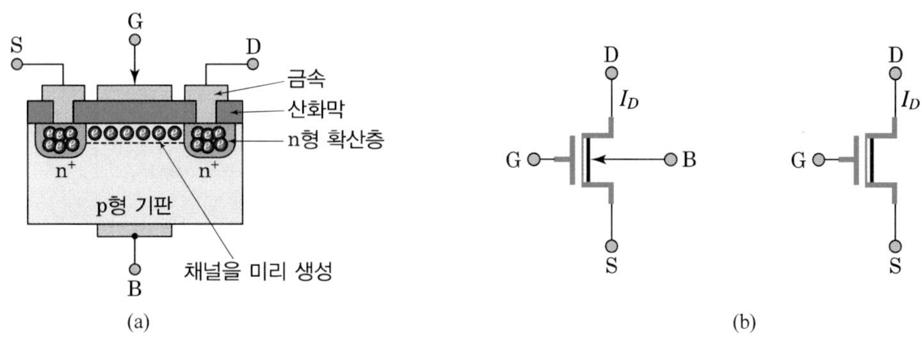

그림 3.18 공핍형 nMOS

그림 (b)의 기호 표현에서 채널 부분을 굵은 선으로 표시하여 증가형 MOS의 기호와 구별하고 있다. 공핍형 MOS는 미리 생성된 채널의 캐리어가 전자이므로 기판에 대하여 게이트에 (−)의 전압을 인가하면 채널이 소멸하게 되는데, 이 경우 문턱 전압은 채널을 완전히 소멸하게 하는 게이트 전압으로 정의된다. 따라서 문턱 전압은 음의 값을 가지며 보통 $0.6\,V_{DD}$ 정도의 값을 갖는다. 공핍형 MOS에서의 선형 영역은 $V_{GS} > V_{TO}(V_{TO} < 0)$이고, $V_{DS} < (V_{GS} - V_{TO})$일 때를 말한다.

3. 입출력 특성

그림 3.19에서는 $I_D - V_{DS}$ 특성을 살펴보기 위한 MOS 구조를 보여 주고 있다. 그림 (a)에서는 $V_{GS} > V_{TO}$이고, V_{DS}가 작은 경우로 반전 채널층 두께는 일정하다. 그림 (b)는 V_{DS}값이 증가할 때의 작용을 보여 주고 있는데, 드레인 전압이 증가할 때 드레인 단자 근처의 산화막 양단의 전압강하는 감소한다. 이것은 드레인 근처의 유기된 반전층 전하밀도가 감소함을 의미한다.

드레인 근처 산화막 양단 전위가 V_{TO}와 같은 위치까지 V_{DS}가 증가할 때 유기된 반전 전하밀도는 드레인 단자에서 0이다. 이 작용을 그림 (c)에 나타내었다. 이 점에서는 드레인 컨덕턴스의 증가는 없으며 이는 $I_D - V_{DS}$ 곡선의 기울기가 0이라는 것을 의미한다. 즉,

$$V_{GS} - V_{Dsat} = V_{TO} \qquad (3.11)$$

$$V_{Dsat} = V_{GS} - V_{TO}$$

여기서 V_{Dsat}는 드레인 단자에서 반전층 전하 밀도를 0으로 하는 드레인-소스 사이의 전압을 나타낸다. V_{DS}가 V_{Dsat}값 이상으로 증가하면 전자들이 소스에서 채널로

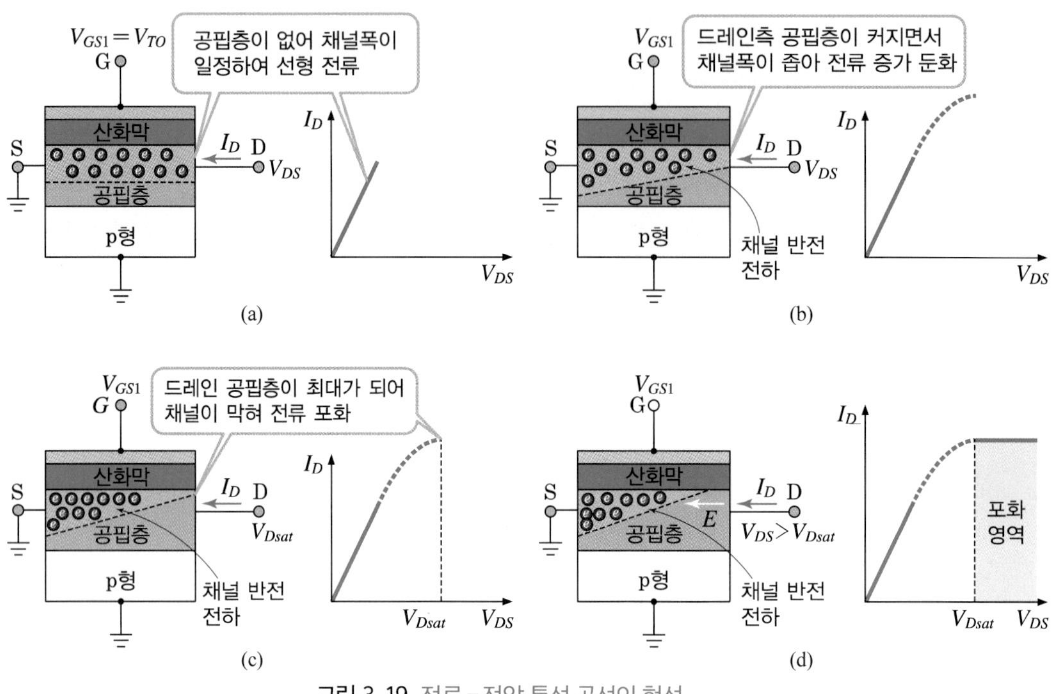

그림 3.19 전류-전압 특성 곡선의 형성

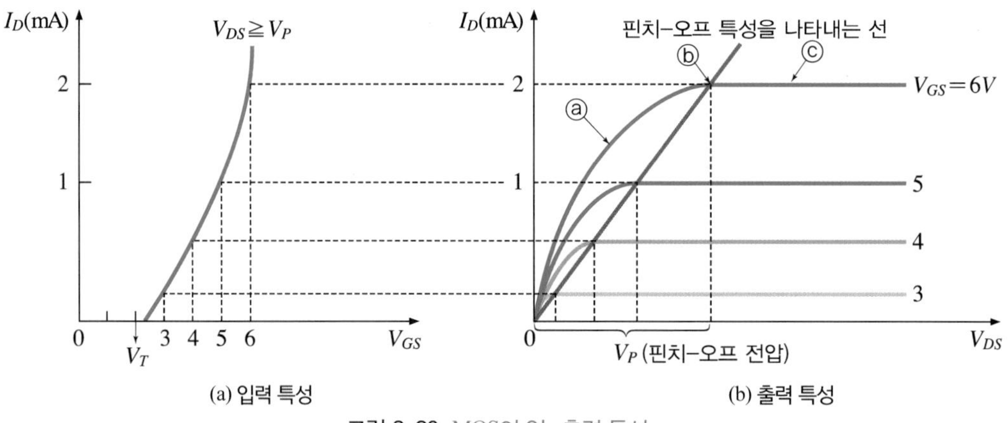

그림 3.20 MOS의 입·출력 특성

들어가 채널을 통하여 드레인으로 향한다. 전하가 0으로 되는 지점에서 공간 전하 영역으로 주입된다. 그 후 전계 E에 의하여 드레인 접촉 영역으로 모이게 된다. 여기서 채널 길이의 변화량 ΔL이 원래의 채널 길이 L에 비하여 작으면 드레인 전류는 $V_{DS} > V_{Dsat}$의 조건에서 일정하게 유지할 것이다. 이때의 $I_D - V_{DS}$ 특성 영역은 포화 영역 saturation region이다. 이를 그림 3.19 (d)에 나타내었다.

MOS의 $I_D - V_{DS}$ 특성 곡선을 그림 3.20에 나타내었다. 게이트 전압의 크기에 따라 드레인 전류가 흐르고 있다. I_D의 포화점 ⓑ를 경계로 하여 I_D가 V_{DS}에 따라 증가하는 선형 영역$_{\text{linear region}}$ ⓐ와 포화 영역 ⓒ로 나누어 생각할 수 있다.

(1) 선형 영역

이제 MOS의 드레인 전류 I_D를 유도하여 보자. 그림 3.21에서 좌표를 고려한 MOS 구조를 보여 주고 있는데, 게이트에 (+)V_{GS}을 공급하고, 드레인에 (+)전압에 의하여 드레인 영역에 공핍층이 커진 상태를 나타내었다. (+)의 드레인 전압 V_{DS}을 공급하면 n채널을 통한 전자의 이동으로 드레인 전류 I_D가 만들어진다.

그림 3.21에서 소스의 오른쪽 끝을 $x=0$, 드레인 왼쪽 끝을 $x=L$이라 하고, x지점에서 전류 I_D는 채널의 표면 전하 $Q_n(x)$와 전계 E_x의 성분으로

$$I_D = Q_n(x)\mu_n E_x W \tag{3.12}$$

이다. 여기서 x지점의 전위를 $V(x)$, $E_x = -dV(x)/dx$이다. 그러므로 식 (3.12)는 다음과 같이 나타낼 수 있다.

$$I_D = -WQ_n(x)\mu_n \frac{dV(x)}{dx} \tag{3.13}$$

반전층은 도전막으로 볼 수 있으며, 이 층의 전하량 $Q_n(x)$는 산화막 용량 C_{ox}에 반전층을 생기게 하는 게이트 전압인 문턱 전압 V_{TO} 이상으로 충전되어야 하기 때문에 다음과 같이 나타낼 수 있다.

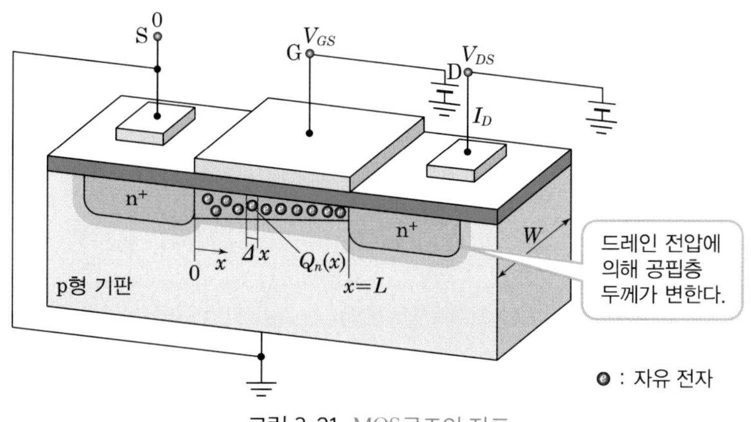

그림 3.21 MOS구조와 좌표

$$Q_n(x) = -C_{ox}(V_{GS} - V_{TO}) \tag{3.14}$$

그림과 같이 드레인에 V_{DS}을 공급하면 x지점의 전위가 $V(x)$이므로 x지점의 표면에 반전층을 만들기 위한 전위는 $V_{TO} + V(x)$이어야 한다. 따라서 식 (3.14)는

$$Q_n(x) = -C_{ox}[V_{GS} - V_{TO} - V(x)] \tag{3.15}$$

이다. 식 (3.13)에 대입하고, 양변을 적분하면 다음 식이 얻어진다.

$$I_D\int_0^L dx = W\mu_n C_{ox}\int_{0,0}^{L,V_{DS}}[V_{GS} - V_{TO} - V(x)]\frac{dV(x)}{dx}dx \tag{3.16}$$

채널이 균일하게 형성된다고 가정하면 x지점의 전위 $V(x)$는

$$V(x) = \frac{V_{DS}}{L}x \tag{3.17}$$

이며, 이때 I_D는 다음과 같다.

$$I_D = \frac{W}{L}\mu_n C_{ox}\left[(V_{GS} - V_{TO})V_{DS} - \frac{1}{2}V_{DS}^2\right] \tag{3.18}$$

이것이 MOS 소자의 선형 영역의 드레인 전류식이다. 드레인 전류는 채널폭 W, 채널 길이 L, 산화막 용량 C_{ox}의 물리적 요소에 영향을 받으며, 게이트 전압 V_{GS}, 드레인 전압 V_{DS}, 문턱전압 V_{TO}와 관계가 있음을 알 수 있다.

(2) 포화 영역

V_{DS}를 증가시키면 채널 근처의 공핍층이 드레인 영역에서 넓어지고 $V(x) = V_{DS}$에서 드레인 영역의 반전채널이 없어지게 된다. 이때는 채널에 높은 저항이 직렬로 연결된 것과 같이 생각할 수 있으므로 전류가 포화하기 시작한다. 이 조건은 $V(x) = V_{DS}$에서 $Q_n(x) = 0$이다. 이를 식 (3.15)에 대입하면

$$V_{Dsat} = V_{GS} - V_{TO} \tag{3.19}$$

로 된다. 이것이 포화점의 전압, 즉 핀치-오프$_{\text{pinch-off}}$ 전압이다.

식 (3.19)를 식 (3.18)에 대입하여 정리하면

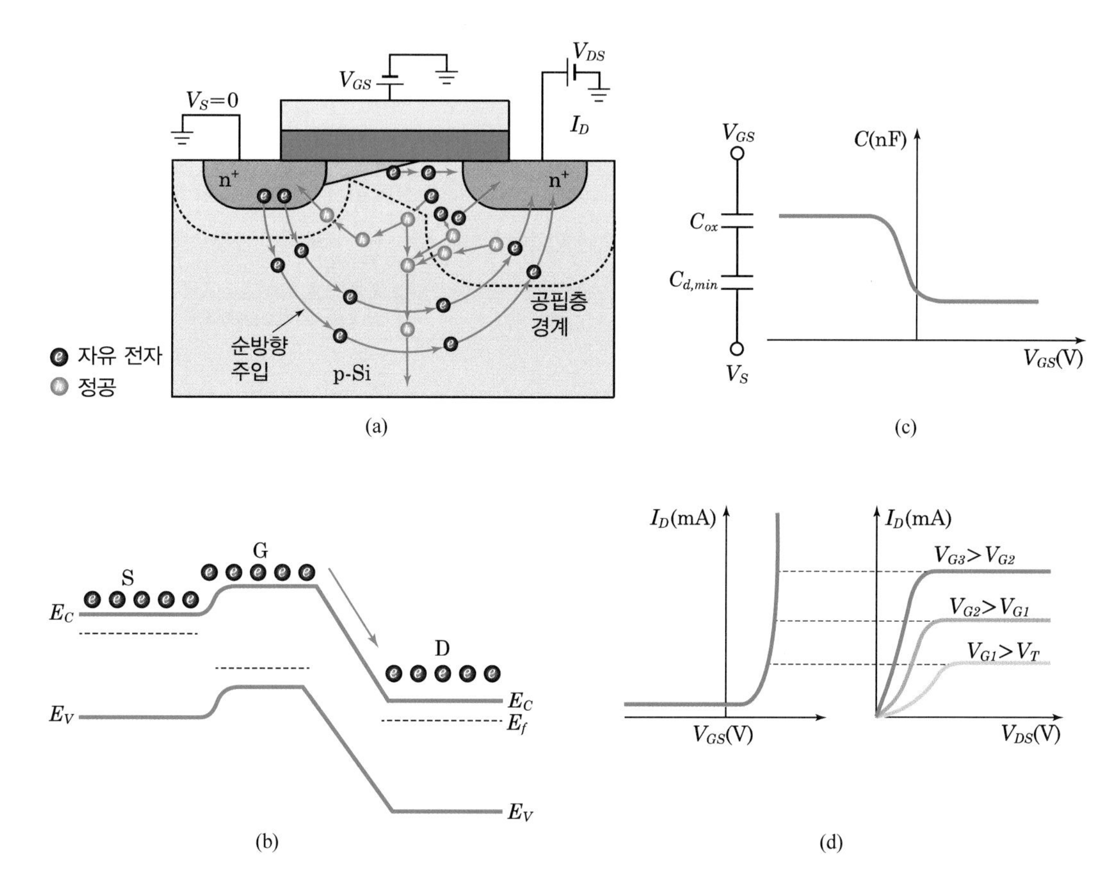

그림 3. 22 MOSFET의 (a) 핀치 - 오프 상태 (b) 에너지대 구조 (c) 커패시터 (d) 전류 특성

$$I_{Dsat} = \frac{\mu_n C_{ox} W}{2L}(V_{GS} - V_{TO})^2 \qquad (3.20)$$

이고, 포화점의 전류식이 얻어진다.

여기서 포화 영역에서의 동작을 자세히 살펴보기 위하여 포화 상태의 MOS를 그림 3.22 (a)에 나타내었다. 드레인 전압 V_{DS}가 드레인 영역의 반전 전하 밀도가 0인 상태가 될 때까지 충분히 높을 때, 핀치 - 오프$_{\text{pinch-off}}$ 상태가 되는 것이며, 이때의 드레인 전압이 핀치 - 오프 전압이다. 이 조건은 충분히 긴 채널 길이를 갖는 소자라고 가정하였을 때, 식 (3.11)을 만족할 때이다.

그러므로 V_{DS}가 더욱 증가하게 되면 채널이 드레인과 접촉해 있던 점이 소스 방향으로 이동, 즉 채널 영역의 길이가 짧아지는 것이다. 핀치 - 오프 전압 이상에서 소스 - 드레인 사이의 채널은 없어지나, 그림 (b)의 에너지대와 같이 채널 영역의 밑 부분에서의 높은 에너지에서 낮은 에너지로 전자가 이동하면서 전류가 만들어지는 것이다. 이것은 마치 npn

형 트랜지스터가 동작하는 것과 같은 원리로 전류가 흐르는 것이다.

채널의 끝 부분과 드레인 영역 사이가 핀치-오프 영역이며 이 영역의 전자들은 전계에 의하여 빠르게 이 영역을 통과하여 드레인으로 흐른다. 핀치-오프 영역에서는 두 개의 전계 성분이 있는데, 하나는 드레인에서 채널로 향하는 전계인데, 이 전계의 힘으로 채널에서 드레인으로 전자를 매우 빠르게 흐르게 한다. 또 하나의 성분은 드레인 전류를 일정하게 하는 것이다. 즉, 빠르게 이동하는 전자의 양을 일정하게 유지하는 것이다. 이것이 MOS의 포화 상태 동작이다.

4. 기판 바이어스 효과

지금까지 MOS에서 기판은 소스와 접지에 연결된 것으로 하였다. 그러나 기판은 소스와 같은 전위가 되지 않아야 한다. 그림 3.23에서는 nMOS를 보여 주고 있는데, 소스-기판 사이의 pn접합은 항상 0이거나 역바이어스이어야 한다. 왜냐하면 기판 전압 V_B는 항상 0이거나 그 이상의 값을 가져야 하기 때문이다.

이제 MOS의 동작 특성에서 기판 전압 V_B에 대한 효과를 살펴보자. 그림 3.24 (a)에서는 기판 전압이 없는 경우이고, 그림 (b)는 기판 전압을 공급한 경우를 보여 주고 있다. 그림 (b)와 같이 음(−)의 기판 전압이 인가되면 소스-기판, 기판-드레인 사이의 pn접합에 역방향 전압이 인가된 것과 같은 작용을 하여 최초의 공핍층 두께인 d_0보다 그 두께가 증가하여 채널 영역의 공핍층 두께인 d_{ch}보다 큰 값이 된다. 여기서 게이트의 양(+)의 전압에 의한 전하는 음(−)인 공핍층 전하와 반전층 전하의 합에 의하여 균형을 이루게 된다. 이때 인가되는 기판 전압 V_B가 0[V] 이하일 때, 전하의 균형을 이루기 위하여 공핍층 전

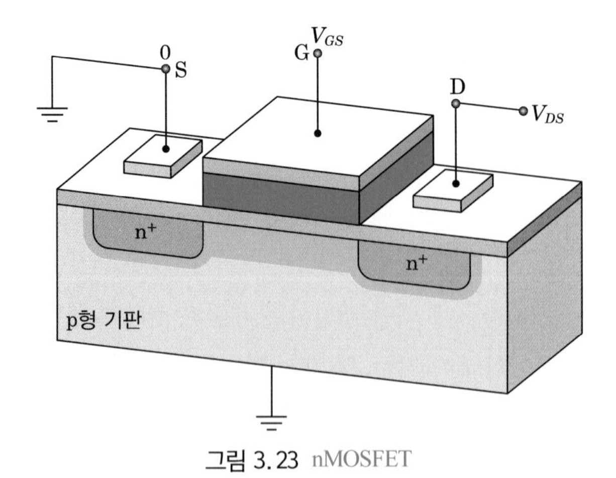

그림 3.23 nMOSFET

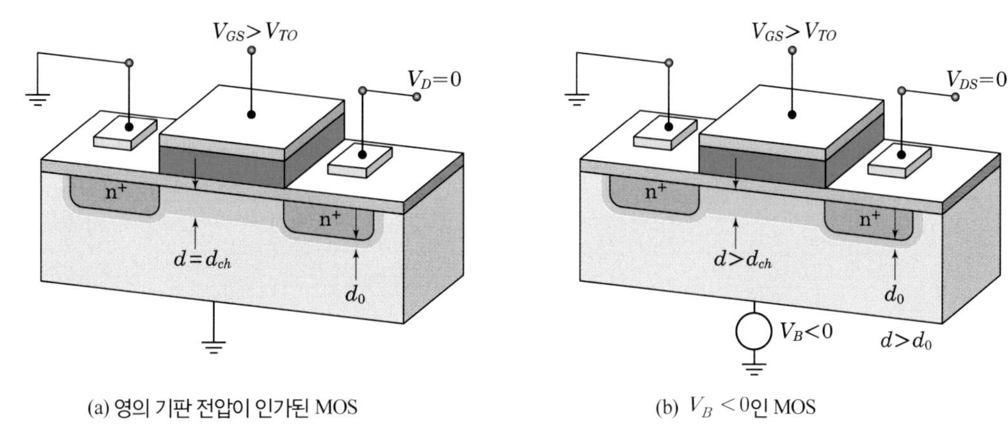

(a) 영의 기판 전압이 인가된 MOS (b) $V_B<0$인 MOS

그림 3.24 nMOS의 기판 바이어스 효과

하가 증가하게 되며 증가한 만큼 반전층 전하를 감소시킨다. 음(−)의 기판 전압이 반전층 전하를 감소시키므로 이것으로 인하여 문턱 전압을 증가시키는 결과를 초래한다. 이와 같이 기판 전압에 의하여 임계 전압이 변화되는 작용을 기판 바이어스 효과body bias effect라고 한다.

예제 3-1

n 채널 MOSFET의 포화 전류 I_{Dsat}를 계산하시오. (단, $L=2[\mu m]$, $W=20[\mu m]$, $\mu_n=650$ $[cm^2/V\cdot s]$, $V_{GS}=5[V]$, $V_{TO}=0.642[V]$, $C_{ox}=6.9\times10^{-8}[F/cm^2]$이다.)

$$I_{Dsat}=\frac{\mu_n W C_{ox}}{2L}(V_{GS}-V_{TO})^2=\frac{650\times20\times10^{-4}\times6.9\times10^{-8}}{2\times2\times10^{-4}}(V_{GS}-V_{TO})^2$$

$$=2.24\times10^{-4}(V_{GS}-V_{TO})^2[A]$$

$V_{GS}=5[V]$, $V_{TO}=0.642[V]$인 경우

$$I_{Dsat}=2.24\times10^{-4}(5-0.642)^2=4.25\times10^{-3}$$

$$\therefore I_{Dsat}=4.25[mA]$$

5. 전달 특성

MOSFET의 트랜스컨덕턴스는 게이트 전압의 변화에 대한 드레인 전류의 변화로 정의되며, 전달 이득transfer gain이라고도 한다.

$$g_m = \frac{\partial I_D}{\partial V_{GS}} \tag{3.21}$$

선형 영역에서 동작하는 n 채널 MOS인 경우, 선형 영역의 전달 이득 g_{ml}은 식 (3.18)을 이용하여 풀면

$$g_{ml} = \frac{\partial I_D}{\partial V_{GS}} = \frac{W \mu_n C_{ox}}{L} V_{DS} \tag{3.22}$$

이다. 트랜스컨덕턴스는 V_{DS}에 따라 선형적으로 증가하나 V_{GS}와는 무관하다. 포화 영역에서의 전달 이득 g_{ms}는 식 (3.20)에서

$$g_{ms} = \frac{\partial I_{Dsat}}{\partial V_{GS}} = \frac{W \mu_n C_{ox}}{L} (V_{GS} - V_{TO}) \tag{3.23}$$

의 전달 특성을 얻을 수 있다. 포화 영역에서는 V_{GS}의 선형적 함수이나 V_{DS}와는 무관하다.

예제 3-2

n 채널 MOSFET의 게이트에 3[V]를 공급하였을 때, 포화 영역에서의 전달 컨덕턴스 g_{ms}를 구하시오. (단, $L = 1.15[\mu m]$, $\mu_n = 645[cm^2/V \cdot s]$, $W = 11[\mu m]$, $C_{ox} = 6.4 \times 10^{-8}[F/cm^2]$, $V_{TO} = 0.55[V]$이다.)

식 (7.58)에서

$$g_{ms} = \frac{\mu_n W C_{ox}}{L} (V_{GS} - V_{TO}) = \frac{(645)(11 \times 10^{-4})(6.4 \times 10^{-8})}{(1.15 \times 10^{-4})} (3 - 0.55)$$

$$= 0.97 \times 10^{-3}$$

$\therefore g_{ms} = 0.97 \times 10^{-3}[S]$

6. MOS 커패시턴스

그림 3.25에 나타낸 p형 실리콘(Si) 기판을 이용한 MOS 구조에서 게이트에 부(負)전위를 인가하면 정공이 실리콘 기판 표면에 축적한다.

게이트 전극의 단면적을 S, 산화막 두께를 t_{ox}, 그 유전율을 ε_s라 하면 산화막의 용량은

$$C_{ox} = \frac{\varepsilon_o\,\varepsilon_s}{t_{ox}}\,S \tag{3.24}$$

로 되며, 이를 MOS의 축적용량(蓄積容量)이라 한다. MOS 커패시터의 용량값은 보통의 커패시터와는 다르며 게이트 바이어스 전압에 의하여 변화하는 특징을 가지고 있다.

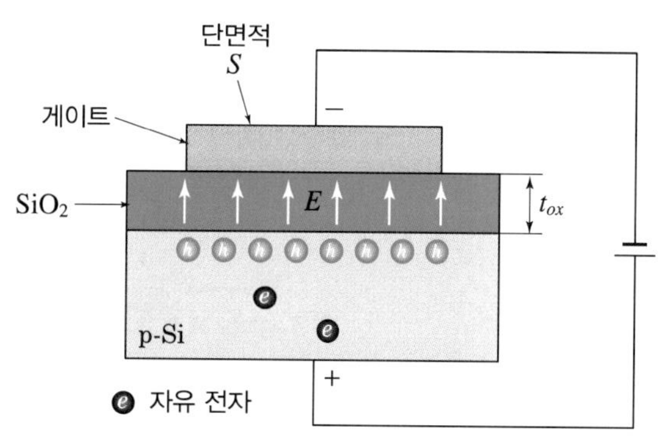

그림 3.25 축적 상태의 MOS 구조

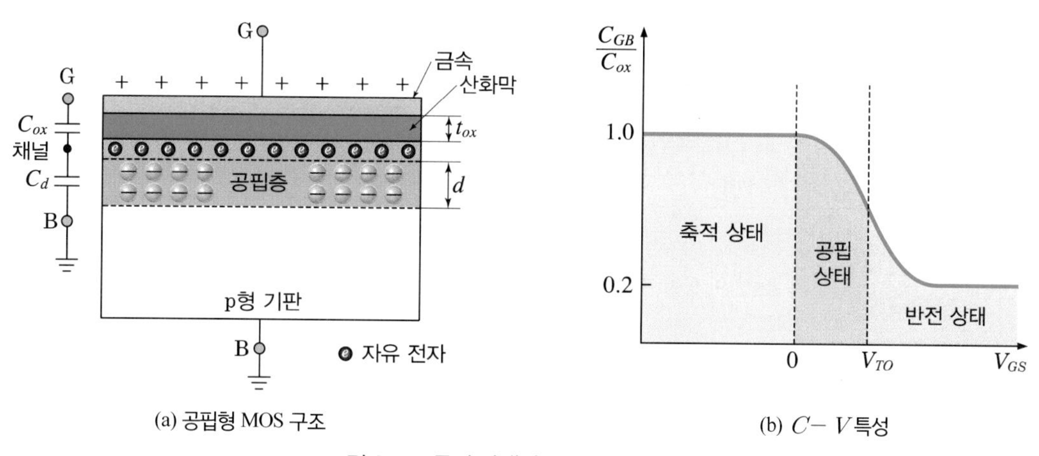

(a) 공핍형 MOS 구조

(b) $C-V$ 특성

그림 3.26 공핍 상태의 MOS 커패시터

그림 3.26 (a)에서는 게이트에 전압을 인가하면 채널 밑에 실리콘 기판 표면이 공핍 상태로 되어 부(負)의 억셉터 이온에 의한 공간 전하 영역이 생기는 모양을 보여 주고 있다. 이와 같이 공간 전하의 형태로 전하를 축적하여 공핍층에 기인되는 정전 용량이 존재하게 된다. 그림 (b)에는 게이트 전압에 따른 게이트 영역의 MOS 커패시턴스의 변화를 나타내었다. 외부에서 본 커패시턴스는 공핍층에 기인되는 정전 용량과 직렬로 접속하여 있는 산화막에 기인되는 정전 용량을 포함하므로 MOS 커패시터의 전체 정전 용량은

$$C = \frac{C_d\,C_{ox}}{C_d + C_{ox}} \tag{3.25}$$

로 된다. 이는 $V_{GS} \gg 0$인 경우이다. 한편, 게이트 전압 $V_G < 0$인 때는 p형 반도체의 기판 표면은 n형으로 강하게 반전되므로 전자가 반전층에 유기되는 만큼의 충분한 시간이 지나면 이때의 MOS 커패시터의 용량 C는 다음과 같다.

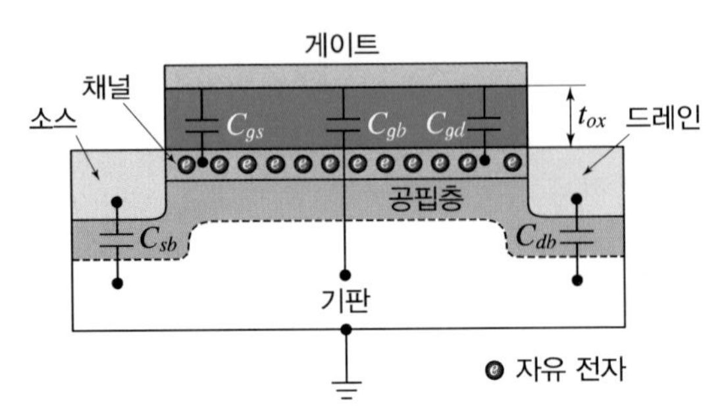

그림 3.27 MOS 구조의 기생 커패시터

$$C = C_{ox} \tag{3.26}$$

이제 MOS 소자의 게이트 영역에서 발생하는 기생 용량parasitic capacitance에 관하여 생각해 보자. 그림 3.27에서는 MOS 트랜지스터의 기생 커패시턴스의 존재를 나타낸 것이다. 여기서는 게이트 영역이 소스/드레인 영역과 중첩overlap되지 않는다고 가정하였다. 여기서 나타낸 용량 성분을 기술하면,

> C_{gs}, C_{gd} : 채널의 소스/드레인 영역에서 하나의 용량으로 취급한 게이트-채널 사이의 커패시턴스
> C_{sb}, C_{db} : 기판[또는 벌크(bulk)]-소스/드레인 사이의 확산 커패시턴스
> C_{gb} : 게이트-기판 사이의 커패시턴스

이다. 이것을 그림 3.28과 같은 용량 회로의 모델로 나타낼 수 있다. MOS 트랜지스터의 전체 게이트 용량 C_g는 다음과 같다.

$$C_g = C_{gb} + C_{gs} + C_{gd} \tag{3.27}$$

여기서 C_{gb}는 트랜지스터가 선형linear 또는 포화saturation 작용에 있을 때는 무시해도 좋다. 그림 3.29는 nMOS와 pMOS의 특성을 비교한 것이다.

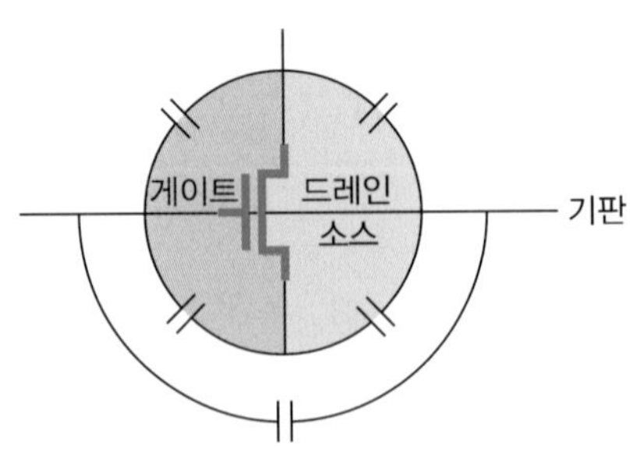

그림 3.28 MOS 용량 모델

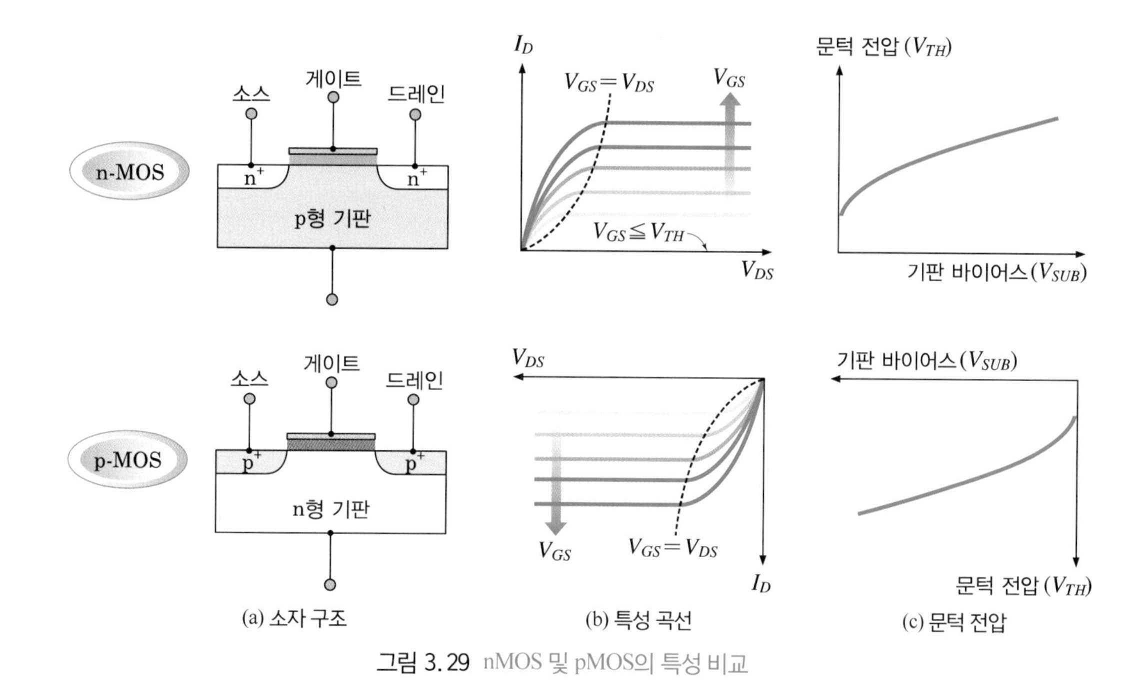

그림 3.29 nMOS 및 pMOS의 특성 비교

3.5 MOSFET의 접지 방식

Semiconductor Device Engineering

MOS 소자는 증폭기로 사용할 수 있는데, 소스 공통common source, 드레인 공통common drain, 게이트 공통common gate 방식이 있으며, 그림 3.30에서 보여 주고 있다.

1. 소스Source 공통

소스 공통 회로는 입력 임피던스가 크기 때문에 많은 회로의 설계에 사용하고 있다. 그림 3.30 (a)에서는 접지 회로를 보여 주고 있는데, 이 회로의 특징은 입력 임피던스가 높은 특성 외에 출력 임피던스가 중간 정도의 값을 가지며, 전압 이득이 1보다 큰 특징이 있다.

그림 3.31 (a)는 소스 공통의 등가 회로를 나타내었다. 귀환이 없는 경우, 전압 이득 A를 구해 보자. 먼저, 회로에 키르히호프의 법칙을 적용하면

$$I_d R_L + (I_d - g_m V_{gs}) r_d = 0 \qquad (3.28)$$

이고, 입력 전압 V_i와 출력 전압 V_o는

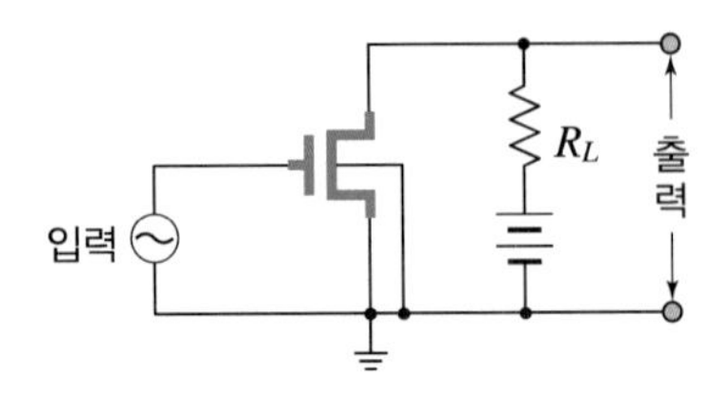

- 입력 임피던스가 높음
- 출력 임피던스가 중간 정도에서 높은 값까지 가질 수 있음
- 전압 이득은 1보다 큼

(a) 소스 공통

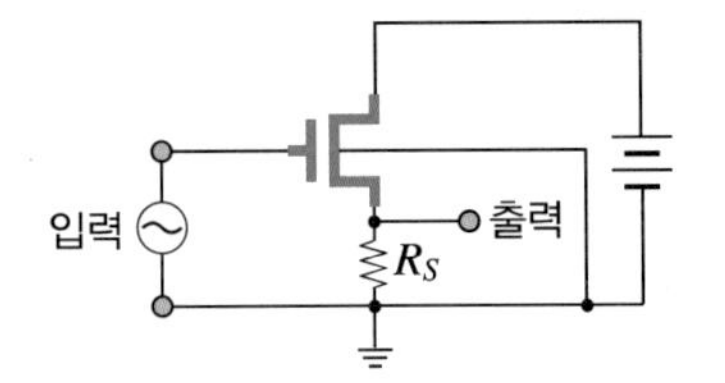

- 소스 접지보다 입력 임피던스가 높음
- 출력 임피던스는 낮고 입력과 출력 사이에 극성 반전이 없음
- 전압 이득은 1보다 적음

(b) 드레인 공통

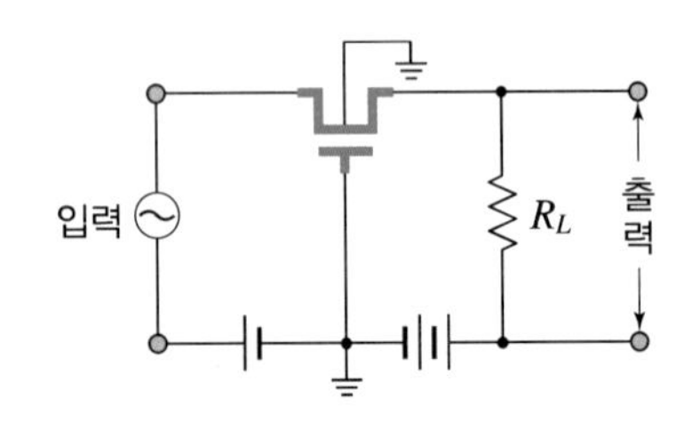

- 저입력 임피던스로부터 고출력 임피던스로 변환이 가능
- 전압 이득은 소스 접지보다 적음

(c) 게이트 공통

그림 3.30 MOS의 공통 회로

$$V_i = V_{gs} \tag{3.29}$$

$$V_o = -I_D R_L$$

이다. 따라서 전압 이득 A는

$$A = \frac{V_o}{V_i} = \frac{-g_m r_d R_L}{(r_d + R_L)} \tag{3.30}$$

이다. 전압 이득에서 (−)는 출력이 반전되는 것을 의미한다.

2. 드레인Drain 공통

이제 그림 3.31 (b)에 나타낸 드레인 공통 회로의 등가 회로에서 전압 이득을 구해 보자. 드레인을 공통으로 한 동작은 소스 폴로어source follower라고도 하는데, 회로에 키르히호프 법칙을 적용하면

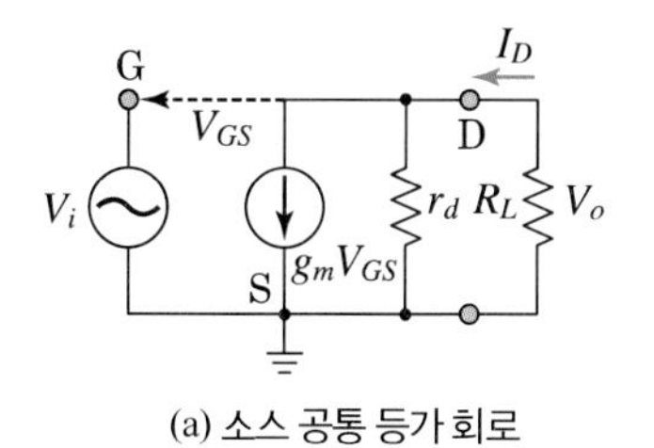

(a) 소스 공통 등가 회로

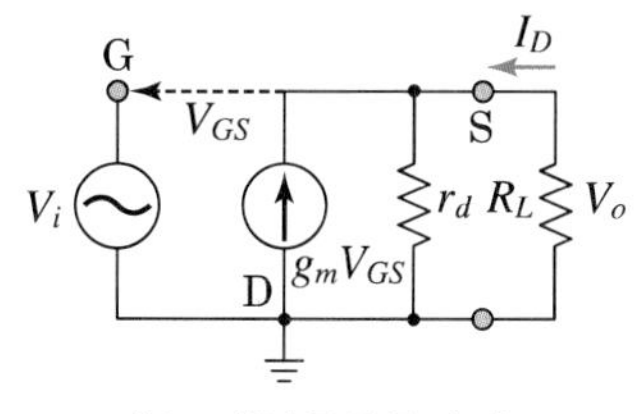

(b) 드레인 공통 등가 회로

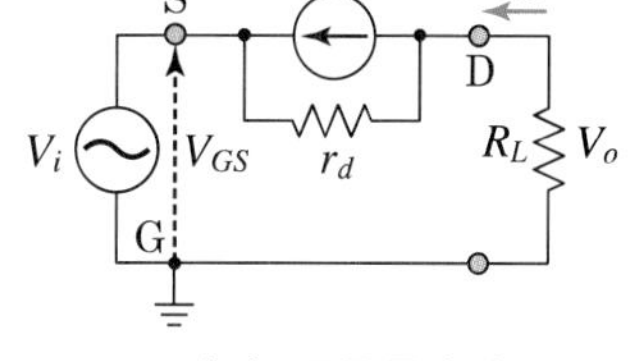

(c) 게이트 공통 등가 회로

그림 3.31 MOSFET의 등가 회로

$$I_DR_s + (I_D - g_m V_{gs})r_d = 0 \tag{3.31}$$

이고, 입력 전압 V_i와 출력 전압 V_o는

$$V_i = V_{gs} + I_DR_s \tag{3.32}$$
$$V_o = I_DR_s$$

이다. 따라서 전압이득 A는

$$A = \frac{V_o}{V_i} = \frac{-g_mR_s}{1+g_mR_s} \tag{3.33}$$

이다. 따라서 전압 이득은 항상 1보다 작은 값을 갖는다.

3. 게이트 공통

입력 임피던스가 낮고, 높은 출력 임피던스로의 변환이 가능하며, 전압 이득은 소스 공통보다 적은 게이트 공통 회로를 그림 3.30 (c)에 나타내었으며, 그 등가 회로를 그림 3.31 (c)에서 보여 주고 있다. 마찬가지로 전압 이득을 구해 보자.

회로에 키르히호프 법칙을 적용하면

$$I_DR_L + (I_D - g_m V_{gs})r_d - V_i = 0 \tag{3.34}$$

이고, 입력 전압 V_i와 출력 전압 V_o는

$$V_i = V_{gs} \tag{3.35}$$
$$V_o = I_DR_L$$

이다. 따라서 전압 이득 A는

$$A = \frac{V_o}{V_i} = \frac{(1+g_m r_d)R_L}{r_d + R_L} \tag{3.36}$$

이다.

예제 3-3

다음 FET 회로에서 V_{DS}를 구하시오.

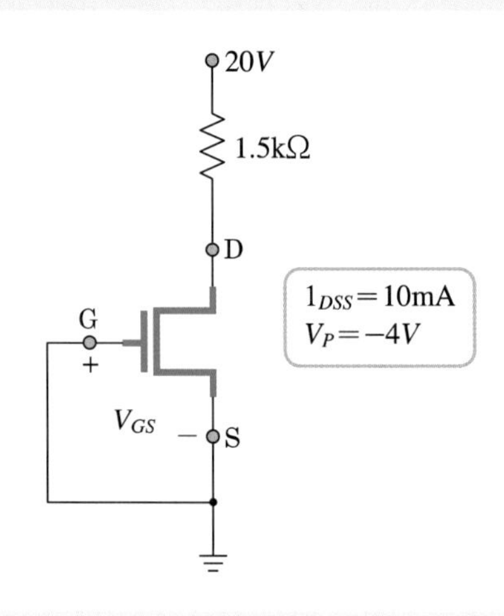

게이트와 소스가 연결되어 있어서 $V_{GS}=0[\text{V}]$이므로

$$I_D = I_{DSS}(1 - V_{GS}/V_P)^2 \text{에서 } I_D = I_{DSS}\text{이다.}$$

$$I_D = 10[\text{mA}]$$

따라서

$$V_{DS} = V_{DD} - I_D R_D = 20[\text{V}] - (10[\text{mA}])(1.5[\text{k}\Omega]) = 5[\text{V}]$$

$$\therefore V_{DS} = 5[\text{V}]$$

3.6 CMOS 소자의 공정

Semiconductor Device Engineering

CMOS 공정은nMOS 트랜지스터와 pMOS 트랜지스터를 모두 사용하는 것으로 nMOS 공정에 비하여 안정된 출력, 안정된 스위칭$_{\text{switching}}$ 특성, 저전력 소비 등의 장점을 가지고

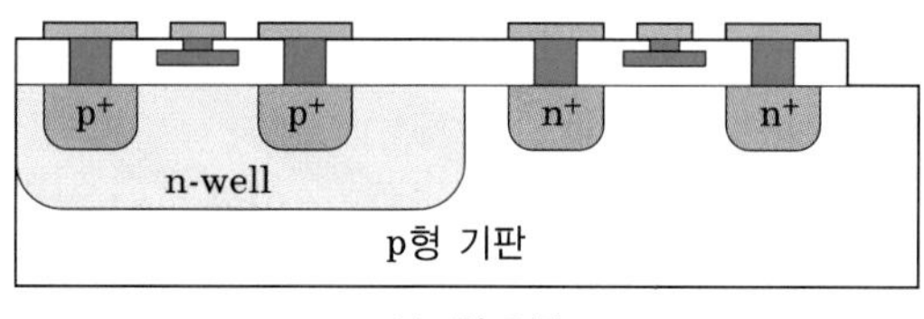

(a) n형 우물

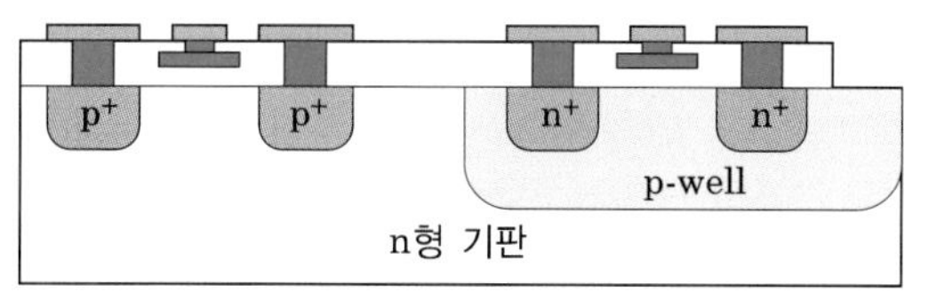

(b) p형 우물

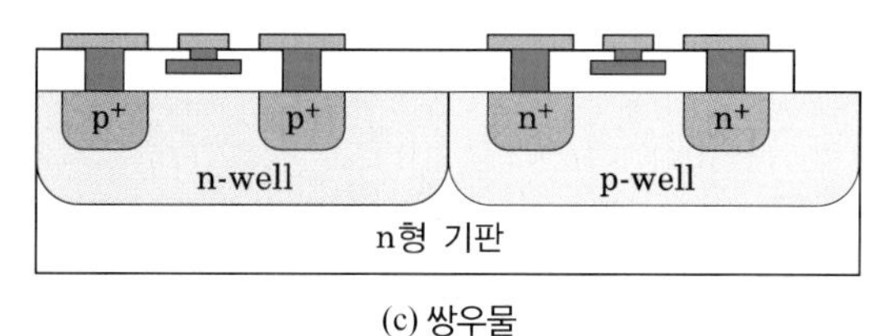

(c) 쌍우물

그림 3.32 CMOS 공정 기술

있으나, 집적도에서는 nMOS 공정보다 떨어진다. 또한 nMOS 트랜지스터는 DC 전력 소모가 있는 반면, CMOS 회로는 DC 전력 소모가 거의 없다. 이것은 CMOS 회로 내의 nMOS와 pMOS가 동시에 동작(ON) 상태가 되지 않으므로 전원과 접지 사이에 직류 흐름 경로DC conduction path가 생기지 않아 직류 전력 소모가 거의 없으며 열 발생량도 줄어든다.

이 밖에도 nMOS 공정에 비해 균등한 상승 및 하강 지연 시간rise/fall delay time, 잡음 방지, 용량이 큰 커패시터로 부하를 구동할 수 있는 능력 및 우수한 게이트 전송 능력 등의 장점이 있다. CMOS 회로에는 nMOS와 pMOS가 한 쌍으로 설계와 제작이 되므로 공정이 복잡한 단점이 있으나, 현재 집적 회로의 공정에 가장 적합한 기술로 널리 이용되고 있다.

CMOS 공정에는 n형 우물n-well CMOS 공정, p형 우물p-well CMOS 공정, 쌍우물twin-well/twin-tub CMOS 공정 및 SOISilcon On Insulator CMOS 공정 기술 등으로 구분된다.

한 기판 위에 두 개의 트랜지스터를 형성하기 위해서는 기판과는 반대의 성질을 갖는 우물well/tub이라 하는 불순물 영역이 필요하게 된다.

그림 3.32에서는 세 가지 기본 CMOS 공정의 단면도를 보여 주고 있다. 그림 (a)에서는 n형 우물n-well CMOS 공정을 보여 주고 있는데, p형 기판 위에 n형 우물 영역을 형성하여 pMOS를 구성하고 p형 기판에는 nMOS 공정과 같은 공정으로 nMOS를 구성한다. 그림 (b)의 pMOS 공정은 n형 기판에 p형 우물 영역을 형성하여 nMOS를 구성하고, n형 기판에는 pMOS를 구성하여 CMOS 구조를 제작한다. 한편, 그림 (c)에서 나타낸 쌍우물twin-well CMOS 공정은 n형 우물과 p형 우물을 형성하여 pMOS와 nMOS를 각각 구성한다.

이 공정 기술은 공정 과정이 복잡하나 nMOS 및 pMOS의 임계 전압, 바디 바이어스 효과 및 이득 등을 독립적으로 조절할 수 있으며 특히 pnpn 구조인 SCR이 구성되어 기생

npn과 pnp형 트랜지스터 작용으로 CMOS의 전류-전압 특성에 악영향을 미치는 래치-업 latch-up 현상을 줄일 수 있는 장점을 가지고 있다.

SOI-CMOS 공정은 절연체 위에 단결정 박막thin film을 성장시키고 여기에 pMOS와 nMOS를 구성하는 것이다. 집적도를 높일 수 있고 래치-업 문제를 최소화할 수 있으며, 기생 용량이 작은 장점을 갖는다.

3.7 디지털 회로

Semiconductor Device Engineering

1. 디지털 신호

사람의 목소리를 전기 신호로 바꾸면 그림 3.33 (a)와 같이 교류 신호로 나타낼 수 있다. 이것을 그림 (b)와 같이 어떤 양으로 자른 후, 높은 값을 '1' 상태, 낮은 값을 '0' 상태로 하는 두 가지 상태로 나타낼 수 있다. 그림 (c)와 같이 두 가지 상태의 신호를 디지털 신호 digital signal라고 부른다.

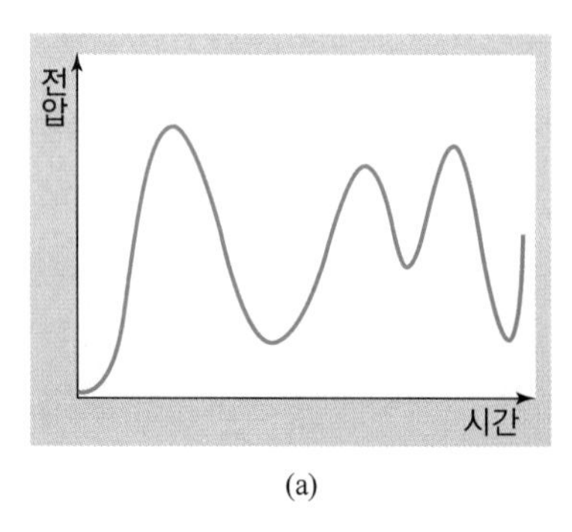

(a)

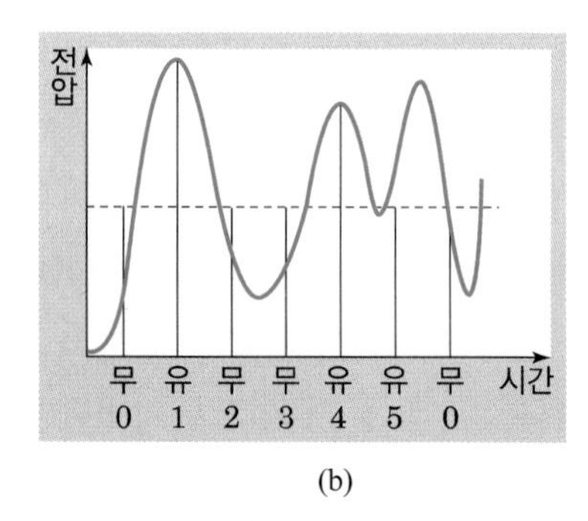

(b)

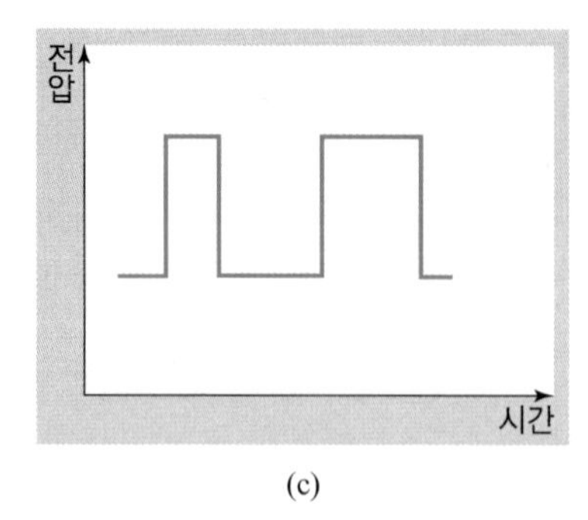

(c)

그림 3.33 디지털 신호 (a) 아날로그 신호 (b) 디지털 신호 처리 (c) 디지털 신호

2. 스위칭

디지털 작용이란 무엇일까? 그림 3.34와 같이 게이트에 디지털 신호를 보내 주면 드레인에 디지털 신호를 얻는 것을 스위칭switching이라고 한다.

디지털 회로는 2진수를 기본으로 동작하는 회로이다. 2진수 비트 '0', '1' 두 가지 수만을 사용하도록 한 것이다. 두 가지만 사용하여 일이 끝나는 것은 무엇이 있을까?

우리의 가정에서 빈번히 일어나고 있는 일 중에서 찾아보자. 창문을 열고, 닫는 일이 있을 것이고, 또 LED등을 켜고 끌 때의 일이 있을 것이다. LED등을 켜고 끌 때 사용하는 장치를 스위치switch라고 부른다. 이 스위치는 두 가지의 행위로 일이 끝난다. 그러니까 디지털 회로가 동작할 때의 특성과 유사하다. 그래서 디지털 회로를 스위치 회로라고 부르기도 한다. 이런 연유로 앞으로 디지털 회로와 스위치 회로는 같은 말이라고 이해하기 바란다.

우리는 CMOS가 nMOS와 pMOS를 하나의 기판에 제작된 소자라는 것을 알았다. n(전자), p(정공)은 서로 반대의 특성이 있고, 이들을 조합하여 만든 CMOS는 서로 보완하는 구조라고 하였다. 그러므로 nMOS가 ON 상태일 때, pMOS는 OFF 상태가 된다. 그 반대의 상태도 성립한다. "ON 상태"는 스위치가 연결되어 전류가 통하므로 LED등에 불이 들어오는 상태, 즉 2진수 '1' 상태를 말하고, OFF 상태는 불이 꺼지는 상태, 즉 2진수 '0'를 의미한다.

이 CMOS가 동작하기 위해서는 전원 전압을 공급해 주어야 한다. 보통 이 전압을 V_{DD}라고 표기한다. IC에 전원을 공급하면 이것이 빠져나갈 접지 단자ground terminal가 필요하다. 이것을 V_{SS}라 하자. 요즈음에 만들어지는 IC는 성능이 우수하면서도 크기는 작게 만들고 있다. 그 덕분에 IC를 동작시키는 데 필요한 전압의 크기가 자꾸 내려간다. 얼마 전까지 5[V]가 사용되었는데, 3.3[V], 2.5[V]까지 내려가더니, 급기야 1.8[V]까지 내려갔다.

전원 전압이 내려가면 소비 전력이 그만큼 떨어지므로 좋은 일이다. MOS 소자의 단자는 소스(S), 게이트(G), 드레인(D)이다. 소스 전압을 V_S, 게이트 전압을 V_G, 드레인 전압

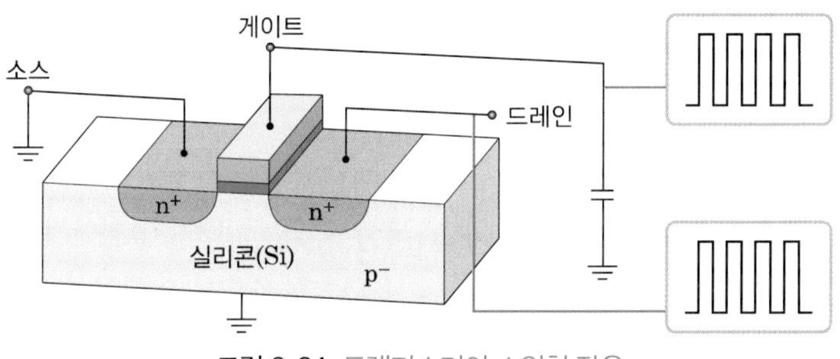

그림 3.34 트랜지스터의 스위칭 작용

을 V_D라 하자. 그리고 V_{GS}는 소스 전압을 기준하였을 때의 게이트 전압으로 규정한다.

또 하나의 중요한 전압이 있다. MOS 소자의 문턱 전압이다. 문턱 전압threshold voltage은 nMOS, pMOS의 게이트 밑의 채널에서 전류가 흐르기 시작하는 순간의 게이트 전압이다. 일반적으로 V_T로 표기하며, nMOS의 문턱 전압은 V_{TN}, pMOS의 문턱 전압은 V_{TP}로 표기하기로 한다. 보통 nMOS의 문턱 전압은 0.6[V], pMOS는 −0.6[V]이다. n과 p는 서로 반대의 특성을 갖기 때문이다.

디지털 회로를 구성하는 기본 회로에는 인버터, NAND, NOR 등이 있는데 이들을 설계하여 보자.

3. pMOS 스위치

디지털 회로의 기본 소자는 pMOS, nMOS이다. 물론 이 둘을 합치면 CMOS가 된다. 먼저 이들에 대한 동작을 살펴보자.

그림 3.35 (a)에 pMOS의 구조를 나타내었는데, 게이트에 (−)전압을 공급하면 소스−드레인 사이에 정공이 흘러 전류가 흐른다. 반대로 (+)게이트 전압에서는 전류가 흐르지 않는다.

그림 (b)는 pMOS 스위치 회로를 나타낸 것이다. pMOS는 게이트를 중심으로 왼쪽, 오른쪽이 대칭을 이루고 있는데, 똑같은 p+ 불순물이 있는 영역으로 단자를 구별하는 방법은 높은 전압의 쪽이 소스 단자이고, 낮은 전압의 쪽이 드레인이 된다. 그리고 게이트−소스 사이의 전압, 즉 V_{GS}가 문턱 전압 V_T보다 낮아야 채널이 형성되어 전류가 흘러 SW-ON 상태가 된다. 그림에서는 왼쪽에 2.5[V]가 공급되었으므로 이곳이 소스 단자이고, 오른쪽이 드레인이 된다. 드레인에 접속되어 있는 커패시터는 pMOS 스위치가 동작을 시켜 주어야 하는 짐, 즉 부하(負荷load)[7]이다. 부하란 디지털 회로에 공급되고 있는 전력을 소모하는 소자를 말하는데, 여기서는 커패시터를 뜻한다. 동작을 시켜 주어야 한다는 것은 커패시터가 충전의 기능을 갖도록 해 주는 것이다. 충전을 하려면 공급해 준 전력을 소모해야 하는 것이므로 부하의 역할을 한 것이다. 충전은 담수호에 물이 차는 것이고, 방전은 물을 방류하는 것이라 하였다.

입력 단자의 전압(V_{IN})으로 2.5[V], 즉 논리 '1' 상태가 공급되고 드레인에는 0[V]라고 가정하고 시작한다. 이제 그림 3.35 (a)에서 보여 주는 pMOS 회로의 게이트에 2.5[V]를 공급하여 보자. 그러면

7 부하 전기적·기계적 에너지를 발생하는 장치의 출력 에너지를 소비하는 것 또는 소비하는 동력의 크기를 말한다.

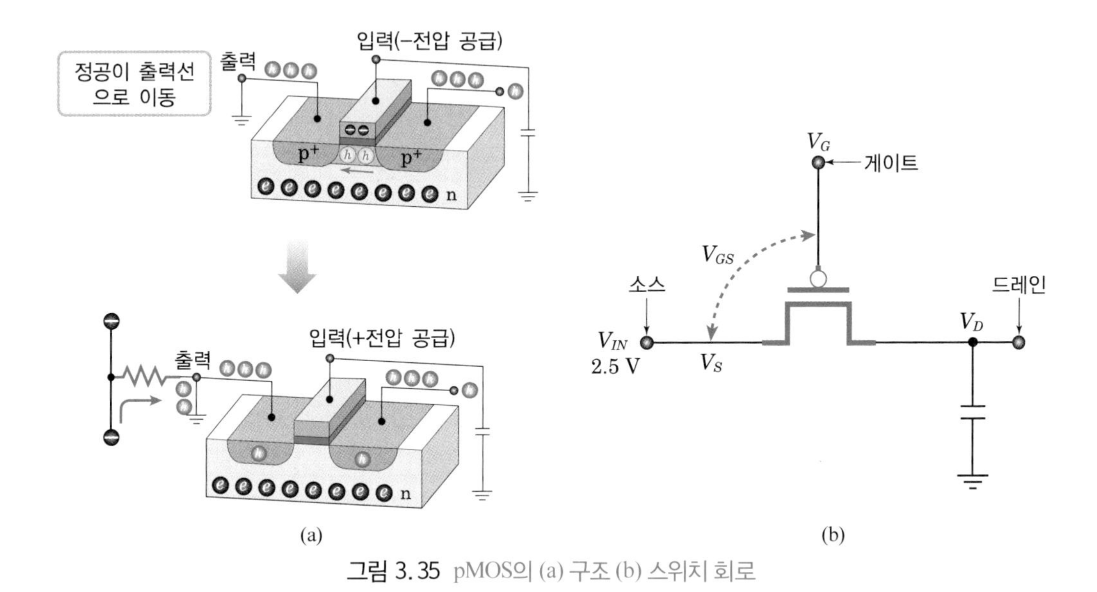

그림 3.35 pMOS의 (a) 구조 (b) 스위치 회로

$$V_{GS} = V_G - V_S = 2.5[\mathrm{V}] - 2.5[\mathrm{V}] = 0.0[\mathrm{V}] \tag{3.37}$$

이므로 pMOS의 문턱 전압 $V_{TP} = -0.6$[V]보다 크므로 스위치가 닫히니까 전류가 흐르지 못하여 스위치 – 차단(SW – OFF) 상태가 된다. 다시 입력에 0[V], 즉 논리 '0' 상태를 인가하면

$$V_{GS} = V_G - V_S = 2.5[\mathrm{V}] - 0.0[\mathrm{V}] = 2.5[\mathrm{V}] \tag{3.38}$$

이므로 여전히 $V_{TP} = -0.6$[V] 보다 크므로 SW – OFF 상태가 된다. 즉, 입력이 논리 '1' 상태이든 '0' 상태이든 소스에서 드레인으로 전류가 흐르지 않아 신호가 전달되지 않는다.

이번에는 pMOS가 스위치 – 접속(SW – ON) 상태가 되는 경우를 살펴보자.

그림 3.36 (b)에서와 같이 게이트에 전압 $V_G = 0$[V]를 공급한다. 그러면

$$V_{GS} = V_G - V_S = 0.0[\mathrm{V}] - 2.5[\mathrm{V}] = -2.5[\mathrm{V}] \tag{3.39}$$

이므로 문턱 전압 $V_{TP} = -0.6$[V]보다 작아 SW – ON 상태가 되어 전류가 흐를 수 있으므로, 담수호인 커패시터에 전하가 쌓이기 시작하여 결국은 2.5[V]까지 오르게 된다. 입력의 값이 전달된 것이다. 여기서 pMOS에 대하여 꼭 알아 두어야 할 다음의 사항을 기억해 두자.

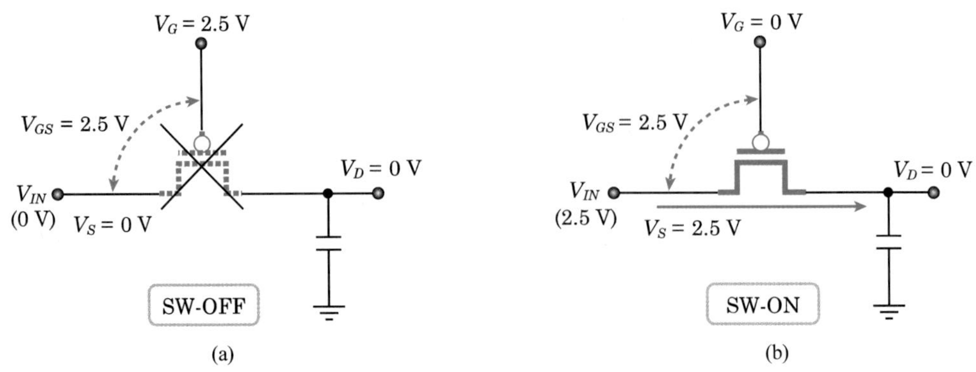

그림 3.36 pMOS의 (a) SW-OFF 상태 (b) SW-ON 상태

> pMOS는
> 게이트에 높은 전압, 즉 논리 '1' 상태이면 SW-OFF 상태가 되고, 게이트에 낮은 전압, 즉 논리 '0' 상태이면 SW-ON 상태가 된다.

이번에는 커패시터가 V_{DD}, 즉 2.5[V]까지 충전된 상태에서 입력값이 0[V], 즉 논리 '0' 상태가 공급된다고 생각하자. 또 한 번 기억하자. pMOS에는 전압이 높은 쪽의 단자가 소스라고 하였다. 그러므로 커패시터가 있는 쪽이 2.5[V]까지 충전되었으므로 소스의 역할을 하는 단자가 되는 것이다. 이때

$$V_{GS} = V_G - V_S = 0.0[\mathrm{V}] - 2.5[\mathrm{V}] = -2.5[\mathrm{V}] \tag{3.40}$$

가 되어 문턱 전압보다 낮으므로 pMOS는 SW-ON 상태가 된다. 그러면 담수호의 수문이 열리는 것이 되므로 물이 방류하듯이 커패시터의 방전 작용이 되는 것이다. 그러므로 그림 3.37 (a)에서와 같이 커패시터에 있던 전하들이 드레인 쪽으로 흘러 방전이 되는 것이다.

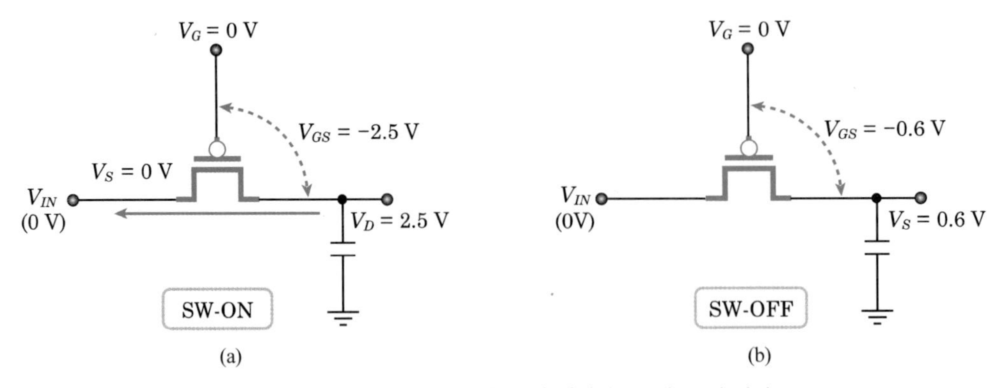

그림 3.37 pMOS의 (a) 논리 '1'의 전달 (b) 논리 '0'의 전달

이제 (b)와 같이 커패시터가 있는 소스 전압이 방전이 되어 0.6[V]까지 떨어진 경우를 살펴보자.

$$V_{GS} = V_G - V_S = 0.0[\mathrm{V}] - 0.6[\mathrm{V}] = -0.6[\mathrm{V}] \quad (3.41)$$

가 되어 pMOS의 문턱 전압까지 내려가니까 pMOS가 SW-OFF 상태로 되기 시작하는 것이다. 커패시터에 0.6[V]를 남겨 놓고 나머지만을 방전하는 것이어서 완전한 0[V]를 전달하지 못하고 0[V] 부근까지만 전달하는 것이다. 이것이 pMOS가 논리 '0' 상태를 전달하는데 취약한 것이다. 이를 (b)에서 보여 주고 있다.

4. nMOS 스위치

그림 3.38은 nMOS 스위치 회로를 나타낸 것이다. nMOS에서는 게이트를 중심으로 왼쪽과 오른쪽에 똑같은 n^+ 영역이 있는데, 전압이 높은 쪽이 드레인 단자이다.

그러므로 입력에 2.5[V]가 공급되었다면 입력이 드레인 단자가 되는 것이고 커패시터가 접속되어 있는 곳이 소스가 된다.

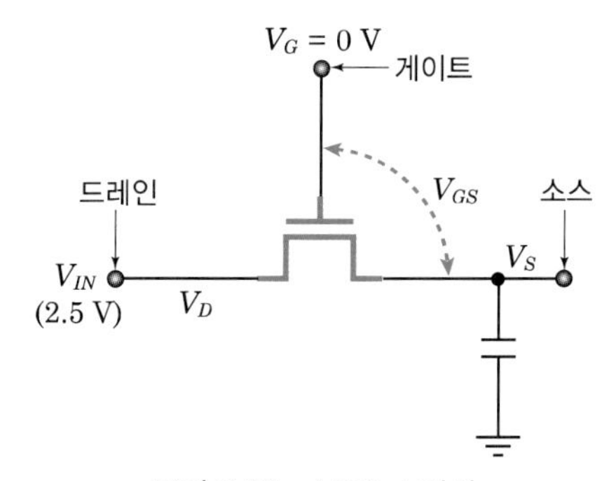

그림 3.38 nMOS 스위치

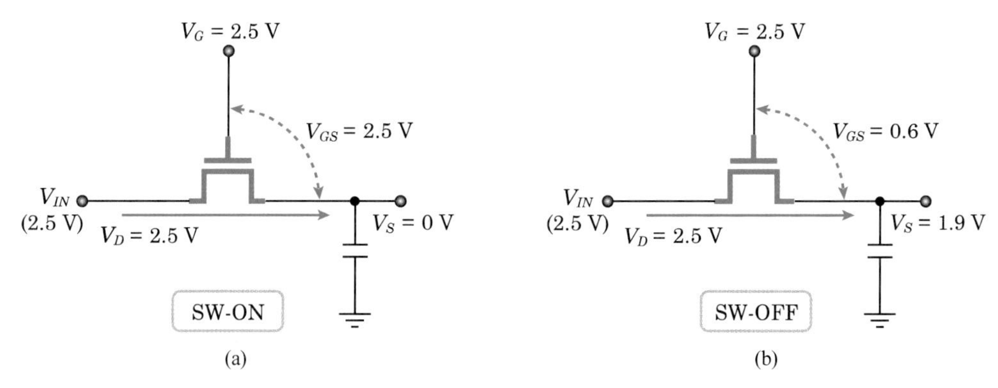

그림 3.39 nMOS의 (a) SW-ON 상태 (b) SW-OFF 상태

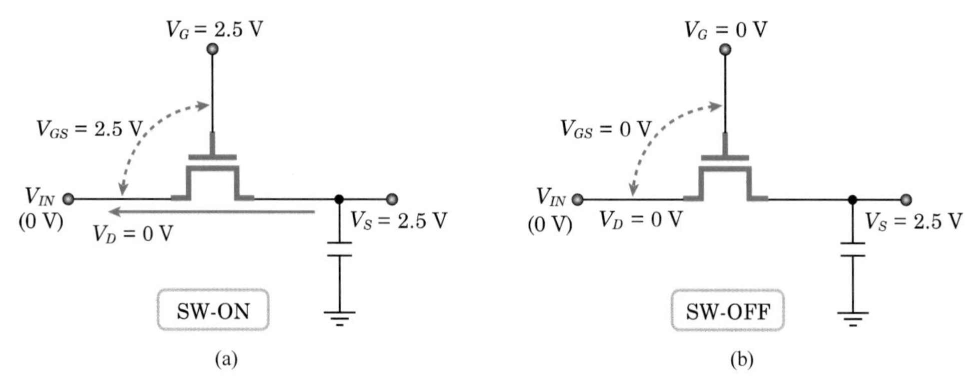

그림 3.40 nMOS의 (a) SW-ON 상태 (b) SW-OFF 상태

이때 소스가 0[V] 상태에서 게이트 단자에 2.5[V]가 공급되면

$$V_{GS} = V_G - V_S = 2.5[\text{V}] - 0.0[\text{V}] = 2.5[\text{V}] \qquad (3.42)$$

가 되니 nMOS의 문턱 전압 $V_{TN} = 0.6$보다 높아 SW-ON 상태가 된다. 이를 그림 3.39 (a)에서 보여 주고 있다. (b)와 같이 ON 상태에서 2.5[V]의 입력 전압이 계속 커패시터에 전달되면 커패시터의 전압이 올라갈 것이다. 계속 충전이 되어 1.9[V]까지 상승하였다면

$$V_{GS} = V_G - V_S = 2.5[\text{V}] - 1.9[\text{V}] = 0.6[\text{V}] \qquad (3.43)$$

가 되니 OFF 하기 시작할 것이다. 왜냐하면 nMOS 소자는 문턱 전압 이하로 떨어지면 형성되었던 채널이 소멸되어 전류가 흐르지 못하기 때문이다. 이것은 nMOS가 1.9[V]보다 높은 전압의 전달 특성이 좋지 않다는 뜻이 된다. 완전한 2.5[V]를 전달하지 못하고 1.9[V]만 전달하기 때문이다.

이제 그림 3.40 (a)와 같이 입력이 0[V]가 공급된 경우를 살펴보자. 이 경우는 커패시터가 있는 쪽이 2.5[V]이므로 드레인 단자가 되고, 입력이 소스가 된다. 게이트-소스 사이의 전압 V_{GS}는

$$V_{GS} = V_G - V_S = 2.5[\text{V}] - 0.0[\text{V}] = 2.5[\text{V}] \qquad (3.44)$$

가 되어 문턱 전압 $V_{TN} = 0.6[\text{V}]$ 보다 높으므로 ON 상태가 될 것이다. 그러면 커패시터에 있는 전하들이 입력 방향으로 흘러 방전하게 될 것이다. 입력의 논리 '0' 상태가 전달된 것이다. 게이트 전압이 여전히 2.5[V]를 유지하고 있어 커패시터의 전하를 0[V]까지 모두 방전시킬 수 있어서 논리 '0' 상태를 확실히 전달할 수 있는 것이다. 그래서 nMOS는 논리 '1' 상태의 전달은 취약하나, 논리 '0' 상태는 확실하게 전달이 되는 특성을 가지고 있다.

nMOS의 동작 특성에 대하여 다음의 사항을 기억해 두자.

> nMOS는
> 게이트에 논리 '1' 상태에 있으면 SW-ON 상태이고, 게이트에 논리 '0' 상태에 있으면 SW-OFF 상태가 된다.

5. 전달transmission 게이트

영어의 'transmission'은 '전송 또는 변속기'의 뜻이 있다. 'KBS에서 전파를 전송한다.'고 할 때, 이것은 KBS에서 할당된 주파수 통로, 즉 채널을 통하여 전파를 각 가정에 전송하는 것이다.

앞에서 잠시 살펴본 스위치는 입력에서 출력으로 신호를 전송하는 기능을 갖는 것인데, 스위치가 ON 상태이면 전송이 될 것이고, 그렇지 않으면 전송하지 못할 것이다. 스위치란 신호를 전달하거나 전달하지 않는 기능을 갖는 것이므로 디지털 회로를 설계할 때 전달transmission 게이트가 효율적으로 사용될 수 있다.

그림 3.41 (a)는 전달 게이트 회로를 나타낸 것인데, 이것은 nMOS와 pMOS를 병렬로 연결한 구조를 갖는다. nMOS와 pMOS가 조합되어 있으면 이것을 CMOS라고 하였다. 그러니까 CMOS 전달 게이트CMOS transmission Gate가 되는 것이다. 특별히 입력과 출력으로 신호를 전달하는 것이어서 전달 게이트라는 말이 붙었다.

앞에서 nMOS는 논리 '1' 상태를 전달하는 데 취약하고, pMOS는 논리 '0' 상태의 전달에 취약하다고 하였다. 이제 두 소자의 보완 관계에 있는 CMOS 전달 게이트를 사용하면 이러한 취약점을 해결할 수 있을 것이다.

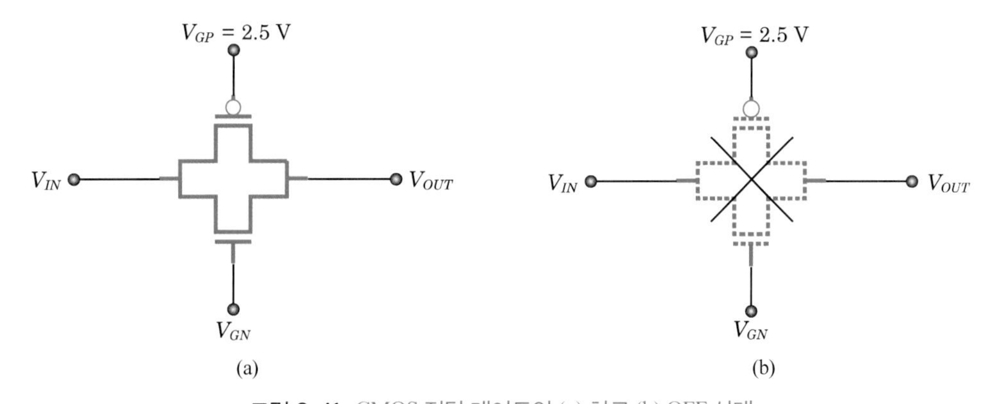

그림 3.41 CMOS 전달 게이트의 (a) 회로 (b) OFF 상태

이제 그림 (b)와 같이 CMOS 전달 게이트의 pMOS에 2.5[V], nMOS에 VSS, 즉 0[V]를 공급한 경우를 보자. 이 경우, nMOS, pMOS 모두 동작하지 않아 OFF 상태에 있다. 그러므로 입력의 값이 출력으로 전달되지 않는다.

그림 3.42 (a)에서 pMOS에 0[V], nMOS에 2.5[V]를 공급하고, 출력에 있는 커패시터에 2.5[V]가 미리 걸려 있었다고 가정하자. 그러면 pMOS는 출력단이 소스가 될 것이고, nMOS는 입력 쪽이 소스가 된다. 그리고 두 소자 모두 ON 상태에 이를 것이기 때문에 커패시터에 걸려 있는 2.5[V]는 pMOS와 nMOS를 통하여 방전될 것이다. 방전이 되다가 커패시터의 전압이 0.6[V]가 되면 pMOS는

$$V_{GS} = V_G - V_S = 0.0[\mathrm{V}] - 0.6[\mathrm{V}] = -0.6[\mathrm{V}] \tag{3.45}$$

가 되어 OFF 상태가 될 것이다. 그러나 nMOS는

$$V_{GS} = V_G - V_S = 2.5[\mathrm{V}] - 0.0[\mathrm{V}] = 2.5[\mathrm{V}] \tag{3.46}$$

이므로 계속해서 ON 상태를 유지하게 되면서 nMOS를 통하여 커패시터의 방전은 계속

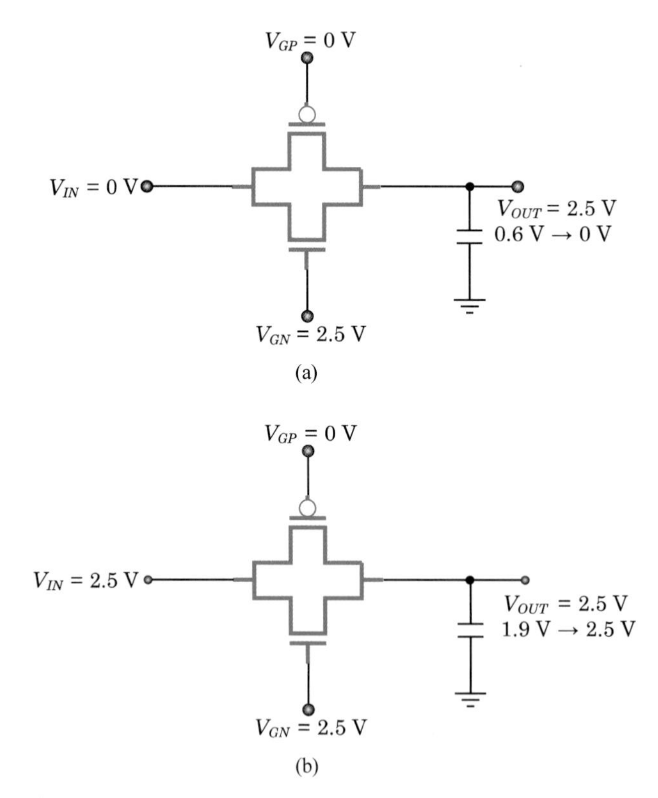

그림 3.42 CMOS 전달 게이트의 (a) 논리 '0' 전달 (b) 논리 '1' 전달

이루어 질 것이므로, 커패시터의 전압이 0[V]가 될 때까지 완벽하게 방전이 이루어진다. 그래서 확실한 논리 '0' 상태를 전달할 수 있는 것이다.

그림 (b)에는 논리 '1' 상태를 전달하기 위한 회로를 나타낸 것이다. 출력 전압이 0[V]에서 1.9[V]가 될 때까지는 두 소자가 모두 ON 상태이어서 전달할 수 있으나, 출력 전압이 1.9[V]가 되면 nMOS의 게이트-소스 사이의 전압 V_{GS}는

$$V_{GS} = V_G - V_S = 2.5[\mathrm{V}] - 1.9[\mathrm{V}] = 0.6[\mathrm{V}] \qquad (3.47)$$

가 되어 nMOS는 OFF 상태에 이르게 되므로 pMOS만이 동작되어 2.5[V]까지 상승하게 된다. 그러므로 pMOS를 통하여 확실한 논리 '1' 상태를 전달할 수 있는 것이다.

6. CMOS 회로의 설계

앞에서 살펴본 바대로 디지털 논리는 스위치 작용으로 설명할 수 있다. 스위치를 올렸을 때, 논리 '1' 상태, 즉 참true이고, 스위치를 내렸을 때 논리 '0' 상태, 즉 거짓false이다. 2진수의 논리이다. 2진수의 논리로 수학적 계산을 하는 것이 논리 연산(論理演算, logical operation)이다. 이것은 연산의 대상 및 결과가 참과 거짓 두 개의 값 중 어느 하나를 취하는 계산을 말한다. 논리 연산의 종류는 기본적으로 '논리곱AND operation', '논리합OR operation' 그리고 '논리 부정NOT'이 있다.

(1) 논리합OR operation

논리합OR operation은 우리말로 '혹은' 또는 '이것 아니면 저것'의 의미가 있다. A와 B라는 입력 변수가 있고 Z라는 출력 변수가 있을 때, A와 B 중 어느 하나라도 참이면 참인 것이다. 마치 산수의 더하기와 유사한 연산이다. 변수가 2개이므로 결합하기 위한 경우의 수는 4가지가 있을 것이다. 즉, '거짓(0) + 거짓(0)'은 역시 거짓(0), '거짓(0) + 참(1)'은 참(1), '참(1) + 거짓(0)'은 참(1), 그런데 마지막 경우의 수는 산수에서의 경우와 다르다. 예외가 있다. '참(1) + 참(1)'은 참(1)인 것이다. 산수에서는 '1 + 1=2'가 아닌가. 그러나 2진수의 세계에서는 2개의 수만 있기 때문에 2의 숫자는 배제되는 것이다. '1 + 1=1'이 되어야 한다. 이것만 기억하면 된다. 논리합에서의 연산자는 ' + ' 기호를 사용한다. 그리고 연산식은

$$Z = A + B \qquad (3.48)$$

로 약속하여 쓰고 있다. 여기서 A, B는 입력 단자 이름이고, Z는 출력 단자 이름이다.

표 3.1 논리합의 진리표

논리 입력		논리 출력
A	B	Z
거짓(0)	거짓(0)	거짓(0)
거짓(0)	참(1)	참(1)
참(1)	거짓(0)	참(1)
참(1)	참(1)	참(1)

이런 논리 연산을 정리한 것을 표 3.1에 나타내었는데, 이런 표를 진리표truth table라고 부른다.

(2) 논리곱AND operation

논리곱AND operation은 우리말로 '그리고' 또는 '이것과 저것이 반드시'의 의미가 있다. A와 B라는 입력 변수가 있고 Z라는 출력 변수가 있을 때, A와 B 중 모두 참일 때만 참인 것이다. 마치 산수의 곱하기와 유사한 연산이다. 4가지의 경우 수를 살펴보자. 즉, '거짓(0)×거짓(0)'은 거짓(0), '거짓(0)×참(1)'은 거짓(0), '참(1)×거짓(0)'은 거짓(0), 그런데 마지막 경우의 수도 산수에서의 경우와 같다. '참(1)×참(1)'은 참(1)인 것이다. 논리곱에서의 연산자는 '×' 혹은 '·' 기호를 사용하던가 아니면 아예 기호를 사용하지 않기도 한다. 연산식은

$$Z = A \times B = A \cdot B = AB \tag{3.49}$$

로 약속하여 쓰고 있다. 이런 논리 연산을 표 3.2에 나타내었다.

표 3.2 논리곱의 진리표

논리 입력		논리 출력
A	B	Z
거짓(0)	거짓(0)	거짓(0)
거짓(0)	참(1)	거짓(0)
참(1)	거짓(0)	거짓(0)
참(1)	참(1)	참(1)

표 3.3 논리 부정의 진리표

논리 입력	논리 출력
A	Z
참(1)	거짓(0)
거짓(0)	참(1)

(3) 논리 부정NOT operation

논리 부정NOT operation은 입력값을 부정하여 출력에 내는 논리 기능이다. 즉, 입력값에 반대되는 값을 출력으로 내는 것이다. 기본적으로 입력과 출력 변수를 각각 1개씩 갖는다. '거짓(0)'이면 참(1)이고, '참(1)'이면 거짓(0)인 것이다. 입력 변수를 A, 출력 변수를 Z라 하면 연산식은 다음과 같고, $\overline{A}$는 A의 부정을 나타낸 것이다. 이것의 진리표는 표 3.3과 같다.

$$Z = \overline{A} \tag{3.50}$$

(4) 논리 부정 게이트

부정의 연산을 수행하는 논리 회로를 NOT 게이트 또는 인버터inverter라고 하였다. 앞에서 살펴본 CMOS는 NOT 게이트를 아주 쉽게 만들 수 있으므로 반도체 설계자는 이 NOT 게이트를 기본으로 하여 집적 회로를 설계한다.

그림 3.43에서 인버터 회로를 나타내었다. 입력 단자를 A, 출력 단자를 Z라 하고 전원 전압을 V_{DD}, 접지 단자를 V_{SS}라고 정하였다. 그림 (a)에서 위의 소자가 pMOS, 아래 소자가 nMOS인데, 두 소자의 게이트를 묶어 입력 단자 A와 연결하고, 두 소자의 드레인을 묶어 출력 단자 Z에 연결하였다.

그림 3.43의 인버터의 기능을 살펴보기 위하여 그림 3.44에 다시 나타내었다. 그런데 여기서는 출력단에 커패시터가 하나씩 붙어 있다. 커패시터는 충전과 방전의 기능이 있다고 하였다.

그림 (a)와 같이 입력 단자에 논리 '0'이 공급된다고 하자. 그러면 nMOS는 동작하지 못하고, pMOS만 동작하게 될 것이다. 왜냐하면 pMOS의 게이트 전압이 0[V], 즉 논리 '0'일 때 채널이 형성되어 소스에 있는 전원 전압 V_{DD}에서 만들어진 전류가 채널을 통하여 출력단에 있는 커패시터에 2.5[V]까지 충전되므로 논리 '1'이 출력에 형성된 것이므로 '1'상태가 전달된 것이다. 그러므로 입력의 논리 '0'이 출력에서 논리 '1'로 반전된 것이다.

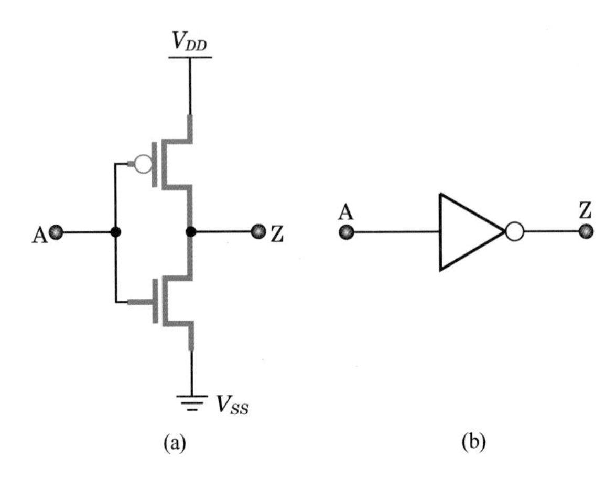

그림 3.43 CMOS NOT 게이트의 (a) 회로 (b) 기호

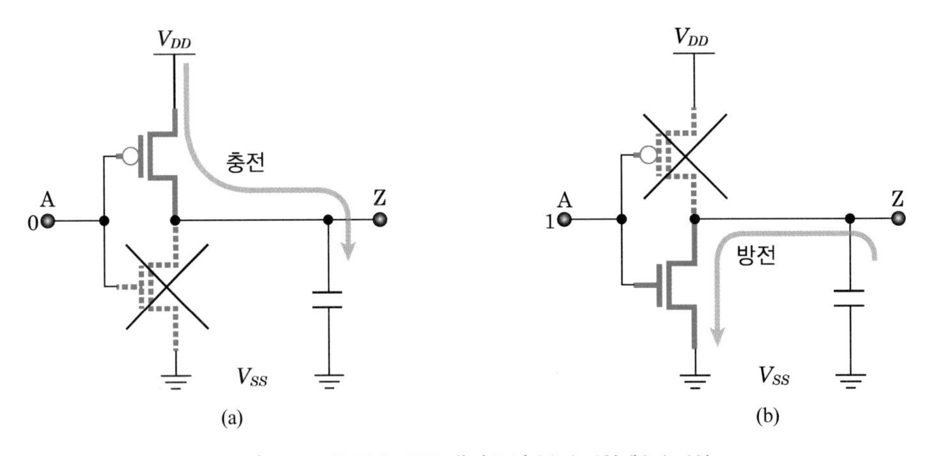

그림 3.44 CMOS NOT 게이트의 (a) A='0' (b) A='1'

그림 (b)를 보자. 입력에 논리 '1'을 공급하였다. 논리 '1'을 공급하였다는 것은 2.5[V]를 공급하여 주면 된다. 게이트 전압이 2.5[V]이므로 pMOS는 동작하지 못할 것이다. 그러므로 전원 전압 V_{DD}에서 생긴 전류는 pMOS를 경유하여 더 이상 커패시터로 흐를 수 없어 충전 작용은 없어진 것이다. 반면에 nMOS는 살아 있다. 그래서 이미 출력단의 커패시터에 충전되어 있던 2.5[V]가 살아 있는 nMOS를 통하여 접지로 방전하는 것이다. 이러면 출력단의 커패시터에는 전하가 텅 비어 있어 거의 0[V]로 되니까 논리 '0'상태가 되므로 입력의 논리 '1'이 출력의 논리 '0'으로 반전되는 것이다.

(5) NAND 게이트의 동작

NAND 게이트란 AND 게이트와 NOT 게이트를 합한 게이트이다. 그러니까 논리곱을 부정하는 기능을 갖는 논리 회로이다. 그림 3.45에서는 두 개의 입력을 갖는 NAND 게이트 회로와 기호를 보여 주고 있다. 그림 (a)에서 보면 nMOS와 pMOS 각 한 쌍을 사용하여

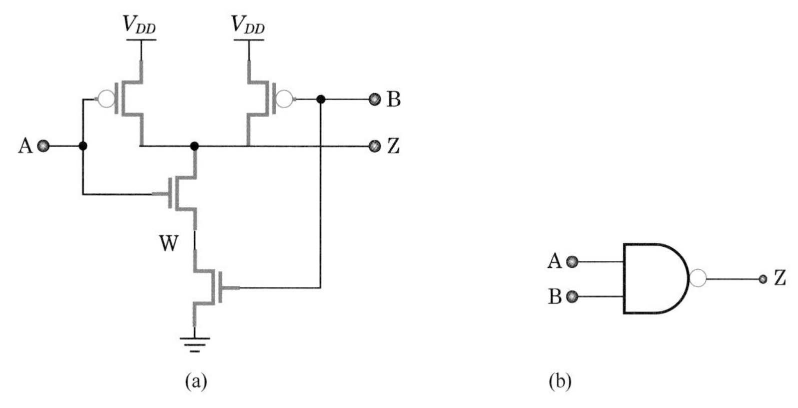

그림 3.45 CMOS NAND 게이트의 (a) 회로도 (b) 기호

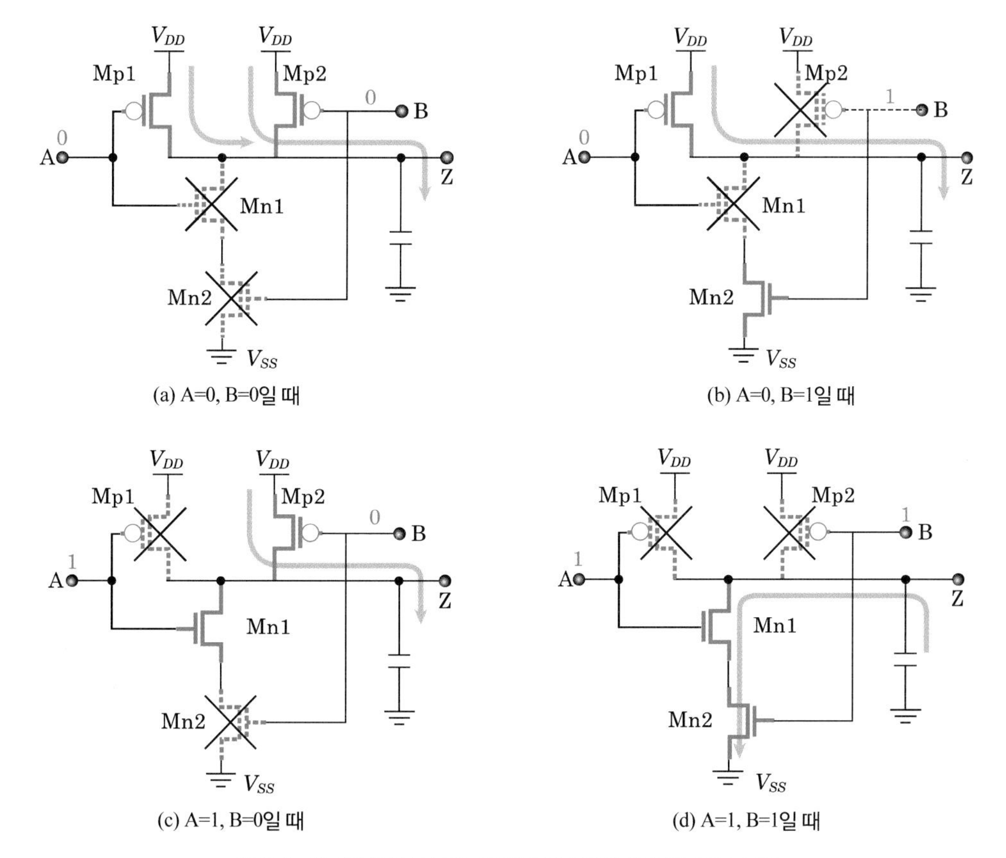

그림 3.46 CMOS NAND 게이트의 4가지 입력에 대한 동작

표 3.4 NAND 게이트의 진리표

논리 입력		AND 출력	NAND 출력
A	B		Z
거짓(0)	거짓(0)	거짓(0)	참(1)
거짓(0)	참(1)	거짓(0)	참(1)
참(1)	거짓(0)	거짓(0)	참(1)
참(1)	참(1)	참(1)	거짓(0)

CMOS 두 개를 배선하고 입력 단자 A와 B, 출력 단자 Z, 전원 전압 V_{DD}, 접지 V_{SS}로 구성하였다. 이렇게 하면 논리곱인 AND의 출력을 반전시키는 출력을 얻을 수 있다.

그림 3.46에서는 2-입력 NAND 게이트에 대한 동작을 나타낸 것이다. 입력이 2개이므로 결합 가능한 경우의 수는 4개일 것이다. 앞에서 살펴보았던 인버터의 동작을 기억하면서 살펴보면 표 3.4의 진리표에서 보여 주는 논리적 기능을 이해할 것이다. 회로에서 Mp는 pMOS, Mn은 nMOS를 각각 나타낸다.

(6) NOR 게이트의 동작

NOR 게이트란 OR 게이트와 NOT 게이트를 합한 게이트이다. 그러니까 논리합을 부정하는 기능의 논리 회로이다. 그림 3.47에서는 두 개의 입력을 갖는 NOR 게이트 회로와 기호를 보여 주고 있다. 그림 (a)에서 보면 nMOS와 pMOS 각 한 쌍을 사용하여 CMOS 두 개를 배선하고 입력 단자 A와 B, 출력 단자 Z, 전원 전압 V_{DD}, 접지 V_{SS}로 구성하였다. 이렇게 하면 논리합인 OR의 출력을 반전시키는 출력을 얻을 수 있다.

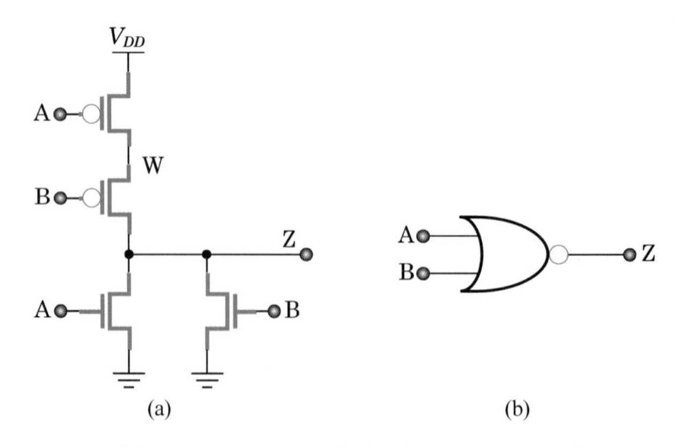

그림 3.47 CMOS NOR 게이트의 (a) 회로도 (b) 기호

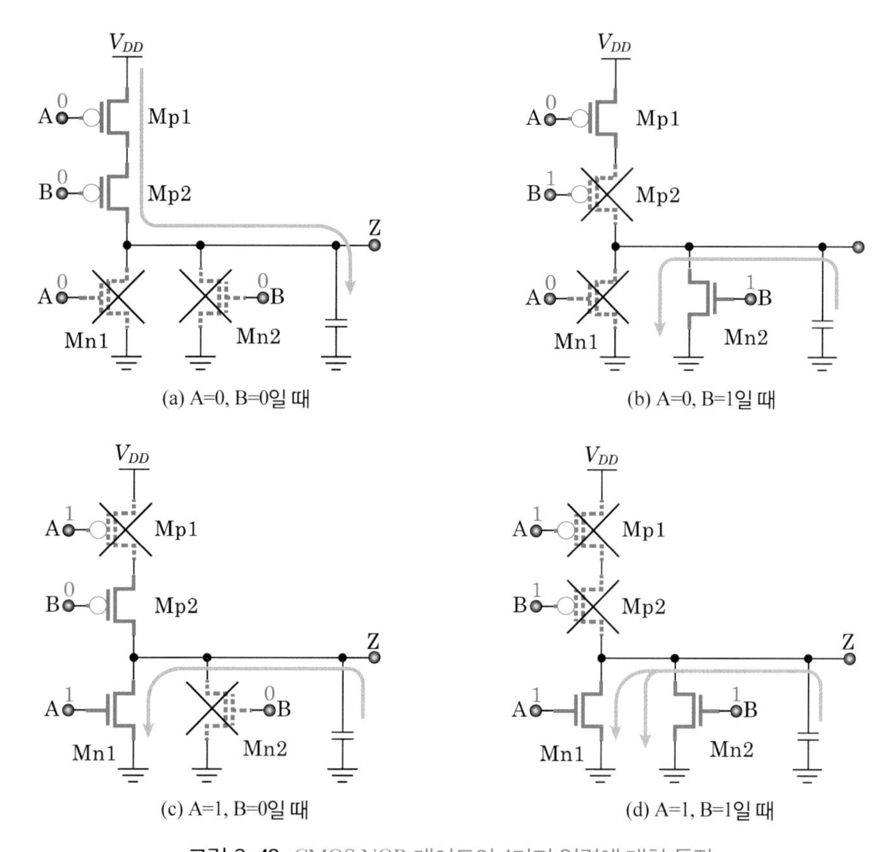

그림 3.48 CMOS NOR 게이트의 4가지 입력에 대한 동작

표 3.5 NOR 게이트의 진리표

논리 입력		OR 출력	NOR 출력
A	B		Z
거짓(0)	거짓(0)	거짓(0)	참(1)
거짓(0)	참(1)	참(1)	거짓(0)
참(1)	거짓(0)	참(1)	거짓(0)
참(1)	참(1)	참(1)	거짓(0)

그림 3.48에서는 2 입력 NOR 게이트에 대한 동작을 나타낸 것이다. 입력이 2개이므로 결합 가능한 경우의 수는 4개일 것이다. 앞서 살펴보았던 인버터의 동작을 기억하면서 살펴보면 표 3.5의 진리표에서 보여 주는 논리적 기능을 이해할 것이다. 회로에서 Mp는 pMOS, Mn은 nMOS를 각각 나타낸다.

| 연구문제 |

1. 바이폴러 트랜지스터와 전계효과 트랜지스터의 특성을 비교하시오.

2. 접합형 FET와 MOSFET의 동작을 비교하시오.

3. 증가형 MOSFET와 공핍형 MOSFET의 특성을 비교 검토하시오.

4. 채널폭이 3×10^{-4}[cm], 핀치-오프 전압 $V_p=9$[V]인 n 채널 접합형 전계효과 트랜지스터가 채널폭이 4×10^{-4}[cm]로 변화한 경우 핀치-오프 전압 V_p는 얼마인가? (단, a=채널폭, $\Phi_D=0.6$[V]이다.)

   hint $V_{p0}=\dfrac{eN_d a^2}{2\varepsilon_o\varepsilon_s}$

5. 다음 그림과 같은 산화막 두께를 축적 상태의 MOS 용량을 측정하여 구하고자 한다. 게이트 전극 지름이 500[μm]인 경우, 아래 물음에 답하시오.

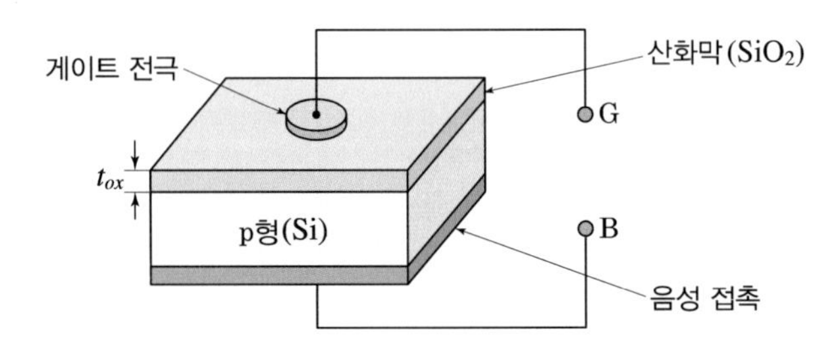

(1) 전원의 극성을 어떻게 연결하는지 그림을 그려 설명하시오.

(2) MOS 용량을 측정하였더니 132[pF]이었다면 SiO_2 막 두께 t_{ox}는 얼마인가? (단, SiO_2의 비유전율 $\varepsilon_s=3.9$이다.)

hint $\left(C=\dfrac{\varepsilon_o\varepsilon_s S}{t_{ox}} \quad \therefore t_{ox}=\dfrac{\varepsilon_o\varepsilon_s S}{C}\right)$

6. 다음과 같은 값을 갖는 접합형 전계효과 트랜지스터의 g_m의 값을 구하시오. (단, $N_d=10^{22}[m^{-3}]$, $\mu_n=0.13[m^2/V\cdot s]$, $a=10^{-6}[m]$, $W=100[\mu m]$, $L=5[\mu m]$이다.)

hint $\left(g_m=\dfrac{2eaW\mu_n N_d}{L}\right)$

7. 접합형 FET가 열폭주thermal runaway가 일어나기 어려운 이유는 무엇인가?

8. 폭 $W=30[\mu m]$, 채널길이 $L=1[\mu m]$, 전자 이동도 $\mu_n=750[cm^2/V\cdot s]$, $C_{ox}=1.5\times10^{-7}[F/cm^2]$, $V_{TO}=1[V]$인 nMOSFET에서 게이트 전압 $V_G=5[V]$일 때 포화 상태의 드레인 전류 I_{Dsat}와 상호 컨덕턴스 g_{ms}를 구하시오.

hint $\left[I_{Dsat}=\mu_n C_{ox}\dfrac{W}{2L}(V_G-V_{TO})^2\right]$, $\left[g_{ms}=\mu_n C_{ox}\dfrac{W}{L}(V_G-V_{TO})\right]$

9. FET의 종류 및 그 응용 분야에 관하여 기술하시오.

10. 다음과 같은 변수를 갖는 이상적인 n 채널 MOSFET가 있다.(단, $\mu_n=450[cm^2/V\cdot s]$, $V_{TO}=0.8[V]$, $C_{ox}=6.4\times10^{-8}[F/cm^2]$, $L=1.15[\mu m]$, $W=11[\mu m]$이다.)

(1) $V_{DS}=0.5[V]$일 때 g_{ml}을 계산하시오.
(2) $V_{GS}=4[V]$일 때 g_{ms}를 계산하시오.

11. 다음의 물리적 요소를 갖는 n 채널 MOSFET가 있다.(단, $W=30[\mu m]$, $L=2[\mu m]$, $\mu_n=450[cm^2/V\cdot sec]$, $C_{ox}=6.4\times10^{-8}[F/cm^2]$, $V_{TO}=0.8[V]$이다.)

(1) $0\leqq V_{DS}\leqq 5[V]$이고 $V_{GS}=0, 1, 2, 3, 4, 5[V]$일 때 I_D-V_{DS} 곡선을 그리시오. 각 곡선의 V_{Dsat} 지점을 나타내시오.
(2) $V_{DS}=0.1[V]$이고 $0\leqq V_{GS}\leqq 5[V]$일 때 I_D-V_{GS} 곡선을 그리시오.

12. CMOS 소자에 대하여 설명하시오.

13. nMOS와 pMOS 스위치 동작을 설명하시오.

14. 전달 게이트의 동작을 설명하시오.

15. CMOS 기술을 이용하여 인버터, NOR 게이트, NAND 게이트 회로를 그리고, 동작 원리를 설명하시오.

16. CMOS 기술을 이용하여 $AOI_{And-Or-Inverter}$ 게이트 회로를 구성하고 동작 원리를 설명하시오.

17. CMOS 기술을 이용하여 반가산기(HA) 회로를 구성하고 동작을 설명하시오.

18. CMOS 기술을 이용하여 전가산기(FA) 회로를 구성하고 동작을 설명하시오.

Chapter 4

반도체 공정 기술

4.1 반도체의 재료

반도체 소자는 무엇으로 만드는가? 원재료, 장비(설비), 유틸리티(초순수, 케미컬, 가스, 전기) 등이 있다. 그림 4.1에서 보여 주는 바와 같이 원재료인 웨이퍼, 공정을 위한 마스크mask, 리드 프레임lead frame 등의 재료와 전 공정인 집적회로 제조의 단위 공정 기술을 이용하여 가공한 후, 후 공정인 패키지package 과정을 거쳐 출하하게 되는 것이다.

반도체 소자를 제조할 때, 주요 재료인 웨이퍼wafer는 반도체 물질로 만들어진 얇고 둥근 원판을 말하는데, 이 원판 위에 집적 회로를 만들어 넣게 된다. 이 원판의 지름에 따라 웨이퍼는 150 mm, 200 mm, 300 mm, 450 mm의 것을 제작하여 사용하고 있는데, 지름이 클수록 반도체 제조의 수율이 높다.

그림 4.1 반도체 IC의 제조 공정

1. 웨이퍼

현재 반도체 소자 제조용으로 광범위하게 사용되고 있는 실리콘 웨이퍼silicon wafer는 다결정의 실리콘을 원재료로 하여 만들어진 결정 실리콘 박판thin film을 말한다.

실리콘은 일반적으로 산화물인 산화규소(SiO_2)로 모래, 암석, 광물 등에 함유되어 있으며, 이들은 지각의 1/3 정도로 분포하고 있어 지구 상에서 매우 풍부하게 존재하고 있다. 따라서 반도체 산업에 매우 안정적으로 공급될 수 있는 재료일 뿐 아니라 독성이 전혀 없어 환경적으로 매우 우수한 재료이다. 또한, 실리콘으로 만들어진 웨이퍼는 기존의 게르마늄 소재보다 비교적 넓은 에너지 갭을 가지고 있기 때문에 보다 높은 온도에서도 소자가 동작할 수 있는 장점이 있다.

이러한 장점 때문에 실리콘 웨이퍼는 반도체 산업에서 DRAM, ASIC, 트랜지스터, CMOS, ROM, EPROM 등 다양한 종류의 반도체 소자를 만드는 데 이용되며, 이들 소자들

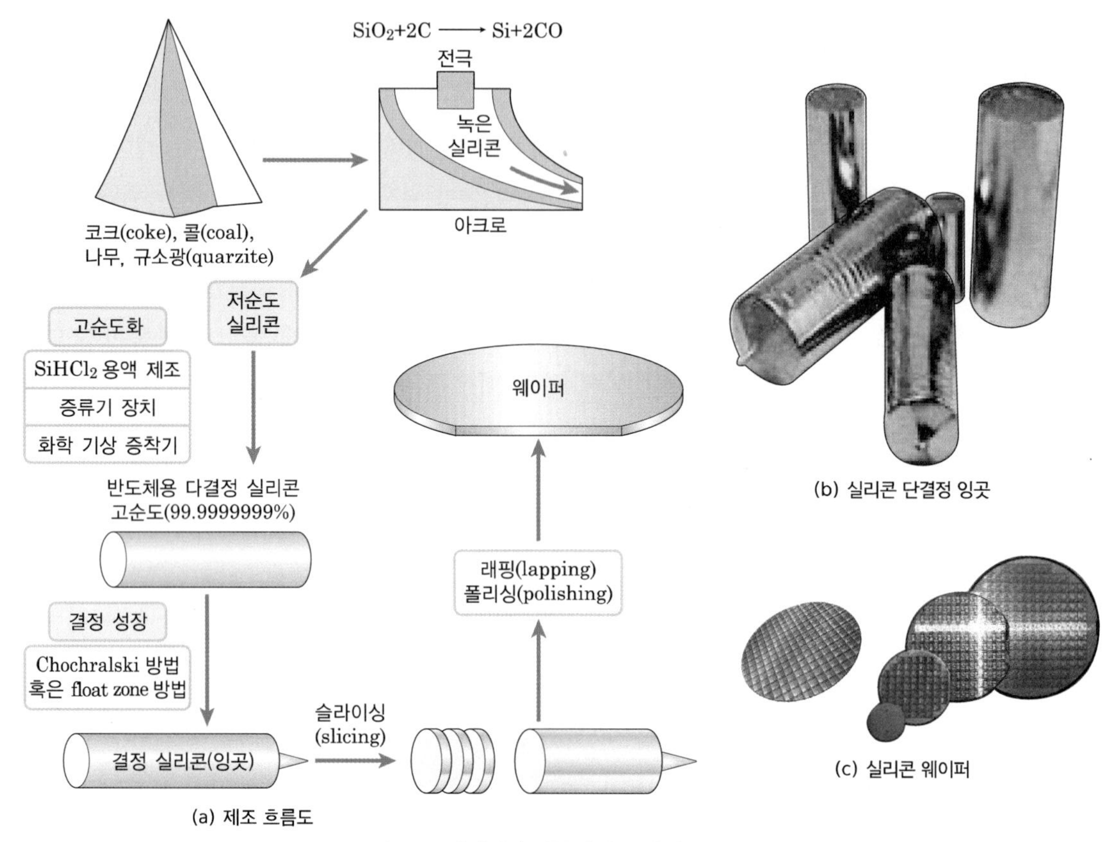

그림 4.2 웨이퍼가 만들어지는 과정

은 컴퓨터, 가전제품, 산업용 기계, 인공위성 등 모든 산업 분야에서 없어서는 안 될 매우 중요한 부품이 되고 있다. 따라서 산업 발전이 고도화되어 감에 따라 실리콘 웨이퍼의 수요는 앞으로 더욱 증가될 것으로 전망된다. 그림 4.2는 웨이퍼 제조를 위한 공정 순서를 나타낸 것이다.

(1) 웨이퍼 제조 공정

① 단결정 성장crystal growing

단결정 성장은 실리콘 웨이퍼 제조를 위한 첫 번째 공정으로 고순도의 일정한 모양이 없는 다결정 실리콘polysilicon이 고도로 자동화된 단결정 성장로growth furnace 속에서 단결정봉으로 변형된다. 고진공 상태에서 1,400[℃] 이상의 고온에 녹은 다결정 실리콘은 정밀하게 조절되는 조건 하에서 큰 직경을 가진 단결정봉으로 성장한다. 이와 같은 성장 과정이 끝나면, 단결정봉은 실온으로 내린 후, 각각의 단결정봉이 제조 목적의 특성에 부합되는지를 평가하게 되며, 단결정봉은 용도별로 가공되어 정확한 지름을 갖게 된다.

② 절 단slicing

절단에서는 실리콘 단결정봉을 웨이퍼, 즉 얇은 판으로 변형시키는 공정으로 단결정 조직이 정확하게 정렬되도록 단결정봉을 흑연빔에 놓은 다음 고도의 절삭 기술을 사용하여 실리콘 단결정봉을 웨이퍼로 가공하게 된다. 절삭 작업을 거치는 동안 웨이퍼의 가장자리 부분은 매우 날카롭고 깨지기 쉬우므로 세척 과정을 거친 후 정확한 모양과 규격으로 가공해 손상에 영향을 덜 받도록 한다. 그 후, 이 웨이퍼들은 연마 과정을 거쳐 표면이 평탄하고 두께가 일정하게 하여 표면의 질을 높인다.

③ 경면 연마polishing

웨이퍼를 평탄하고 결함이 없도록 하는 것은 집적 회로 성능에서 대단히 중요하다. 이 목적을 이루기 위해 경면 연마 공정에서 여러 가지 단계를 거치게 되며, 이 과정을 거친 웨이퍼는 식각 공정을 거치면서 추가적인 표면 손상을 제거한 후, 공정을 정밀하게 통제하는 완전 자동화된 장비를 통하여 가장자리 부분과 표면이 경면 연마된다. 그 결과 웨이퍼들은 평탄성이 우수하고 결함이 없는 상태가 된다.

④ 세척과 검사cleaning & inspection

세척 부문에서는 경면 연마 과정을 거친 웨이퍼의 표면에 있는 미립자 오염물, 금속, 유기 오염 등을 제거하며, 이 공정은 미립자, 금속, 유기물에 대하여 엄격한 규칙을 적용하는 청정실 환경에서 이루어진다. 마지막 세척 공정을 거친 웨이퍼들은 0.1[μm] 크기의 미립자까지 검출할 수 있는 레이저 검사 장치로 검사를 받은 후, 최종 검사가 끝나면 웨이퍼 가공이 종료되어 출하하게 된다. 그림 4.3에서는 잉곳과 가공한 웨이퍼를 보여 주고 있다.

(a)

(b)

그림 4.3 (a) 잉곳 (b) 웨이퍼

(2) 웨이퍼의 종류 및 특성

반도체 기판의 종류에는 실리콘, 게르마늄 등의 단일원소 반도체와 갈륨비소(GaAs) 등의 화합물 반도체가 있으며 상업적으로 실리콘이 가장 널리 쓰이고 있다. 그림 4.4에서는 주요 실리콘 웨이퍼를 보여 주고 있다.

① 웨이퍼의 종류

- 불순물$_{\text{dopant}}$의 종류에 따라 다음과 같이 나눈다.
  - n형 반도체 : 5가 원소(P, As)를 불순물로 사용하며, 도너 불순물(전자)이 발생한다.
  - p형 반도체 : 3가 원소(B)를 불순물로 사용하며, 억셉터 불순물(정공)이 발생한다.
- 결정 성장 방향에 따라 (100), (111) 등의 웨이퍼를 사용한다.
- 웨이퍼의 직경에 따라 5인치, 6인치(150 mm), 8인치(200 mm), 12인치(300 mm) 18인치 (450 mm)의 것을 사용하여 집적 회로를 제작한다.

② 전기적 특성

단결정으로 성장시킨 실리콘 결정에는 전기 전도도를 위해 의도적으로 첨가한 불순물(B, P, As) 이외에는 가능한 한 불순물을 억제시켜야 하며, 결정 성장$_{\text{crystal growing}}$ 시 인위적으로 주입되는 불순물$_{\text{dopant}}$에 의해 도체$_{\text{conductor}}$와 절연체$_{\text{insulator}}$ 사이의 전기 전도도를 가지며, 이것이 반도체$_{\text{semiconductor}}$가 되는 것이다.

③ 결정 특성

실리콘 웨이퍼는 고순도의 다결정 실리콘을 용융시켜 특정 방향으로 성장시킨 단결정 실리콘으로 성장 방향은 소자 제조 공정에 기계적 성질, 확산, 식각 등에 있어서 영향을 준다.

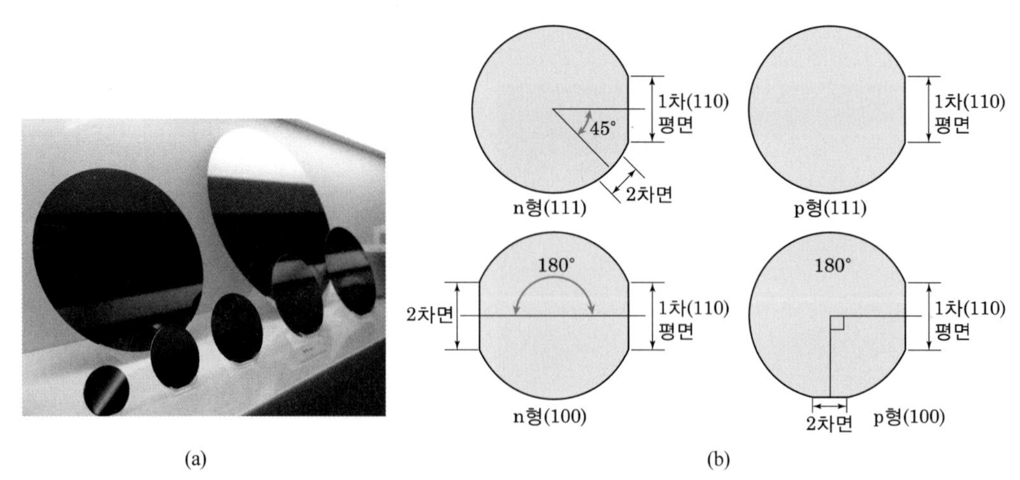

그림 4.4 (a) 웨이퍼 (b) 웨이퍼의 종류

④ 가공 특성

실리콘 웨이퍼의 표면은 소자의 제조 공정의 원활함과 고품질 회로를 구성하기 위해 회로를 설계하여 제조할 때, 치명적인 영향을 주는 표면 손상surface scratch 또는 미량의 화학적 성분이 표면에 남아 있어도 안되며, 고도의 평탄도flatness가 요구된다. 따라서 절단slicing, 연마lapping, 광택polishing 등의 작업을 할 때, 미세한 진동도 억제되어야 하며, 웨이퍼를 운반할 때에는 손으로 만져서도 안 된다. 또한 전기적 극성이 없는 물deionized water로 세척하여 표면 정전기를 방지하고, 청정실clean room에서의 작업으로 고도의 청결을 유지해야 한다.

(3) 웨이퍼 용어

그림 4.5에서는 웨이퍼의 모형을 보여 주고 있다.

① 칩[8], 다이[9]

칩chip 혹은 다이die는 전기로 속에서 가공된 전자 회로가 들어 있는 아주 작은 얇고 네모난 반도체 조각으로 수동 소자, 능동 소자 또는 집적 회로가 만들어진 반도체이다.

② 절단선

절단선scribe line은 웨이퍼 내에 제작된 칩 또는 다이를 절단하여 개별 칩으로 나누기 위해 절단하는 영역이다.

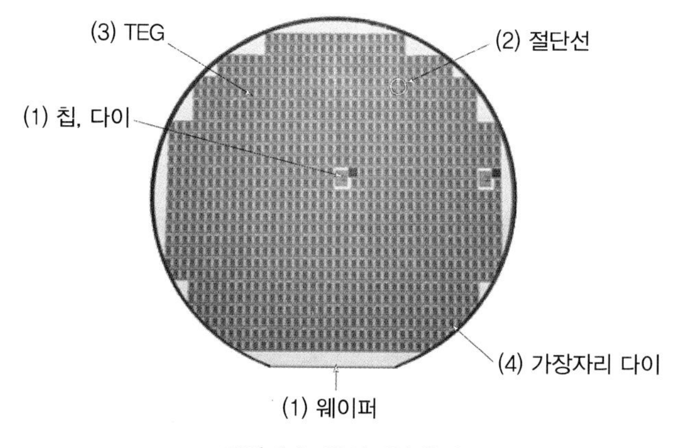

그림 4.5 웨이퍼의 용어

8 칩 웨이퍼상에 소자 가공이 끝난 상태에서 개개의 집적 회로를 이루는 작은 조각을 말하며, die 또는 pellet 등과 같은 의미로 쓰인다. 소자 가공이 끝난 웨이퍼상에는 이러한 칩이 수백, 수천 개가 포함된다.

9 다이 소자 가공이 완성된 웨이퍼상에서 각각의 집적회로 칩을 말한다. chip, pellet과 같은 의미의 용어이다.

③ TEG

각 웨이퍼는 특이한 패턴의 칩 혹은 다이가 몇 개 있는데, 이들을 현미경으로 보면 다르다는 것을 확실히 알 수 있다. 이는 정상적인 다이와 같은 공정으로 형성된 특별한 테스트 소자를 만들어 넣는데, 이것이 TEG$_{\text{Test Element Group}}$이다. IC의 트랜지스터, 다이오드, 저항 및 커패시터는 너무 작아서 공정 중에 테스트하기가 어려우므로 테스트 다이는 공정 중의 품질 관리를 위해서 만들어진다. 또한 테스트 다이는 수율을 높이는 데도 기여하는데, 이는 완성된 웨이퍼의 패턴이 여러 공정의 질을 보여주기 때문이다. 그러나 요즘에는 별도의 TEG 다이를 만들지 않고 절단$_{\text{scribe}}$선에 바로 만들어 주기도 한다.

④ 가장자리 다이

웨이퍼는 가장자리 부분에 미완성의 다이를 갖는데, 이것이 가장자리 다이$_{\text{edge die}}$이다. 이들은 미완성이기 때문에 결국 웨이퍼의 손실이 된다. 작은 웨이퍼에 큰 다이를 만든다면 웨이퍼의 손실률도 그 만큼 커지게 된다. 그러므로 보다 큰 지름을 갖는 웨이퍼를 생산하는 요인이 되는 것이다.

⑤ 평탄 영역

웨이퍼의 결정 구조는 육안으로는 식별 불가능하다. 따라서 웨이퍼의 구조를 구별하기 위해 결정에 기본을 둔 평탄 영역$_{\text{flat zone}}$을 만들어 준다. 절단선 중의 하나는 평탄 영역에 수직이 되고 다른 하나는 수평하게 된다.

(4) 웨이퍼 개발 방향

① 웨이퍼로 대구경화

450 mm 웨이퍼는 단결정 제조 방법, 웨이퍼 모양 및 특성 면에서 현재 제조되고 있는 200 mm, 300 mm 웨이퍼와 유사하나 웨이퍼의 크기가 기존의 웨이퍼에 비해 매우 크기 때문에 수율은 높으나 장비의 발전이 뒷받침되어야 한다. 그러나 소자의 생산성 증대에 따른 생산 비용 저하라는 측면에서 16 G DRAM, 32 G DRAM, … 시대에 주력 웨이퍼로 자리 잡고 있다.

② SOI 웨이퍼

SOI$_{\text{Slicon On Insulator}}$는 기존 웨이퍼와는 달리 산화막으로 두 장의 웨이퍼를 접합시킨 웨이퍼이다. 실리콘 웨이퍼 속에 절연박막을 삽입시킨 개념으로 실리콘 웨이퍼 기판 위에 절연막이 있고 다시 그 위에 집적 회로가 제작될 단결정 실리콘이 있는 상태에 고온 특성, 저소비 전력 특성, 고속 특성을 이용한 응용 분야인 TFT-LCD, CMOS, BIPOLAR, CCD Charge Coupled Device, HDTV, Photodetector 등을 제조하는 데 사용된다.

③ 에피택셜 웨이퍼

에피텍셜 웨이퍼 epitaxial wafer는 기존의 실리콘 웨이퍼 표면에 또 다른 단결정층을 성장시킨 웨이퍼를 말하며, 기존의 실리콘 웨이퍼보다 표면 결함이 적고 불순물의 농도나 종류의 제어가 가능한 특성을 지니게 된다. 에피텍셜 공정은 현재 반도체 제조에서 가장 기본이면서도 핵심이 되는 공정이며 실리콘 웨이퍼 제조에 이용되어 고품질, 고부가가치화가 가능하게 되었다. 에피택셜층의 성장은 다양한 방법으로 가능하며, 그중에서도 CVD Chemical Vapor Deposition법을 가장 일반적으로 사용하고 있다

2. 마스크

마스크 mask는 웨이퍼 위에 만들어질 회로 패턴의 모양을 각 층 layer별로 유리판 위에 그려 놓은 것으로, 사진 식각 공정을 할 때 반도체 가공용 카메라 장착 시스템인 스테퍼 stepper의 사진 건판으로 사용된다.

3. 리드 프레임

리드 프레임 lead frame은 보통 구리로 만들어진 구조물로서, 조립 공정을 할 때 칩이 이 위에 놓여지게 되며 가는 금선(金線)으로 칩과 연결된다. 이렇게 이 리드 프레임을 통하여 집적 회로 내부의 기능과 외부와의 전기 신호를 주고받게 되는 것이다.

4.2 반도체의 전(前)공정

각종 소자를 집적시킨 수십억 개의 회로를 어떻게 손톱만한 반도체에 넣을 수 있을까? 지금부터는 반도체 제조 공정에 대하여 살펴보자.

그림 4.6에서는 반도체를 만드는 전체 흐름을 보여 주고 있는데, 그림에서는 반도체의 설계 단계, 전(前)공정의 단계, 후(後)공정의 단계를 거친 후, IC로 출하하는 것이다. 설계의 최종 결과는 레이아웃 도면이다. 전 공정은 웨이퍼 가공하여 칩으로 만드는 공정이고, 후공정은 칩을 보호하기 위하여 패키지하는 공정이다.

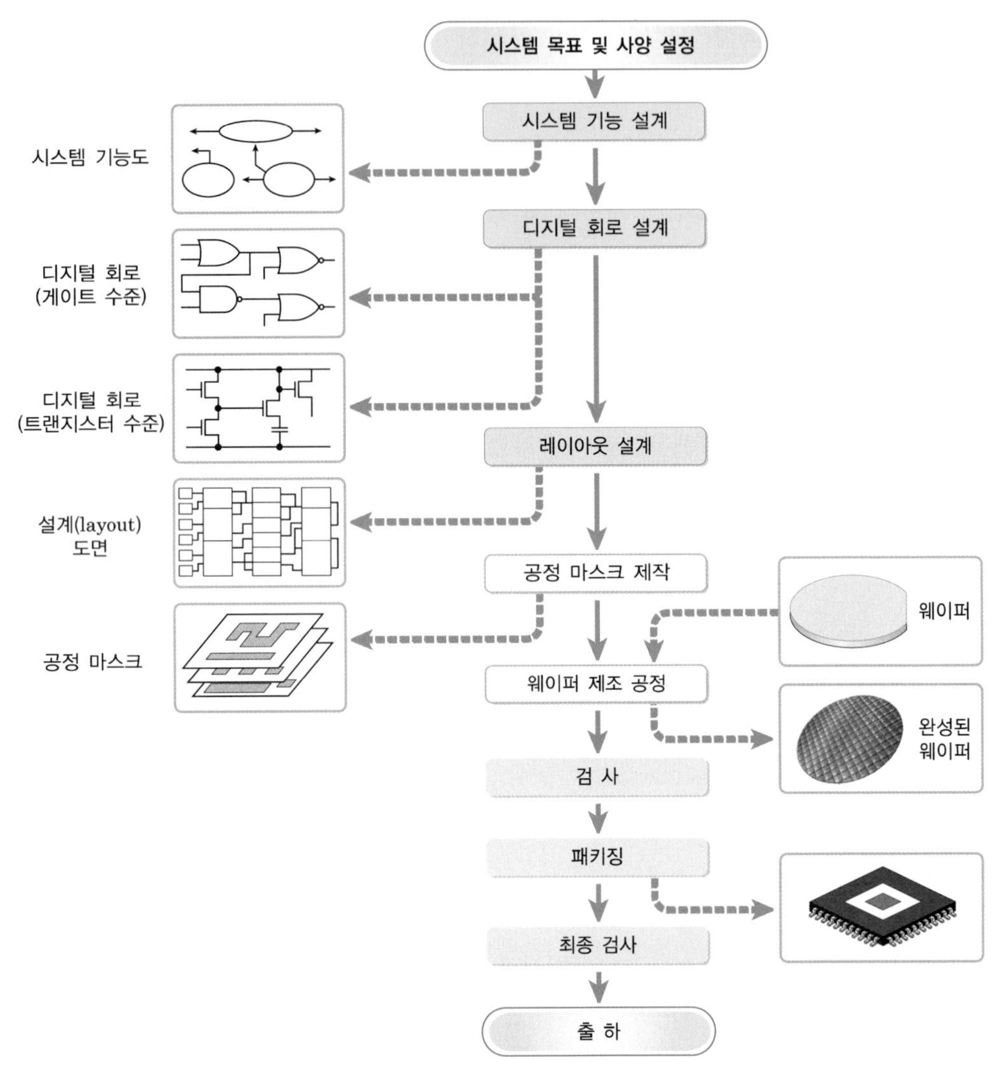

그림 4.6 반도체 제조 과정의 흐름도

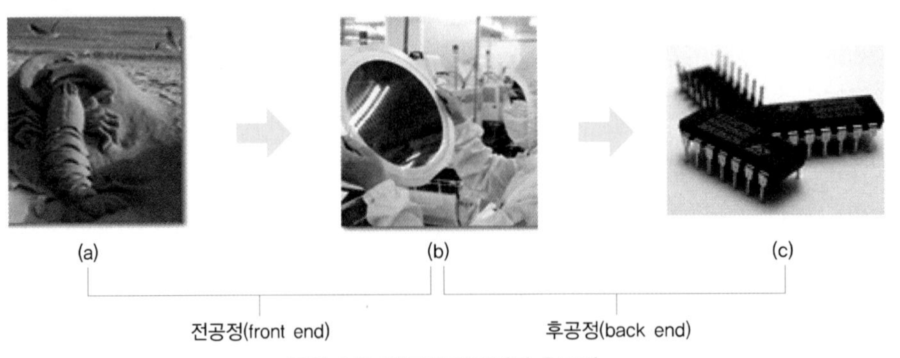

그림 4.7 반도체 전공정과 후공정

그림에서와 같이 반도체 공정은 크게 전공정과 후공정으로 나누어진다. 영어로 전공정을 프론트 앤드$_{\text{front end}}$, 후공정을 백 앤드$_{\text{back end}}$라고 부르기도 한다. 그리고 다음 절에서 살펴볼 후공정은 패키징$_{\text{packaging}}$ 공정이라고도 부르고 있다.

그림 4.7에서 전공정과 후공정의 사진을 보여 주고 있는데, 그림 (a)와 같이 전공정은 모래 등에서 채취한 실리콘을 고순도화하여 원통형 실리콘 덩어리 즉, 잉곳$_{\text{ingot}}$을 만들고, 그림 (b)와 같이 잉곳을 절단하여 둥근 원판으로 가공한 것을 웨이퍼$_{\text{wafer}}$라고 한다. 이 웨이퍼 위에 앞 절에서 살펴본 CMOS를 수십억 개로 배치하여 제작한 것을 다이$_{\text{die}}$라고 한다. 여기까지를 일반적으로 전공정이라고 한다.

1. 반도체 제조의 기초

(1) 다이$_{\text{die}}$ 제작

이 단계에서는 집적 회로 설계에서 기술한 레이아웃에 따라 여러 가지 물질의 층을 웨이퍼 내부와 표면에 형성시킨다. 반도체 웨이퍼에 대한 공정은 크게 웨이퍼 표면에 가공하고자 하는 패턴$_{\text{pattern}}$을 인화시키는 현상$_{\text{development}}$, 불순물(P, As, B 등)을 도핑$_{\text{doping}}$하는 확산$_{\text{diffusion}}$, 금속이나 폴리실리콘$_{\text{polysilicon}}$ 등을 웨이퍼 표면에 부착시키는 박막$_{\text{thin film}}$ 및 선택된 패턴을 부식하는 식각$_{\text{etching}}$ 공정 등으로 나누어진다. 이들 단위 공정들은 완전한 집적 회로가 완성될 때까지 정해진 순서에 따라서 반복적으로 처리되며, 보통 수십 일(20~40일)의 기간을 필요로 한다.

(2) 웨이퍼 검사 및 선별

집적 회로 제작의 두 번째 단계에서는 제조된 웨이퍼상의 각 다이에 대한 기능적 검사를 수행하는데, 공정이 잘못된 다이는 잉크 반점을 찍어 결함이 있는 집적 회로로 표시한다. 검사가 완료된 웨이퍼는 다이들 사이에 있는 절단 선$_{\text{scribe line}}$을 따라 쪼개서 칩$_{\text{chip}}$ 단위로 구분된다. 이때 잉크 반점으로 표시된 잘못된 칩을 제거한 나머지의 양호한 집적 회로 다이들은 다음의 조립 단계로 보내진다.

그림 4.8은 웨이퍼 테스트의 결과로부터 수율$_{\text{yield}}$과 집적 회로의 크기와의 관계를 나타낸 것으로, 집적 회로의 크기가 작을수록 하나의 웨이퍼로부터 생산할 수 있는 다이의 수를 증가시키며, 한 웨이퍼에서 동작하는 다이의 비율인 수율을 높인다. 이 두 가지 기준은 웨이퍼 제조 과정의 생산 단가를 감소시키는 효과를 가져 오기 때문에 집적 회로의 설계 및 제작 과정에서 매우 중요한 평가 항목으로 이용된다.

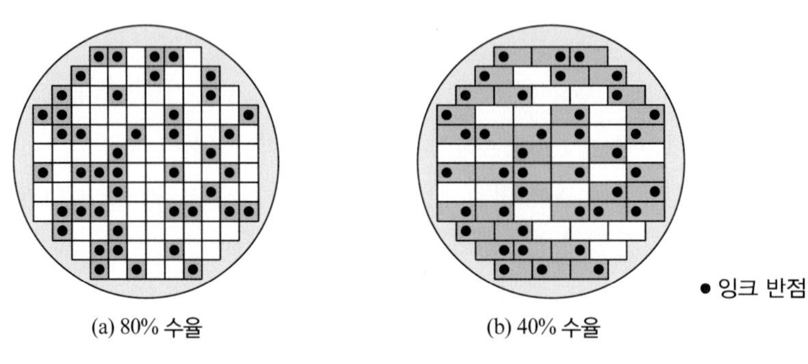

그림 4.8 수율과 다이die 크기의 관계

(3) 조립assembly

이 단계에서는 제조 및 검사된 칩 다이가 집적 회로 제품으로 조립된다. 보통 수 일에서 수 주일이 소요되는 조립 단계는 각 칩을 리드 프레임lead frame에 탑재하고, 칩과 프레임을 전기적으로 연결하는 접속선 접착wire bonding을 한 후, 조립된 칩을 보호관 속에 밀봉하는 과정으로 이루어진다. 분리된 각각의 칩 다이는 인쇄 기판에 연결될 다양한 형태의 패키지package로서 조립하는데, 연결된 수와 패키지의 크기, 열방사 능력 등의 문제를 고려한다. 각 칩에 대한 조립은 노동 집약적이고 재료 원가가 높아서 웨이퍼 제조 단계에서 칩 다이의 생산 과정보다 몇 배의 경비를 요구한다. 또한 이 단계는 집적 회로 제품의 신뢰성에 많은 영향을 미칠 수 있으므로 세밀한 검토가 요구된다.

(4) 칩 검사 및 번-인

마지막 단계로서 집적 회로 제품의 특성을 구분하고 안정화시키는 과정이 이루어진다. 수 일이 요구되는 칩 검사에서는 일련의 전기적 검사를 통하여 집적 회로의 동작을 확인하고, 속도 및 전력 소모 등을 특성별로 구분해서 서로 다른 저장 장소에 저장한다. 또한 고온에서 수 시간 동안 집적 회로를 동작시키는 번-인burn-in[10] 과정이 제품의 신뢰성을 높이기 위하여 이루어진다.

그림 4.9에서 제조 공정의 개요를 다시 나타내었다.

10 번-인burn-in 반도체 제품 속에 일부 혼합되어 있는 불량품을 제거하기 위해 고온 보관, 전력 에이징, 온도 사이클링 등을 하는 작업을 말하는 것으로 debugging이나 screening과 비슷한 의미의 용어이다.

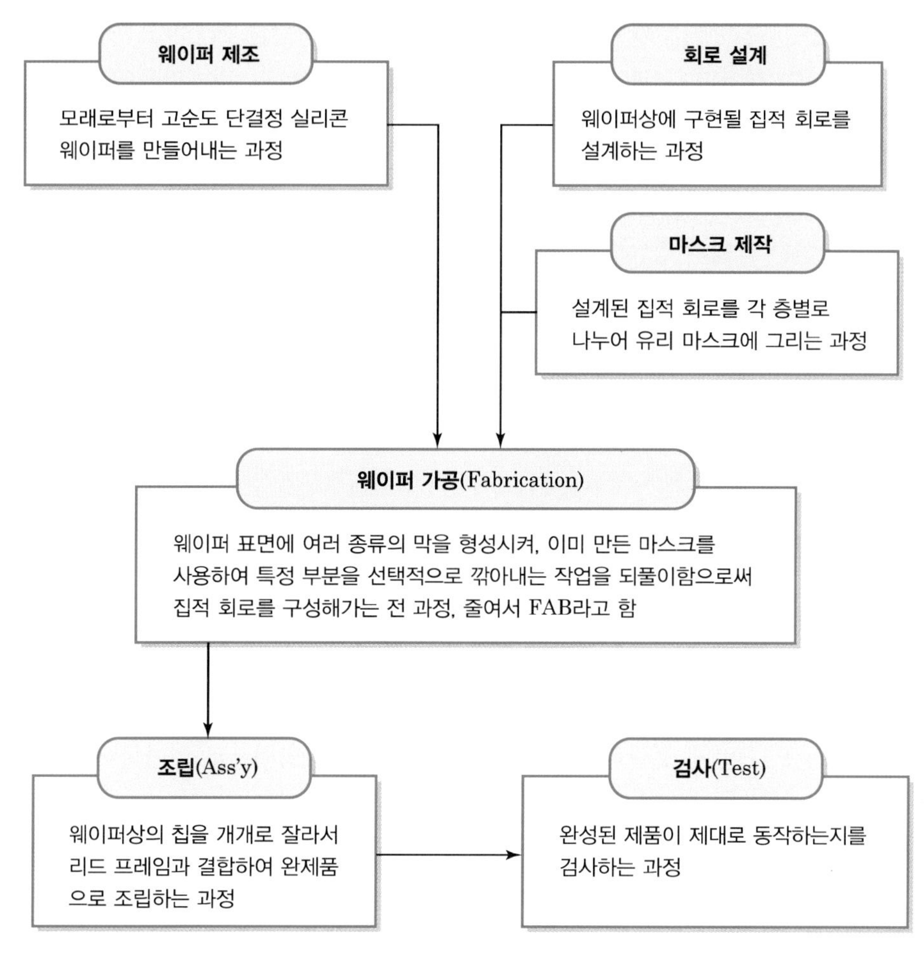

그림 4.9 반도체 제조의 주요 공정

2. 웨이퍼 제조 및 회로 설계

(1) 단결정 성장법

고순도로 정제된 실리콘 융액에 씨$_{\text{seed}}$결정을 접촉하면서 회전시켜 단결정 규소봉인 잉곳$_{\text{ingot}}$을 성장시킨다.

실리콘 재료는 지구 상에 주로 산화물이나 규산염의 형태로 존재하며 석영$_{\text{silica}}$이 주성분인 규석을 전기로에 넣어서 고온에서 용융시켜 화학처리하면 비금속 실리콘이 얻어지고 이를 열처리하면 고순도(99.999999999%)의 다결정 실리콘$_{\text{polysilicon}}$이 얻어진다. 다결정 실리콘을 다음에서 기술하는 결정 성장 방법을 이용하여 결정을 성장시키면 결정봉인 잉곳

ingot을 얻게 된다. 이 잉곳을 다이아몬드칼로 얇게 잘라 그 표면을 깨끗하고 매끈하게 가공lapping+polishing하여 웨이퍼wafer라고 하는 단결정single crystal 기판substrate이 만들어지는 것이다.

① 플로팅존(FZ)법

그림 4.10 (a)는 플로팅존법floating zone method을 이용한 반도체 정제 장치를 나타내고 있다. 다결정 실리콘 막대의 상·하를 척chuck으로 지지하여 고정시키고 그 밑에 씨단결정seed crystal을 접촉시킨다. 그 접촉부를 고주파 유도 가열하여 용융 부분을 다결정 실리콘 방향으로 서서히 이동하면 씨단결정 위에 새로운 단결정이 성장하게 되는 것이다. 이렇게 정제된 결정이 플로팅존 결정floating zone crystal이다.

② 인상(CZ)법pulling method

실리콘 단결정 제조에 가장 많이 이용하는 것으로 CZCzochralski 방법이 있다. 그림 4.10 (b)와 같이 다결정 실리콘을 석영 도가니 속에서 서서히 고주파 유도 가열하여 고온(1,500℃)에서 용융한다. 그 다음 씨단결정을 용융액에 담가 융합시킨 뒤 서서히 회전시켜 끌어올리면 씨단결정 끝에서 씨단결정과 동일한 단결정이 성장하게 된다. 이를 인상법 혹은 CZ법이라고 한다. 이와 같이 성장된 덩어리가 바로 잉곳ingot인 것이다. 이 잉곳을 디스크 모양으로 얇게 절단하고 표면을 기계적, 화학적 방법으로 연마하여 얇은 웨이퍼를 만든다.

집적 회로 공정에 사용되는 웨이퍼의 지름은 계속 커져 현재 300 mm, 450 mm의 것을 제조하고 있다. 웨이퍼의 종류로는 첨가된 불순물의 종류와 그 양에 의하여 결정되는데, 5가 원소(P, As)를 주입하면 n형 웨이퍼, 3가 원소(B, In)를 주입하면 p형 웨이퍼가 된다. 주입된 불순물 농도에 따라 기판의 저항값이 정해진다.

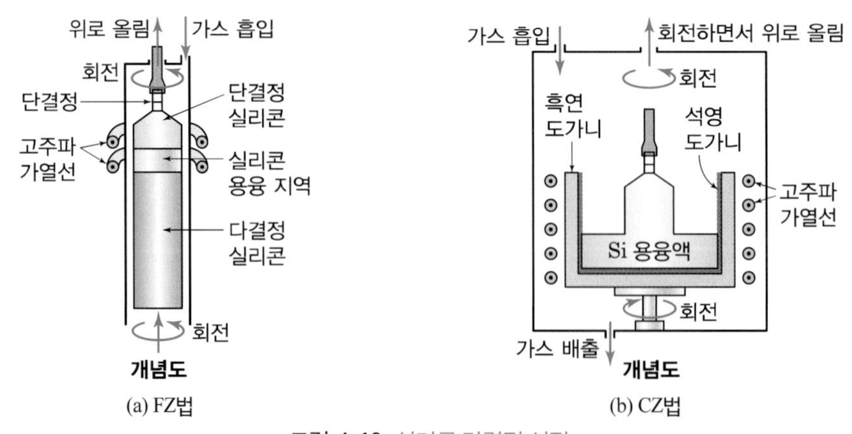

(a) FZ법 (b) CZ법

그림 4.10 실리콘 단결정 성장

(2) 규소봉 절단

성장된 규소봉을 균일한 두께의 얇은 웨이퍼로 잘라낸다.

(3) 웨이퍼 표면 연마

웨이퍼의 한쪽 면을 연마하여 거울면처럼 만들어 주며, 이 연마된 면에 회로 패턴을 그려 넣게 된다.

(4) 회로 설계

CAD_{Computer Aided Design} 시스템을 사용하여 전자 회로와 실제 웨이퍼 위에 그려질 회로 패턴을 설계한다.

(5) 마스크 제작

① 마스크

광사진 식각 공정을 하기 위해서는 마스크mask가 필요한데, 이 마스크는 투명 영역clear field 마스크와 불투명 영역opaque field 마스크로 구분된다.

투명 영역 마스크는 회로 패턴이 있는 부분이 어둡고 나머지 부분이 밝은 것이다. 불투명 영역 마스크는 반대로 대부분이 어두운 반면 회로 패턴이 있는 부분이 밝은 것이다. 투명 영역 마스크는 마스크 대부분이 밝아 정의된 패턴 부분을 정확히 식별할 수 있으므로 연속적인 마스크 사이의 정렬alignment이 용이하여 많이 이용되고 있다.

마스크는 크롬이나 산화철 같은 물질이 박막으로 도포한 얇은 유리판으로 만들어진다. 컴퓨터를 이용하여 설계된 데이터를 전자선 패턴 형성기e-beam pattern generator에 입력하고 이 데이터에 따라 전자선을 감광막이 도포된 크롬 유리판에 주사한다.

그림 4.11에 나타낸 것과 같이 투명 혹은 불투명 패턴이 유리판에 형성되는데, 이것을 레티클reticle이라고 한다. 이 레티클로 반복적인 패턴 형성을 하여 광 사진 식각에 사용될 마스크판을 얻게 된다. 이 마스크판을 이용하여 웨이퍼에 패턴을 전사한다.

설계된 회로 패턴을 전자빔E-beam 설비로 유리판 위에 그려 마스크reticle를 만든다.

그림 4.12에서는 단결정 성장에서부터 마스크 제작까지의 집적 회로의 제조 공정 순서를 사진으로 보여 주고 있다. 그림 (a)의 다결정 성장에서 잉곳을 만들고, 그림 (b)와 같이 얇은 실리콘 원판인 웨이퍼로 절단한 후, (c)와 같이 연마하여 표면을 매끄럽게 한다. 그리고 설계된 회로(d)를 마스크에 옮기는 사진 현상 과정(e)을 거치게 된다.

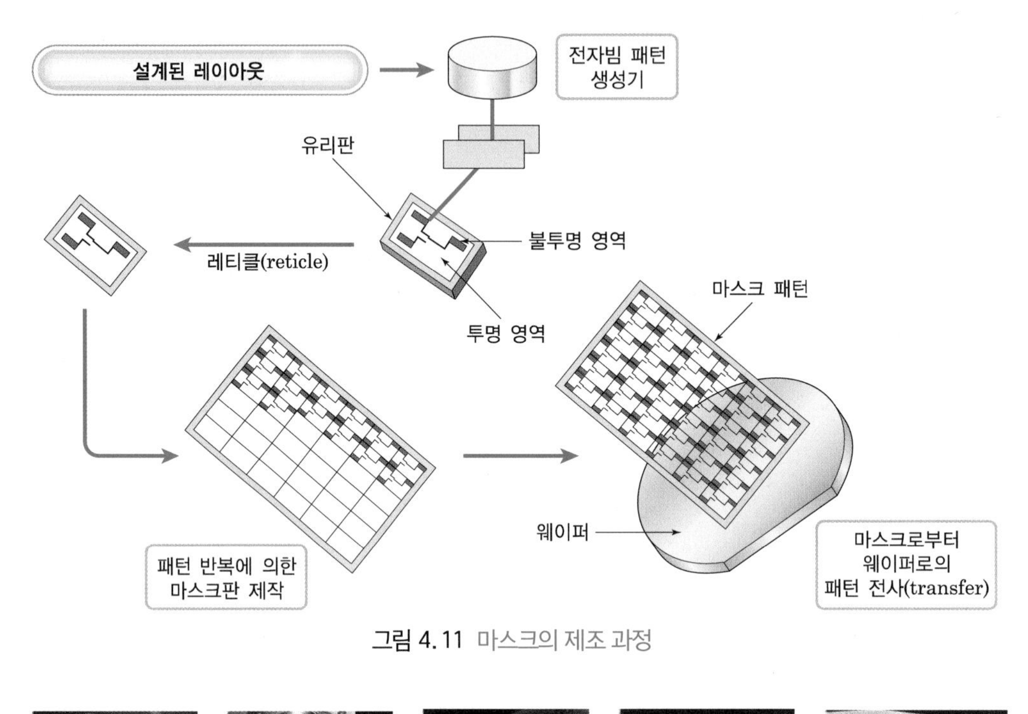

그림 4.11 마스크의 제조 과정

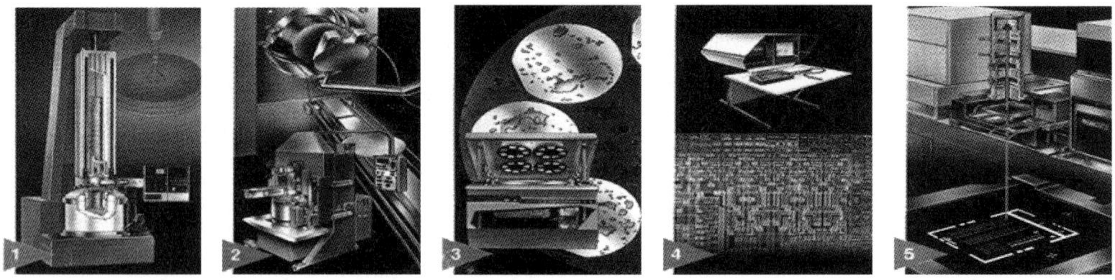

(a) (b) (c) (d) (e)

그림 4.12 웨이퍼 제조 및 회로 설계

3. 웨이퍼 가공

그림 4.13에서는 집적 회로 제작의 전공정으로 산화 공정에서부터 금속 배선 과정까지의 과정을 보여 주고 있다. 그림 (a)에서는 가공된 웨이퍼 위에 산화막을 성장시키기 위하여 산화로에 장착하는 과정이고, 사진 현상 및 식각 과정인 (c) 노광, (d) 현상, (e) 식각을 거처 불순물 주입 과정인 (f) 이온 주입, 회로의 금속 배선 과정인 (h) 금속 증착을 통하여 집적 회로의 전 공정을 완성하는 것이다.

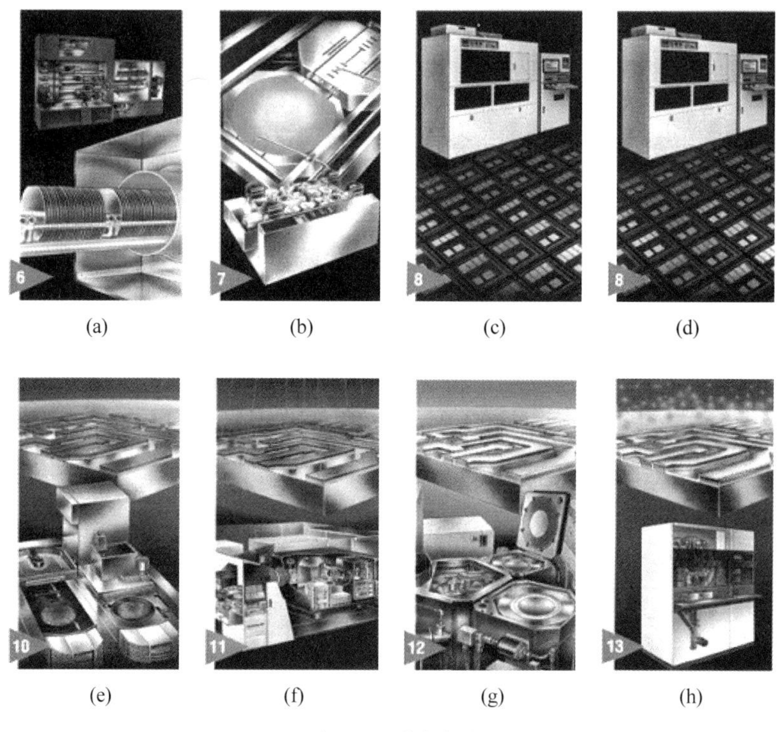

(a) (b) (c) (d)

(e) (f) (g) (h)

그림 4.13 웨이퍼 가공

(1) 산화oxidation 공정

고온(800~1,200℃)에서 산소나 수증기를 실리콘 웨이퍼 표면과 화학 반응시켜 얇고 균일한 실리콘 산화막(SiO_2)을 형성시킨다. 실리콘 웨이퍼 표면을 산화시키는 공정을 산화oxidation라 하며, 실리콘 웨이퍼 표면에 형성된 산화실리콘(SiO_2)층을 산화막oxide이라고 부르는데, 이것은 집적 회로의 제작에서 가장 기본적인 절연층의 제조 과정으로 집적 회로 내에서 전기적인 상호 배선 사이의 절연과 불순물 확산에 대한 보호층으로 사용되는 필수적인 공정이다. 산화막의 역할을 다음과 같다.

① 불순물 확산에 대한 보호막 역할
② 표면의 보호 및 안정화 역할
③ 전기적인 절연과 유전체 역할
④ 소자 사이의 격리 역할

산화막 제조 방법으로 열산화막thermal oxide이 가장 많이 이용된다. 이것은 900~1,200[℃]

사이의 온도로 대기압에서 이루어지는 개관$_{\text{open-tube}}$ 반응 방식으로 건식 산화$_{\text{dry oxidation}}$와 습식 산화$_{\text{wet oxidation}}$로 나눈다.

건식 산화는 열에 의한 산화막 형성 공정 중에서 가장 간단한 것으로, Si와 O_2 두 종류의 원소만으로 제작한다. 습식 산화는 O_2 가스에 적절한 양의 수증기를 혼합하여 이루어지며 건식 산화보다 산화막 성장 속도가 빠르다.

산화막 형성 과정에서 접촉 영역이 이동하는 과정을 그림 4.14에서 보여 주고 있는데, 결과적으로 최종 산화막 두께의 약 45%가 원래의 실리콘 영역을 열분해에 의하여 잠식한 부분이고, 나머지 55%가 성장된 산화막 영역이다. 일반적으로 산화 실리콘은 다음과 같은 화학적 개념으로 이루어진다.

$$Si + O_2 \rightarrow SiO_2 \tag{4.1}$$

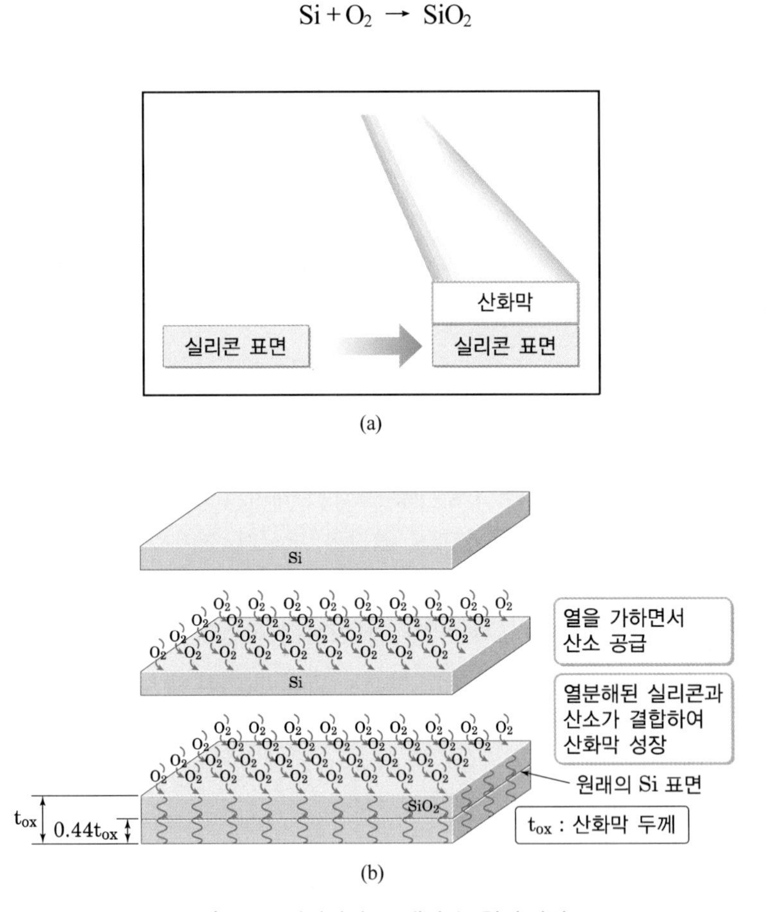

그림 4.14 산화막의 (a) 개념 (b) 형성 과정

(2) 광사진 식각 공정

① 마스크 패턴

마스크 상의 패턴을 웨이퍼 위에 옮기는 공정을 광사진 식각photolithography이라 하며, 이 광사진 식각 공정을 여러 번 반복함으로써 집적 회로 칩을 완성하게 된다. 사진 식각lithography 공정은 실리콘 웨이퍼 표면 위에 원하는 패턴(전자 회로)을 그대로 옮겨 집적하는 기술로, 형성 방법에 따라 광사진 식각, 전자빔 사진 식각electron beam lithography 및 X-선 사진 식각X-ray lithography 등으로 나눈다.

광사진 식각 방법은 광을 이용하여 회로 패턴을 웨이퍼 표면에 전달하여 형성하는 것이고, 전자빔 사진 식각은 전자가 갖는 파장을 이용하므로 높은 해상도의 회로 패턴을 얻을 수 있으나 패턴 형성에서 소요되는 시간이 길고 장비가 비싸다.

X-선 사진 식각은 X-선을 이용하는 것으로 마스크 제작의 어려움 때문에 현재 실용화가 어려운 실정에 있다. 따라서 현재 많이 이용되고 있는 광사진 식각 기술을 중심으로 기술하고자 한다. 사진 식각에 필요한 네 가지 주요 요소는 다음과 같다.

- 마스크(mask)
- 감광막(photoresist)
- 자외선(UV)
- 식각(etching)

실리콘 웨이퍼 위에 불순물을 선택 확산 또는 선택적인 이온 주입을 위하여 감광 물질photoresist을 웨이퍼 위에 도포하고, 자외선을 이용한 노광 기술로 마스크mask에 설계된 패턴을 부착한 후, 현상 공정으로 도포된 감광 물질을 처리하면 패턴 주위에 마스크 모양이 형성된다.

실리콘 웨이퍼 표면은 산화막(SiO_2)이 형성되어 있으므로 불산(HF) 등의 용액에 의해

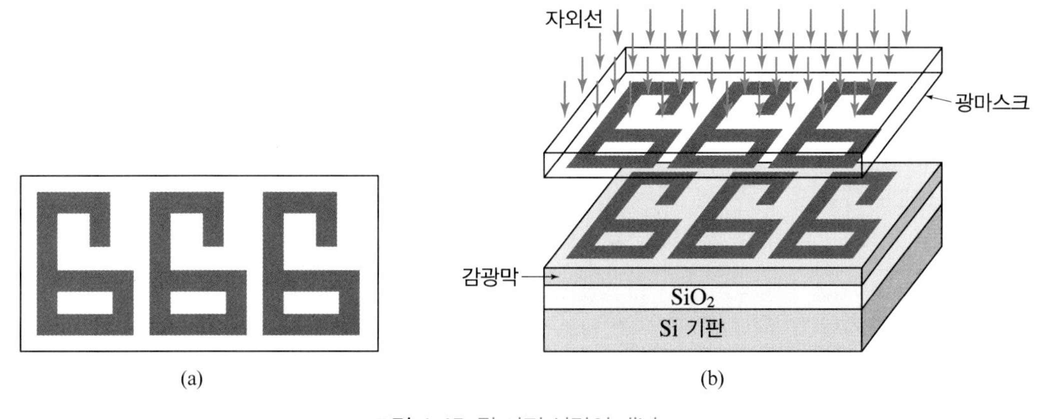

그림 4.15 광 사진 식각의 개념

감광막이 없는 부분의 SiO_2가 용해되어 창window이 만들어진다. 감광 물질을 용해시키면 SiO_2가 마스크 역할을 하여 선택적인 불순물 주입이 가능하게 되는 것이다.

그림 4.15에서는 광 사진 식각 공정의 마스크 패턴을 보여 주고 있다.

광 사진 식각에 의해 회로 패턴을 옮기는 것은 감광막photoresist이라 하는 감광 물질의 얇은 막을 웨이퍼에 도포coating함으로써 시작된다. 그 위에 마스크를 정렬하고 자외선(UVultraviolet)을 쪼이면 패턴이 옮겨진다.

② 감광막

감광액은 점착성의 유기 용액으로 이를 웨이퍼 기판 위에 필요한 양만큼 떨어드린 후 스피너spinner로 기판을 수천 rpmrevolutions per minute의 속도로 회전시키면 기판 표면 위에 1[μm] 두께의 얇은 막이 균일하게 형성된다. 이 막이 감광막인데, 이 막은 빛에 노출되면 그 물리적 특성이 변화되는 성질을 이용하여 마스크 패턴을 실리콘 웨이퍼 위에 옮길 수 있는 것이다.

감광막은 음성형 감광막negative type photoresist과 양성형 감광막positive photoresist으로 구분된다. 음성형 감광막은 현상액developer 용매에 빛이 쪼여진 부분이 용해되지 않고, 나머지 부분이 용해되는 성질이 있다. 양성형 감광막은 빛이 쪼여진 부분이 용해되고 나머지 부분이 용해되지 않는 성질이 있다. 음성형 감광막은 양성형 감광막보다 감도가 높고 산화막에 대한 밀착성이 우수하고 화학약품에 대한 내식성도 강하지만 해상도가 낮은 것이 큰 단점으로 지적되고 있다. 음성형 감광막의 해상도 한계는 4[μm] 정도이므로 3[μm] 이하의 해상도를 필요로 하는 초고집적 회로 제작에는 해상도가 우수한 양성형 감광막을 사용하고 있으나, 산화막의 밀착성이 나쁘고 기계적 충격에 약한 단점이 있다.

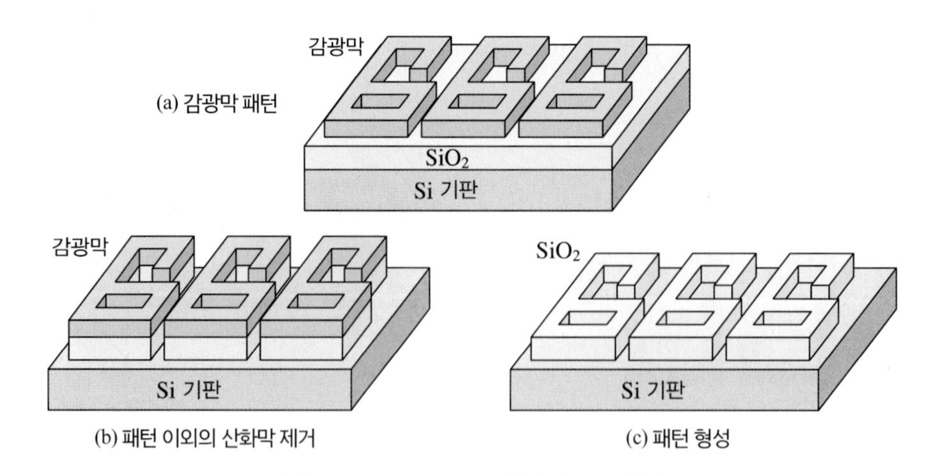

그림 4.16 광사진 식각 공정(양성형 감광막)

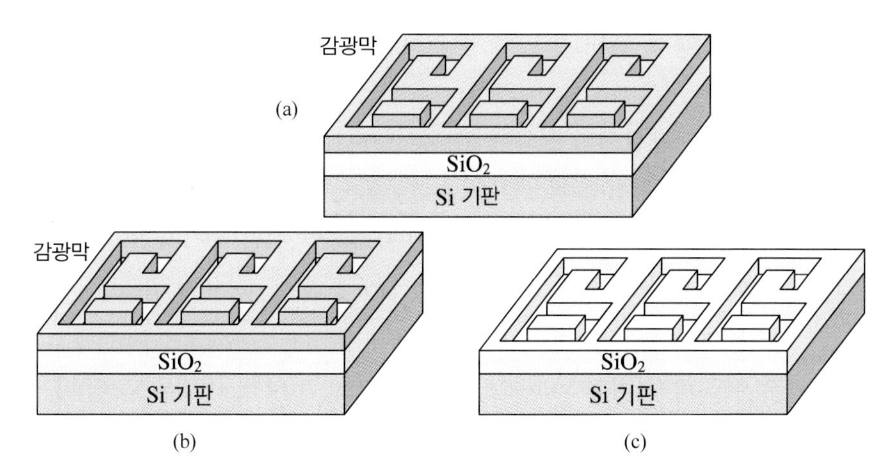

그림 4.17 광사진 식각 공정(음성형 감광막)

그림 4.16과 그림 4.17에서는 각각 양성형 감광막과 음성형 감광막을 이용한 광사진 식각 공정의 예를 보여 주고 있다.

양성형 감광 물질은 현상 용액에 처음에는 용해되지 않으나, UV에 노출된 후 용해된다. 따라서 현상 후 감광 물질은 마스크의 불투명한 부분이 웨이퍼 위에 남은 반면 나머지 부분이 제거된다. 이를 그림 4.16 (a)에서 보여 주고 있다. 다음 공정은 식각$_{\text{etching}}$에 의해 산화막(SiO_2)을 제거하면 감광 물질로 덮여져 있는 부분의 산화막이 웨이퍼 표면에 남는다. 마지막으로 감광 물질을

제거하면 된다. 이를 그림 4.16 (b), (c)에서 보여 주고 있다. 음성형 감광 물질은 이와 반대의 원리로 설명할 수 있다.

③ 식각의 종류

실리콘 웨이퍼 표면에 선택 확산으로 불순물 원자가 실리콘 결정 안으로 주입될 수 있도록 산화막을 부분적으로 제거하는 기술을 식각$_{\text{etching}}$[11]이라고 한다.

식각 기술에는 앞에서 기술한 바와 같이 화학 약품에 의한 습식 식각$_{\text{wet etching}}$법과 가스에 의한 건식 식각$_{\text{dry etching}}$법이 있으나, 1[μm] 이하의 고정도 미세 가공의 식각에는 주로 건식 식각법을 이용하고 있다.

건식 식각은 가공 재료 표면에 활성화된 가스를 공급하고 여기서 반응이 일어나도록 하여 식각이 되도록 하는 방법으로 플라스마 식각$_{\text{plasma etching}}$, 스퍼터링 식각$_{\text{sputtering etching}}$ 및 반응성 이온빔 식각$_{\text{reactive ion beam etching}}$ 등 세 가지로 나누어진다.

11 식각 웨이퍼상의 특정 지역의 물질을 화학 반응을 통해 제거해 내는 공정으로 이때 사용되는 물질을 etchant라고 한다. 식각 방법에는 화학 용액을 사용하는 습식 식각과 가스나 플라스마, 이온빔 등을 이용하는 건식 식각이 있다.

플라스마 식각은 원통형 챔버chamber에 고주파를 인가하여 플라스마를 발생시켜 식각하는 것이다.

스퍼터링 식각은 평행 평판형의 전극에 고주파를 인가하여 플라스마를 발생시켜 식각하는 것이다. 스퍼터링 식각은 평행 평판형의 전극에 고주파를 가하여 방전으로 얻어진 불활성 가스inert gas인 Ar^+ 이온을 기판에 충돌하여 물리적으로 기판 원자를 떼어 내어 식각하는 방법이다. 이 두 방법 모두를 이용하는 것이 반응성 이온 식각 방법이다. 지금까지의 식각 기술을 순서대로 기술하면 다음과 같다.

- 감광 물질을 웨이퍼 표면에 도포하여 건조시킨다.

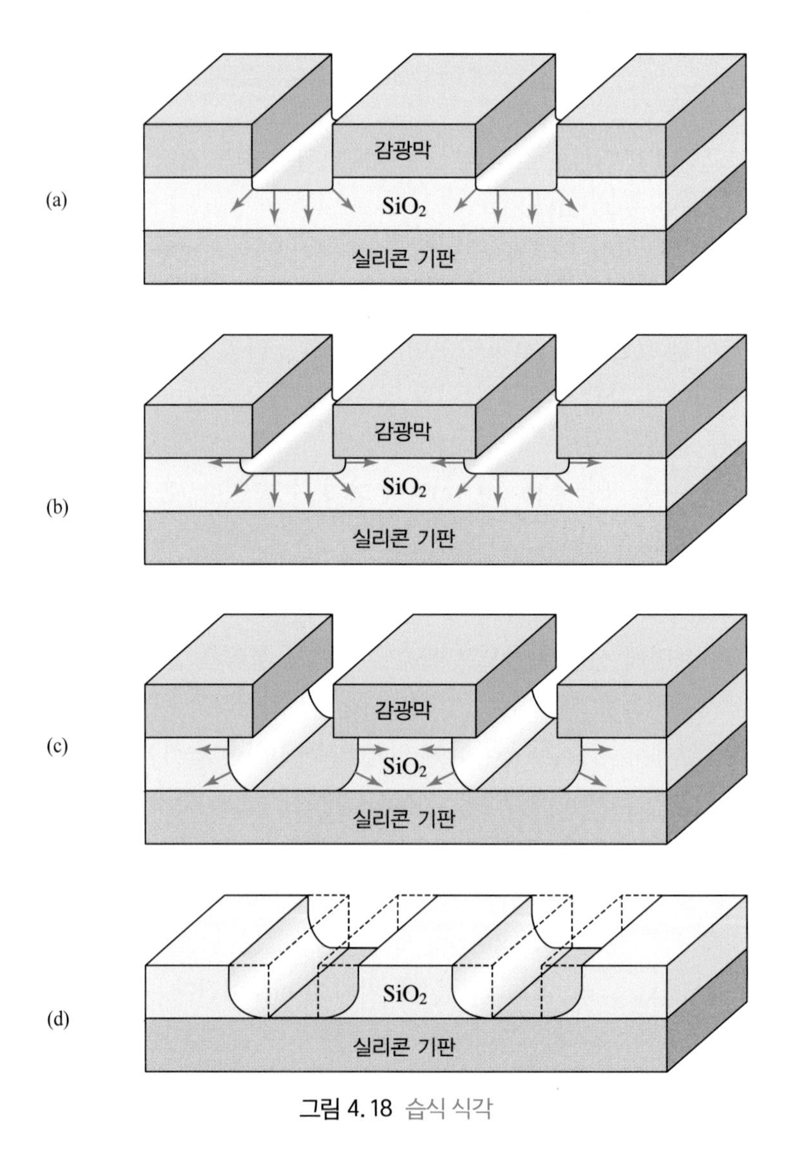

그림 4.18 습식 식각

- 도포된 웨이퍼 위에 마스크를 올려놓고 선택 확산하고자 하는 부분을 검게 칠한 다음 자외선을 쪼인다.
- 현상액developer에 넣어 흔들면 자외선이 쪼여지지 않는 부분이 용해되어 제거된다.
- 이것을 HF용액(HF : H_2O = 1 : 10)에 넣으면 용해된 부분의 산화막이 제거되어 식각 공정이 완료되고 확산 공정으로 들어간다.

④ **습식 식각**wet etching

습식 식각 기술은 화학 용액에 웨이퍼를 노출시킴으로써 이루어진다. 이것은 식각 패턴

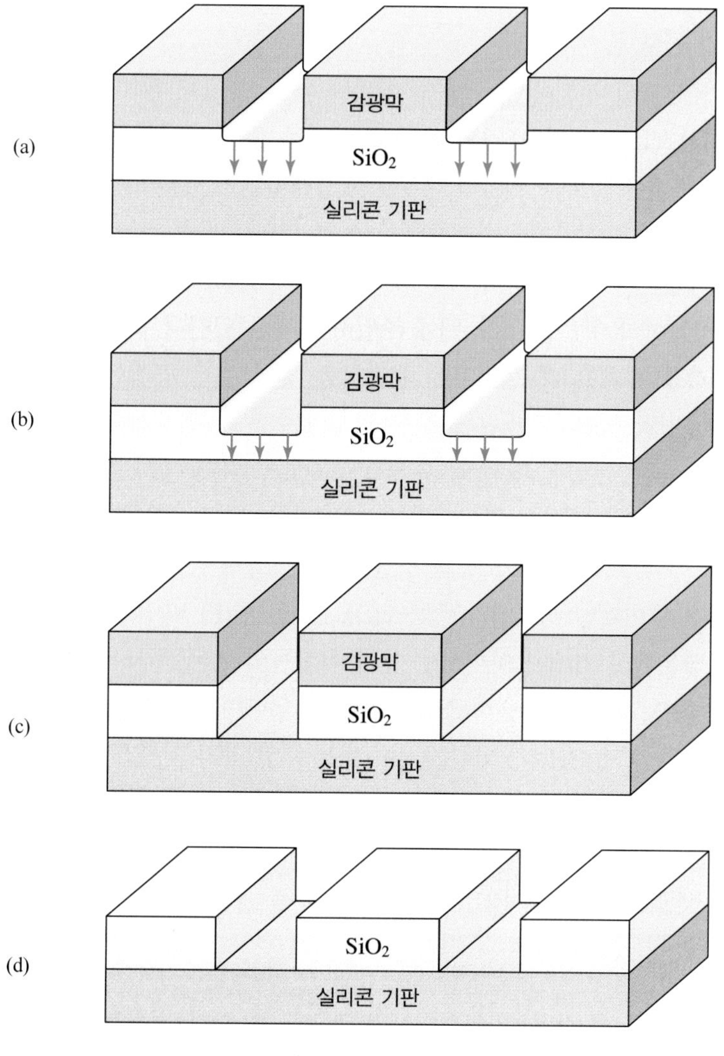

그림 4.19 건식 식각

이 측면으로 퍼지는 결과를 초래하는 특성 때문에 등방성 공정isotropic process이라고도 한다. 습식 식각의 과정을 그림 4.18에 나타내었다.

⑤ 건식 식각dry etching

감소된 압력 하에서 가스의 형태로 식각하는 기술을 건식 식각이라 한다. 이것은 화학적 식각과 물리적 식각의 장점을 채택한 것으로 비등방성 공정anisotropic process이기도 하다. 그림 4.19에서는 건식 식각 과정을 보여 주고 있다.

(3) 불순물 주입

① 이온 주입 공정

회로 패턴과 연결된 부분에 불순물을 미세한 가스gas 입자 형태로 가속하여 웨이퍼의 내부에 침투시킴으로써 전자 소자의 특성을 만들어 주는 이러한 불순물 주입은, 고온의 전기로 속에서 불순물 입자를 웨이퍼 내부로 확산시켜 주입하는 확산diffusion 공정에 의해서도 이루어진다.

이온 주입ion implantation[12]이란 원자 이온에 목표물target인 고체 표면을 뚫고 들어갈 만큼의 큰 에너지를 공급하여 이온을 고체 내에 주입하는 것을 말한다. 가장 많이 이용되는 경우는 반도체 소자를 제작할 때 실리콘에 불순물을 넣어 주는 공정이다.

이온 주입의 가장 중요한 장점은 불순물 원자의 수를 정확히 제어할 수 있고 접합 깊이를 조절할 수 있다는 것이다. 또 주입 후 600~1,000[℃] 온도에서 열처리annealing[13]함으로써 이온 주입 과정에서 발생할 수 있는 방사능 손상radiation damage의 제거와 주입된 불순물의 활성화를 꾀할 수 있으며, 분포 모양의 조절, 측면 퍼짐의 감소 및 균일성을 보장할 수 있게 된다. 실리콘 웨이퍼인 경우 3가인 붕소(B), 5가인 인(P) 및 비소(As)의 이온을 이용하는데, 이들은 상온에서 기체가 아니므로 분자 화합물의 기체를 사용해야 한다. 붕소를 만들기 위해서는 BF_3, BCl_3을 사용하고, P를 만들기 위하여 PH_3, 비소는 AsH_3 등을 사용한다. 붕소의 경우를 보자. BH_3 가스 분자들이 이온 주입 장치의 가스실 내로 들어가면 가열된 필라멘트에서 방출되는 열전자와 충돌하며, 이때 BH_3 가스 분자들의 이온화율을 높이기 위하여 열전자를 100[V] 정도의 전위차로 가속시키는 동시에 자계를 인가하여 충돌 확률을 높인다. 방출된 열전자와 BH_3 분자가 충돌하면 ${}_{10}B^+$, F_2^+, ${}_{10}BF^+$, ${}_{11}B^+$ 등의 이온으로

12 이온 주입 반도체 물질 내에 불순물을 첨가하여 전도 형태를 바꾸어 주는 방법의 하나로, 침투시킬 불순물 원자를 이온화하여 이것에 고전계(50~500 KeV)를 걸어서 고체 속에 주입하는 방법을 말한다. 불순물 첨가 방법에 있어서 확산diffusion법은 1,000~1,200[℃]의 고온에서 장시간 침투시키는 데 대해서 이온 주입법은 저온에서 조작되고 또한 불순물 분포의 제어가 용이하므로 확산법의 단점을 보완하는 방법으로 활성화되어 있다.

13 열처리 고온에서 진행되는 공정으로, 웨이퍼의 응력을 풀거나 결정 구조를 균일하게 정렬시켜 소자 표면의 영향력을 줄이기 위한 과정이다.

분해되며 분류기 내의 적당한 자장에 의해 원하는 $_{11}B^{+}$ 이온만이 선택되어 가속된다. 이온 주입 장치의 모형도를 그림 4.20에 나타내었다.

이온 주입에 관한 과정은 플라스마 상태에서 이온을 추출한 후, 이온 질량 분석기에서 필요한 이온만을 분류하게 된다. 이 이온은 높은 전압으로 큰 에너지를 받아 가속되어 웨이퍼 표면을 주사하면서 충돌하게 된다. 이 때 이온이 얻은 에너지 크기는 가속 전압의 크기에 따라 결정되므로 이에 따라 접합 깊이junction depth가 형성된다. 이온 주입 공정에서 불순물 농도를 조절하기 위해서는 주입되는 이온 단위 면적(cm^2)당 양, 즉 도즈dose를 조절해야 한다. 불순물 깊이를 조절하기 위해서는 주입되는 이온의 가속 에너지(eV)를 조절해야 한다.

그림 4.21에서는 SiO_2의 얇은 막을 통하여 높은 에너지를 얻은 이온들이 주입된 상태를 보여 주고 있는데, 이 이온들은 기판에 있는 원자들과의 충돌로 그들이 가지고 있던 에너지를 잃게 된다. 결국 이온들은 표면에서 기판 속으로 어떤 거리만큼 진행한 후 정지하게

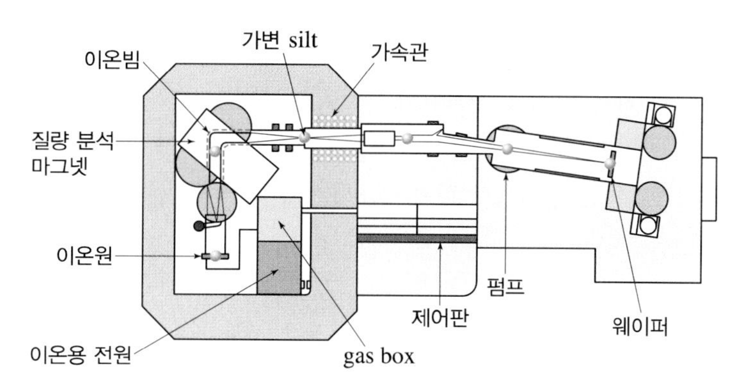

그림 4.20 이온 주입 장치의 개요도

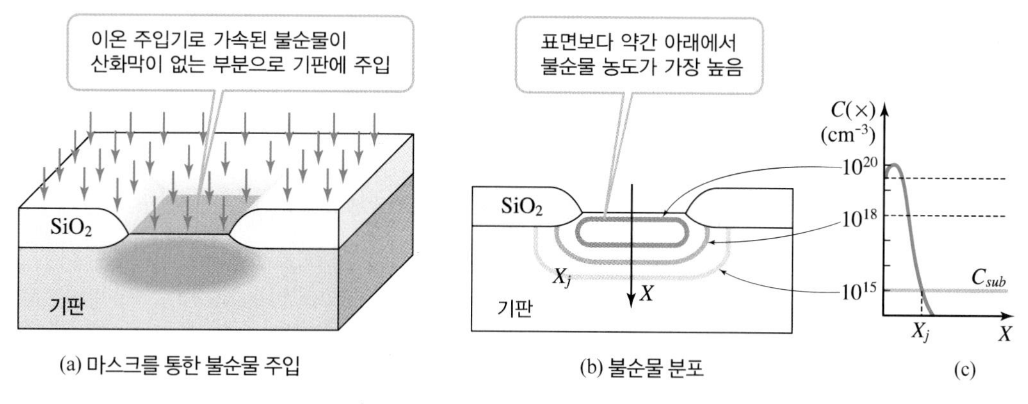

(a) 마스크를 통한 불순물 주입 (b) 불순물 분포 (c)

그림 4.21 이온 주입 공정의 불순물 분포

된다. 이러한 연유로 주입된 불순물의 가장 높은 농도는 확산 공정에서와 같이 표면이 아니라 조금 더 깊은 영역에서 형성하게 된다. 기판 원자와 이온과의 충돌 횟수와 충돌에 의한 에너지 손실이 불규칙하게 변화하므로 주입된 불순물은 그림 (b)와 같이 기판에 공간적spatial인 분포가 된다.

이온 주입 공정의 중요한 결점은 높은 에너지 이온에 의한 충돌의 결과로 단결정 실리콘 기판의 결정격자(結晶格子)가 손상damage을 받는 것이다. 이러한 손상의 제거를 위하여 이온 주입 후 적절한 온도(900~1,000℃)로 어닐링annealing 과정을 거쳐야 한다.

② 확산에 의한 이온 주입

웨이퍼 표면에 열에너지를 이용하여 불순물 원자를 표면 내로 주입시켜서 불순물층이 형성되도록 하는 공정을 확산diffusion이라고 한다. 확산 공정에서 가장 많이 사용하는 확산 반응 시스템을 그림 4.22에 나타내었다.

- 불순물 확산 실리콘 소자 제조에 사용되는 불순물, 즉, 도펀트dopant는 p형 영역을 만들기 위하여 붕소(B), n형 영역을 만들기 위하여 인(P), 비소(As) 등을 사용하고 있다. 이들 원소들이 확산되는 개념도를 그림 4.23에 나타내었다. 충분한 온도(900~1,100℃)로 가열을 하면 그림과 같이 불순물 원자들이 창window을 통하여 실리콘 속으로 확산에 의해 이동하여 수직 또는 측면으로 퍼져 분포하게 된다. 이와 같이 수직 확산뿐만 아니라

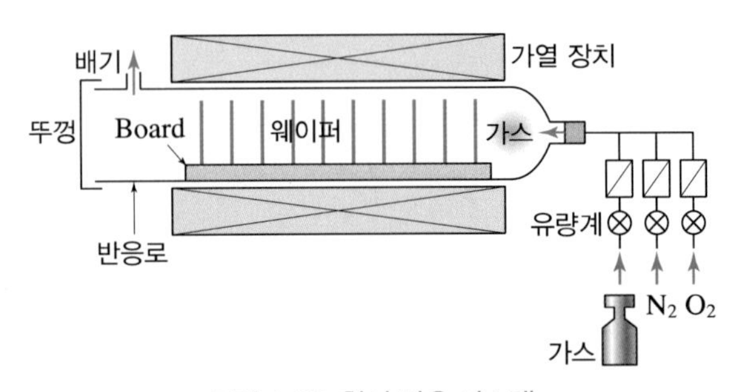

그림 4.22 확산 반응 시스템

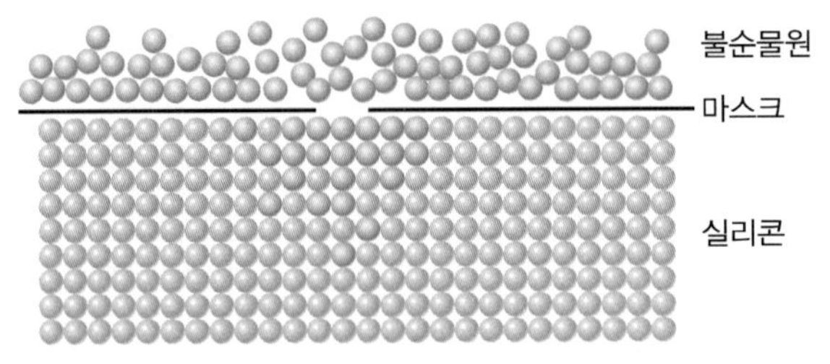

그림 4.23 확산의 원리도

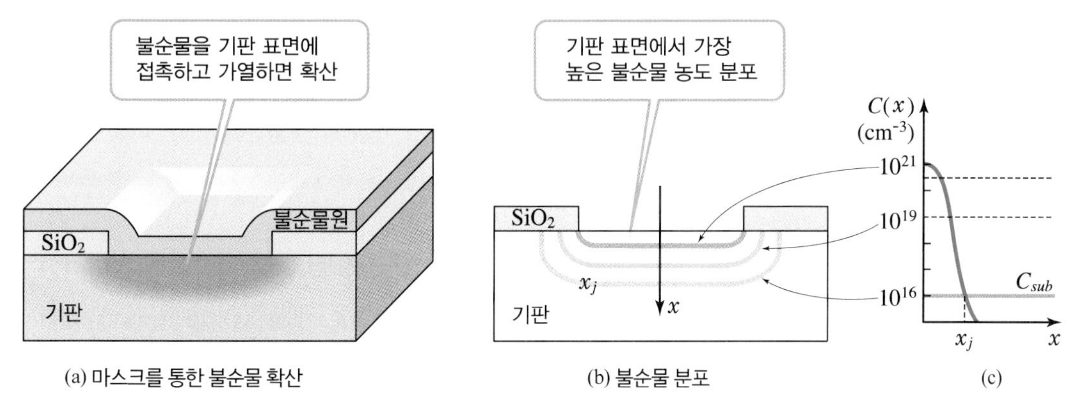

(a) 마스크를 통한 불순물 확산 (b) 불순물 분포 (c)

그림 4. 24 산화막을 통한 불순물 확산

측면 확산이 일어나므로 집적 회로를 설계할 때 이 현상을 반드시 고려해야 한다. 기체, 액체, 고체 상태의 불순물 화합물로부터 고온에서 기체 상태로 웨이퍼 표면에 도착하여 P_2O_5, B_2O_3와 같은 화합물을 형성하여 막을 이룬다. 고온에서도 산화막에서 불순물 확산은 매우 느리기 때문에 산화막이 마스크의 역할을 하게 된다. 산화막(또는 마스크)이 없는 영역에서는 불순물이 실리콘 격자 속으로 들어가 확산하는 것이다.

확산은 표면에서부터 이루어지므로 불순물 농도가 표면 근처에서 가장 높고 확산 깊이에 따라 급격히 감소하게 된다. 그림 4.24에는 산화막을 마스크로 하여 불순물을 확산한 결과와 농도분포를 나타내었다. 그림 (b)에서는 실리콘에서의 불순물 분포를 도식적으로 보여 주고 있다. p형 실리콘 기판에 n형 불순물이 확산한 경우 기판 농도 C_{sub}와 불순물 농도 C가 만나는 점에서 pn접합점 x_j가 결정된다.

- 두 단계 확산two step diffusion 집적 회로 제조 공정에서 확산은 선확산인 전치 증착pre deposition과 후확산drive-in[14]의 두 단계로 이루어진다. 전치증착은 실리콘 웨이퍼 표면에

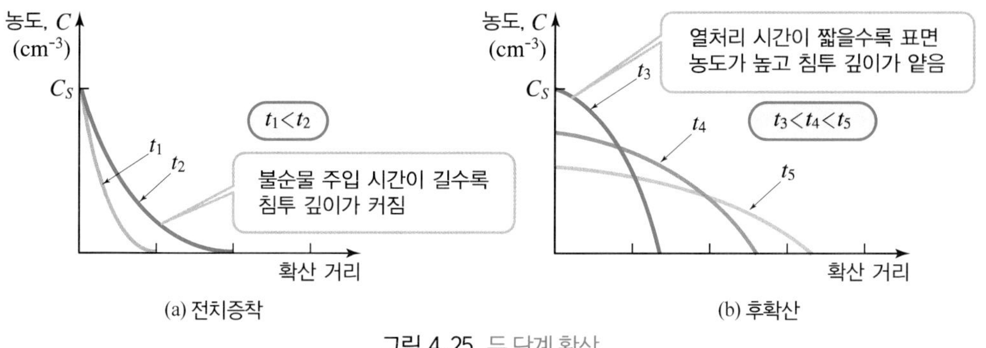

(a) 전치증착 (b) 후확산

그림 4. 25 두 단계 확산

14 후확산 B Boron이나 P Phosphorus 등의 불순물을 웨이퍼 내부로 더 깊이 침투시키는 것을 말하며, 확산과 같은 의미의 용어이다.

n형 또는 p형 불순물을 주입하는 단계이고, 후확산은 전치 증착된 불순물을 온도와 시간을 조절하여 최종 접합 깊이와 농도 분포를 얻는 단계를 말한다. 그림 4.25에서 확산의 두 단계를 접합깊이와 농도의 함수로 나타내었다. 그림 (a)는 전치 증착 후 t_1과 t_2 시간 경과 후의 분포를 나타내고, 그림 (b)는 후확산 단계 후의 농도 분포의 변화를 나타내었다.

(4) 화학 기상 증착

집적 회로는 불순물 도핑doping에 의하여 웨이퍼 표면에 형성된 n형 또는 p형 영역과 그 위에 형성된 여러 박막thin film층들의 조합으로 구성된다. 그림 4.26 (c)에서는 단결정 위에 단결정을 증착하는 것으로 기판의 결정 구조가 증착 층에 정확히 재현되는데, 이런 형태의 증착이 에피택시epitaxy 공정인 것이다. 그림 (a), (b)는 기판의 결정 구조와는 다른 구조의 층을 성장시킨 것이다.

화학 기상 증착(CVDChemical Vapor Deposition)은 유전체나 도체로 작용하는 층을 기체 상태의 화합물로 분해한 후 화학적 반응에 의하여 기판 위에 적층하는 기술이다. CVD 공정은 증착evaporation[15]될 물질 원자를 포함한 화학물질이 반응실로 들어간다. 반응실에서 가스gas 상태의 화학 물질이 다른 가스와 반응하여 원하는 물질이 만들어져 기판에 적층된다. 그 반응 원리를 그림 4.27에 나타내었다.

화학적 증착 방법은 내부 기압이 1기압인 경우 상압 CVD(APCVDAtmospheric Pressure CVD), 1기압 이하의 경우는 저압 CVD(LPCVDLow Pressure CVD)로 나누어지며, 낮은 온도에서 반응 속도를 높이기 위해 플라스마plasma를 이용한 PECVDplasma enhanced CVD가 있다. 가스의 종류와 온도에 따라 다양한 박막(SiO_2, polysilicon)을 얻을 수 있다.

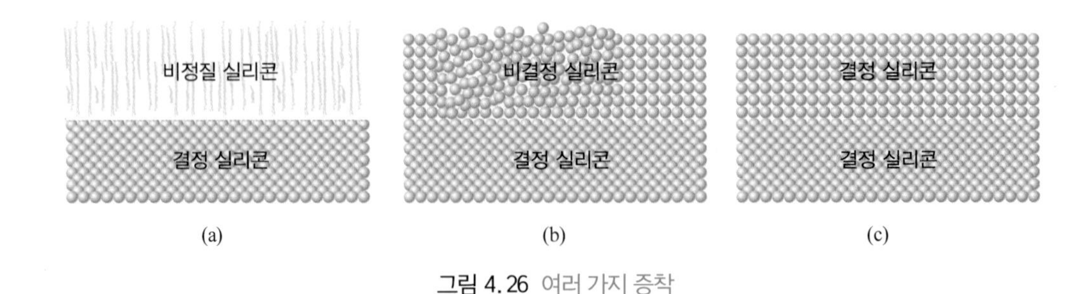

그림 4.26 여러 가지 증착

15 증착 고온의 열을 이용하여 source의 물질을 증발시켜 웨이퍼에 증착시키는 공정으로, 금속을 단시간에 고온으로 가열하여 증발시키면 증발한 금속이 사방으로 튀어나가서 가까이에 있는 온도가 낮은 물체wafer의 표면에 부착하여 얇은 금속막이 형성되는 원리를 이용한 것이다. 반도체 제조 공정에서는 e-beam이나 필라멘트 증착을 쓰는 것이 보통이며, 이 작은 금속이 고온으로 산화해 버리기 때문에 진공 속에서 이루어지며, 이것을 진공 증착vacuum evaporation이라고 한다.

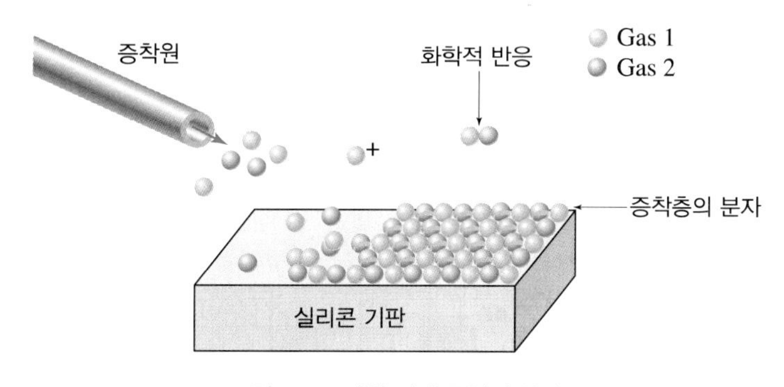

그림 4.27 화학 기상 증착의 원리

(5) 금속 배선

집적 회로 공정의 마지막 과정으로 금속 공정이 있는데, 이것은 개별 소자의 제작이 끝나면 이들을 상호 접속하여 원하는 회로 기능을 갖도록 배선하는 기술이 금속화metalization 공정인데, 금속 배선을 위한 방법은 진공 증착 방법인 PVDPhysical Vapor Deposition 공정이 주로 사용된다. PVD 공정은 기판 온도를 자유롭게 조절할 수 있고, 화학 반응보다는 물리적인 제어만으로 증착하는 것이다. 그림 4.28에는 PVD 증착의 원리를 나타내었다.

금속이 실리콘에 증착되는 것은 컵의 물이 공기 중으로 증발하는 것과 유사하다. 온도를 높여 주는 물과 공기의 경계면에서 어떤 물 분자는 대기로 증발한다. 금속 배선을 위한 방법은 전자선 진공 증착electron beam evaporation deposition, 스퍼터링 증착sputtering evaporation deposition 방법이 이용되고 있다. 여기서 전자선 진공 증착은 진공 중에서 재료의 온도를 높여 증발시키는 방법이며 스퍼터링증착은 플라스마 내의 이온이 증착 재료인 목표물target을 때려 목표물 재료가 떨어져 나와 증착되는 것을 말한다.

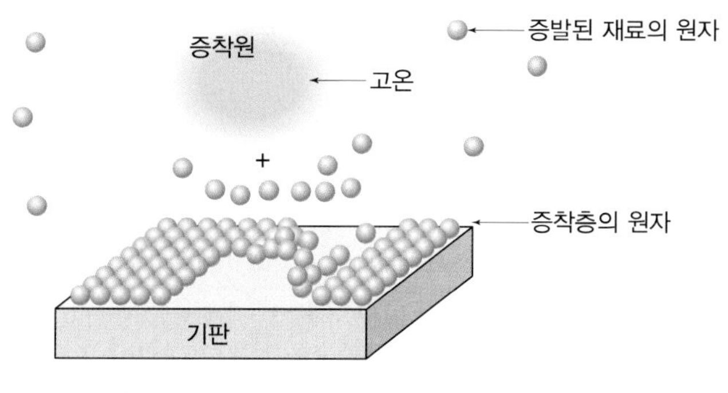

그림 4.28 PVD 증착의 원리

4.3 반도체의 후(後)공정

웨이퍼 한 장에는 동일한 전기 회로가 인쇄된 무수한 칩이 담겨 있다. 칩 자체만으로는 외부로부터 전기를 공급받을 수 없으며, 또한 칩은 미세한 회로를 담고 있어 외부 충격에 쉽게 손상될 수도 있다. 따라서 칩에 전기적인 연결을 해 주거나 외부의 충격에 견딜 수 있도록 보호막이 필요한데 이 과정을 후공정$_{\text{back-end}}$이라고 한다. 이러한 일련의 과정이 칩을 마치 포장하는 것과 같다 하여 패키징$_{\text{packaging}}$ 공정이라고도 부른다.

그림 4.29에서 보여 주는 바와 같이 반도체의 후공정을 순서대로 살펴보자.

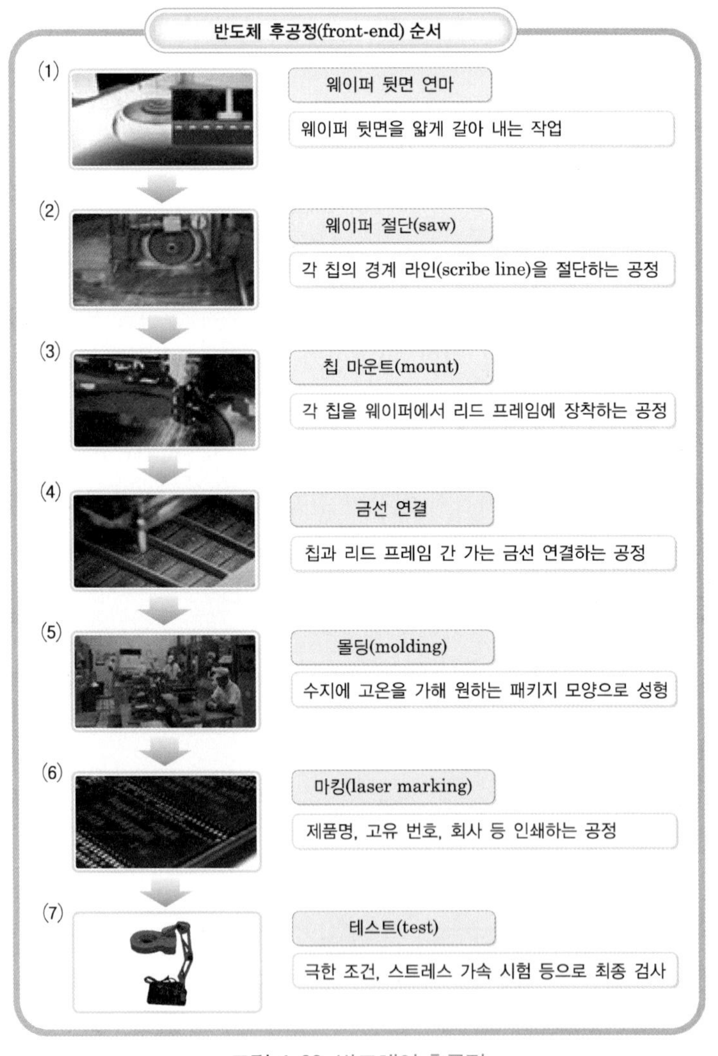

그림 4.29 반도체의 후공정

1. 웨이퍼 뒷면 연마 공정

연마back-side grinding란 갈아 낸다는 뜻이다. 입고된 웨이퍼는 간단한 검사를 마치고 웨이퍼 뒷면을 얇게 갈아내는 작업을 하게 되는데 이를 BSGBack-Side Grinding라고 한다.

갈아 내는 기술은 중요한 후공정 중의 하나인데, 신문보다 얇은 두께로 웨이퍼의 균열crack이나 깨지지 않게 갈아 내는 것은 수많은 경험과 오랜 숙련에 의하여 이루어질 수 있다. 높은 수율도 유지하며 더 얇게 갈아 낼 수 있느냐에 따라 고용량 제품을 생산할 수도 있다.

2. 웨이퍼 절단sawing 공정

가공된 웨이퍼를 절단하는 작업이다. 웨이퍼에는 수많은 칩들이 바둑판 모양으로 촘촘히 들어 있고 각 칩은 경계선이라는 절단선scribe line을 통하여 개별 칩으로 분리하게 되는데, 이 과정이 절단, 즉 sawing 작업이다. 절단 공정에 사용하는 톱은 다이아몬드 재질로 매우 강도가 강하다. 절단 과정 중에 칩에 균열이나 깨지는 것을 방지하기 위하여 물을 뿌려 주며 진행한다.

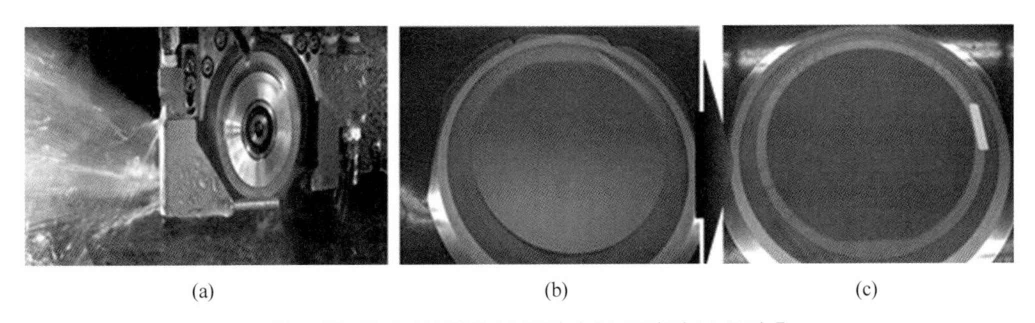

(a) (b) (c)

그림 4.30 웨이퍼의 절단 (a) 절단기 (b) 공정 전 (c) 공정 후

3. 칩 마운트 공정

절단된 칩들은 매우 얇고, 깨지기 쉬운 상태로 되어 있어서 이를 지지할 받침대 역할을 하는 프레임이 필요하다. 또한 칩들을 작동시키기 위하여 외부와의 전기적 연결도 필요하다. 칩 마운트chip mount 공정은 각각의 칩들을 웨이퍼에서 떼어 내어 리드 프레임lead frame 또는 PCBPrinted Circuit Board 위에 옮겨 붙이는 작업을 말한다.

그림 4.31 칩 마운트 공정

4. 선 접합 공정

선 접합wire bonding 공정은 앞서의 칩 마운트 공정으로 옮겨진 반도체 칩의 접착점과 리드 프레임의 접착점 간의 전기적 연결을 위하여 가는 금선을 연결하는 공정이다. 선 접합 공정은 그림 4.32 (b)의 확대된 선 접합과 같이 수 마이크로미터(μm)의 미세한 공정으로 오차가 조금만 있어도 칩 불량의 원인이 된다. 칩의 용도 및 실장 면적을 감소하기 위하여 칩과 리드 프레임, 각 전극을 전선이 아닌 작은 구슬solder ball을 이용하여 연결하는 방식도 있다. 그림 (a)는 와이어 본딩 작업 과정, (b)는 완성된 본딩, (c)는 솔더 볼을 이용한 완성한 본딩을 각각 보여 주고 있다.

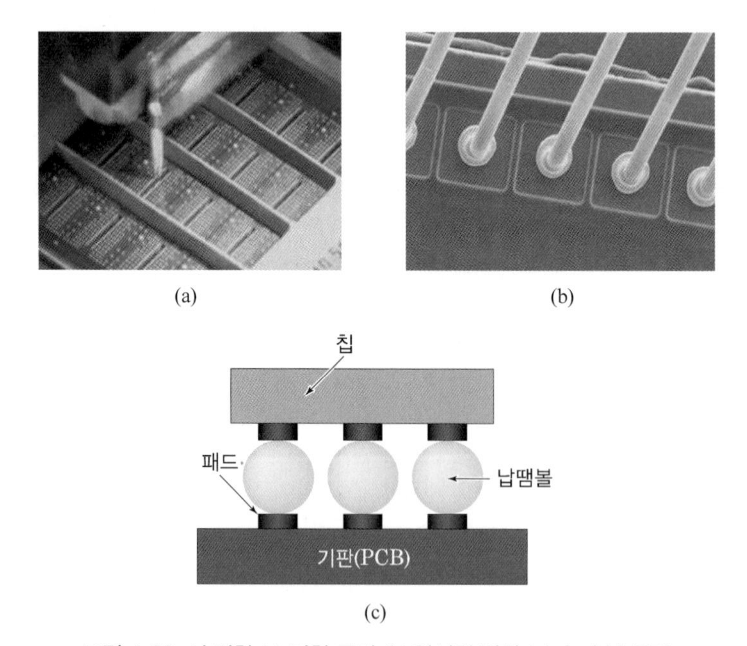

그림 4.32 선 접합 (a) 접합 공정 (b) 완성된 접합 (c) 솔더 볼 공정

5. 몰딩 공정

반도체가 드디어 옷을 입었다. 가공된 웨이퍼는 후면을 연마하고, 각각의 칩을 잘라 내서, 받침대인 리드 프레임에 올리고, 금선으로 연결하였다. 이제는 외형 만들기이다. 그야말로 손톱만 한 플라스틱 조각이 만들어진 것이다. 이 공정을 몰딩encapsulation 공정이라 하며, 수지에 고온의 열을 가해 원하는 모양을 만든다. 그림 4.33에 몰딩될 부분을 표시하였다.

6. 레이저 마킹 공정

레이저 마킹laser marking 공정은 몰딩된 표면에 제품명이나 고유 번호, 제조 회사의 마크 등을 인쇄함으로써 일상에서 만나는 반도체의 모습이 완성된 것이다. 이때 마킹은 인쇄가 아니라 CAD 프로그램 등을 통하여 만들어진 데이터를 레이저로 각인하여 인쇄하는 것이다.

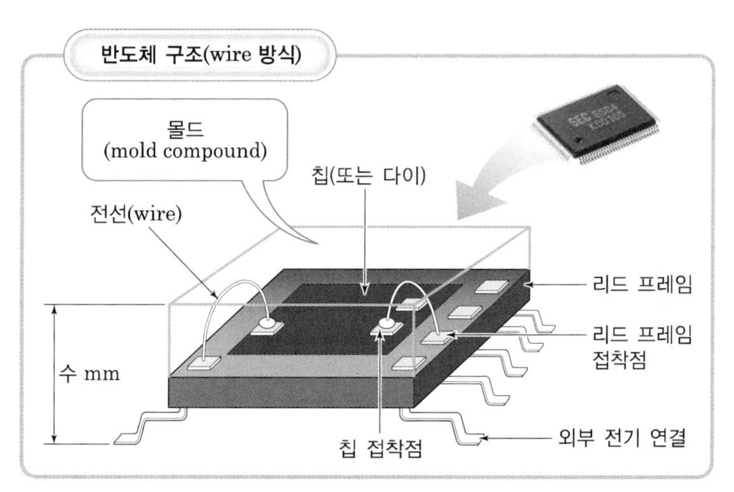

그림 4.33 몰딩의 요소

그림 4.34 마킹의 결과

7. 패키지 테스트 공정

패키징 공정이 완료되면, 최종 관문이라 불리는 패키지 테스트$_{\text{package test}}$를 하게 된다. 이 테스트는 완제품 형태를 갖춘 후, 검사가 진행되기 때문에 최종 검사$_{\text{final test}}$라고도 한다.

패키지 테스트는 직접 소비자에게 판매되거나 정보 기기의 부품으로 장착되기 전의 마지막 점검 단계로 보다 엄격한 조건에서의 테스트가 이루어진다. 특히 극한 조건, 고전압, 고온, 강한 신호 등의 강한 스트레스 환경에 노출하여 제품의 내구성을 판단하는 번-인$_{\text{burn-in}}$ 테스트를 필수로 진행하게 된다. 또한 테스트 중 발생하는 데이터를 수집·분석하여 그 결과를 제조 공정이나 조립 공정에 반영하여 제품의 질을 개선하는 중요한 역할을 하기도 한다.

그림 4.35 패키지 테스트 장비

4.4 반도체의 패키징 공정

Semiconductor Device Engineering

1. 패키지의 기본 구조

그림 4.33에서는 반도체 몰딩 구조를 보았는데, 기판에 장착된 단면 구조를 그림 4.36에서 다시 나타내었다. 리드 프레임$_{\text{lead frame}}$의 형태에 따라 패키지를 분류할 수 있는데, 여기서 리드 프레임은 반도체 칩과 외부 회로를 연결하는 전선과 패키지를 PCB 기판에 고정시키는 버팀대 역할을 하는 금속선을 말한다. 가는 전선으로 칩과 기판 사이에 전기 신호를 전달하고 외부의 습기, 충격으로부터 칩을 보호하면서 고정시키는 골격의 역할도 하고 있다.

패키지의 종류로는 핀$_{\text{pin}}$의 장착 형태에 따라 삽입 장착형$_{\text{through-hole mounted package}}$과 표면 장착형$_{\text{surface mounted package}}$으로 구분된다.

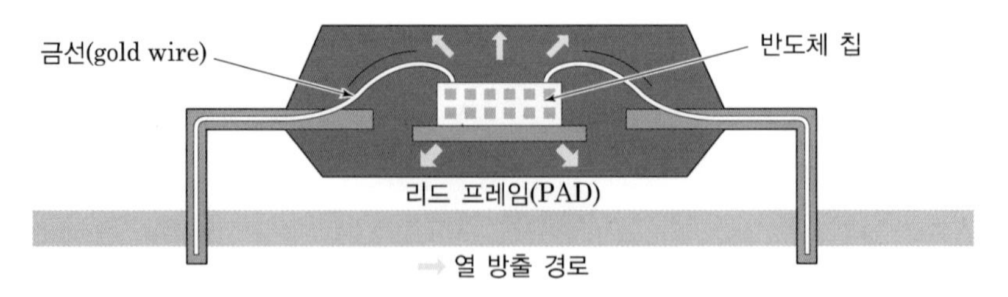

그림 4.36 리드 프레임의 역할

(1) 삽입 장착 패키지through-hole mounted package

① DIP

DIPDual In Package는 그림 4.37에서 보여 주는 바와 같이 패키지의 두 면에 리드선을 내어 사용하는 패키지형으로, 핀 수의 증가에 따라 패키지의 크기도 커진다. DIP형은 주로 40개 이하의 핀을 사용하는 패키지에 이용되고 있다.

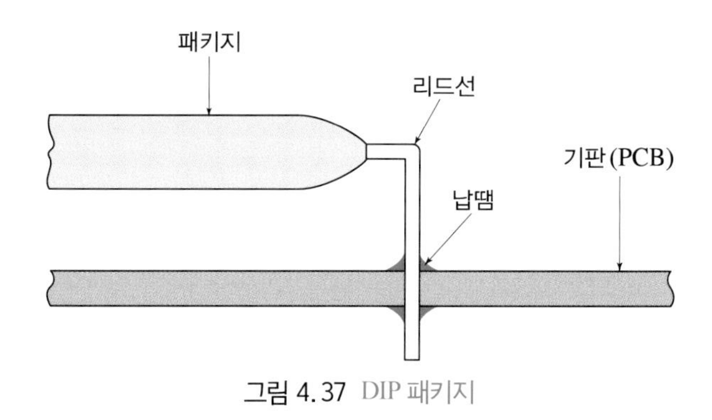

그림 4.37 DIP 패키지

② PGA

많은 수의 핀을 필요로 하는 패키지로, PGAPin Grid Array가 널리 이용된다. 이것은 64개 이상의 리드선을 갖는 삽입 패키지through-hole package 방식이다. 그림 4.38은 PGA 방식의 패키지를 보여 주고 있다.

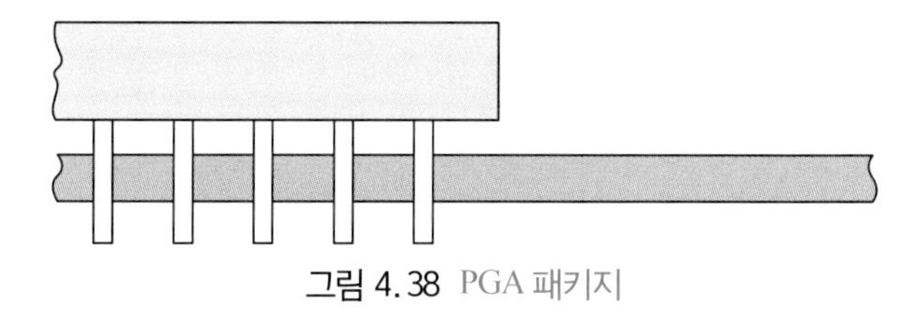

그림 4.38 PGA 패키지

(2) 표면 장착 패키지surface mounted package

현재 패키징 기술은 생산성의 차이점으로 삽입 장착 기술에서 표면 장착 패키지surface mounted package 방식으로 바뀌고 있다. DIP와 PGA 패키지의 중간 개수의 핀을 필요로 하는 용도에서는 표면 장착 패키지를 사용하는 것이 일반적이다. 이 방식의 패키지는 리드가 패키지 네 개면 모두에 있고 보드board에 구멍을 뚫을 필요가 없으며, 보드의 양면에 장착할 수 있으므로 PCBPrinted Circuit Board 공간을 줄일 수 있는 장점이 있다.

① PLCC

가장 보편적인 패키지의 하나인 PLCC$_{\text{Plastic Leaded Chip Carrier}}$는 크기가 작고 경제적이다. 그림 4.39 (a)에 J형 PLCC 패키지를 나타내었다.

② QFP

QFP$_{\text{Quad Flat Package}}$는 PLCC보다 더 많은 수의 핀이 요구되는 경우에 주로 이용하는데, PQFP$_{\text{Plastic QFP}}$는 갈매기 날개 모양의 형으로 된 리드가 표면에 장착되며 200여 개의 핀을 사용할 수 있는 특징이 있다. 그림 (b)에서 이를 나타내었다.

③ BGA

BGA$_{\text{Ball Grid Array}}$ 패키지는 PGA에 대응되는 개념으로, 리드 핀 대신에 납땜 볼$_{\text{solder ball}}$을

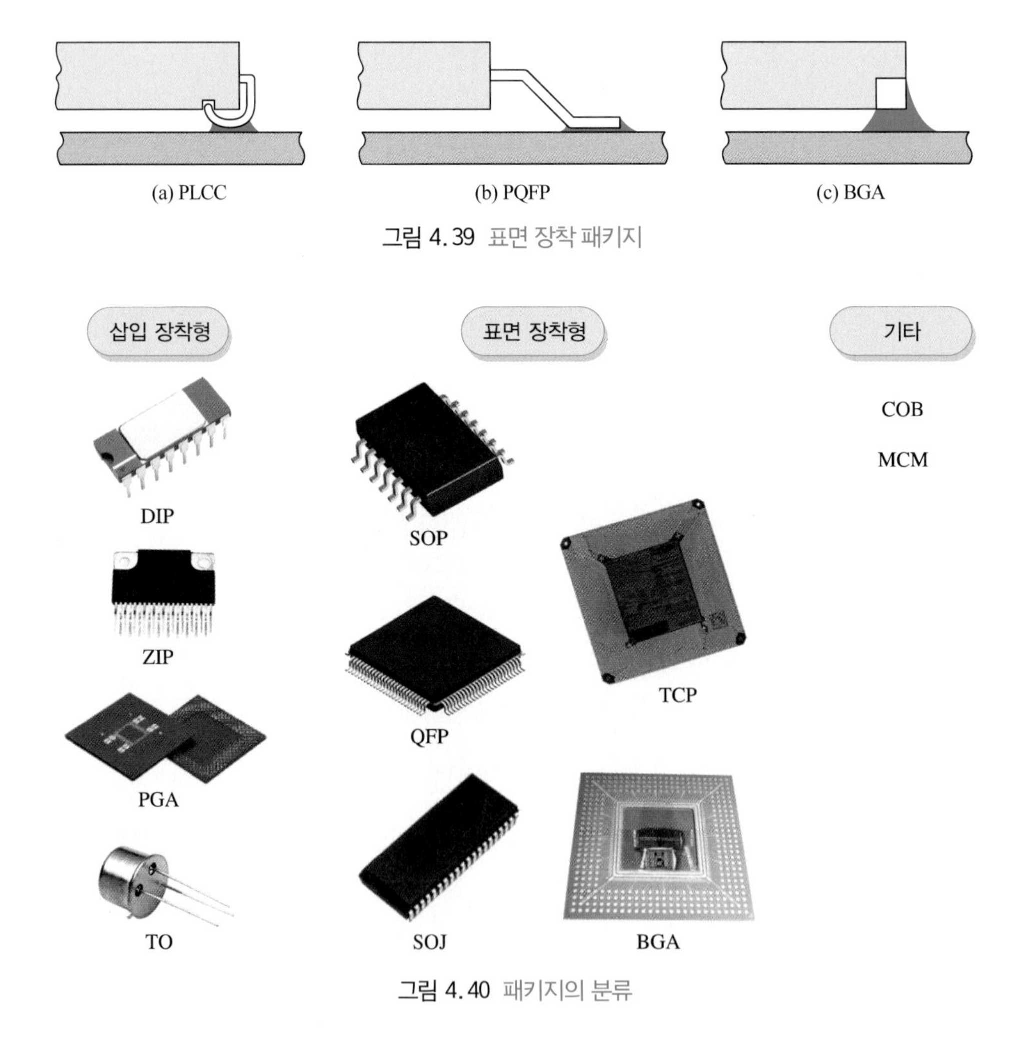

그림 4.39 표면 장착 패키지

그림 4.40 패키지의 분류

사용하는 것이며 주기판 상에 모든 부품을 장착한 후에도 납땜 볼을 붙이는 작업을 하여 장착이 가능한 특징을 갖는다. 그림 (c)에서 BGA 패키지를 보여 주고 있다.

지금까지 살펴본 집적 회로 패키지를 실장 방법에 따라 분류하여 정리한 것을 그림 4.40에 나타내었다.

2. 패키지의 특성

(1) DIP

DIP Dual Inline Package는 그림 4.41에 나타낸 것과 같이 패키지의 양편으로 리드lead가 배치된 것으로, 가장 기본적인 형태의 구조를 갖는다. PCB의 홀을 통하여 실장되는 삽입 장착형의 패키지로 리드의 간격은 2.54[mm]이고, 비교적 적은 수의 핀이 있는 형태이다.

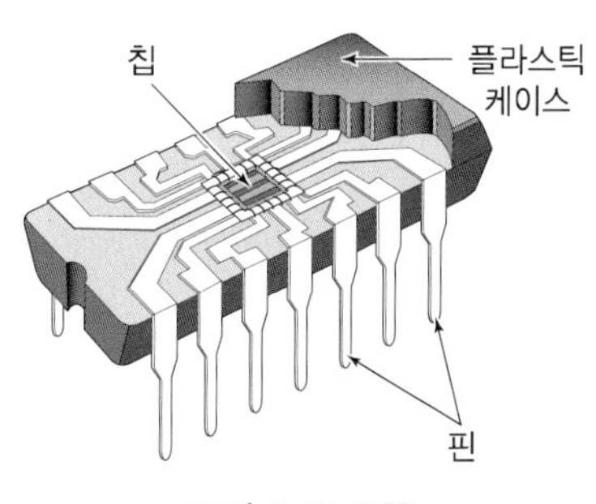

그림 4.41 DIP

(2) ZIP

ZIP Zigzag Inline Package는 리드가 패키지의 한쪽 방향으로만 배치된 형태로, 리드의 간격을 1.27[mm]로 하여 패키지면에서 교대로 구부려 리드 간격이 2.54[mm]가 되도록 하는 패키지이다.

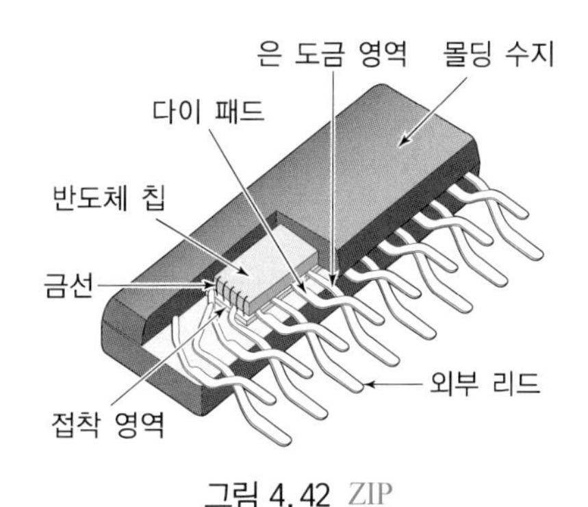

그림 4.42 ZIP

(3) SOP와 TSOP

SOP Small Outline Package는 패키지의 양쪽으로 리드가 배치되어 있으며 갈매기 날개 모양으로 성형한 표면 장착형 패키지로, 리드 간격은 1.27[mm]이다. 이를 그림 9.43 (a)에서 보여 주고 있다. TSOP Thin SOP는 그림 (b)에 나타내었는데, 장착 면적을 줄이기 위하여 SOP의 두께를 1[mm]로 하고 리드 간격을 줄인 형태이다.

이 방식은 TSOP_I과 TSOP_II 방식으로 나뉘는데, TSOP_I 방식은 패키지의 짧은 모서리로 리드를 배치한 것으로, 리드 간격은 1.27[mm], 0.8[mm], 0.65[mm] 등이 있으며 노트북 등에 사용되고 있다. TSOP_II 방식은 패키지의 긴 모서리로 갈매기 날개 모양의 리드를 0.5[mm] 간격으로 배치한 모양의 패키지로 표면 장착형이다.

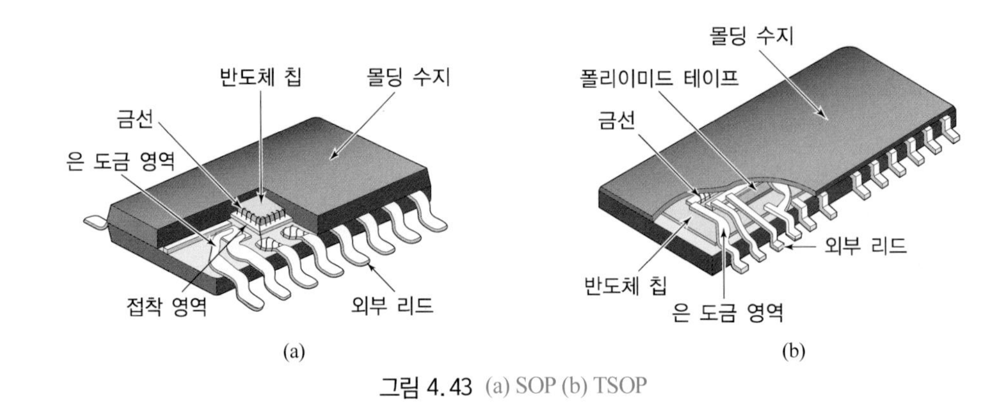

그림 4.43 (a) SOP (b) TSOP

(4) SOJ

SOJ Small Outline J-leaded package는 리드의 모양이 영문자 'J'와 유사하다고 하여 붙여진 이름의 패키지로, 리드 간격은 1.27[mm]이며 주로 DRAM에 적용한다. 이를 그림 4.44에서 보여 주고 있다.

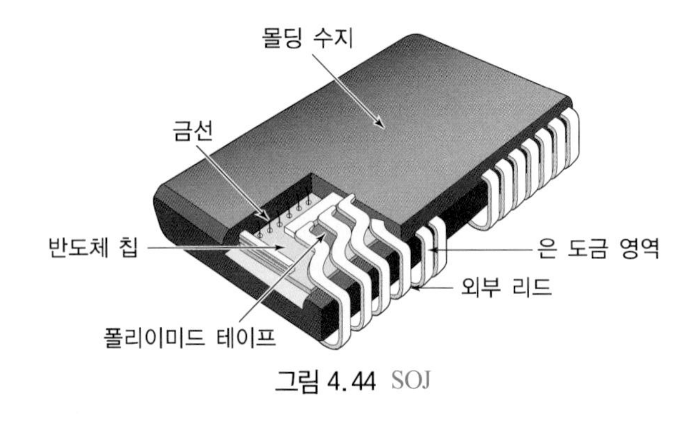

그림 4.44 SOJ

(5) LOC

LOC Lead On Chip는 고집적화에 따라 집적 회로 칩의 면적이 늘어나는 추세에 있는데, 칩의 크기가 커져도 패키지의 크기를 키우지 않은 형태를 말한다. 패키지 안쪽이 있는 리드에 양면 접착테이프을 이용하여 내부 리드의 밑면에 칩을 붙이는 구조의 패키지이다. 그림 4.45에서 보여 주고 있다.

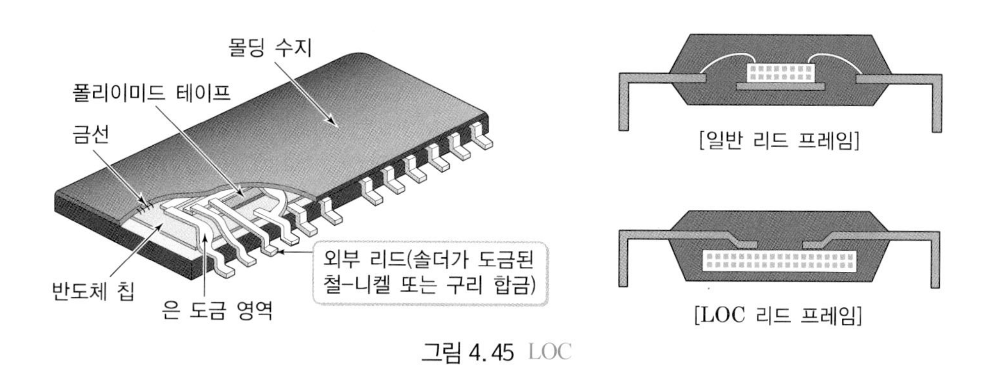

그림 4.45 LOC

(6) QFP와 TQFP

그림 4.46에 나타낸 것처럼 QFP_{Quad Flat Package}는 패키지의 네 모서리에 갈매기 날개 모양의 리드를 배치한 것으로, 사방형 패키지로 많은 리드의 수가 필요한 집적 회로에 적용하는 것이다. 리드 간격은 1.0 ~ 0.3[mm]까지 다양하며, 핀의 수는 0.65[mm]의 경우 232핀, 0.5[mm]는 304핀까지 제작되고 있다. 한편, 패키지의 두께에 따라 여러 종류가 있는데, TQFP_{Thin QFP}는 패키지를 PCB에 장착할 경우 장착의 높이가 1.27[mm] 이하이고 패키지의 두께가 1.0[mm] 이하로 얇게 만든 QFP를 말한다. 리드 간격은 0.8[mm]에서 0.5[mm]까지 있으며, 핀의 수는 44~256[개]가 있다.

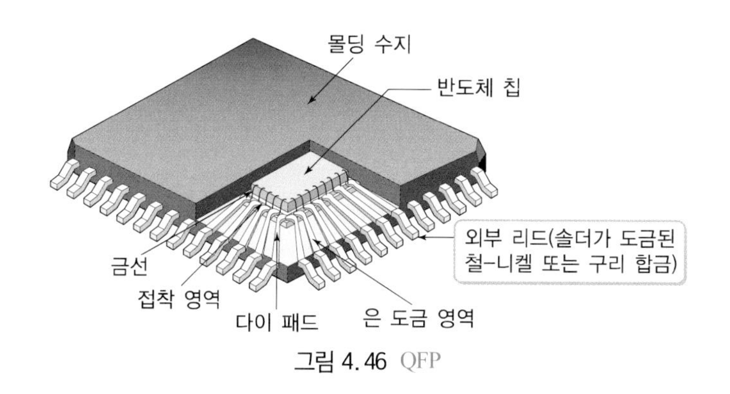

그림 4.46 QFP

(7) LGA

LGA_{Land Grid Array}는 PCB에 패키지를 장착할 때 공간을 줄이기 위하여 개발된 것으로, 적층된 반도체 기판을 사용하고 솔더 볼_{solder ball}이 없으며 반도체 기판의 패드_{pad}를 외부로 노출시킨 형태의 패기지이다.

8. BGA와 FBGA

BGA$_{Ball\ Grid\ Array}$는 리드가 핀의 형태가 아니고 솔더 볼을 사용하는 것으로, PCB 위에 모든 부품을 장착한 후 솔더 볼을 붙일 수 있다. 한편, FBGA$_{Fine\ Pitch\ Ball\ Grid\ Array}$는 솔더 볼의 간격을 1[mm] 이하로 기존의 TSOP보다 짧게 한 것으로, 기존 대비 제조 공정이 간단하여 제조비용을 낮출 수 있고, 열과 전기적 특성이 우수하며 얇고 가벼운 특징이 있다.

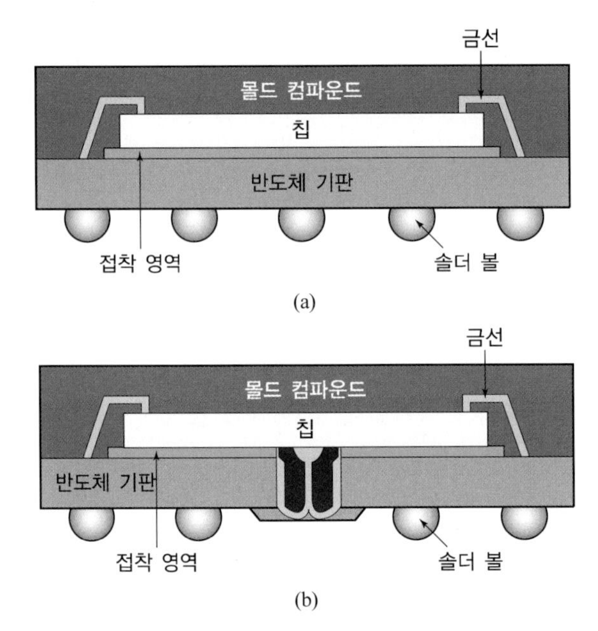

그림 4.47 FBGA (a) Face-up (b) Face-down

(9) 다이 적층 BGA

다이 적층 BGA$_{Die\ Stack\ BGA}$는 기존 BGA 구조와 제조 공정을 이용하여 하나의 다이 위에 동종(同種) 또는 이종(異種)의 다이를 추가로 장착할 수 있는 패키지이다. 이 기술은 PCB의 면적을 효율적으로 사용할 수 있고, 크기와 무게 등을 함께 줄일 수 있어서 비용 절감을 할 수 있으며, 메모리에 사용하는 경우 저장 용량을 증가시키고 크기도 줄일 수 있는 장점을 가지고 있다. 대표적인 다이 적층 BGA로는 MCP$_{Multi\ Chip\ Package}$를 들 수 있는데, 이것은 동일 칩 또는 다른 칩을 2개 이상 적층하는 패키지의 형태이다.

그림 4.48에서 보여 주는 패키지와 같이 NAND 플래시 위에 컨트롤러$_{controller}$를 MCP의 형태로 적층하면 NAND 플래시의 기능을 수행하면서 다른 기능의 작용도 수행할 수 있도록 하는 패키지이다. 이것은 겉으로 보기에는 한 개의 반도체처럼 보이지만 그 안에는 여러 개의 칩이 들어 있다. 개별 반도체를 평면적으로 여러 개 장착하는 것과는 달리 모두

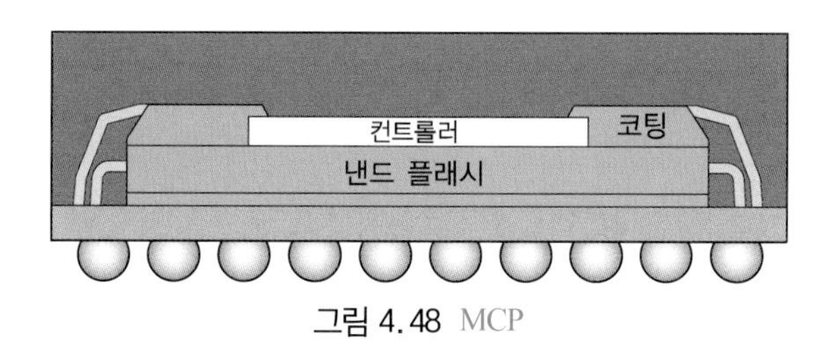

그림 4.48 MCP

위로 쌓아올려 칩의 탑재 공간을 줄이는 형태로 주어진 공간에 많은 기능의 칩을 탑재할 수 있으므로 스마트 폰, 태블릿 PC 등의 정보 기기에 사용된다.

3. 선행 패키지 기술

(1) 플립 칩 패키지

플립 칩flip chip 패키지 기술은 1960년대에 미국 IBM이 개발한 것으로, 반도체 칩에 범프bump를 붙인 후 패키징하는 것이 아니라, PCB기판에 바로 장착하는 형태의 것을 말하는데, 밀도를 높일 수 있는 방식이다. 칩에 형성된 범프가 뒤집혀 장착되기 때문에 플립 칩이라고 명명하고 있다. flip이란 '뒤집다'라는 의미이다. 다시 말하면, 반도체 칩을 회로 기판에 장착할 때 리드lead와 같은 연결 구조나 BGA와 같은 중간 연결체를 사용하지 않고, 칩 아래에 있는 전극 패턴을 이용하여 그대로 접착하는 방식으로 선이 없는 패키지 기술이다.

소형, 경량화에 유리하고 전극 간 간격을 더욱 미세하게 만들 수 있다. LED의 경우에는

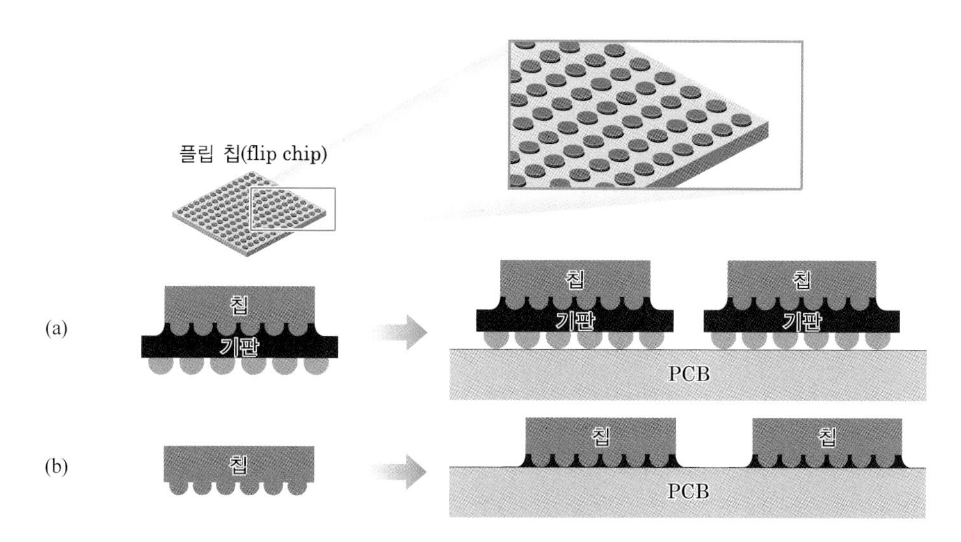

그림 4.49 flip chip (a) FCIP (b) FCOB

발광 효율을 향상시키기 위하여 이 방식을 채택하고 있다. 이것은 장착 방법에 따라 FCIP_{Flip Chip In Package}와 FCOB_{Flip Chip On Board}로 나누어진다. 그림 4.49에서는 이들을 보여 주고 있는데, (a)는 기판 위에 칩을 붙여서 보드에 장착하는 방식이다. 불량이 발생할 경우 수선이 용이한 반면, 전기적 특성이 다소 떨어지는 단점이 있다. (b)는 FCOB를 나타낸 것인데, 고밀도 경량화 장착이 가능하고, 전기적 특성이 우수하다. 불량이 발생할 경우 수선이 어렵다는 단점이 있다.

(2) WLCSP

기존의 패키지 방식은 웨이퍼의 전공정이 끝난 후, 칩을 다이아몬드 톱으로 잘라 개개의 칩으로 분리하여 패키지 공정을 진행한다. 그러나 WLCSP_{Wafer Level Chip Scale Package} 방식은 전공정이 끝나는 대로 바로 웨이퍼 상태에서 일괄 공정으로 패키지 공정을 수행하는 방식으로, 신뢰성을 높일 수 있고 제조비용을 줄일 수 있다.

그림 4.50은 전공정과 후공정의 경로를 나타낸 것인데, (a)는 기존 방식이고, (b)는 WLCSP 방식의 경로이다. 요즈음의 반도체는 웨이퍼의 크기가 커지고 칩 크기를 작게 하여 수율을 높이는 추세에 있다. WLCSP 방식은 반도체 칩의 크기가 패키지와 같기 때문에 기존 패키지 형태보다 전체의 크기가 작아지는 장점이 있다.

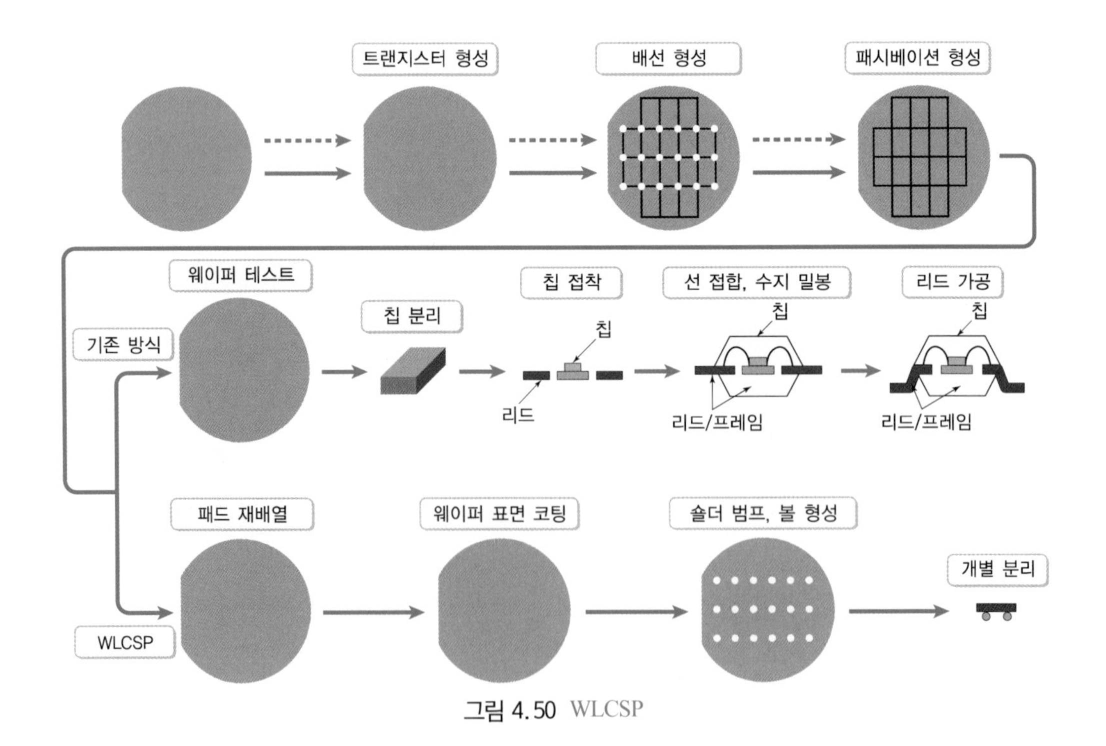

그림 4.50 WLCSP

(3) TSV

TSV Through Si Via는 웨이퍼에 관통할 수 있는 구멍을 내어 반도체 칩과 칩 또는 웨이퍼와 웨이퍼를 접합하여 3차원으로 적층하는 구조를 갖는 패키지로, 고용량의 작은 패키지를 구현할 수 있다. 다시 말하면 칩을 일반 종이 두께의 절반보다 얇게 깎은 다음, 수백 개의 미세 구멍을 뚫어 상단과 하단의 칩을 연결하는 기술로 동작 속도가 빠르면서 소비 전력을 줄일 수 있는 방식이다. 또한 전기적 신호 전달 경로가 짧아져 속도가 빠른 반도체에 유리한 기술이다. 그림 4.51에 그 구조를 나타내었다.

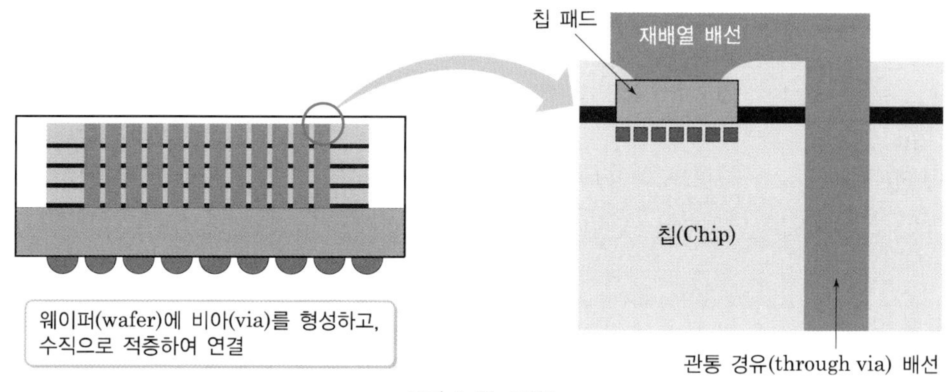

그림 4.51 TSV

4. 패키지의 공정

(1) 라미네이션 공정

"lamination"의 의미는 얇은 판으로 하는 일 혹은 적층이다. 이 공정은 전 공정을 마친 웨이퍼는 그 뒷면을 갈아 원하는 두께로 만들어야 한다. 이때 웨이퍼의 윗면, 즉 반도체 회로의 패턴이 형성된 면에 물리적, 화학적 손상이 있을 수 있는데, 이를 방지하기 위하여 보호 테이프를 붙이는 공정을 라미네이션 lamination 공정이라 한다.

(2) 백 그라인딩 공정

백 그라인딩 back grinding 공정에서 "back grinding"은 "뒷면 갈기"의 뜻이다. 이 공정은 제품별로 주어진 규격에 따라 패키지의 높이를 맞추기 위해 웨이퍼의 뒷면을 원하는 목표만큼의 두께로 갈아 내어야 한다. 가는 순서는 먼저, 거친 갈기 rough grinding를 한 다음, 미세 갈기 fine grinding, 초미세 갈기 super fine grinding의 순서로 진행한다. 이 공정으로 웨이퍼의 거칠기를 제거하여 평탄성을 좋게 하고, 스트레스 층을 없애 웨이퍼의 강도를 높일 수 있다.

(3) 웨이퍼 절단 공정

웨이퍼 절단wafer saw 공정은 전공정이 완료된 후, 절단선scribe line을 따라서 다이아몬드 톱diamond blade으로 절삭하면서 개별 반도체의 칩으로 분리하는 공정이다.

(4) 다이 접착 공정

반도체 칩을 기판에 접착시키는 공정이다.

(5) 선 접촉 공정

선 접촉wire bonding 공정은 다이 접촉 공정 후, 반도체 칩의 전극과 리드 프레임 전극을 미세한 금속선으로 연결하는 공정이다.

(6) 몰드 공정

몰드mold 공정에서 "mold"란 "형태를 만들다"의 뜻이 있는데, 다른 영어로 "캡슐에 싸다"의 뜻인 "encapsulation"을 쓰기도 하고, 한자로는 "물건을 담는다"의 뜻을 가진 봉지(封脂)라고도 한다. 완성된 제품을 몰드 수지(EMCEpoxy Mold Compound)를 녹여 바깥 부분을 덮어 주는 공정이다.

(7) 마킹 공정

마킹marking 공정은 제품의 표면에 칩의 고유 명칭, 제조일, 특성, 일련번호 등을 인쇄하는 공정이다.

4.5 반도체 소자의 제조

Semiconductor Device Engineering

구성 트랜지스터의 종류에 따라 집적 회로를 분류하면 바이폴러bipolar형과 MOSMetal-Oxide-Semiconductor형으로 나누어진다. 바로 이런 트랜지스터, 저항, 커패시터가 웨이퍼 위에 만들어지며 서로 연결되어 반도체 소자로서의 기능을 발휘하게 된다.

1. 바이폴러 트랜지스터

바이폴러(bipolar : bi(두 개) + polar(극성)) 트랜지스터는 두 개의 극성(極性)을 가진 전하(전자와 정공)가 그 기능에 기여하는 트랜지스터이다. 바이폴러 트랜지스터는 원리적으로는 보통의 개별 트랜지스터를 그대로 집적한 것이라고 생각하면 된다. 이미터, 베이스, 컬렉터의 세 영역이 서로 접촉하고 있는 형태로 되어 있으며 이미터 - 베이스, 베이스 - 컬렉터 사이에 두 개의 pn접합을 가지고 있다. 일반적으로 바이폴러 트랜지스터는 고속이기는 해도 전력 소비가 많고 제조 공정이 복잡하기 때문에 VLSI급 이상에서는 주류를 이루지 못한다. 그림 4.52에서는 바이폴러 트랜지스터의 기본 구조를 보여 주고 있다.

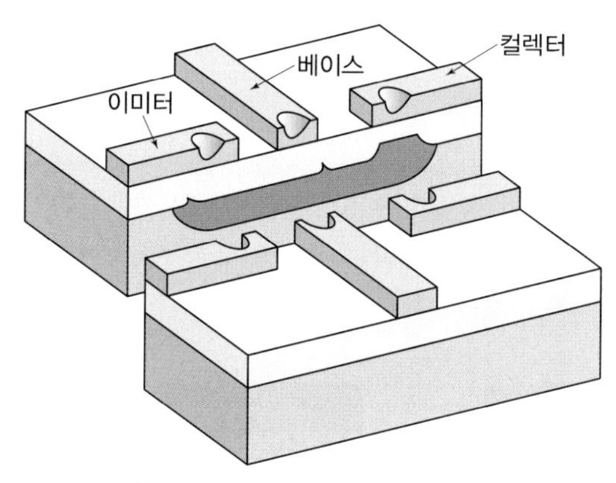

그림 4.52 바이폴러 트랜지스터의 구조

2. MOS 트랜지스터

MOS(Metal Oxide Semiconductor) 트랜지스터는 산화막에 의하여 전기적으로 절연된 게이트에 전압을 걸어 전류의 통로를 제어하는 전계효과 트랜지스터(FET Field Effect Transistor)이다. 제조 공정이 비교적 간단하고 전력 소비가 적어서 대규모 집적 회로에 적합하다. 처음에는 제조하기가 쉽다는 점에서 n형 실리콘을 기판으로 사용하는 pMOS형이 사용되었으나 동작 속도가 느리기 때문에, 보다 고속인 nMOS형이 채용되기 시작하였다. 이것은 p형 실리콘을 기판으로 사용한다.

그러나 VLSI급 이상에서는 nMOS형이라 해도 전력 소비가 많으므로, 이들을 조합한 형태의 보다 고속이고 전력 소비가 적은 CMOS(Complementary MOS)형이 주류를 이루고 있다

그림 4.53에서는 전계효과 트랜지스터의 기본 구조를 보여 주고 있다.

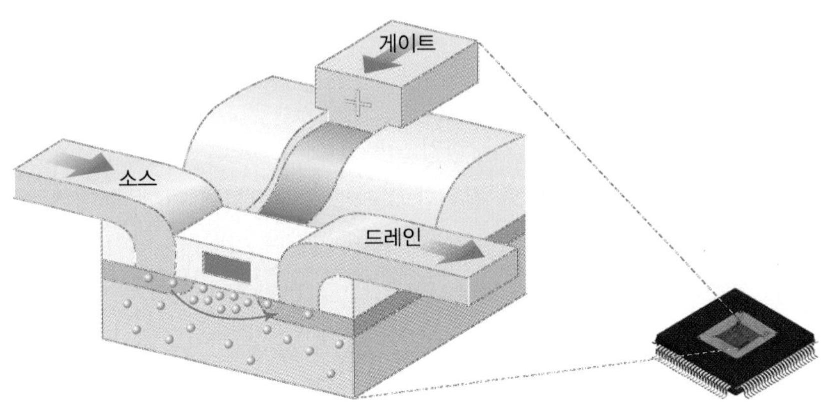

그림 4.53 MOS 트랜지스터

3. 쌍우물twin-well CMOS 공정

앞에서 CMOS의 제조 공정에는 n-well, p-well, twin-well 등의 공정이 있음을 알았다. 반도체의 제조 공정은 회사마다 사용하는 기술이 다르다. 공정 단계도 세밀하게 나누면 백여 단계가 넘는다.

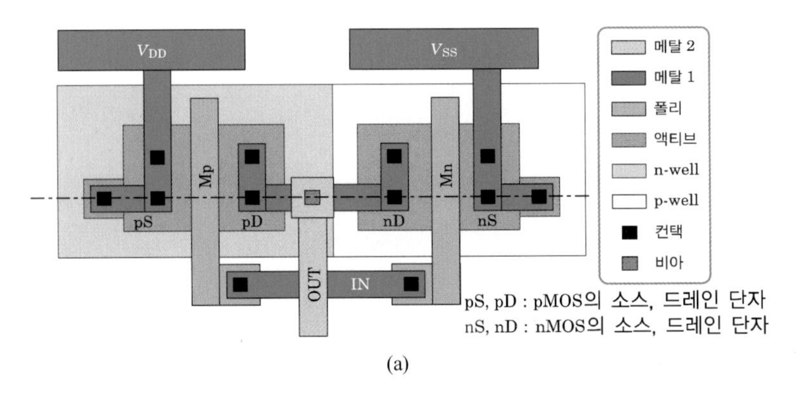

(a)

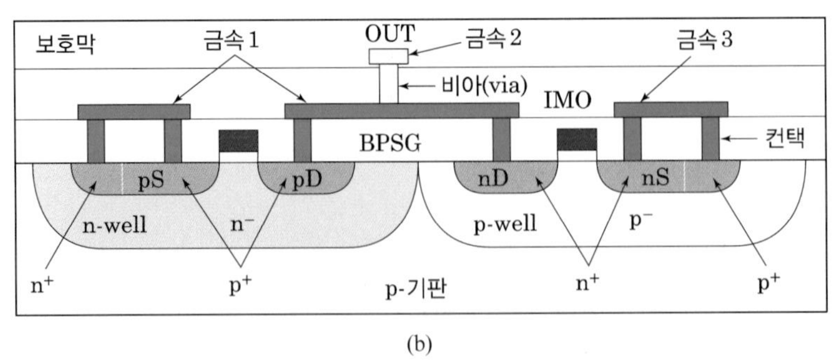

(b)

그림 4.54 CMOS의 (a) 평면도(layout) (b) 단면도

여기에서는 그림 4.54에 나타낸 것과 같은 평면도와 단면도를 갖는 CMOS 공정을 진행하기로 한다. 공정의 과정을 대폭 줄여 중요한 단계만을 기술하여 제조 공정을 살펴본다. 사용하는 기술은 2층 금속double metal에 twin-well CMOS 공정으로 하였다.

그림 (a)에서 보면 다각형의 형태로 여러 층들이 포개져 있다. 그림 (b)에서와 같이 밑에서부터 기판, well층, 액티브(n^+ 및 p^+)층, 폴리층, 메탈 1, 메탈 2층 등으로 층들이 겹겹이 쌓여 있는 것을 볼 수 있다. 이와 같이 반도체를 만들 때는 여러 종류의 층들을 쌓아올려 만든다는 것이 반도체 소자의 공정 과정을 이해하는 데 도움을 줄 것이다. 그림 (a)의 레이아웃 도면과 비교하여 보면 형태가 다른 직사각형이 7개의 층으로 쌓여 있는데, 이 각각의 층은 공정에서 하나하나의 마스크로 제작하고 이 마스크들을 이용하여 공정이 진행된다. 액티브active 영역은 nMOS, pMOS가 만들어질 영역을 말한다. 액티브 영역은 우리말로 활성 영역이라고도 한다.

이제 그림에서 나타낸 CMOS 소자를 만드는 과정을 살펴보자.

그림 (a)는 (b)를 위에서 본 평면도이다. 밑에서부터 순서대로 차곡차곡 쌓아올라온 것이다. 여러 층으로 구성된 것이다. (a) 옆에 있는 각 층의 명칭을 (b)와 비교하여 보기 바란다. 메탈은 metal, 폴리는 poly silicon, 액티브는 active, 컨택은 contact, 비아는 via를 각각 나타낸다.

① 초기 산화initial oxidation

먼저 아주 얇은 초기 산화막을 성장한다. 산화막은 반도체 제조에서 중요한 공정의 하나로, 800~1,200℃ 사이의 온도에서 마른 산소나 수증기를 실리콘 표면에 반응시키면 얇고 균일한 산화막을 얻을 수 있다. 산화막은 다음의 화학 반응을 통하여 얻을 수 있다.

$$SiH_4 + 2\ O_2 \rightarrow SiO_2 + 2\ H_2O \quad (4.2)$$

SiH_4 가스와 산소를 혼합하여 적절한 온도로 반응하여 성장하고 부수적으로 발생하는 H_2O는 배출된다. 산화란 산소와 결합하여 산소 화합물을 만드는 것이다. 우리 생활에서

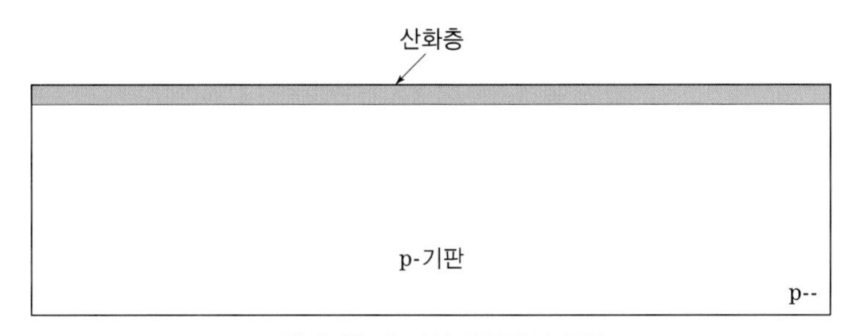

그림 4.55 초기의 산화막의 성장

볼 수 있는 철의 빨간 녹을 비유해 볼 수 있다. 철이 공기 중의 산소와 결합하여 산화철이 되듯이 실리콘이 산소와 결합하여 산화가 되는 것이다. 산화막이 형성되는 과정은 다음 절에서 살펴보는 제조 공정을 참고하기 바란다.

② 질화막의 증착과 감광액 도포

다음으로 이어지는 단계로 질화막$_{nitride}$(Si_3N_4) 증착이 있다. p형 실리콘 위에 질화막을 증착[16]한다. 이 질화막 증착은 제조 과정에서 필요한 다른 목적의 공정을 수행할 수 있도록 도와주고 그 목적이 이루어지면 없애는 과정이다. 질화막은 다음 화학 반응을 통하여 얻을 수 있다.

$$3\ SiH_4 + 4\ NH_3 \rightarrow Si_3N_4 + 12\ H_2 \qquad (4.3)$$

SiH_4 가스와 암모니아 가스인 NH_3를 혼합하여 적절한 온도와 시간을 변수로 하여 반응시키면 질화막이 증착된다.

그 다음 질화막 위에 감광 물질(感光物質, PR$_{photo\ resist}$)[17]을 도포$_{coating}$한다. 이 감광 물질은 유기 용액으로 질화막 위에 필요한 만큼 떨어뜨린 후, 스피너로 기판을 회전시키면 표면에 얇고 균일한 막이 형성된다. 감광액은 말 그대로 어떤 물질이 빛을 받으면 그 특성이 변하는 물질이다. 감광액은 빛에 노출된 부분이 제거되느냐, 노출되지 않는 부분이 제거되느냐에 따라 양성형$_{positive}$ PR과 음성형$_{negative}$ PR로 분류된다. 즉, 양성형은 빛에 노출된 부분이 현상 용액에 녹고, 음성형은 그 반대의 성질을 갖는다.

③ n-well 마스킹

우리는 앞서 twin-well CMOS 공정으로 진행하기로 하였다. 그것의 하나로 먼저 n-well

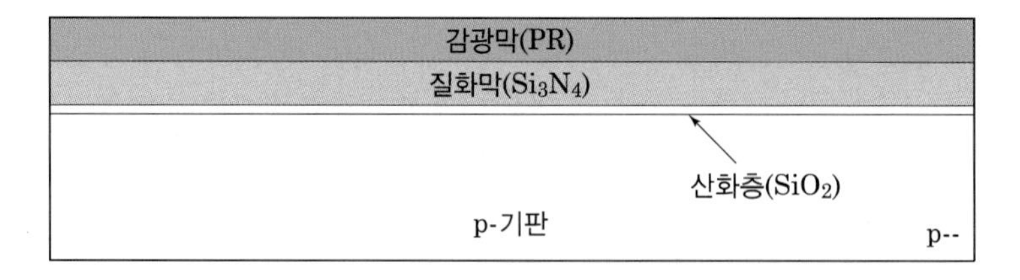

그림 4.56 질화막의 증착과 감광액의 도포

16 증착 금속을 고온으로 가열하여 증발시켜 그 증기로 금속을 박막상(薄膜狀)으로 밀착시키는 방법을 말하는데, 진공 속에서 이루어지는 진공 증착이라고도 한다. 응용 예로서 실리콘 트랜지스터에서는 실리콘에 직접 리드선을 달기가 어려우므로 기판의 베이스 및 이미터 부분에 알루미늄을 증착한다.

17 감광 물질 빛이나 X선, γ선, 중성자선과 같은 방사선의 작용을 받아서 화학적·물리적 변화를 일으키는 화학 물질을 말하는데, 감광제라고도 한다.

을 형성하기 위하여 n-well 마스킹masking[18] 작업을 해야 한다. 마스크란 겨울에 날씨가 추우면 코와 입을 막아 주기 위하여 착용하는 것이다.

반도체를 만들 때 마스크mask는 어떤 역할을 할까? 마스크란 코와 입에만 찬바람이 들어가지 못하게 막아 주는 역할을 하지 않는가? 그렇다. 반도체 제조 공정에서도 특정 영역에만 무엇을 넣어 주어야 하는 과정이 있다. 그래서 그 영역만을 규정하기 위하여 마스크가 필요하다. 또 반도체를 만들 때는 빛이 필요하다. 빛을 이용하여 감광액의 성질을 변화시켜야 하기 때문이다. 그래서 마스크의 형태는 얇은 유리판 위에 크롬으로 투명 영역과 불투명 영역으로 구분하여 제작한다. 투명 영역은 빛이 통과할 것이고, 불투명 영역은 빛이 통과하지 못할 것이다. 요즈음은 디지털카메라를 사용하니 잘 모를 수 있으나, 옛날 사진기는 필름이 꼭 필요하였다. 이 필름의 역할이 바로 마스크이다.

지금 우리는 n-well 영역을 만들기 위해서 마스크 작업을 하고 있는 것이다. 이 영역에만 n^- 불순물을 넣어 주어야 하는 것이다. n^- 불순물의 기판 속에는 pMOS가 만들어진다는 것을 앞에서 살펴보았다. 그림 4.57에서 n-well 영역을 규정하기 위한 (a) 마스크와 (b) 마스크를 이용하여 빛(자외선)을 쪼여 감광액의 성질을 변화시키고 있는 과정을 보여 주고 있다.

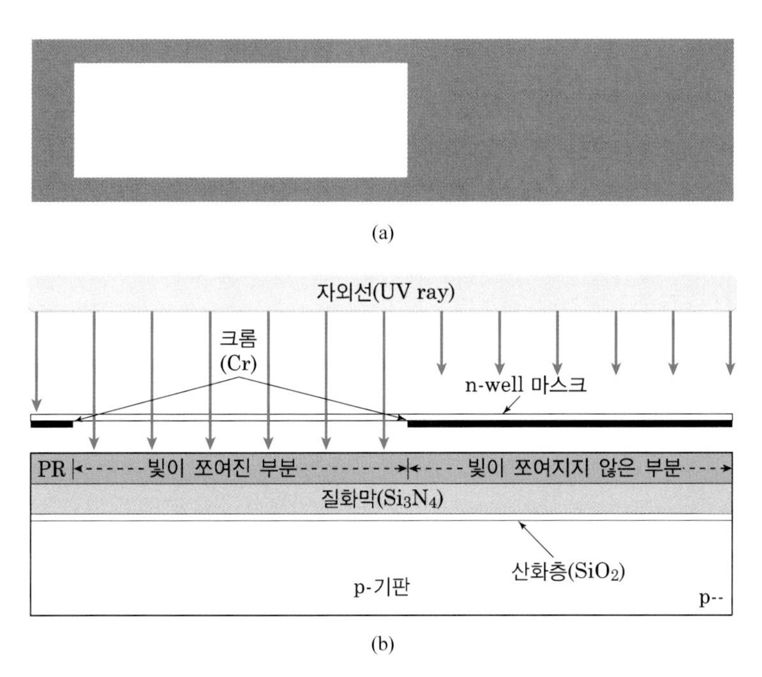

그림 4.57 n-well 형성을 위한 (a) 마스크와 (b) 마스크 작업

18 마스킹masking 물리적 현상이나 효과가 내부 또는 외부의 방해를 받아 가려져 나타나지 않거나 약화되는 일을 말한다. 전파 등의 잡음이나 방해 전파로 인하여 검출되지 않는 현상을 이른다. 목적 성분의 검출 또는 정량을 방해하는 공존 성분을 계(系) 외로 제거하는 일이 없이 적당하게 화학 처리하여 그 방해를 없애는 일이다.

④ 질화막의 식각

그림 4.58에서는 n-well 영역의 빛에 노출된 감광막이 (a) 제거된 후, (b) 질화막이 식각된 과정을 보여 주고 있다. 이 영역으로 n형 불순물을 넣어 주는 공정이 이어지는 것이다.

식각$_{\text{etching}}$[19]은 웨이퍼 상의 특정 영역의 물질을 화학 반응을 통하여 제거하는 공정이다. 다시 말하면 자외선과 감광액을 이용하여 현상과 인화 과정 후 필요한 부분을 제거하는 공정인데, 반도체 집적 회로 제작에 중요한 공정이다. 질화막이나 산화막 등의 매질을 화학 용액을 이용하여 없애는 습식 식각$_{\text{wet etching}}$과 가스, 플라스마, 이온빔 등을 이용하여 제거해야 할 부분을 깎아 내는 건식 식각$_{\text{dry etching}}$이 있다.

습식 식각은 식각시킬 매질을 녹일 수 있는 화학 용액을 이용하여 필요한 부분을 녹여 내는 방법인데, 마치 마당에 쌓여 있는 눈을 필요한 만큼 부분적으로 없애고자 하는 경우와 같은 이치이다. 예를 들어 가로×세로가 500[mm]×500[mm]인 면적을 더운 물을 부어 녹여 내는 것과 같은 것으로 보면 될 것이다. 이 방법은 제거해야 할 부분을 정확히 제거할 수 없는 단점을 가지고 있다. 한편, 건식 식각은 어떤 분자나 이온에 에너지를 주어 빠르게 가속시켜 제거해야 할 부분의 분자나 원자에 충돌시켜 깎아 내는 방법으로 주로 정밀한 식각을 요하는 공정에 사용된다.

⑤ n-well 형성

이제 n-well이 형성될 영역, 즉 창$_{\text{window}}$이 만들어졌으므로 이 창 영역으로 n형 불순물을 넣어 주면 된다. 그렇다면 n형 불순물을 어떻게 넣어 주면 될까?

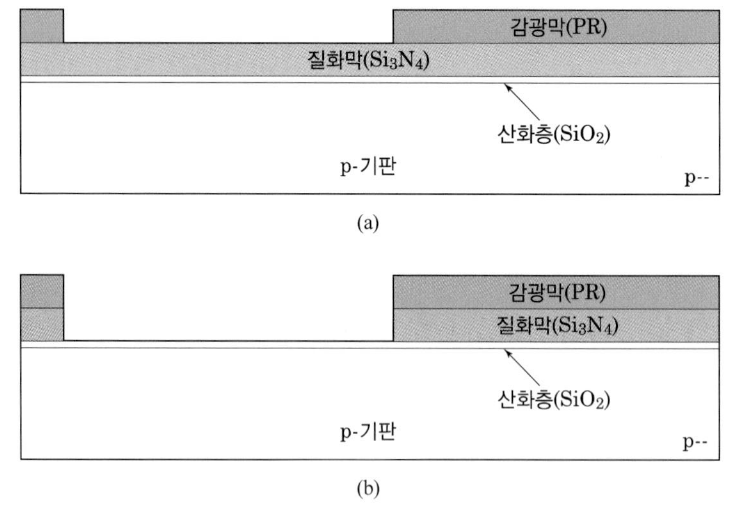

그림 4.58 n-well 영역을 위한 (a) 감광막과 (b) 질화막의 식각

19 식각 화학 용액이나 가스를 이용해 실리콘 웨이퍼 상의 필요한 부분만을 남겨 놓고 나머지 물질을 제거하는 것으로, 식각 방식은 가스나 플라스마, 이온빔을 이용하는 건식 식각과 화학 약품을 사용하는 습식 식각이 있다.

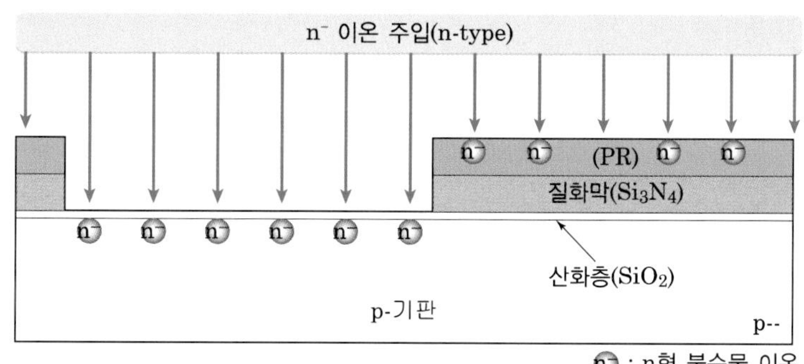

그림 4.59 n-well 영역의 불순물 주입

식목일에 나무를 심어 보거나, 치과에서 임플란트$_{implant}$라는 방법으로 치아를 이식한 경험이 있거나 들어 본 적이 있을 것이다. 임플란트란 '심는다.'라는 뜻이다. 무엇을 심을 것인가? 나무 혹은 치아를 심을 것인가? 불순물도 심을 수 있다.

이와 같이 반도체 공정에서도 불순물을 필요한 영역에 심을 수 있다. 이것을 이온 주입$_{ion\ implantation}$이라고 하는데, 필요한 불순물 원자들을 매우 빠른 속도로 가속하여 웨이퍼 표면에 침투시키면 이 이온들이 웨이퍼 표면에 박힌다. 에너지가 충분하여 더 빠른 속도로 가속한다면 표면을 파고들어 갈 것이다. 다시 말하면, 반도체 결정 표면에 이온화된 불순물 원자를 고전압에 의한 고속 가속기를 이용하여 주입하는 필요한 만큼의 불순물을 침투시켜 심는 것이다. 두꺼운 감광막이나 질화막으로는 불순물이 파고들지 못하여 원하는 영역으로만 불순물을 넣어 줄 수 있는 것이다. 그림 4.59와 그림 4.60에서는 불순물이 주입되는 과정을 보여 주고 있다.

⑥ 감광 물질(PR) 제거

질화막 위에 덮여 있던 감광막을 벗겨 낸다. 벗겨 내어 없애는 과정을 스트립$_{strip}$한다고 한다. 이것은 어떤 막 위에 코팅되어 있는 물질을 벗겨내기 위한 공정을 말한다.

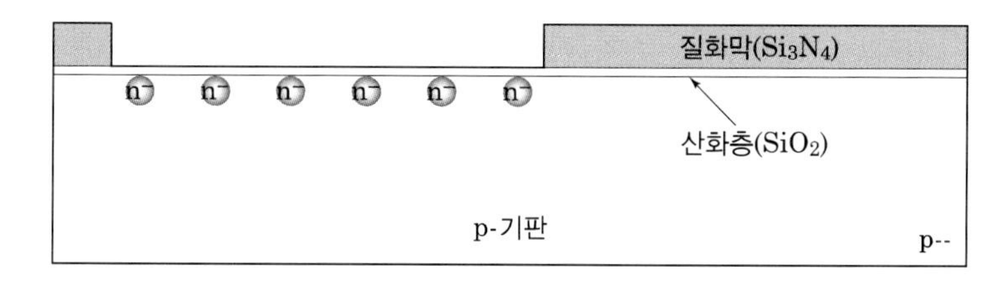

그림 4.60 감광막의 제거

⑦ n-well 드라이브-인

이제 이온 주입 공정으로 이온들이 웨이퍼 표면에 들어가 있는데, 이것을 더 깊게 들어가도록 해야 한다. 원하는 깊이로 들어가게 하려면 적당한 온도와 시간 동안 웨이퍼를 가열해 주어야 하는데, 이 공정을 드라이브-인$_{\text{drive-in}}$이라고 한다. 드라이브-인은 일종의 열처리를 뜻한다. 그러면 불순물 이온들이 실리콘 속으로 확산하여 수직 혹은 측면으로 퍼져 분포하게 되는데, 이를 그림 4.61에서 보여 주고 있다.

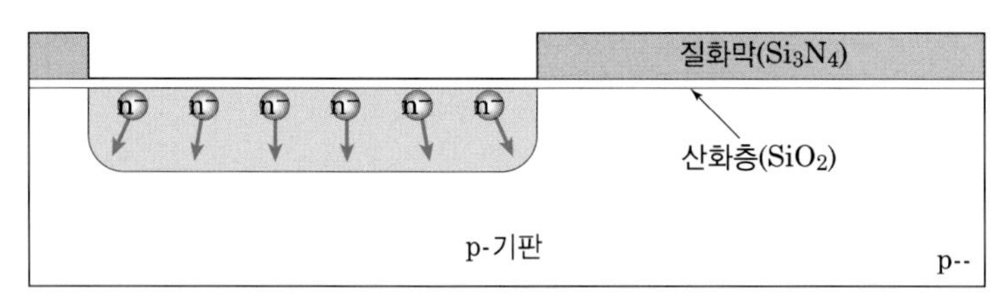

그림 4.61 n-well 드라이브-인

⑧ n-well 산화

이제 p-well 영역을 만들기 위한 전 단계로 n-well 산화막을 다시 형성한다. 초기 산화막을 만들 때와 같이 하면 된다. 그림 4.62와 같이 n-well 영역에 있던 초기 산화막 위에 더 두껍게 성장시키는 것이다. 이것은 n-well 영역으로 p형 불순물의 침투를 막기 위한 것이다. 물론 질화막이 있는 영역은 산화막이 성장하지 못하고 얇은 상태 그대로 있어서 다음 공정에서 이 영역으로 p형 불순물을 침투시킬 수 있을 것이다.

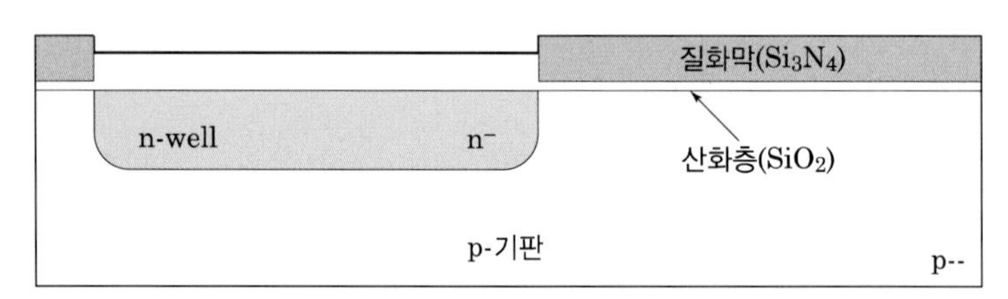

그림 4.62 n-well 산화막의 성장

⑨ 질화막 제거

p-well을 만들기 위해 질화막을 스트립하여 제거하면 그림 4.63과 같이 얇은 산화막이 남게 되어 p형 불순물을 이온 주입할 수 있는 준비가 완료된다.

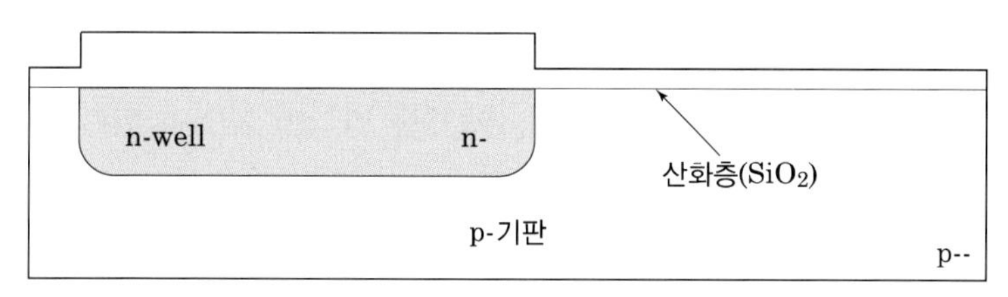

그림 4.63 질화막의 제거

⑩ p-well 형성

그림 4.59에서와 같은 이온 주입 방법으로 p형 불순물(B, 붕소)을 주입한다. 그림 4.64에서 p형 불순물 이온 주입 과정을 보여 주고 있는데, 두껍게 성장한 산화막으로는 불순물들이 침투하지 못하고, 얇은 산화막으로만 불순물들이 침투하여 실리콘층까지 주입된다.

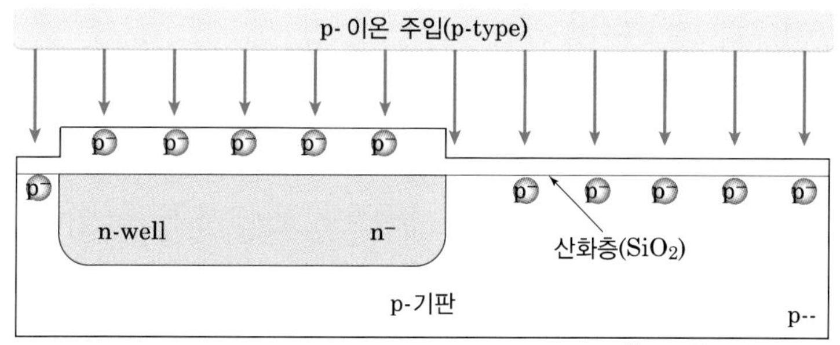

그림 4.64 p-well 영역의 불순물 주입

⑪ p-well 드라이브-인

그림 4.65와 같이 n-well에서와 같은 방법으로 p-well 영역으로 주입된 불순물을 드라이브-인$_{\text{drive-in}}$ 공정으로, 적절한 불순물 분포를 만들어 p-well 영역을 형성한 후, 추가된 산화막을 식각한다.

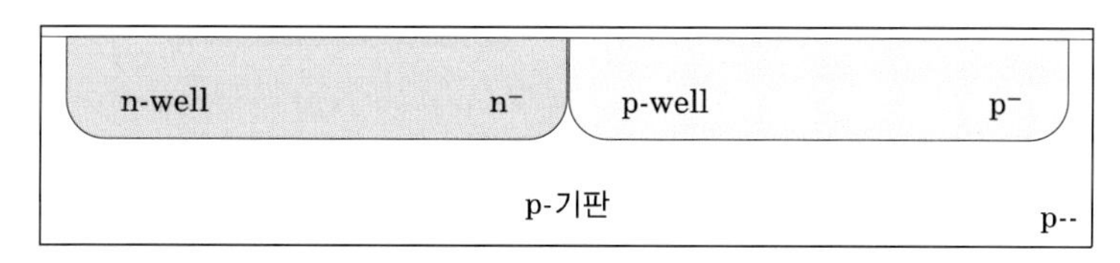

그림 4.65 p-well 드라이브-인

⑫ 질화막 증착과 감광액 도포

이제 n-well 영역에 pMOS, p-well 영역에 nMOS를 만들어 넣어야 한다. 그림 4.66과 같이 질화막을 증착한 후, 그 위에 감광액을 도포한다. 이것은 액티브$_{active}$ 영역을 만들기 위한 전 단계 과정이다. 액티브 영역이란 그림의 p-well 부분에 들어설 소스(n^+), 게이트, 드레인(n^+)이 있는 nMOS와 n-well 부분에 들어설 소스(p^+), 게이트, 드레인(p^+)을 갖는 pMOS가 만들어질 부분을 말한다.

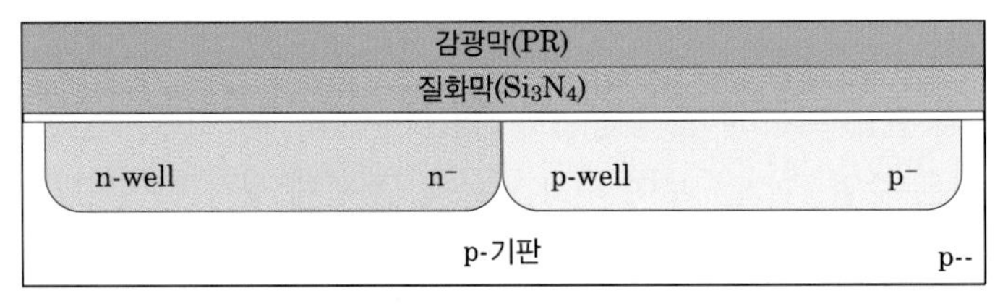

그림 4.66 질화막 증착과 PR 도포

⑬ 액티브 마스킹

이제 그림 4.67 (a)와 같이 액티브 영역을 만들기 위해 n-well 마스크를 사용하여 (b)의 마스킹 작업을 수행한다. (a)에서 검은색 부분은 크롬이 있는 영역, 즉 불투명 영역으로 빛이 차단되는 부분이고, 흰색 부분은 투명 영역으로, 빛이 통과하여 감광막에 전달되어 그 막의 성질이 변하는 부분이다. 이 과정은 액티브$_{active}$ 영역을 만들기 위한 것이나, nMOS와 pMOS를 분리하는 공정의 전 단계이기도 하다.

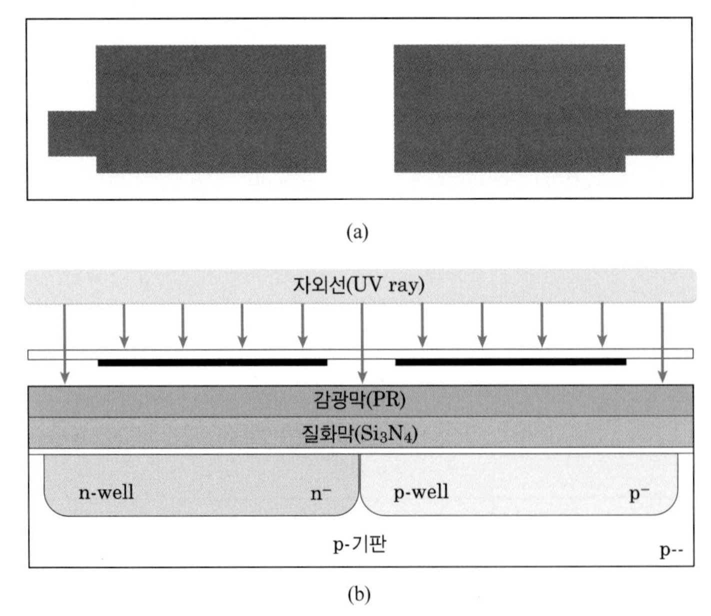

그림 4.67 액티브 영역을 만들기 위한 (a) 마스크와 (b) 마스킹 작업

⑭ 질화막 식각

그림 4.68에 나타낸 것과 같이 nMOS와 pMOS를 분리하는 공정을 위하여 이 공정이 수행된다.

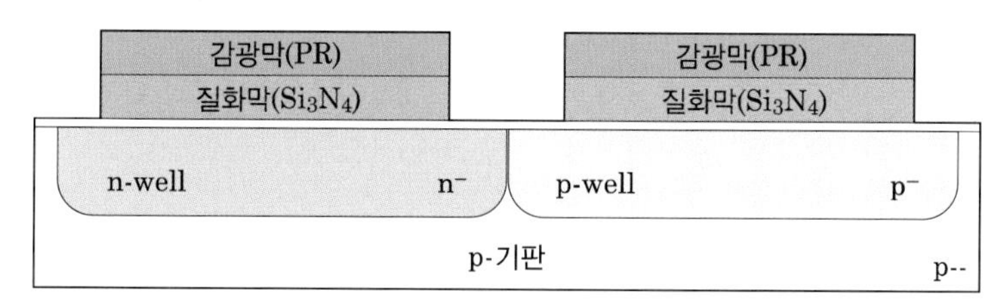

그림 4.68 질화막의 식각

⑮ 감광막 제거와 필드 신화

이제 감광막을 벗겨 내고, 산화 과정으로 산화막을 성장시키며 질화막(Si_3N_4) 밑의 부분은 산화되지 않고, 질화막이 없는 부분만 산화가 진행되어 두꺼운 산화막이 만들어진다. 필드$_{field}$란 액티브 영역을 제외한 부분을 말한다. 일종의 소자와 소자를 분리하는 기능을 가지고 있는데, 이를 그림 4.69에 나타내었다.

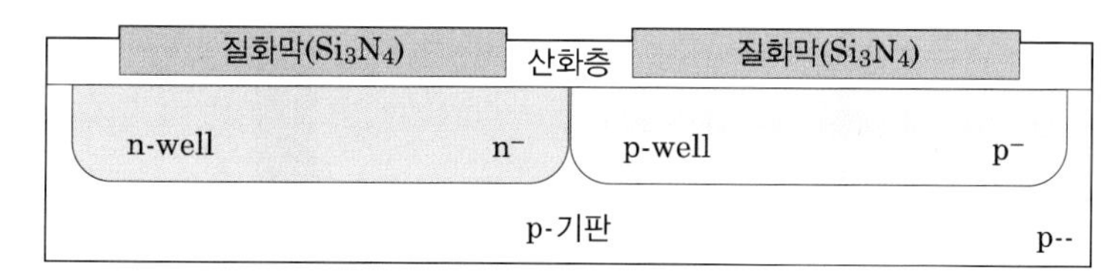

그림 4.69 감광막의 제거와 필드 산화막 성장

⑯ 질화막 제거

그림 4.70과 같이 질화막을 제거하면 액티브 영역이 만들어져 nMOS와 pMOS가 들어설 준비가 완료된다.

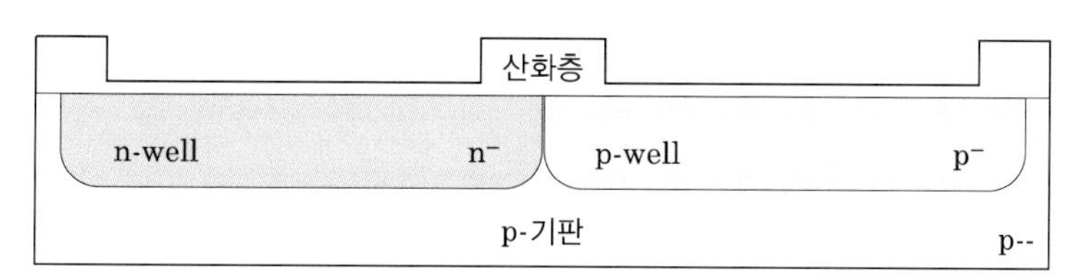

그림 4.70 질화막의 제거

⑰ 폴리 증착과 도핑

웨이퍼의 전 표면에 폴리실리콘을 증착시킨다. 이 폴리실리콘의 용도는 nMOS와 pMOS의 게이트 영역의 단자로 사용될 부분이다. 금속 대신 사용하는 것이다. 이 폴리실리콘은 전도성이 미약하기 때문에 인(P)과 같은 n형 불순물을 적당한 양으로 주입해 주어야 한다. 그림 4.71에서는 폴리실리콘에 n형 불순물을 주입하는 과정을 보여 주고 있다. 도핑doping은 불순물을 주입한다는 말이다.

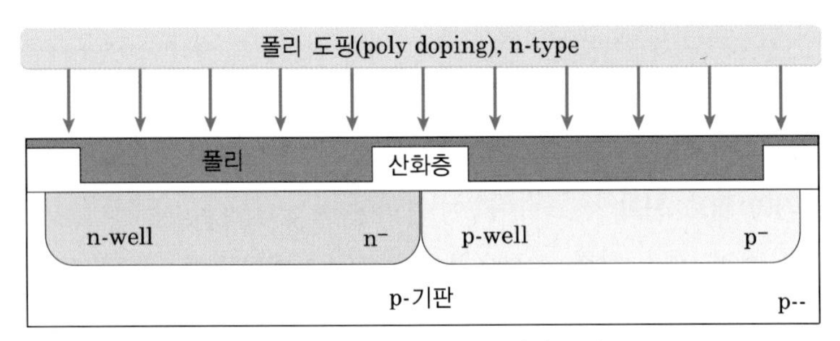

그림 4.71 폴리실리콘 증착과 도핑

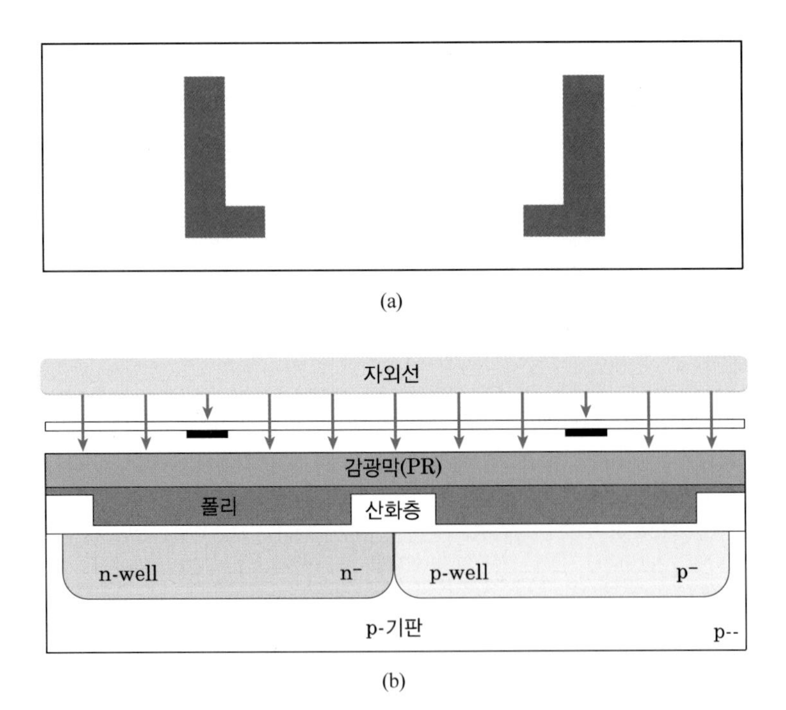

(계속)

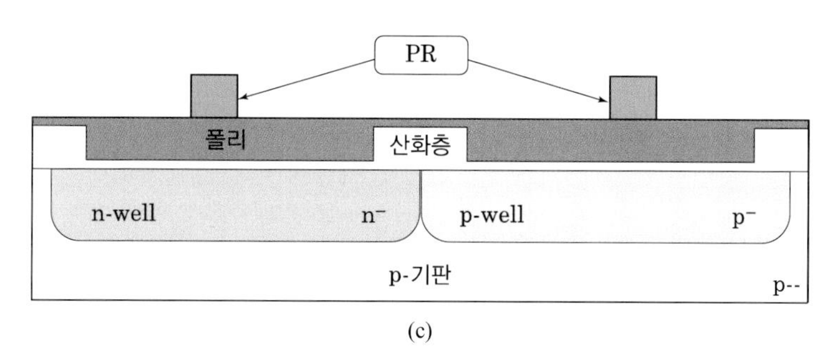

그림 4.72 (a) 폴리 마스크 (b) 마스킹 (c) 현상

도핑의 이해를 돕기 위해 잠시 쉬어 가자. 운동선수는 우승의 꿈을 이루기 위하여 순간 근육의 힘을 증진시키는 스테로이드계 약물을 복용하는 경우가 있다. 이때 약물의 복용 여부를 확인하는 과정을 '도핑 테스트한다.'고 하는데, 이때 금지 약물의 복용을 도핑이라고 한다. 마찬가지로 고유 반도체에 불순물을 주입하여 전자나 정공의 수를 조절할 때에도 쓰이는 용어이다.

⑱ 폴리실리콘 마스킹

이제 그림 4.72와 같이 폴리실리콘을 웨이퍼 전 표면에 증착하고 도핑한 다음, 이 영역에 다시 감광액을 도포한다. 이 과정은 웨이퍼 전 표면에 형성된 폴리실리콘 중에 게이트 영역이 될 부분만을 남기고 나머지 모두는 제거하기 위한 공정이다. 그래서 그림 (a)와 같은 마스크를 사용하여 (b)와 같이 빛을 쪼여 주고 현상$_{\text{development}}$하면 (c)와 같이 게이트 영역의 폭만큼만 감광막이 남는다.

앞에서와 마찬가지로 감광 물질은 빛이 쪼여진 부분이 그 성질이 변하는 특성이 있는데 이것을 이용하는 것이다. 물론 그 반대의 특성을 갖는 감광 물질(PR)도 있다. 여기서 현상이란 사진 현상과 유사한 말인데, 반도체 공정에서 마스크 작업을 한 후, 빛이 쪼여진 부분이 어떤 용액에 용해되어 없어지고, 쪼여지지 않은 부분을 남게 하는 작업을 말한다. 폴리실리콘을 줄여서 그냥 폴리라고 부른다고 하였다.

⑲ 폴리 식각과 감광막 제거

그림 4.73 (a)와 같이 폴리를 식각한 후, (b)처럼 감광막을 제거하고, (c)와 같이 다시 감광액을 도포한다.

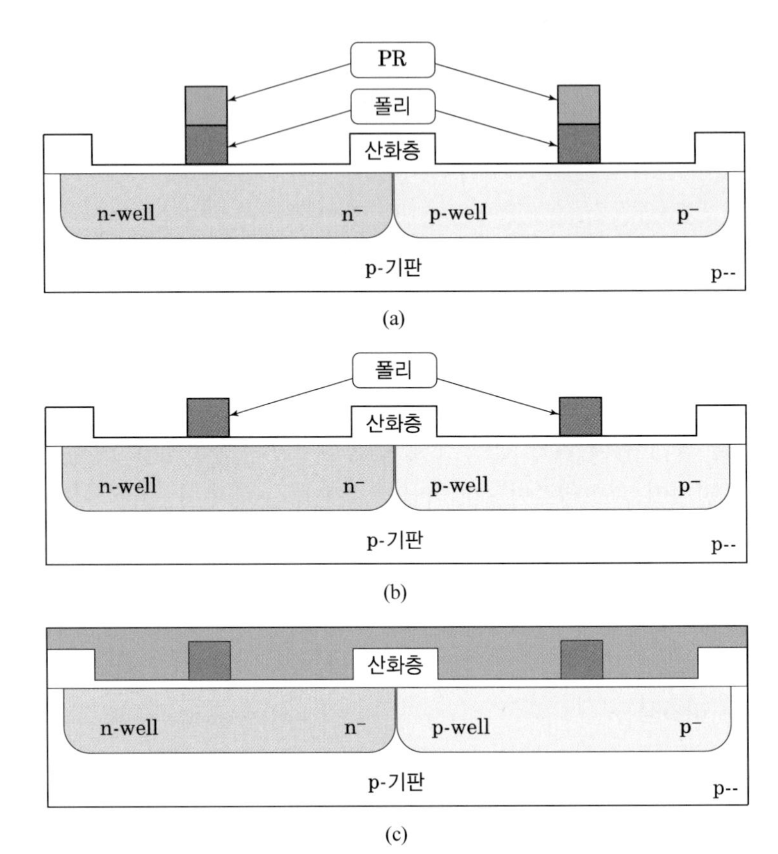

그림 4.73 (a) 폴리 시각 (b) 감광막 제거 (c) 감광액 재도포

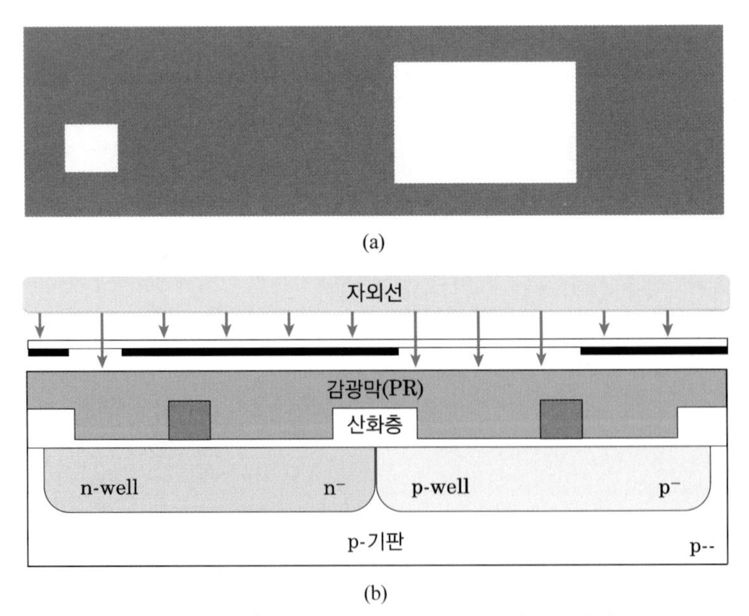

그림 4.74 n^+ 이온 주입의 (a) 마스크 (b) 마스크 작업

⑳ n^+ 이온 주입 마스킹(nMOS의 소스/드레인 형성)

이제 p-well 영역에 들어설 nMOS의 소스와 드레인 영역을 만드는 과정이 진행된다. 우선 마스크 작업을 수행하기 위하여 그림 4.74 (a)와 같은 마스크로 (b)처럼 빛을 쪼여 주어 마스킹 작업을 수행한다.

㉑ n^+ 이온 주입(nMOS의 소스/드레인 형성)

현상 과정을 거치면 그림 4.75와 같이 n형 불순물이 주입될 창$_{\text{window}}$이 만들어지는데, 이 영역으로 이온을 주입한다. 이 과정은 p-well 속에 만들어질 nMOS의 소스와 드레인 영역을 형성하는 공정이다. 그림에서 감광막이 있는 부분으로는 불순물이 주입되지 못하고 없는 부분으로만 불순물이 침투한다.

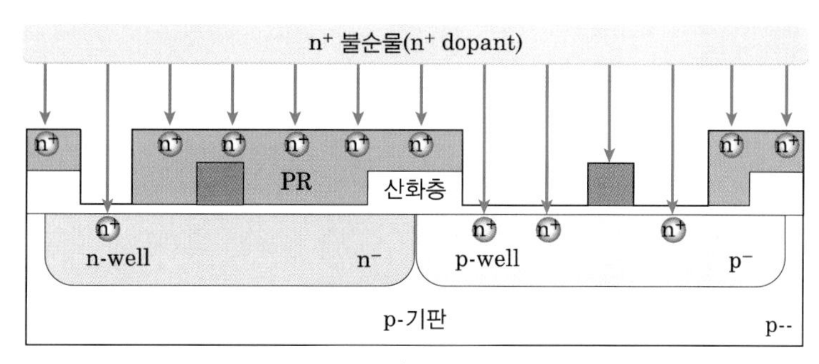

그림 4.75 n^+ 이온 주입 과정

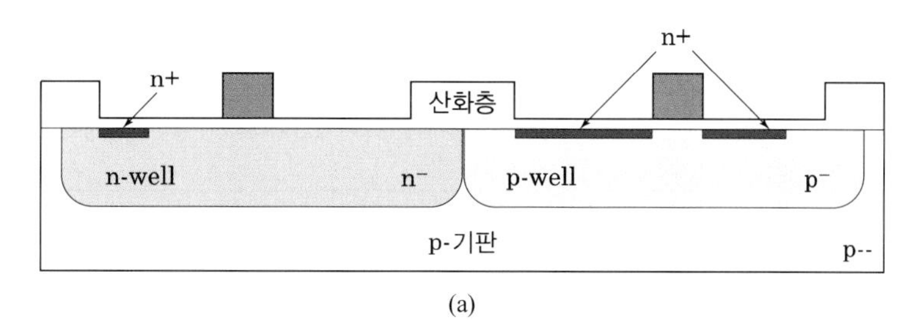

(a)

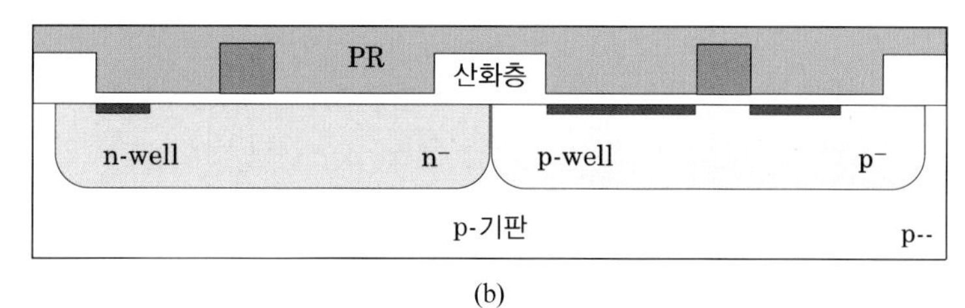

(b)

그림 4.76 (a) 감광막 제거 (b) 감광막 재도포

㉒ 감광막 제거와 재도포

그림 4.76 (a)와 같이 PR을 스트립한 후, (b)와 같이 PR 코팅을 다시 한다. 이때의 PR은 n-well 영역에 들어설 pMOS의 소스와 드레인 영역을 만들기 위한 첫 과정으로 PR 도포가 필요하다.

㉓ p^+ 이온 주입 마스킹

앞에서의 n^+ 이온 주입 마스킹과 마찬가지로 이제 n-well 영역에 들어설 pMOS의 소스와 드레인 영역을 만드는 과정이 진행된다. 우선 마스크 작업을 수행하기 위하여 그림 4.77 (a)와 같은 마스크로 (b)처럼 빛을 쪼여 주어 마스킹 작업을 수행한다.

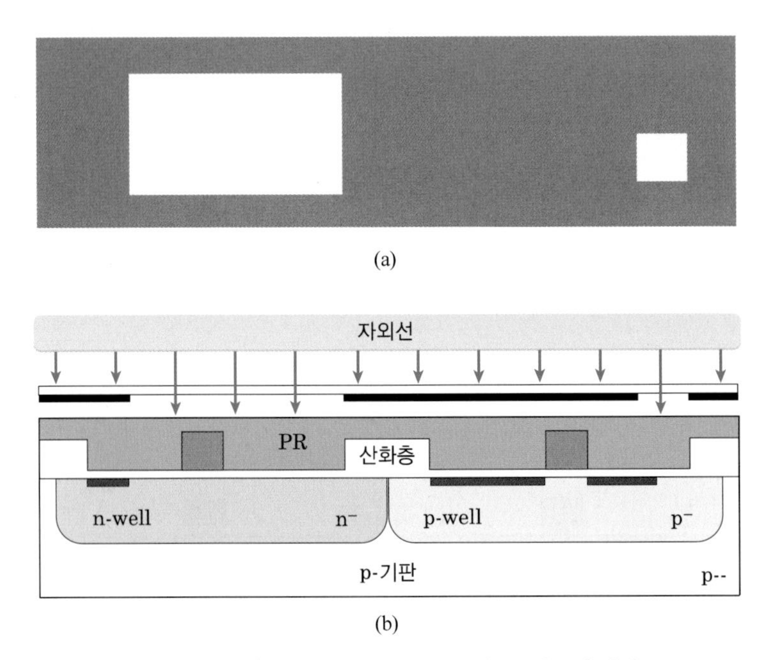

그림 4.77 p^+ 이온 주입의 (a) 마스크와 (b) 마스킹 작업

㉔ p^+ 이온 주입(nMOS의 소스/드레인 형성)

현상 과정을 거치면 그림 4.78과 같이 p형 불순물이 주입될 창$_{window}$이 만들어지는데, 이 영역으로 이온을 주입한다. 이 과정은 n-well 속에 만들어질 pMOS의 소스와 드레인 영역을 형성하는 공정이다. 그림에서와 같이 감광막이 있는 부분으로는 불순물이 주입되지 못하고 없는 부분으로만 불순물이 침투한다.

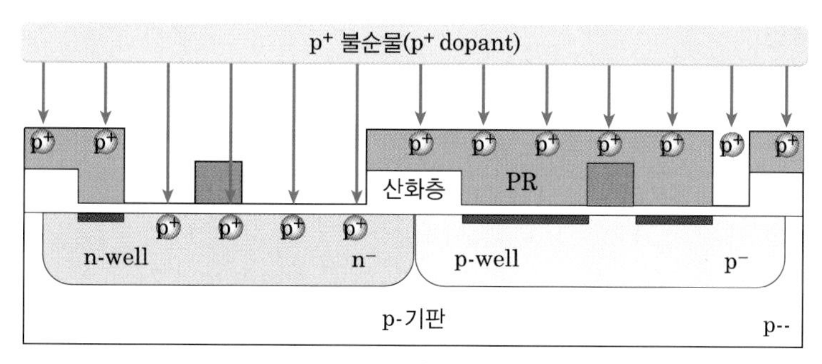

그림 4.78 p^+ 이온 주입

㉕ 감광막 제거와 소스, 드레인 재산화

p^+ 이온 주입이 끝난 후, 사용했던 감광막을 벗겨 낸다. 그러면 그림 4.79 (a)와 같이 두 MOS의 소스, 드레인 부분과 픽-업$_{\text{pick-up}}$ 부분에 불순물이 주입되어 있다.

앞에서 살펴본 바와 같이 이온 주입은 주입될 불순물 이온에 강한 에너지를 주어 가속시켜 웨이퍼 표면에 이온을 침투시키는 것이므로, 웨이퍼 표면의 손상과 불순물의 재분포를 위하여 적당한 온도와 시간을 주어 열처리$_{\text{annealing}}$ 과정을 수행해야 한다. 불순물의 재분포는 주입된 이온이 수직과 측면으로 적당히 퍼져나가서 분포해야 소스와 드레인의 특성을 나타낼 수 있기 때문에 필요하다.

이온 주입 과정에서 나타날 수 있는 또 하나의 손상이 산화막 표면의 손상이다. 산화막 표면을 통하여 불순물이 주입됨에 따라 산화막 표면도 손상을 입었을 것이다. 그래서 재산화가 필요한 것이다. 재산화 과정에서는 적당한 열을 가해 주어야 하므로 재산화와 열처리가 동시에 수행되는 것이다. 이를 그림 (b)에서 보여 주고 있다.

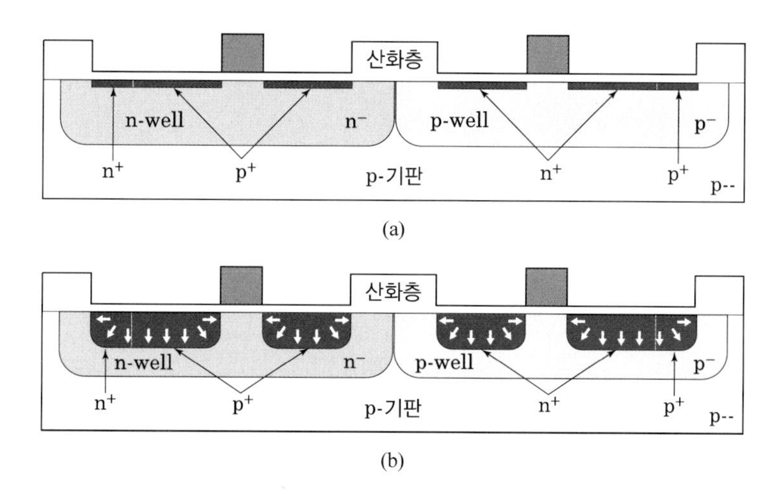

그림 4.79 (a) 감광막 제거와 (b) 재산화 및 열처리 과정

㉖ BPSG 증착

그림 4.80에서는 BPSG_{Boro Phospho Silicate Glass}라는 일종의 절연체를 증착한 결과를 보여 주고 있는데, 이 절연막은 폴리실리콘 재료를 사용하여 형성한 게이트 단자와 앞으로 제작할 소스와 드레인 단자의 금속과 겹치지 않아 전기적으로 절연이 되도록 하기 위한 공정이다.

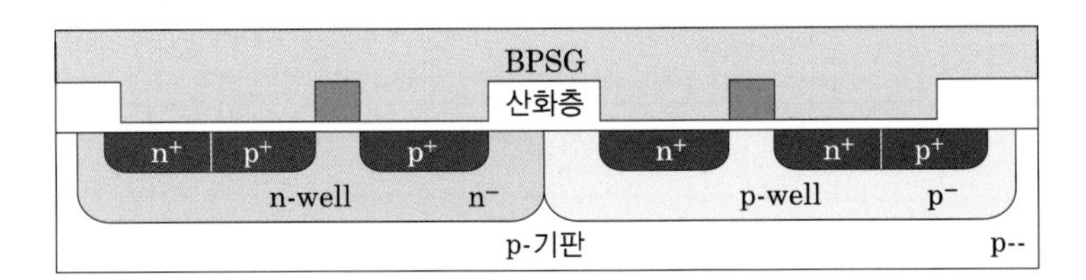

그림 4.80 BPSG막의 증착

㉗ 컨택 마스킹

이제 p-well과 n-well 속에 있는 nMOS, pMOS의 소스와 드레인 단자를 만들기 위하여 BPSG막을 뚫어야 한다. 이 과정이 컨택(contact) 공정이다. 소스와 드레인 단자가 옆에 있는 다른 소자의 단자와 연결되어야 집적 회로의 기능을 나타낼 수 있기 때문이다.

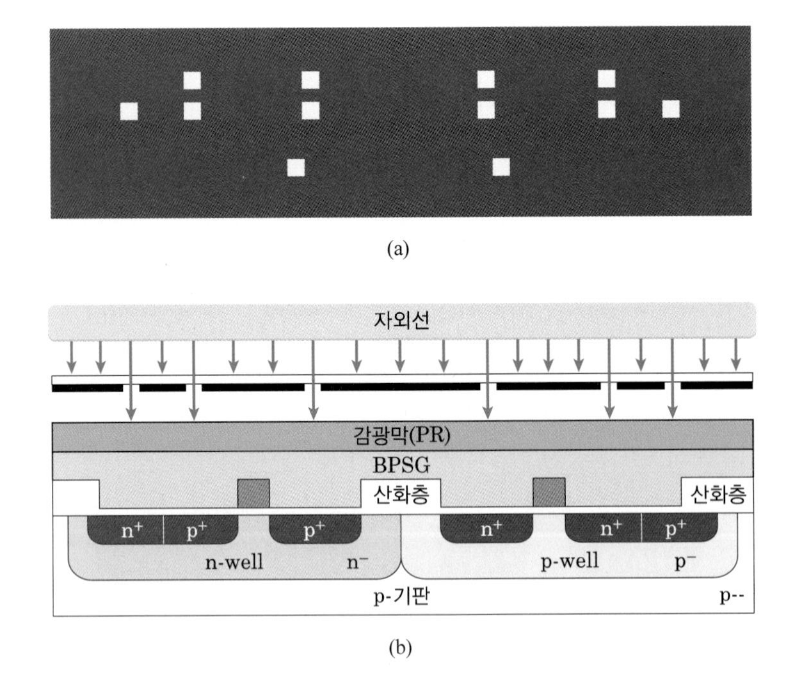

(a)

(b)

(계속)

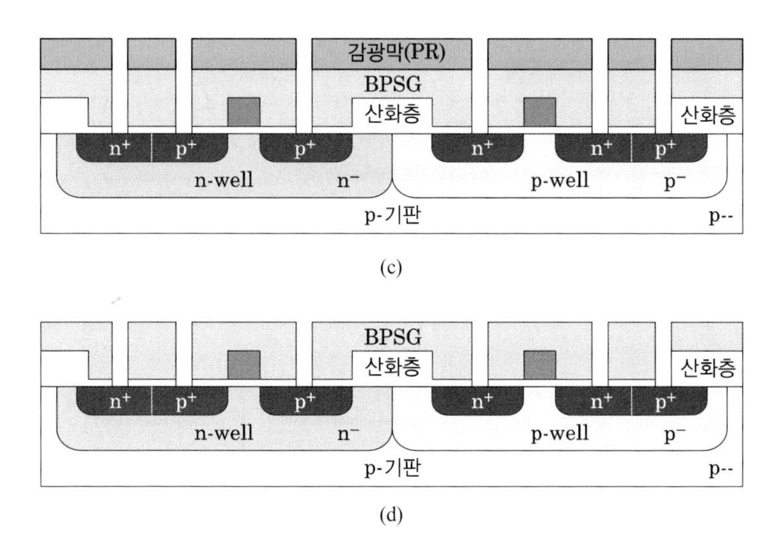

그림 4.81 컨택 공정 (a) 마스크 (b) 마스킹 작업 (c) 식각 (d) 감광막 제거

그래서 그림 4.81 (a)와 같은 마스크를 이용하여 (b)와 같이 마스킹 작업을 한 후, (c)와 같이 현상 과정을 거쳐 컨택 식각을 통하여 BPSG에 구멍을 뚫어 메탈 1의 금속이 들어갈 수 있도록 한다. 그리고 마지막으로 감광막을 제거하면 (d)의 결과를 얻을 수 있다.

㉘ 금속-1(Metal-1) 증착

그림 4.82에서와 같이 금속을 웨이퍼 전 표면에 증착시킨다. 이때 금속은 컨택 공정으로 만들어진 구멍을 통하여 채워져 소스, 드레인, 픽 - 업과 접촉하게 된다. 보통 금속은 알루미늄(Al)을 사용하나, 텅스텐, 티타늄 등의 합금을 사용하기도 한다.

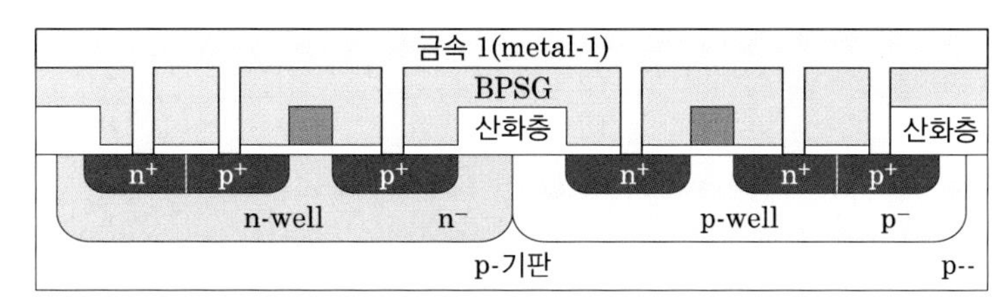

그림 4.82 금속-1 증착

㉙ 금속-1(Metal-1) 마스킹

웨이퍼 위의 전 영역에 금속 - $1_{metal-1}$을 증착하였는데, 꼭 필요한 부분만을 남겨 두고 나머지는 없애야 한다. 이것을 수행하기 위하여 금속 - 1 마스킹 공정이 필요하다. 그림 4.83 (a)의 마스크를 이용하여 (b)와 같이 마스킹 작업을 하고, (c)와 같이 현상을 거친다.

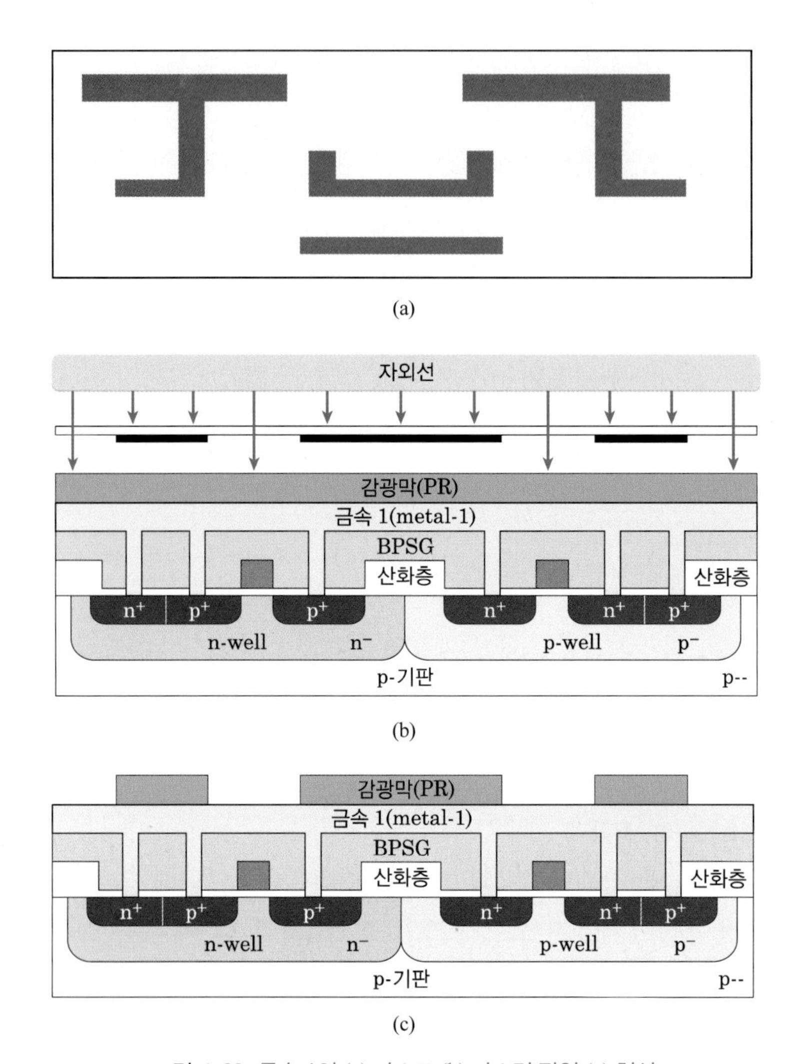

그림 4.83 금속-1의 (a) 마스크 (b) 마스킹 작업 (c) 현상

㉚ 금속-1 식각(Metal-1 etching)과 감광막 제거

그림 4.84 (a)와 같이 금속-1 식각과 (b)의 감광막을 제거한다. 그러면 그림의 중앙 부분은 pMOS와 nMOS의 드레인이 서로 연결되고 오른쪽 부분의 nMOS의 n^+와 p^+가 접속된다. 왼쪽 부분은 pMOS와 p^+와 n^+가 접속되었다.

㉛ 금속층 절연 산화막 성장과 감광액 도포

우리는 앞서 두 개 층의 금속을 갖는 CMOS 트랜지스터를 만들기로 하였다. 그래서 두 개의 금속층을 절연하는 과정이 필요하다. 그 두 개의 금속층은 금속-1(Metal-1)과 지금부터 만들어야 하는 금속-2(Metal-2)이다.

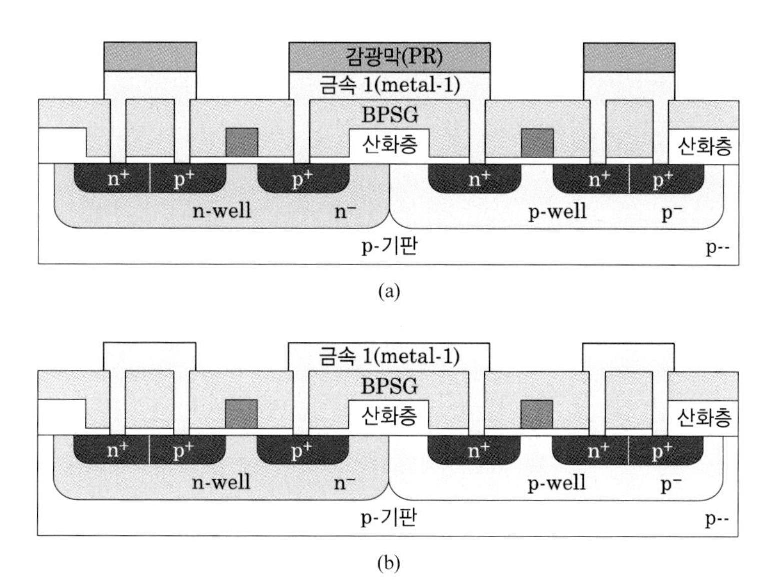

그림 4.84 금속-1의 (a) 식각 (b) 감광막 제거

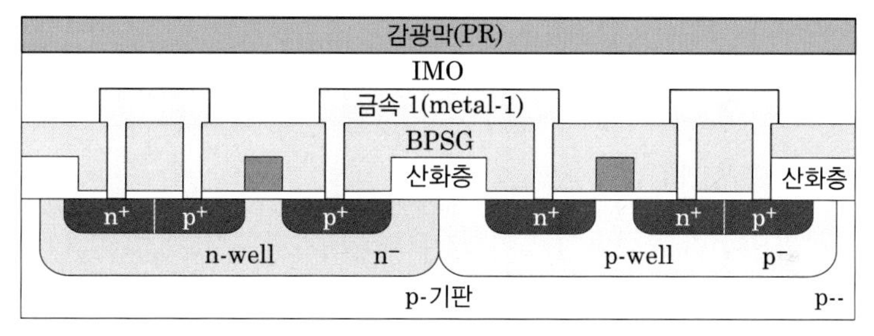

그림 4.85 금속층 절연 산화막 성장과 감광액 도포

그림 4.85에서 보여 주는 바와 같이 이 두 개의 금속층을 절연하기 위하여 성장하는 산화막을 IMO Inter Metal Oxide라고 한다. IMO 위에 감광액을 도포하였다.

㉜ 비아via 마스킹

이제 두 개의 금속층 중 금속-2(Metal-2)의 증착이 진행되어야 하는데, 그 전 단계로 비아via 공정을 수행해야 한다. via의 사전적 의미는 '~을 경유하여', '~을 거쳐'이다.

nMOS와 pMOS의 드레인 단자에 접촉되어 있는 금속-1층과 연결하여 외부의 출력 단자로 사용할 목적으로 금속-2층이 필요하다. 이렇게 하기 위해서 금속층의 절연 산화막인 IMO 층에 구멍을 뚫어야 한다.

이 과정을 수행하기 위해 그림 4.86 (a)의 via 마스크를 사용하여 (b)의 via 마스킹 작업을 수행한다.

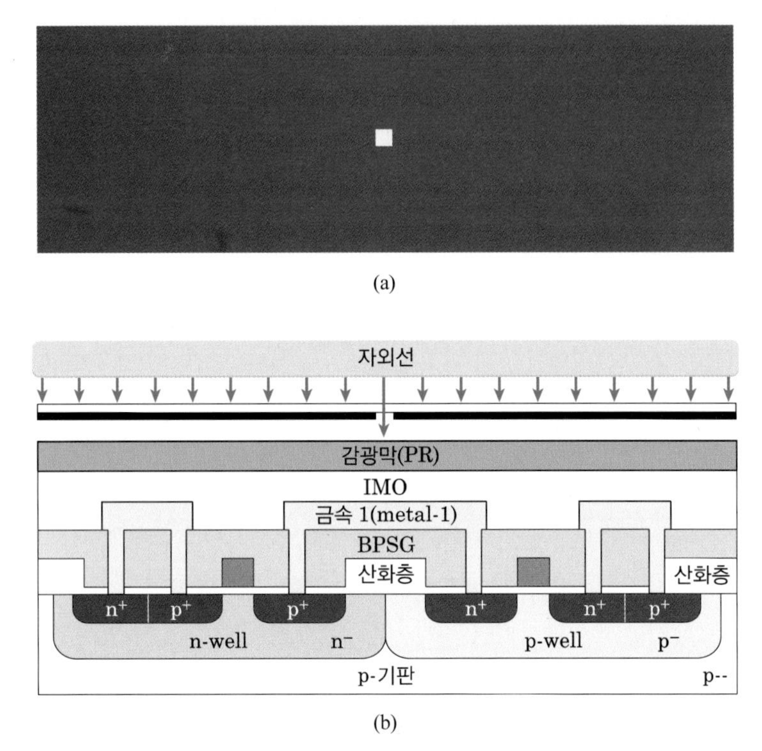

그림 4.86 via 공정의 (a) 마스크 (b) 마스킹 작업

㉝ 금속층 절연 산화막의 식각과 감광막 제거

금속층 절연막인 산화막(IMO$_{\text{Inter Metal Oxide}}$)의 식각과 감광막을 제거하면 금속-2를 증착할 수 있는 준비가 되었다. 이를 그림 4.87에서 보여 주고 있다.

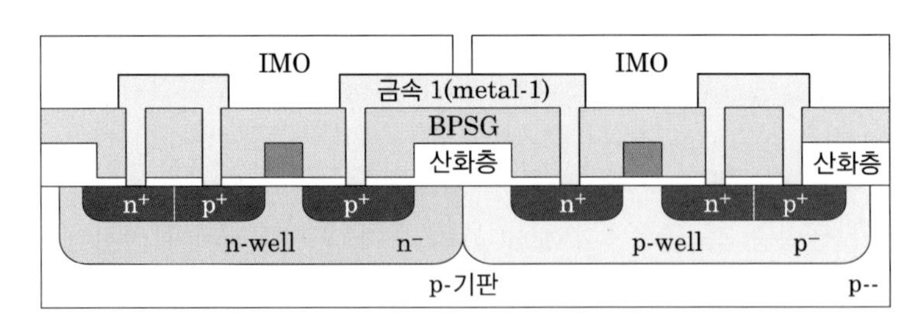

그림 4.87 금속층 절연 산화막(IMO)의 식각과 감광막 제거

㉞ 금속-2(Metal-2) 증착

웨이퍼의 전 표면에 금속-2(Metal-2)를 증착한다. 그러면 금속-1과 같이 via 구멍으로 금속-2가 채워져 금속-1과 접촉이 된다. 이를 그림 4.88에 나타내었다.

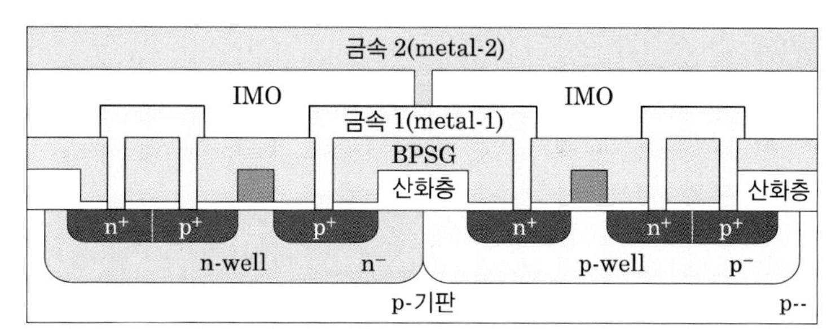

그림 4.88 금속-2의 증착

③⑤ 금속-2(Metal-2) 마스킹

그림 4.89와 같이 웨이퍼 전 표면에 금속-2를 증착하였기 때문에 필요한 부분만을 남기고 나머지는 모두 제거해야 한다. 그래서 그림 (a)의 금속-2 마스크를 사용하여 (b)의 금속-2 마스킹 작업을 진행한다.

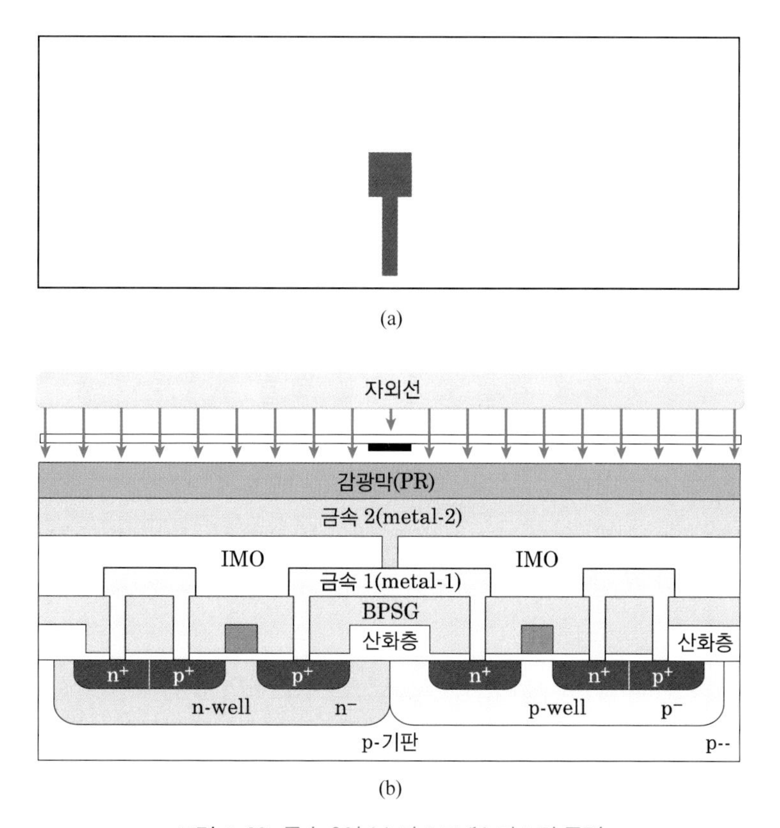

그림 4.89 금속-2의 (a) 마스크 (b) 마스킹 공정

㊱ 금속-2(Metal-2) 식각과 감광막 제거

금속-2를 식각하고, 감광막을 제거하면 그림 4.90을 얻을 수 있다.

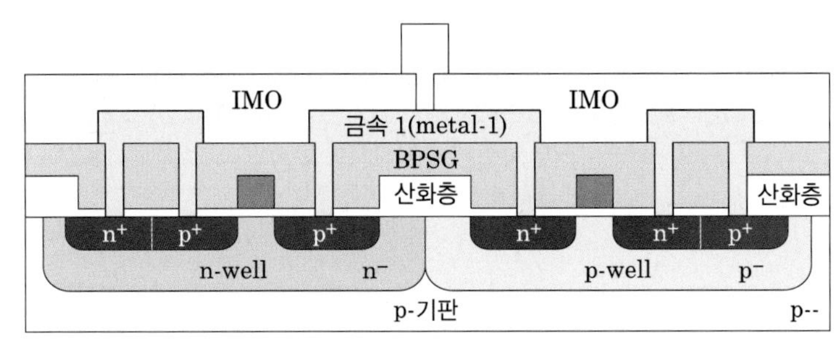

그림 4.90 금속-2 식각과 감광막 제거

㊲ 보호막 형성

이제 마지막 공정으로 보호막 형성 공정을 진행한다. 이 보호막passivation은 말 그대로 칩 내부의 환경을 보호하는 기능을 갖는데, 외부의 압력 등에 의해 금속-2가 손상을 입거나 습기에 의하여 부식되는 것을 방지하는 역할을 하게 된다. 이를 그림 4.91에 나타내었다.

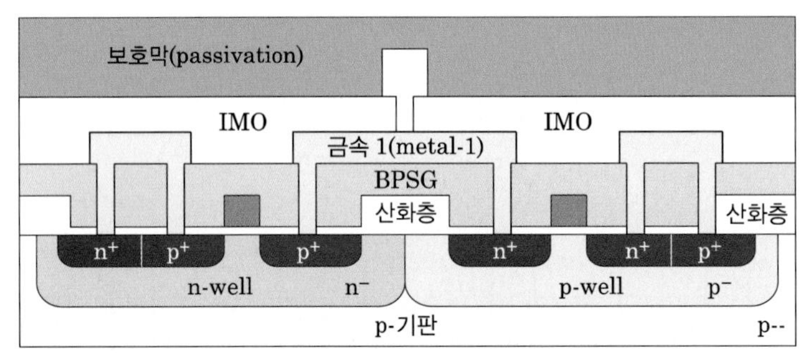

그림 4.91 보호막 형성

이렇게 하여 CMOS 트랜지스터가 완성되었는데, 이 CMOS가 디지털 회로의 기본이 되는 인버터inverter가 되는 것이다.

그림 4.92 (a)에서 nMOS와 pMOS의 드레인 단자를 묶어서 출력 단자로 사용하고, 두 소자의 게이트를 묶어서 입력 단자로 사용하면 (b)와 같은 인버터 회로가 되므로 디지털 회로의 집적 회로를 쉽게 만들 수 있게 된다. (a)에서 왼쪽 부분의 전원 전압 단자 V_{DD}, 오른쪽 nMOS의 소스를 접지 단자 V_{SS}로 사용하면 인버터 동작을 하는 CMOS가 구성된다.

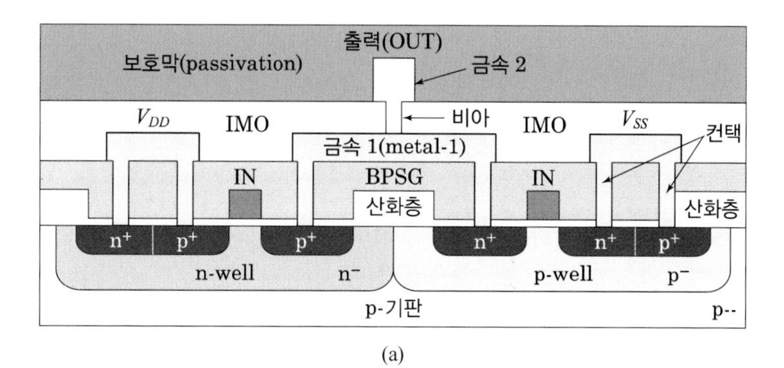

(a)

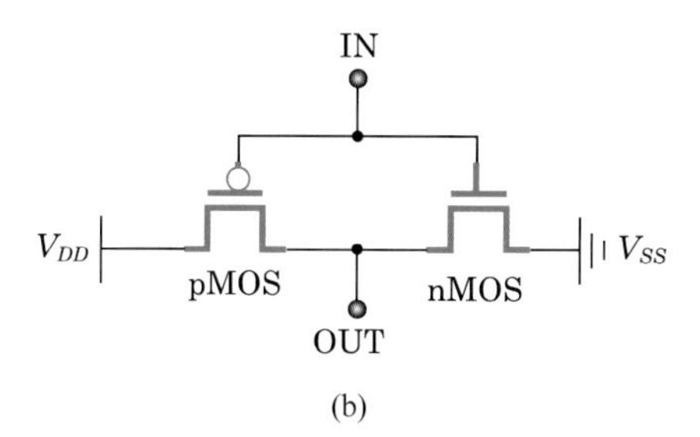

(b)

그림 4.92 CMOS 구조의 (a) 인버터 (b) 인버터 회로도

연구문제

1. 전자 회로 소자의 집적화 방법에 대하여 설명하시오.

2. 산화 과정에 대하여 설명하시오.

3. 확산 현상에 대하여 설명하시오.

4. 에피택시epitaxy 공정에 대하여 설명하시오.

5. 이온 주입 공정에 대하여 설명하시오.

6. 화학 기상 증착에 대하여 설명하시오.

7. 식각 공정의 종류를 열거하고 각각을 설명하시오.

8. 패키징packaging 공정의 필요성은 무엇인가?

9. 패키지 방식을 열거하고 각각을 설명하시오.

10. CMOS 소자의 제작 공정에서 전공정에 대하여 설명하시오.

11. CMOS 소자의 제작 공정에서 후공정에 대하여 설명하시오.

12. 패키지의 종류를 열거하고 설명하시오.

13. 패키지 공정을 열거하고 설명하시오.

14. twin-well 2-metal 기술을 이용한 CMOS 구조의 인버터를 그리고 각 부분을 설명하시오.

15. 레이아웃layout 설계 규칙은 무엇인가? 그리고 레이아웃 설계 규칙이 필요한 이유는 무엇인지 설명하시오.

Chapter 5

광반도체 소자

5.1 발광 다이오드

1. 발광 다이오드의 개요

발광 다이오드LED : light emitting diode는 전기 에너지를 빛에너지로 바꿔즈는 관전변환형 반도체 소자로, 반도체의 pn접합 구조를 이용하여 주입되는 소수 캐리어(전자와 정공)의 재결합에 의한 발광현상을 이용한 것이며, 일명 "luminescent diode"라고도 한다. 반도체 다이오드는 두 단자 소자로서 양단에 전압을 인가하면 한쪽 방향으로만 전류가 흐르는 정류작용의 특성이 있는데, 전압을 순방향으로 인가하면 전류가 잘 흐르게 되며, 이때 전자와 정공이 재결합하여 일부 에너지가 빛으로 변환되는 표시소자이다.

일반적인 반도체 소자와는 달리 LED는 기능성 발광 소자라는 특징을 가지며, 발광 파장이 가시광선 영역에 있으면 디스플레이용 표시 소자로 사용하고, 적외선과 자외선 영역에서 발광하는 소자는 정보전달용이나 센서용 등으로 응용되고 있다. 이와 같은 발광 파장은 반도체 물질의 종류와 이들의 조성비에 의해 조절할 수 있다.

LED는 신뢰성이 우수하고, 고동 전압이 낮아 구동 회로와 용이하게 정합할 수 있다는 특징을 가지며, 자체 발광하는 소형의 고체 발광 소자이다. 이는 다른 발광형 디스플레이 소자와 비교하여 독특한 점이라 수 있다. 그러나 단점으로 소비전력이 수십 mW 정도로 다소 높지만, 이를 개선하기 위하여 반도체 소재에 대한 기초 연구가 활발하게 전개되어 왔으며, 결정 성장 기술과 미세 소자 기술 등에 의해 크게 개선되었다. 초기에 주로 사용해온 적색 LED를 비롯하여 현재 청색과 녹색의 LED 소재를 개발함으로써 자연 상태의 완전한 색상을 구현할 수 있게 되었고, 새로운 광원의 모델로 백색 LED도 만들 수 있게 되었다.

(1) LED의 정의

LED는 "반도체의 pn접합 구조를 이용하여 주입되는 소수 캐리어를 만들며 이들의 재결합에 의해 발광시키는 반도체 소자"라고 할 수 있다. 기존에 사용되어온 LED는 소형에 휘도가 낮고 일부 색상에 한계가 있었기 때문에 주로 각종 전자기기나 가전제품의 표시용 소자로 널리 사용되었다.

LED는 저전압에서 구동할 수 있는 발광소자로서, 다른 발광체에 비해 소비 전력이 낮고, 응답속도가 빠르며, 수명이 길며, 내충격성이 우수한 특성을 지니고 있다. 또한 소형에 경령화가 가능하다는 장점 때문에 표시용을 중심으로 응용되고 있으며, 최근에는 LED의 고휘도화와 대형화에 따라 실내에서 옥외 전광판으로 이용이 증가하고 있다. LED는 발광

그림 5.1 각종 LED의 응용

파장에 의해 가시광선 영역의 VLED$_{visible\ light\ emitting\ diode}$와 적외선 영역의 ILED$_{infrared\ light\ emitting\ diode}$로 크게 나눌 수 있다.

빛의 3원색이라 할 수 있는 적색(R), 녹색(G), 청색(B) 중에 청색 LED의 개발은 기술적 한계로 인해 미진하였다. 따라서 이러한 청색 LED의 부족은 제조상의 어려움 때문에 현재와 같은 완전한 색상의 구현이 어려웠으나, 1990년대 중반 고휘도의 청색 LED가 적색 및 녹색 LED와 결합하여 모든 색상을 표시할 수 있게 되었고, 현재 장수명, 고휘도 및 고시야각의 특성을 지닌 디스플레이 소자로, 교통, 신호, 자동차 및 초대형 전광판 등의 부품으로 주목을 끌고 있다. 또한 R·G·B의 광원을 결합하여 백색(white)의 광원을 만들 수 있으며, 색상을 다양하게 변화시킬 수 있어 새로운 조명 장치로의 응용까지 넓어지고 있다.

더욱이 고휘도의 청색 LED를 이용한 백색 LED 제조 기술은 고휘도 LED를 조명등으로 사용할 수 있다는 가능성을 의미한다. 즉, 고휘도 LED가 형광등과 같은 일반 조명등으로 범위가 확대하여 대체하게 된다면 과거에 진공관에서 트랜지스터로 그리고 최근 CRT에서 LCD나 OLED의 평판 디스플레이로 대체하는 것과 같은 정도의 혁신적인 기술의 전환점이 될 것이다. 이와 같이 고휘도의 LED가 기존의 전구나 형광등을 대체한다면 전력 소모의 감소나 장수명 등의 장점으로 교체 비용이 감소할 것이고, 오염물질의 감소 등과 같이 환경보호에 대한 경제적인 비용의 절감을 유도할 수 있을 것으로 예상된다. 그림 5.1에서는 LED의 응용 부품을 나타내었다.

(2) 반도체 광전소자의 이론

① 반도체 이론

LED는 전자가 전공과 재결합$_{recombination}$하면서 방출하는 에너지가 빛으로 발광하는 소자이며, 이때 발광 파장은 LED의 재료로 사용되는 반도체의 에너지 갭에 의해 좌우된다.

반도체는 원자 사이의 속박에서 벗어나 자유로이 결정 내를 움직이는 전자가 존재하는 전도대conduction band와 공유결합에 기여하며 전자가 구속되어 있는 가전자대valence band 그리고 전도대와 가전자대 사이에 금지대가 있다. 즉, 전자가 정공과 재결합하기 위해서는 전도대에서 가전자대로 금지대 폭을 넘어야 하며, 이러한 금지대 폭만큼의 에너지를 빛으로 방출하기 때문에 LED의 발광색을 결정하는 것은 바로 반도체 재료의 금지대 폭에 의해 좌우된다고 할 수 있다.

표 5.1은 원소 및 화합물 반도체의 주요 재료를 나타낸다. Si 또는 Ge과 같이 하나의 원자로 구성된 원소 반도체는 주로 주기율표상 Ⅳ족으로 분류되며, 이외의 화합물 반도체compound semiconductor는 2원 혹은 그 이상의 원소가 결합하여 구성된다. 여기서 두 가지 원소로 구성된 반도체를 2원 화합물binary compound 반도체라 하며, 세 원소로 구성된 반도체를 3원 화합물ternary compound 반도체라고 한다. 예를 들어, GaAs는 Ⅲ-Ⅴ족의 두 원소가 결합된 반도체로서 Ⅲ족의 Ga과 Ⅴ족의 As가 결합한 것이다.

그림 5.2는 반도체 재료의 결정 구조를 나타내는 것으로 원소 반도체인 Si와 Ge는 다이아몬드 구조를 하며, 화합물 반도체인 GaP, GaAs alc ZnSe 등은 섬아연광zincblende 구조에

표 5.1 반도체 재료

원소 반도체	Ⅳ족	Si	Ge
	Ⅵ족	Se	Te
Ⅲ-Ⅴ족 화합물 반도체		GaAs	GaP, GaN
		InAs	InP
Ⅱ-Ⅵ족 화합물 반도체		ZnS	ZnSe
		CdS	CdSe
산화물 반도체		ZnO	Cu2O

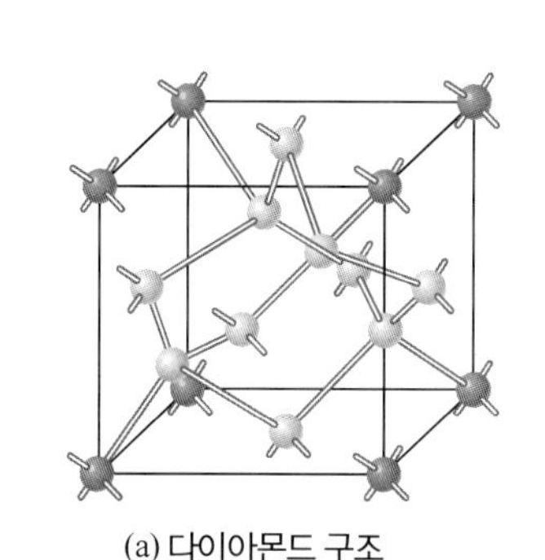

(a) 다이아몬드 구조

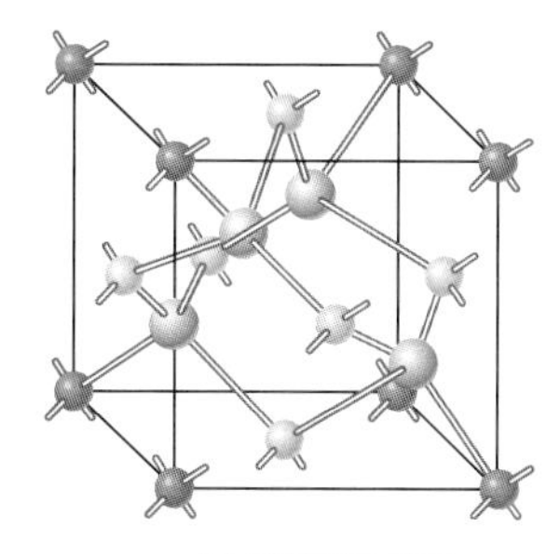

(b) 섬아연광 구조

그림 5.2 결정 구조

표 5.2 LED용 반도체 재료의 특성

반도체 재료	결정 구조	에너지 구조	에너지 갭[eV] at 300 K	격자 상수[Å]
Si	D	간접	1.12	5.43
Ge	D	간접	0.66	5.66
GaAs	Z	직접	1.43	5.65
AIP	Z	간접	2.45	5.46
GaP	Z	간접	2.24	5.45
InP	Z	직접	1.35	4.87
AIAs	Z	간접	2.13	5.66
ZnSe	Z	직접	2.67	5.67
GaN	W	직접	3.39	a = 3.18, b = 5.16
SiC	육방정	간접	2.86	a = 3.08, b = 15.12

주) D : diamond, Z : zincblende, W : wurtzite

속한다. 그리고 GaN은 울쯔광$_{\text{wurtzite}}$ 구조를 가지며, 섬아연광 구조와 유사한 다이아몬드형의 정육면체 구조를 가진다. 일반적으로 에너지대의 구조는 결정 구조와 밀접한 관계를 가지기 때문에 화합물 반도체의 에너지대 구조는 거의 다이아몬드형의 구조와 동일하다.

이러한 결정 구조들은 다이아몬드 결정 구조와 함께 LED용 반도체 재료에서 중요한 위치를 차지하고 있다. 표 5.2는 여러 종류의 LED용 반도체 재료에 대한 특성을 나타내고 있다.

LED의 발광 효율을 높이기 위해서는 전자와 정공이 재결합하여 에너지를 방출할 경우 재결합 전후로 에너지뿐만 아니라 운동령의 보존이 필요하다. 즉, 가장 우수한 발광 효율을 얻기 위해서는 재결합 과정에서 전자와 정공의 운동량이 동일하고 방출되는 에너지가

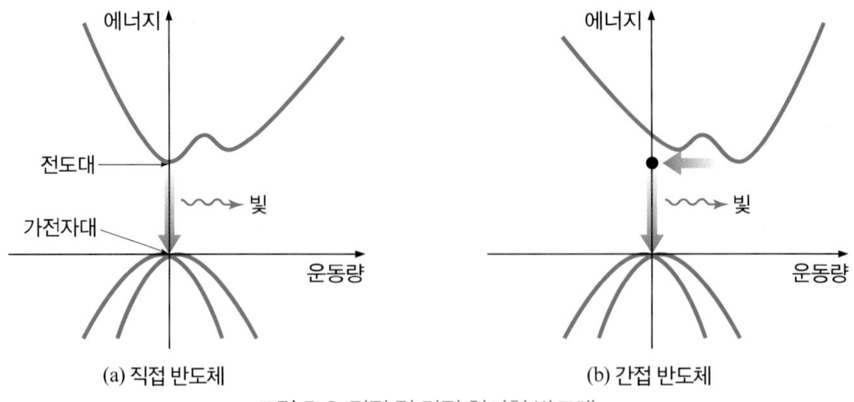

(a) 직접 반도체 (b) 간접 반도체

그림 5.3 직접 및 간접 천이형 반도체

모두 빛에너지로 변환되어야 한다. 그림 5.3에서는 직접 천이형 반도체와 간접 천이형 반도체의 에너지 구조를 보여 준다. 직접 천이형 반도체는 가전자대의 최고점과 전도대의 최저점에서 운동량의 차이가 없는 에너지대 구조이며, 간접 천이형은 운동량의 보존을 위해 열이나 소리 등의 격자진동이 발생하여 재결합 확률이 매우 작다. 따라서 Si나 Ge와 같은 간접 천이형 반도체는 발광 효율이 별로 좋지 못하다. 반면에 GaAs나 GaN와 같은 화합물 반도체는 직접 천이형으로 발광 효율이 뛰어나 LED 등의 발광 소자에 이용한다.

② 발광 이론

빛은 광자에 의한 불연속적인 에너지로, 그림 5.4에서는 반도체 재료와 에너지대에 해당하는 발광색과 빛에너지의 파장 스펙트럼을 표시하고 있다. 눈으로 구별할 수 있는 가시광선의 파장은 0.39～0.77[μm]이고, 보라색에서부터 빨간색까지의 파장을 나타낸다. 자외선 영역은 대략 0.0～0.39[μm]이고, 적외선 영역은 0.77～1.0[μm] 정도이다. 빛은 보통 주파수보다는 파장으로 나타내는데, 파장 λ는 다음과 같이 표현한다.

$$\lambda = \frac{c}{f} = \frac{hc}{hf} = \frac{1.24}{hf}[\mu\text{m}] \tag{5.1}$$

여기서 c는 진공 중에서 빛의 속도로 3×10^{8}[m/s]이고, f는 빛의 진동수이며, h는 Planck 상수로써 그 값은 6.624×10^{-34}[J·s]이다. 또한 hf는 빛에너지를 의미하며 단위는 [eV]이다. 위 식으로부터 빛에너지는 진동수와 직접적으로 관련되고, 진동수가 증가하면 에너지도 증가하지만 파장은 역으로 감소한다. 그리고 광전소자의 반도체 내에서 발생되는 파장은 금지대 폭 E_G와 관계하며, 다음과 같이 주어진다.

$$\lambda = \frac{1.24}{E_G} \tag{5.2}$$

위 식으로부터 가시광선을 얻기 위해서는 에너지 갭이 1.6[eV] 이상 되어야 한다. 적외선 LED에는 GaAs를 비롯하여, InP, GaAlAs, GaAsP 등이 사용된다. GaP는 간접 천이형으로 보통 녹색 LED로 알려져 있지만, 불순물로 Zn-O 쌍을 발광 중심으로 도입하면 발광 파장이 700[nm]인 적색 LED를 구현할 수 있다. 그러나 보다 고휘도의 적색 LED로 GaAsp, GaAlAs, InGaP 등의 3원 화합물 반도체가 개발되었다. 예를 들어, GaAsP에서 As와 P의 조성비를 조절함으로써 에너지갭을 요구하는 발광색에 따라 바꿀 수가 있고, 직접 천이형이므로 발광효율이 매우 높다. GaAlAs도 역시 직접 천이형으로 Al과 As의 조성비를 조절하여 에너지갭을 변화시킬 수 있다.

$In1/_2(Ga_{1-x}Al_x)_{1/2}P$는 Ga과 Al의 조성에 따라 주황색에서 초록색까지의 LED를 만들 수

있고, 직접 천이형으로 고휘도 특성을 가진다. 청색 LED를 형성하기 위해서는 에너지갭이 큰 재료가 요구되며, SiC, ZnSe 및 ZnS 등이 이용된다. SiC는 pn접합을 용이하게 형성할

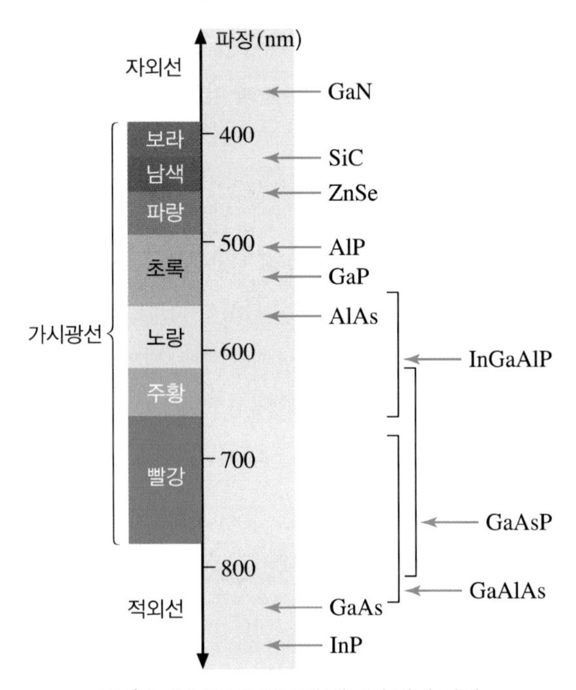

그림 5.4 LED용 반도체 재료와 발광 파장

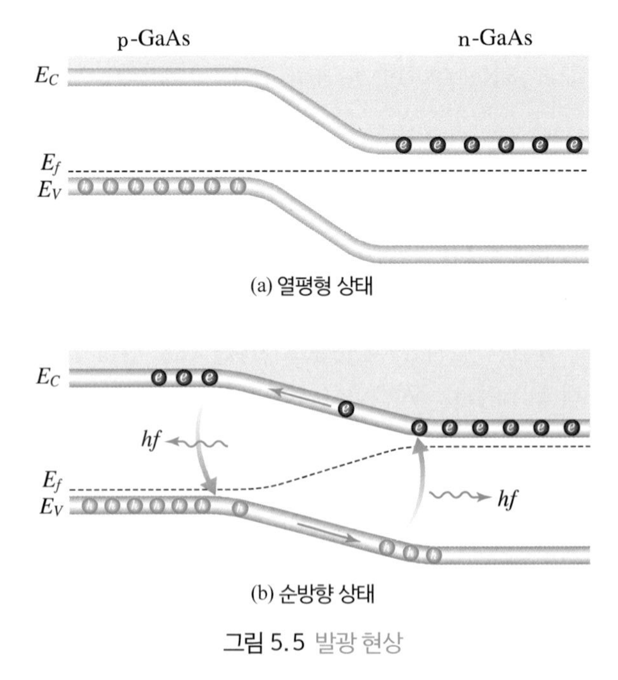

그림 5.5 발광 현상

수 있으며, 간접 천이형이다. 반면에 직접 천이형인 ZnSe와 ZnS는 높은 발광 효율을 얻을 수 있다. 특히 1990년대 초반에는 InGaN/AlGaN의 이중 이종 결합double hetero junction 구조로 고휘도의 청색 LED를 만드는 데 성공하였다.

③ 에너지대 이론

LED는 실제로 정공이 다수 캐리어인 p형 반도체와 전자가 다수 캐리어인 n형 반도체를 접합하여 만든 구조이다. 그림 5.5와 같이 GaAs에 Ⅱ족의 Zn를 도핑doping하여 정공이 많은 p형 반도체를 만들고, Ⅵ족인 Te를 도핑하여 전자가 많은 n형 반도체를 접합하면 열평형 상태에서는 에너지 장벽이 높기 때문에 전류가 흐르지 않게 된다. 그러나 그림 (b)에서와 같이 pn접합 다이오드에 순방향으로 전압을 인가하면 에너지 장벽이 낮아져 전자가 장벽을 넘어 p형 영역으로, 정공을 n형 영역으로 확산되어 소수 캐리어가 되면서 다수 캐리어와 재결합하여 빛을 방출한다.

2. LED의 특성

단파장의 발광 다이오드는 환경친화적이고 안전한 고체 소자의 조명 광원으로 향후 실용화에 많은 기대가 예상되고 있다. LED의 장점은 다음과 같다.

- 광변환 효율이 매우 높기 때문에 소비 전력이 다른 광원에 비해 백열전구의 1/8, 형광등의 1/2배로 매우 적다.
- 광원이 작기 때문에 소형화·박형화·경량화가 가능하다.
- 백열전구의 100배로 수명이 매우 길다.
- 열적인 방전에 의한 발광이 아니기 때문에 예열시간이 불필요하고, 점등이나 소등 속도가 매우 빠르다.
- 점등 회로나 구동 장치 등의 기구를 간소화할 수 있어 다른 광원에 비해 부품이 적다.
- 가스나 필라멘트가 없기 때문에 충격에 강하고 비교적 안전하다.
- 안정적인 직류 점등방식으로 소비 전력이 적고, 잦은 반복 동작이 가능하며, 눈의 피로를 줄일 수 있다.
- 형광등과 같은 수은이나 방전용 가스를 사용하지 않기 때문에 환경친화적인 조명 광원이다.

LED는 일상생활에서 사용하는 가전제품, 오디오제품 및 자동차 등에 표시 소자로 널리 사용하고 있으며, 전자기기를 비롯한 산업용 기기에 많이 적용되어 왔다. LED를 사용 용도에 따라 나누면 각종 기기에 사용하는 점발광 LED, 세그먼트segment나 매트릭스matrix형의 복합 표시 소자용 LED, 옥외용 디스플레이로 사용되는 옥외 표시용 LED 및 여러 사람을 대상으로 정보를 제공하는 옥내용의 LED 패널 디스플레이 등이 있다.

LED는 용도에 따라 동작의 상황에 대한 정보를 알려주기도 하고, 숫자, 문자나 색상 등으로 표시하기도 하며, 자체로 발광하는 광원으로도 이용되고 있다. 또한 옥외에서는 문자나 도형을 표시하기도 하고, 대화면의 디스플레이로서 많은 정보를 여러 사람에게 전달되기도 한다. 최근에는 고휘도의 LED를 이용하여 자동차 표시등, 도로의 교통 표시등이나 알림 표시판 등으로 많이 응용되고 있다.

1992년 청색 LED가 개발되어 각광을 받은 이후로 1997년부터 청색 광원에 형광체를 도포하여 백색광 LEDwhite LED가 개발되었는데, 백색광 LED란 종래의 단색광과는 달리 형광등과 같이 백색을 발광하는 반도체 소자를 일컬어 부르는 명칭이다. 기존의 백열전구와 비교하여 LED의 스펙트럼은 확실히 에너지 절감 효과를 기대할 수 있으며, 고효율 LED는 백열등보다 약 80~90%의 전력 절감을 기대할 수 있다.

사실 1990년 중반 이후 GaN 청색 LED가 등장하면서 가전제품이나 산업용 기기에 주로 사용하던 LED가 부각되기 시작하였는데, 이는 자연색에 가까운 디스플레이가 가능하게 되어 우리 생활의 곳곳에서 자리 잡게 되었다. 대표적으로 LCD의 후면광원 이외에 옥외용의 완전한 색상의 대형 전광판, 교통 신호등, 자동차 계기판, 항만, 공항 등 다양한 곳에서 그 수요가 급격히 증가하고 있다. 또한 LED는 반도체의 빠른 처리 속도와 낮은 소비 전력 등의 장점과 환경친화적이고 에너지 절감 효과라는 차원에서 국가 성장 동력 산업의 부품으로 선정하여 발전시키고 있다. 이러한 분위기에서 LED는 차세대 광원과 디스플레이로서 두각을 나타내면서 LED 기반의 차세대 조명 시장을 지배할 것으로 전망하고 있다.

일반 조명으로 응용하기 위해서는 먼저 LED가 백색광을 만들어야 하는데, 이와 같은 백색광 LED를 구현하기 위한 기술은 크게 3가지 있다.

- 빛의 3원색인 R·G·B를 발광하는 3개의 LED를 조합하여 백색광을 구현하는 기술
- 청색 LED의 광원을 사용하여 황색 형광체를 여기시켜 백색광을 구현하는 기술
- 자외선 발광 LED를 광원으로 3원색 형광체를 여기시켜 백색을 구현하는 기술

LED는 다른 광원과 비교하여 초대형 LCD 광원으로서 현재 우위를 차지하고 있으나, 보다 고효율화 및 저가격화를 위하여 효율 개선, InGaAlP의 적색 LED의 효율 개선, GaInN계의 녹색 LED의 효율 개선, GaInN계 청색 LED의 효율 개선 등의 기술개발이 이어져야 할 것이다.

5.2 발광 다이오드의 기본 구조

그림 5.6(a), (b)에서는 발광 다이오드의 에너지대에서 전자와 정공의 이동상태를 다시 보여 주고 있다. 그림 (c)는 발광 현상을 나타낸 것으로, 순바이어스일 때 접합 부분에서 발생한 캐리어의 재결합으로 빛이 방출하게 된다.

그림 (d)는 일반 LED의 패키지 형상을 나타낸 것이다. 두 단자 소자인 LED에서 짧은 단자는 음극$_{\text{cathode}}$이고, 긴 단자가 양극$_{\text{anode}}$이다. LED 본체인 머리 부분을 자세히 살펴보면 반도체 칩에 전원을 공급하기 위해 음극과 양극이 있고, 이들은 금으로 된 매우 미세한 선으로 반도체칩에 연결되는데, 이를 금 선$_{\text{gold wire}}$이라고 한다. 내부의 칩을 보호하고 동시에 빛을 모으기 위한 렌즈 구실을 하는 플라스틱의 일종인 에폭시 수지로 성형$_{\text{mold}}$하게 된다. 이와 같은 간단한 구조를 가진 LED는 백열전구의 필라멘트를 이용하여 얻는 빛과는 달리 반도체를 통하여 빛을 얻기 때문에 효율이 높으며, 반도체의 소재에 따라 발광하는 빛의 색깔을 조절할 수 있다.

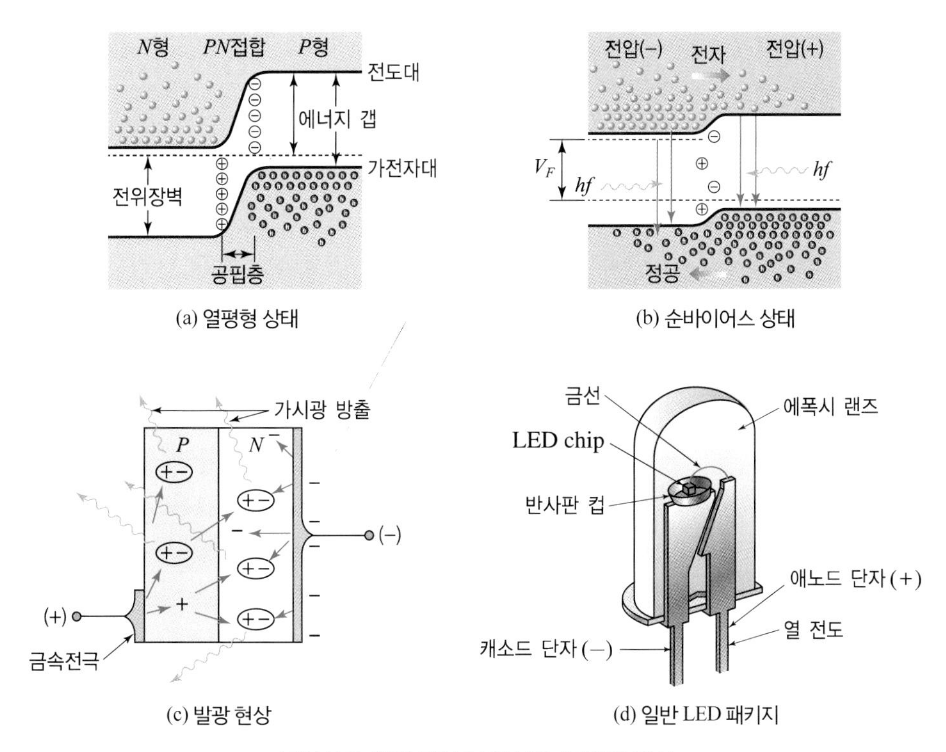

그림 5.6 발광 다이오드의 에너지대와 형상

반도체의 pn접합에 순방향 전압, 즉 p형 측에 (+)전압, n형 측에 (−)전압을 인가하면 p형 영역에는 전자가 주입되고, n형 영역에는 정공의 소수 캐리어가 주입된다. 주입된 전자와 정공은 각각의 영역에서 재결합을 하게 된다. 즉, p형 영역에서는 소수 캐리어의 주입 전자와 다수 캐리어인 정공이 재결합하고, n형 영역에서는 소수 캐리어인 주입 정공과 다수 캐리어인 전자가 재결합하여 광을 방출하게 된다. 이때 방출된 광은 반도체 에너지 갭을 E_g, 플라크 상수를 h라 하면, $hf = E_g$의 관계에서 반도체의 에너지 갭에 대응한 진동수 f(파장의 역수, $1/\lambda$)를 얻게 된다. 따라서 반도체의 종류를 바꾸고 반도체 내에 불순물을 주입하면 다른 색의 발광을 얻을 수 있게 되는 것이다. 이와 같은 발광의 특성상 실리콘 재료는 발광 다이오드로 이용할 수 없고, 주로 화합물 반도체를 이용하고 있다.

광의 파장은 pn접합부에 금지대 폭으로 거의 결정되고, 이것이 크면 파장이 짧고, 작으면 길다. 발광하는 파장, 즉 발광색은 재료에 의해 결정된다. GaAlAs에서는 빨강색, GaAsP는 오렌지색, 황색, GaP에 질소를 도핑한 것은 황록색, GaN은 청색이 각각 발광한다.

발광 효율은 접합 구조에 의해서 결정된다. 접합 구조에는 낮은 휘도를 갖는 동종 접합homo juinction 구조와 높은 휘도의 발광을 하는 이중 이종 접합double hetero junction이 있다.

1. 동종 접합 구조

동종 접합 구조는 그림 5.6과 같이 p형과 n형의 결정을 같은 재료로 만든다. 구조가 간단하므로 양산성이 좋고 비용도 저렴하다. 그러나 pn접합 근처에 발광한 광이 결정에서 외부로 나가기 전에 흡수되는 비율이 높아 외부로 방출하는 발광 효율이 낮은 단점을 갖고 있다.

2. 이중 이종 접합 구조

그림 5.7과 같이 금지대 폭이 작은 활성층을 금지대 폭이 큰 에너지대에서 양측으로부터 샌드위치된 구조를 갖는다. 한쪽의 금지대 폭이 큰 에너지대는 p형, 다른 쪽은 n형으로 되어 있다. 활성층은 n형, p형 어느 쪽도 좋다. 순바이어스를 인가하면 p형 에너지대 측과 활성층 사이에는 전자에 대한 전위 장벽이 n형 측과 활성층 사이에는 정공에 대한 전위 장벽이 만들어져 전자와 정공의 확산을 저지하게 된다. 또 활성층에서 전자와 정공의 밀도가 높게 되는 가둠 효과가 발생한다. 이와 같은 상태에서 전자와 정공의 효율 좋은 재결합이 일어나므로 동종 접합 구조에 비하여 이중 이종 접합은 발광 효율이 높게 되는 것이다. 이들 외에 고휘도 발광 다이어드에는 양자 우물 구조를 갖는 것도 있다. 표 5.3에는 발광 다이오드의 재료와 접합 구조를 나타낸 것이다.

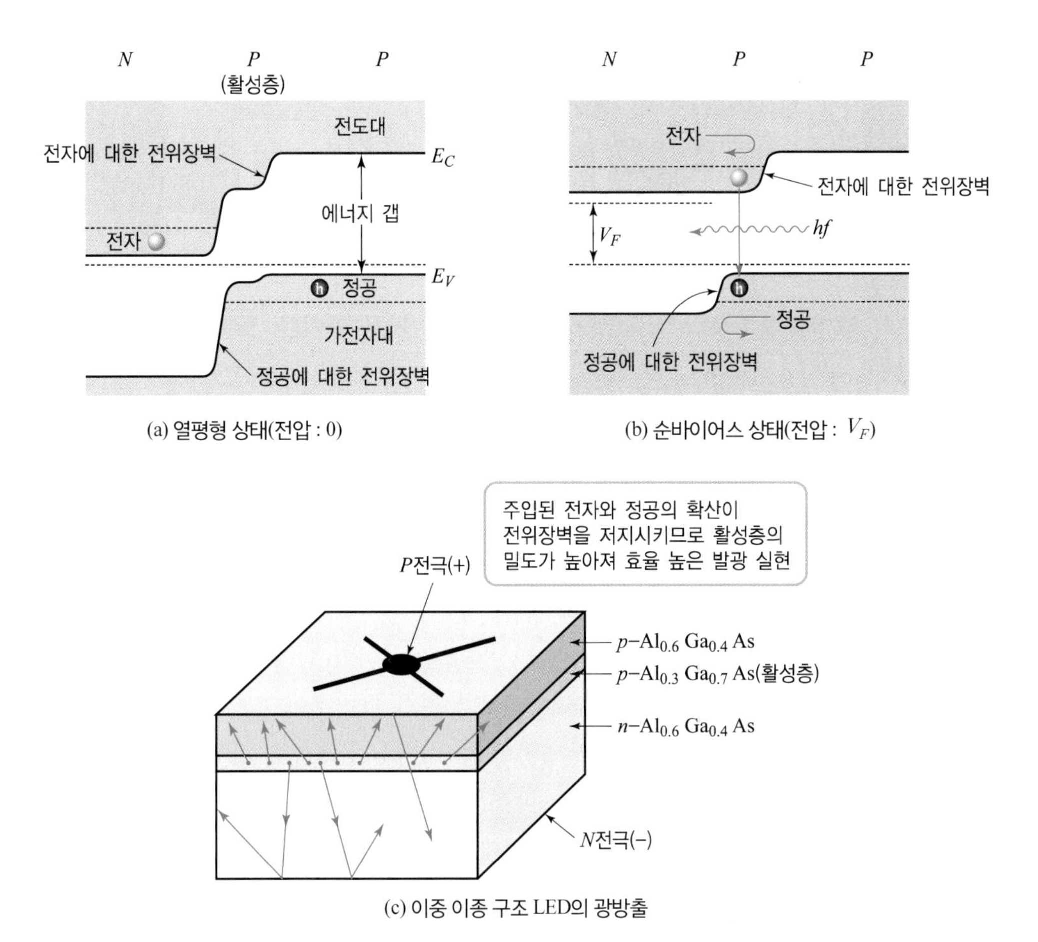

그림 5.7 이중 이종 접합 발광 다이오드의 에너지대와 구조

표 5.3 발광 다이오드 재료와 접합 구조

구 분	재 료	최대 파장[nm]	접합 구조
청색	InGaN	450	양자 우물형
	ZnCdSe	489	이중 이종 접합형
녹색	ZnTese	512	이중 이종 접합형
	GaP	555	동종 접합형
황색	AlGaInP	570	이중 이종 접합형
	InGaN	590	양자 우물형
적색	AlGaAs	660	이중 이종 접합형
	GaPZn	700	동종 접합형
적외	GaAs(Si)	980	동종 접합형
	InGaAs	1300	양자 우물형

3. LED의 칩 구조

그림 5.8에서 보는 바와 같이 LED 칩$_{chip}$은 기본적으로 pn접합 구조를 가지며 접합면에 발광층으로 작용하는 양자 우물$_{quantum\ well}$층이 삽입된 이종 구조를 가진다. GaAs 기판을 이용한 InGaAlP계 LED는 격자정합 구조이므로 결함이 발생할 수 있으나 사파이어$_{sapphire}$ 기판과 질화물계 에피층(epi layer)의 격자 부정합도가 비교적 커서 기본적으로 결함이 없는 에피층의 성장이 불가능하여 내부양자효율이 매우 낮은 편이다. 또한 사파이어 기판은 절연체이므로 에피층에서 p, n 전극을 모두 제작해야 하며, p층의 저항이 매우 높기 때문에 결과적으로 질화물계 LED는 GaAs 기반 LED와는 조금 다른 에피층 설계가 필요하다. 질화물계 LED에서 전위$_{dislocation}$ 같은 결함의 생성을 최소화하고 결함의 전파를 억제하기 위해 기본적으로 적용한는 기술은 저온 버퍼층$_{buffer\ layer}$ 성장 기술로, 500[℃] 부근의 저온에서 $Al_xGa_{1-x}N_{(0 \le x \le 1)}$ 핵생성층$_{nucleartion\ layer}$을 얇게(20~30[nm]) 형성한 후 온도를 올려 스스로 합체화시키는 방법을 보편적으로 적용하고 있다. 버퍼층 위에 순차적으로 n층, 활성층, p층의 구조를 성장시킨다. 활성층으로는 효율을 높이기 위해 일반적으로 다중 양자 우물(MQW$_{multiple\ quantum\ well}$) 구조를 끼워넣어 우물층과 장벽층의 조성 및 두께를 제어하여 원하는 파장을 얻는다. 도핑 원료로는 n형의 경우 Si이 가장 많이 사용되며, p형의 경우 InGaAlP계 재료에서는 Zn 또는 Te, 질화계에서는 Mg이 사용되는데, Mg의 활성화가 충분하지 않아 p층의 저항이 높아지는 문제가 있다.

p형층의 저항을 낮추기 위한 방법으로 보통 10[nm] 미만의 얇은 금속 박막을 증착하거나, 300[nm] 내외의 비금속 산화물을 증착하여 전류의 확산을 원활하게 하기 위한 투명

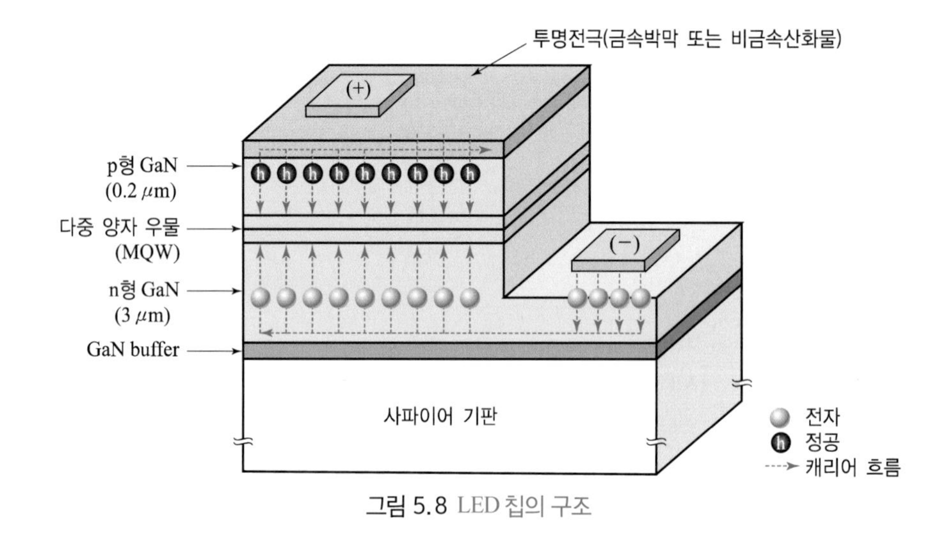

그림 5.8 LED 칩의 구조

전극을 활용하여 개선하고 있다. AlGaN 계열의 재료는 기판과의 큰 격자 부정합과 열팽창 계수의 상이함으로 인해 높은 Al 조성 및 두꺼운 박막층을 성장할 경우, 틈새 결함crack이 발생할 수 있으므로 임계 두께를 제어하여 개선하기도 하고, 초격자 구조super lattice structure를 중간층으로 넣어 스트레스를 억제하는 기술을 사용하기도 한다. 기존의 사파이어 기판 표면에 마이크로 단위의 패턴을 형성한 기판(PSSpatterned sapphire substrate)을 적용한 결과 추출 효율 면에서 좋은 결과를 보여 주고 있다.

5.3 발광 다이오드의 효율

1. 발광 효율

발광 다이오드는 낮은 전압과 낮은 소비 전력으로 발광 동작을 하며, 발열전구에 비하여 훨씬 긴 수명을 유지하고 응답 속도도 빠르다. LED를 사용한 각종 표시등(表示燈), 7-세그먼트의 숫자의 표시 및 문자열 가전제품, 완구에서부터 산업용 장치에 이르기까지 광범위하게 쓰이고 있다. 또 정지 램프와 차폭등, 공사 현장의

경고등 등에도 용도를 넓히고 있다. 최근 청색 LED의 개발을 통하여 제품화가 진전되어 빛의 3원색을 갖추게 되었다. 높은 발광 효율로 고휘도를 갖는 LED는 옥외의 밝은 장소에서도 밝기가 좋고, 완전한 컬러 화상 표시가 가능하게 되어 철도 차량의 핸드 마크hand mark, 교통 신호, 옥외의 대형 표시 장치 등 새로운 용도에 점차 사용 빈도를 높이고 있다. 이와 같은 가시광 영역을 발광하는 것 외에 적외선 영역을 발광하는 적외선 발광 다이오드는 TV 및 VTR 등의 리모컨 송신기 및 광통신, 물체의 유무를 검출하는 광센서 등에 사용되고 있다. 최근에는 LCD BLUbacklight unit의 광원용, 오징어배의 집어등, 식물 성장용으로 널리 쓰이고 있다.

이러한 LED에서 중요한 요소로 작용하는 것이 효율이다. 빛을 내는 LED의 경우 그 발광 효율이 곧 LED의 성능을 결정하기 때문에 LED에 있어 발광 효율은 반드시 높여야 하는 요소이다. 그림 5.9에서는 몇 가지 발광 효율의 정의를 개략적으로 나타낸 것이다. 발광 효율은 LED의 성능을 표시하는 하나의 요소로서, 양자 효율과 전력 효율로 나눈다. 양자 효율은 단위 시간당 방출되는 광자photon의 개수를 도통하는 전하의 수로 나눈 양이며, 전력 효율은 출력광의 전력을 입력 전력으로 나눈 비율이다. LED에 주입한 캐리어가 광자로 변환하는 비율은 내부 양자 효율이라 하고, 캐리어가 결정 밖으로 나오는 빛과의 비율을 외부

양자 효율이라 한다. 사실 LED로 입력된 전력 중에서 일부는 n형이나 p형의 저항에 의해 혹은 금속과의 접촉 저항 등으로 인하여 전력을 소모하게 되며, 이것이 Joule 열이다.

그림 5.9와 같이 n형에 전자와 p형의 정공이 발광층으로 주입되는 전체 에너지를 B라고 표현하였는데, 만일 발광층 내로 주입된 캐리어를 열로 변환하는 결함이 있다면 발광층 내에서 손실이 발생하게 된다. 이 외에 발광층에서 효율적인 광변환을 고려하면 빛에너지로 변환된 C에 해당할 것이다.

일반적으로 LED의 양자 효율이라 하는 것은 외부 양자 효율을 의미한다. 그림에서 보듯이 외부 양자 효율은 내부 양자 효율에 광소모율을 곱한 것을 의미하며, pn접합 부근에서 발생한 빛은 결정 내부에서 흡수되거나 반사되어 다소 감소하기 때문에 보통 외부 양자 효율은 내부 양자 효율보다 낮다. 전체적인 LED의 효율은 전기 에너지 A에 대한 출력된 빛에너지 D의 비율로 표현한다. LED에서 n형과 p형의 불순물이 다량 주입되면 직렬 저항이 낮아질 것이고 전압 강하는 큰 문제가 되지 않는다.

외부 양자 효율은 적색 LED의 경우 약 15%, 황색에서 녹색의 경우는 약 1.0%, 청색의 경우는 약 3% 정도 얻을 수 있으나 기술개발을 통하여 개선할 수 있다. 발광 효율은 LED 에너지의 입출력을 나타내는 것으로 pn접합의 캐리어 주입 효율, 캐리어가 빛으로 변화는 변환 효율, 발광하는 빛이 소자 외부로 나가는 광방출 효율의 곱으로 나타낼 수 있다.

이상에서 기술한 바와 같이 LED는 pn접합에 전류를 흐르게 하면 캐리어가 주입되어 재결합하면서 빛을 외부로 방출하는 소자인 반면에 레이저 다이오드laser diode는 유사한 구조에 다시 도파로와 공진기를 설치하여 방출된 빛의 일부를 귀환시키고, 또한 유도방출을 이용하여 빛의 강도를 높이는 광발진기이다. 여기서 유도방출이란 활성영역에 전자와 정

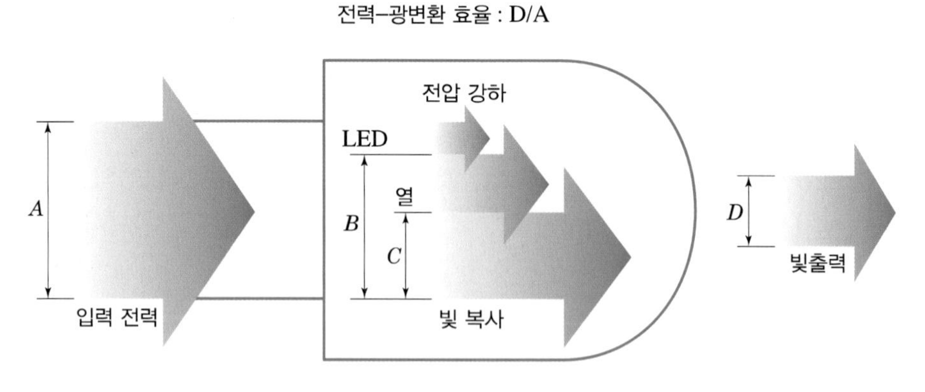

그림 5.9 발광 다이오드의 발광 효율

공이 다량으로 존재하는 상태에서 빛의 자극을 주어 재결합을 일으켜 이때 들어온 빛과 동일한 위상으로 빛을 방출하는 현상을 말한다. 레이저 다이오드에 사용하는 반도체 재료는 모두 직접 천이형 반도체이기 때문에 높은 발광 효율을 얻을 수 있다. 따라서 레이저 다이오드에서 얻을 있는 발광은 LED에 비해 광출력이 매우 높고, 레이저 다이오드의 우수한 특성인 빛의 직진성과 간섭성을 이용하여 넓은 범위에서 응용되고 있다.

LED와 같은 주입 전계 발광소자는 방사 효율(wall-plug 효율)에 의해 그 특성이 결정된다. 방사 효율 Γ_e는

$$\Gamma_e = \Gamma_{ext} \times \Gamma_f \tag{5.3}$$

이고, 여기서 Γ_{ext}는 외부 양자 효율, Γ_f는 급송feeding 효율이다.

LED의 효율은 발광luminous을 통한 방사radiant 효율과 밀접한 관련이 있다. 방사 효율은 상대적인 출력 단위로 측정된 발광 스펙트럼을 이용하여 계산된다. 외부 양자 효율은 LED를 통한 전자수와 이로 인해 방출된 광자수의 비율로 내부 양자 효율(Γ_{rad}), 주입 효율(Γ_{ini}), 광추출 효율(Γ_{opt})의 곱이다. 외부 양자 효율 Γ_{ext}는 다음과 같다.

$$\Gamma_{ext} = \Gamma_{ini} \times \Gamma_{rad} \times \Gamma_{opt} \tag{5.4}$$

주입 효율은 활성으로 주입되는 전자수와 LED를 통과하는 전자수의 비율이고, 내부 양자 효율은 활성층에서 재결합된 전자-정공쌍의 수와 재결합으로 발광된 전자-정공쌍의 수의 비율이며, 광추출 효율은 활성층에서 생성된 광자수와 소자 밖으로 빠져나간 광자수의 비율을 말한다.

급송 효율은 방출된 광자의 평균 에너지 hv와 전자-전공쌍이 LED를 통해 흐를 때 전원으로부터 얻는 전체 에너지의 비율을 의미한다. 따라서

$$\Gamma_f = \frac{hv}{eV} \tag{5.5}$$

여기서 V는 LED를 통한 순방향 전압 강하이고, e는 전자의 전하량이다. 급송 효율은 가해진 전압이 hv/e보다 작게 되면 1을 초과할 수 있는데, 이것은 열적 분포, 즉 $hv > eV$의 에너지를 갖고 방출하는 광자는 결정을 냉각시키는 현상에서 높은 에너지의 전자를 가질 수 있어서 발생한다. 실제로 외부 양자 효율은 $\Gamma_{ext} \fallingdotseq 1$이며, 직렬 저항을 무시할 수 있는 이상적인 LED는 열에너지의 일부를 광으로 방출하는 냉장고의 원리와 같다고 할 수 있다. 그러나 실제 소자에서는 $\Gamma_{ext} < 1$이고, 전극과의 접합이나 반도체 구조 내의 직렬 저항에 의한 전압 강하에 의해 형성되는 열적 요소에 의한 내부 열발생으로 냉각은 발생하

지 않는다.

그림 5.9에서 나타낸 LED의 각종 효율에 대한 물리적 의미를 다시 한 번 살펴보자.

먼저 내부 양자 효율internal quantum efficiency이다. 이것은 단위 시간당 활성 영역active region으로부터 방출한 광자photon의 수를 단위 시간당 LED로 주입된 전자의 수로 나눈 것을 말하며, 외부 양자 효율external quantum efficiency은 단위 시간당 자유공간 영역으로 방출된 광자의 수를 LED로 주입된 전자의 수로 나눈 값이다. 한편 전력 효율power efficiency은 LED에 공급한 전력에 대한 자유공간으로 방출한 광전력optical power의 비(比)이다.

2. 발광 재결합 효율

발광 재결합 효율 Γ_{rad}는 전자-정공이 재결합할 때 발광 재결합의 비율을 나타낸다. 직접 재결합에서의 정상적인 전자-정공은 빛을 방출하는 발광 재결합이 되지만, 반도체 활성층에 불순물이 존재하거나 전자-정공의 충돌이 심할 경우에는 빛을 방출하지 못하고 다른 에너지로의 방출로 인하여 발광할 수 없게 된다.

먼저 그림 5.10(c)의 경우 도핑 원자나 불순물에 의해 에너지 준위인 포획trap 중심에서 재결합이 일어나 전자의 에너지가 열이나 초음파 에너지로 변화되는 비발광 재결합 현상이다. 그림 (b)는 전자나 정공의 에너지가 제3의 전자나 정공의 운동 에너지로 흡수되어 발광하지 못하는 직접 재결합을 나타낸다. 그림 (a)는 정상적인 발광 재결합을 나타낸 것이다. 평균 발광 재결합 시간을 t_{rad} 비발광 재결합 시간을 t_n이라고 하면 발광 재결합 효율(Γ_{rad})은 다음 식과 같이 표현된다.

$$\Gamma_{rad} = \frac{t_n}{t_{rad} + t_n} \tag{5.6}$$

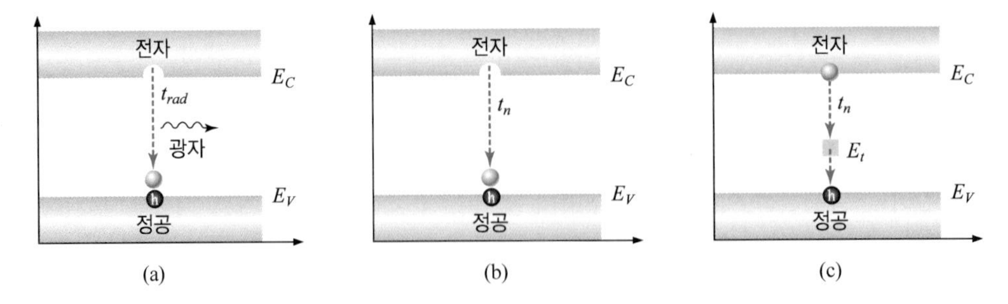

그림 5.10 (a) 발광 재결합, (b) 직접 재결합, (c) 포획 재결합

3. 전류 주입 효율

전류 주입 효율 Γ_{inj}는 외부에서 공급된 전자와 정공들이 활성층에서 재결합하게 되는 효율을 나타낸다. 그림 5.11과 같은 일반적인 pin LED에서 활성층으로 공급된 캐리어는 대부분 활성층에서 재결합하지만, 일부는 활성층 밖으로 빠져나와 캐리어 전송층에서 재결합하게 된다. 이 경우 p형, n형의 이종 물질의 에너지 갭이 크거나 간접 재결합일 경우 이 영역에서의 재결합은 원하는 파장의 빛을 얻을 수 없게 된다. 따라서 전류 주입 효율을 높여주기 위해서는 활성층에 들어온 캐리어가 빠져나가지 않도록 활성층과 주변 클래딩$_{\text{cladding}}$의 에너지 갭 불연속값이 커여 한다. 전류 주입 효율을 높이기 위한 방법이 고안되어 제작에 적용하고 있다.

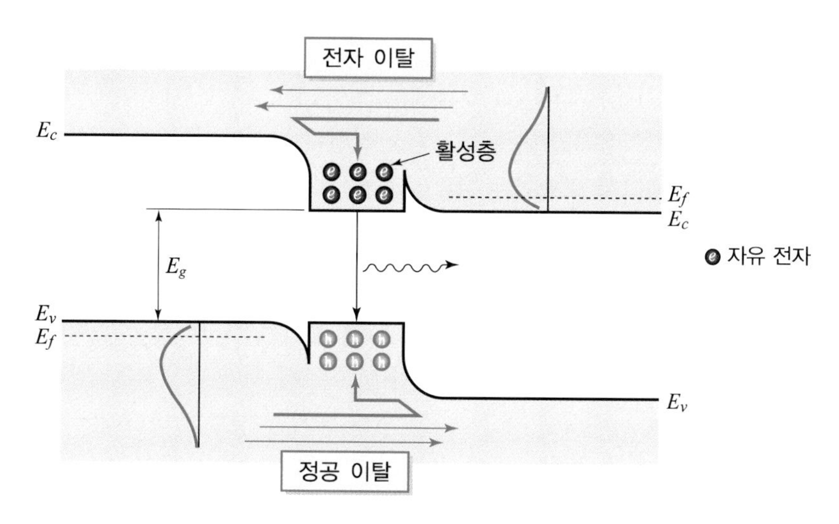

그림 5.11 LED의 캐리어와 재결합

(1) 캐리어 차단층

고출력 LED에서는 캐리어의 활성층 이탈을 방지하기 위하여 그림 5.12와 같이 활성층 주변에 에너지 장벽을 쌓아두는 캐리어 차단층을 활용하고 있다. AlInGaP계의 적색 LED 구조에서는 그림 (a)와 같이 전자의 이탈을 막기 위하여 전도대의 에너지 장벽을 높임과 동시에, 정공의 공급을 원활히 하기 위하여 가전대의 에너지 장벽은 낮춘 인장 변형 장벽층(TSBC$_{\text{tensile strain barrier caldding}}$)을 고안하였다. 그러나 이 경우 p형 도핑에 어려움이 있기 때문에 그림 (b)와 같이 다중 양자구조 장벽(MQB$_{\text{multiple quantum barrier}}$)을 p형 클래딩에 삽입한 구조를 사용하기도 한다.

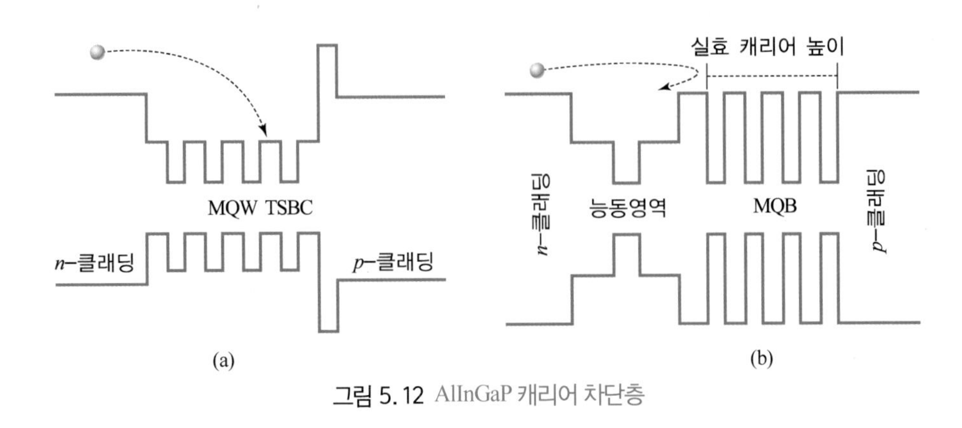

그림 5.12 AlInGaP 캐리어 차단층

(2) 표면 누설 전류

한편 LED는 기본적으로 pin 반도체로 구성된다. 그러나 LED의 가장자리는 반도체의 결정이 단절되어 이상적인 반도체 기능을 상실하게 된다. 특히 전류를 주입하였을 때 이러한 가장자리를 따라서 소모되는 전류는 표면 누설 전류surface leakage current라 한다. 이상적인 반도체에는 균일한 전자-정공의 분포가 유지되며 p형일 경우 정공의 농도가 전자의 농도보다 월등히 높다. 그러나 반도체 가장자리에는 결정의 불완전성으로 인해 표면 에너지 준위라는 재결합 거점들이 산재해 있어 이를 통해서 전자-정공의 비발광 재결합이 일어난다. 이로 인해 반도체 가장자리로 전류가 흐르게 되어 전체적인 전류 주입 효율을 떨어뜨린다. 반도체 표면에서의 전자-정공 쌍의 재결합 정도를 나타내는 것으로 표면 재결합 속도가 있는데, 이 값이 클수록 표면의 누설 전류가 커짐을 의미한다. LED 표면에서의 표면 재결합에 의한 전류 손실을 방지하기 위해서는 반도체 가장자리를 산화하거나 박막 코팅 등을 통하여 표면 재결합 거점의 농도를 줄여야 하는데, 하나의 방법으로 노출된 반도체 가장자리를 SiO_2나 SiN 등으로 코팅하는 것이다.

(3) 전극 구조

그림 5.13에서 LED의 여러 가지 전극 구조를 보여주고 있다. 원판형 전극이 LED 표면에 위치하게 되면 전류 전송 효율에는 도움이 되나, 광추출 효율에 방해가 되는 경우가 있다. 이를 해소하기 위하여 원판은 작게, 그러나 전류 확산 효과는 충분히 거두기 위하여 그림 5.13과 같은 전극 구조를 채택하고 있는데, p형과 n형의 접촉면을 많게 한 패턴을 보여주고 있다.

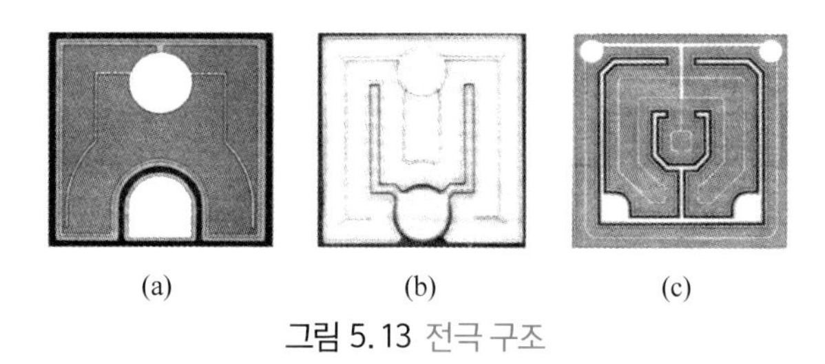

그림 5.13 전극 구조

한편 기판이 사파이어와 같이 부도체인 경우는 반도체의 윗면과 아랫면에 전극을 형성해 주는 것이 어렵다. 이 경우 반도체 기판 바닥에 부착할 전극을 반도체 표면으로 올리는 p형 영역이 평평하고 주변이 벼랑인 모형$_{\text{mesa}}$ 구조로 제작하고 있다.

4. 광추출 효율

발관 다이오드$_{\text{LED}}$는 빛이 방출되는 방향에 따라 표면 발광$_{\text{surface light emitting}}$과 측면 발광$_{\text{side light emitting}}$의 두 종류가 있는데, 표면 발광은 반도체와 공기의 계면에서 일어나는 전반사의 임계 각도보다 작은 각으로 입사하는 빛은 모두 외부로 방출되므로 원형의 방출콘$_{\text{escape cone}}$을 형성하게 되어 원형광이 방출된다. 측면 발광에서 수평 방사각은 주로 전반사의 지배를 받으나 수직 방사각은 전반사뿐만 아니라 활성층을 위아래로 둘러싼 클래드층과 굴절률 차이에 의한 도파$_{\text{wave guide}}$ 효과와 발광 영역의 회절 효과의 지배를 받기 때문에 일반적으로 타원 형태의 빛이 방출된다.

LED의 활성층에서 생성된 빛은 육면체 LED의 여섯 개면으로 대부분 방출되지만, 일부는 밖으로 빠져나오는 동안 결함에 잡혀 열에너지로 변환되거나 내부 전반사$_{\text{total internal reflection}}$에 걸려 LED 내부에서 소멸된다. 전반사 현상은 칩의 구조상 직육면체 칩일 경우 칩 내부의 굴절률과 외부 환경의 굴절률에 차이가 있을 때 칩과 외부 매질 사이의 경계면에서 내부반사가 생긴다. 전반사는 입사각 Φ_c가 특정 각도 이상에서는 100% 반사만 일어

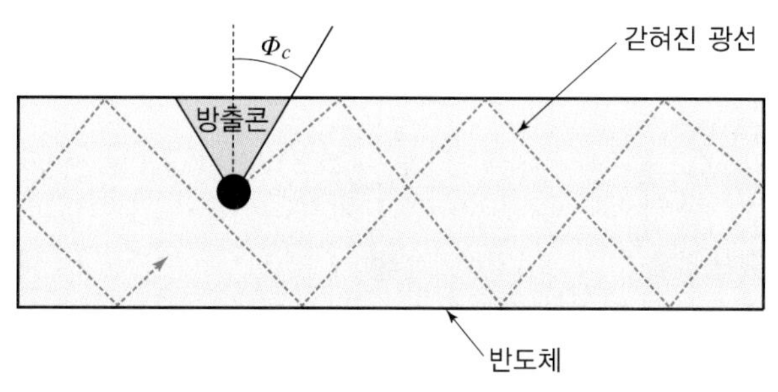

그림 5.14 LED 방출광의 궤적

나는 현상이다. GaAs 재료는 굴절률이 3.6이고, 공기와 계면 사이의 전반사 임계각도 $\Phi_c = \sin^{-1}(1/n)$는 약 16도 정도인데, 이보다 큰 각으로 입사한 빛은 모두 전반사에 의해 다시 반도체 쪽으로 되돌아간다. 이는 반도체와 공기 사이의 굴절률 차이가 상당히 크기 때문에 일어나는 현상이다. 그림 5.14와 같이 LED 내부에서 발생한 빛 중에서 Φ_c보다 작은 입사각으로 표면에 도달한 빛들은 방출콘에 포함되어 대부분 밖으로 방출되지만, 이 각보다 같거나 큰 입사각으로 입사되는 빛들은 직육면체의 LED 구조물 내부에 갇혀서 밖으로 빠져나오지 못하고 내부에서만 계속 돌아다니다 결국은 소멸된다.

그림 5.15는 LED 내부의 광원에서 생성된 빛이 LED 밖으로 방출할 때 그 추출각에 따른 광 방사량을 측정하는 모형을 나타낸 것이다. 일반적으로 평면형 LED는 임계각이 작아 광추출 효율이 떨어진다. 이를 개선하여 만든 구조로서 반원형$_{\text{hemispherical}}$ 구조와 포물선형$_{\text{parabolic}}$ 구조가 있다. 그림 5.16에서는 표면 방사각에 따른 광방출 패턴을 보여주고 있다. 먼저 평면형인 경우 수직 방향으로의 방출량에 비하여 비스듬한 각도로의 방출량은 줄어든다. 반면에 반원형 포면을 갖는 LED의 경우 어떤 각으로나 균일한 방출 패턴을 보여주고 있다. 포물선형 표면의 경우 수직 방향으로의 집중도가 가장 뛰어나 정해진 방향으로 빛을 방출해야 하는 플래시 램프나 광통신용 LED에 적합한 표면 구조이다.

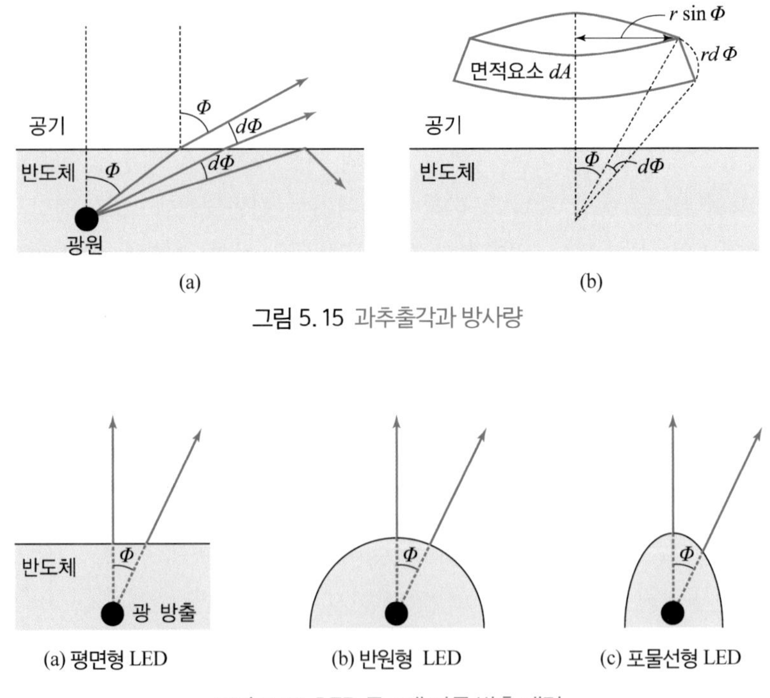

그림 5.15 과추출각과 방사량

그림 5.16 LED 구조에 따른 방출 패턴

광추출 효율을 증진시키기 위하여 반도체 LED의 표면을 반원구형이나 포물선으로 하면 효과적이나 반도체의 곡면을 가공하는 것은 매우 어려운 공정이어서 실제 LED 제작에는 반도체 표면을 직접 가공하는 대신 굴절률이 높은 에폭시$_{epoxy}$를 이용하여 희망하는 광추출 효과를 얻어낸다.

5.4 발광 다이오드의 종류와 재료

LED는 1960년대 괄목한 만한 기술개발이 이루어졌는데, 1962년 GE사에서 현재와 같은 반도체 LED를 개발하였고, 1968년에는 GaAsP의 3원계 화합물로 된 적색 LED가 개발되어 상용화되었다. LED는 백열전구에 비해 필라멘트가 없고, 내진동성이 우수하고, 신뢰성이 매우 높은 점, 또 작은 전류로 점등하고, 동시에 발열이 매우 작은 점 등의 특징이 있어 여러 기기에 사용되었다. 그 후 화합물 반도체인 GaAs와 GaP 등의 단결정 성장 기술이 개발되어 화합물 반도체 기술을 확보하게 되었다. 1980년대 후반에 높은 수준의 에너지 변환 효율을 얻을 수 있는 AlGaAs 기술을 이용한 고휘도 적색 LED가 개발되어 자동차의 브레이크 등이나 미등, 적색 신호등 등에 적용되었다. 1992년부터는 AlGaAs 기술보다 훨씬 휘도를 높일 수 있고, 신뢰성을 확보할 수 있는 AlGaInP 기술이 개발되어 초고휘도 적색 및 주황색 LED가 상용화되면서 LED 교통 신호기의 보급이 시작되었다. 1993년 말에는 일본의 니치아 화학에서 InGaN 고휘도 청색 LED가 개발되었고, 1995년에는 고휘도 녹색 LED가 개발되면서 오랜 숙원이었던 빛의 삼원색인 적색$_{red}$, 청색$_{blue}$, 녹색$_{green}$ LED가 등장하게 되었다. 1996년에는 청색 LED에 형광 물질을 첨가시켜 구현한 백색 LED가 개발되었고, 2000년에는 LED의 성능 지수가 형광등보다 훨씬 좋은 100[lm/W] 이상의 고휘도 LED가 개발되면서 반도체 LED가 조명 산업에 응용되는 계기가 되었다. 이제 고휘도 LED의 종류에 대해여 살펴보자.

1. AllnGaP LED

AllnGaP LED에서는 $(Al_xGa_{1-x})_{0.5}In_{0.5}P$가 GaAs에 격장상수가 일치하고, Al의 조성비에 따라 에너지 밴드갭을 1.9~2.3[eV]까지 조절할 수 있어 적색에 황색까지의 고휘도 LED를 구현할 수 있다. 그러나 AllnGaP 성장은 유기 금속화학 기상 증착법에 의해서만 가능하여 이 기술을 이용한 고휘도 구조의 경우 윗면 접촉층 아래에 전류 차단층$_{currnet\ blocking\ layer}$을 성장하고, 아랫면에는 발광층과 흡수층인 GaAs 기판 사이에 브래그 반사체$_{\text{Btagg reflector}}$를 성장하여 LED를 제작한다. 이 기술로 구현된 LED의 발광 효율은 590[nm]에서 26[lm/W], 외부 양자 효율은 5% 정도를 얻고 있으나, 앞으로 계속 향상될 것이다.

2. InGaN LED

대부분의 GaN LED는 사파이어 기판 혹은 SiC 기판에 성장시키고 있는데, 청색이나 녹색에 대하여 기판의 흡수 없이 임의의 파장에 대하여 투과하도록 하여 GaN LED의 광추출 효율을 높이고 있다. 주로 유기 금속화학 기상 증착법으로 성장된 박막이 가장 좋은 특성을 나타내는 것으로 알려져 있는데, 가시광 영역의 발광 다이오드 활성층으로는 InGaN가 쓰이고 있다. 조성에 따라서 밴드갭 에너지가 정해져 자외선에서 적색까지의 파장을 얻을 수 있다.

3. 백색 LED

현재 활발하게 기술의 진전을 이루고 있는 GaN계의 백색$_{\text{white}}$ LED의 제조 방법은 네 가지로 나눌 수 있다. 단일 침 형태의 것으로 청색 혹은 UV LED 칩 위에 형광 물질을 결합하여 백색을 얻는 방법과 멀티 칩$_{\text{multi chip}}$ 형태로 두 개 혹은 세 개의 LED 칩을 서로 조합하여 백색을 얻는 방법이 그것이다. 그림 5.17에서는 백색 LED를 구현하기 위한 제조 방법을 보여주고 있다. 하나의 칩에 형광체를 접목시키는 방법은 1993년 후반에 들어서 고휘도 청색 LED의 상용화가 이루어짐에 따라 청색 LED를 여기 광원$_{\text{excited light source}}$으로 사용하고, 여기광을 YAG$_{\text{yttrium aluminum garnet}}$의 황색(560[nm])을 내는 형광 물질에 통과시키는 형태의 백색 LED가 처음으로 등장하게 되었다.

최근에는 보색 관계를 갖는 두 개의 LED를 결합하여 만드는 보색방법$_{\text{binary complementary}}$을 이용한 백색 LED가 출현하였다. 주황색과 청녹색을 4 : 1 비율로 섞으면 백색광이 되는데, 앞에서 기술한 바와 같이 주황색에서 적색까지의 발광색을 조절할 수 있는 InGaAlP LED의 경우에는 성능지수가 100[lm/W]를 초과함에 따라 현재 조합된 백색 LED의 조명 효율이 형광등과 가까운 정도이다. LED의 조명 효율이 빠른 속도로 높아지고 있는 추세에 있어 형광등보다 높은 LED 조명등이 출현하여 상용화되고 있다. 표 5.4에서는 앞서 소개한 네 가지 방법에 대한 특징을 비교하였다.

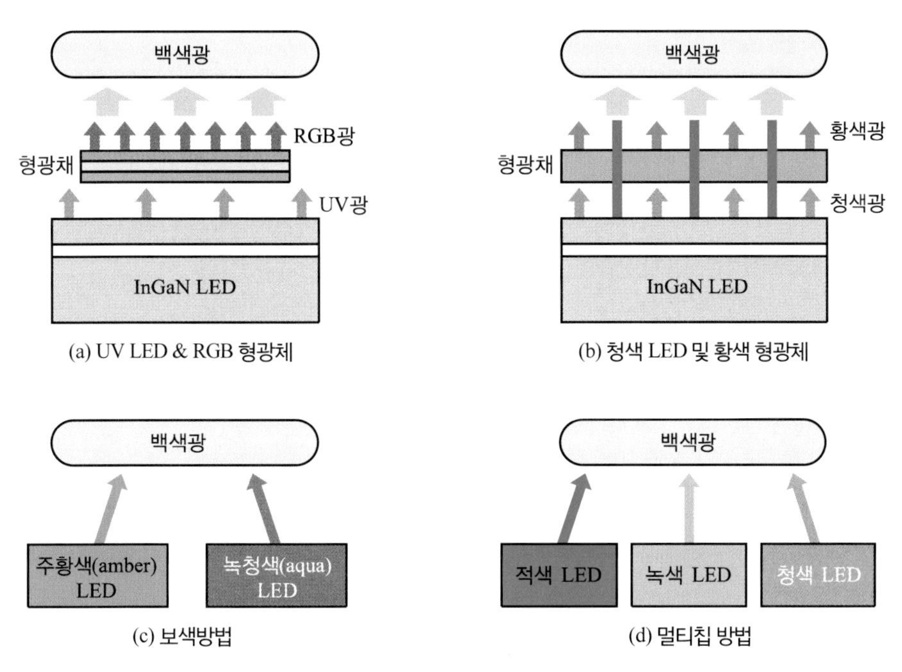

그림 5.17 LED의 백색광 구현

표 5.4 백색 LED 기술의 특징

평가항목 \ 기 술	청색 LED 및 형광체	UV LED 및 RGB 형광체	보색방법	RGB 멀티칩 방법
색 구현성	빈약	최우수	빈약	우수
색감 안정성	우수	최우수	빈약	빈약
광 유지성	빈약	–	우수	우수
형광재료	필요	–	불필요	불필요
효율	빈약	최우수	우수	우수
용도	후면광	백색 램프	광원	디스플레이

표 5.5에서는 LED 기술의 발전 과정을 요약한 것이다. 우선 기술적인 측면에서 보면 반도체는 전기 전도성이 좋지 않으면서 동시에 발광층이 흡수층의 역학을 하기 때문에 칩 크기에 제한을 받는다. 현재 상용호된 LED 칩의 경우 보통 0.3~1.0[mm] 정도의 크기만을 갖는데, 이처럼 칩의 크기가 작고 지향성 광원이기 때문에 부품 및 모듈의 박형화가 가능하여 디자인의 유연성이 매우 높다. 이런 장점은 자동차, 건축, 인테리어 등 디자인을 중요시하는 산업에서 빠른 속도로 기존의 전구형 광원을 대체해 가고 있는 실정이다. 전기 신호에 대한 응답성도 매우 뛰어나 수십 나노($\sim 10^{-8}$)초 단위의 고속응답 속도를 가지므로

표 5.5 LED 기술의 발전 과정

기술발전	~1990	1990~2002	2002~
용도	기계장치 표시기, 회로점등, 숫자 및 문자 디스플레이	교통 신호등, 전광판, 자동차 내외장 램프, 소형 LCD 후면광원, 간접 조명	중대형 LCD 후면광원, 자동차 헤드램프, 일반 조명
기술개발	GaAsP 적색 LED 개발	InGaAlP계 적색 LED	고출력 백색 LED (120 lm/PKG)
	GaAsP LED 상용 제품	Nitride계 청색 LED	외부 양자 효율 43% (N-UV LED)
	AlGaAs/GaAs 고휘도 LED	Nitride계 녹색 LED	외부 양자 효율 47% SiC 기반 GaN 청색 LED
	AlN 버퍼를 이용한 질화물계 MIS 구조 발광	Blue+YAG : Ce 백색 LED	70 lm/W급 백색 LED
		100 lm/W급 적색 LED	

on-off 스위칭이 기존 램프에 비해 훨씬 빠르다. 이러한 특성은 전광판의 고속의 동영상을 가능하게 하거나 LCD 후면광원으로 채택할 경우 잔상(blurring) 현상을 없애 주는 장점으로 작용한다. 또한 공진층을 주어 스펙트럼 선폭을 좁게 함으로써 초단거리 통신용 광원으로 사용되기도 한다. LED는 뜨겁지 않은 냉광원이므로 오염물질 및 유해가스 열분해에 의한 일산화탄소 발생이 전혀 없고 무수은 광원이므로 폐기물 처리가 간편한 환경친화적 광원이다.

LED의 가장 큰 장점은 무엇보다도 고효율에 의한 저전력 소자라는 점이며, 이로 인해 발생되는 전기 에너지 절감, 장수명 등의 특징은 기존 일반 조명등과 매우 차별되는 장점이기도 하다. 그러나 반도체의 특성상 온도 변화와 전기 충격에 매우 민감하여 제품이 설치되는 환경에 따라 온도와 정전 보상 회로를 추가해야 하는등 구동 회로가 다소 복잡한 특징도 있다.

4. 발광 다이오드의 재료

LED용 반도체 재료를 결정하기 위해서는 다음과 같은 조건을 고려해야 하는데,

- 요구하는 발광색을 얻기 위해 반도체의 적절한 에너지 갭의 재료를 선정해야 한다.
- 발광 특성이 우수한 재료를 선택해야 한다.
- 우수한 발광 특성을 갖기 위해 소수 캐리어의 주입이 용이한 재료를 선정해야 한다.
- 발광한 빛이 결정 내에서 외부로 나가는 효율이 높아야 한다.

등이다. 또한 이러한 조건을 만족하면서 좋은 LED를 형성하기 위해서는 먼저 우수한 접합을 만들어야 하며, 역시 필요로 하는 발광색을 얻기 위해 결정 내의 발광 중심에 불순물이 적절히 분포되도록 하는 기술도 중요하다.

(1) GaP : ZnO 적색 LED

GaP를 이용한 적색 LED는 1970년대 상용화되면서 지금까지 LED의 주축을 이루어 왔으며, 차지하는 비율이 매우 높다. 결정 성장법으로는 GaP를 기판으로 성장하고, LPE법으로 발광용 pn접합을 형성한다. GaP는 간접 천이형 반도체지만 포획 중심을 사용하면 발광 효율을 높일 수 있는데, ZnO를 발광 중심으로 사용하여 발광 효율을 높일 수 있다.

그림 5.18은 GaP 적색 LED의 기본 구조를 보여주고 있는데, 이는 저전류 용으로 적합한 표시소자로서 각종 가전제품이나 옥내용 기기에 주로 사용한다.

(2) GaP : N 녹색 LED

녹색 LED는 최근에 발광 효율이 크게 개선되고 있는데, 간접 천이형 반도체인 GaP를 사용하며, 발광 중심에 질소를 첨가하여 녹색 LED를 형성한다. 발광 최대 파장은 565[nm]로 약간 황색을 포함하고 발광 효율은 비교적 낮지만, 비시감도가 적색보다 10배 이상 높기 때문에 눈에는 매우 밝게 느껴진다. 그리고 순녹색의 LED를 제작하기 위해서는 성장 과정에 질소(N)를 주입하지 않으면 이때 발광 파장을 555[nm]로 조절할 수 있다.

(3) GaAsP계 적색 LED

GaAsP계의 성분비는 GaAs1-xPx로 나타내는데, x의 변화에 따라 적외선(x=0)에서부터

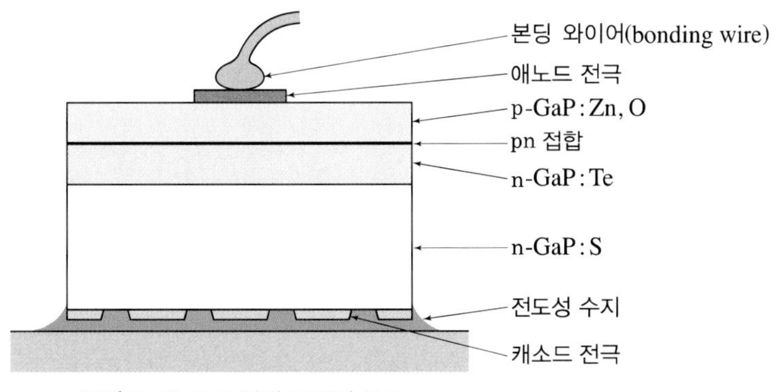

그림 5.18 GaP 적색 LED의 구조

녹색(x=1)까지 발광할 수 있는 LED를 만들 수 있다. GaAsP는 기판 결정상에 VPE법으로 n형 GaAsP를 성장하고, p형 불순물을 확산하여 발광용 pn접합을 형성한다. 조성비를 x=0.55로 결정 성장하면 최대 파장이 650[nm]의 적색 LED를 만들 수 있으며 결정 성장의 기술개발, 발광층의 결정성 개선 및 도핑기술의 개량 등으로 휘도가 향상되어 왔으며, 생산기술의 향상으로 원가를 줄이고 있다.

(4) GaAsP계의 등황색 LED

GaAsP계 등황색 LED는 기판 결정을 GaP로 하고 VPE법으로 발광용 pn접합을 만든다. GaAs1-xPx의의 조성비에서 x를 조절하면 단파장화, 즉 적색 LED인 0.55보다 높여 0.65에서 0.75로 조정하면 최대 파장이 630에서 610[nm] 범위의 등황색 LED가 만들어지며, x를 0.85에서 0.90까지 조절하며 최대 파장을 590~583[nm]의 황색 LED를 발광할 수 있지만, 발광 효율은 다소 떨어진다.

(5) GaAlAs계 LED

$Ga_{1-x}Al_xAs$의 LED는 조성비를 조정하여 최대 파장이 660~900[nm]로 적색에서 적외선까지 사용할 수 있다. 직접 천이형의 반도체로서 발광 효율을 개선하기 위해 단일 이종 구조의 발광층에서 하나 더 삽입하여 양측으로 만들어 캐리어를 가둘 수 있는 이중 이종 구조로 개발하고 있다. 이에 따라 외부 양자 효율은 단일 이종 구조보다 크게 증가한다. 응용분야로는 자동차, 도로표시 및 대형 광고판 등의 옥외용 표시 소자로 확대되고 있는 실정이다. 그림 5.19에서 이들 구조를 보여주고 있다.

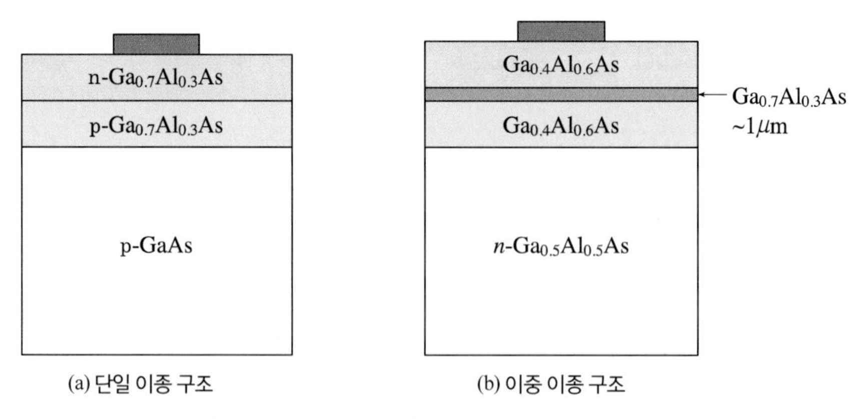

그림 5.19 GaAlAs 적색 LED 구조

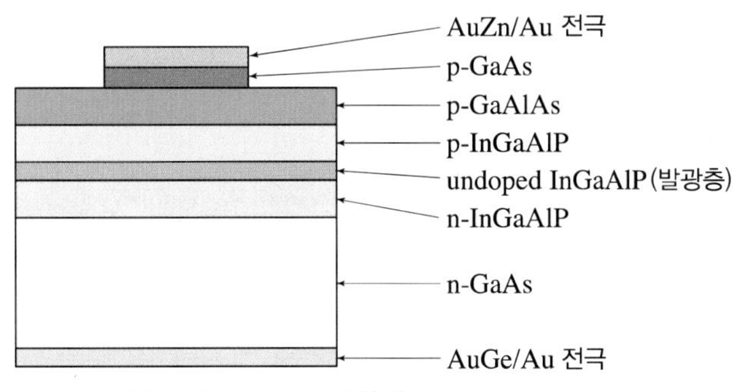

그림 5.20 InGaAlP 등황색 LED 구조

(6) InGaAlP계 등황색/황색 LED

최근에 실용화에 성공한 $In_{1-y}(Ga_{1-x}Al_x)_yP$계의 혼합 결정재료는 직접 천이형의 반도체이며, 등황색과 황색 LED의 휘도 개선을 가능하게 하였다. 혼합 결정 $In_{1/2}(Ga_{1-x}Al_x)_{1/2}P$에서 x를 0에서 0.6까지 조정하면 최대 파장은 660에서 555[nm]로 적색에서 녹색까지 만들어지며, 높은 발광 효율을 가진 LED를 기대할 수 있다. 결정 성장을 MOCVD에 의해 이중이종 구조로 만든 InGaAlP를 이용하여 고휘도의 등황색 LED를 개발하였으며, 내부 양자효율을 올리기 위해 불순물 농도를 최적화한다. 그림 5.20에서 그 구조를 보여주고 있다.

(7) GaN계 청색 LED

GaN은 직접 천이형의 에너지대 구조를 가진 반도체로서 발광 효율을 면에서 유리하지만, 대형 기판으로 만들기가 쉽지 않고 p형 결정을 만들기가 어려운 단점을 가진다. 따라서 $Al_2O_{3sapphire}$ 결정기판 상에 VPE법으로 n-GaN를 성장하고 I(InGaN)층을 만들어 청색 LED를 형성하여 제작하고 있다.

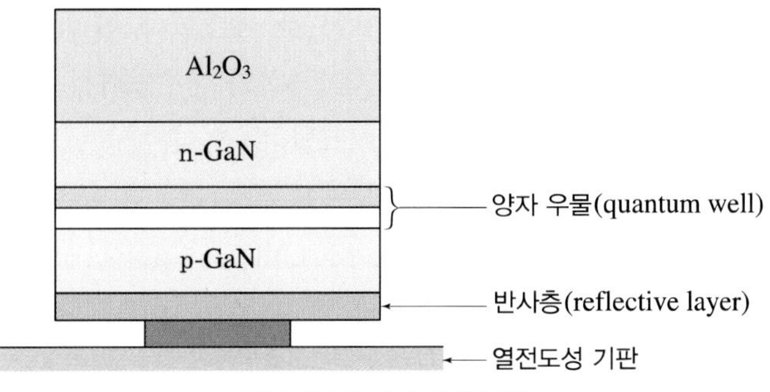

그림 5.21 GaN계 청색 LED

전자선 조사에 의한 처리로 억셉터acceptor 불순물을 활성화하여 p형 전도성을 나타내는 GaN 단결정을 실현하였는데, 마그네슘(Mg)을 도핑하여 저항이 높은 GaN : Mg에 전자선을 조사함으로써 비저항이 수십 Ω·m로 낮아지는 p형 결정을 형성하였다. 이와 같은 GaN층의 p형화는 열적인 처리annealing로도 가능하며, GaN 완충층buffer layer을 이용하여 보다 높은 캐리어 농도를 가진 p형 층을 실현할 수 있게 되어 GaN계 청색 LED의 특성을 향상시킬 수 있다. 특히 고휘도의 InGaN/AlGaN의 이중 이종 구조로 청색 LED를 구현하여 옥외형 LED 디스플레이를 완전 컬러화하여 구성할 수 있고, 도로교통용 신호기로서 대체하고 있다. 그림 5.21에서 구조를 보여주고 있다.

5.5 발광 다이오드의 제조 공정

Semiconductor Device Engineering

1. LED 공정의 개요

앞에서 LED의 원리 및 특성에 대하여 살펴보았다. 우리 생활에 커다란 영향을 미치고 있는 LED 칩이 어떠한 과정을 통해서 만들어지는지 살펴보자. LED 칩은 LED의 특성을 결정짓는 구성요소 중 가장 중요하다. 따라서 LED 칩의 제조 공정을 이해하는 것이 LED를 이해하는데 있어 매우 중요한 과정이다. 그림 5.22에서는 LED 칩에 대한 주요 제조 공정의 흐름을 보여주고 있다.

먼저 기판의 단결정은 보트 성장법인 수평 Bridgman법과 액체 밀봉 CZCzochralski법으로 제조한다. 일반적으로 GaP 단결정은 CZ법에 의해 제조하는데, 이는 단결정의 인상장치를 이용한다. 원료로는 순도 99.999%(5N)의 다결정 GaP와 밀봉제로 B_2O_3를 사용하며, N_2 혹은 Ar 분위기에서 1460[℃]의 고온에서 처리한다.

그리고 GaAs 단결정은 석영관 내에 Ga과 As를 봉입하고 가열 용융한 Ga에 1,240[℃]로 기화된 As를 반응시켜 온도차를 이용한 HB법으로 제조한다. 또한 고휘도의 GaAsP와 GaAlAs LED도 HB법으로 기판을 준비하며, 저가격화와 대구경화를 잉룰 수 있는 LEC법은 GaP이나 InGaAs 기판을 제조하기 위해 이용할 수 있다.

단결정 기판을 구성하고 발광층을 형성하기 위한 결정 성장 기술은 LPEliquid phase epitaxy, VPEvapor phase epitaxy, MBEmolecular beam epitaxy, MOCVDmetal organic chemical vapor deposition 등 매우 다양하다.

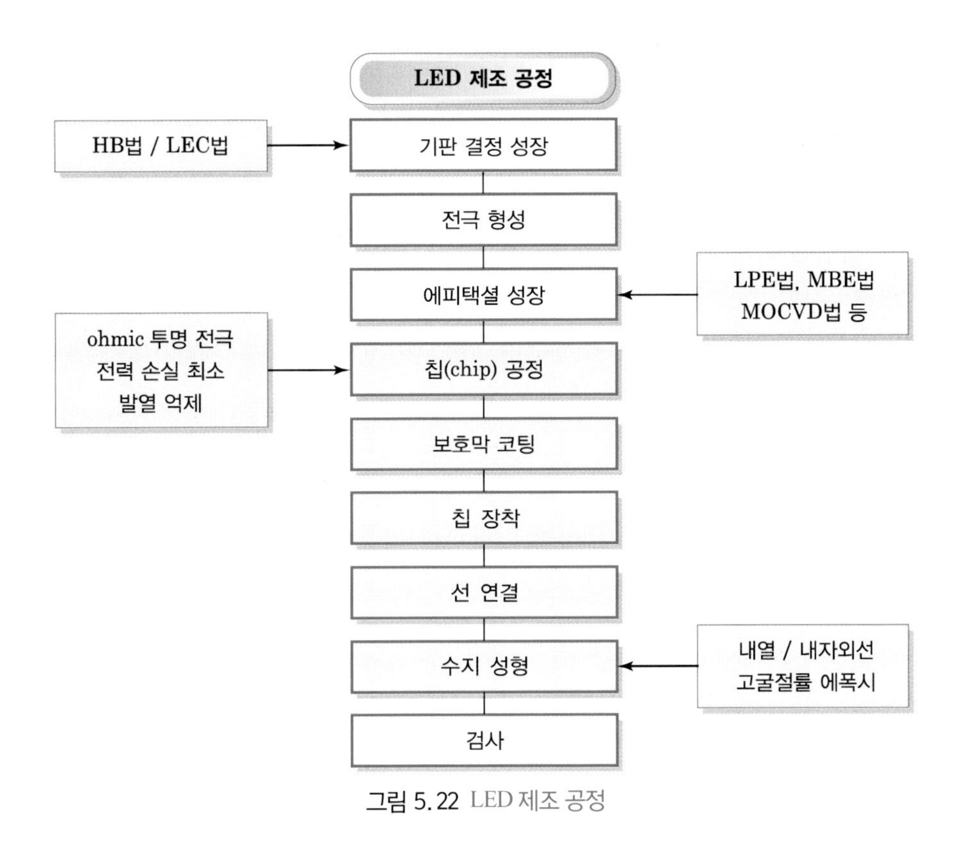

그림 5.22 LED 제조 공정

LPE법의 원리는 온도에 대한 용해도의 변화를 이용하여 포화용액의 냉각에 의해 과잉 용해분의 용질이 기판의 결정 표면에 석출되도록 하는 용액 냉각법으로 고순도의 결정을 얻을 수 있고, 성장속도가 비교적 빠르기 때문에 GaP, GaAs, InP 등의 LED 생산에 사용된다. 그러나 LPE법의 단점으로는 막두께와 조성의 조절이 어렵고, 표면에 요철이 발생한다는 것이다.

VPE법은 Ⅲ족의 금속 우너천 가스와 Ⅴ족의 염화물이나 수소화물을 반응시키는 기상성장법으로 GaAsP LED의 제조에 사용한다. 염화물계의 고순도를 얻을 수 있지만, 조성의 제어가 어렵다. 반면에 수소화물계에서는 성장속도나 조성의 조절이 용이하다는 장점을 가진다.

MBE법은 초고진공하에서 고체 원료를 가열한 후 기화시켜 얻은 분자선을 기판 결정 위에 뿌려 단결정을 성장시키는 방법으로 조성이나 막두께의 조절이 용이하고 균일성이 우수하며, 가파른 계면을 용이하게 구성할 수 있고, 저온 성장에 의해 고순도 결정을 얻을 수 있다는 점이다.

MOCVD법은 Ⅲ-Ⅴ족 화합물에서 Ⅲ족의 알칼리 금속, Ⅴ족의 수소화물을 원료로 기상 성장법에 의해 가열하여 기판상에서 과잉 반응시키는 결정 성장법이다. 장점으로는 조성 및 막두께의 조절이 용이하고, 균일성이 우수하며, 양산성이 좋은 방법이다. InP계의 성장에 적합하며, 고휘도의 InGaAlP LED 제작이 가능하다.

제조 공정 중의 칩 공정에는 옴ohmic 전극 형성이 있는데, 이는 전극에서의 전력 손실을 작게 하여 발열을 억제하기 위한 것이다. 수지 몰드에서는 칩으로부터 빛이 외부로 잘 방출하도록 몰드를 렌즈 모양으로 형성하며, 렌즈의 굴절률을 반도체의 재료에 가까운 것을 사용한다. 실제로 칩의 전체 광량 중에 단지 10% 정도만이 외부로 방출되나, 칩의 효율적 설계로 그 이상까지 가능하다.

LED의 검사 항목으로 I-V법, C-V법, 전류－휘도 특성, 발광－피크파장, 발광 스펙트럼, 응답속도, 발광 효율, 온도 특성, 각도 특성 및 수명 등을 시험한다. 이외에 전류, 전압 및 온도의 최대정격 등을 측정하며, 대부분의 공정을 자동화하여 저가격화를 추구한다.

2. 에피택시 공정

소자의 제조를 위한 결정 성장 방법 중 하나는 단결정으로 이루어진 웨이퍼 위에 얇은 박막 결정을 성장시키는 것이다. 이 과정에서 기판을 그 위에 새로운 결정을 성장시키는 시드 결정seed crystal이 되며, 새 결정은 기판과 같은 결정 구조 및 방향성을 가진다. 이렇게 기판 웨이퍼 위에 같은 방향성을 갖는 단결정 막을 성장하는 기술을 에피택셜 성장epitaxial growth 또는 에피택시epitaxy라 한다. 에피택시는 성장되는 결정이 기판 결정과 같은 물질인 동종 에피택시homoepitaxy와 결정들이 서로 유사한 격자 구조를 갖지만, 다른 물질인 이종 에피택시heteroepitaxy로 구분된다. 에피택시는 기판 결정의 용융점보다 훨씬 낮은 온도(1080 [℃] 이하)에서 행해지며, 성장막의 표면에 적절한 원자를 공급하기 위하여 다양한 방법이 사용된다.

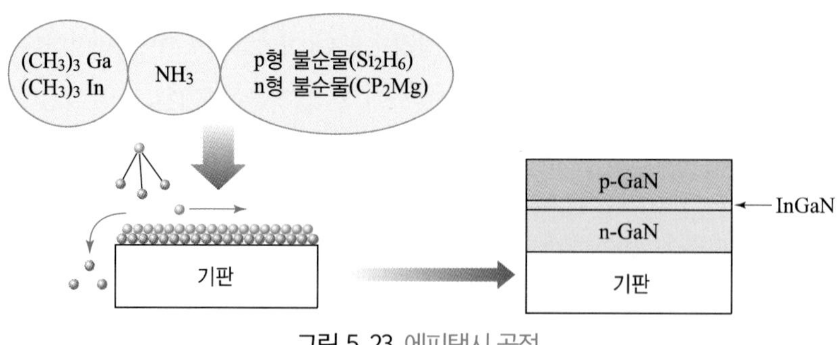

그림 5.23 에피택시 공정

현재 주로 사용되고 있는 방법에는 액상 에피택시, 기상 에피택시, 분자선 에피택시 등이 있고, 이러한 성장 방법들에 의해 Si과 GaAs를 포함하는 광범위한 반도체 박막 결정을 성장하고 있다. 특히 화합물 반도체인 LED칩의 구현에 있어 에피택시 공정을 필수적인 공정이다. 그림 5.23에서는 에피택시 공정과 단면을 보여주고 있다.

3. 사진 현상 공정

반도체, 절연물, 금속상에 희망하는 패턴을 얻기 위해 불필요한 부분을 제거하는 기술인 식각을 사진 현상 식각lithography이라 한다. LED 칩의 제작에 있어서도 매우 중요한 과정 중 하나이며, 사진 인쇄 기술의 의미를 갖고 있다. 보통 자외선을 이용하므로 광 사진 현상 photolithoraphy 혹은 광식각photoetching이라고도 한다. 식각에 대한 보호막으로서 감광성 수지 resist를 주로 사용하며, 자외선이 쪼여진 부분은 고분자화해서 용제에 녹지 않게 되고, 쪼여지지 않는 부분은 녹는다. 이와 같은 성질을 갖는 감광막을 음성형negative type이라 한다.

에피택시 공정을 통해서 원하는 조성의 박막을 형성하고, 이것에 감광성 수지를 도포한다. 희망하는 패턴의 마스크를 써서 자외선을 쪼인다. 반도체 소자 제조 공정에서는 수 회 이상 광 사진 현상을 행하므로 마스크와 반도체 표면의 감광막의 패턴과 상대적 위치 정렬이 필요하다. 다음은 현상 공정developer에 의해서 감광막 위에 패턴이 형성된다. 화학약품

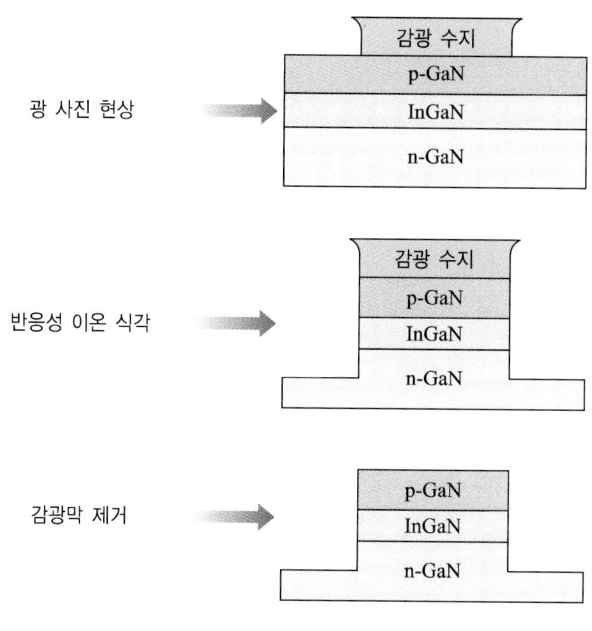

그림 5.24 사진 현상 공정

을 사용하는 습식 식각wet etching이나 반응성 가스를 사용하는 플라스마 식각, 이온 충격 효과를 활용하는 반응성 이온 식각reactive ion etching 등의 건식 식각dry etching에 의해 감광막으로 덮여 있지 않은 박막을 제거한다. 감광막을 제거하면 칩 박막 표면에 희망하는 패턴이 형성된다. 이 방법은 LED 칩 제조 공정뿐만 아니라 반도체 제조 분야에 많이 사용되는 기술로, LED 칩 제조에 있어서 중요한 공정 기술 중 하나이다. 그림 5.24에서는 사진 현상 공정의 단면을 보여주고 있다.

4. 전극 형성

LED 칩을 제조하기 위해서는 반도체만이 아니고 절연체, 금속의 박막 공정이 소자 사이의 절연이나 배선을 위하여 필요하다. 박막 형성 공정에 대하여 간단히 살펴보자.

(1) 진공 증착법

고진공 중에서 텡스텐 등 고융점 금속 가열장치 위에 원하는 재료를 장착한 후 가열하여 재료를 증발시켜 기판 위에 박막을 형성하는 저항 가열법이 널리 쓰인다. 융점이 높은 금속이나 절연물 박막의 퇴적용으로 이들의 재료를 전자빔으로 융해시켜 증착시키는 전자빔 증착법이 있다. 합금 등의 조성 변위를 방지하기 위해 그 재료를 조금씩 순간적으로 증발시켜 반복하는 플래시flash 증착법이 있다.

(2) 스퍼터법

낮은 진공 중에서 Ar 가스 등을 방전시켜 이온을 형성, 이것을 목표물에 쪼여 충격으로 목표물에서 떨어져 나온 입자를 퇴적시키는 방법을 스퍼터sputter법이라 한다. 운동 에너지는 10[eV] 정도의 것이 가장 많으며, 기판의 부착력이 강하다. 목표 재료와 분위기 가스를 반응시켜 화합물을 형성하여 이것을 퇴적시키는 반응성 스퍼터법도 있다.

(3) CVD법

이것은 CVD 에피택셜법과 같고 가스 상태의 물질을 수송해 열분해 혹은 화학 반응을 이용해서 기판 표면상에 퇴적시키는 방법이다. 제작하려는 재료의 융점보다 상당히 낮은 온도에서 퇴적막이 얻어져 퇴저막의 순도가 높고 전기적인 특성이 안전하다는 특징이 있다. 퇴적 속도가 크므로 절연막용의 산화막(SiO_2), 질화막(Si_3N_3), 전극·배선용의 다결정 실리콘막 등에 적용된다. 감압 CVD법이 많이 이용된다. 또 내부의 반응가스 분자의 평균 자유행정이 대기압보다 크므로 협소한 경우에도 반응가스가 효율적으로 침투하고 농도의 균일성이 현저하게 향상되어 막의 균일성이 좋다.

(4) 플라스마 CVD법

반응가스에 고주파 전계를 인가해 방전 플라스마에 의해 가스를 활성화하여 저온에서 기판 표면에 박막을 형성하는 방법이다. 특히 질화막(Si_3N_4)에 적용하면 CVD법으로 750~800[℃]의 온도가 필요하나 300[℃] 정도의 저온으로 형성할 수 있다. 반도체 소자나 집적회로의 제작 후에 표면 보호막으로서 퇴적할 때 이용한다.

그림 5.25에서는 사진 현상 공정으로 마스크를 형성하고, 전극 형성 공정을 통하여 원하는 모양과 위치에 전극을 형성하는 과정을 보여주고 있다.

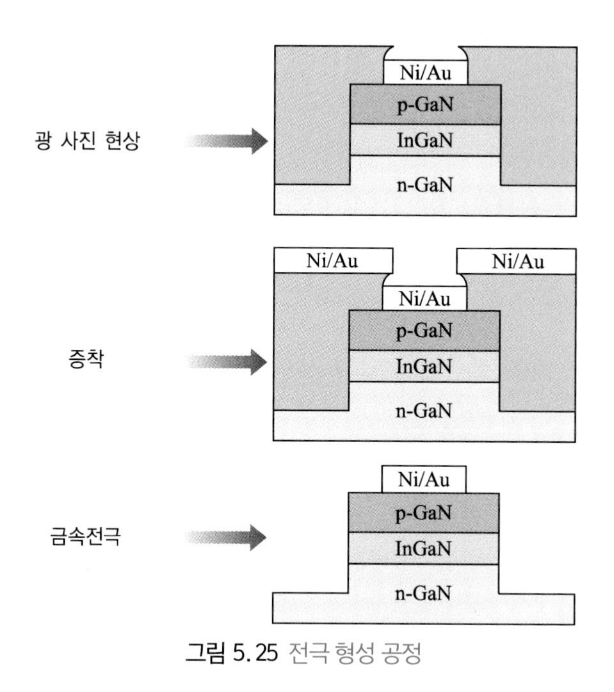

그림 5.25 전극 형성 공정

5. 식각

식각etching은 사진 현상 공정과 연계하여 LED 칩 제조 공정에서 중요한 공정 중의 하나이다. 주로 액체나 가스 상태의 화학적 식각은 딱딱한 감광제로 보호되지 않은 부분의 장벽물질을 제거하는 데 사용한다. 약품의 선택은 식각하고자 하는 물질에 따라 달라진다.

식각액은 감광층이 보호하고 있는 부분보다 비보호 부분을 신속히 제거하기 위해 선택도가 요구된다.

(1) 습식 식각

실리콘 산화막에 창을 내기 위해 버퍼 산화 식각$_{\text{buffer oxidation etching}}$을 주로 사용한다. 이것은 불화수소(HF)를 함유한 용매이고, 이 용매에 웨이퍼를 담아 식각한다. 실혼에서 HF는 감광제나 실리콘을 제거하는 것보다 더 빨리 실리콘 산화막을 제거할 수 있으며, 그 범위는 25[℃]에서 10~100[mm/min]이다. 이는 실리콘 산화막의 밀도에 의존하며 식각률은 온도에 따라 달라지므로 식각하는 동안 온도를 잘 유지해야 한다. 건조한 산소 분위기에서 성장한 산화막은 수증기가 있는 상태에서 성장한 막보다 천천히 제거된다. 산화막에 인(P)이 높게 함유되어 있으면 식각률이 증가하는 반면, 비소(As)가 높게 함유된 막에서는 식각률이 감소한다.

습식 식각은 모든 방향으로 똑같이 제거되는 등방성 공정이다. 그림 5.26(a)는 실리콘 산화막의 좁은 선을 등방성으로 식각하는 것을 보여주고 있다. 이 과정은 막의 두께만큼 감광막 아랫부분이 제거된다. 이러한 등방성 식각은 막의 두께만큼의 선폭을 요구하는 정밀 공정에서는 심각한 문제를 일으킬 수 있다.

(2) 건식 식각

건식 식각은 VLSI 제조 공정에서 널리 쓰인다. 습식 식각은 상대적으로 많은 액체의 화학 폐기물을 발생시키는 반면 건식 식각은 반응 가스를 비교적 적게 사용한다.

플라스마 식각$_{\text{plasma etching}}$은 진공 상태의 고주파 여기 장치에 의해 발생시킨 가스 상태의 플라스마 속에 웨이퍼를 장착한다. 플라스마는 불소(F)와 염소(Cl) 이온들을 함유하고 있는데, 이것이 실리콘 산화막을 제거한다.

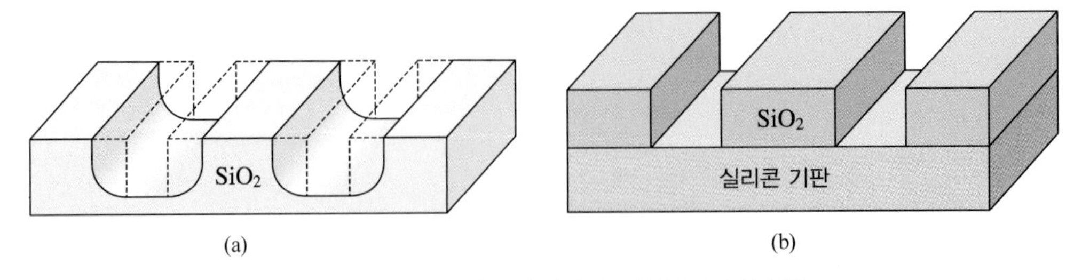

그림 5.26 (a) 등방성 습식 식각 (b) 비등방성 습식 식각

스퍼터 식각은 에너지를 가지는 Ar^+ 같은 희귀 가스로 웨이퍼 표면에 충격을 주어 웨이퍼 표면의 원자들을 물리적으로 떼어내면서 식각이 되는 것이다. 이것은 높은 이방성 식각을 할 수 있으나 선택도는 떨어지는 편이다.

반응성 이온 식각은 플라스마와 스퍼터 식각 과정의 복합이다. 반응 가스들을 이온화하기 위해 플라스마 시스템을 사용하고, 표면에 충격을 가하기 위해 이온들을 가속화시킨다. 식각은 화학적 반응과 식각 원소들의 운동량 전달에 의해 이루어진다.

6. 전극 도선

앞에서 살펴본 일련의 과정을 거치고 나면 LED 칩이 완성된다. 이렇게 완성된 칩은 빛을 내기 위해서 전극에 도선을 연결하는 작업을 하게 된다. 그림 5.27에서는 LED 칩과 도선을 연결하는 공정을 보여주고 있다.

이처럼 도선 작업을 하는 장비를 이용해 칩 위에 형성한 전극에 외부로 연결될 도선을 연결한다. 이렇게 도선 작업까지 마친 칩은 이미 하나의 LED로 완성된 것이다. 여기에 칩을 보호하고 배광을 좋게 하기 위해 패키지 작업을 추가로 하게 된다. 패키지 작업까지 마치면 주변에서 흔히 볼 수 있는 LED가 완성된다. 최근에는 고휘도, 고전력 LED 등 다양한 LED들이 생산되고 있지만 앞서 소개한 기본적인 LED 칩 공정은 거의 같다.

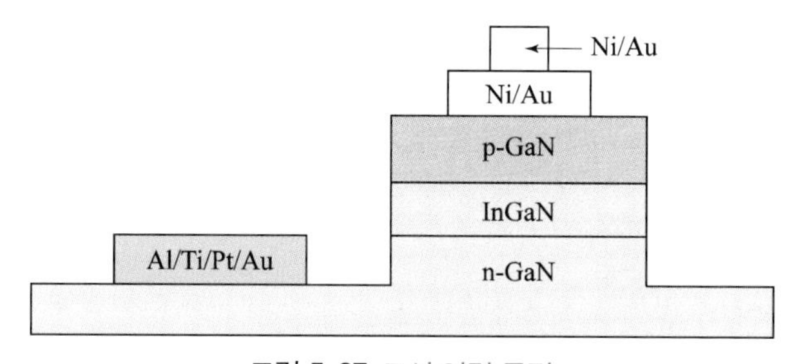

그림 5.27 도선 연결 공정

7. LED 칩의 공정 흐름

지금까지 살펴본 단위 공정을 수행하여 LED 칩을 제조하고 있다. 그림 5.28에서는 LED 칩의 제조공정의 전체 흐름도를 보여주고 있으며, 그림 5.29는 칩 제조공정의 각 단계별 단면과 외형 구조를 보여주고 있다.

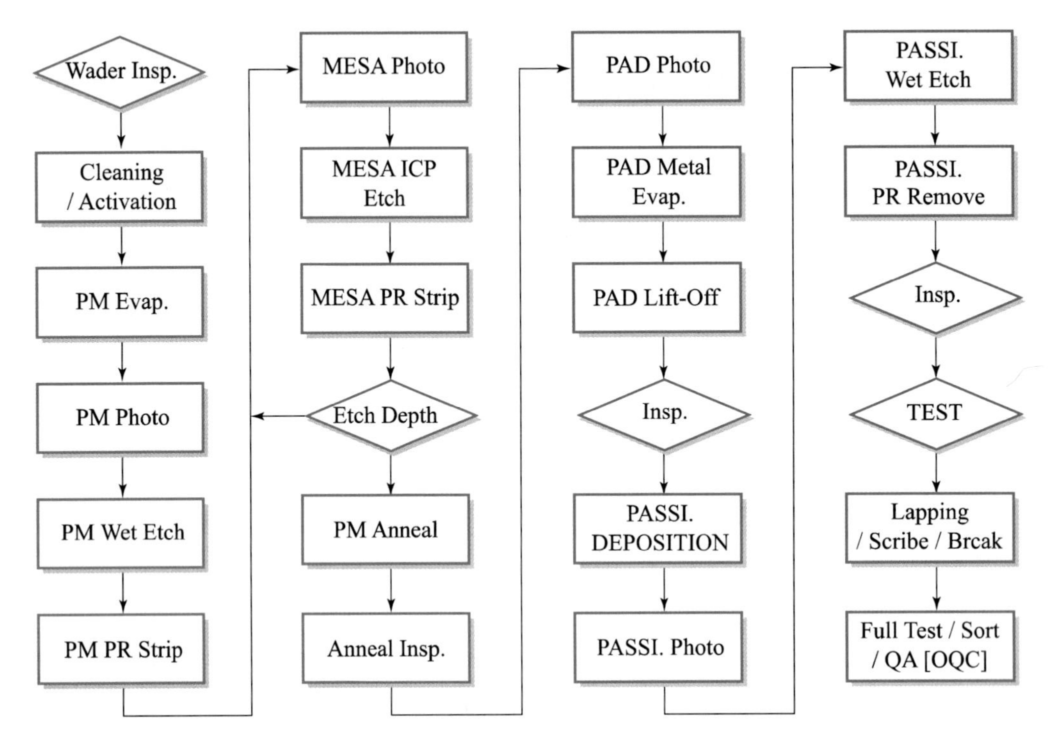

※ PM : *p*-ohmic Metal(p형 음성 금속), PASSI : passivation(보호막), QA : Quality Assurance(품질보증), OQC : Outgoing Quality Control(출하검사), ICP : Inductively Coipled Plasma(유도성 결합 플라스마)

그림 5.28 LED 칩 제조 흐름

(a) GaN Epi Inspection : IQC Process

(계속)

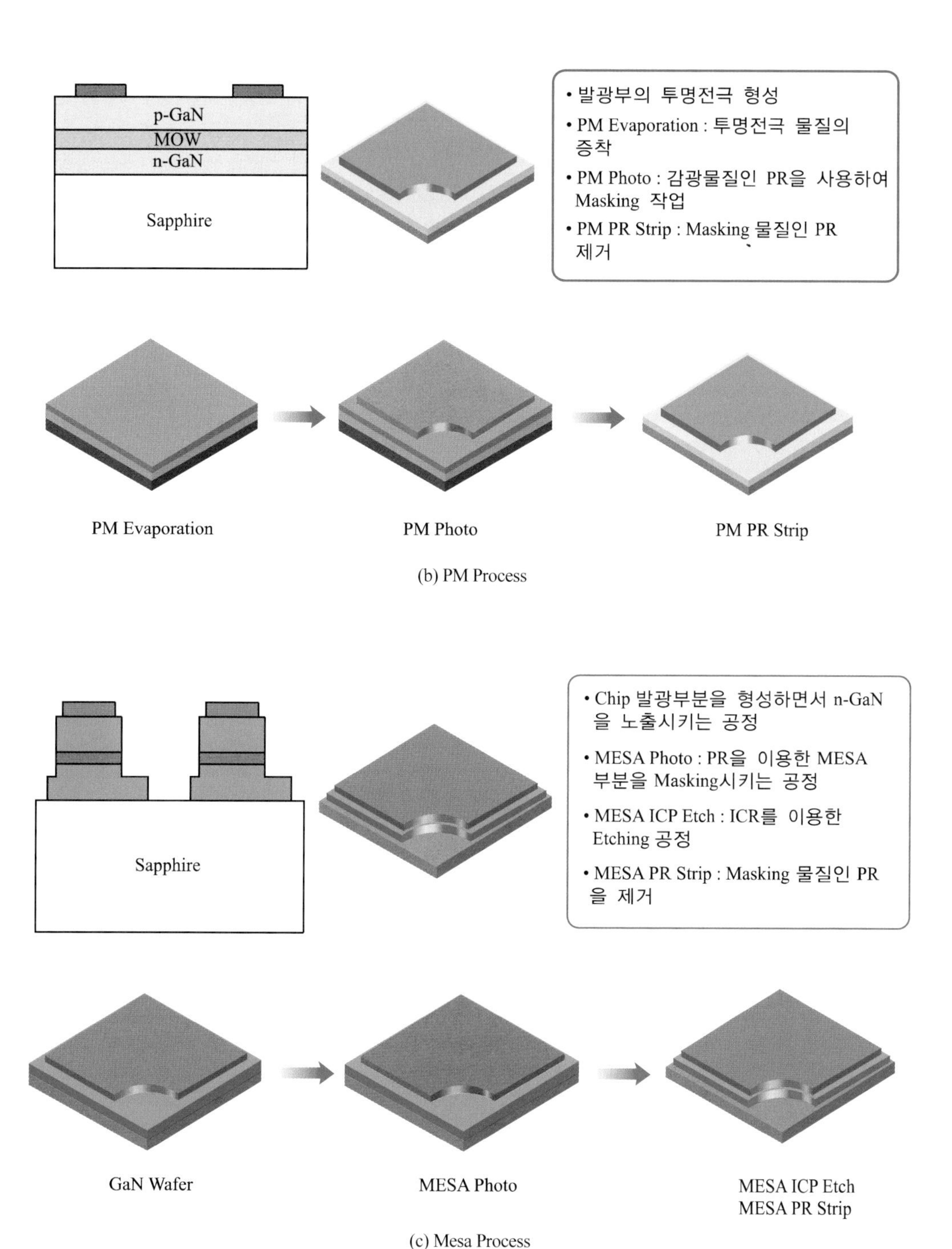

(b) PM Process

(c) Mesa Process

(계속)

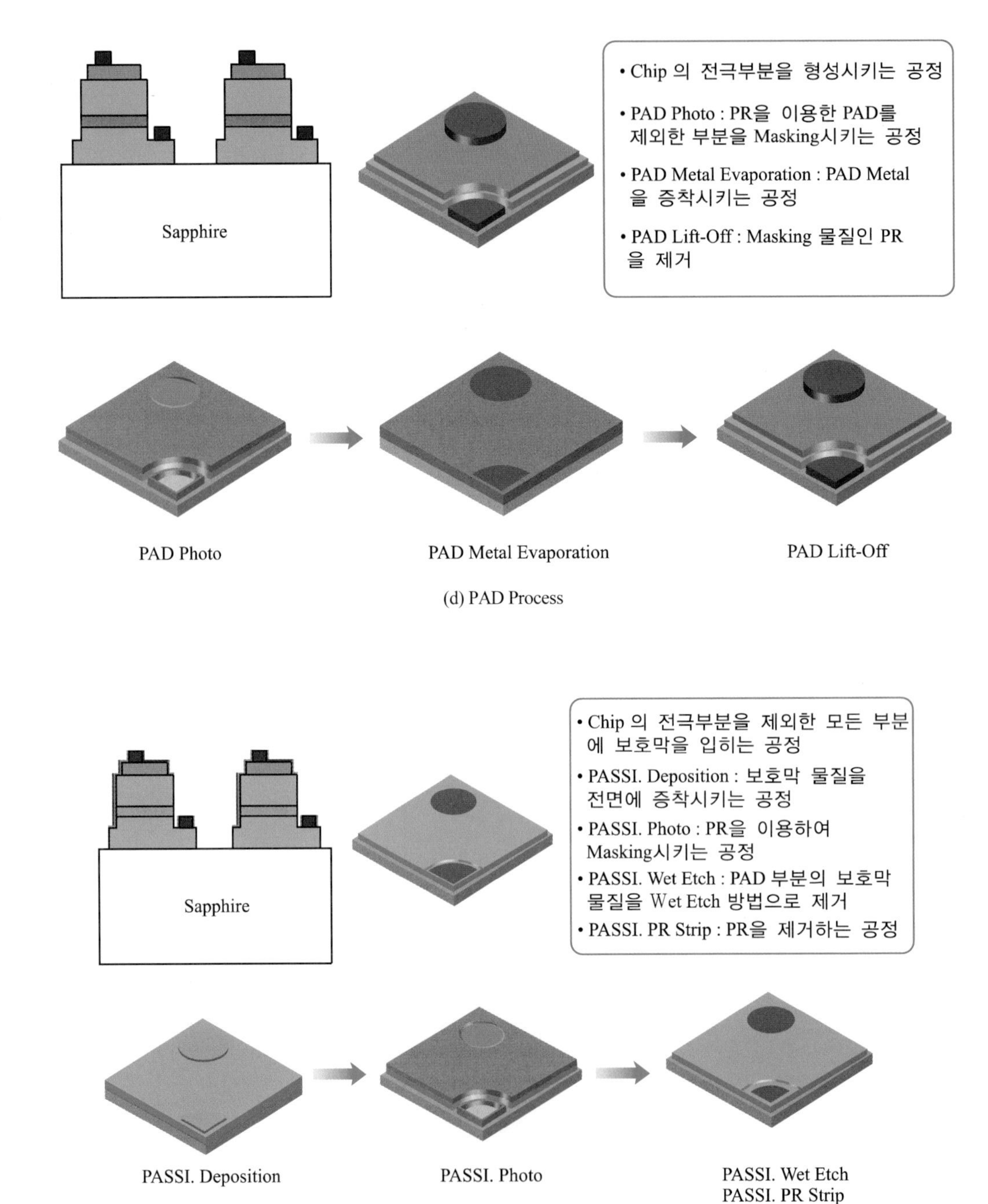

(d) PAD Process

(e) PASSIVATION Process

(계속)

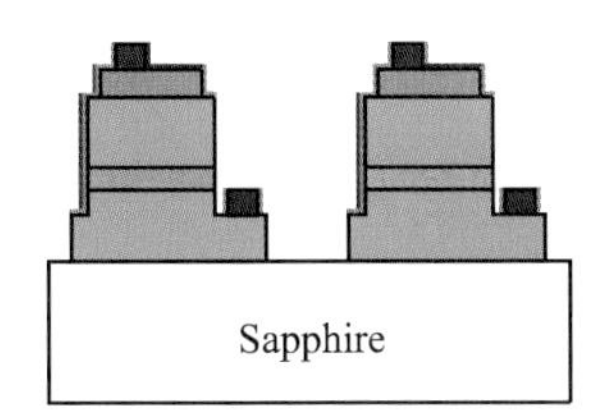

• Chip의 목표 두께 기준 대비 Sapphire를 얇게 만드는 공정

(f) Lapping process

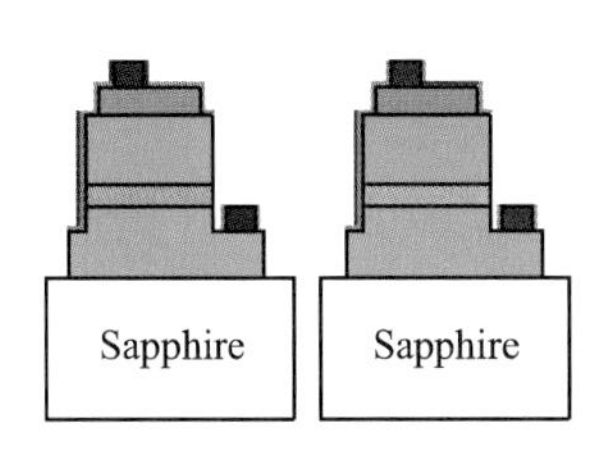

• Scribe Process : Lapping 후에 Chip을 제품크기에 맞게 얇고 가는 홈을 내는 공정으로 Laser나 Diamond Pencil로 얇고 가는 홈을 냄
• Break Process : Scribe 공정 후 얇고 가는 홈에 힘을 가해 Chip을 완전히 분리시키는 공정

(g) Scribe & Break Process

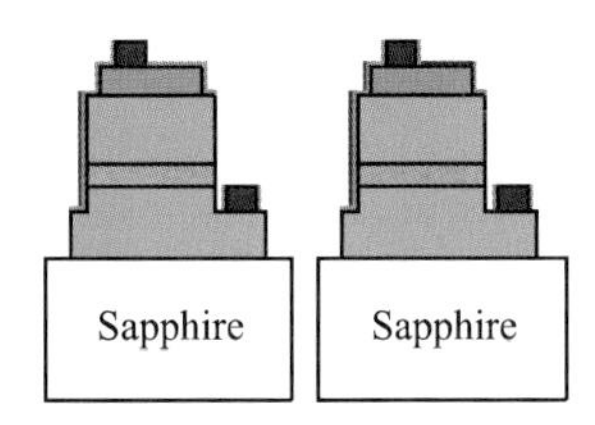

• 제작된 Chip의 전기적, 광학적 특성을 검사

(h) Test Process

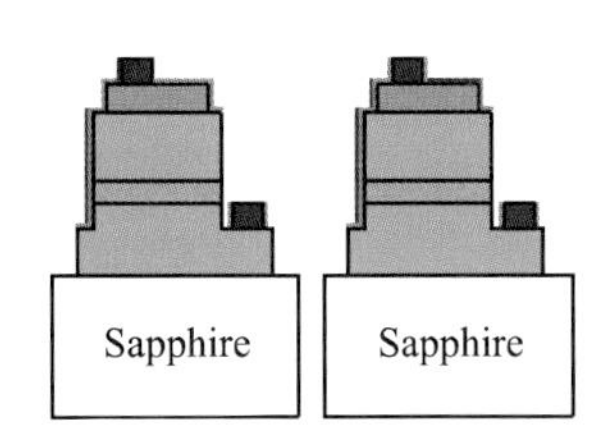

• 특성 분포 별로 전기적, 광학적 특성이 동일한 Chip을 분리함

(i) Sort Process

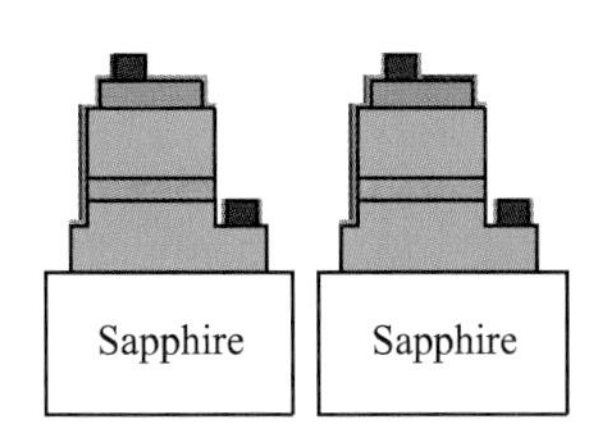

• 특성 분포 별로 전기적, 광학적 특성이 동일한 Chip을 분리함

• QA에서 출하검사(OQC) 기준에 검사

(j) OQC Process

그림 5.29 LED 칩의 단계별 구조

5.6 발광 다이오드의 응용

LED는 휴대폰의 키패드 조명, 플래시 및 LCD 후면광$_{\text{backlight}}$에 적용되면서 그 응용 범위가 크게 넓어지고 있다. 옥외용 총천연색 대형 전광판, 교통 신호등, 자동차 계기판, 항만, 공항, 고층 빌딩의 경고 및 유동등과 같은 다양한 곳에서 LED가 사용되고 있다. LED를 후면광으로 사용한 대형 LCD TV 역시 기존 방식으로 제작한 것과 비교할 때 색체의 선명도가 매우 뛰어나다는 것이 장점이다. 또 LED는 화합물 반도체를 이용해 반응 시간이 빠른 점을 이용하여 자동차의 브레이크등과 각종 램프 및 계기판에 사용되고 있고, 헤드램프도 LED로 대체될 것으로 전망된다. LED는 이와 같은 빠른 처리 속도와 낮은 전력소모 등의 장점을 가지고 있으면서도 환경친화적이고 에너지 절역 효과가 높아 차세대 조명으로 기대되고 있다. 이와 같이 LED의 강점이 뛰어나 앞으로 빛을 필요로 하는 곳에 LED 기술이 적용될 것이다. 그림 5.30에서는 LED의 파장별 응용을 보여주고 있다.

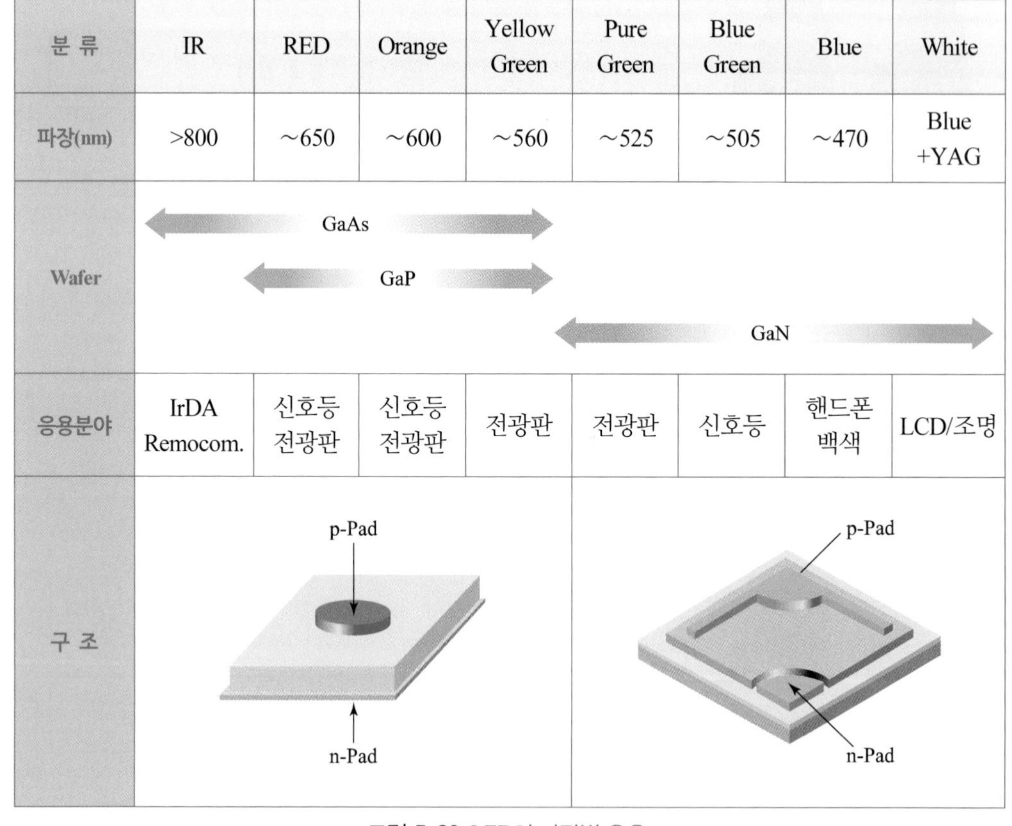

분 류	IR	RED	Orange	Yellow Green	Pure Green	Blue Green	Blue	White
파장(nm)	>800	~650	~600	~560	~525	~505	~470	Blue +YAG
Wafer	GaAs / GaP / GaN							
응용분야	IrDA Remocom.	신호등 전광판	신호등 전광판	전광판	전광판	신호등	핸드폰 백색	LCD/조명
구 조	p-Pad / n-Pad				p-Pad / n-Pad			

그림 5.30 LED의 파장별 응용

1. 7-세그먼트 LED 디스플레이

십진수 등의 숫자를 표시하는 가장 일반적인 출력 장치는 7-세그먼트 디스플레이7-segment display이다. 그림 5.31(a)에서 보는 바와 같이 a에서 g까지의 이름이 붙여져 있고, 그림(b)는 이들이 조합하여 십진수를 표시하는 예를 보여주고 있다. 예를 들어, a, b, c가 켜지면 숫자가 7이 표시된다.

7-세그먼트 디스플레이는 빛을 내는 얇은 필라멘트가 각 세그먼트를 구성하고 있다. 이런 형태를 백열 디스플레이라 한다. 최근 진공 형광vacuum fluorescent 디스플레이는 켜졌을 때 청색빛, 낮은 전압으로 동작할 때 녹색빛을 발산한다. 액정 디스플레이(LCD)는 흑색 또는

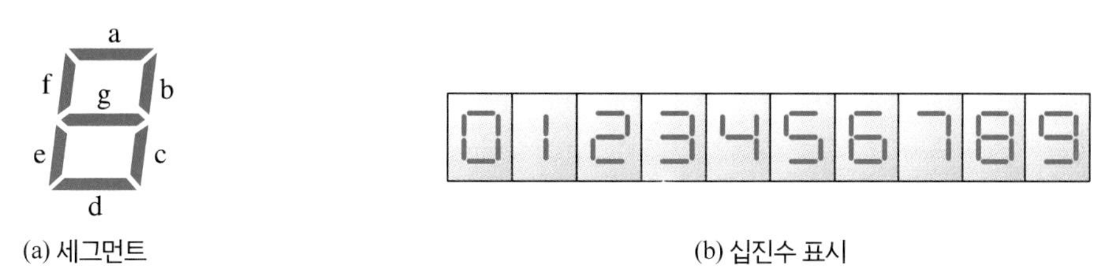

(a) 세그먼트 (b) 십진수 표시

그림 5.31 7-세그먼트 디스플레이

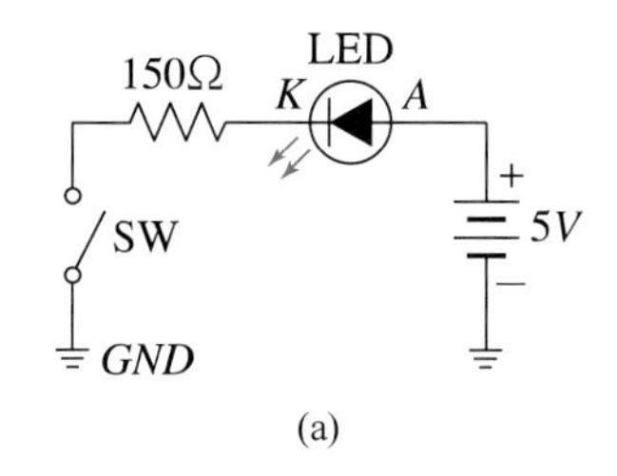

(a)

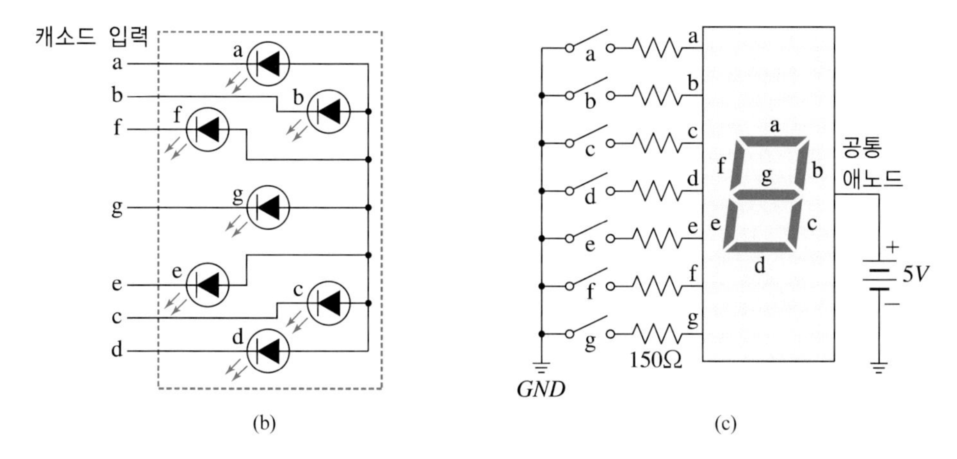

(b) (c)

그림 5.32 (a) 단일 LED, (b) 공통 애노드 회로, (c) 스위치 구동 7-세그먼트 LED

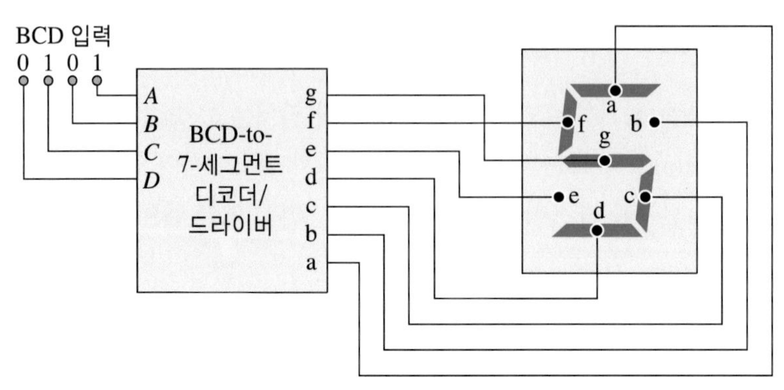

그림 5.33 세그먼트 구동 디코더

은빛색으로 숫자를 만들다. 일반적인 LED 디스플레이는 붉은빛을 발생한다. 앞에서 pn접합 다이오드의 원리를 이해하였듯이 LED도 일종의 pn접합 다이오드로서 순방향 바이어스일 때 전류가 흐르고, LED는 플라스틱 렌즈로 집중하여 발광한다. 많은 LED들은 갈륨비소(GaAs)와 몇 가지 물질로 혼합하여 제조한다. LED는 적색, 녹색, 오렌지색, 청색, 황갈색을 포함하는 몇 가지 색이 있다.

그림 5.32(a)의 회로에서 스위치(SW)가 닫힐 때 5[V] 공급 전압으로부터 LED를 통하여 전류가 흐른다. 직렬 저항은 약 20[mA]로 전류를 제한한다. 보통 LED는 빛을 발할 때 단자 사이에는 약 1.7~2.1[V]를 수용한다. LED는 극성에 민감하다. 캐소드는 (−)단자, 애노드는 전원 공급 (+)단자에 연결한다. 그림 (b)는 7-세그먼트 디스플레이의 내부 구조를 보여주고 있다.

여기서 모든 애노드를 함께 묶어서 하나의 연결이 오른쪽 편에 나오게 되어 있고, 좌측의 입력들은 디스플레이의 각 세그먼트에 연결하고 있다. 이를 공통 애노드형 LED 디스플레이라 한다.

디스플레이의 세그먼트들이 어떻게 동작되는지를 이해하기 위하여 그림 (c)와 같은 회로를 살펴보자. 스위치 b가 닫히면 전류는 GND로부터 저항을 b-세그먼트 LED를 지나 공통 애노드로 나와 전원 공급기까지 흐른다. 따라서 세그먼트 b만 빛을 발하게 된다. 십진수 7을 켠다고 가정하면 스위치 a, b, c를 닫으면 LED 세그먼트 a, b, c가 발광하고 십진수 7이 디스플레이 된다. 그림 (c)에서 7-세그먼트 디스플레이를 구동하기 위하여 기계적 장치를 사용하였으나, 보통 LED 세그먼트를 위한 전원은 IC에 의하여 공급된다. 이를 디스플레이 드라이버$_{\text{display driver}}$라 하고, 실제 디스플레이 드라이버는 디코더와 같은 IC 패키지로 되어 있다.

기계적 스위치 대신 그림 5.33과 같이 BCD-7 세그먼트 디코더/드리이버를 사용하여 구동할 수 있다. BCD 입력에 0101을 넣으면 세그먼트 a, b, c, f, g를 동작시켜 십진수 6를 표시하게 된다.

2. 조명용 LED

조명용 LED는 같은 밝기의 일반 전구보다 가격이 5~20배까지 비싸지만 반영구적인 수명과 낮은 전기 소모량, 외부 충격에 잘 견디는 특성 덕분에 지난 한 세기 동안 세상을 밝혀온 백열전구와 형광 램프를 대신해 신호등, 손전등, 가로등, 전광판, 자동차 전조등에 응용되며, 조명기기 분야에서 혁명적 변화를 이끌고 있다. 특히 태양빛과 유사한 백색 LED가 상용화되면서 유지관리가 중요한 교통 신호등, 교통 가로등, 가로등, 터널 등과 같은 공공 조명시설에 LED를 적용하는 사례가 늘어나고 있다.

고휘도 LED 시장은 그 속도를 가늠하기 힘들 정도로 매년 급속하게 성장하고 있으며, 가격이 지속적으로 낮아지고 있어 향후 디스플레이 시장에 버금가는 거대한 시장을 형성할 것으로 기대된다. 특히 고부가가치가 예상되는 냉장고, 화장품냉장고, 김치냉장고, 에어컨, 세탁기 등 가전제품에 사용되는 주문형 디스플레이 LED도 사용이 늘어나고 있으며, 등산용 랜턴, 비상등에도 전력 소모가 적고 내구성이 강한 LED를 사용하는 사례가 늘고 있다. 또한 기존 백열전구 소켓에 꽂을 수 있는 가정용 LED 조명등의 수요도 꾸준하게 늘고 있다. 형광등 대체로 LED등을 사용하면 유해 자외선(UV) 발생이 없어지고, 눈부심이 적어 눈의 피로가 적어진다. 또한 소비 전력이 형광등에 비해 훨씬 적어 에너지 절감에 탁월하다. 그림 5.34에서는 제품화된 LED를 보여주고 있다.

3. 교통 신호등용 LED

반도체 기술이 크게 발달함에 따라 빛의 삼원색인 적색, 녹색, 청색뿐만 아니라 가시광선, 적외선, 자외선 영역의 빛과 적색, 녹색, 청색을 이용하여 백색의 빛을 만들 수 있게

그림 5.34 LED 패키지

표 5.6 LED 신호등과 전구식 신호등의 장단점 비교

구 분	LED 신호등	전구식 신호등
발광 특성	• 전위차에 의해 발광 • 자체 색을 발하는 단일광	• 물체가 열을 받아서 발광 • 착색렌즈를 통한 등화색 표지
전기 요금	• 절전형 7~13 W	• 일반형 100 W
시연성	• 동일 광도 가능 • 색의 경계 분명	• 착색렌즈의 투과율에 따른 색별광도 변화
내구성	• 낮은 발열 • 균일 광도 유지	• 발열로 인해 렌즈 표면에 분진 부착 • 빠른 광도 저하 및 불균일성 광도
온도 변화 특성	• 온도에 따른 광도 변화	• 비교적 안정됨
수명	• 5~6년	• 6개월

되었다. 종래의 단순표시기, 문자판 등에 주로 사용되었던 가시광선 저휘도 LED가 최근 화합물 반도체 기술의 발달로 고휘도 적색, 주황, 녹색, 청색 및 백색 LED가 개발되면서 여러 다른 분야에 적용하게 되었다. 백열전구는 전구에 내장된 필라멘트를 가열해서 나오는 빛을 이용하므로 다른 광원 비해 발광성이 좋지만, 열 발생에 의해서 발광 효율이 낮으며 수명이 짧다. 표 5.6에서는 LED와 전구식 신호등의 특징을 나타내었다.

수백 개의 고휘도 LED와 구동 회로로 구성되는 LED 교통 신호등은 발열에 의한 열 손실이 거의 없으며, 특정 파장대의 단색광을 발광하여 착색렌즈 사용에 따른 빛 손실이 매우 작아 전구식의 신호등에 비하여 80% 이상 대폭적인 에너지 절약이 가능하다. 또한 LED 신호등은 백열전등을 이용한 신호등에 비해 수명이 훨씬 길므로 유지보수 비용이 크게 절감된다. 이와 같이 LED 신호등은 에너지 절감뿐만 아니라 도로상의 교통안전 효과를 가져온다.

4. 모바일 IT 기기용 LED

휴대용 기기의 키패드의 컬러화에 따라 R(적)·G(녹)·B(청) 등 개별 수요 증가와 모바일 디스플레이의 후면광원으로 백색 LED가 기존 램프(형광등)를 대체하고 있다. 휴대폰, 디지털 카메라, PDA 등 모바일 기기의 주 광원으로 사용되는 고휘도 LED는 최근 휴대폰 교체 주기가 빨라지면서 더욱 빠르게 성장하고 있는데, 컬러화와 다기능화에 따라 소비 전력이 늘어나는 기기에서 전력 소모량이 기존 냉음극 형광 램프(CCFL)에 비해 적으면서도 휘도는 뛰어난 후면광용 백색 LED의 수요가 증가하는 것은 당연한 결과로 볼 수 있다.

5. 전광판과 후면광용 LED

수십만 개의 적·녹·청 LED 소자를 탑재한 대형 LED 전광광은 새로운 영상정보 전달 매체로 확고히 자리 잡았다. LED의 밝고 선명한 영상 전달 능력이 이를 가능하게 만든 것이다.

LED 전광판이 TV와 맞먹는 색상 표현과 선명도를 갖게 된 때는 천연색의 구현에 필수적인 청색 LED가 실용화된 1990년대 이후이다. 최근에는 기존 옥외용 전광판의 해상도보다 훨씬 높은 해상도를 갖춰 화소가 거의 보이지 않는 HDTV급 고선명 LED 전광판까지 등장하였다.

옥외용으로만 사용되었던 LED 전광판은 지하철 역사, 증권사, 은행, 생산공장 등에서 옥내용으로 사용되고 있다. 특히 LED 전광판은 고속도로 표지판, 공항 표지판, 은행, 주식 시세판, 지하철 안내판 등에 설치되는 가장 보편적인 LED 전광판이며, 점차 그 영역을 확대하고 있다.

기존 LCD 모니터 및 LCD TV에는 주로 CCFL이 사용되었지만 최근 수은 등의 환경 유해 물질의 규제가 심해짐에 따라 친환경적인 소재 부품인 LED로의 전환이 급속히 이루어지고 있다. 환경 문제와 더불어 LED를 LCD의 후면광으로 사용하면 여러 가지 이점을 얻을 수 있다. 대표적으로 수명이 최대 10만 시간에 가까우며, 소비 전력 또한 후면광 전체 기준으로 보면 CCFL 대비 절반 정도로 낮다. 또한 LED를 장착하면 제품의 박형화가 가능하다.

광학 설계상의 어려움과 필요에 따른 색의 조합을 위한 LED의 공급 전류에 대한 순간적인 제어 기술의 장벽을 뛰어넘어야 하는 것 또한 제품설계 측면에서 노력해야 할 중요한 과제이다. 후면광 시스템에서 LED 배열과 도광판의 형태 등 구조상 관점에서 직하$_{\text{top emitting}}$ 방식과 측면$_{\text{side emitting}}$ 발광 방식으로 대별할 수 있는데, 직하 방식은 40인치 이상 대형 LCD TV를 목표로 개발이 진행되었고, 측면 발광 방식은 직하 방식의 경제적·기술적 문제점들을 해결할 수 있는 방안으로써 도입되어 20~30인치급 모니터 겸용 LCD TV나 중형급 LCD TV를 대상으로 하여 개발이 진행되고 있다.

6. 자동차용 LED

자동차의 경우 스위치, 카오디오, 대시보드 등 자동차 안에서 빛을 발하는 곳에 LED가 최근 몇 년간 해마다 큰 폭의 성장률을 보이고 있으며, 후미등에 이어 전조등, 외부등의 경우도 LED 램프가 빠른 속도로 채택되어 생산되고 있다. 이미 세계 자동차용 외장등의 많은 양이 LED 광원으로 교체되고 있다.

향후 자동차 전조등으로 LED 램프의 사용이 크게 증가할 것으로 전망되며, 일련의 LED 전조등 생산이 이루어져 장착되고 있다. LED 기술의 전조등 생산 가격이 대량생산을 할 만큼 내려갈 것인지가 자동차에 있어서 LED 응용의 관건이다. LED 램프의 장점은 모양에 제한을 받지 않아 디자인이 자유롭다는 것이며, 성능면에서는 크세논$_{\text{xenon}}$과 같지만 가격은 저렴하고, 수명은 길다. 그림 5.35에에는 각종 LED의 응용 제품을 보여주고 있다.

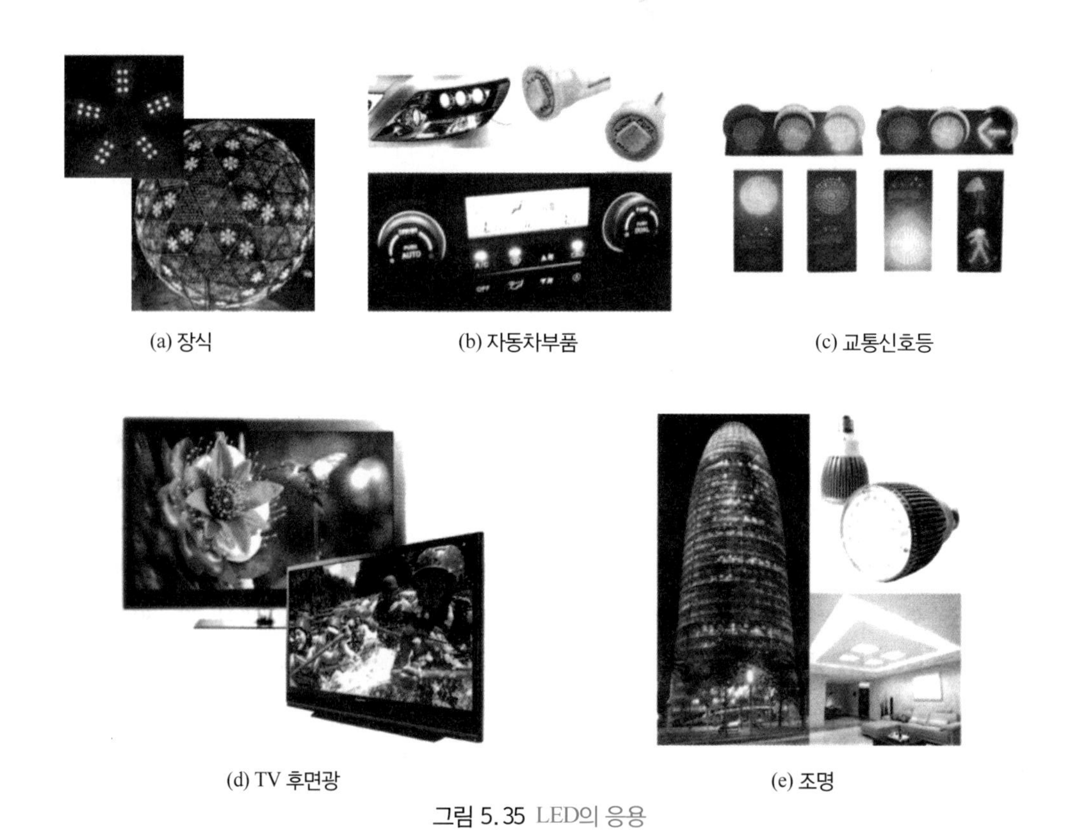

(a) 장식 (b) 자동차부품 (c) 교통신호등

(d) TV 후면광 (e) 조명

그림 5.35 LED의 응용

7. 기타 LED

LED 기술의 응용 분야가 통신용 전송장비, 광계측기, 광응용 시스템 등 종전과는 다른 차원의 응용 분야로 넓어지고 있다. 초고속 멀티미디어 서비스 제공을 위한 광전송 장비 응용 소자의 경우 통신용 LED가 사용되고 있으며, 광트랜스시버에서는 가격이 상대적으로 비싼 레이저 다이오드$_{\text{LD}}$ 대신 LED 적용이 이루어지고 있다. 또 적외선 무선통신 기기용 LED는 복사기, 프린터, 스캐너, 팩스 등 사무자동화 기기에서 정전기 잠상을 만들거나 지우는데 쓰이며, 차세대 광계측이, 광응용 시스템에 사용되는 핵심 광원으로의 접목도 활발히 이루어지고 있다.

5.7 광 소자

1. 광 다이오드

광 다이오드photo diode는 광신호를 전기신호로 변환하는 기능을 갖는 다이오드로, CCDcharge coupler diode 등에서 광검출기로 이용되고 있다.

광 다이오드는 여러 종류가 있는데, 일반적으로 그림 5.36(a)에서는 p형과 n형 반도체의 접합에서 얻어지는 pn접합 광 다이오드를 보여주고 있다.

광 다이오드를 동작시키기 위해서는 pn접합에 역방향 전압을 인가하고, 또 pn접합과 병렬로 부하 저항을 삽입하여 구성한다. 광 다이오드가 동작할 때 pn접합부의 에너지 대의 변화를 그림 (b)에서 보여주고 있다. 광 다이오드에 광신호가 입력되면 가전자대에 존재하는 일부의 가전자가 높은 에너지를 얻는다. 그 후 에너지 갭(E_G)을 뛰어넘어 전도대로 올라가 전도 전자로 된다. 가전자가 빠져나간 후 가전자대에는 정공이 만들어진다. 다만 이 현상이 일어나는 것은 광신호의 진도수를 f, 플랑크 상수를 h라 하면 $hf \geq E_g$인 경우로 제한된다. 즉, 광신호의 에너지가 반도체의 에너지 갭보다 높은 경우만 광 다이오드로서의 기능을 갖게 된다. 자유 전자와 정공이 만들어지면 pn접합 근처의 전계에 의해서 자유 전자는 +전극측인 N형 영역으로, 정공은 p형 영역으로 이동하여 전류를 생성시키게 된다. 광 다이오드의 전료-전압 특성 곡선을 그림 5.37에서 보여주고 있다.

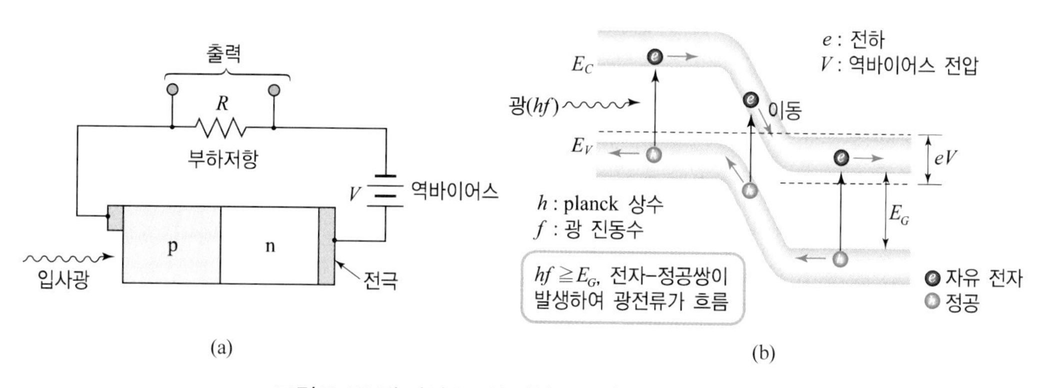

그림 5.36 광 다이오드의 기본 구조와 에너지대 변화

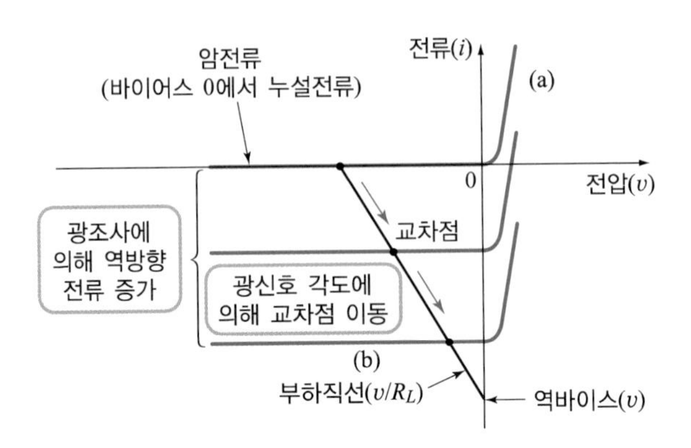

그림 5.37 광 다이어드의 전류-전압 특성

광 다이오드의 전류-전압 특성 곡선은 (a)와 같이 입사되는 광신호의 강도에 대응하여 역방향 전류가 증가한다. 한편 부하 저항의 역전류-전압 특성 곡선은 (b)와 같이 부(負)의 기울기를 갖는 직선으로 되어 광신호와는 무관하게 된다. 따라서 전체 특성 곡선은 (a)와 직선 (b)의 교차점으로 얻어지게 되는 것이다. 교차점은 입사하는 광신호의 강도가 올라가면 오른쪽 방향, 즉 전압이 올라가 역방향 전류가 증가하는 방향으로 이동하고, 역으로 광신호의 강도가 내려가면 왼쪽 방향, 즉 전압이 내려가 역방향 전류가 감소하는 방향으로 이동한다. 광신호의 강도와 전압 혹은 전류 사이에는 일정한 관계가 있기 때문에 광신호를 전기신호로 변화하고 있음을 알 수 있다.

2. 광 트랜지스터

pnp 광 트랜지스터phototransistor는 보통 트랜지스터의 베이스 전극을 부착하지 않고, 이미터-컬렉터의 두 단자로 한 것이다. 그림 5.38(a)와 같이 렌즈로 집광한 전압을 가하면 컬렉터 접합에 역방향 전압이 인가된다. 베이스 영역에 광을 쪼이면 발생한 정공은 좌우로 이동하지만, 전자는 그림 (b)와 같은 모양으로 된다. 이 때문에 베이스가 부(-) 전위로 되어 이미터에서 정공의 흐름이 많아지게 된다.

이것이 베이스를 통하여 컬렉터에 도달함으로써 외부 전류를 형성하게 된다. 광의 작용은 베이스 전위를 변화시키는 것이고, 광으로 발생한 캐리어 그 자체가 광전류로 되는 것은 아니다. 광은 전류를 제어하는 작용을 하므로 감도는 대단히 좋다. 베이스에서 발생한 정공은 인가한 전압에 의하여 주로 컬렉터로 흐른다. 이 크기를 I_L이라 하면 이는 광의 크기에 비례하여 외부 회로에 흐른다. 전류 I를 트랜지스터의 전류로 하여 계산하는 경우 I_L은 암전류(暗電流dark current) I_{CBO}와 같은 성질의 것으로 보아도 좋다. 이제 광을 조사하

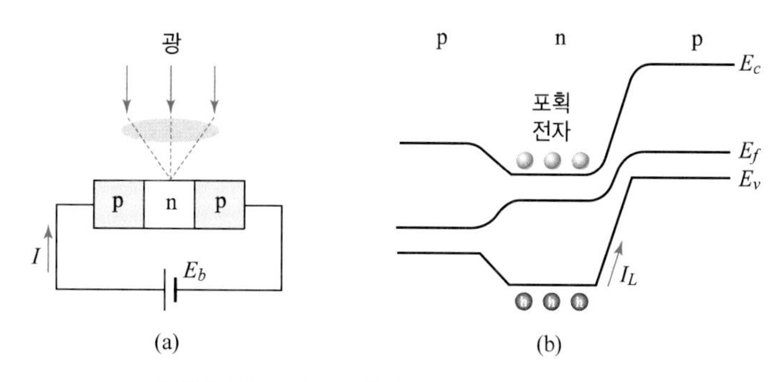

그림 5. 38 (a) 광 트랜지스터, (b) 에너지대 구조

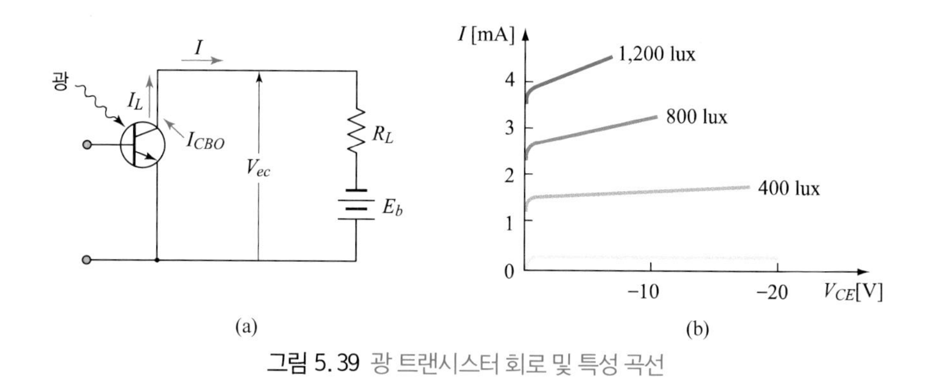

그림 5. 39 광 트랜시스터 회로 및 특성 곡선

면 암전류 I_{CBO}와 광조사에 한 전류 I_L의 합 $I_{CBO}+I_L$로 된다. 베이스 접지, 이미터 접지의 전류 증폭률을 α, β라 하면 그림 5.38로부터

$$I=(1+\beta)(I_{CBO}+I_L)=\frac{1}{1-\alpha}(I_{CBO}+I_L) \tag{5.6}$$

로 된다. I_L은 pn접합 포토 다이오드의 전류와 같은 정도의 크기이므로 전류 감도는 대단히 크다. 광전류의 특성을 그림 5.39에 나타내었다. pn접합보다 감도는 좋지만 암전류는 많다. 또 에미터 접지 트랜지스터인 경우는 그림 곽 kx이 V_{CE}의 크기에 의하여 감도가 변화하는 결점이 있다.

3. 태양 전지

(1) 태양 전지의 용도

태양 전지solar cell는 LCD 표시 시계, 멀티미터 등의 소비 전력이 적은 제품과 등대, 인공

위성 등의 전원을 확보할 수 없는 특수한 장소에서 쓰는 전원으로 사용되어 왔다. 최근에는 가정의 옥외 태양 전지 패널을 설치하고, 발전 전력을 축전지에 저장하여 놓고 야간에 사용하기도 하고, 인버터를 이용하여 교류로 변환하여 전기를 공급하는 태양광 발전의 종합 전우너 시스템에 이용되기도 한다.

일반적으로 화학 반응을 이용한 전지에 대하여 태양 전지를 물리적 반응을 이용하기 때문에 물리 전지로 분류하고 있다.

(2) 태양 에너지 스펙트럼

태양은 태양의 핵에서 수소가 핵융합 반응으로 헬륨을 전환되며, 20×10^6[K] 내부 온도를 갖는 구형태의 가스로 이루어졌다. 핵으로부터의 복사는 태양 표면의 수소 이온에 흡수되어 볼 수 없고 대류에 의해 열은 태양 표면에서 5,700[K] 흑체 복사 에너지 스펙트럼을 형성한다. 흑체 복사 스펙트럼의 최대 파장은 508.8[nm]이고, 태양 표면으로부터 방사되는 m^2당 전력 밀도는 5.9×10^7[W]이며 총 태양 전력 9.5×10^{25}[W]이다. 우주 공간을 통해 지구 대기에 도달된 태양의 세기는 1,353[W/m^2]이며 이를 태양 정수$_{\text{solar constant}}$라 한다.

태양 빛의 세기는 대기권에서 오존층, 먼지층 및 수증기 등에 의해 약 18%가 흡수되고, 10%가 산란하여 약 70%가 지구 표면에 도달된다. 특히 300[nm] 이하의 단파장 영역은 오존층에서 많이 흡수되고, 2,000[nm] 이상의 장파장은 H_2O와 CO_2에 의해 흡수되며 공기 분자와의 산란으로 빛의 세기는 감소된다. 이러한 공기에서의 흡수와 산란으로 지구 표면에 도달하는 태양 스펙트럼 세기는 태양 광선의 결로 결정되며 대기질량 AM$_{\text{air mass}}$으로 나타낸다.

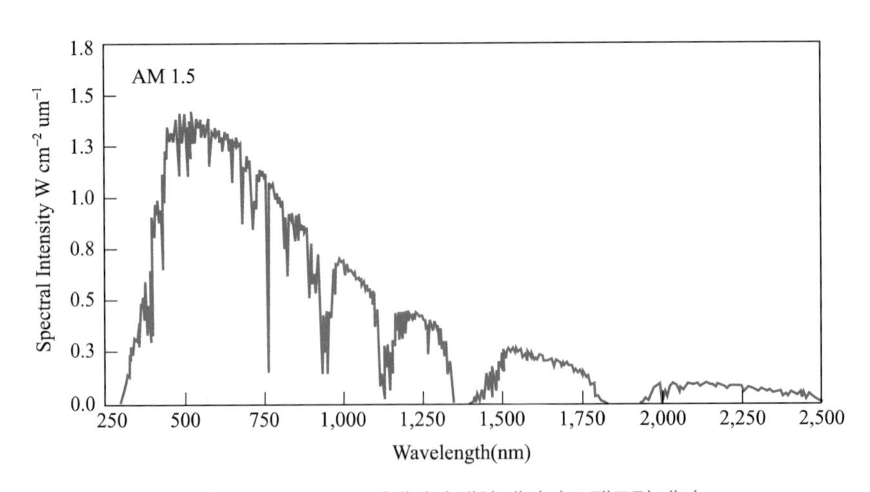

그림 5.40 AM1.5 조건에서의 태양 에너지 스펙트럼 세기

지구 대기권에서의 태양 상수를 대기질량 $AM0_{air\ mass\ 0}$이라 한다. AM1은 대기권을 통과하여 지구 표면에 최단 경로를 갖는 수직 입사된 스펙트럼으로 표시한다. 통상 AM$=1/\cos\theta$로 정의하며 θ는 천정과 태양과의 각도로서 zenith각이라고 한다.

AM1.5에서 $\theta=48.2$도이며, 세기는 84.6[mW/cm^2]이다. 태양 전지의 효율은 입사광의 전력과 스펙트럼의 변화에 밀접하며, 다른 시간과 다른 장소에서 측정한 태양 전지와의 정확한 비교를 위해 지구 표면에서의 표준 스펙트럼을 AM1.5G로 나타낸다. 통상 태양 전지의 개발에서 사용하는 AM1.5G의 세기는 100[mW/cm^2]를 사용하며, 그림 5.40은 AM1.5 조건에서의 태양 에너지 스펙트럼 세기를 나타낸다.

(3) 태양 전지 소자의 기본 동작

태양 전지 소자의 기본 구조는 그림 5.41과 같다. 태양으로부터 지표면으로 입사되는 에너지는 n영역에서 단파장에 의한 캐리어의 생성과 p영역에서 장파장에 의한 캐리어 생성으로 나타난다. 생성된 캐리어는 n층의 전면 전극 부분으로 전자의 이동을 발생시키며, p층의 후면 전극으로 정공의 이동을 발생시킨다. 전자와 정공의 발생으로 부하에 전압이 나타나고 전류의 흐름이 발생하여 전력으로 사용된다.

(4) 태양 전지의 전류 - 전압 특성 및 효율

개방전압 V_{OC}는 태양 전지 소자 양단을 개방하고 측정된 최대 전압으로서 그림 5.42에서 X축에 나타난다. 개방 전압은 태양 전지의 포화 전류(I_O)와 빛 생성 전류(I_L)에 의존하는 식으로서 포화 전류는 태양 전지 내에서 재결합에 의존하며 다음과 같이 표시된다.

$$V_{OC} = \frac{nkT}{q} ln\left(\frac{I_L}{I_O} + 1\right) \tag{5.7}$$

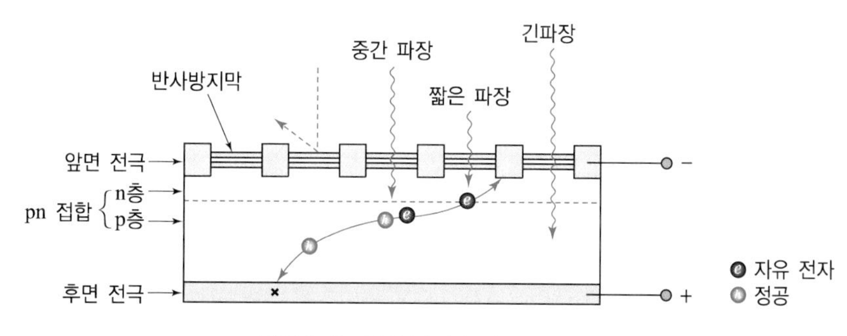

그림 5.41 태양 전지 소자

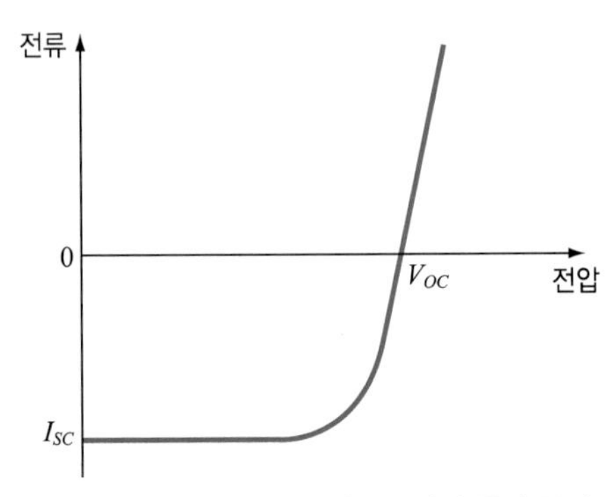

그림 5.42 태양 전지의 전류-전압 특성 곡선

일반적으로 개방 전압은 태양 전지의 에너지 밴드캡과 농도에 의존한다. 태양 전지 소자에 사용되는 재료의 밴드갭이 크면 I_O는 감소하게 되어 V_{OC}는 증가한다. AM1.5 조건하에서 단결정 실리콘 태양 전지의 개방 전압은 9.73[V] 이상이며, 사용되는 다결정 실리콘 태양 전지에서는 약 0.6[V]의 값을 갖는다.

단락 전류 I_{SC}는 태양 전지 소자 양단의 전압이 0이며, 태양 전지 소자의 양단을 접속한 후 흐르는 전류이다. 이때 흐르는 단락 전류는 빛에 의해 생성되고, 이동된 캐리어의 최대 전류로서 다음과 같은 요인이 중요하다. 태양 전지 소자의 면적에 대한 요인을 제거하기 위해 단락 전류보다는 단락 전류 밀도를 사용하며, 단락 전류는 입사된 빛에 의존한다. 또한 입사된 빛의 스펙트럼은 AM1.5를 기준으로 하며, 빛의 흡수와 반사로 인한 단락 전류의 변화가 나타난다. 만일 n영역의 표면에 입사되는 표면에 패시베이션$_{\text{passivation}}$을 하고, 균일한 캐리어 생성이 일어나면 단락 전류의 식은 다음과 같다.

$$I_{SC} = e\,G\,(l_n + l_p) \tag{5.8}$$

여기서 G는 생성률, l_n과 l_p는 각각 전자와 정공의 확산 거리이다. 상용되는 실리콘 태양 전지의 경우 AM1.5의 조건에서 28~24[mA/cm^2]이다. 태양 전지 소자의 밴드갭이 증가된 재료를 사용하였을 때 단락 전류 I_{SC}는 감소하고 개방전압 V_{OC}는 증가한다.

태양 전지 소자에서 개방 전압 V_{OC}와 단락 전류 I_{SC}는 최대 전류와 전압이나 이들의 곱으로 태양 전지의 전력을 나타내지 않고 태양 전지의 $I-V$곡선상에서 최대 면적을 갖는 최대 동작 전압(V_{mo})과 최대 동작 전류(I_{mo})로서 최대 전력을 나타낸다. 이때 최대 전력을 개방 전압과 단락 전류의 곱으로 나눈 것을 곡선 인자 FF$_{\text{Fill Factor}}$라 한다. 그림 5.43에 나타낸 것처럼 곡선 인자는 개방 전압과 단락 전류의 면적과 최대 동작 전압 V_{mo}와 최대 동작 전류 I_{mo}의 면적의 비로서 다음과 같다.

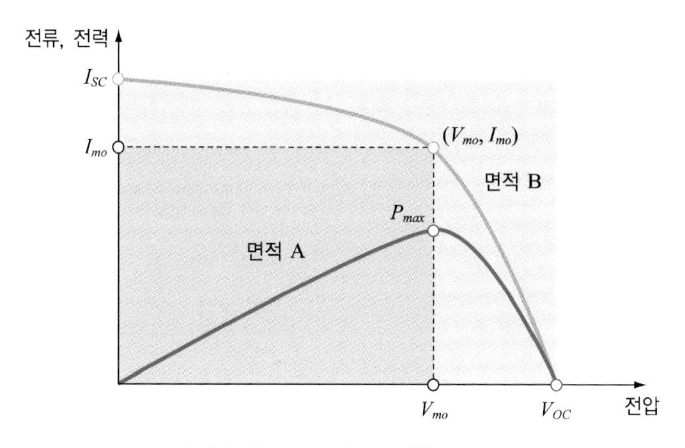

그림 5.43 곡선 인자 FF(Fill Factor)

$$FF = \frac{I_{mo} \times V_{mo}}{I_{SC} \times V_{OC}} \tag{5.9}$$

일반적으로 곡선 인자는 측정된 태양 전지의 전류-전압 특성 곡선의 모양이 얼마만큼 직각의 모양에 가까운가에 영향을 받는다. 특성 곡선이 직각에 가까우면 동작 전압과 동작 전류가 커져서 곡선 인가 FF가 1(100%)에 가깝게 되고, 반원형의 모양일수록 동작 전압과 동작 전류가 작아져서 곡선 인자의 FF가 작아진다.

태양 전지 소자의 가장 중요한 인자는 변환 효율로서 태양 전지 소자로 입사되는 태양 입사 전력과 태양 전지 소자에서 생성된 전력의 비로서 정의되며 변환 효율 η로 정의된다.

$$P_{\max} = I_{mo} \times I_{mo} \tag{5.10}$$

$$\eta = \frac{FF \times I_{SC} \times V_{OC}}{P_{in}}$$

변환 효율은 소자의 온도 조건, 입사 태양광 스펙트럼과 세기에 영향을 받으므로 세밀한 조건에서 측정되어야 한다. 일반적으로 태양 전지 측정은 지상에서는 25[℃] 온도에서 AM1.5의 조건으로 측정되며, 우주용인 경우 AM0의 조건에서 측정된다. 최근 호주의 UNSW 대학의 PERL 태양 전지는 면적 4[cm^2]에서 V_{OC}= 0.706 [V], I_{SC}=42.7[mA/cm^2], FF=82.8%, 변환 효율 η=25%를 달성하였다.

예제 5-1

다음의 조건을 갖는 pn접합 실리콘 태양 전지의 개방 회로 전압을 계산하시오.

$N_a = 5\times 10^{18}\ \text{cm}^{-3}$ $N_d = 10^{16}\ \text{cm}^{-3}$

$D_n = 25\ \text{cm}^2/\text{sec}$ $D_p = 10\ \text{cm}^2/\text{sec}$

$\tau_{no} = 5\times 10^{-7}\ \text{sec}$ $\tau_{po} = 10^{-7}\ \text{sec}$

$T = 300°K$ $J_L = \dfrac{I_L}{A} = 15\ \text{mA/cm}^2$

포화전류밀도 J_S는

$$J_S = \frac{I_S}{A} = \left(\frac{eD_n n_{po}}{l_n} + \frac{eD_p p_{no}}{l_p}\right) = en_i^2\left(\frac{D_n}{l_n N_a} + \frac{D_p}{l_p N_d}\right)$$

$$l_n = \sqrt{D_n \tau_{no}} = \sqrt{25\times 5\times 10^{-7}} = 35.4\,\mu\text{m}$$

$$l_p = \sqrt{D_p \tau_{po}} = \sqrt{10\times 10^{-7}} = 10.0\,\mu\text{m}$$ 이므로

$$J_s = 1.6\times 10^{-9}\times (1.5\times 10^{10})^2\times\left[\frac{25}{35.4\times 10^{-4}\times 5\times 10^{18}} + \frac{10}{10\times 10^{-4}\times 10^{16}}\right]$$

$$= 3.6\times 10^{-11}\ [\text{A/cm}^2]$$

$$\therefore J_S = 3.6\times 10^{-11}\ [\text{A/cm}^2]$$

$$V_{OC} = \frac{kT}{e} ln\left(1 + \frac{I_L}{I_S}\right) = \frac{kT}{e} ln\left(1 + \frac{J_L}{J_S}\right) = 0.025q\ \ln\left(1 + \frac{15\times 10^{-3}}{3.6\times 10^{-11}}\right) = 0.514$$

$$\therefore V_{OC} = 0.514\ [\text{V}]$$

(5) 태양 전지의 종류 및 구조

태양 전지의 종류는 재료와 결정 구조에 따라 그림 5.44와 같이 나누어진다. 또 실리콘 재료로 제작하는 태양 전지는 그림 5.45와 같이 결정 구조에 의해 단결정$_{\text{single crystal}}$형, 다결정$_{\text{poly crystal}}$형, 비정질$_{\text{amorphous}}$형으로 나눈다.

단결정형과 비정질형을 복합화한 고효율 태양 전지도 제품화되어 있다. 태양 전지의 표면에는 태양빛을 효율 높게 흡수할 수 있도록 반사를 방지하는 반사 방지막을 붙이기도 하고, 표면에서 반사된 및을 다시 끌어들이는 구조의 기술을 연구하고 있다. 또 온도가 상승하면 효율이 떨어지므로 발전에 기여하지 않는 파장을 반사하는 반사막을 설치하는 등의 연구도 진행되고 있다.

그림 5.44 태양 전지의 종류

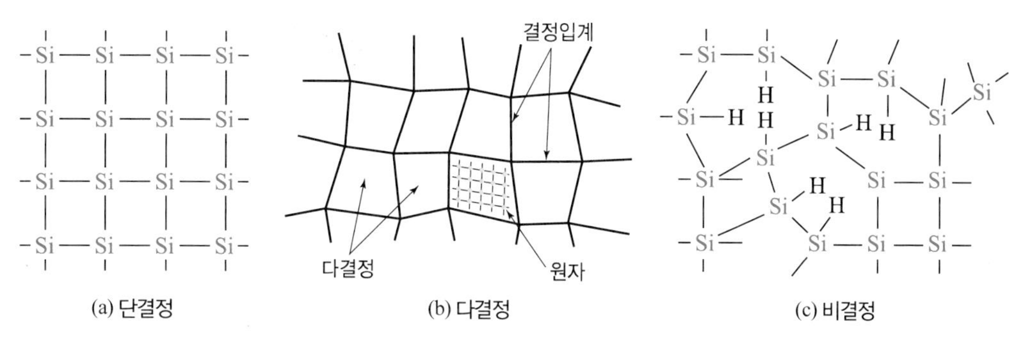

그림 5.45 실리콘 재료의 결정 구조

① 단결정형

트랜지스터와 집접 회로를 제작하는 것과 같은 단결정 실리콘 인고트$_{ingot}$를 얇게 자른 순도가 높은 웨이퍼 위에 pn접합을 형성하고, 표면에 전극을 부착한다. 표면에 빛을 입사하면 LED의 경우와 반대로 광에너지로 pn접합에서 정공과 전자가 만들어져 정공은 p형 반도체, 전자는 n형 반도체로 이동한다. 그 결과 p측과 n측에 부하를 넣어서 연결하면 전류가 흐르게 된다. p형 반도체와 n형 반도체 사이에 진성 반도체 i층을 넣어 이 i층에서 발생한 정공과 전자를 전계의 작용으로 효율 좋은 p형과 n형으로 할당하는 구조를 갖는 것도 있다.

단결정형의 효율은 20~24%를 얻고 있으나, 기술 개발을 통하여 향상되고 있다. 단결정형의 효율은 가장 좋지만, 고순도의 웨이퍼를 사용하므로 가격이 높다.

② 다결정형

실리콘 용융액(융점 1,414[℃])을 서서히 냉각하여 만든 인고트를 얇게 잘라 가공한 웨이퍼 위에 pn접합을 형성한다. p형 반도체와 n형 반도체에서 발생하는 전계의 기울기에 의해 드리프트 현상이 일어나 정공과 전자가 이동한다. 이 웨이퍼는 단결정이 모여 형성한 다결정 상태로, 결정이 잘 결합하지 않아서 빛에너지로 발생한 전자와 정공이 포획되어 버리기 때문에 단결정형보다 변환 효율이 떨어져 15~18% 정도이나, 수소를 도입하여 수소 원자의 전자가 결합에 작용하도록 하여 포획을 방지하는 등의 특성 개선이 연구되고 있다.

③ 비정질형

결정 구조를 하지 않는 유리와 같은 비정질 구조로, 유리 위에 얇게 형성한다. 진공 중에서 SiH_4를 도입하고 높은 전압을 걸어 방전 현상을 일으켜 SiH_4 분자를 분해하여 실리콘 원자를 유리 기판 위에 퇴적시켜 만든다. p형을 만들 때는 B_2H_5, n형을 만들 때는 PH_3를 SiH_4에 첨가한다.

④ 복합형

단결정형과 비정질형을 복합화하는 것으로, 단결정형은 긴 파장측에서 효율이 좋고, 비정질형은 짧은 파장인 자외선측에서 효율이 좋으므로, 서로 보완하여 효율을 향상시켜 고효율 제품이 개발되고 있다.

4. 반도체 레이저

레이저(LASER$_{\text{light amplification by stimulated emission of radiation}}$)는 전기 압력을 레이저광으로 변환하여 출력하는 소자이다. He-Ne의 혼합 기체 등을 이용한 가스 레이저, 고체 재료 등을 이용한 고체 레이저, 화합물 반도체를 이용한 반도체 레이저 등의 여러 종류의 레이저가 개발되어 이용되고 있다. 여기서 반도체 레이저는 소형 제작이 가능하고, 고효율, 저전압, 저소비 전력을 갖고 있으며, 오랜 수명과 고속 변조 등의 특징이 있어 광기기의 광원으로 널리 이용되고 있다.

표 5.7 반도체 레이저의 파장과 용도

파장[nm]	용도
635~685	DVD player, 레이저 센서, pointer
780~830	CD player, 단거리 통신용 센서
1,300	중거리 통신용
1,500	장거리 통신용

(1) 반도체 레이저의 용도

반도체 레이저는 가스 레이저에 비하여 소형이고, 소비 전력이 작아 수명이 길다. 가시광인 것의 용도는 CD 플레이어, CD-ROM 드라이버 등이며, 또 광통신 및 레이저 프린터의 중심부에 있는 광원으로서 이용되고 있다. CD 플레이어에서는 파장이 780[nm]인 반도체 레이저가 사용되며, DVD 플레이어에서는 기록 속도가 7배로 고밀도로 되어 있는 것에 대응하여 보다 단파장인 636~650[nm]인 반도체 레이저가 사용되고 있다. 표 5.7에서는 반도체 레이저의 파장과 용도를 보여주고 있다.

(2) 반도체 레이저의 구조

그림 5.46에서는 반도체 레이저의 기본 구조와 에너지대, 레이저 출력과 주입 전류 특성을 보여주고 있다.

그림 (a)의 기본 구조에서 보통 이중 이종 접합(二重 異種接合double hetero junction)이 이용되고 있다. 이중 이종 접합은 2[μm] 이하의 얇은 pn접합으로 구성되는 활성층을 사이에 두고 활성층 반도체보다 에너지갭이 넓고 굴절률이 작은 반도체의 p형과 n형의 피복층으로 샌드위치한 구조로 제작하여 사용한다. 피복층에 부착한 외부 전극으로부터 순방향 전압을 인가하면 p형 피복층으로부터 활성층의 p형 영역에는 정공이 주입되고, n형 피복층으로부터 활성층의 n형 영역에는 전자가 주입된다. 이 활성층 내에 주입된 전자와 정공쌍이 재결합하는 사이에 에너지를 광으로 방출하게 되는 것이다. 앞에서 살펴본 광 다이오드와 다른 점은 이 광이 굴절률의 차이로부터 좁은 활성층 내에 들어와 양 측면에 설치한 반사경에 반사하여 가두게 하는 점이다. 이 감금된 광에 의해서 생긴 유도광(誘導光)이 방사되

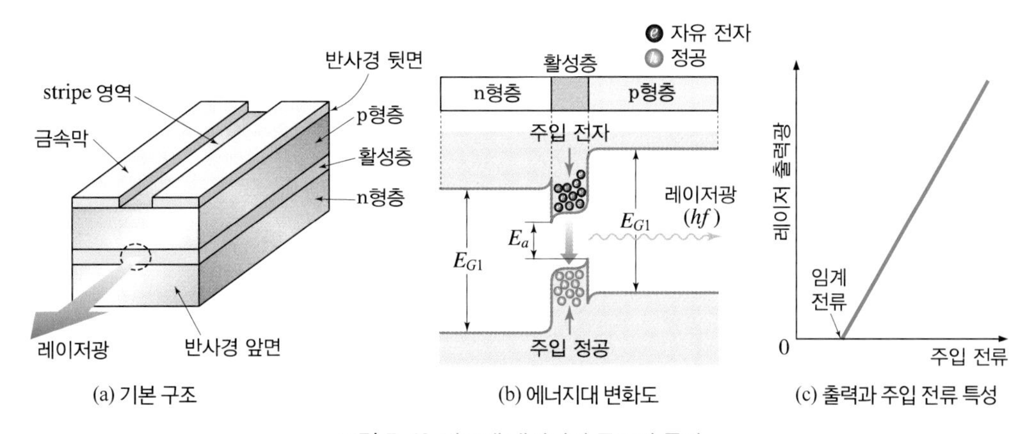

그림 5.46 반도체 레이저의 구조와 동작

고 다시 반사를 거듭하는 사이에 파장과 위상이 같은 광이 증폭되어 레이저광으로서 외부로 방출되는 것이다. 따라서 반도체 레이저는 입력 전류(주입된 전자, 정공에 의한 전류)가 일정한 값을 넘는 경우, 처음에 발진 현상이 일어나고, 그 후 주입 전류와 같이 레이저광 출력을 증가시킨다.

| 연구문제 |

1. 발광 다이오드LED에 관하여 정의하시오.

2. LED는 낮은 전압으로 구동할 수 있는 고체 발광 소자이다. 특성에 관하여 설명하시오.

3. LED는 전자와 정공이 재결합하면서 그 에너지를 빛으로 방출하는데, 이를 에너지 구조 이론을 바탕으로 설명하시오.

4. LED는 반도체 재료의 원자 결합이 직접 천이형 구조의 재료로 사용하여 제조하는데, 그 이유를 발광 효율 측면에서 설명하시오.

5. LED의 발광 이론을 발광 파장의 측면에서 설명하시오.

6. 몇 가지 LED용 반도체 재료와 발광 파장과의 관계를 설명하시오.

7. LED의 장점을 바탕으로 그 특성을 설명하시오.

8. LED가 조명용으로 사용되기 위해서는 백색광을 만들어야 하는데, 그 기술 세 가지를 들고 간략히 기술하시오.

9. 기본적인 LED 칩의 구조를 그림을 그려 설명하시오.

10. LED의 발광 효율에 관한 다음 사항을 설명하시오.
    (1) 몇 가지 반도체 재료를 이용하여 이중 이종 접합 구조로 제조하는데, 에너지 구조를 바탕을 설명하시오.
    (2) LED의 발광 효율을 수식을 통하여 설명하시오.
    (3) 발광 재결합 효율에 관하여 설명하시오.
    (4) 전류 주입 효율에 관하여 설명하시오.
    (5) 광추출 효율에 관하여 설명하시오.

11. 백색 LED를 만드는 기술을 몇 가지 들고, 비교 분석하시오.

12. LED를 제조하는 재료의 조건을 기술하시오.

13. LED를 제조하는 재료를 열거하고 그 특성을 간략히 기술하시오.

14. LED를 제조하기 위하여 에피택셜 성장epitaxial growth이 중요한데, 다음을 설명하시오.
(1) 이 층을 성장시키는 기술 몇 가지를 들고 간략히 설명하시오.
(2) 에피택시epitaxy 공정에 관하여 기술하시오.

15. LED 칩의 단면을 통하여 공정의 흐름을 설명하시오.

16. LED의 응용에 관하여 몇 가지 분야를 열거하고 기술하시오.

17. 광 다이오드는 무엇인가?

18. pnp형 광 트랜지스터의 회로를 그리고 출력 특성을 기술하시오.

19. 태양전지의 전압-전류 특성 곡선을 그리고 설명하시오.

20. 태양전지의 Fill Factor에 관하여 설명하시오.

21. 반도체 레이저의 구조와 동작을 설명하시오.

Chapter 6

아날로그 및 논리 소자

6.1 아날로그 집적회로
6.2 아날로그 소자의 설계
6.3 아날로그 집적회로의 구조
6.4 MOS형 아날로그 집적회로
6.5 BiCMOS의 프로세스
6.6 아날로그 집적회로의 응용
6.7 부성저항소자
6.8 전력용 소자
6.9 논리 집적회로의 기본적인 특성
6.10 표준 논리 집적회로
6.11 반주문형 집적회로

6.1 아날로그 집적회로

이번 장에서는 아날로그 및 디지털 신호 처리를 행하는 각종 집적회로에 대한 기술과 아날로그 및 디지털의 차이점에 대하여 살펴본다.

자연계에 존재하는 소리, 열, 빛 등은 모두 연속적인 양으로 아날로그$_{\text{analog}}$라 한다. 예를 들어 소리를 생각하여 보자. 가을 밤 귀뚜라미 소리와 같이 미약한 신호에서 록 밴드의 연주와 같이 큰 음량의 것까지 존재하고, 이것을 전기 신호로 변환한 것이 바로 아날로그 신호이다.

디지털$_{\text{digital}}$ 양은 전압의 '높음'과 '낮음'으로 바꾼 데이터가 디지털 신호이다. 전압 자체는 아날로그 양으로 존재하지만, 그 신호를 취급할 때에는 높고 낮음의 중간에 경계를 설치하고, 전압의 높고 낮음만을 뜻하는 값으로 한다. 예를 들어, 높은 전압을 5[V], 낮은 전압을 0[V], 경계를 2.5[V]로 정했을 때, 전압이 0[V], 5[V] 모두가 아닌 경우, 2.5[V] 이상이면 '높음', 그 이하이면 '낮음'으로 한다.

이와 같이 정해진 디지털 신호에서 잡음에 의한 미소한 전압의 변화는 무시되어 정확한 상태 표시와 논리 연산이 가능하다. 이 때문에 회로의 제어와 데이터 처리에 디지털 신호를 사용하는 경향이 증가하고 있다. 음성 신호도 원래는 아날로그 신호이나, 이것을 그림 6.1과 같이 계단상의 전압으로 바꾸어 계단의 높이를 디지털 양으로 나타내어 데이터를 처리하는 기술이 개발되고 있다.

이 아날로그 신호의 디지털화의 원리를 이해하기 쉽도록 A-D$_{\text{Analog-Digital}}$ 변환기의 예를 살펴보자.

그림 6.2에서는 아날로그 양을 디지털 양으로 변환하는 관계를 보여 주고 있다. A-D 변환기는 3 bit로 한다. 그림에서 알 수 있는 바와 같이, 아날로그 양이 0, 1의 데이터로 변환되어 있다. 예를 들어, 점 A는 [1, 0, 1], 점 B는 [1, 0, 0], 점 C는 [0, 0, 1] 등으로 나타낸다. 샘플링$_{\text{sampling}}$의 주기를 짧게 하여 bit수를 증가시킬수록 아날로그 양에 접근할 수 있다.

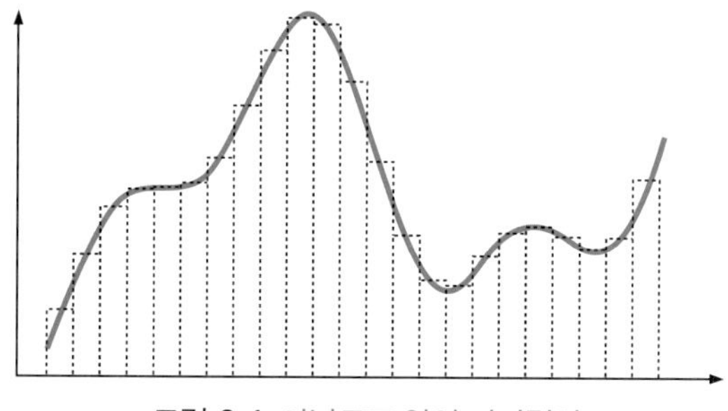

그림 6.1 아날로그 양의 디지털화

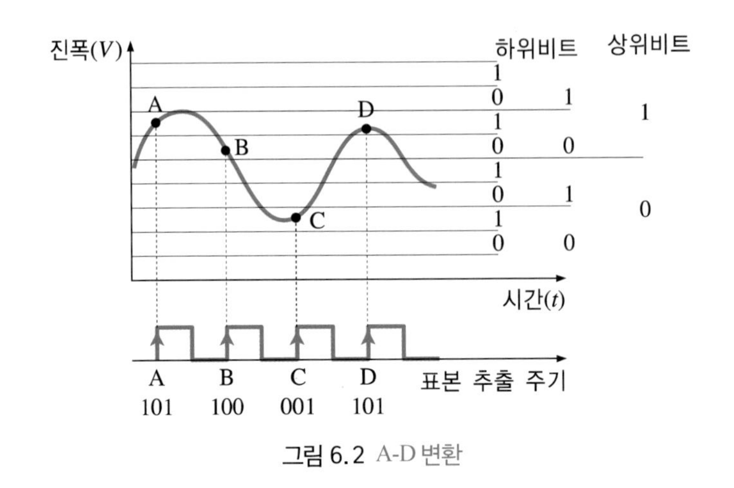

그림 6.2 A-D 변환

아날로그 집적회로는 연속적으로 변화하는 신호를 어느 비율로 증감하기도 하고파형의 정형(整形) 등의 동작을 수행한다. 아날로그 집적회로는 많은 종류가 있고, 그 기능에 의한 분야가 지정되어 있는 것과 여러 분야에 적용되는 것이 있다.

1. 여러 가지 분야에 적용

OP AMP는 입력 정보의 증폭, 변환용으로 사용하는 모든 기기에 사용하고, 전력용 집적회로는 전자 기기에 사용하며, A-D/D-A 변환기는 아날로그와 디지털 신호 사이의 변환을 행하는 것으로, 두 신호가 같이 존재하는 전자 기기에 사용한다.

2. 특정 분야에 적용

컬러 TV의 영상, 음성 신호 처리, 휴대 전화의 미약한 신호 처리용으로 만들어져 있고, 기타 용도로는 사용할 수 없다. 대규모 집적회로가 많고, 최근에는 디지털 신호 처리를 행하는 논리회로를 장착한 아날로그-디지털이 공존하는 것이 개발되고 있다.

6.2 아날로그 소자의 설계

Semiconductor Device Engineering

그림 6.3에서 아날로그 소자의 설계 순서를 나타내었다. 각 단계의 구체적인 내용을 살펴보자.

1. 기획과 사양 결정

기획은 “어떠한 집적회로를 어떤 목적으로 언제까지 개발할 것인가?”를 명확히 하는 것이고, 사양 결정은 하나의 집적회로에 집적(集積)하는 기능과 각 기능의 목표를 설정하는 것이다. 이 후의 공정은 이 사양에 기반하여 이루어지기 때문에 기획 및 사양 결정 과정은 대단히 중요하다.

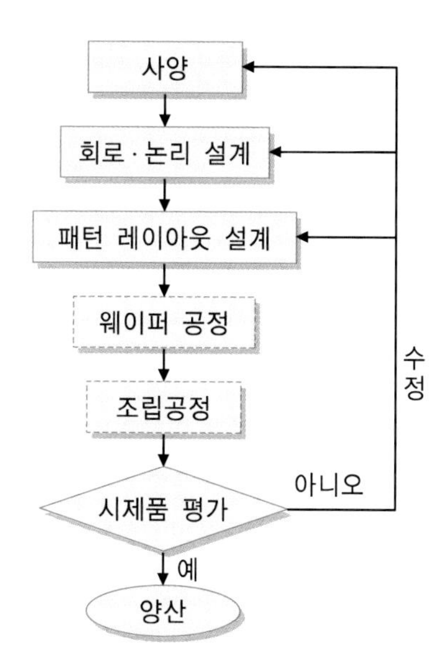

그림 6.3 아날로그 소자의 설계 순서

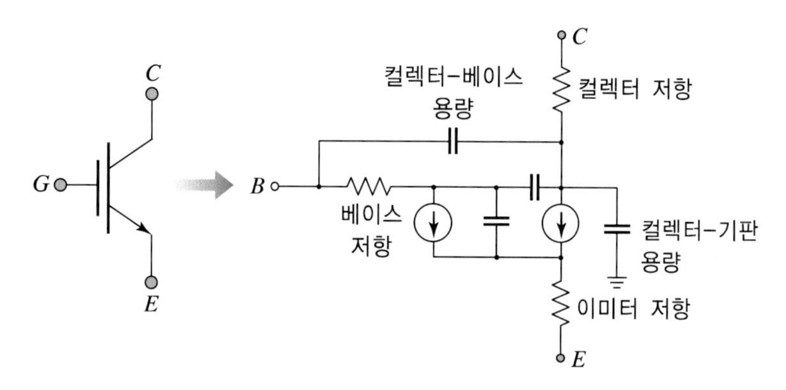

그림 6.4 트랜지스터와 SPICE 모델 파라미터

2. 회로 및 논리 설계

사양단계에서 제시된 요구를 실현하는 회로를 트랜지스터, 저항, 커패시터, 게이트 수준으로 구성하는 과정으로 구성한 회로가 목표하는 성능에 만족하는지를 CAD에 의한 회로 해석 프로그램으로 검증한다. 회로 해석 프로그램으로 가장 많이 이용하는 것으로 SPICE$_{\text{Simulation Program with Integrated Circuit Emphasis}}$가 있다.

그림 6.4에서 npn 트랜지스터의 모델을 보여 주고 있는데, 그림에서와 같이 SPICE 프로그램으로 복잡한 트랜지스터의 각종 파라미터$_{\text{parameter}}$를 컴퓨터에 의하여 계산할 수 있다.

간단한 예를 통하여 이 과정을 살펴보자. 그림 6.5에서는 차동 증폭회로의 특성 검증을 위한 예를 보여 주고 있다. 차동 증폭기는 두 개의 *NPN* 트랜지스터 양 끝에 인가하는 전압의 차를 증폭하는 회로로, 아날로그 집적회로를 구성하는 데 많이 사용하는 회로이다. 검증하는 파라미터에는 이득 증폭률, 주파수 특성, 신호의 찌그러짐 등이 있다. 그림 6.5의 입력단에 회로를 해석할 수 있는 프로그램 신호 발생기를 접속하여 신호를 입력한다. 소신호 해석(작은 진폭의 신호를 입력하여 해석하는 것으로, 회로에서 생기는 찌그러짐 등은 검증되지 않음)에 의한 주파수 특성, 과도 해석(실제의 신호, 진폭, 시간 정보를 갖는 신호를 입력하여 검증)에 의한 찌그러짐 특성을 검증할 수 있다. 이 결과와 목표하는 성능을 비교하여 만족하면 다음 공정으로 진행한다. 여기서 중요한 것은 정확한 모델 파라미터를 이용하여 회로 해석을 수행하는 것이다. 파라미터는 웨이퍼 프로세스의 종류와 트랜지스터의 크기에 의해서 다르고, 이 값이 정확하지 않으면 목표하는 회로 해석이 어려워진다.

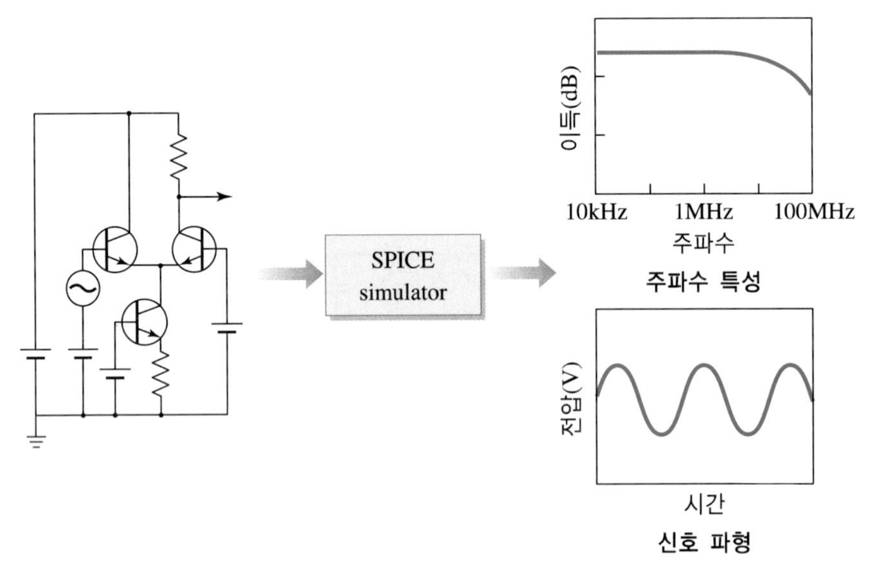

그림 6.5 SPICE 회로 해석의 예

보통 새로운 웨이퍼 프로세스를 개발할 때, 파라미터 측정용의 특수한 소자를 만들고, 그 소자의 측정을 통하여 각종 파라미터를 추출하는 과정을 거친다.

3. 패턴 레이아웃 설계

이 과정은 회로도에 있는 트랜지스터, 저항 등의 소자를 칩 위에 배치하여 그들을 배선하는 과정이다. 이 과정에서도 CAD를 이용하여 집적회로의 대규모화에 대처하고 있다. 구체적으로는 소자를 적절한 위치에 배치하고, 배선하는 자동 배치 및 배선 프로그램, 배선과 배선 사이, 확산층과 확산층 사이 등의 간격이 규격을 만족하는가를 검증하는 디자인 규칙 검사 프로그램, 회로도와 패턴 레이아웃$_{\text{pattern layout}}$이 일치하는가를 검증하는 레이아웃-회로도 비교 프로그램 등이 사용되고 있다.

이상과 같이 CAD에 의한 오류를 감소시킬 필요가 있으나, 아날로그 소자에서 가장 중요한 것은 소자 사이의 정합(整合)을 확보하기 위한 소자의 배치, 즉 소자 형상을 크게 하든지, 병렬로 배치하여 방향을 맞추는 것과 신호 사이의 간섭을 최소로 억제하기 위한 블록$_{\text{block}}$의 배치, 배선의 방향 등이다. CAD에서는 대처하기 어려운 노하우가 많이 존재한다. 같은 회로라도 패턴 레이아웃 결과에 따라 성능의 차가 생기는 경우가 많다.

하나의 사례를 살펴보자. 그림 6.6에서 보여 주는 회로는 아날로그 집적회로에 자주 이용되고 있는 current mirror 회로이다. 이 회로의 패턴 레이아웃의 예를 그림 (b)에서 보여 주고 있는데, 디자인 규칙의 검사 프로그램으로 배선끼리의 최소 간격, 저항과 분리영역의 최소 간격이 규격을 만족하고 있는지를 검증한다. 이 규격은 마스크$_{\text{mask}}$의 해상도와 목적에 맞게 제조하는 웨이퍼 프로세스의 종류에 따라 다르다. 또 레이아웃-회로도 비교 프로그램으로 그림 (a)의 회로도와 그림 (b)의 회로도가 일치하는지를 검증한다. 모두 검증에 합격한 후, 다음 공정인 마스크 제작 공정으로 진행하게 된다.

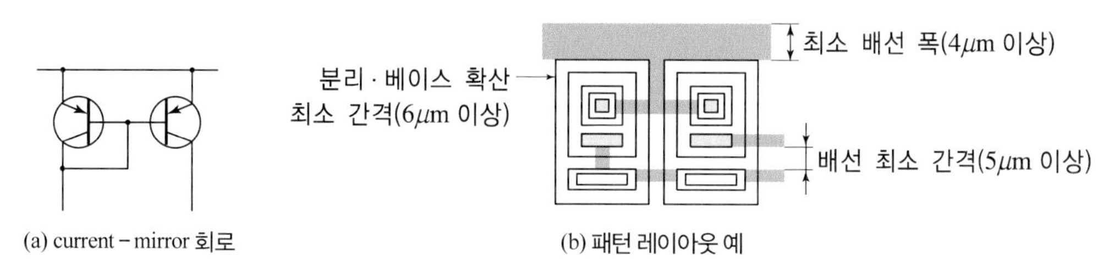

(a) current-mirror 회로

(b) 패턴 레이아웃 예

그림 6.6 패턴 레이아웃 검증

4. 평가 공정

웨이퍼 프로세스, 조립 공정을 거쳐 시작품$_{sample}$을 가공한다. 평가 공정에서는 각종 계측기를 이용하여 모든 특성을 조사하여 목표하는 사양을 만족하는지를 검증하는 동시에, 실제로 그 집적회로가 사용되는 제품에 조립하여 실제 동작에 문제가 없는지를 조사한다. 또 동시에 신뢰성 평가도 수행한다.

평가 공정에서 문제가 발견되면 그 문제를 해결하기 위하여 기획, 사양 결정, 회로 설계, 패턴 레이아웃 설계 공정으로 되돌아가서 문제가 해결될 때까지 앞서의 공정을 반복 수행한다.

예제 6-1

아날로그 소자의 설계 순서에 있어서 각 공정의 유의사항에 대하여 기술하시오.

1. 기획·사양 결정 : 집적회로 개발 목적을 명확히 하고, 그 기능이 목표를 달성하고 있는지를 고려한다. 또 기능의 목표 성능, 개발 계획을 명확히 한다.
2. 회로 설계 : 정확한 모델 파라미터를 이용한 회로 해석 프로그램을 이용하여 목표 성능을 만족하는 회로를 조립한다.
3. 패턴 레이아웃설계 : CAD를 사용하여 배선 오류, 확산 사이의 거리에 대한 검증을 행한다. 아날로그 소자에서는 소자 간 정합성, 신호 사이의 간섭 등을 고려한 레이아웃도 검증해야 한다.
4. 평가 공정 : 목표 성능을 만족하는지를 검증하고, 실제 시스템에 조립하여 목표하는 동작을 확인하는 것이 중요하다.

6.3 아날로그 집적회로의 구조

Semiconductor Device Engineering

바이폴러 소자 특히, 트랜지스터는 고속성, 소자의 정합성(整合性) 및 발생 잡음에 있어서 우수하고, 광범위한 주파수, 진폭 정보를 갖는 아날로그 신호의 처리에 적합하다. 여기서는 바이폴러 프로세스를 이용한 아날로그 집적회로의 구조에 대하여 기술한다.

1. 소자 간 분리

집적회로는 하나의 반도체 기판 위에 트랜지스터와 기판, 커패시터capacitor 등 많은 회로 소자를 전기적으로 분리하여 배치해야 한다. 이 때문에 바이폴러 프로세스에서는 기판에 pn접합으로 분리된 고립 영역isolation region을 만들고, 그 속에 회로 소자를 만들어 넣고 pn접합에 역바이어스를 인가하여 소자와 소자 사이를 분리한다.

최근에 분리 기법으로 산화막을 이용하기도 하고, 소자 사이에 도랑trench을 만들기도 하는 방법이 있으며, 그림 6.7에서 산화막과 도랑 기술을 이용한 소자 분리 기술을 나타내었다. 그림 (a)는 LOCOSLOCal Oxidation of Silicon 공정이라 하는 실리콘의 국부 산화법을 이용한 것이며, 그림 (b)는 얕은 도랑shallow trench 모양으로 소자를 분리하는 기술을 나타낸 것이다.

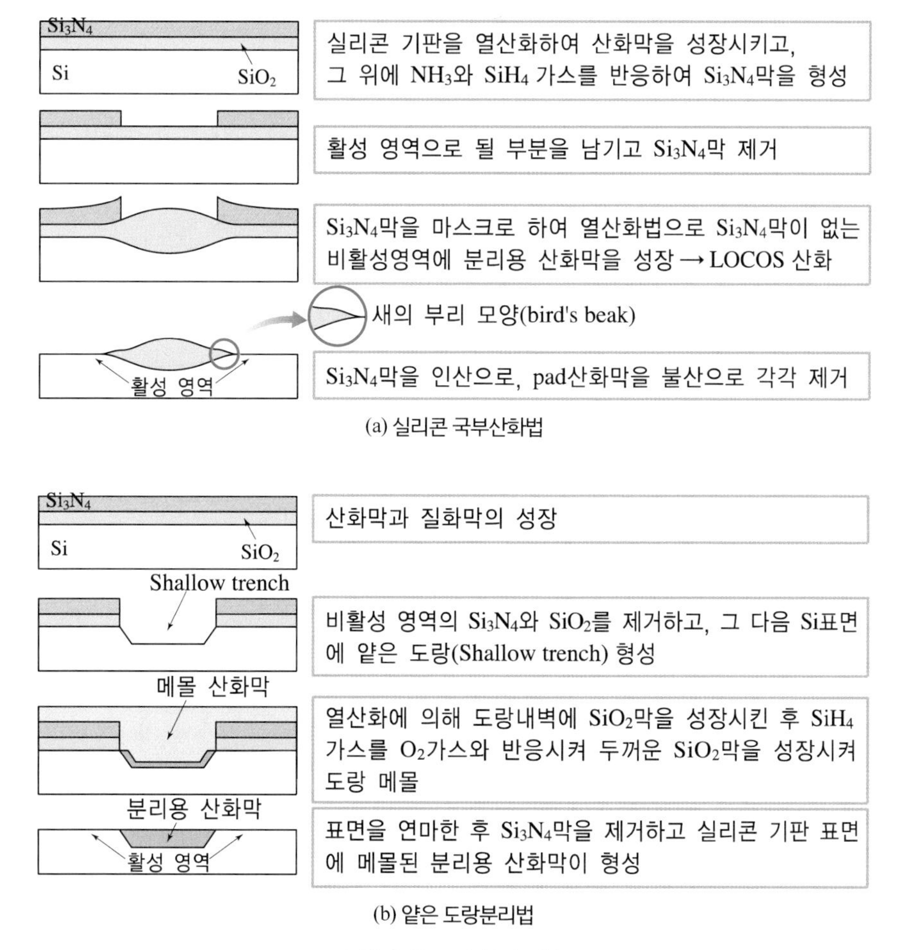

그림 6.7 소자 분리 기술

이제, 가장 일반적으로 사용하고 있는 pn접합에 의한 분리 기술에 대하여 살펴보기로 하자.

그림 6.8에서는 차동 증폭회로의 소자 분리에 대한 예를 보여 주고 있다. 그림 (a)는 pnp 트랜지스터에 의한 current mirror 회로를 부하로 장착한 npn 트랜지스터의 차동 증폭회로이며, 발진을 멈추게 하기 위한 커패시터도 내장되어 있다. 그림 (b)는 그림 (a) 회로를 패턴 레이아웃한 예를 나타낸 것이다. 또 그림 (c)는 그림 (b)의 점선을 따라 절단한 단면 구조를 나타낸 것이다. 그림에서 '분리'라고 기록된 영역은 n형 에피택셜 층$_{\text{epitaxial layer}}$의 일부를 확산하여 p형으로 변환한 것으로 주변을 p형으로 둘러싸 n형의 고립 영역(島$_{\text{island}}$)을 만들 수 있도록 한 것이다. 고립 영역을 둘러싸고 있는 p형 영역을 집적회로의 최하위 전위를 유지하면, n형인 고립 영역은 pn접합의 역바이어스에 의하여 서로 절연되어 소자

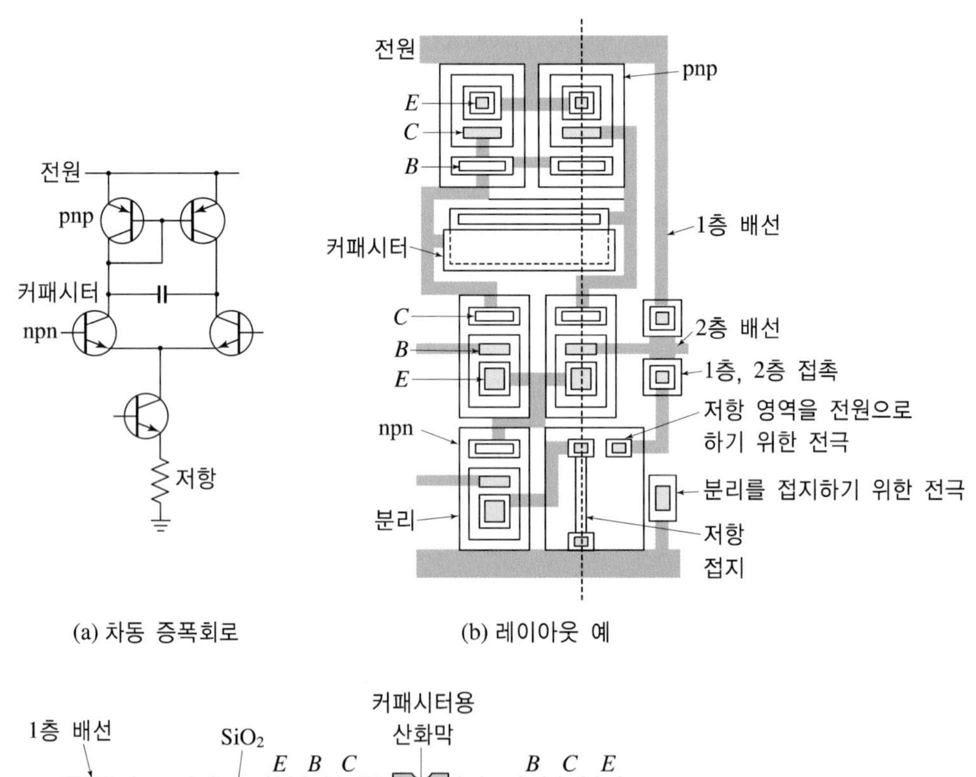

(a) 차동 증폭회로 (b) 레이아웃 예

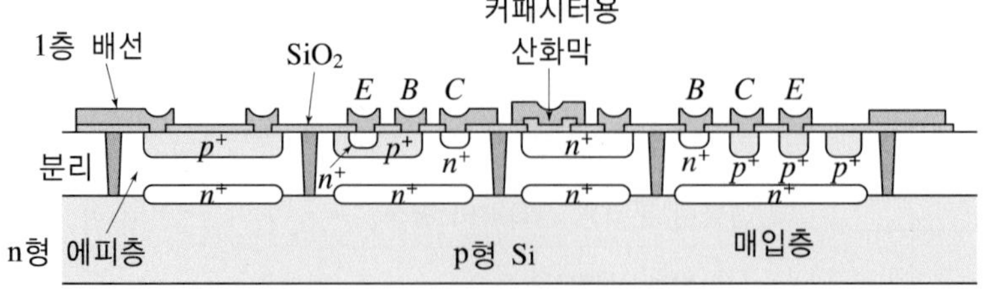

(c) 단면 구조

그림 6.8 차동 증폭회로의 레이아웃 예

사이의 분리가 가능하다.

여기서 보다 더 상세하게 구조를 살펴보자. 그림 (b)의 레이아웃 상의 각 소자를 접속하는 배선은 주로 1층 배선에 의해서 이루어진다. 일부 배선이 교차하여 1층 배선이 통하지 않는 것은 2층 배선을 이용한 것이다. 구조적으로 보면, 1층 배선과 2층 배선 사이에는 두꺼운 산화막이 있어서 두 개의 층을 절연시킬 수 있게 된다. 또 1층과 2층이 서로 접속해야할 경우, 산화막에 구멍을 뚫어 연결하면 된다. 예를 들어, 회로도 위쪽 부분에 배치되어 있는 두 개의 pnp 트랜지스터의 이미터는 전원에 접속하고, 베이스는 상호 연결되어 있다. 왼쪽의 pnp 트랜지스터의 컬렉터도 베이스에 연결하고 있다. 그림 (b)의 레이아웃 상에서도 1층 배선에 의해서 똑같이 접속되어 있는 것을 알 수 있으며, 에피택셜층과 기판 사이에 n^+ 매몰층$_{\text{buried layer}}$이 있음을 알 수 있다. 이 층은 컬렉터의 저항을 낮추어 주는 역할과 구조상 발생할 수 있는 기생 pnp 트랜지스터를 억제하는 효과가 있다. 기판 위에 성장한 에피택셜 층의 표면에 n^+를 주입하여 npn 트랜지스터의 컬렉터로 하고, pnp 트랜지스터의 베이스로 한다. 또 p^+을 주입하여 pnp 트랜지스터의 컬렉터와 이미터, npn 트랜지스터의 베이스로 하고 그 p^+ 속에 n^+를 주입하여 npn 트랜지스터의 이미터로 한다.

저항은 요구되는 면 저항($_{\text{sheet resistance}}$, 단위 면적당 저항)을 얻기 위하여 여러 종류의 불순물과 불순물의 주입 양 등의 확산으로 형성하는 것이 가능하나, 그림에서는 p^+로 나타내고 있다. 커패시터는 얇은 산화막을 n^+와 1층 배선에 끼워 넣어 형성한다.

2. 저항

저항은 반도체 내에 여러 가지 불순물에 의하여 구성할 수 있다. 그 중에서 대표적인 불순물은 p형 불순물인 붕소$_{\text{boron}}$가 있다. 단위 면$_{\text{sheet}}$당 저항값은 불순물의 주입량에 의해서 결정되고, 면당 수백 Ω에서 수 KΩ까지 폭넓은 설정이 가능하다.

그림 6.9에서는 반도체 내에 저항을 만드는 방법을 보여 주고 있다. 그림 (a)는 5개 면

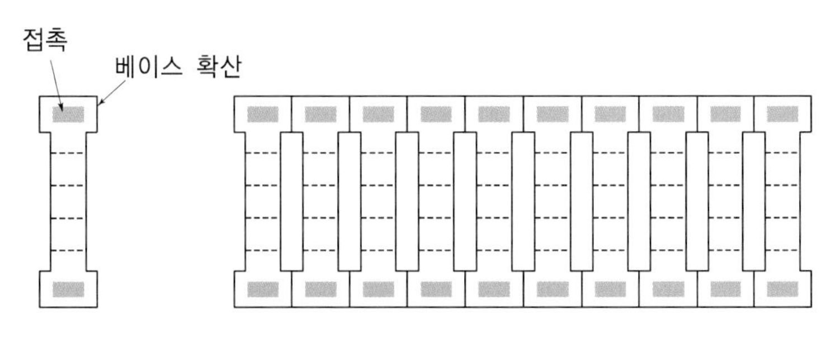

그림 6.9 반도체 내 저항의 구성

sheet이기 때문에 1면당 500[Ω]이라면 2.5[KΩ]으로 된다. 그림 (b)는 2.5[KΩ] 저항 10개가 병렬로 구성되어 있으므로 250[Ω]짜리 저항을 만들 수 있게 되는 것이다.

이상과 같이 집적회로 내 저항값은 불순물의 주입량에 따라서 변하기 때문에 어느 정도의 절대값의 오차가 존재할 수 있다. 인접하여 있는 같은 형상으로 묘사된 저항끼리의 상대값의 차는 1% 이하로 대단히 작다. 따라서 집적회로 내의 회로는 저항의 상대값으로 성능을 결정하도록 구성해야 한다.

3. 커패시터capacitor

커패시터도 여러 가지의 전극과 유전체의 조합으로 구성할 수 있다. 대표적인 것은 pn접합에 역바이어스를 인가하여 사용하는 접합 커패시터가 있다.

단위 면적당 용량값은 pn 영역에 확산하는 불순물 농도가 높을수록 크게 된다. 대표적으로 100[μm^2] 당 10[pF] 정도의 값을 갖는다. 단, 접합 커패시터는 용량값에 전압 의존성이 있고, 더구나 극성을 갖고 있어서 주의할 필요가 있다.

그 밖에 산화막과 질화막을 유전체로 하여 확산과 알루미늄 배선에 끼워 넣은 커패시터도 있다. 이들은 일반적으로 극성과 전압 의존성이 존재하지 않기 때문에 사용하기가 쉽다. 그러나 커패시터를 형성하기 위하여 웨이퍼 프로세스에 있어서 마스크를 추가해야 하는 공정이 뒤따라야 한다. 그림 6.10에서는 커패시터의 단면 구조를 보여 주고 있다. 좌측은 산화막을 이용한 커패시터, 우측은 접합 커패시터의 단면을 나타낸 것이다.

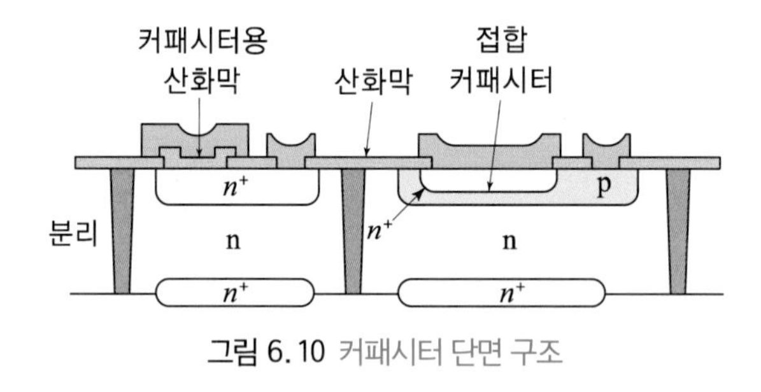

그림 6.10 커패시터 단면 구조

6.4 MOS형 아날로그 집적회로

Semiconductor Device Engineering

MOS 소자는 고속 동작, 잡음 발생 등의 특성에서 바이폴러 트랜지스터에 비하여 다소 떨어지나, CMOSComplementary MOS 구조로 하여 소비 전력을 억제할 수 있고, 디지털 신호

등의 처리에 있어서 용이하다.

nMOS와 pMOS라 부르고 있는 n 채널 MOSFET 혹은 p 채널 MOSFET만으로 집적회로를 구성할 수 있는데, 하나의 예로서 집적회로의 기본 회로 중의 하나인 반전 회로inverter를 그림 6.11에서 나타내었다.

nMOS의 동작을 살펴보자. Low 입력의 경우, nMOS는 OFF 상태가 되어 저항과 같은 역할로 항상 ON 상태에 있는 MOSFET(그림 (a)의 위쪽의 MOS 소자)에 의해 High 출력으로 된다. 반대로 High 입력이 인가된 경우, nMOS가 ON 상태로 되어 Low 출력으로 된다. 그러나 nMOS, pMOS 모두 소비 전력이 커지는 단점을 갖고 있다. 그 이유는 MOSFET가 ON 상태로 된 때는 전원에서 접지까지 전류가 흐르는 상태로 되기 때문이다.

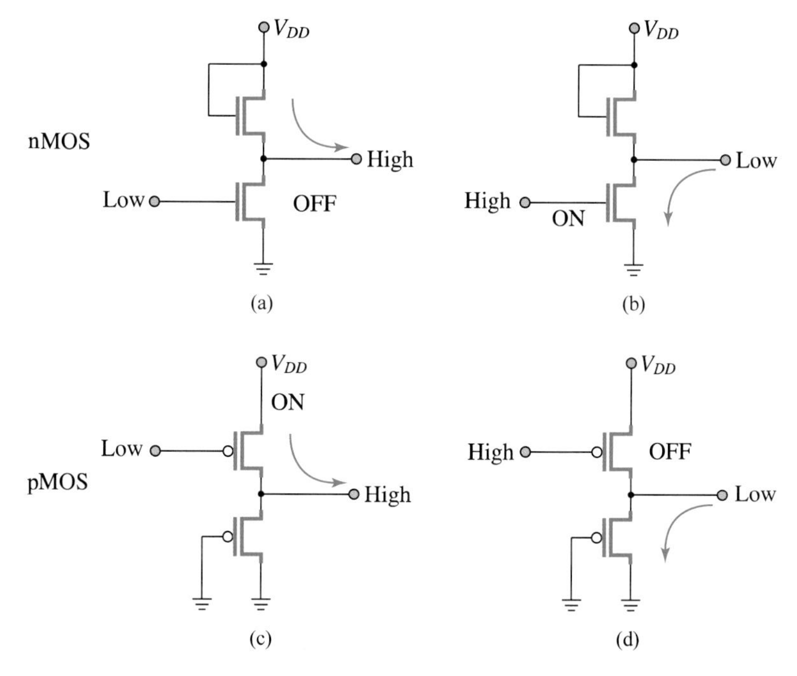

그림 6.11 MOS의 반전 회로 동작

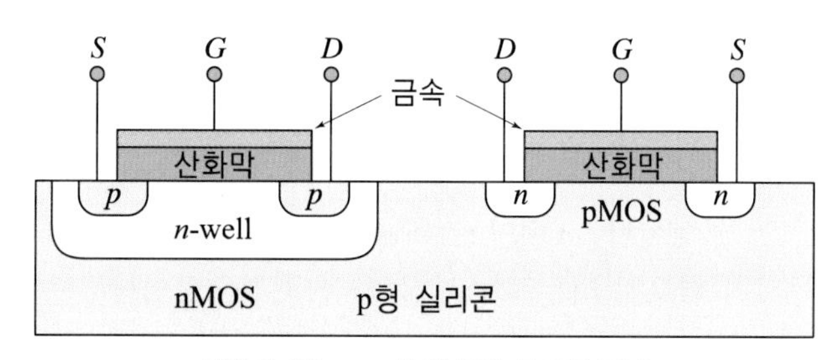

그림 6.12 n-well CMOS 구조의 단면

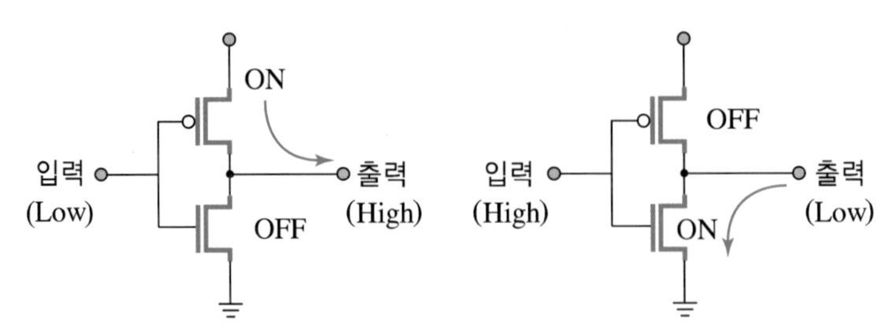

그림 6.13 CMOS 반전 회로의 동작

그래서 구조적으로 nMOS, pMOS보다 복잡하나 소비 전력을 크게 줄일 수 있는 CMOS 소자에 대하여 생각하게 되었다. 그림 6.12에서 CMOS의 구조를 나타내었고, 이 CMOS는 하나의 기판 위에 nMOS와 pMOS를 동시에 실현하기 위하여 p형 기판 위의 n형 우물$_{\text{n-well}}$을 만들어 넣는 구조를 사용한다.

CMOS로 구성한 반전 회로를 그림 6.13에서 보여 주고 있다. 동작은 Low입력(논리 '0')의 경우, nMOS는 OFF 상태, pMOS는 ON 상태로 되어 출력단자에서 High 출력(논리 '1')을 얻을 수 있다. 즉, 입력의 Low 신호가 반전되어 출력에 High 신호를 얻는 것이다.

반대로 High 입력을 인가한 경우, nMOS는 ON 상태, pMOS는 OFF 상태에 있어 출력은 Low 상태가 된다. 이것은 CMOS 소자의 출력 단자에 가상의 커패시터가 하나 존재한다고 생각하고, 이 커패시터의 충방전 작용으로 반전 특성이 나타난다고 이해하면 쉬울 것이다. 여기서 두 소자 모두 동시에 ON 상태가 되지 않으므로 전원에서 접지로 전류가 흐르는 상태가 없어서 소비 전력이 적은 것이다.

6.5 BiCMOS의 프로세스

Semiconductor Device Engineering

1. BiCMOS 프로세스의 특징

바이폴러 구조의 npn 혹은 pnp 트랜지스터와 MOSFET를 같은 칩 상에 구성하여 각각이 갖는 특징을 모두 갖춘 집적회로로 BiCMOS$_{\text{Bipolar CMOS}}$ 소자가 개발되었다. 이들의 트랜지스터를 하나의 칩 위에 만들어 넣기 때문에 제조 프로세스$_{\text{process}}$는 보통의 바이폴러나 MOS만의 것에 비하여 복잡하다. 그러나 구현할 수 있는 기능과 성능은 대단히 넓어 아날로그와 디지털을 동시에 필요로 하는 시스템을 하나의 칩으로 실현하는 데 대단히 유효한 프로세스이다. 높은 속도, 높은 이득, 낮은 잡음, 전류 구동 능력을 필요로 하는 아날로그 특성이 요구되는 회로에는 바이폴러 구조의 트랜지스터를 사용하고, 논리나 스위치 회로, 높은 입력 임피던스를 필요로 하는 증폭기 등, MOSFET가 필요한 회로에는 MOS 구조의 트랜지스터를 사용하면 용도와 목적에 따라 최적의 구성을 할 수 있으므로, 높은 기능과 성능이 필요한 회로 시스템을 같은 칩 위에 구성하는 것이 가능하다.

프로세스 규칙은 0.5[μm]의 submicron(게이트 길이가 1[μm] 이하인 소자)급의 기술이 진행되고 있고, 시스템의 대규모화에 대응하여 고집적화 기술이 실현되고 있다. 또 MOS 구조에서는 CMOS 트랜지스터가 부가되어 DMOS$_{\text{Double diffusion MOS}}$ 구조의 트랜지스터도 같은 칩 상에 구성할 수 있는 프로세스도 가능하게 되어 있어 그 용도는 플로피 디스크 드라이버, 하드 디스크 드라이버, TV, 카메라 등 폭넓은 분야에 이용되고 있다.

2. BiCMOS의 구조와 종류

그림 6.14에서는 BiCMOS 구조를 보여 주고 있다. 바이폴러와 MOS 부분을 분리하여 구성하고 있다. 바이폴러 부분의 npn과 pnp 트랜지스터, MOS 부분의 p채널, n채널 MOSFET는 각각 분리된 고립 영역$_{\text{isolation region}}$ 내에 구성되어 있다. 전원 전압은 나누어 접속하는 것이 가능하고, 아날로그부와 로직$_{\text{logic}}$부의 간섭을 줄이는 것과 시스템의 주변 회로와의 전원 전압을 분리하여 사용하는 것이 가능하다.

또 저항, 커패시터 등의 수동 소자도 면 저항으로 수백[Ω]~수[KΩ]의 여러 저항과 전원 전압 의존성이 적은 MOS형 커패시터 등 용도와 목적에 따라 선택이 가능하다.

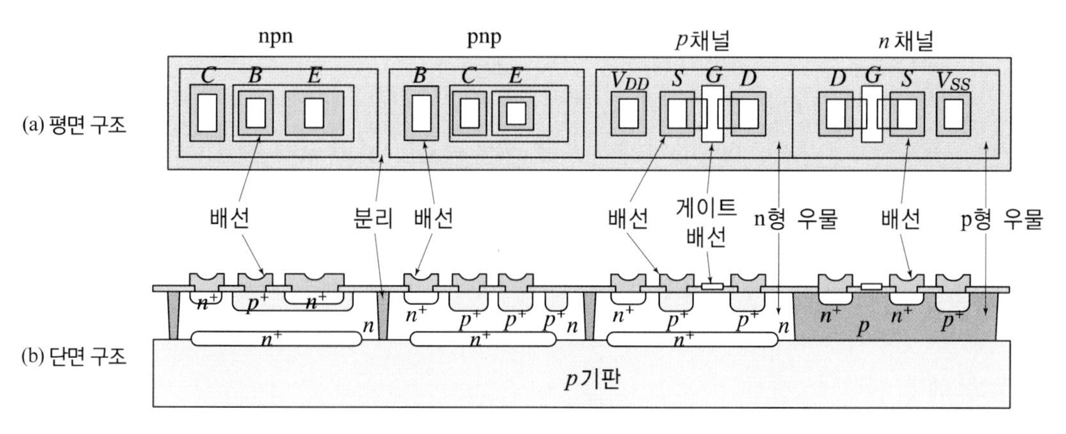

그림 6.14 BiCMOS 소자의 평면과 단면 구조

6.6 아날로그 집적회로의 응용

아날로그 집적회로는 바이폴러 아날로그 집적회로로 시작하였다. 바이폴러 트랜지스터는 증폭 소자로서의 특성이 우수하기 때문에 현재에도 아날로그 집적회로 제작에 주로 사용하고 있는 소자이다. 그러나 시스템이 디지털화로 기술이 진전됨에 따라 디지털 기능에 접근성이 좋은 CMOS, BiCMOS 프로세스를 사용하여 아날로그 회로와 디지털 회로를 하나의 칩에 집적시킨 집적회로가 증가하고 있다. 표 6.1에서는 바이폴러와 MOS 아날로그 회로의 특성을 비교한 것이다.

표 6.1 바이폴러와 MOS의 특성 비교

구 분	바이폴러	MOS
전압 이득(차동 증폭회로 등을 구성한 때, 확보 가능한 이득)	높음	낮음
동작 처리 속도	높은 속도	낮은 속도
소모 전류	많음	작음
소자의 정합성	좋음	나쁨
소자의 발생 잡음	적음	많음
전류의 구동 능력(단위 소자당 흐르는 전류량)	큼	적음
회로 설계의 용이성	좋음	나쁨

1. 바이폴러 아날로그 집적회로

전원용 집적회로는 높은 전압과 큰 전력을 다루기 때문에 바이폴러 아날로그 집적회로가 주류를 이루고 있다. 전원용 집적회로를 크게 분류하면, 출력이 항상 ON 상태로 불안정한 전압으로부터 안정한 전압을 얻는 series 전원$_{\text{regulator}}$과 출력이 ON, OFF를 반복하면서 안정한 전압을 얻는 switching 전원$_{\text{regulator}}$이 있다. 일반적으로 전원과 regulator는 같은 의미로 사용되는 경우가 많다.

series 전원과 switching 전원의 비교를 표 6.2에서 보여 주고 있으며, 그림 6.15에서 그 회로 예를 나타내었다.

series 전원은 입·출력 선 사이에 삽입된 트랜지스터가 불필요한 전력을 열로 방출시키므로 효율이 떨어지나, 부품의 수는 적다. 한편, switching 전원은 트랜지스터가 스위칭 동작을 하므로 전력 손실이 작고, 코일 등의 부품을 소형화할 수 있는 특징을 갖기 때문에 소형 경량화, 고효율화가 가능하다.

표 6.2 series 전원과 switching 전원의 비교

구 분	series 전원	switching 전원
기 능	강압(降壓) 모드	강압, 승압(昇壓), 극성 반전 모드
효 율	40~60[%]	80[%] 이상
주변 부품	적음	많음

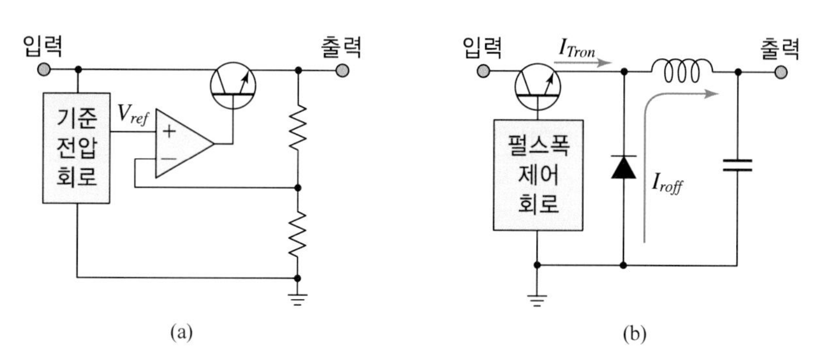

그림 6.15 (a)series 전원과 (b)switching 전원의 회로

앞으로 일부의 응용에 있어서는 보다 더 소형화하고, 저가격화를 지향해 BiCMOS 프로세스에 의한 바이폴러 트랜지스터와 높은 내압을 갖는 power MOSFET를 결합한 전원 집적회로의 개발이 진전되고 있다.

2. CMOS 아날로그 집적회로

(1) OP-AMP

OP-AMP$_{\text{OPerational AMP}}$는 연산 증폭기(演算增幅器)라 하며, 두 개의 입력 단자와 하나의 출력 단자를 갖는 소자로서 아날로그 정보의 가산, 감산, 적분, 대수 및 지수 변환 등 많은 동작이 가능하여 여러 가지 기기에 많이 이용되고 있다. 대표적인 응용 회로 예를 그림 6.16에서 나타내었다.

OP-AMP에 요구되는 기본 특성은 다음과 같다.

- 입력 임피던스가 높다.
- 출력 임피던스가 낮다.
- 이득이 높다.
- 입·출력 동작 범위가 비교적 넓다.

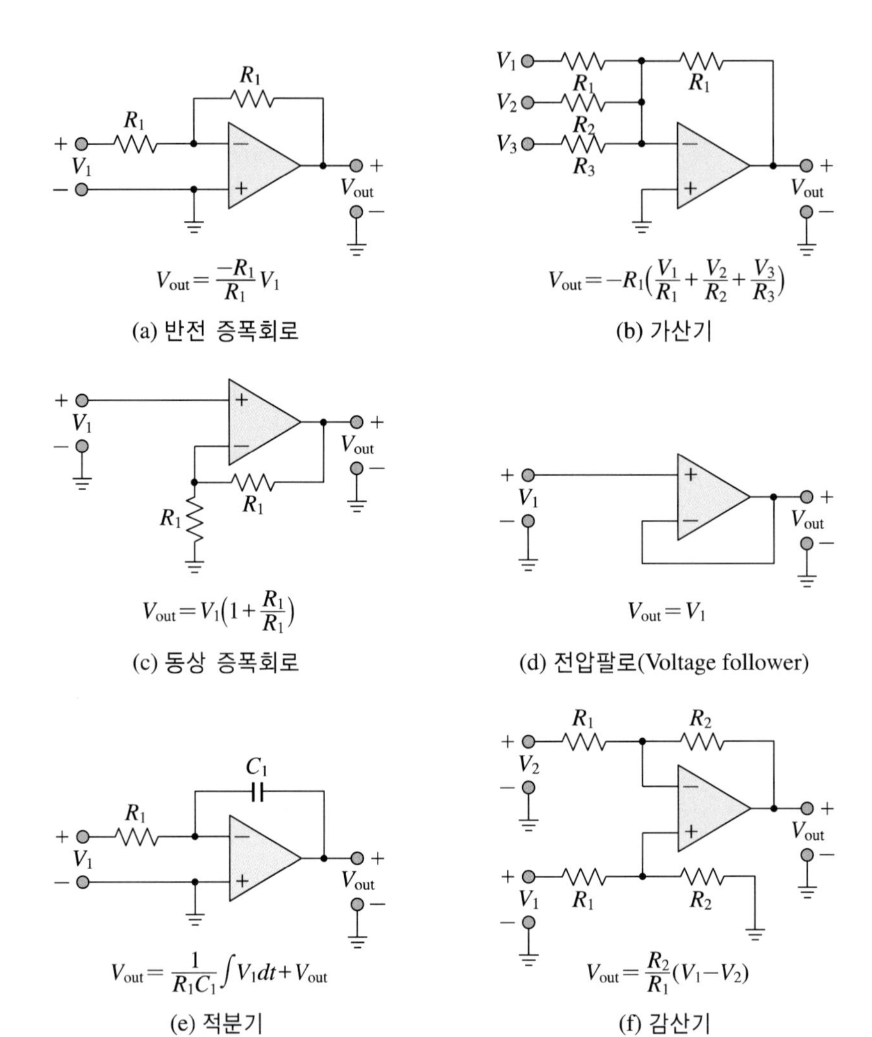

그림 6.16 OP-AMP를 이용한 응용 회로

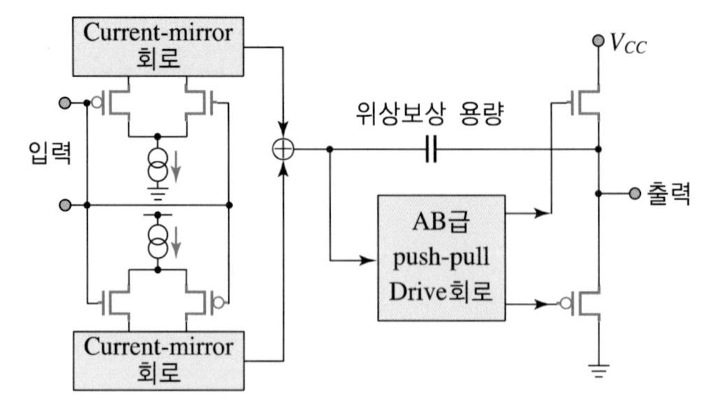

그림 6.17 CMOS를 이용한 OP-AMP회로

CMOS 트랜지스터를 사용함으로서 입력 임피던스가 대단히 높고, 입·출력 동작 범위가 넓은 OP-AMP를 실현할 수 있다. 또 대규모의 논리회로와 하나의 칩one chip화가 쉽고, 기본적으로 낮은 소비 전력을 갖기 때문에 사용되는 범위가 넓다. CMOS 아날로그에 의한 OP-AMP회로를 그림 6.17에서 나타내었다.

예제 6-2

다음 OP-AMP에서 $V_i = 2[\text{V}]$, $R_f = 500[\text{k}\Omega]$, $R_i = 100[\text{k}\Omega]$일 때, 출력 전압 V_o를 구하시오.

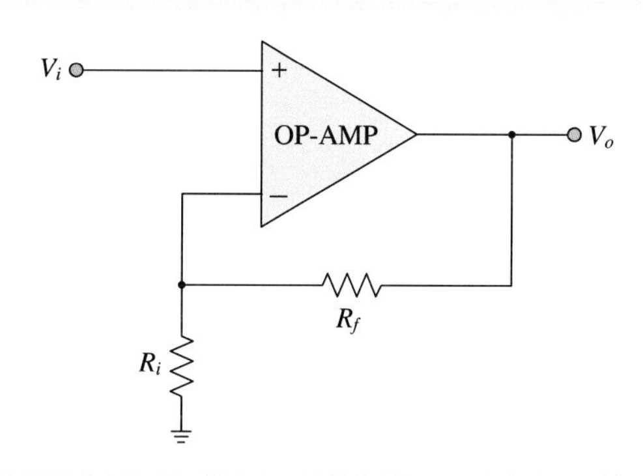

$$\frac{V_o}{V_i} = \frac{R_i + R_f}{R_i} = 1 + \frac{R_f}{R_i} \text{에서} \ V_o = \left(1 + \frac{R_f}{R_i}\right)V_i = \left(1 + \frac{500\text{k}}{100\text{k}}\right)2\text{V} = 12[\text{V}]$$

$\therefore V_o = 12[\text{V}]$

예제 6-3

다음 OP-AMP에서 (1)입력 offset 전압 $V_{io} = 1.2[\text{mV}]$일 때, 출력 offset 전압을 구하시오.
(2) 입력 offset 전류 $I_{io} = 100[n\text{A}]$일 때, 출력 offset 전압을 구하시오.

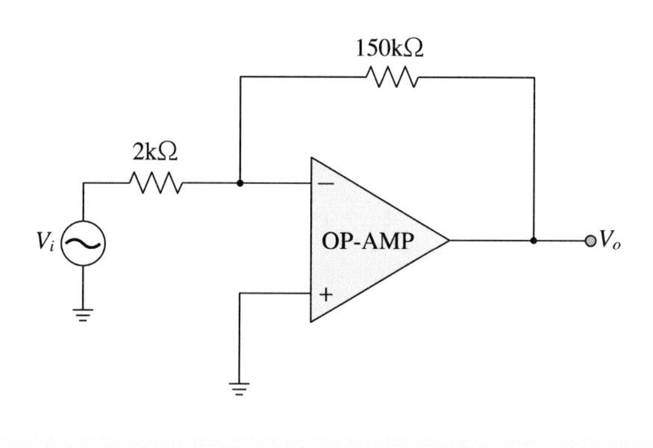

(계속)

(1) $V_{o(offset)} = \dfrac{(R_i + R_f)V_{io}}{R_i} = \dfrac{(2k + 150k) \times 1.2mV}{2k} = 91.2[mV]$

$\therefore V_{o(offset)} = 91.2[mV]$

(2) $V_o = I_{io}R_f = 100nA \times 150k = 15[mV]$

$\therefore V_o = 15[mV]$

(2) 미분기와 적분기

OP-AMP를 이용하면 여러 가지 아날로그 연산 회로를 쉽게 실현할 수 있다. OP-AMP를 이용한 응용 중 미분기와 적분기를 예로 하여 그 구성과 동작을 살펴보자.

미분기(微粉機)는 시간적으로 변화하는 입력 신호의 변화 정도를 구하는 연산기로, 그림 6.18(a)에서 미분기의 회로 구성과 입·출력 신호 파형의 예를 보여 주고 있는데, OP-AMP의 반전 입력 단자에 접속된 용량 C와 귀환feed-back 저항 R_f로 구성되어 있다. 여기서 출력 전압 V_o는 입력 전압 V_i의 미분값 극성을 반전한 값으로 다음과 같이 주어진다.

$$V_o = -CR_f\left(\frac{dV_i}{dt}\right) \quad (6.1)$$

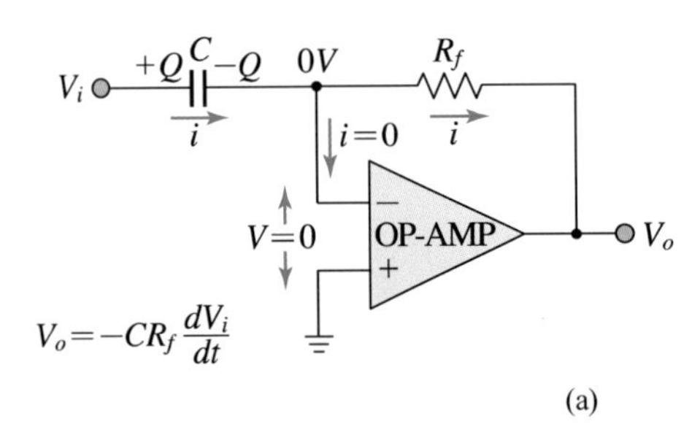

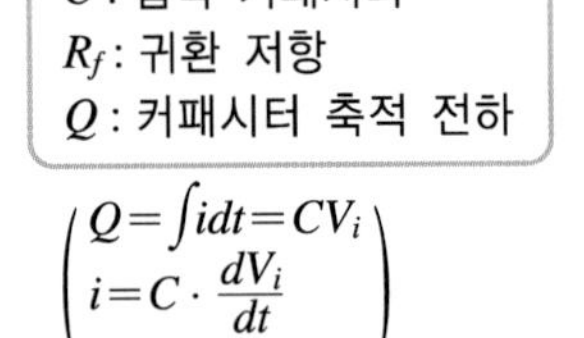

(a)

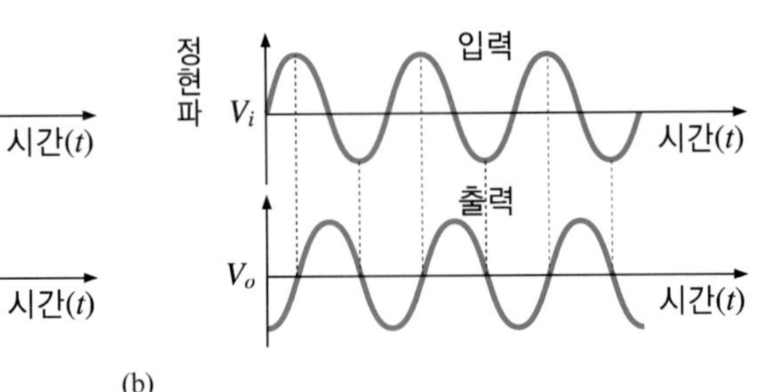

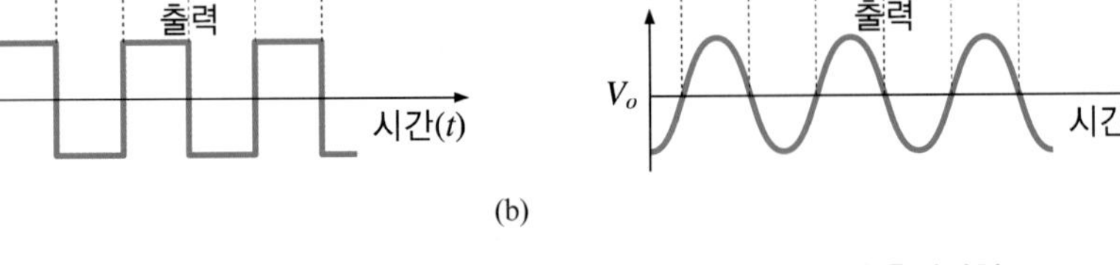

(b)

그림 6.18 (a) OP-AMP를 이용한 미분회로 (b) 입력파형에 대한 출력파형

입력 용량 C와 귀환 저항 R_f의 값을 $CR_f = 1$로 되도록 설정하면, 출력 전압은 계수가 빠지고 단순한 미분형으로

$$V_o = -\frac{dV_i}{dt} \tag{6.2}$$

된다. 또 $CR_f > 1$의 조건에서 미분과 동시에 증폭도 행할 수 있다. 이 미분기로 삼각파형과 정현파형을 입력으로 한 때, 출력파형은 그림 (b)와 같은 파형을 얻을 수 있다.

한편, 적분기는 시간적으로 변화하는 입력 신호의 임의의 시간까지 적분 연산을 행하는 것으로, 그림 6.19에서 적분기의 회로 구성과 입·출력 신호 파형의 예를 보여 주고 있다. 적분기는 OP-AMP의 반전 입력 단자에 접속되어 있는 입력 저항 R_i와 용량 C로 구성되어 있는데, 여기서 출력 전압 V_o는 입력 전압 V_i의 적분값의 극성을 반전한 값으로 다음과 같이 주어진다.

$$V_o = -\frac{1}{CR_i}\int V_i\,dt \tag{6.3}$$

입력 용량 C와 귀환 저항 R_i의 값을 $CR_i = 1$로 되도록 설정하면, 출력 전압은 계수가 빠지고 단순한 적분형으로

$$V_o = -\int V_i\,dt \tag{6.4}$$

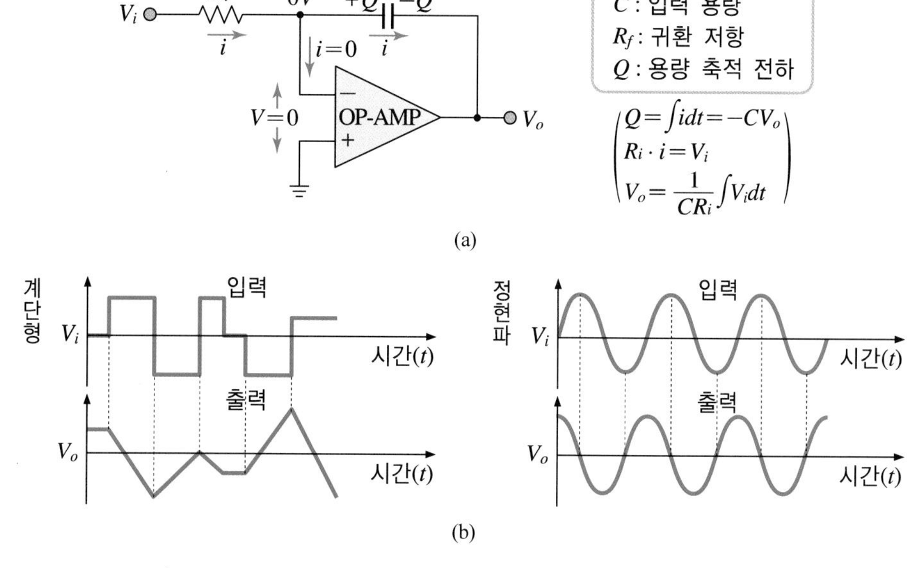

그림 6. 19 (a) OP-AMP를 이용한 적분회로 (b) 입력파형에 대한 출력파형

된다. 또 $CR_i < 1$의 조건에서 적분과 동시에 증폭도 행할 수 있다. 이 적분기로 계단파형과 정현파형을 입력으로 한 때, 출력파형은 그림 (b)와 같은 파형을 얻을 수 있다.

(3) D-A 및 A-D 변환기

전자회로에서 취급하고 있는 신호에는 디지털digital과 아날로그analog 신호가 있음을 이미 기술한 바 있다. 이들 신호를 상호 변환하는 회로에 대하여 살펴보자.

먼저, D-A 변환기는 디지털 신호를 아날로그 신호로 변환하는 회로로, 그림 6.20(a)에서 그 기본 회로의 구성 예를 보여 주고 있다. 이 회로는 디지털 입력 신호에 따라 저항 $R_0 \sim R_3$를 전원 V_{cc} 혹은 접지로 절환한다. 각 저항이 V_{cc}측에 있을 때는 논리 '1', 접지측에 있을 때 논리 '0'으로 2진수 $d_0 \sim d_3$를 결정한다. 2진수 $(d_3d_2d_1d_0)_2$는 10진법으로 표시하면

$$2^3d_3 + 2^2d_2 + 2^1d_1 + 2^0d_0 \tag{6.5}$$

이다. 여기서 $R_3 = R_0/8$, $R_2 = R_0/4$, $R_1 = R_0/2$로 설정하면 그림 6.20(a)의 OP-AMP의 귀환 저항 R_f에 흐르는 전류는 입력 저항에 반비례한 전류 $i_0 \sim i_3$를 합한 값과 같고, 또 $V_o = -R_f \cdot i$이므로

$$\begin{aligned} V_o &= -R_f \cdot i = -R_f V_{cc}\left(\frac{d_3}{R_3} + \frac{d_2}{R_2} + \frac{d_1}{R_1} + \frac{d_0}{R_0}\right) \\ &= -\frac{R_f\ V_{cc}}{R_0}(8d_3 + 4d_2 + 2d_1 + 1d_0) \end{aligned} \tag{6.6}$$

으로 된다.

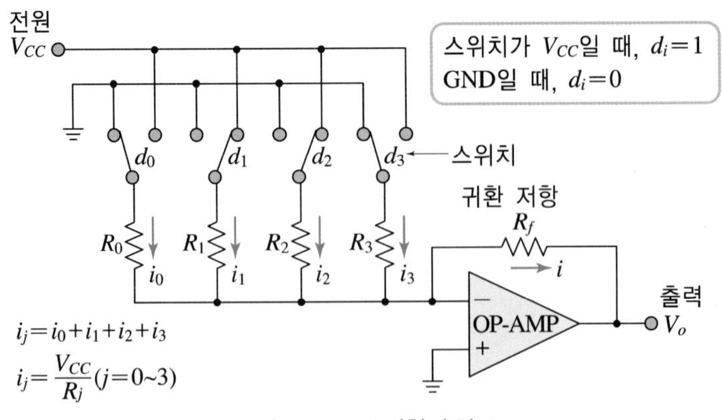

그림 6.20 D-A변환기 회로

표 6.3 입·출력신호변환

2진수 입력				출력 전압(V)
d_3	d_2	d_1	d_0	
0	0	0	0	0.00
0	0	0	1	−0.04
0	0	1	0	−0.08
0	0	1	1	−0.12
0	1	0	0	−0.16
0	1	0	1	−0.20
0	1	1	0	−0.24
0	1	1	1	−0.28
1	0	0	0	−0.32
1	0	0	1	−0.36
1	0	1	0	−0.40
1	0	1	1	−0.44
1	1	0	0	−0.48
1	1	0	1	−0.52
1	1	1	0	−0.56
1	1	1	1	−0.60

예를 들어 $V_{cc}=5[\mathrm{V}]$, $R_0=500[\mathrm{k}\Omega]$, $R_f=4[\mathrm{k}\Omega]$인 경우, 2진수 입력 $d_3 d_0$에 대한 출력 전압 V_o의 관계를 표 6.3에서 나타내고 있다.

한편, A-D 변환기는 디지털 신호로서 2진 부호binary code가 이용되고 있으므로 아날로그 입력 신호의 2진수를 출력 신호로 변환하는 것이다. 그림 6.21(a)에서 보여 주는 바와 같이, A-D 변환기는 D-A 변환 회로, 탐사(探査) 회로, 비교 회로 등으로 구성할 수 있다. 여기서 입력 아날로그 신호와 D-A 변환 회로의 아날로그 출력 신호를 비교하는 것이 비교회로로, 그 차가 최소로 되는 2진 부호를 탐색하여 그 결과를 출력하는 것이 탐사 회로이다. 탐사 방법에는 몇 가지가 있으나, 그림 (b)와 같이 병렬 비교 방식을 살펴보자. 입력 전압 V_{in}과 기준 전압 V_{ref}를 저항 분할한 각각의 전압을

n개의 비교 회로에서 비교하여 그 2^n개의 출력을 디코더decoder와 래치latch회로를 통하여 출력하는 것이다.

대부분의 전자 기기가 아날로그에서 디지털 기술로 옮겨가고 있고, 신호 처리의 디지털

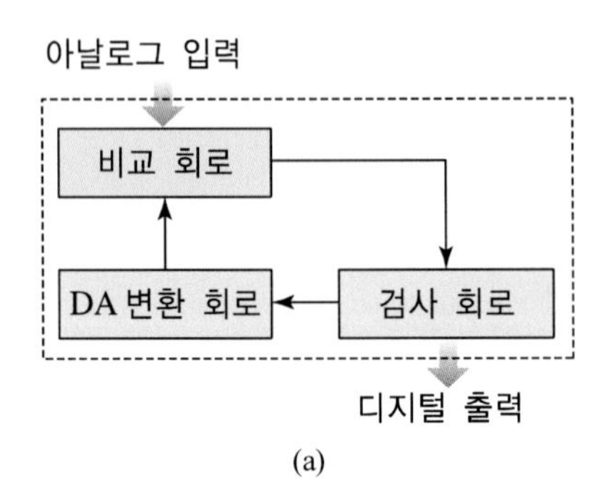

(a)

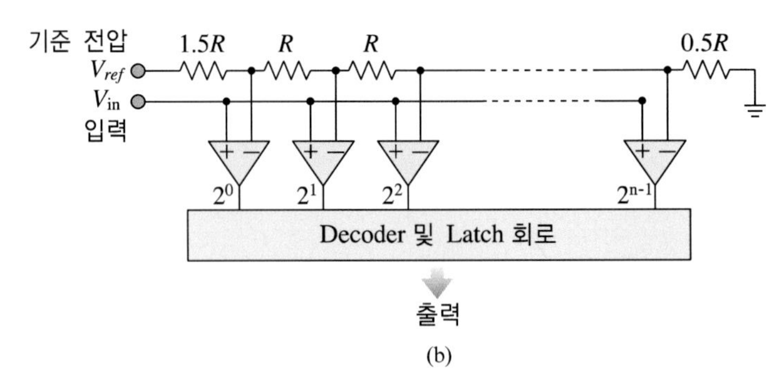

(b)

그림 6.21 (a) A-D 변환기의 기본 구성과 (b) 검사 회로

화가 급속히 진전되고 있다. 또 마이크로프로세서$_{\text{microprocessor}}$가 보급되어 세밀한 전자 기기를 제어할 수 있게 되었다. 한편, 자연계에 존재하는 정보는 빛, 열, 소리 등 모두 아날로그 양이고, 신호 처리의 디지털화, 마이크로프로세서에 의한 제어로 아날로그 신호와 디지털 신호를 변환할 필요가 있다.

A-D / D-A 변환기의 응용 분야는 AV 기기, 계측기, 통신 기기, 개인용 컴퓨터, 자동차 등 여러 용도에 쓰여 지고 있다. 이 중, 주로 변환 속도가 약 100[Mb/s] 이하의 A-D 변환기는 CMOS로 구성된다. A-D / D-A 변환기를 방식에 따라 분류하면 표 6.4, 표 6.5와 같다.

표 6.4 A-D 변환기의 분류

방 식	특 징
적분 방식 (積分方式)	• 적분 기간 내의 클럭$_{\text{clock}}$ 수를 세는 방식 • 오프셋$_{\text{offset}}$와 드리프트$_{\text{drift}}$가 상쇄되기 때문에 고정도(高精度)이나, 교환 속도가 늦다.
순차(順次) 비교 방식	• 상위 bit부터 순차적으로 변환 데이터를 결정해 가기 때문에 변환 시간이 짧다. • 중간 정도의 처리 속도를 가지며, 정도(精度)는 8~14 bit
병렬 비교 방식	전체 bit를 동시에 변환하기 때문에 고속 변환이 가능하며, 정도(精度)는 8bit

표 6.5 D-A 변환기의 분류

방 식	특 징
전류 분할 방식	고속 변환이 가능하여 고정도이나, 저소비형으로 하기가 어렵다.
전압 분할 방식	비교적 고속, 고정도이고 저소비형으로 하기 쉽다.
전하 분할 방식	직선성이 좋지만, 고정도의 용량이 필요하고, 속도가 늦다.

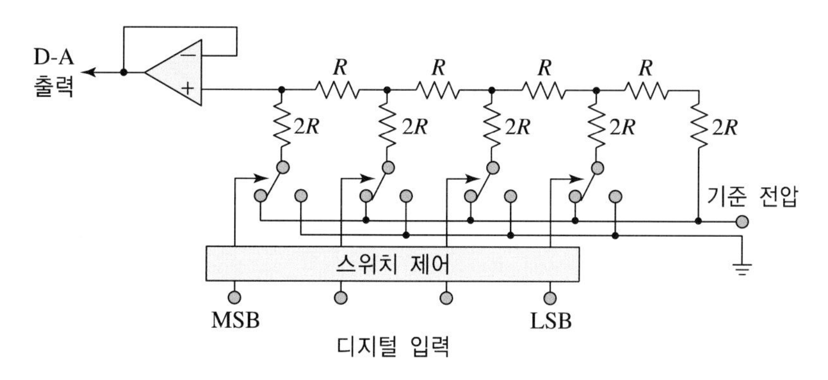

그림 6.22 전압 분할 사다리형 D-A 변환 회로

D-A 변환기 회로로서 전압 분할 방식의 하나인 $R-2R$ 사다리 저항형 D-A 변환기를 그림 6.22에서 나타내었는데, 이것은 $R-2R$ 사다리 저항과 CMOS 스위치에 의해 구성되어 있고, 8~12[bit] 정도의 CMOS 범용 D-A 변환기의 변환 방식으로서 가장 많이 이용하는 회로이다.

6.7 부성저항소자

Semiconductor Device Engineering

1. 터널tunnel 특성

pn접합 양측에 불순물 함유량이 많은 경우 공핍층의 폭이 대단히 좁아지고, 작은 역전압에 의해서도 10^6[V/cm] 정도의 강전계가 생긴다. 이 전계에 의하여 캐리어들이 충돌한 후 이온화되기도 하며, 또 양자역학적 터널 효과에 의하여 p 측의 공유 결합대의 전자가 n 측의 전도대로 흐르는 양이 많게 된다. 이것을 그림 6.23에 에너지 상태로 나타내었다.

강역전계(强逆電界)에서 공핍층의 중앙부 C, D점에서 최대 전계가 가해져 전자는 C → D로 금지대의 에너지 장벽을 뚫고 이동한다. 이 현상이 제너 항복zener breakdown이다. 전자

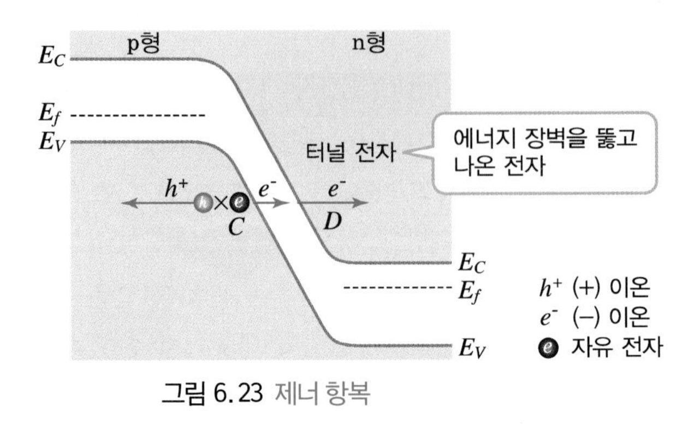

그림 6.23 제너 항복

가 에너지를 얻어 결정격자와 충돌하여 전자-정공쌍을 만드는 것은 그림에서 C→D 방향이나 D→C 방향에는 에너지가 필요하지 않고 열전자 방사(熱電子放射)와 같이 통과하여 이동하기 때문에 터널 효과$_{\text{tunnel effect}}$라고도 한다.

2. 터널 다이오드

반도체 내에서 불순물 밀도가 $10^{20}[m^{-3}]$ 이상의 고밀도로 되면 에너지대의 변화가 발생한다. 고 밀도의 불순물의 영향을 받아서 페르미 준위가 n형 반도체에서는 전도대, p형 반

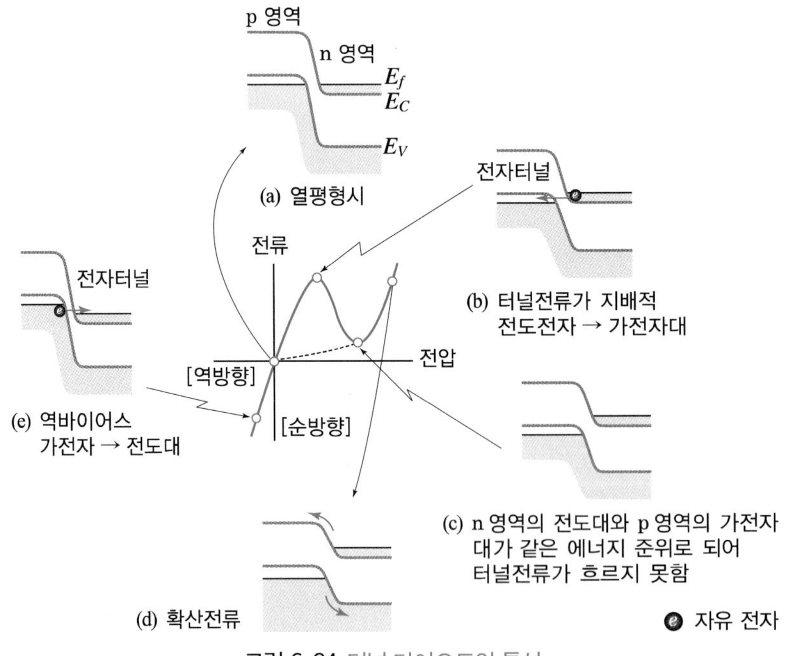

그림 6.24 터널 다이오드의 특성

도체에서는 가전자대로 침투하는 축퇴(縮退, degeneration) 상태로 된다. 이를 그림 6.24 (a)에서 보여 주고 있다. 이제 그림 (b)에서 보여 주고 있는 바와 같이 작은 순방향 전압으로 n형의 전도전자가 p형의 가전자대로 터널tunnel하여 전류가 증가한다. 더 높은 순방향 전압을 공급하면 n형의 전도대 바닥과 p형의 가전자대 꼭대기 에너지가 같아져서 터널전류가 흐르지 못한다. 이를 그림 (c)에서 나타내었다. 그림 (d)에서 보여 주고 있는 바와 같이 순방향 전압이 더 증가하면 확산전류가 흘러 다시 전류가 증가하게 된다.

한편, 역 바이어스 상태에서는 p형의 가전자대에서 n형의 전도대로 전자가 터널하여 역방향 전류가 만들어진다. 이러한 축퇴작용으로 pn접합에서 부성저항(負性抵抗negative resistance) 특성이 나타난다. 이 부성저항 특성을 이용한 소자가 터널 다이오드tunnel diode이다.

3. 건효과 다이오드

고체 상태 소자들 중에는 마이크로파 신호를 만들어 내는 데 이용할 수 있는 소자가 있다. 이 중 Ⅲ-V족 화합물 반도체를 재료로 하여 드리프트 속도와 전계와의 특성에서 부성저항negative resistance 효과를 나타내는 소자 즉 건 효과Gunn effect 소자가 있다.

건 다이오드Gunn diode는 고체 내의 이동 전자의 기구mechanism에 따라 발진 현상이 나타나는 것으로, 1963년 건J. B. Gunn에 의해서 제안되었다.

그림 6.25에서는 갈륨비소(GaAs)에 대한 전계 E와 파수 k의 관계를 보여 주고 있다.

N형 갈륨비소(GaAs)에서 가전자대는 거의 충만하고 전도대의 중앙 혹은 곡선 중 하위 계곡lower valley은 본질적으로 반도체가 열평형 상태에 있을 때의 모든 전도 전자들을 포함한다. 여기는 거의 0.3[eV]의 최소 에너지를 갖는 상위 계곡upper valley이 존재한다.

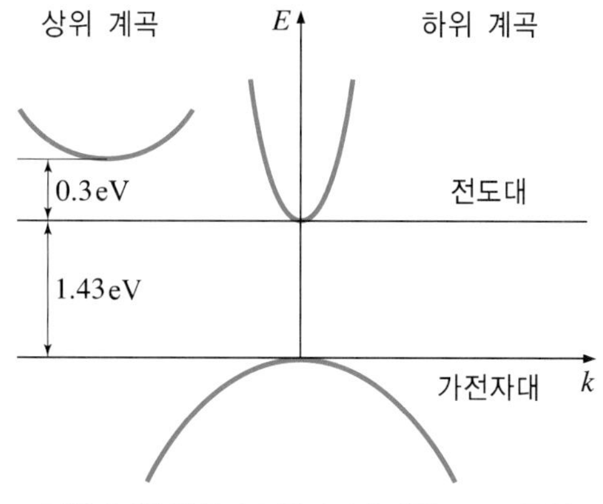

그림 6.25 갈륨비소(GaAs)에 대한 $E-k$ 특성

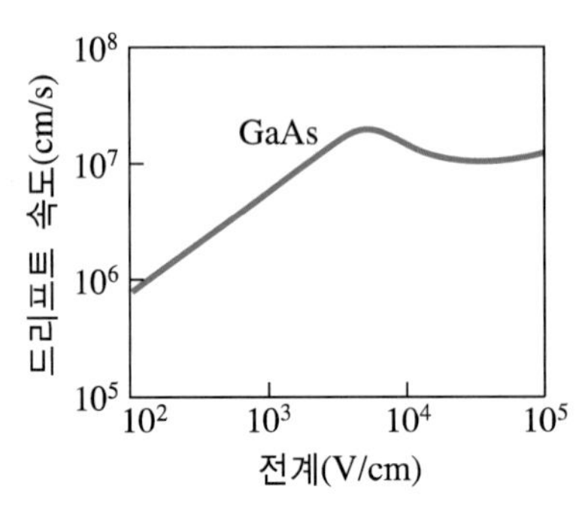

그림 6.26 전계와 드리프트 속도의 관계

임계 전계값(보통 3×10^3[V/cm]) 이상의 전계가 반도체에 공급된 경우, 하위 계곡에 있는 전자들은 충분한 에너지를 얻어 상위 계곡으로 흩어진다. 그래서 상위 계곡의 실효 상태 밀도는 하위 계곡보다 훨씬 커져 전자가 상위 계곡으로 흩어질 수 있는 확률은 임계 전계 이상의 전계에서는 높아지게 된다.

상위 계곡에 있는 전자의 실효 질량은 하위 계곡에 있는 실효 질량보다 훨씬 큰데, 이것은 상위 계곡에 있는 전자의 이동도가 하위 계곡의 것보다 작다는 것을 의미한다. 상위 계곡으로 이동된 전자의 수가 증가할 때 모든 전자의 드리프트 속도의 합은 떨어지게 된다. 갈륨비소(GaAs)의 드리프트 속도 – 전계 특성을 그림 6.26에 나타내었다. 전계 증가에 따른 드리프트 속도의 감소는 부의 이동도negative mobility 혹은 부성 저항negative resistance 특성을 갖게 된다.

그림 6.27(a)는 갈륨비소(GaAs)의 전계와 드리프트 전류 특성을 나타내었으며, 그림 (b)는 공급 전계 E_A에 따른 2단자 n형 반도체 소자를 나타내었다. 여기서는 음극cathode 단자 근처에 나타낸 바와 같이 전자 농도의 변화는 매우 작다고 가정하였다. 그림 (c)와 같이 작은 분역domain이라 하는 작은 쌍극자dipole 층이 형성된다. 소자 양단의 공급 전압이 일정하게 유지되는 경우 이 쌍극자 안쪽의 전계는 증가하나 바깥쪽의 전계는 감소하게 된다. 만일 내부 전계 E_A가 $J-E$ 특성의 부(負)의 기울기를 갖는 곡선상에 있으면 이때 작은 분역의 내부와 외부의 전계 변화는 쌍극자의 바깥쪽에 비하여 안쪽 전자의 드리프트 속도값이 낮아지는 결과를 초래한다. 쌍극자 분역의 오른쪽 전자들은 드리프트 현상으로 빠져나가게 되며, 그 분역이 왼쪽에 쌓이게 된다.

이러한 전자의 속도차는 쌍극자 분역의 축적층과 공핍층을 성장시키는 결과가 초래되어

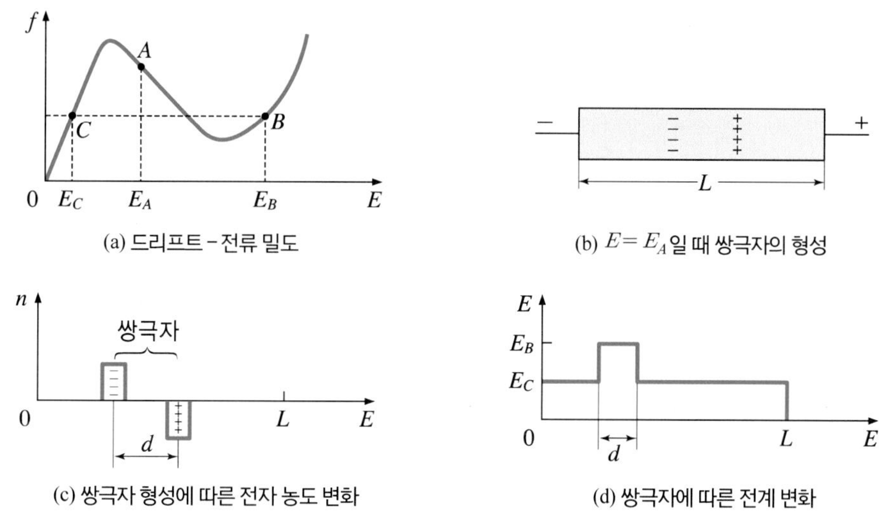

그림 6.27 건(Gunn) 효과 소자의 전계 의존성

결국 쌍극자 분역의 크기를 증가시키게 된다. 그림 (a)에서 나타낸 바와 같이, 분역 내의 전계가 점 B 에 있고 분역 외의 전계가 점 C 에 있을 때 안정한 조건에 이르게 된다. 소자 내의 전계가 그림 (d)에서 보여 준 바와 같은 조건에서는 모든 전자들이 같은 속도 v_S로 드리프트하게 되어 분역은 더 큰 성장 없이 양극으로 드리프트하게 되는 것이다. 쌍극자 분역이 양극을 통하여 통과할 때 전류의 변동을 측정할 수 있다. 또한 양극을 통하여 분역이 통과할 때 반도체 내의 전계는 다시 내부 전계 E_A 이상으로 증가하고 그 공정이 되풀이하여 진행할 수 있다. 여기서 음극cathode 근처에서 쌍극자 분역이 형성되어 양극으로 드리프트하는 것이 가능하다. 이 분역은 높은 저항성 영역에서 형성되는 경향이 있으므로 소자의 음극에서 이것이 발생하도록 설계할 수 있다.

반도체의 길이가 안정한 쌍극자 분역이 형성될 수 있을 만큼 충분히 크다고 가정하자. 양극 위치에 도달하기 전에 안정한 분역의 형성은 반도체의 길이와 캐리어 농도에 제한받게 된다. 소자를 통한 천이 시간은 부의 유전 완화 시간dielectric relaxation time의 크기보다 훨씬 커야만 된다. 이 조건을 수식으로 표현하면 다음과 같다.

$$\frac{L}{V_S} > \tau_d = \frac{\varepsilon_o \varepsilon_s}{\sigma} = \frac{\varepsilon_o \varepsilon_s}{e\,|\mu^*|n_o} \tag{6.7}$$

여기서 μ^*는 부(負) 이동도의 평균값이고 n_o는 전자 농도이다. 식 (6.7)은 다음의 형태로 다시 표현할 수 있다.

$$n_o L > \frac{\varepsilon_o \varepsilon_s v_s}{e|\mu^*|} \tag{6.8}$$

갈륨비소(GaAs)에 대하여 $|\mu^*|=100[\text{cm}^2/\text{V}\cdot\text{s}]$, $v_s=10^7[\text{cm/sec}]$일 때

$$n_o L > \frac{\varepsilon_o \varepsilon_s v_s}{e\mu^*} = \frac{13.1\times 8.85\times 10^{-14}\times 10^7}{1.6\times 10^{-19}\times 100} \fallingdotseq 10^{12}[\text{cm}^{-2}] \tag{6.9}$$

이다. 쌍극자 분역의 동작상 천이 시간의 일반적 조건은

$$10^{12} < n_o L < 10^{14}\,[\text{cm}^{-2}] \tag{6.10}$$

이다.

예제 6-4

주파수 $f=10[\text{GHz}]$에서 발진하는 갈륨비소(GaAs) 건(Gunn) 다이오드가 있다. 이 다이오드의 길이 L과 전자 농도 n_o를 계산하시오. 단, $v_S=10^7[\text{cm/sec}]$, $Ln_o>10^{12}[\text{cm}^{-2}]$를 적용한다.

소자를 통한 쌍극자 분역의 천이 시간은 한 주기에 상응한다. 그러므로

$$\tau_t = \frac{L}{v_S} = \frac{1}{f}$$

이고, 여기서 f는 발진 주파수이다. 소자의 길이 L은

$$L = \frac{v_S}{f} = \frac{10^7}{10\times 10^9} 10\,[\mu\text{m}]$$

이다. 따라서 전자 농도 n_o는 $\text{Ln}_o > 10^{12}[\text{cm}^{-2}]$를 만족해야 하므로, 다음의 값을 갖는다.

$$n_o > \frac{10^{12}}{L} = \frac{10^{12}}{10\times 10^{-4}} = 10^{15}\,[\text{cm}^{-3}]$$

4. IMPATT 다이오드

IMPATT(IMPact ionization Avalanche Transit Time) 다이오드의 기본적인 물리 현상은 충격 이온화(impact ionization)에 의해 캐리어가 생성되고, 드리프트 영역을 통한 캐리어들의 드리프트가

부성 저항 특성이 나타나는 것을 이용한 것이다. IMPATT 다이오드는 그림 6.28(a)에서 보여 준 바와 같이 한쪽으로 치우친$_{\text{one-sided}}$ 계단형 p^+n 접합 다이오드를 이용하여 제작된다. 공간 전하 영역은 그림 (a)에서 보여 주는 바와 같이 전계가 직렬 저항을 극소화시키도록 분포되므로 n 영역을 통하여 확장하게 된다. 그림 (b)는 양쪽으로 치우친$_{\text{two-sided}}$ pn 접합을 보여 주고 있는데, 이것은 애벌란시 영역이 공핍 영역의 중앙에 위치한다는 것을 의미한다.

전자 및 정공이 모두 드리프트하여 외부 회로를 유기하는 데 기여하게 되는 것이다. 이

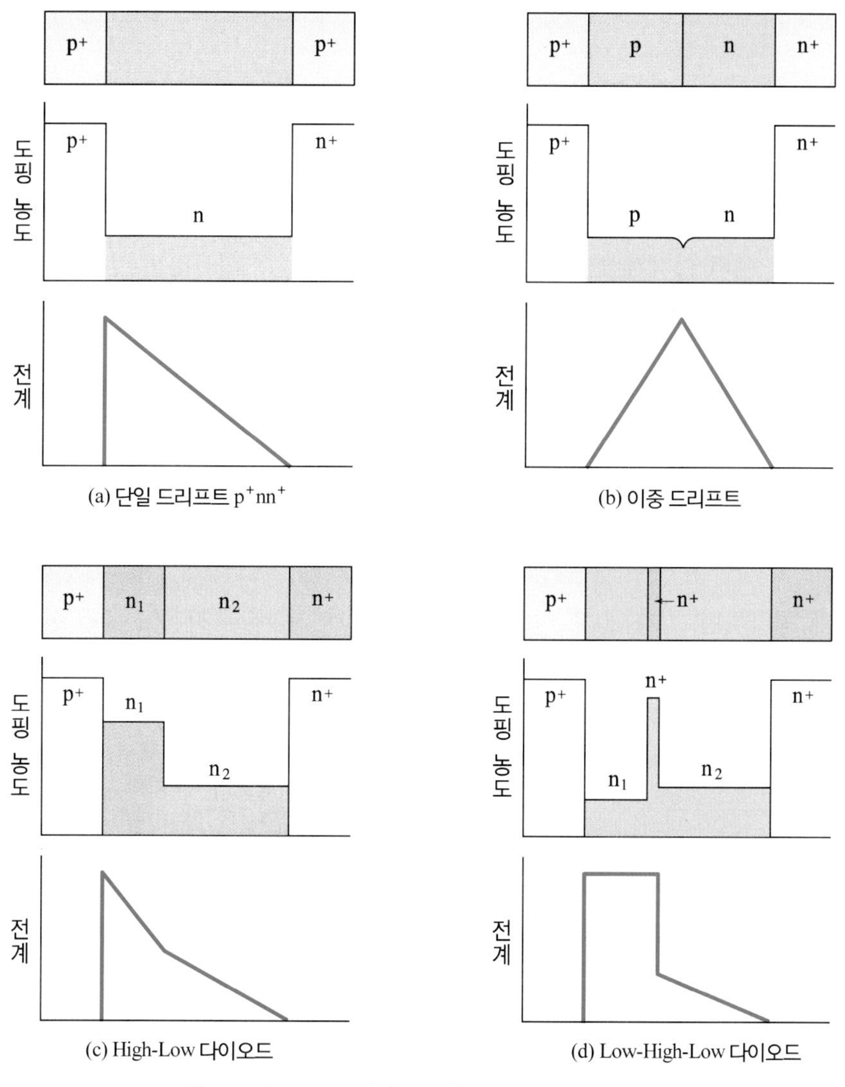

그림 6.28 IMPATT 다이오드의 구조, 도핑 분포 및 전계

중double 드리프트 소자의 효율은 단일 드리프트 소자보다 훨씬 크다. 그림 (c)는 HIGH-LOW 구조라 하는 변형된 Read 다이오드를 보여 주고 있다. 애벌란시 공정은 p^+n_1 접합 근처에서 발생한다. 공간 전하 영역은 n^+ 영역으로 완전히 넓혀진다. 그림 (d)는 다른 IMPATT 다이오드 구조를 보여 주고 있다. 전계는 n_1 영역에서 거의 일정하므로 애벌란시 영역의 폭은 LOW인 n_1 영역의 폭과 같다. 일반적으로 IMPATT 다이오드의 효율은 건Gunn 다이오드보다 훨씬 크다. 단일 드리프트 실리콘 다이오드의 경우 최대 효율은 약 15%이며, 이중double 드리프트 실리콘 다이오드는 약 21%, 단일 드리프트 갈륨비소(GaAs) 다이오드는 약 38%에 이르고 있다.

5. 사이리스터

사이리스터thyrister는 ON, OFF의 두 가지 안정 상태를 유지할 수 있어 그 두 가지 상태 사이의 절환 동작을 할 수 있으며, 세 개 이상의 pn접합을 갖는 소자로 정의할 수 있다. 소자의 종류는 여러 가지가 있으나, 이들 중 일반적으로 많이 사용하는 것은 3단자 사이리스터, GTO 사이리스터, 쌍방향 사이리스터가 있다.

(1) pnpn접합

pnpn접합은 그림 6.29(a)와 같이 4개의 층으로 구성되며, 위쪽의 p 영역은 양극anode, 밑의 n 영역은 음극cathode이 된다. 만일 (+)전압이 양극에 공급되면 소자는 순바이어스 상태에 있으나, J_2 접합은 매우 작은 전류만 존재하는 역바이어스 상태에 있다. 만일 (-)전압을 양극에 공급하면 J_1과 J_2가 역바이어스 되므로 역시 매우 작은 전류만이 흐르게

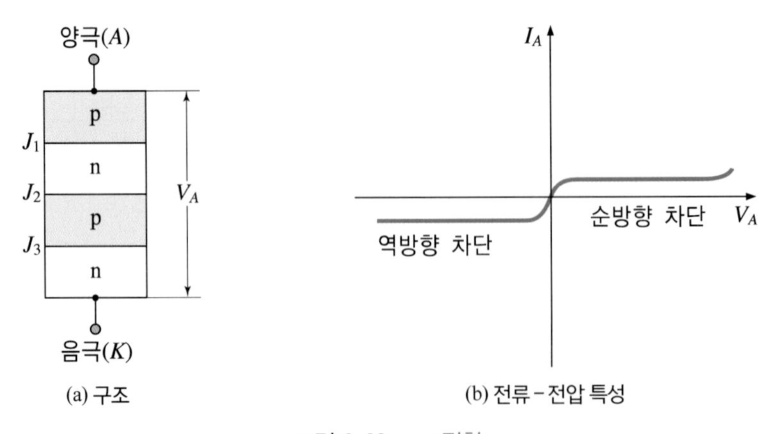

그림 6.29 pnpn접합

된다. 그림 (b)에서 이들 조건에 대한 $I-V$ 특성 곡선을 보여 주고 있다. V_p는 J_2 접합의 항복 전압이다.

(2) 실리콘 제어 정류기

실리콘 제어 정류기(SCR : Silicon Controlled Rectifier)는 pnpn접합 구조에 기반한 소자로 pnpn 소자의 특성을 통하여 이를 이해하여 보자. 그림 6.30(a)에서는 4개의 층을 갖는 pnpn 구조를, 그림 (b)는 npn과 pnp 바이폴러 트랜지스터가 결합되어 있는 구조의 트랜지스터 등가회로를 보여 주고 있다. pnp 소자의 B는 npn 소자의 C와 같기 때문에 베이스 전류 I_{B1}은 사실상 컬렉터 전류 I_{C2}와 같아야 한다. 비슷하게 pnp 소자의 C는 npn 소자의 B와 같으므로 컬렉터 전류 I_{C1}은 베이스 전류 I_{B2}와 같아야 한다. 이 조건에서 pnp 소자의 $B-C$와 npn 소자의 $B-C$는 역바이어스이나 $B-E$ 접합은 순바이어스이다. 변수 α_1과 α_2를 베이스 접지시 pnp와 npn 트랜지스터의 전류 이득이라 하면, 컬렉터 전류는

$$I_{C1} = \alpha_1 I_A + I_{CO1} = I_{B2} \tag{6.11}$$

$$I_{C2} = \alpha_2 I_K + I_{CO2} = I_{B1} \tag{6.12}$$

이다. 여기서 I_{CO1}과 I_{CO2}는 역바이어스된 $B-C$ 접합의 포화 전류이다. 식 6.11과 식 6.12를 더하면

$$I_{C1} + I_{C2} = I_A = (\alpha_1 + \alpha_2) I_A + I_{CO1} + I_{CO2} \tag{6.13}$$

이다. 여기서 $I_A = I_K$, $I_{C1} + I_{C2} = I_A$로 놓았다. 양극 전류 I_A는 식 6.13에서

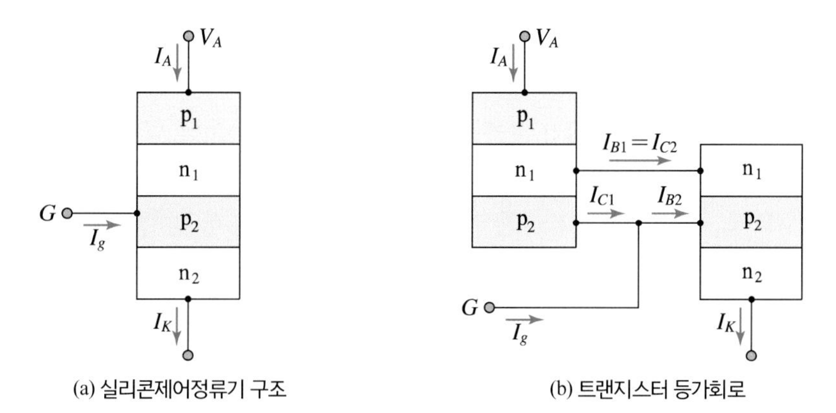

(a) 실리콘제어정류기 구조 (b) 트랜지스터 등가회로

그림 6.30 실리콘 제어 정류기

$$I_A = \frac{I_{CO1} + I_{CO2}}{1-(\alpha_1 + \alpha_2)} \tag{6.14}$$

이다. 여기서 $(\alpha_1 + \alpha_2)$가 1보다 훨씬 작으므로 양극 전류는 작다. 베이스 접지 전류 이득 α_1과 α_2는 컬렉터 전류에 크게 의존한다. V_A가 작은 경우 각 소자의 컬렉터 전류는 역포화 전류로서 매우 작은 값을 가지며, 컬렉터 전류 값이 작은 것은 α_1과 α_2가 1 이하의 값을 갖는 것을 의미한다.

예제 6-5

어떤 *PNPN* 구조의 다이오드가 20[V]의 양극-음극 사이의 전압으로 순방향 영역에서 바이어스되어 있다. 이때 α_1 =0.35, α_2 =0.45이고 누설 전류가 100[nA]인 경우, 양극 전류 I는 얼마인가?

양극(anode) 전류식은 다음과 같다.

$$I = \frac{I_{CO1} + I_{CO2}}{1-(\alpha_1 + \alpha_2)} = \frac{100[n\mathrm{A}] + 100[n\mathrm{A}]}{1-(0.35+0.45)} = \frac{200[n\mathrm{A}]}{1-0.8} = 1000[n\mathrm{A}]$$

$$\therefore I = 1.0[\mu\mathrm{A}]$$

게이트 전류의 함수로서 3단자 SCR의 단면 구조와 $I-V$ 특성을 그림 6.31에 나타내었다. 그림 (a)에서 보여 주는 바와 같이, pnpn의 4층 구조에서 게이트 전류를 흘리지 않으면, A측에 정(+), K측에 부(-)의 전압을 인가한 순방향 특성과 그 역의 전압을 인가한 역방향 특성에서도 A-K 사이에 전류는 흐르지 않는다.

K측에 정(+), A측에 부(-)의 경우, J_1과 J_3의 두 역바이어스 접합이 J_2의 순바이어스 접합이 사이에 끼어 직렬로 접속된 상태가 된다. 따라서 2개의 직렬 접속 다이오드에 역바이어스를 인가한 것과 같아서 다이오드의 역방향 특성과 같은 것으로 이해하면 된다.

이제, A측에 정(+), K측에 부(-)의 전압을 인가한 경우, J_1과 J_3가 순방향, J_2 접합은 역방향으로 바이어스가 된다. 여기서 인가 전압이 작은 경우는 J_2 접합의 저지력이 작용하여 전류는 흐르지 않는다. 그러나 인가 전압이 큰 경우, J_2 접합에서 항복 현상이 발생하여 역방향 누설 전류가 크게 되면, 그것이 순바이어스인 J_1, J_3 접합을 통해서 흐르는 사이, J_1에서는 정공, J_3에서는 전자가 역주입되는 현상이 발생하여, 어느 정도의 전류밀도 이상이 되면 이들 주입된 캐리어가 J_2 근처에 축적하여 그 저지력을 잃어 switch-ON하게 된다.

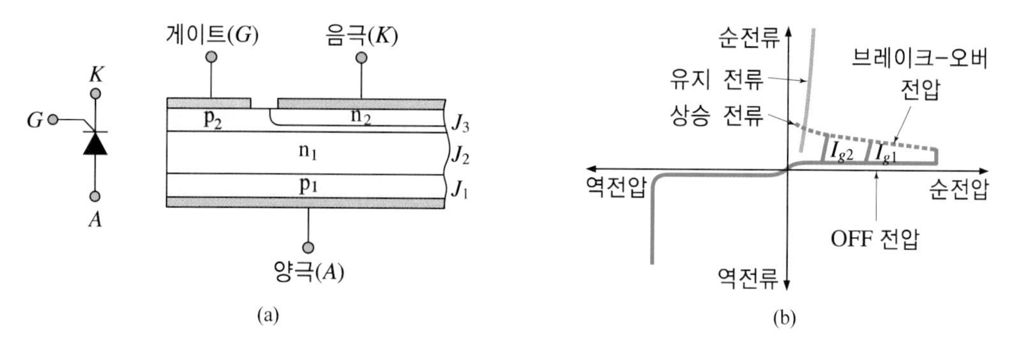

그림 6. 31 SCR의 (a) 단면 구조와 (b) 동작

이 한계값이 break-over 전압이다.

switch-ON 후의 전류 흐름 특성은 기본적으로 다이오드 특성과 같다. ON상태에서는 순바이어스의 J_1과 J_3가 직렬이므로, 순방향 전류가 시작되는 전압이 다이오드의 그것에 2배가 되어야 한다. J_2 접합이 인가하는 전압이 정확히 다이오드 하나가 시작 전압분을 제거하는 방향으로 작용하여 단일 접합 다이오드와 거의 같은 순방향 특성을 나타낸다.

사이리스터는 일단 ON 상태가 되면 그것을 계속 유지하려고 하는 성질이 있다. 이 ON 상태를 유지하는 데에는 A-K 사이에 일정 전류 이상의 전류를 흘려야 할 필요가 있는데, 이를 유지 전류(有持電流)라 하며, 보통 수십 mA에서 수백 mA 정도의 값을 갖는다.

A-K 사이에 전압을 인가하는 대신 K-G 사이에 게이트 전류 I_g를 흘린 경우를 살펴보자. I_g가 $n_2-p_2-n_1$으로 구성되는 트랜지스터의 베이스 전류의 역할을 하여 n_2에서 전자가 주입되는 것에 기인하는 전류가 J_2에 유입하여 그 위에 J_1로 흐르고, J_1로부터 정공의 역주입이 일어난다. 그것이 어느 크기로 되면, 위에서 기술한 J_2에서의 캐리어 축적으로 switch-ON 작용을 하게 된다. 게이트 전류 I_g를 크게 하면 그 효과가 크게 되어 switch-ON 작용 전압이 낮게 된다. 이것을 게이트 점호(点弧)라 한다. 예를 들어, 정격이 4[kV], 1[kA]인 사이리스터의 주된 특성은 다음과 같은 것이 있다.

- ON전압 : 2.5[V]/3.2[kA]
- 유지 전류 : 300[mA]
- 순·역 OFF전류 : 150[mA]/4[kV]
- 게이트 점호 전류 : 200[mA/VAK]=6[V]

이상과 같은 특성을 갖는 사이리스터를 실리콘 제어 정류기(SCR Silicon Controlled Rectifier)라 하며, 계전기 제어, 시간 지연 회로, 전동기 속도 제어, 위상 제어, 조광 장치 등 광범위하게 응용되고 있다. 그림 6.31에서 SCR의 단면 구조와 전류-전압 특성을 보여 주고 있다.

사이리스터는 전력의 ON, OFF 작용에 사용되기 때문에 이들 정특성 외에 스위칭 특성도 대단히 중요하며, 대표적인 것으로서 다음의 3가지가 있다.

OFF 상태에 있는 사이리스터의 A－K 사이에 급격한 전압을 인가하면 break-over 전압이 떨어진다. 이 인가 전압의 변화율 dv/dt가 클수록 ON 상태로 천이하기 쉽고, 정격 전압의 1/2 혹은 2/3까지 break-over 전압이 낮아지는 dv/dt를 임계 OFF 전압 상승률이라 한다. 보통 100～1000[V/μs] 정도의 값을 갖는다.

다음에 전류가 시작되는 시점에서 보면, 사이리스터의 switch-ON은 게이트 근처에서 시작하여 점점 전체로 넓어져 간다. 이때 확장 속도는 0.1[mm/μs]로 비교적 천천히 이루어지기 때문에 수십 μs 정도에서 순방향 전류가 시작되면, 그 전체 전류는 게이트 근처에 집중하여 소자를 파괴해 버리는 경우가 있다. 이 때문에 ON할 때의 전류 상승률을 규정하고 있다. 이것이 정격 임계 ON 전류 상승률로 100[A/μs] 내외의 값을 갖는다.

사이리스터가 ON 상태로 전류가 흐르고 있는 소자에 역전압을 인가하여 OFF 상태로 천이시킨 후, 순방향 전압을 다시 인가하면 다시 ON 상태로 되돌아간다. 순전압을 저지할 수 있는 상태로 되돌리기 위해서는 사이리스터에 일정 시간 이상 역방향 전압을 인가해야만 한다. ON 전류가 0으로 된 시점에서 순저지력이 회복할 때까지의 시간을 스위치－ON시간이라 하며, 수십～수백 μs 정도의 값을 갖는다. 지금까지 살펴본 스위치－ON/OFF 작용을 트랜지스터 등가 회로로 살펴보기 위하여 그림 6.31에 나타내었다.

① SCR ON-스위치

그림 6.32(a)와 같이 게이트 전류 $I_g=0$일 때, SCR은 OFF 상태의 pnpn 다이오드와 같은 특성을 갖게 된다. 즉, 양극과 음극 사이의 높은 저항으로 개방 스위치(open switch) 역할을 한다. 게이트에 펄스를 인가하면 트랜지스터 Q_1, Q_2가 ON 상태로 되어 그림 (b)와 같이 된다. 게이트의 트리거 펄스trigger pulse에 Q_2가 ON되므로 I_{B2}가 공급되어 Q_2의 컬렉터로

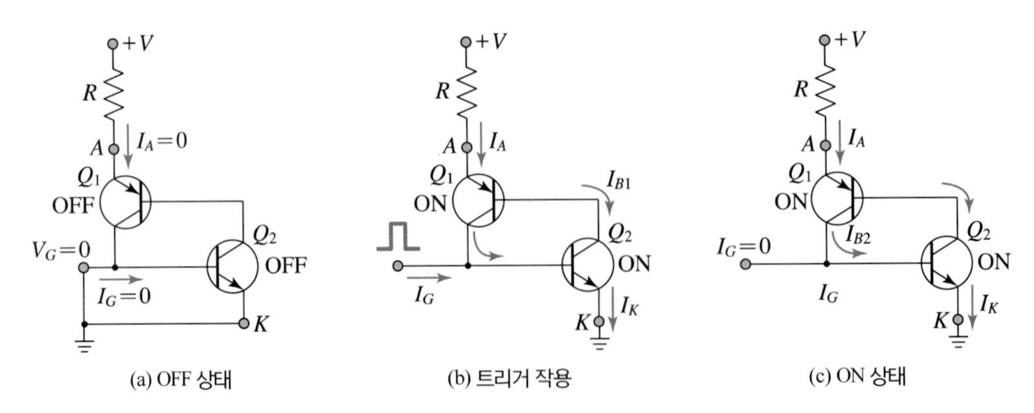

(a) OFF 상태　(b) 트리거 작용　(c) ON 상태

그림 6.32 실리콘 제어 정류기의 스위칭 작용

들어가는 I_{B1}이 흘러 Q_1을 ON시킨다. Q_1의 컬렉터 전류(I_{B2})가 Q_2의 베이스로 흘러 Q_2의 게이트에 트리거 신호를 제거하더라도 ON 상태를 유지한다. 따라서 그림 (c)와 같이 한 번 트리거되면 ON 상태를 유지하게 되어 양극과 음극 사이의 매우 낮은 저항으로 SCR은 단락 스위치short switch의 작용을 한다.

② SCR OFF-스위치

SCR는 트리거 펄스가 제거되어 게이트 전압 $V_G = 0$에서도 OFF되지 않고 ON 상태를 유지하게 된다. SCR를 OFF 스위치로 하기 위한 방법은 양극 전류의 차단과 강제 전환의 2가지 기본적인 방법이 있다.

그림 6.33(a)에서는 양극 전류를 $I_A = 0$으로 감소시켜 OFF 스위치 작용을 하는 것을 보여 주고 있으며, 그림 (b)에서는 SCR과 병렬로 스위치를 연결하여 이 스위치로 하여금 양극 전류의 일부를 흡수하도록 하여 양극 전류를 유지 전류(I_h) 이하로 감소시켜 OFF 스위치 작용을 하도록 하는 것이다.

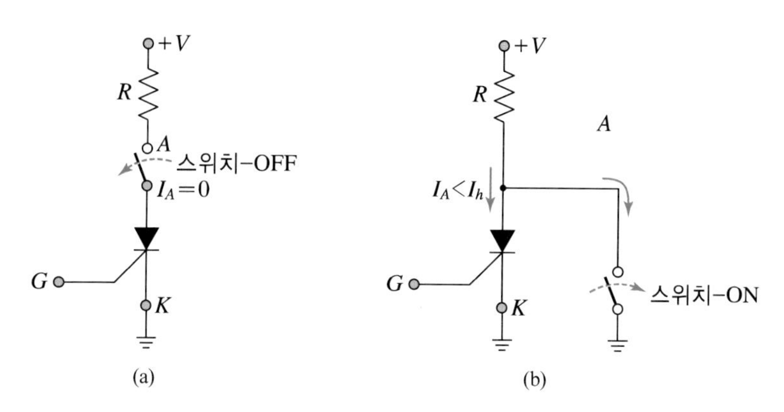

그림 6.33 전류 제어에 의한 SCR의 OFF

예제 6-6

사이리스터(thyrister) 동작의 개요를 기술하시오.

사이리스터에 게이트 전류를 흘리지 않을 때는 순역방향 모두 OFF상태에 있고, 어느 값 이상의 게이트 전류를 흘리면, ON 동작하여 다이오드와 거의 같은 순방향 전류가 흐른다. 한번 ON으로 된 상태에서 유지 전류 이하로 전류를 감소시키면 OFF되고, 다시 순방향 전압을 인가해도 전류는 흐르지 않는다.

(3) 실리콘 제어 스위치SCS

SCSSilicon Controlled Switch는 SCR과 기본적 동작은 유사하다. 단지 그림 6.34(a)와 같이 음극cathode 게이트와 양극anode 게이트 두 개의 단자를 갖고 있는 것이 다를 뿐이다. 그림 6.34(b)에서는 SCS의 스위치 ON, OFF 작용을 설명하기 위한 등가 회로를 나타낸 것이다. 우선, Q_1과 Q_2 모두 OFF 상태로 SCS는 도통되어 있지 않은 것으로 하자. 그림 (b)에서와 같이 음극 게이트(G_K)에 정(正) 펄스를 인가하면 Q_2가 ON 상태이며, Q_1의 베이스 전류가 흐르게 된다. Q_1의 컬렉터 전류가 Q_2를 구동시키므로 SCR가 스위치-ON 상태가 유지된다. 또한 양극 게이트(G_A)에 부(負) 펄스를 인가하여 스위치-ON 상태를 유지할 수도 있다.

즉, Q_1이 ON 상태가 되어 Q_2에 베이스 전류를 공급하므로 Q_2가 ON 상태로 되어 SCS가 스위치-ON 상태로 작용한다. SCS를 스위치-OFF하기 위해서는 양극 게이트(G_A)에 정(正) 펄스, 음극 게이트(G_k)에 부(負) 펄스를 인가하여 OFF시킬 수 있다.

(4) GTO 사이리스터

GTO 사이리스터는 Gate Turn-OFF 사이리스터의 약어로 전력 변환 회로에서 사용하기 쉽도록 사이리스터에 자기 제어 능력을 갖도록 한 것이다. 그림 6.35에서는 GTO 사이리스터의 단면 구조를 보여 주고 있는데, 게이트로 Turn-OFF시키기 위하여 가늘고 긴 캐소드cathode 주위를 게이트가 둘러싸서 $A-K$ 사이의 주 전류를 게이트에서 뽑기 쉽게 하는 것이다. Turn-ON에서는 보통의 사이리스터와 같이 $G-K$ 사이에 정(+)의 게이트 신호를 넣는다. Turn-OFF일 때, 신호를 역전시켜 $A-K$ 사이의 캐리어를 빨아내어 주 전류를

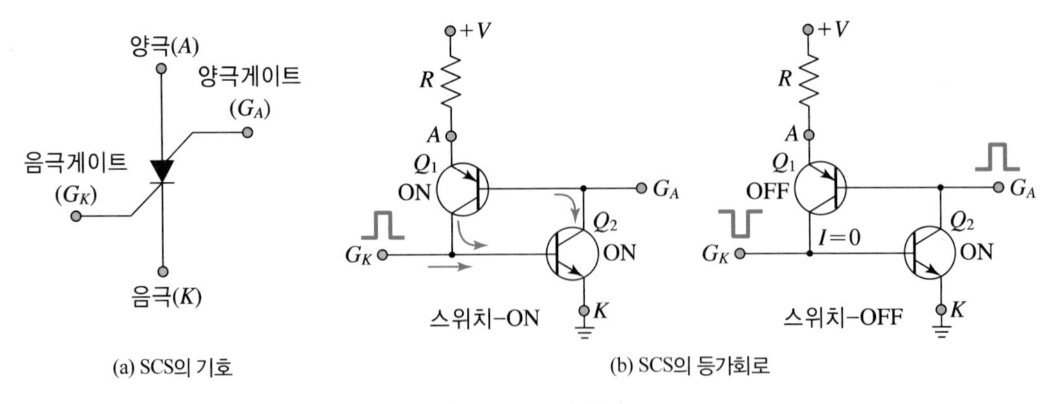

(a) SCS의 기호 (b) SCS의 등가회로

그림 6.34 SCS의 특성

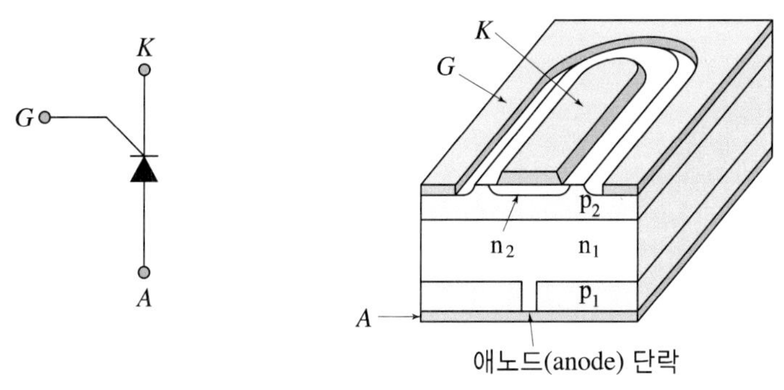

그림 6. 35 GTO 사이리스터의 단면 구조

강제적으로 유지 전류 이하로 제한한 Turn-OFF를 위한 게이트 전류는 주 전류의 1/3～1/5 정도로 크다. 즉, 1,000[A]의 전류를 Turn-OFF하는 데 200～300A의 게이트 전류가 필요하다. dv/dt 특성과 Turn-OFF 특성의 개선을 위하여 그림에 나타낸 바와 같이 p_1층과 n_1층을 단락short시켜 애노드anode 단락 구조로 한 것이 많다. 이 경우, 역방향 내압은 p_2n_2 접합만으로 지탱할 수 있다.

캐소드 단자는 폭이 150～200[μm], 길이가 2～3[mm] 정도로 Turn-OFF 가능한 전류, 즉 가능한 제어전류 3[kA] 유리 소자에서는 단자 수는 수천 본이 된다. 여기서 게이트와 캐소드는 그림에 나타낸 바와 같이 단차(段差)를 만들어 각각의 캐소드 단자에 1매의 공통 전극이 접속되어 있다.

GTO 사이리스터는 앞에서 기술한 바와 같이 큰 제어 전력을 필요로 하고, 제어회로가 복잡하고 가격이 비싸다.

(5) DIAC과 TRIAC

① DIAC

다이액은 양 방향으로 전류를 흘릴 수 있는 5층 구조의 소자로서, 그림 6.36(a)에서와 같이 A_1, A_2 두 개의 단자가 존재하며, 두 단자 사이에 어느 극성으로도 브레이크 오버 전압(break over voltage) 이상이면 ON 상태를 유지할 수 있다. 그림 (b), (c)는 각각 5층 구조 및 특성 곡선을 나타내고 있다.

다이액의 등가회로는 그림 6.37과 같이 나타낼 수 있으므로 A_1이 정(正), A_2가 부(負)로 바이어스되면 Q_1, Q_2는 순바이어스되고 Q_3, Q_4는 역바이어스되어 그림 6.36(c)의 제1상한 특성이 된다. 반면에 A_2가 정, A_1이 부로 바이어스하면 Q_3, Q_4가 순바이어스가 되고 Q_1, Q_2는 역바이어스로 되어 특성 곡선의 제3상한 특성을 나타내게 된다.

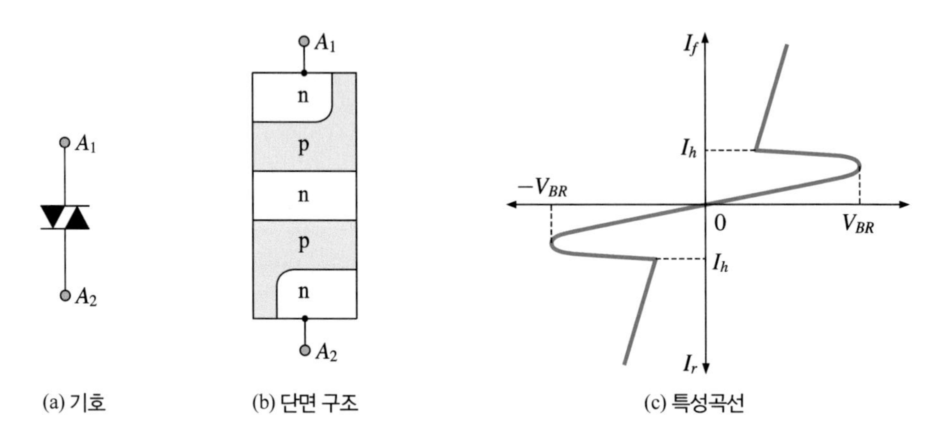

그림 6.36 DIAC의 구조와 특성

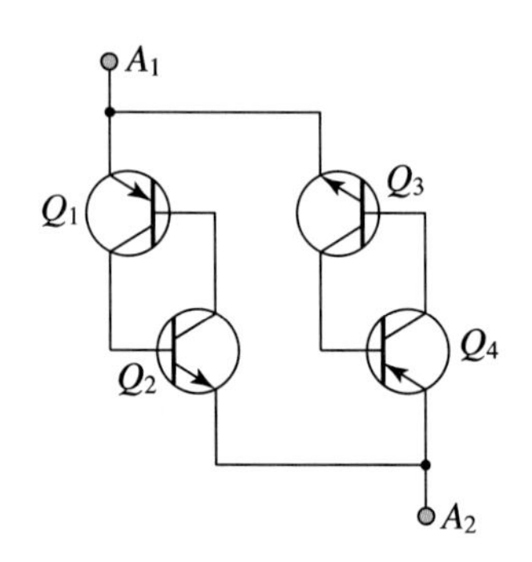

그림 6.37 DIAC의 트랜지스터 등가 회로

② TRIAC

트라이액은 1개의 게이트로 주 전극의 쌍방향에 대하여 전류 제어가 가능한 사이리스터이다. 단면 구조와 특성을 그림 6.38에서 나타내었다.

그림에서 나타낸 바와 같이, $n_2-p_2-n_1-p_1$과 $n_3-p_1-n_1-p_2$로 이어지는 두 개의 사이리스터를 역병렬로 접속하고 이들의 중간 영역에 게이트를 설치한 형태의 구조이다. 게이트 신호가 T_1에 대하여 정(+)일 때 사이리스터 I가 ON 상태이고, T_1이 부(−)일 때, 사이리스터 II가 ON 상태가 된다.

에어컨, 청소기, 조명 기구 등의 가전 제품, OA기기, 산업 기기에는 가열 장치, 램프, 모터 등 각종의 AC 부하를 갖는 것이 많다. 이들에 전력을 공급하기 위하여 교류의 한 방향만으로 전류를 흘리는 사이리스터보다 양 방향으로 전류를 흘리는 TRIAC을 사용하는 것이 소자의 수를 줄일 수 있다. 이 때문에 비교적 용량이 적은 이들 기기에는 교류 스위치로서 TRIAC을 널리 사용한다.

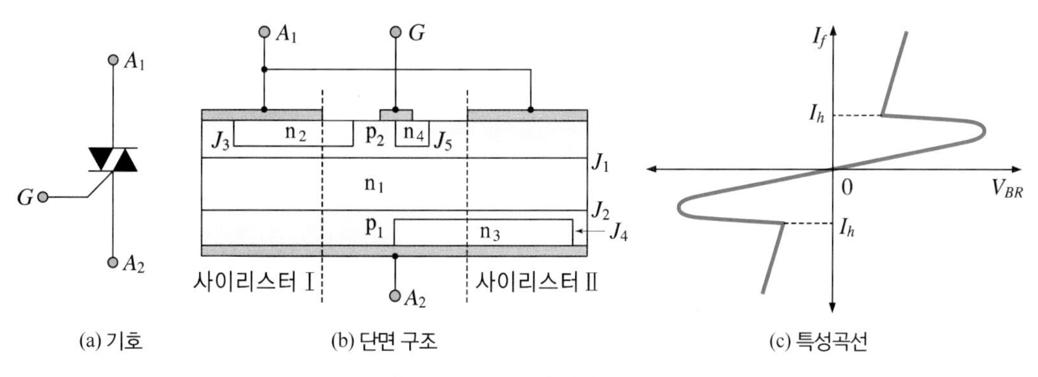

(a) 기호 (b) 단면 구조 (c) 특성곡선

그림 6.38 TRIAC의 단면과 특성

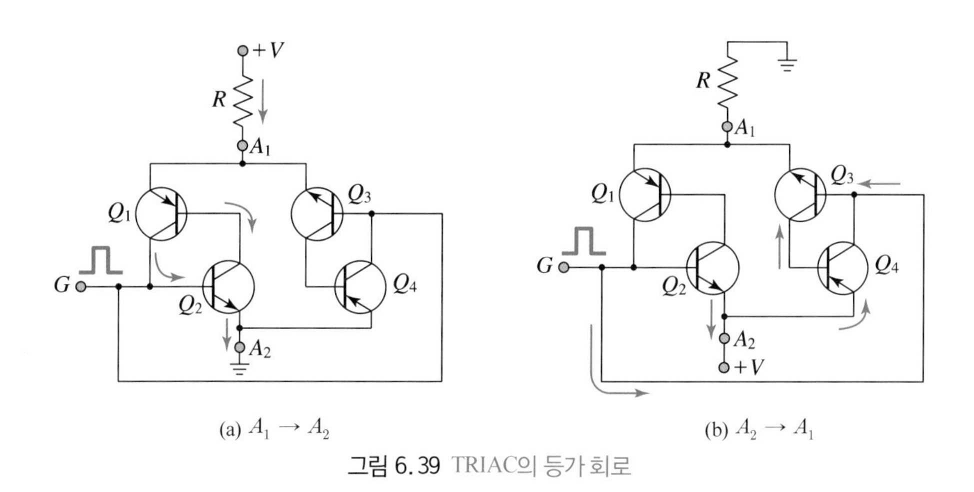

(a) $A_1 \rightarrow A_2$ (b) $A_2 \rightarrow A_1$

그림 6.39 TRIAC의 등가 회로

이제, 트랜지스터 등가 회로를 통한 TRIAC의 동작을 살펴보기 위하여 그림 6.39 에서 트랜지스터 회로를 나타내었다. 그림 6.39(a)에서와 같이 A_1이 정(正), A_2가 부(負)로 바이어스되면 게이트 단자의 트리거 펄스가 Q_1, Q_2를 ON 상태로 유지시켜 A_1에서 A_2로 도통되고, 반대로 그림 (b)와 같이 바이어스하면 Q_3, Q_4가 ON되어 A_2에서 A_1으로 도통된다.

6. 단일 접합 트랜지스터

단일 접합 트랜지스터(UJT$_{\text{Uni-Junction Transistor}}$)는 pn접합을 이루고 있는 부성저항 특성을 갖는 트리거 소자로서, 두 개의 베이스 단자가 있기 때문에 이중-베이스 다이오드$_{\text{double-base diode}}$라고도 한다.

그림 6.40 (a)와 같이 N형 실리콘 막대의 양 끝에 옴$_{\text{ohm}}$성 접촉의 전극을 부착하여 베이

스 1, 베이스 2로 하고, 베이스 2 부근의 영역에 pn접합을 만들어 이미터 전극으로 한다. 전압 V_{BB}를 그림 (b)와 같이 인가하여 이미터 전류 I_e가 0일 때, 베이스 사이의 저항은 반도체 고유 저항만으로 5~10[kΩ] 정도이다.

여기서 그림 (d)의 두 저항 중 R_{B1}에 분할되는 전압 V_{B1}은

$$V_{B1} = \frac{R_{B1}}{R_{B1} + R_{B2}} V_{BB} = \eta V_{BB} \tag{6.15}$$

로 되며, 여기서 η는 개방 전압비 또는 스탠드-오프비(stand-off ratio)라 하며, 다음과 같이 정의된다.

$$\eta = \left. \frac{R_{B1}}{R_{B1} + R_{B2}} \right|_{Ie=0} \tag{6.16}$$

$V_e = \eta V_{BB}$일 때 이미터 전류는 0으로 된다.

예제 6-7

어떤 UJT의 η=0.7이고, V_{BB}=25[V]일 때 첨두치 전압 V_p는 얼마인가?

$$V_p = \eta V_{BB} + 0.7[\mathrm{V}] = 0.7 \times 25 + 0.7[\mathrm{V}] = 18.2[\mathrm{V}]$$
$$\therefore\ V_p = 18.2[\mathrm{V}]$$

이미터 전압 V_e가 식 (6.16)의 ηV_{BB} 이하($V_e < \eta V_{BB}$)인 경우는 pn접합이 역바이어스 상태이므로 I_e는 미소한 역포화 전류만이 흐른다.

V_e가 ηV_{BB} 이상($V_e > \eta V_{BB}$)인 경우는 순방향 바이어스로 되어 이미터에서 베이스로 정공이 주입되어 베이스 1 방향으로 이동한다. 그림 (c)와 같이 주입된 정공과 같은 양의 전자가 베이스 1에서 이미터 방향으로 이동한다. 이와 같이 양쪽으로 캐리어가 흘러 이미터와 베이스 1 사이의 실리콘에서 전도도 변조를 일으켜 저항이 감소하고 전원 E_b보다 큰 전류가 흐르게 된다. 등가회로는 그림 (d)와 같으며, I_e에 의해서 R_{B1}이 변화되는 것으로 보아도 좋다.

이미터 전류 I_e와 이미터 전압 V_e의 관계는 그림 6.41과 같이 된다. V_e가 증가하여 V_p에 도달하면 R_{B1}의 저항이 감소하고, I_e의 증가에 따라 V_e가 감소하여 부성 저항 특성이 나타난다.

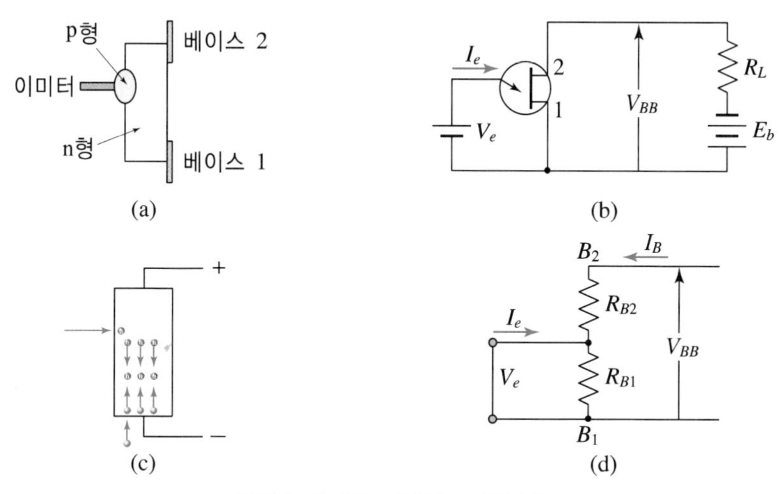

그림 6.40 이중-베이스 다이오드

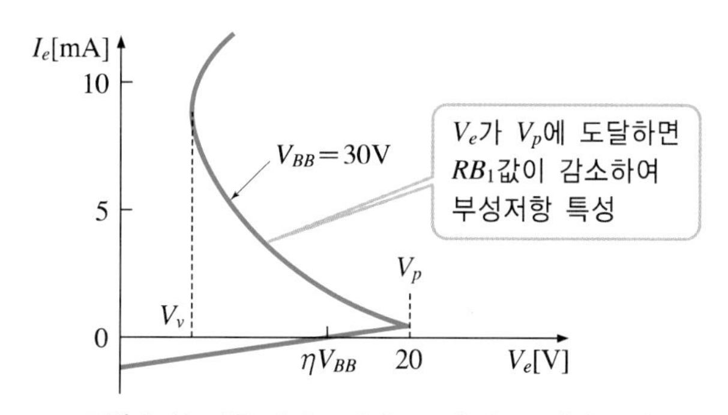

그림 6.41 이중 베이스 다이오드의 전류-전압 곡선

7. 프로그래머블 단일 접합 트랜지스터

PUT programmable unijunction transistor는 그림 6.42와 같이 게이트 단자를 양극 근처의 n 영역에 접속한 것으로 SCR 구조와 유사하다.

그림 6.43에서는 PUT의 바이어스 회로를 나타낸 것으로, 외부 분압기에 의하여 원하는 전압을 바이어스시킬 수 있다. UJT에서 정의되는 R_{BB}, V_p, η가 R_{B1}, R_{B2}에 의해서 조정되기 때문이다. 그림 6.43에서 $I_G=0$인 경우 전압 분배 법칙에 의하여

$$V_G=\frac{R_{B1}}{R_{B1}+R_{B2}}V_{BB}=\eta V_{BB} \tag{6.17}$$

이다. 여기서 $\eta=\dfrac{R_{B1}}{R_{B1}+R_{B2}}$이다.

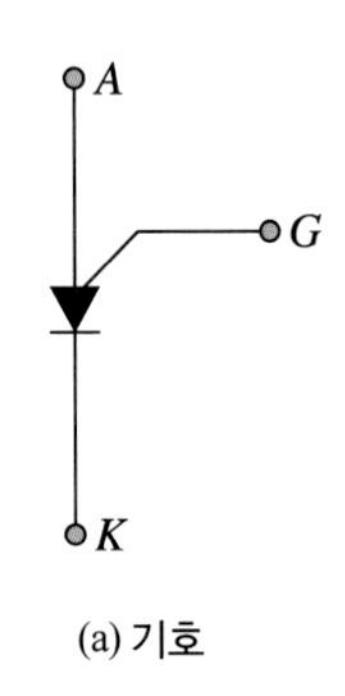

(a) 기호

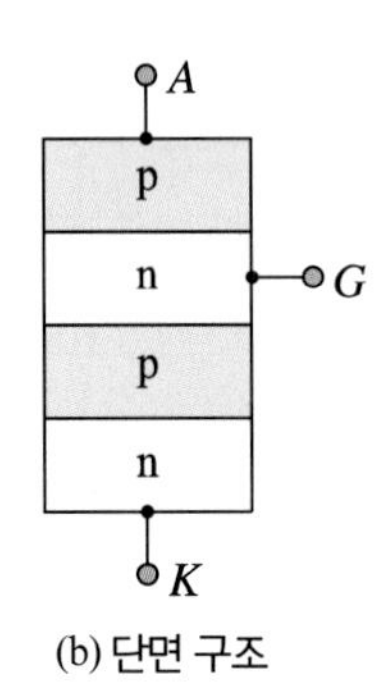

(b) 단면 구조

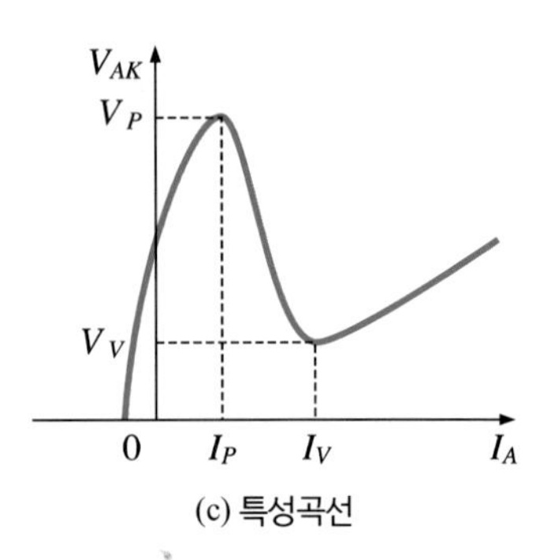

(c) 특성곡선

그림 6.42 PUT의 구조 및 특성

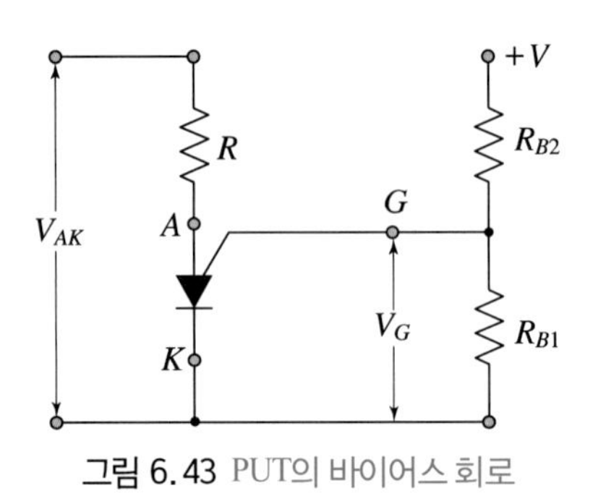

그림 6.43 PUT의 바이어스 회로

PUT를 도통시키는 도통 전위 V_p는 다음과 같다.

$$V_p = \eta V_{BB} + 0.7\,\text{V} \tag{6.18}$$

예제 6-8

실리콘(Si) PUT의 특성이 다음과 같을 때 R_{B1}과 V_{BB}를 구하시오.

$$\eta = 0.8,\ V_p = 10.3[\text{V}],\ R_{B2} = 5[k\Omega]$$

$$\eta = \frac{R_{B1}}{R_{B1} + R_{B2}} = 0.8$$

$R_{B1} = 0.8(R_{B1} + R_{B2})$에서 $\quad \therefore R_{B1} = 20[\text{k}\Omega]$

$V_p = \eta V_{BB} + 0.7[\text{V}]$에서 $\quad V_{BB} = \dfrac{V_p - 0.7[\text{V}]}{\eta} = \dfrac{10.3 - 0.7}{0.8} = 12[\text{V}]$

$\therefore V_{BB} = 12[\text{V}]$

8. SUS와 SBS

SUS_{Silicon Unilateral Switch}와 SBS_{Silicon Bilateral Switch}는 집적회로 기술을 응용한 특수 사이리스터_{thyristor}로서, 1966년 GE 회사가 제작한 것이다. SUS는 그림 6.44와 같은 SCR와 정전압 다이오드를 접속한 구조로 단방향성이다. 동작특성은 양극과 음극 사이에 정전압 다이오드의 제너 전압

V_Z과 SCR의 V_G 전압을 합한 것보다 큰 전압 즉 스위칭 전압 V_S를 인가하면 제너 전류 I_Z가 SCR를 도통시켜 게이트로 흘러들어간다. I_Z가 게이트 트리거 전류 이상이 되면 SCR의 도통 즉 SW-ON되고, 양극과 음극 사이의 전압이 스위칭 전압 V_S 이하일 때는 보통의 SCR와 같은 작용으로 동작하게 된다. 그러므로 SUS는 다이액으로 변환하여 2단자로 사용할 수도 있고, 또한 외부 저항 R_1과 R_2에 의한 stand-off비 η를 설정할 수 있는 PUT로도 응용할 수 있다. SUS를 2개 역병렬 접속하여 SBS를 만들 수 있다.

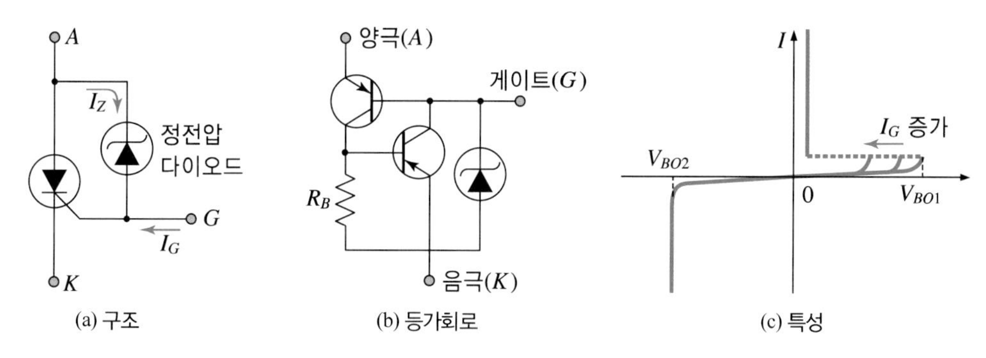

(a) 구조 (b) 등가회로 (c) 특성

그림 6.44 SUS의 등가회로와 특성

6.8 전력용 소자

Semiconductor Device Engineering

1. 전력용 MOSFET

(1) 구조와 정특성

제2장에서 기술한 MOSFET의 기본 구조에서 MOS IC에는 주 구성 요소로 MOSFET가 사용된다. 그러나 이 구조에서는 소스, 드레인 사이의 내압(耐壓)을 크게 하기 위해서는 이들의 간격 즉 채널 길이를 크게 할 필요가 있다. 이렇게 되면, 대단히 얇아지고 저항이 큰

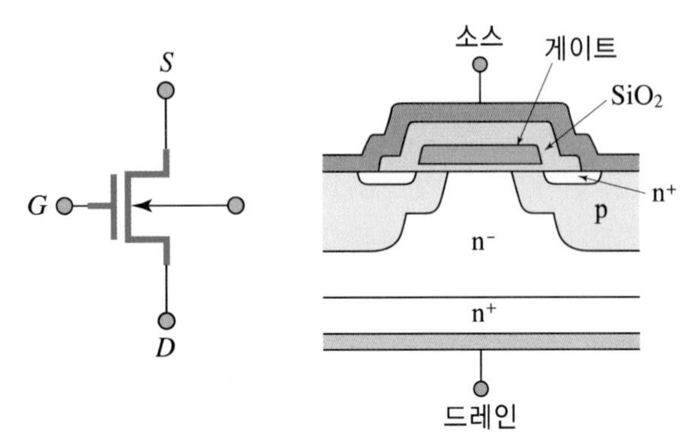

그림 6.45 power-MOSFET의 구조

채널을 ON 전류가 흐르기 때문에 ON 전압이 크게 되어 전력$_{power}$용으로는 적합하지 않다.

그래서 전력용 MOSFET는 그림 6.45에서 보여 주는 바와 같은 구조로 제작하고 있다. 이 구조에서 2중 확산 기술을 사용하고, p형 부분에 형성된 채널 길이를 1[μm] 이하로 극히 짧게 하여 채널 저항 R_{ch}를 작게 한다. 그리고 소스와 반대 측의 면 전체를 드레인 영역으로 하여 전류가 흐르는 단면적을 크게 한다.

한편, 소스-드레인 사이의 내압은 np접합에서 걸리기 때문에 n^- 영역의 폭과 고유 저항을 조절하여 높은 내압에 견딜 수 있는 소자를 만들 수 있다.

power-MOSFET의 출력 특성을 그림 6.46에서 나타내었다. 게이트 전압을 공급하여 소자를 ON시키면, 드레인-소스 사이의 전압 V_{DS}에 비례한 드레인 전류 I_D가 흐른다. R_{ch}가 충분히 작기 때문에 드레인-소스 사이의 ON저항 $R_{DS(on)}$은 거의 n^- 영역의 저항 값과 같다. 이 저항은 같은 칩의 크기에서 동일의 패턴 설계인 경우, n^- 층의 '두께×고유

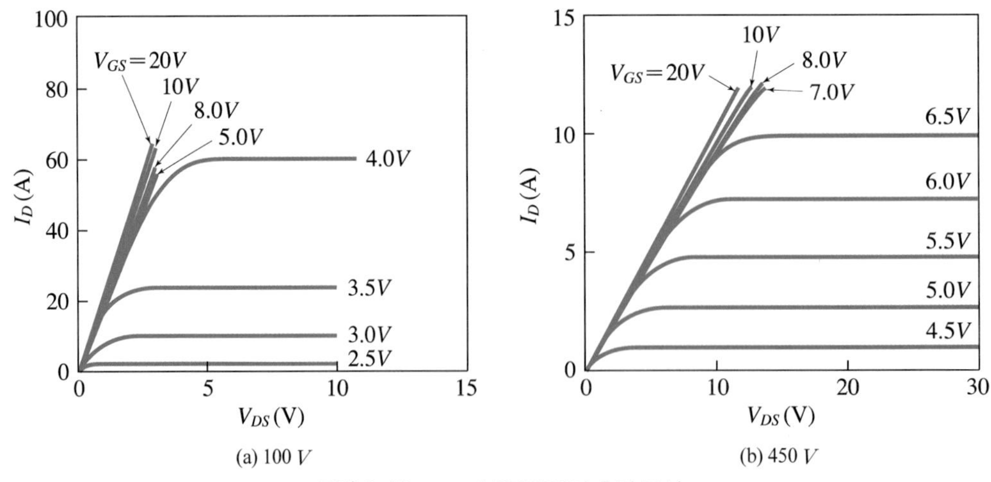

그림 6.46 power-MOSFET의 출력 특성

저항'에 거의 비례하기 때문에 내압을 2배로 하기 위하여 두께와 고유 저항을 각각 2배로 하면 $R_{DS(on)}$이 4배로 된다.

원리적으로는 내압의 제곱에 비례해서 ON 저항이 증가하는 것으로, 그 경향은 같은 크기의 소자의 특성 곡선인 그림 6.46의 (a)와 (b)의 비교에서도 알 수 있다. 이 때문에 power-MOSFET의 높은 내압 제품은 대 전류화가 어렵고 가격이 높다. 이에 대하여 저내압 제품은 바이폴러 트랜지스터에 비해서도 손색이 없고, 오히려 우수한 ON 특성을 가지며, 작은 칩 크기로 큰 전류가 얻어질 수 있기 때문에 저가격화가 진행되고 있다.

다음에 V_{DS}을 크게 인가한 경우를 살펴보자. 채널을 만들기 위해서는 보통 2~4[V] 정도에서 인계 전압 V_T 이상의 전압을 인가해야만 한다. 그래서 채널 전류에 의한 채널 내 전압 강하 V_{ch}가 게이트 전압 V_{GS}와 V_T의 차

$$V_P = (V_{GS} - V_T) \tag{6.19}$$

와 같은 때까지 I_D는 V_{DS}에 비례하여 증가하나, $V_T = V_P$로 되면 마침 드레인 측에서 채널이 소멸되는 핀치-오프$_{\text{pinch-off}}$ 현상이 일어난다. 그 이상 V_{DS}을 크게 해도 I_D는 증가하지 않고, I_D가 일정한 출력 특성을 얻는다. 또 V_{GS}을 크게 하면 채널 저항이 낮아져 V_P가 크게 되기 때문에 핀치-오프할 때까지 큰 채널 전류가 흐르게 된다. 즉, 게이트 전압으로 출력 전류를 제어할 수 있는 것이다.

(2) 스위칭 특성

MOSFET는 채널의 개폐(開閉$_{\text{ON/OFF}}$)를 통하여 실리콘 저항체를 통하여 흐르는 전류를

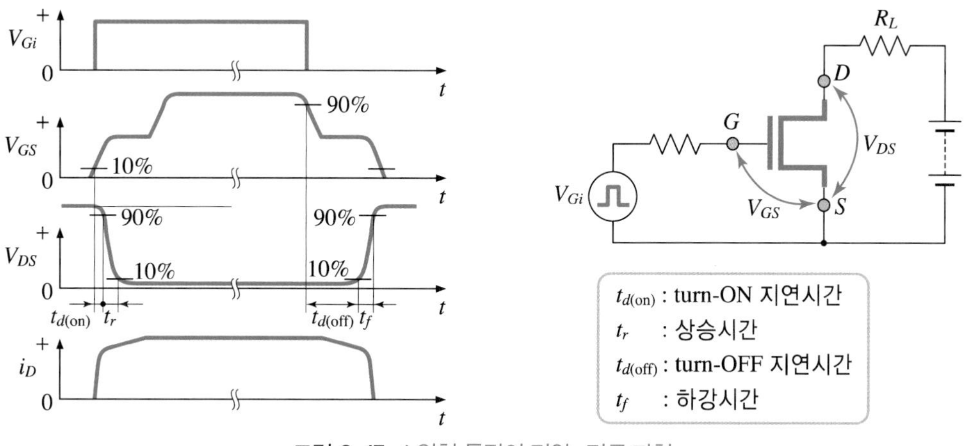

그림 6.47 스위칭 동작의 전압·전류 파형

개폐$_{ON/OFF}$하는 것이므로, 스위칭 속도는 채널의 개폐 속도로 결정된다. 이것은 채널 형성을 위한 전하를 게이트를 통하여 충·방전하는 시간으로 대단히 짧은 시간이다. 또 게이트의 외부 저항에 의해서 충·방전 전류의 크기로 채널의 개폐 속도를 제어할 수 있는 것이다.

그림 6.47에서 스위칭 작용을 할 때, 각 부분의 전압·전류 파형과 각 부분의 용어를 나타내고 있다. 보통 '$t_{on}+t_{off}$'는 200[ns]에서 1[μs] 정도로 power 트랜지스터의 1/10 이하의 값을 갖는다.

(3) 절연 파괴 특성

power-MOSFET는 실리콘 고유 저항의 불균일 등, 부분적으로 ON 전류가 흐르기 쉬운 곳이 있어도 ON 저항은 온도에 따라 크게 되므로 그 부분의 과전류에 의한 온도 상승으로 전류 증가가 억제되어 거의 전면에 균일한 전류가 흐른다. 이것이 바이폴러 소자와 다른 특징으로 원리적으로는 2차 항복 현상이 없다. 그 때문에 순바이어스 안전 동작 영역은 그림 6.48에서 나타낸 바와 같이 바이폴러 트랜지스터와 비교하여 전력 손실에 의한 제한으로 고전압 영역에서 안전 동작 영역이 넓다.

power-MOSFET의 드레인 전류의 펄스 정격은 대단히 크고, 직류 정격의 3~4배를 허용하고 있다.

(4) 응용

가전 기기, OA 기기, 휴대용 전자 기기 등의 전자회로의 안정화 전원에 많이 이용하고

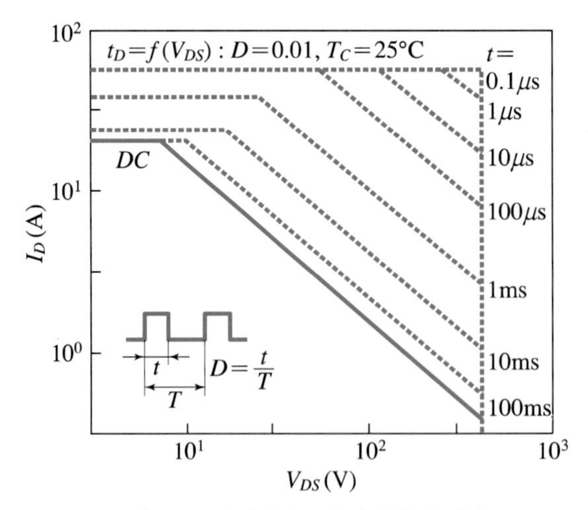

그림 6.48 순바이어스의 안전 동작 영역

있는 스위칭 레귤레이터switching regulator는 동작 주파수가 높을수록 사용하는 회로의 부품이 적어진다. 이 때문에 고속 동작 특성이 우수한 power-MOSFET가 사용되어 왔다. 더욱이 구동 전력과 ON 저항이 작고, 안전 동작 영역의 넓이와 저가격화 등에 의해 휴대용 컴퓨터와 휴대 전화의 충전회로, 액정 디스플레이의 후면 광backlight의 제어 등으로 그 용도가 넓혀지고 있다.

예제 6-9

power MOSFET가 높은 내압(耐壓)과 대전류화(大電流化)가 어려운 이유는 무엇인가?

power MOSFET는 전도도 변조가 없는 단극성 소자uniploar transistor이므로 ON 저항은 실리콘 재료의 고유 저항과 두께로 결정된다. 이들은 내압에 비례하여 크게 되기 때문에 ON 저항은 거의 내압의 제곱에 비례하여 커지므로, 높은 내압을 갖는 MOSFET의 대전류화가 어렵다.

2. IGBT의 구조와 특성

10 kHz 이하의 비교적 저주파수를 갖는 전원에는 용량당 제조 단가가 좋은 바이폴러 트랜지스터가 이용된다. 그러나 이 주파수 대역은 인간의 가청 주파수와 일치하므로 주 전류가 그 주기에서 ON/OFF하면, 구동되는 전기 기기와 같은 주파수의 진동이 생겨 잡음이 발생한다. 더욱이 스위칭 손실은 주파수에 비례하므로 허용 주파수의 상한에 근접하면, 소자에서 발생하는 손실이 크게 된다.

이 때문에 장치가 낮은 소음과 손실의 특성을 얻기 위한 고주파수로 하기 위해서는 기존의 MOSFET밖에 없었다. 그러나 절연 내압이 100[V] 이상인 경우, 단위 용량당 손실이 높기 때문에 고주파화에 의해서 스위칭 소자의 손실을 개선하는 용도로밖에 MOSFET를 사용하지 않았다. 이들 두 가지 소자의 중간 특성을 갖는 것으로 개발된 것이 IGBTInsulated Gate Bipolar Transistor로, 여러 분야에서 전력용 트랜지스터를 대신하게 되었다.

(1) 구조와 동작

IGBT는 "절연 게이트 바이폴러 트랜지스터"로서 MOS 게이트에서 제어되는 바이폴러 소자이다. 그 단면 구조를 그림 6.49에 나타내었다.

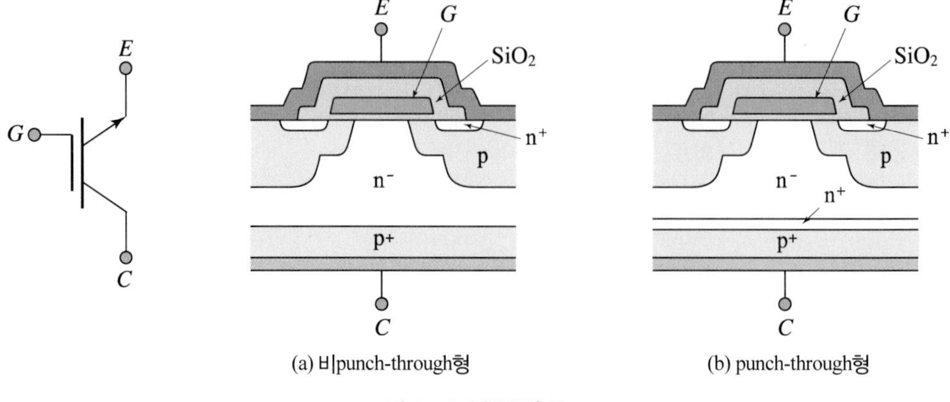

(a) 비punch-through형 (b) punch-through형

그림 6.49 IGBT의 구조

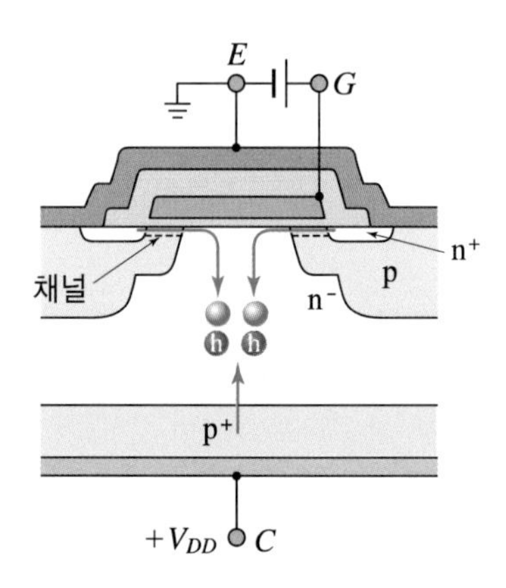

그림 6.50 IGBT의 캐리어 주입

MOSFET의 기판인 드레인 층인 n^+가 컬렉터인 p^+ 또는 p^+n^+로 바뀐 것 외에는 기존의 MOSFET와 기본적으로 동일한 구조이다. 그 동작 원리는 다음과 같다.

컬렉터에 정(+)의 전압을 공급한 상태에서 게이트 신호를 인가하면, MOSFET와 같은 전류는 흐르지 않는 OFF 상태가 된다. 다음에 게이트에 정(+)의 전압을 공급하면, 게이트 전극의 밑에 있는 p형 베이스 층 표면에 n채널이 형성된다. 이렇게 되면 컬렉터－이미터 사이는 $p^+n^-nn^+$ 또는 $p^+n^+n^-nn^+$ 구조의 pn접합 다이오드가 되어, 여기에 순방향 전압을 인가한 상태이므로 컬렉터－이미터 사이가 ON 상태로 된다.

이것을 캐리어의 이동으로 보면, 그림 6.50과 같이 이미터에서 전자, 컬렉터에서 정공이 각각 주입되어 n^-층에 과잉 캐리어가 축적된다. power-MOSFET의 ON 저항은 고저항인 n^-층에 의한 것이지만, 그림과 같이 캐리어의 축적에 의한 전도도 변조가 일어나기 때문에 IGBT의 ON 전압은 MOSFET보다 크게 작아진다. 출력 특성의 한 가지 예를 그림 6.51

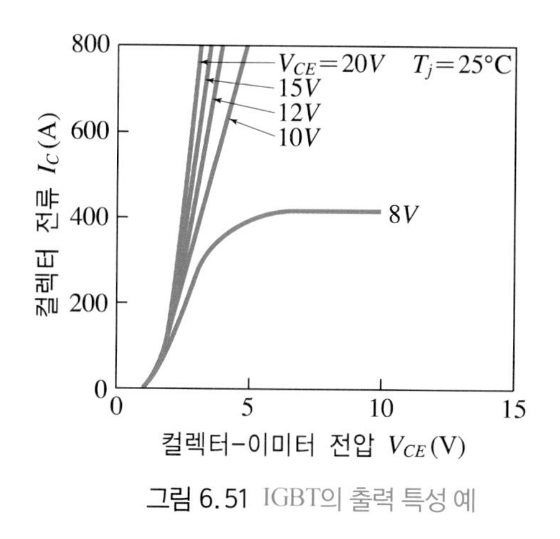

그림 6.51 IGBT의 출력 특성 예

에서 보여 주고 있다. 게이트 전압이 작을 때에 컬렉터 전류가 포화하는 것은 MOSFET와 같은데, 이것은 핀치-오프 현상에 의한 것이다.

(2) 스위칭 특성

IGBT는 주로 전력 스위치로 사용되기 때문에 스위칭 특성도 출력 특성 못지않게 중요하며, 이들은 서로 밀접한 관련이 있다. 스위칭 시간의 정의는 그림 6.48에 나타낸 MOSFET와 같고, ON 시간이 게이트 저항에 의해서 변화하는 특성도 같다. 이것에 대하여 OFF 특성은 바이폴러 소자로서의 동작을 나타낸다.

우선, 게이트 신호가 없는 상태에서 컬렉터 전류가 90%까지 감소하는 시간을 바이폴러 트랜지스터와 같이 축적 시간 t_{stg}라 한다. 이것은 게이트를 차단하여 채널이 없어질 때까지의 시간이므로 MOSFET의 지연 시간인 t_d와 거의 같다.

MOSFET와 다른 것은 그 후의 현상으로 채널이 소멸되어도 n^-인 베이스 층에는 과잉 캐리어가 존재하고, 이들은 급속히 없어지지 않는다. 이 때문에 채널을 통하여 흐르는 전류가 MOSFET와 같은 수백 나노초(nano sec)에서 끊어져도 n^- 중의 캐리어는 그림 6.49의 $p^+n^-p^+$ 트랜지스터를 통하여 외부로 흘러 나간다. 이것이 꼬리 전류(tail current)라 하는 것으로, 이것이 흐를 때에는 그림 6.52에 나타낸 바와 같이 V_{CE}는 이미 상승하여 있고, '전압×전류'인 스위칭 손실이 크게 된다.

또 온도가 높아질수록 n^-인 베이스층 내의 캐리어 밀도와 수명 시간(life time)이 길어지는 성질이 있고, 꼬리 전류는 크게 된다. 이들 특성을 그림 6.52에서 보여 주고 있다. 그림은 200[V], 10[A]인 소자로 꼬리 부분의 손실이 25[℃]에서 스위칭 손실은 전체의 40%, 125[℃]에서 60%에 이른다.

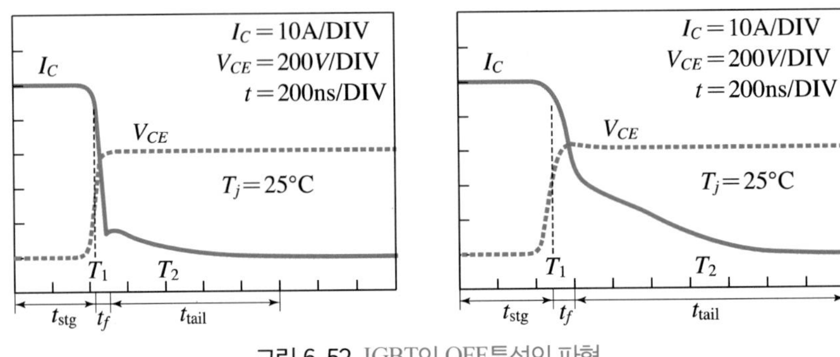

그림 6.52 IGBT의 OFF특성의 파형

IGBT를 고속의 소자로 사용하기 위해서는 이 부분의 스위칭 손실을 적게 할 필요가 있는데, n^-의 베이스 층의 수명 시간을 짧게 한다. 그러나 너무 짧게 하면, 다이오드의 ON 전압이 크게 되어 ON 특성의 손실이 많아지므로 적절한 균형이 이루어지도록 수명 시간을 제어한다. 그 결과 바이폴러 트랜지스터와 MOSFET의 중간인 10~20[kHz]의 스위칭 동작에 적합하도록 하고, 이 주파수 영역에서 100[V] 이상의 내압을 필요로 하는 경우에는 MOSFET보다 IGBT를 이용하는 것이 좋다.

6.9 논리 집적회로의 기본적인 특성

Semiconductor Device Engineering

1. 전달 특성

입력 전압과 출력 전압의 관계를 전달 특성transfer characteristics이라 한다. 예를 들어, 반전NOT 회로와 같이 입력 신호를 반전시켜서 출력하는 회로에서 전달 특성을 나타내는 곡선을 그림 6.53에서 보여 주고 있다.

(1) ON/OFF 수준

npn 트랜지스터 또는 n채널 MOSFET를 주로 구성한 회로에서는 출력단의 트랜지스터가 ON일 때 낮은 전압을 출력하고, OFF일 때 높은 전압을 출력한다. 여기서 ON 수준(V_{ON})은 L 신호 전압의 대표값을, OFF 수준(V_{OFF})은 H 신호 전압의 대표값을 말한다.

즉, L 신호를 논리 '0', H 신호를 논리 '1'로 정의하여 논리 회로를 구성하는 방법을 정논리(正論理)라 하고, 그 역으로 정의하는 것을 부논리(負論理)라 한다.

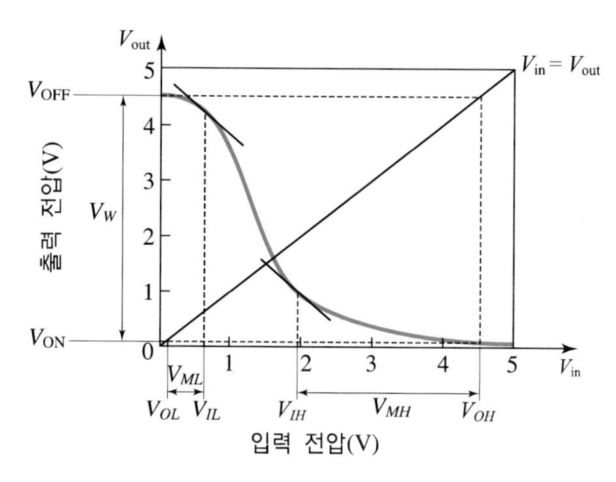

그림 6.53 전달 특성 곡선

(2) 신호 진폭

OFF 수준과 ON 수준의 차를 신호 진폭(信號振幅) V_W라 하며, 이것이 넓을수록 L과 H를 구별하기 쉽다.

(3) 임계 전압threshold voltage

논리회로에서는 신호 전압은 반드시 L 또는 H 수준에 있어야 하나, 전달 특성 곡선에서 알 수 있는 바와 같이 입력 전압에 의해서는 L도 아니고 H도 아닌 전압을 출력으로 내버리는 경우가 있다. 그래서 그와 같은 동작이 없도록 적당한 입력이 L과 H 신호 전압의 범위에 있도록 하고 있다. 예를 들어, V_{IL}이 L 신호의 최대 전압으로, 입력 전압이 이 이상으로 되면 출력 전압이 내려 들어가지 않게 된다. 같은 원리로 V_{IH}가 H 신호의 최소의 값으로 된다. 이것은 MOSFET의 임계 전압과는 분리하여 이해하기 바란다.

(4) 잡음 여유도noise margin

ON 수준의 전압을 입력하는 경우를 살펴보자. 전압이 입력될 때, 잡음이 중첩되어 입력 전압이 상승하였다고 생각하자. 이 잡음이 작다면 문제는 없으나, 입력 전압이 상승하여 임계 전압이 V_{IL}을 넘게 되면 출력 전압은 H 수준으로 보증할 수 없을 만큼 떨어져 오동작 논리를 출력하게 된다. 이와 같은 잡음전압은 허용되지 않아야 되므로 '$V_{IL} - V_{ON}$'이 L 수준의 잡음 여유(雜音餘裕noise margin) V_{ML}이다. 같은 방법으로 '$V_{OFF} - V_{IH}$'가 H 수준의 잡음 여유 V_{MH}이다.

(5) 논리 집적회로의 성능 지수

논리 집적회로의 중요한 특성으로 소비 전력과 지연 시간이 있으나, 이 두 요소 사이에는 밀접한 관계가 있다. 지연 시간이 발생하는 원인으로는 기생 용량의 충·방전 시간이 있다. 설계된 회로에는 여러 곳에서 회로도에 불필요한 정전 용량이 숨어 있다. pn접합에는 반드시 접합 용량, MOS 구조에는 반드시 MOS 용량이 존재하고 있고, 또 배선끼리 혹은 배선과 기판 사이에도 커패시터가 형성할 수 있다.

논리 신호가 변화할 때, 이들 커패시터 양단의 전압이 변화하지만, 커패시터 전압이 변화하기 위해서는 $Q = CV$ 관계에서 반드시 충전이나 방전이 일어나 전류가 흐르게 된다. 이 전류를 그림 6.54(a)에서 보여 주고 있는데, 그림에서와 같이 전원으로부터 저항과 트랜지스터를 경유하여 커패시터에 충전되기도 하고, 커패시터로부터 저항과 트랜지스터를 통하여 접지로 방전하기도 한다. 예를 들어, $R[\Omega]$의 저항을 통하여 C[F]의 커패시터에 충전된 경우에는 $\tau = RC$의 시정수(時定數)로 충전이 된다. 즉, 완전히 충전된 때, 그 전기량의 $1/e$만큼 충전하는데 τ의 시간이 필요한 것이다. 충전이 되면, 동시에 커패시터 양단에 전압이 상승하게 되므로 이 전압이 상승하는 데에도 시간이 걸린다. 즉, 신호가 변화하는 데 시간이 걸리므로 그 신호의 전달에 지연 시간이 발생하는 것이다. 이를 그림 6.54(b)에서 보여 주고 있다.

다음에 소비 전력에 관하여 살펴보자. 커패시터에 충·방전될 때에는 전원에서 공급된 전기적 에너지가 저항에서 열로 변환되기도 하고, 커패시터에 모이기도 한다.

충전할 때 $W = CV^2/2$의 에너지가 전원에서 커패시터로 공급되고, 동시에 같은 양의 에너지가 저항에서 열로 변한다. 그래서 커패시터에 저장되었던 에너지 $CV^2/2$은 커패시터가 방전될 때, 저항과 트랜지스터에서 열로 소모된다. 이 충전 혹은 방전이 지연 시간 t_{pd} 사이에 일어난다고 하면, 각각에서 발생하는 소비 전력은 다음 식으로 된다.

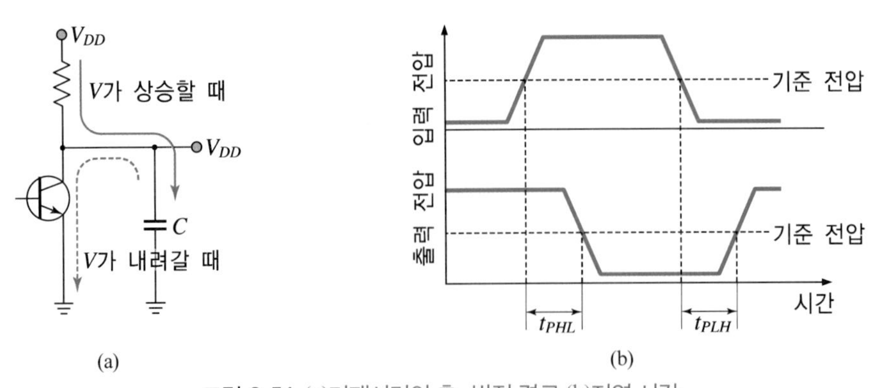

그림 6.54 (a)커패시터의 충·방전 경로 (b)지연 시간

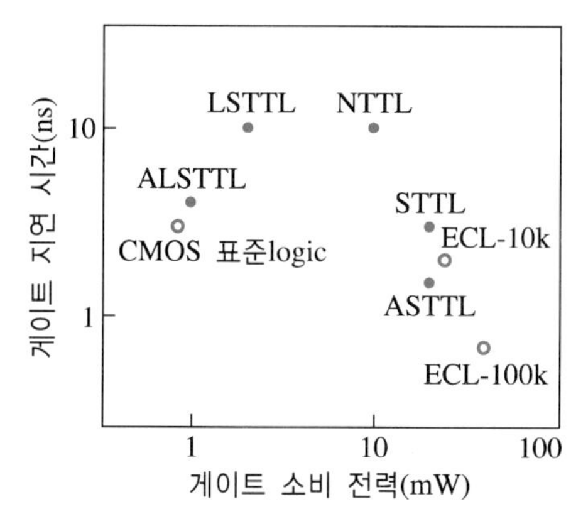

그림 6.55 소비 전력과 지연 시간의 관계

$$P = \frac{CV^2}{2t_{pd}} \tag{6.20}$$

여기서 중요한 결론을 얻을 수 있다. 즉,

$$P \cdot t_{pd} = \frac{1}{2} CV^2 \tag{6.21}$$

으로 되어 소비 전력과 지연 시간의 곱 즉 소비 전력량은 전원 전압과 커패시터의 용량이 정해지면 일정한 값으로 된다. 소비 전력은 저항값을 크게 하여 작게 할 수 있으나, 그렇게 하면 지연 시간이 크게 되는 특성이 있다. 양쪽 모두 간소시키기 위해서는 커패시터의 용량과 전원 전압을 감소시킬 필요가 있다.

각종 논리회로의 게이트에서 소비되는 하나의 논리 소자당 소비 전력과 지연 시간의 관계를 그림 6.55에서 나타내었다. 논리회로를 설계하는 경우에, 이 그림을 참조하여 설계하고자 하는 시스템의 동작 속도와 소비 전력에 맞는 소자를 선택할 필요가 있다.

6.10 표준 논리 집적회로

표준 논리 집적회로에는 단순한 논리 연산을 행하는 게이트 회로 즉 NOT, AND, OR, NAND, NOR게이트와 비교적 간단하면서 많이 사용하는 논리회로, 즉 플립플롭Flip-Flop, 카운터Counter, 시프트 레지스터Shift-Register, 인코더Encoder, 디코더Decoder, 산술연산장치ALU 등이 있다.

이들은 계열마다 전원 전압과 인터페이스 사양이 표준화되어 있어서 이들을 조합시켜 규모가 큰 논리회로를 구성할 수 있도록 되어 있다.

표준 논리회로에는 DTL Diode Transistor Logic, TTL Transistor Transistor Logic, ECL Emitter Coupled Logic, CMOS 집적회로 등, 회로 구성에 따라 여러 계열이 있으나, 그 중에서도 74계열은 TTL과 CMOS를 많이 이용하고 있다. 이들의 특성은 속도와 소비 전력 면에서 대단히 높은 성능을 갖고 있지 않으나, 임의의 소규모 논리회로를 설계할 때 편리하고, 또 LSI와 외부 회로와의 인터페이스 회로를 설계할 때에도 사용되고 있다.

1. DTL Diode Transistor Logic

DTL은 그림 6.56에서 나타낸 바와 같이 다이오드 D_1, D_2 및 트랜지스터 Q로 구성된 논리회로를 기본으로 하는 논리 집적회로를 말한다.

DTL에서는 트랜지스터가 ON에서 OFF로 될 때, Q의 베이스에 축적된 소수 캐리어가 저항 R_2를 통하여 빠져나가는 데 시간이 걸려 결국 스위칭 시간이 늦어지는 단점이 있다.

이제, DTL의 동작 원리를 살펴보자. 그림의 회로에서 점 ⓐ의 전압은 입력 A, B 모두 H(논리'1') 레벨일 때 H 레벨 즉 논리 곱($A \cdot B$)이 된다.

다이오드 D_3는 레벨 시프트 다이오드(level shift diode)로서 입력 다이오드 D_1, D_2가 ON 상태일 때 트랜지스터 Q를 확실하게 OFF시키기 위한 소자이다. Q가 OFF될 때, 베이스 영역에 축적된 소수 캐리어를 끌어내기 위하여 저항 R_2가 필요하다. 결국 이 회로는 출력 트랜지스터의 작용으로 NAND 회로의 동작을 나타낸다.

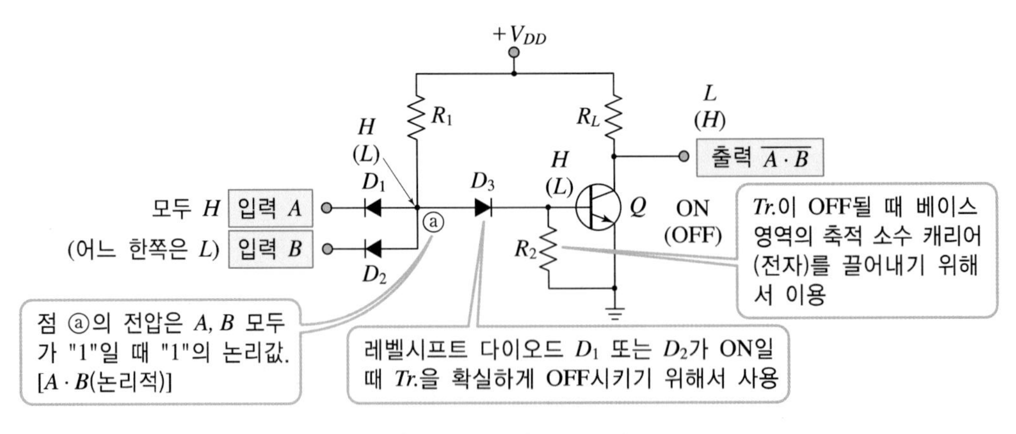

그림 6.56 DTL의 NAND 회로

2. TTL

기본적인 논리의 종류는 한정된 소수이고, 또 제작의 용이성도 있어서 최초로 집적회로화된 것이 논리회로이다. 그것이 개량되고 표준화되어 기억 소자의 한 종류인 플립플롭과 복잡한 기능이 추가되어 현재도 사용되는 TTL$_{\text{Transistor Transistor Logic}}$ 집적회로가 되었다.

대표적인 TTL의 종류를 표 6.5에 나타내었다. 표준화된 TTL은 74계열로 상품화되어 74○○○(○○○는 일련 번호임), LSTTL은 74LS○○○로 기능에 따라 번호가 붙여져 있다. 예를 들어 7400, 74LS00은 2-입력 NAND가 4개 들어 있는 집적회로이고, 74164, 74LS164는 8-bit 시프트 레지스터의 기능을 나타내는 집적회로이다.

표 6.5 TTL의 특성

종 류	지연 시간(ns)	소비 전력(mW, 게이트당)
표준 TTL	10	10
STTL	3	20
ASTTL	1.5	20
LSTTL	10	2
ALSTTL	4	1

(1) 기본 TTL 회로

TTL$_{\text{Transistor Transistor Logic}}$은 기본적으로 DTL의 다이오드를 트랜지스터로 바꾸어 놓은 것이며, 그 기본 회로를 그림 6.57에서 보여 주고 있다. 그림에서는 입력을 다중 이미터$_{\text{multi emitter}}$로 구성하고 있다.

동작 원리를 살펴보자. 입력 A, B가 H(논리'1')일 때, 점 ⓐ 논리값은 H 상태가 되므로 트랜지스터 Q_2의 작용으로 출력은 L(논리'0') 상태로 된다.

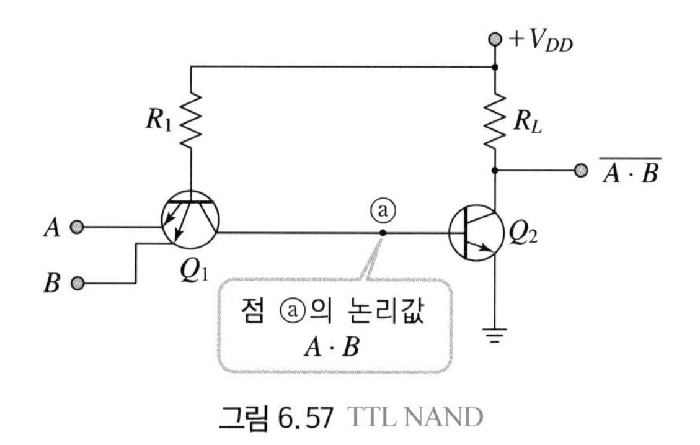

그림 6.57 TTL NAND

또 A, B가 모두 L 상태일 때, 점 ⓐ의 논리는 L 상태가 되어 출력은 H 상태가 되어 결국, NAND 회로의 특성을 나타낸다. 이때 Q_2가 ON에서 OFF로 천이할 때, Q_2에 축적되었던 소수 캐리어가 Q_1을 통하여 빠져나가기 때문에 고속 동작에 유리하며, 소비전력도 비교적 적기 때문에 바이폴러 집적회로로 사용되고 있다.

(2) TTL의 종류와 특성

회로 형식에 의하여 분류하면 표준 TTL은 최초로 만들어진 TTL로 간단한 회로 구성이나 스위치 속도가 빠르도록 하기 위하여 제조 공정상 양산성이 어려운 특수한 공정이 필요하기 때문에 현재는 거의 만들고 있지 않다. 그 대신 많이 사용하고 있는 것이 STTL Schottky TTL, LSTTL Low power Schottky TTL인데, 이들은 스위칭 속도를 빠르게 하기 위하여 각 트랜지스터에 쇼트키 장벽 다이오드 Schottky Barrier Diode를 부가하고 있다. STTL에서 스위칭 속도를 다소 희생하는 대신 소비 전력을 크게 감소시킨 것이 LSTTL이다. 그 후, 이들을 미세 가공 기술로 소비 전력과 스위칭 속도를 동시에 개선한 것이 ASTTL Advanced STTL, ALSTTL Advanced LSTTL이다.

(3) TTL 회로의 동작

그림 6.58에서는 표준 TTL의 2입력 NAND 회로를 나타내었으며, 그림 6.59는 그 입력부의 동작을 보여 주고 있다. 이 회로는 입력부, 입·출력 분리부 face splitter, 출력부 등 3개 부분으로 TTL 회로를 구성한 것으로 TTL의 동작을 살펴보자.

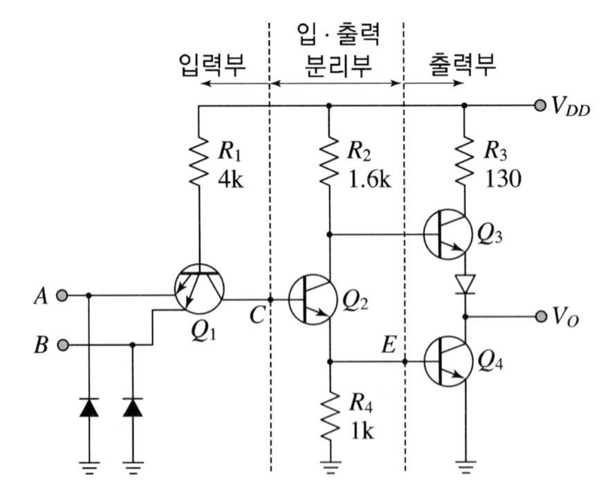

그림 6.58 TTL NAND 게이트 회로

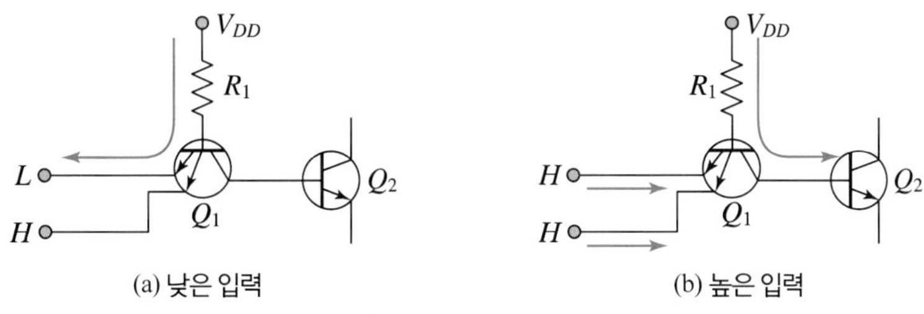

그림 6.59 입력부의 동작

입력부의 다중 이미터 트랜지스터 Q_1의 입력 단자 중 어느 것이 낮은 전압('L' 수준)으로 되면, 그림 6.59(a)와 같이 베이스에서 이미터로 전류가 흘러 Q_2에는 전류가 공급되지 않는다. 또 Q_1의 모든 이미터에 높은 전압('H' 수준)이 가해지면, 그림 (b)와 같이 Q_1은 컬렉터와 이미터의 역할을 교환한 역접속 상태로 동작하여 Q_2의 베이스에 전류를 공급한다. 즉, 입력 단자의 다이오드는 입력에 과대 전압과 과소 전압(−전압)이 걸린 때에 내부 회로를 보호하는 역할을 한다.

입·출력 분리부$_{\text{face splitter}}$의 역할은 출력부의 Q_3와 Q_4를 ON/OFF하기 위하여 두 트랜지스터의 베이스 전류를 차단하기도 하고 공급하기도 하는 것이다.

출력부에서는 그림 6.60에서 보여 주는 등가 회로와 같이 Q_3와 Q_4가 베이스 전류에 의하여 ON과 OFF를 상호 교환하여 행하는 스위치 역할을 하고 있다. 출력 수준이 'H' 혹은 'L'인지는 등가 회로를 보면 알 수 있다. 이와 같은 회로 구성은 R_4, Q_3 및 다이오드가 일련의 저항으로 치환된 반전 회로에 비하여 출력이 'H'일 때의 큰 출력 전류 용량을 얻는 이점이 있다.

그림 6.61에서는 출력 특성을 나타낸 것이다. 출력 특성은 두 개의 곡선으로 된다. 즉, 출력이 'H'로 되는 조건에서 출력 전류가 출력 단자에서 외부로 흘러 나가는 경우와, 출력

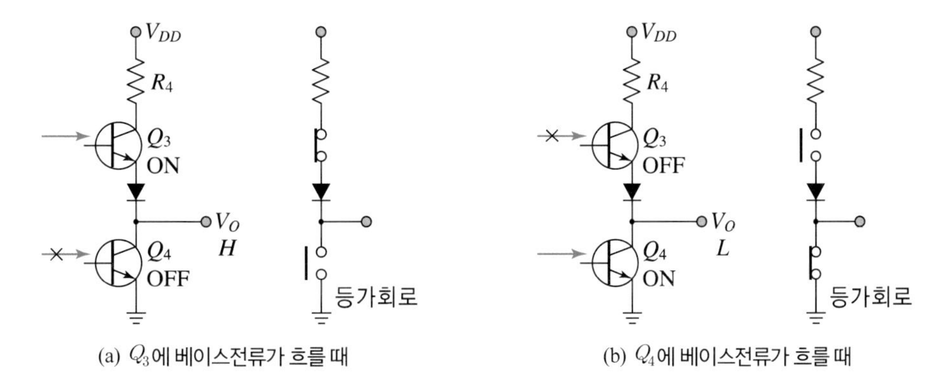

그림 6.60 출력부의 동작

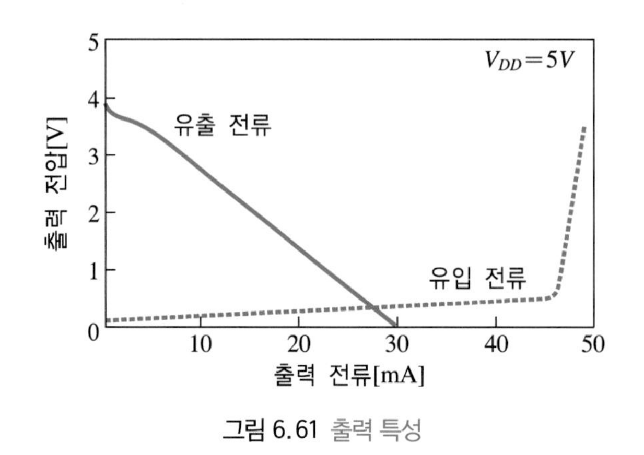

그림 6.61 출력 특성

표 6.6 TTL 각 부의 동작 상태

A	B	입력 전류	C점의 전류	Q_2	D점의 전위	E점의 전위	Q_3	Q_4	Vo
L(0)	L(0)	흘러 나감	없음	OFF	높음	낮음	ON	OFF	L
L(0)	H(1)	흘러 나감	없음	OFF	높음	낮음	ON	OFF	L
H(1)	L(0)	흘러 나감	없음	OFF	높음	낮음	ON	OFF	L
H(1)	H(1)	흘러 들어옴	있음	ON	낮음	높음	OFF	ON	H

* A, B, C, D, E는 그림 6.4 회로의 각 지점임.

이 'L'로 되는 조건에서 출력 전류가 외부로부터 흘러 들어오는 경우가 있다. 어느 경우도 전류가 크게 되면 출력 전압이 본래의 'H', 'L'에서 없어지는 것에 유의해야 한다. 이 곡선으로부터 출력 단자에 흐를 수 있는 최대 전류를 맞출 수 있다.

이상을 정리하여 입력 A와 B에 'H' 또는 'L'이 들어오는 모든 경우에 대하여 회로의 각 부분의 상태를 정리한 것이 표 6.6이다. 입력과 출력의 관계를 보면 이 회로는 NAND 회로임을 알 수 있다.

3. MOS 논리 집적회로

TTL은 바이폴러 트랜지스터를 사용하는 한 소비 전력의 감소에 한계가 있다. 그래서 MOSFET를 이용한 논리 회로가 개발되었고, 논리 기능, 전원 전압, 임계 전압 등의 특성을 TTL과 결합하여 TTL과의 인터페이스를 용이하게 한 CMOS 집적회로가 개발되었으며, 이 집적회로의 가장 큰 특징은 소비 전력이 작다는 것이다.

(1) MOS 논리 집적회로

MOSFET를 이용한 논리 회로는 트랜지스터를 직접 연결한 DCTL(Direct Coupled Transistor Logic)로 구성하고 있다. 지금 그림 6.62에서는 인버터, 2입력 NAND, NOR 게이트를 보여 주고 있는데, 그림 (a)는 증가형 MOS를 이용한 인버터를 나타낸 것이다. 그림 (b)는 nMOS형의 NAND 회로로 두 입력 A, B 모두가 L(논리 '0')일 때, 두 트랜지스터 M_1과 M_2 모두 ON 상태가 되어 출력 X는 H(논리 '1')가 된다. 두 입력 중 어느 하나라도 L이면 출력은 H 상태에 있다. 그림 (c)는 nMOS형 NOR 게이트로 두 입력 모두 L이면 출력은 H 상태에 있고, 어느 한 입력이라도 H 상태에 있으면 출력은 L 상태가 된다.

(2) CMOS 논리 집적회로

nMOS와 pMOS를 동시에 구성하여 논리 기능을 갖도록 한 것이 CMOS 논리 집적회로이다. 그림 6.63(a)에서 CMOS 인버터를 보여 주고 있는데, 그림 (b)와 같이 동작상 어느

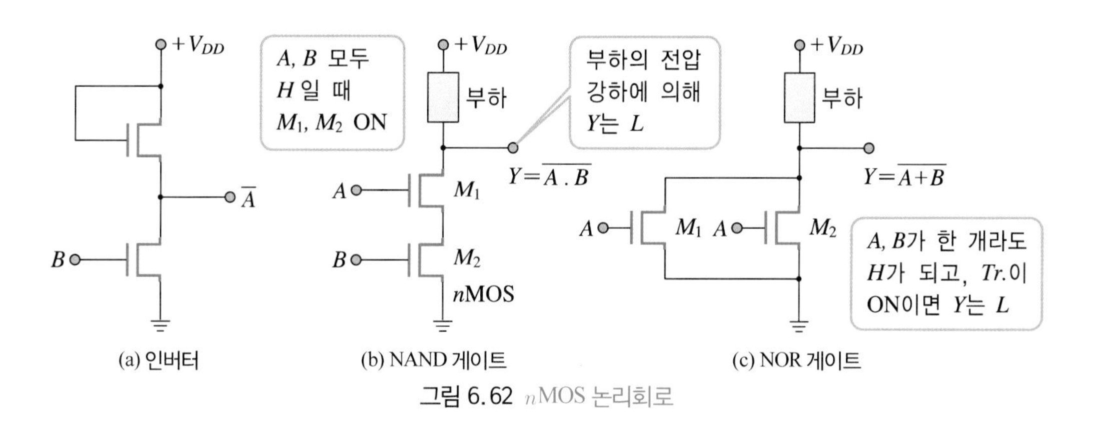

그림 6.62 nMOS 논리회로

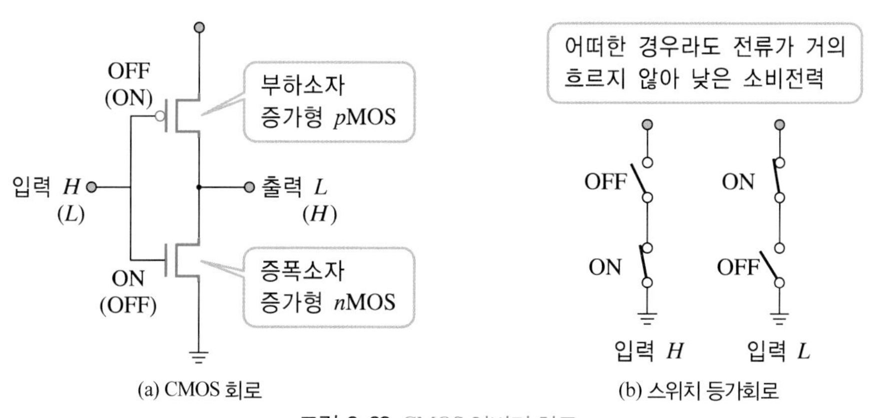

그림 6.63 CMOS 인버터 회로

하나의 FET는 OFF가 되는 특성을 가지므로 전류가 거의 흐르지 않아 소비 전력이 적은 특징이 있는 회로이나, 제작 공정이 다소 복잡하고 대면적을 요구하는 것이 단점이다.

74계열 CMOS 집적회로에서는 74HC○○, 74HCT○○, 74AC○○, 74ACT○○ 등이 있다. 이 중에서 T가 표기되어 있는 계열은 TTL 수준 즉 TTL과 직접 접촉할 수 있는 특성이고, T가 표기되어 있지 않는 것은 CMOS 수준 즉 CMOS 고유의 전압 특성으로 TTL과는 직접 접촉할 수 없는 특성이다. 또 A는 “Advanced”의 의미로 스위칭 속도가 빠른 계열을 나타내는 것이다.

CMOS의 기본 구조를 반전 회로$_{\text{inverter}}$를 사용하여 생각하여 보자. 그림 6.64는 CMOS 인버터 회로를 다시 나타낸 것이다. MOS 트랜지스터의 동작은 게이트, 소스 사이 전압의 절대값 $|V_{GS}|$가 임계 전압의 절대값 $|V_T|$보다 클 때에는 ON 특성이고 작은 때에는 OFF 특성을 갖는다. 따라서 입력 전압(V_{in})이 작아서 $V_{in} < V_{T(n)}$이면 nMOS는 OFF하고, pMOS는 ON하여 출력 전압은 ‘H’로 된다. 또 $V_{DD} - V_{in} > |V_{T(p)}|$이면 거꾸로 출력 전압은 ‘L’로 된다. 즉, 이 회로는 그림 6.60의 등가 회로와 같이 표현할 수 있다.

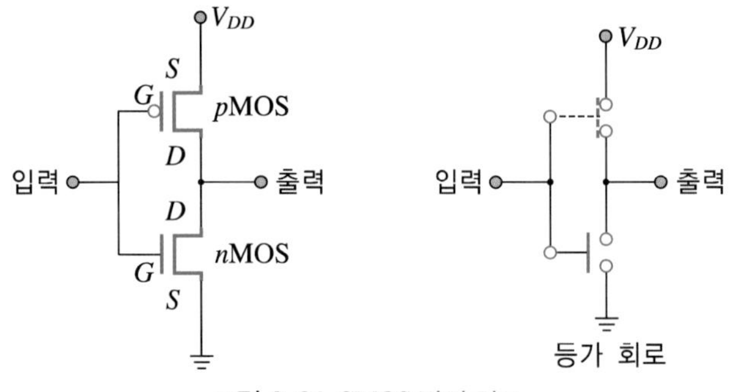

그림 6.64 CMOS 반전 회로

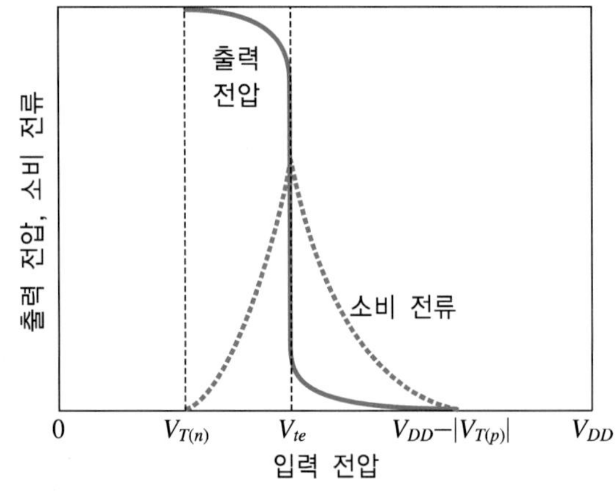

그림 6.65 CMOS 인버터의 특성

여기서 $V_{T(n)}+|V_{T(p)}|<V_{DD}$가 되도록 임계 전압을 조정하면, 전달 특성은 그림 6.65의 출력 특성을 갖게 된다. 그림에서는 소비 전류 곡선도 나타내고 있는데, 입력 전압 0 근처와 V_{DD} 근처에서는 전류가 거의 0에 가깝다는 것에 주목할 필요가 있다. 이것은 입력 'L' 또는 'H'로 고정되어 있는 한 전류가 흐르지 않는다. 즉, 전력을 소비하지 않는 것을 보여 주는 것이다. 이 특성으로부터 CMOS 회로는 바이폴러 회로에 비하여 소비 전력이 대단히 작은 특징을 갖고 있다고 할 수 있다. 그림 6.65의 전달 특성에서는 회로의 임계 전압(V_{tc})의 근처에서 출력 전압이 서서히 변화하는 부분이 있으나, 표준 논리 집적회로에서는 그림 6.66과 같이 인버터를 2단 추가하여 파형을 정형(整形)화함으로 거의 이상적인 전달 특성으로 얻고 있다.

그림 6.67에서는 CMOS에 의한 NAND 및 NOR와 이들의 등가회로를 나타낸 것이다. 여기서도 원래의 NAND, NOR 회로 다음에 파형 정형을 위하여 인버터를 2단 추가하고 있다. 더욱이 그림에서는 나타내지 않았으나, FET의 게이트를 정전기 등에 의한 과전압으로부터 보호하기 위하여 다이오드와 저항으로 구성한 보호 회로를 입력단에 추가하여 설계하고 있다.

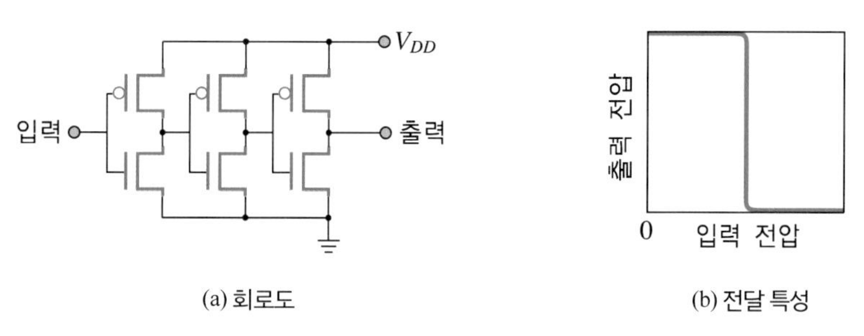

그림 6.66 CMOS 표준 논리 집적회로의 인버터

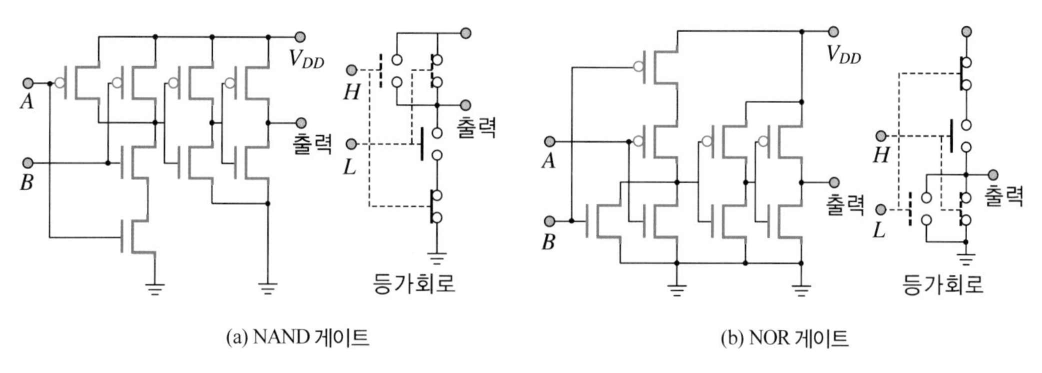

그림 6.67 CMOS 게이트 회로

예제 6-10

그림 6.12의 CMOS 집적회로의 기본 회로를 참고하여 다음의 논리 기호 (a) NAND, (b) AND, (c) NOR, (d) OR 게이트를 CMOS 회로로 그리시오.

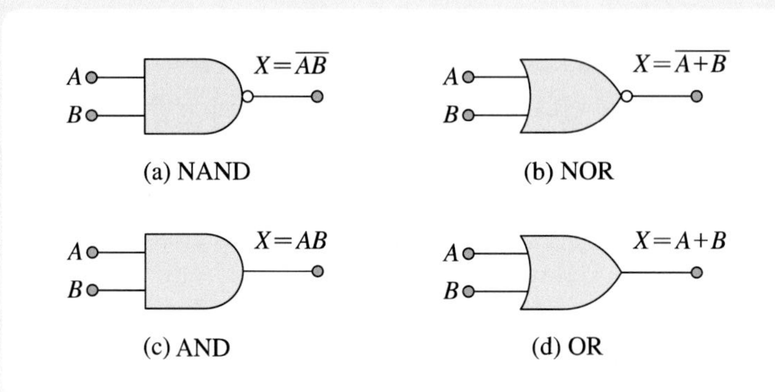

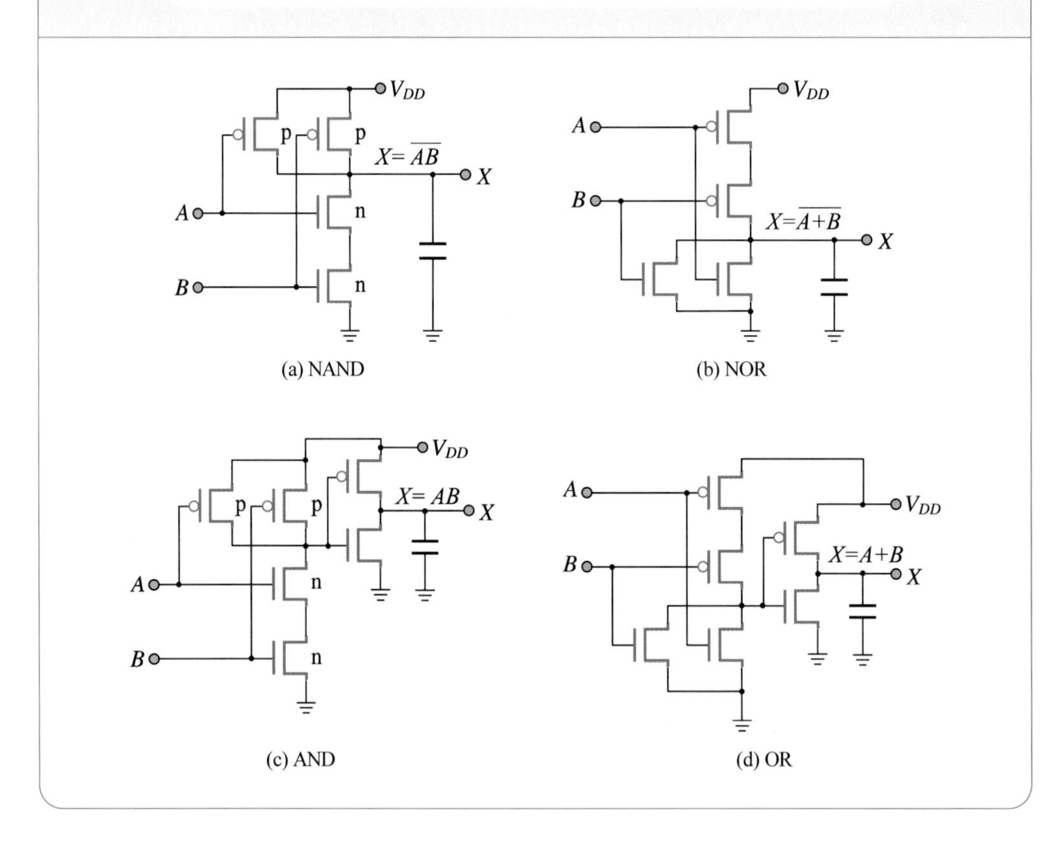

예제 6-11

다음 그림과 같은 CMOS 논리 회로의 출력 X를 입력 A, B, C의 논리 함수로 나타내시오.

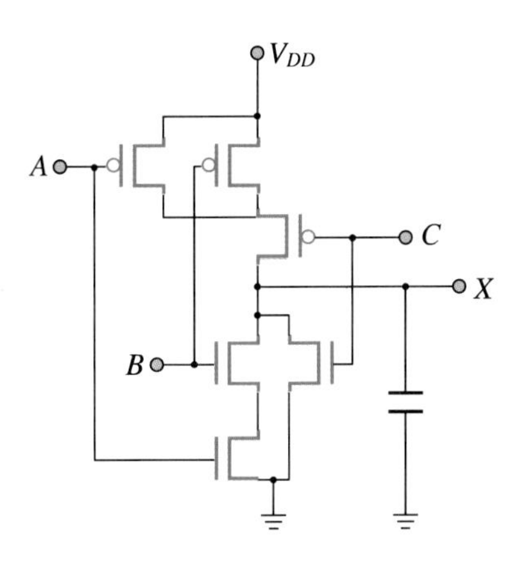

$X = \overline{A \cdot B + C}$

4. BiCMOS Bipolar+CMOS

CMOS 회로를 바이폴러 회로와 비교하면 소비 전력이 감소하고 그 외의 특성은 거의 동등하지만, 출력 전류는 바이폴러 회로보다 작다. 따라서 fan-out 수가 작은 것이 CMOS가 갖는 하나의 단점이다. 그 대책으로서 바이폴러와 CMOS 회로를 조합시킨 BiCMOS 회로가 개발되었다. 이 방식을 CMOS 표준 논리회로에 적용한 것이 BiCMOS 표준 논리회로로 74BC○○으로 명명되어 제품화되어 있다.

CMOS의 출력에 입력 용량이 큰 회로를 연결하기도 하고, fan-out를 크게 하도록 하면 출력 수준이 변화할 때 그 용량을 짧은 시간에 충·방전하기 위하여 큰 전류를 흘려야 되지만, CMOS 회로는 출력의 전류 용량이 작아 그렇게 할 수 없다. 따라서 용량의 충·방전에 걸리는 시간 t_{pd}가 크게 된다.

그래서 CMOS의 출력 회로에 그림 6.68과 같이 바이폴러 회로를 출력에 추가하여 출력 전류 용량을 크게 하고 있다. 즉, pMOS인 Mp가 ON일 때, 바이폴러 트랜지스터 Q_1에 베이스 전류가 공급되어 Q_1이 ON 상태로 되고, M_p가 OFF 상태에 있다면 Q_1도 OFF 상태가 된다. 반대로 M_n이 ON 상태이면 Q_2에 베이스 전류를 공급하여 Q_2가 ON되고, M_n

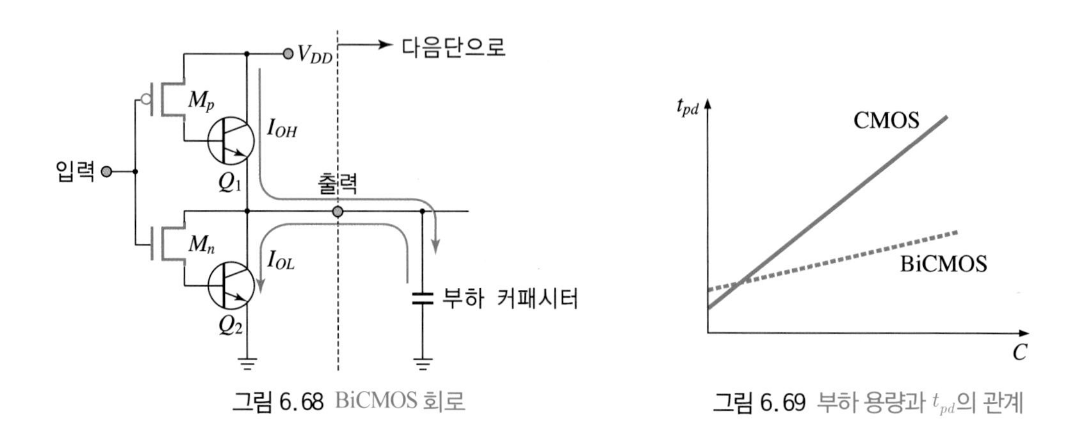

그림 6.68 BiCMOS 회로

그림 6.69 부하 용량과 t_{pd}의 관계

이 OFF이면 Q_2도 OFF상태가 된다. 따라서 출력 전류는 바이폴러 회로에서 공급되는 것이 된다.

이 회로에서 부하 용량이 작은 때에는 바이폴러 회로를 구동하는 시간이 증가하여 t_{pd}가 크게 되어 버리지만, 부하 용량이 큰 때에는 그림 6.69와 같이 바이폴러가 갖는 큰 전류 용량에 의하여 CMOS만의 회로보다 t_{pd}를 작게 억제할 수 있게 된다. BiCMOS의 이와 같은 특성을 살려 대부분의 논리회로는 CMOS로 구성하고, 입력 용량이 큰 인터페이스부만 BiCMOS을 사용하는 것으로, 소비 전력을 적게 하는 동시에 전체의 충방전 시간 t_{pd}도 작은 회로를 설계할 수 있게 된다.

5. ECL

ECLEmitter Coupled Logic은 속도가 가장 빠른 논리회로로, 대형 계산기의 CPU 등에 오랜

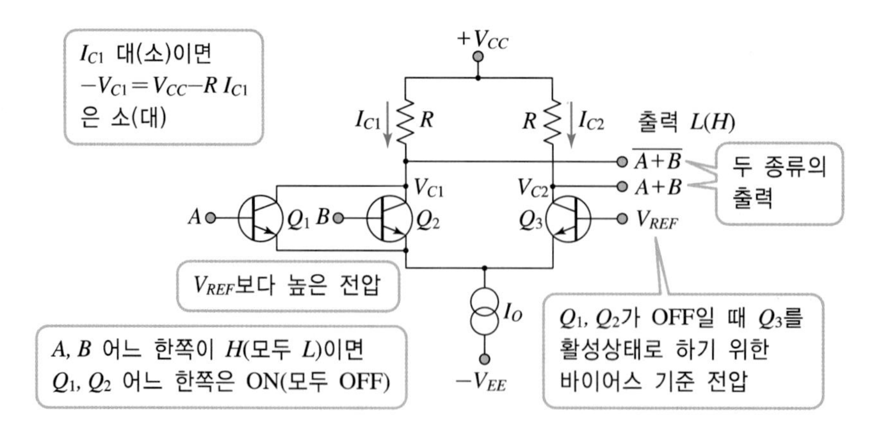

그림 6.70 기본 ECL 논리 회로

동안 사용되고 표준화된 논리 집적회로 즉 ECL 10[k] 계열, ECL 100[k] 계열 등이 제작되어 있으나, LSI의 미세화가 진전함에 따라 CMOS의 속도가 ECL에 근접하여 왔다.

한편, ECL은 소비 전력이 큰 것으로부터 방열 기술에 비용이 많아지는 등 대형 계산기도 CMOS로 바뀌고 있으나, 지금까지도 세계 최고속의 계산기는 역시 ECL이다.

그림 6.70에서는 차동 증폭기로 구성된 기본적인 ECL 회로를 보여 주고 있다. 그림의 트랜지스터 입력 A, B의 어느 하나가 H이면 Q_1, Q_2 중 어느 하나는 ON 상태가 되어 출력(V_{c1})은 L 상태가 된다. 결국, NOR 논리 특성을 나타낸다. Q_3의 베이스 전압 V_{BEF}는 Q_1, Q_2가 OFF일 때, Q_3가 활성작용을 할 수 있도록 하기 위한 바이어스 전압이다. 따라서 V_{c2}의 출력은 OR 기능의 논리 상태를 나타낸다.

ECL의 고려 사항은 바이폴러 트랜지스터 특유의 현상인 베이스 축적 효과를 없애기 위하여 트랜지스터를 비포화 영역에서 동작시키는 것과 신호 진폭을 적게 하여 t_{pd}를 짧게 하는 것이다. STTL이 트랜지스터가 포화하지 않도록 SBD를 사용하는 것에 대하여 ECL에서는 회로적으로 트랜지스터가 포화 영역에 들어가지 않도록 하는 것이다. 또 t_{pd}를 짧게 하기 위하여 큰 전류를 흘리므로 전류가 변활 때에 스파이크spike 등의 잡음을 발생하기 쉽고, 그 영향을 적게 하기 위하여 V_{DD}를 접지로 하고 있다. 따라서 이미터 전압 V_{EE}는 부(-)의 전압으로 된다.

그림 6.71에서는 ECL 10[kΩ]의 회로도를 나타낸 것이다. 이 회로도에서는 OR과 NOR의 두 출력이 동시에 얻어진다. 그림 6.72에서 그 전달 특성을 보여 주고 있다. 여기서 알 수 있는 바와 같이, 신호 진폭은 1[V] 정도로 작은 값을 갖는다.

다음에 ECL의 동작 원리에 대하여 생각하여 보자. ECL은 그림 6.71의 점선으로 둘러싸인 기준 전압 발생회로와 입력부인 차동 회로(差動回路), 점선 바깥의 출력회로로 나누어진다.

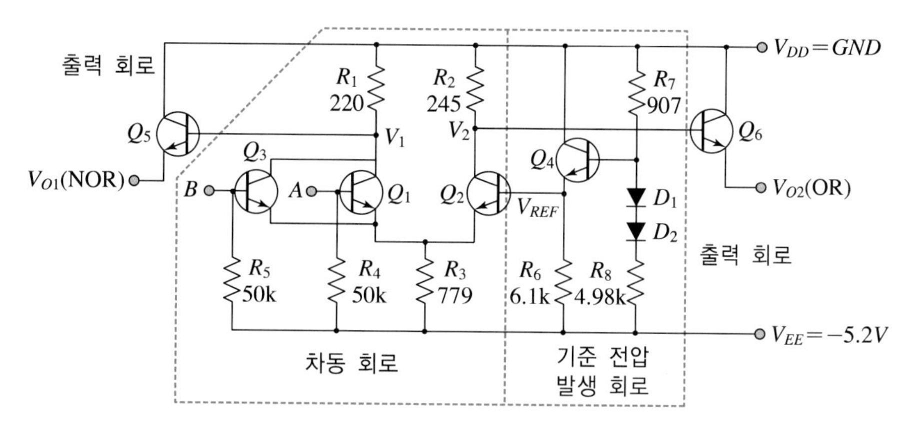

그림 6.71 2입력 OR/NOR 회로(ECL 10k)

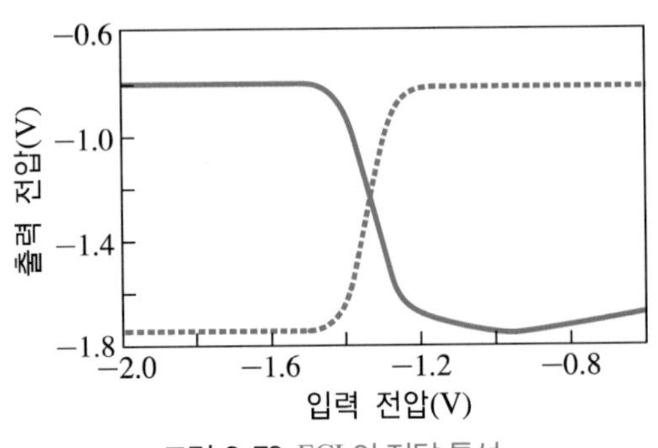

그림 6.72 ECL의 전달 특성

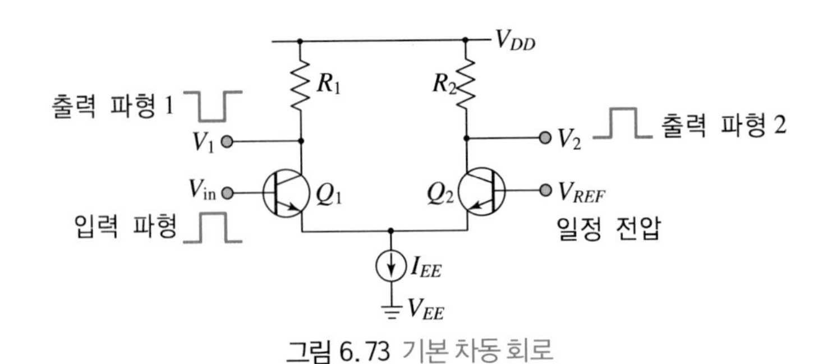

그림 6.73 기본 차동 회로

그림 6.73에서 기본적인 차동 회로를 다시 보여 주고 있는데, 이 회로는 OP-AMP 등 소신호 증폭회로로 폭넓게 사용되고 있는 회로이다. 트랜지스터 Q_1, Q_2의 이미터끼리 결합하여 정전류원에 연결되어 있으므로 Q_1, Q_2를 흐르는 전류의 합은 보통 일정하지만, 베이스 전압 V_{in}과 V_{REF} 전압이 높은 쪽의 트랜지스터에 전류가 많이 흐른다. 따라서 $V_{in} > V_{REF}$이면 V_1은 낮고 V_2는 높게 된다. 반대로 $V_{in} < V_{REF}$이면 V_1은 높고 V_2는 낮게 된다. 이것으로부터 그림 6.73에서 나타낸 바와 같이 입력에 펄스 파형이 들어오면 출력1(V_1)에는 반전된 펄스, 출력2(V_2)에는 입력과 같은 펄스가 출력되는 것이다. 이 V_1과 V_2가 그림의 출력회로에 연결하는 것이 된다. 이 회로에서는 정전류원으로 트랜지스터에 흐르는 전류를 제한하고 있기 때문에 저항 R_1, R_2를 적절한 값으로 정하여 트랜지스터의 동작이 포화 영역에 들어가지 않도록 하는 것이 가능하다. 이에 따라서 바이폴러 트랜지스터 특유의 축적 시간을 피할 수 있고 지연 시간을 짧게 하고 있다. 즉, 그림 6.71에서 입력 트랜지스터 Q_1에 병렬로 Q_3가 있고, 두 개의 입력 단자로 되어 있으나, 어느 것의 입력 전압이 보다 높으면 Vo_1이 낮고, Vo_2는 높게 되어서 Vo_1은 두 개의 입력 A, B의 NOR를 출력하고, Vo_2는 OR를 출력하게 된다. 또 그림 6.73의 정전류원은 그림 6.71에서 R_3로 대신사용하고 있다.

다음에, 그림 6.71의 기준 전압 발생 회로에서는 차동 회로에 일정 전압 V_{REF}을 공급하고 있다. 저항 R_7, R_8과 다이오드 D_1, D_2에 의하여 일정전압을 트랜지스터 Q_4의 베이스에 걸고, 이미터 전류를 일정하게 해서 이미터 팔로emitter follower 회로에 의한 낮은 임피던스의 일정 전압 VREF을 얻고 있다.

마지막으로, 그림 6.71의 점선 바깥의 출력회로이다. 차동 회로의 두 개의 출력 V_1과 V_2의 신호는 이미터 팔로 Q_5, Q_6을 통하여 Vo_1과 Vo_2로 출력한다. Q_5, Q_6의 이미터에 저항이 없으나, 이들은 다음 단 입력 회로의 R_4, R_5에 상당하는 저항으로 대신 사용할 수 있다. 단, 저항값은 50[kΩ]에서는 스위칭 속도가 지연되기 때문에 속도를 높이기 위해서는 2[kΩ] 정도의 저항을 병렬로 추가할 필요가 있다. 이미터 팔로회로는 전압 천이voltage shift 회로로 되어 있어서 출력 수준을 입력에 일치시키는 역할을 하는 동시에 출력 임피던스를 내려서 큰 전류가 흐르도록 하고 있다.

6.11 반주문형 집적회로

Semiconductor Device Engineering

TTL 등의 표준 논리 회로 집적회로를 사용하여 대규모 회로를 만들면 집적회로 크기와 소비 전력이 커지고 고장도 많아진다. 그래서 보다 큰 회로 규모를 하나의 칩으로 설계하여 제작하게 되었다. 이렇게 하여 지연 시간의 단축, 기술 유출의 방지 등의 이점을 갖고 있다. 이와 같은 LSI의 기원은 다음 절에서 살펴보는 완전 주문형full custom이다. 그러나 하나의 칩에 집적할 수 있는 게이트 수가 점점 증가하여 회로의 규모가 커짐에 따라 컴퓨터를 사용한 설계도 시간이 걸리고 실패할 확률이 높아 설계 비용이 많아지게 되었다. 그래서 설계와 제조의 기간을 단축하는 반주문형semicustom이 고안되었다.

반주문형 집적회로는 (1) PLDProgrammable Logic Device, FPGAField Programmable Gate Array, (2) 게이트 어레이Gate Array, (3) 표준 셀standard cell 방식으로 구분된다. 어떤 기능의 칩chip을 개발

표 6.7 각종 LSI의 특징

구 분	개발비	개발 기간	집적도	동작 속도
PLD/FPGA	작다	짧다	작다	느리다
Gate Array	중간	중간	중간	중간
표준 셀	많다	길다	크다	빠르다
완전 주문형	아주 많다	아주 길다	아주 크다	아주 빠르다

하고자 할 때, 완전 주문형도 포함하여 어떤 방식을 선택할 것인지를 처음 단계에서 결정하는 것이 중요하다. 표 6.7에서 반주문형 집적회로의 종류와 특성을 보여 주고 있다.

1. PLD/FPGA

PLD는 이름 그대로 사용자$_{user}$가 논리 회로를 프로그램에 의하여 구현할 수 있는 집적회로이다. 사용자는 우선 자기가 설계하고자 하는 논리 회로를 설계한다. 그리고 그 회로 규모에 따라 PLD를 구입하고, PLD 저장기를 사용하여 회로의 프로그램을 PLD에 써 넣으면 자기 전용의 칩이 만들어지는 것이다.

PLD 제조 회사는 회로 규모가 다른 몇 개의 PLD를 만들어 놓고, 대량 생산에 의하여 낮은 비용으로 공급할 수 있다. 사용자는 완전 주문형 집적회로에서와 같은 막대한 설계 비용과 기간을 절약할 수 있으므로 비교적 소규모 회로와 사양이 안정될 때까지의 시제품 제작 단계의 회로로 잘 사용할 수 있다.

다음에는 PLD 회로의 동작 원리에 대하여 살펴보자. 논리 함수는 반드시 곱과 합의 형식으로 표현한다. 예를 들어, 부울 대수$_{Boole\ Algebra}$를 사용하여 변수 A, B, C의 함수가 $\overline{\overline{AB}+\overline{A}C}+\overline{C}=AB+\overline{C}$와 같이 A, B, C 및 $\overline{A}$, $\overline{B}$, $\overline{C}$의 곱과 합으로 표현할 수 있다. 따라서 회로에서는 A와 B의 논리곱(AND)을 만들고, 이것과 $\overline{C}$와의 논리합(OR)을 만들어 $\overline{\overline{AB}+\overline{A}C}+\overline{C}=AB+\overline{C}$을 출력할 수 있게 되는 것이다.

그림 6.74에서는 PLD의 예를 보여 주고 있는데, PLD는 AND 회로를 구성하는 AND 어레이$_{array}$와 OR 회로를 구성하는 OR 어레이를 만들어 놓고, 각 어레이의 교차점에 있는 소자의 퓨즈를 절단 혹은 결합시키는 것으로 원하는 회로를 실현할 수 있는 것이다.

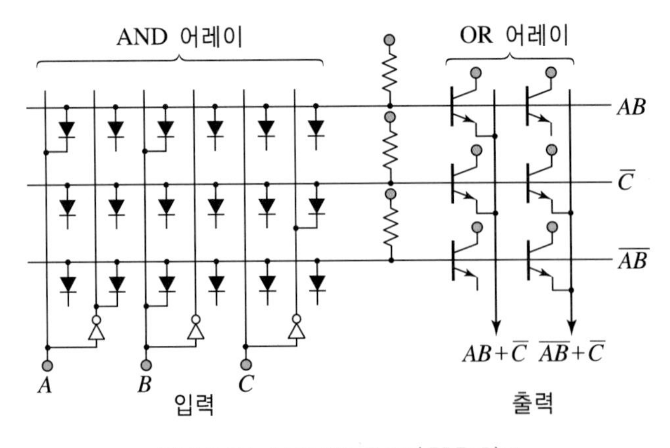

그림 6.74 AND-OR 구조의 PLD 회로

AND 어레이와 OR 어레이에서 구성할 수 있는 AND-OR PLD 외에 NAND-NAND PLD, NOR-NOR PLD 등이 만들어져 사용하고 있다.

최초의 PLD는 1,000 게이트 이하의 소규모 회로로 동작 속도가 느렸지만, 그 후에 게이트 어레이에 가까운 FPGA가 개발되고 프로세스 기술의 향상에 힘입어 100,000 게이트 이상의 규모로 하나의 게이트 속도가 5 ns 이하의 것이 개발되어 시판되고 있다. 이들은 작은 논리 회로용 블록$_{block}$과 레지스터$_{register}$를 다수 배치한 후, 프로그램을 이용하여 서로 결선하는 것이다. 레지스터가 포함되어 있기 때문에 조합 논리 회로뿐만 아니라 순서 논리 회로에서도 적용할 수 있다. 결선 방법으로는 전압을 걸어서 단락$_{short}$ 상태로 하는 반 퓨즈$_{anti\ fuse}$를 사용하는 방법과 SRAM, EEPROM, Flash 메모리 등으로 트랜지스터를 ON/OFF 하는 방법으로 구분하고 있다.

FPGA을 사용하기 위하여는 논리회로의 설계에서부터 테스트까지의 일련의 개발 계획이 필수적으로 짜여져야 하고, 각 제조 회사가 독자적인 환경을 제공하고 있다. 또 FPGA를 제품의 시작(試作) 단계에서 사용하여 양산할 때에는 게이트 어레이와 셀$_{cell}$ 기반의 집적회로로 이행하는 경우가 있으나, FPGA 설계 데이터가 게이트 어레이에서도 사용하는 공통의 설계 환경이 중요하다.

2. 게이트 어레이

게이트 어레이$_{Gate\ Array}$는 게이트를 구성하는 기본 셀을 격자 모양으로 나란히 세운 웨이퍼를 준비하여 놓고 사용자의 회로에 맞추어 배선을 할 수 있도록 하는 소자라는 의미에서 이 명칭을 붙이게 되었다.

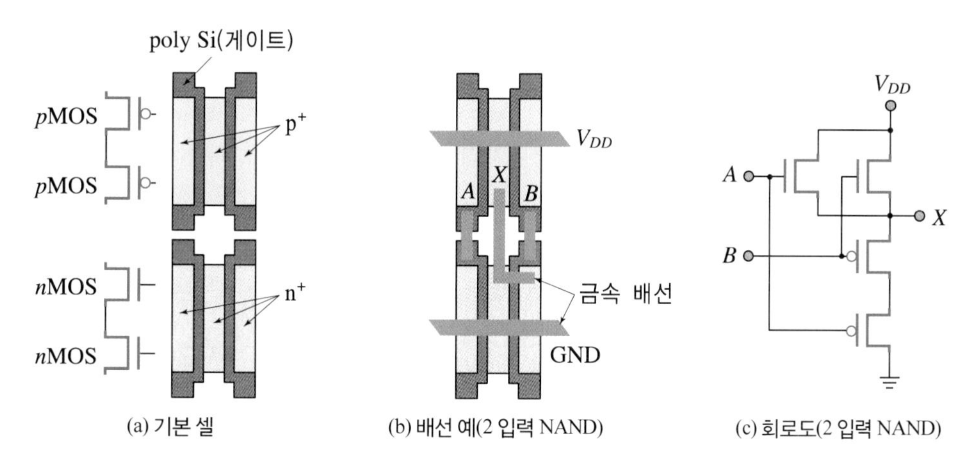

(a) 기본 셀 (b) 배선 예(2 입력 NAND) (c) 회로도(2 입력 NAND)

그림 6.75 CMOS 게이트 어레이 구조

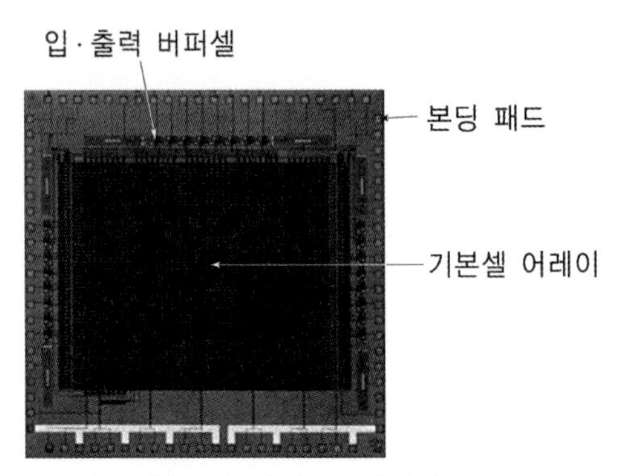

그림 6.76 게이트 어레이의 구조

회로를 설계한 후, 최초의 마스크 패턴으로부터 설계하는 것이 아니라 제품이 완성되어 있는 웨이퍼에 배선을 하기 때문에 설계와 제작 기간이 대폭으로 짧아져 제품화가 보다 빠르게 구현할 수 있는 동시에 사용자가 원하는 전용 소자를 제작 비용을 낮추어 공급할 수 있는 장점이 있다. 또 PLD에 비하여 훨씬 큰 회로를 하나의 칩에 집적할 수 있다.

다음에 CMOS형을 예로 하여 게이트 어레이의 기본 구조를 살펴보자. 그림 6.75에서는 기본 셀의 패턴, 배선 및 회로를 나타내었다. 이 그림에서 기본 셀은 nMOS 2개, pMOS 2개로 구성되어 이것만으로 2입력 NAND 게이트를 만들 수 있도록 되어 있다.

그림 6.76에서 보여 주는 바와 같이, 기본 셀을 칩에 어레이 모양으로 채우고 그 바깥측에는 입·출력 버퍼$_{\text{buffer}}$ 회로가 배치되어 있다. 하나의 칩에 늘어놓은 게이트의 수는 10^6개 이상도 있다. 제조 회사는 이 웨이퍼를 금속 배선 공정 전까지 진행하여 놓고, 또한 몇 가지의 기본 셀을 이용하여 많이 사용하는 논리회로를 미리 설계하여 놓는다. 이 회로를 마크로 셀$_{\text{macro cell}}$이라 하며, 이것의 기능은 게이트 회로, 플립플롭, 가산기, 승산기, RAM, PLA, CPU 등 여러 종류가 있다. 각 마크로 셀에 대하여 기본 셀의 수, 소비 전력 및 지연 시간 등의 특성 데이터는 라이브러리$_{\text{library}}$로 사용자에게 제공된다.

한편, 사용자는 희망하는 회로의 규모에 맞추어 칩의 종류를 선택하고, 마크로 셀 라이브러리를 이용하여 회로를 설계하고, 검사 방법을 나타내는 테스트 패턴$_{\text{test pattern}}$과 함께 제조 회사에 전달한다. 이것을 받은 제조 회사는 전극 배선 패턴을 설계하고 논리 기능과 지연 시간 등을 검증한 후, 금속(전극) 공정 이하를 진행한다.

이 방식에서 사용자는 기본 셀과 마크로 셀의 설계를 수행할 필요가 없고, 또 제조 공정은 배선 공정 이하를 수행하면 되기 때문에 칩의 완성은 완전 주문형보다 훨씬 앞당길 수 있다.

3. 셀 기반의 집적회로

게이트 어레이에서는 하나의 칩 내에 전체 게이트 수의 40~75% 정도를 사용하고 나머지는 사용하지 않게 된다. 사용률이 80%를 넘으면 배선이 어렵게 되기 때문이다. 따라서 기능에 비하여 칩의 크기가 크게 되어 그 비율만큼 제조 비용상 불리하다.

그래서 각종 마크로 셀을 조합시켜 사용자가 희망하는 기능의 회로 패턴을 효율적으로 레이아웃layout 설계하여 칩의 크기를 최소로 하는 표준 셀 방식에 의한 반주문형semi custom 집적회로가 만들어졌다. 더욱이 CPU, Timer, 메모리, A-D/D-A 변환기, 아날로그 스위치 등의 복잡한 회로를 표준화된 모듈로 미리 준비하여 놓고, 이들을 사용자가 요구하는 기능에 맞추어 선택하고 조합하여 사용하는 것이므로 셀 기반 집적회로cell-based IC라 한다. 이를 그림 6.77에서 보여 주고 있다.

이 셀 기반 집적회로는 최적인 패턴 설계에 의해 고성능인 동시에 칩의 크기를 작게 할 수 있다. 최근의 제품에서 최대 게이트의 수가 18×10^6개 이상의 게이트, 게이트 지연 시간 75 ps 이하의 것이 개발되고 있다.

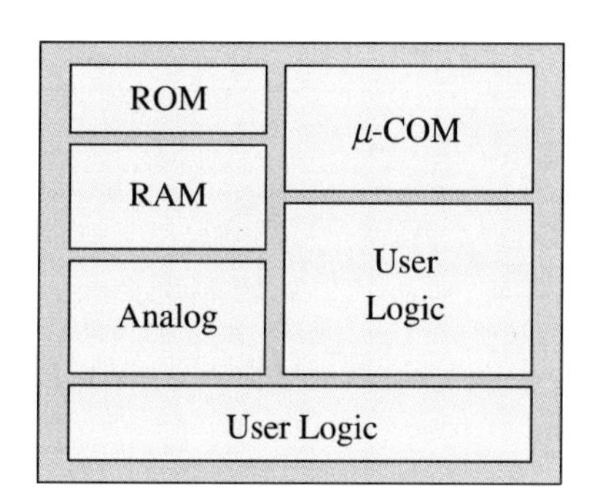

그림 6.77 셀 기반 집적회로

| 연구문제 |

1. 반도체 집적회로의 특징에 대하여 기술하시오.

2. 바이폴러와 MOS 집적회로의 차이점을 기술하시오.

3. 바이폴러 프로세스, CMOS 프로세스, BiCMOS 프로세스를 사용할 때의 특징을 기술하시오.

4. BiCMOS 프로세스의 단면 구조를 그리시오.

5. 다음 OP-AMP를 이용한 가산기의 각 출력 전압을 계산하시오. 단, $R_f = 1[\mathrm{M}\Omega]$이다.

   (1) $V_1 = 1[\mathrm{V}]$, $V_2 = 2[\mathrm{V}]$, $V_3 = 3[\mathrm{V}]$, $R_1 = 500[\mathrm{k}\Omega]$, $R_2 = 1[\mathrm{k}\Omega]$, $R_3 = 1[\mathrm{k}\Omega]$

   (2) $V_1 = -2[\mathrm{V}]$, $V_2 = 3[\mathrm{V}]$, $V_3 = 1[\mathrm{V}]$, $R_1 = 200[\mathrm{k}\Omega]$, $R_2 = 500[\mathrm{k}\Omega]$, $R_3 = 1[\mathrm{k}\Omega]$

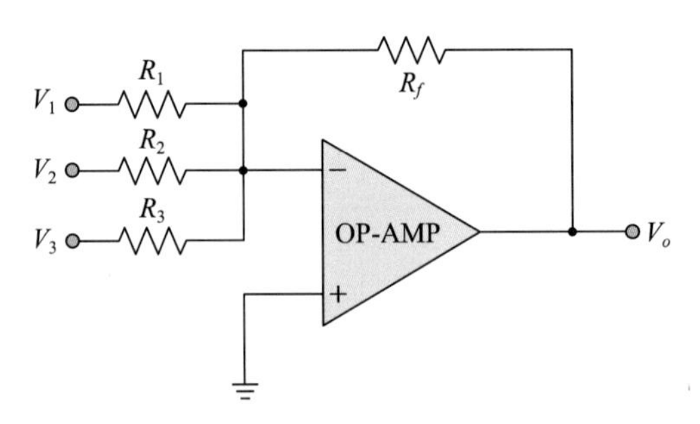

6. 다음 회로에서 전체 출력 offset 전압을 계산하시오. 단, 입력 offset 전압 $V_{io} = 4[\mathrm{mV}]$ 입력 offset 전류 $I_{io} = 150[n\mathrm{A}]$이다.

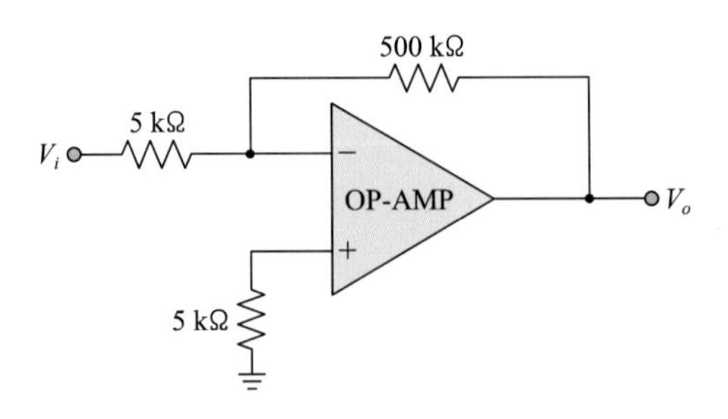

7. 바이폴러 IC와 MOS IC의 차이점을 기술하시오.

8. DTL과 TTL 회로를 그려 동작을 설명하시오.

9. ECL 회로를 그리고 그 동작 원리를 설명하시오.

10. CMOS 논리 IC의 특징을 기술하시오.

11. 그림 6.63(a)의 CMOS IC 인버터 회로를 이용하여 다음에 주어지는 논리 기호를 논리회로로 나타내시오.

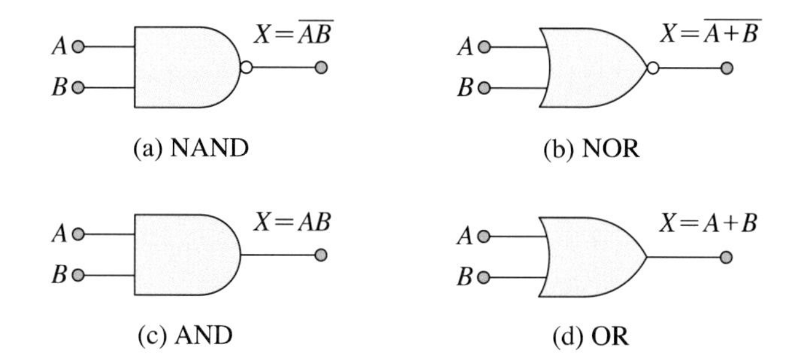

12. CMOS 회로를 참고하여 정논리 출력으로 $X=\overline{A \cdot B+C}$ 을 얻기 위하여 AND-OR 회로를 그리시오.

Chapter 7

반도체 기억 소자

7.1 기억 소자의 발전과 분류

1. 기억 소자의 발전

그림 7.1에서는 반도체 기억 소자memory device의 기술 수준을 나타내는 미세 가공과 가장 대표적인 반도체인 메모리인 DRAM의 집적도를 연차별로 변천을 나타낸 것이다. 그림에서 3년에 4배로 증가하여 획기적인 고집적화가 실현되고 있음을 알 수 있다. 이러한 고집적화가 추진되는 원동력은 미세 가공 기술의 발전이다. 이 미세 가공 기술은 메모리에 그치지 않고 일반적인 집적회로와 표시 소자 등의 추진에도 미치고 있다.

2. 기억 소자의 분류

반도체 기억 소자는 메모리memory라고도 하는데, 이것은 MOS 메모리와 바이폴러 메모리로 크게 구분할 수 있다. 현재는 집적도가 우수한 MOS 메모리가 주류를 이루고 있다. 여기서는 MOS 메모리에 한정하여 살펴보고자 한다.

MOS 메모리는 수시로 읽고 쓸 수 있는 기억 소자인 RAMrandom access memory과 읽기 전용 기억 소자인 ROMread only memory으로 나누어진다.

RAM은 읽기와 쓰기가 거의 같은 속도로 실행하는 메모리이고, ROM은 읽기는 고속으

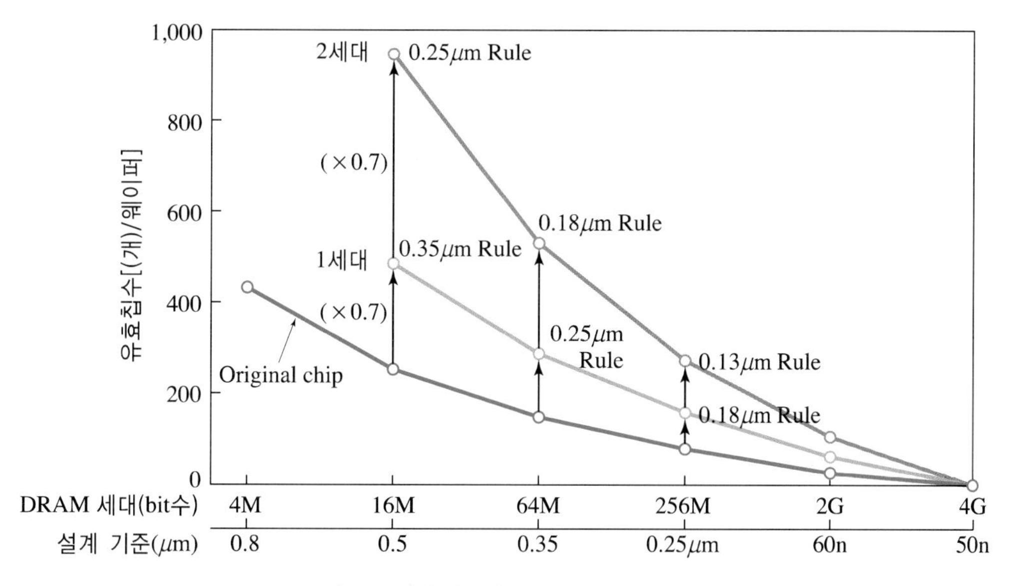

그림 7.1 미세 가공과 DRAM 집적도의 추이

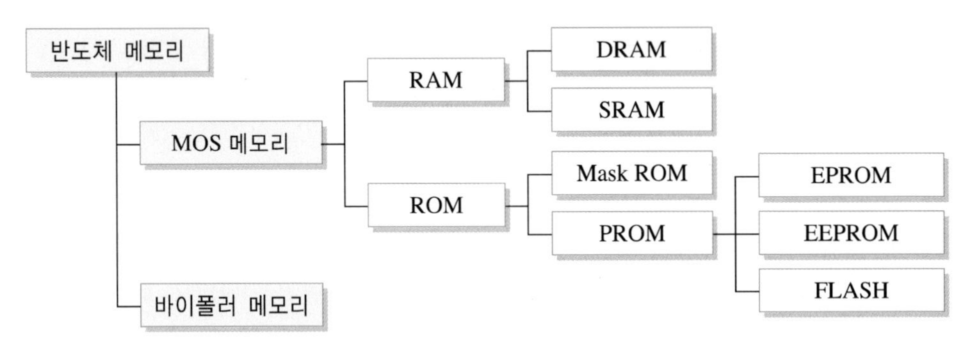

그림 7.2 반도체 기억 소자의 분류

- 휘발성 : 전원을 절환하면 기억이 소실
- 비휘발성 : 전원을 절환해도 기억 유지
- RAM : Random Access Memory(수시로 읽고 쓸 수 있는 기억 소자)
- DRAM : Dynamic Random Access Memory(기억 보존이 필요한 수시로 읽고 쓰기가 가능한 기억 소자)
- SRAM : Static Random Access Memory(기억 보존이 불필요한 수시로 읽고 쓰기가 가능한 기억 소자)
- ROM : Read Only Memory(읽기 전용 기억 소자)
- MROM : Mask Read Only Memory(마스크 프로그램 읽기 전용 기억 소자)
- EPROM : Electrically Programmable Read Only Memory(자외선으로 소거가 가능하고, 전기적으로 프로그램이 가능한 기억 소자)
- EEPROM : Electrically Erasable Programmable Read Only Memory(전기적으로 프로그램과 소거가 가능한 읽기 전용 기억 소자)
- FLASH : EEPROM과 같은 기능을 가지며, 블록 단위로 소거가 가능한 기억 소자

로 실행되지만, 한 번 기록한 내용은 변경할 수 없다. 또 쓰는 시간이 읽는 시간에 비하여 늦은 메모리이다. RAM은 전원이 있어도 시간에 따라 기억된 정보가 자연히 소멸되는 DRAM$_{\text{dynamic RAM}}$과 전원이 있는 한 정보를 계속 기억시킬 수 있는 기능의 SRAM$_{\text{static RAM}}$으로 나누어진다. 그러나 DRAM과 SRAM 모두 전원을 차단하면 축적된 정보를 소실하게 되는 특성이 있다. 이러한 특성으로 이들을 휘발성 메모리$_{\text{volatile memory}}$라 한다.

ROM은 제조 단계에서 쓰기 데이터를 패턴으로 구워서 반영구적으로 고정하는 마스크 ROM과 사용자가 쓰기를 행하는 PROM$_{\text{Programmable ROM}}$으로 나누어지고, PROM은 전기적으로 쓰고, 자외선을 조사하여 소거를 수행하는 EPROM$_{\text{Electrically PROM}}$, byte 단위의 소서가 아닌 칩의 일괄 소거 혹은 큰 단위로 소거하여 셀 면적을 축소할 수 있는 FLASH 메모리 등이 있다. 이들 ROM은 모두 전원을 차단한 후에도 기억된 내용을 소실하지 않는 비휘발성 메모리nonvolatile memory이다.

3. 기억 소자의 종류와 기능

(1) RAM

RAM은 디지털 전자장치에 사용되는 반도체 메모리의 일종으로, 쓰기 후에 정보를 한동안 기억하고 언제든지 불러낼 수 있는 기능을 갖는다. 논리 '0' 또는 '1'의 정보를 메모리에 써 넣을 수 있고, 기억된 정보를 읽어서 불러 올 수 있다. 이런 연유로 읽기/쓰기 메모리(RWMread/write memory)라고도 한다.

반도체 RAM은 앞서 기술한 바와 같이 SRAM과 DRAM으로 나누는데, SRAM은 MOSFET 두가로 플립-플롭flip-flop을 만들어 기억 소자로 사용하며, 전원이 공급되는 동안 기억시킨 정보를 그대로 유지하기 때문에 정적static인 RAM이라 하는 것이다.

한편 DRAM은 커패시터에 충전된 전하에 따라 정보를 기억하는 원리로 작용한다. 일정한 시간이 경과하면 커패시터에 충전된 전하가 서서히 방전되어 RAM의 내용이 소멸되므로 소멸되기 전에 수 ms마다 똑같은 내용의 데이터를 써넣는 재생 동작의 회로가 필요하므로, SRAM보다 면적이 더 커야 한다. DRAM은 MOS 소자를 사용하므로 회로가 간단하여 반도체칩으로 집적화가 용이하다.

(2) ROM

마이크로컴퓨터뿐만 아니라 많은 디지털 시스템에 영구적이고 바뀌지 않는 데이터나 프로그램을 이 ROM에 저장한다. ROM은 주문자의 요구에 따라 프로그램이 가능하며, 데이터의 규모가 작은 ROM은 디코딩 회로 등의 조합 논리 회로에 응용된다. ROM은 전원이 꺼져도 저장된 데이터가 소멸하지 않는 비휘발성 메모리로서, 마스크 프로그램 ROM mask-programming ROM으로 사용되는데, 많은 양의 동일한 프로그램이 필요한 경우 마스크 ROM이 경제적이고 소규모의 ROM을 구성하는 경우는 PROM을 사용하는 것이 좋다.

(3) PROM

PROM은 개발 기간을 짧게 할 수 있으며, 비용을 낮출 수 있다. 또 프로그램의 착오 수정이 가능하며, 소규모 PROM으로 프로그램한 것의 업데이트가 수월하다.

그림 7.3 EPROM IC

EPROM은 PROM의 변형으로 재프로그램할 때 IC 위쪽에 특별한 창을 사용한다. 한 시간 정도 EPROM의 창으로 자외선을 비추어 칩에 쓰기 동작을 수행한다. 그림 7.3에서 EPROM DIP IC를 나타내었는데, IC 위쪽에 창이 있음을 보여주고 있다. 이러한 IC를 자외선(UV) EPROM, 즉 자외선으로 지우기 가능한 PROM이라고도 한다.

EEPROM은 E2PROM이라고도 하는데, 전기적으로 지우기 가능한 PROM이다. 전기적으로 지우기가 가능하기 때문에 회로 기판에서 떼어내지 않고 지우거나 재프로그램할 수 있는 기능이 있다.

플래시 EEPROM은 회로 기판에서 지우거나 재프로그램할 수 있는 점에서 EEPROM과 같다. 이것은 보다 간단한 저장용 셀을 사용하므로 하나의 칩에 많은 메모리 셀을 가질 수 있는 장점이 잇다. 플래시 EEPROM은 EEPROM보다 빠르게 지우고 재프로그램할 수 있으며, EEPROM은 코드의 일부분을 지우거나 재프로그램하는 반면, 플래시 EEPROM은 전체를 지우거나 재프로그램할 수 있는 특징이 있다.

표 7.1과 그림 7.4는 비휘발성, 고밀도, 저장 데이터의 갱신 등의 반도체 메모리가 차지

표 7.1 반도체 기억 소자의 종류와 특징

종 류	특 징
SRAM	고속 처리, 판독 기록 가능, 휘발성(전원이 차단되면 저장 정보 소멸), 낮은 밀도, 높은 가격
DRAM	중속 처리, 판독 기록 가능, 재생회로가 필수인 휘발성, 높은 밀도, 낮은 가격
ROM	판독 전용, 높은 밀도, 비휘발성(전원이 차단되어도 저장 정보 유지), 신뢰성, 대용량의 경우 낮은 가격
EPROM	전기적으로 재프로그램 전에 지울 수 있는 메모리, 비휘발성, 높은 밀도와 가격
EEPROM	비휘발성, 전기적으로 재프로그램 가능, 낮은 밀도, 높은 가격
Flash Memory	초고밀도, 낮은 전력, 비휘발성, 저장 정보 변경 가능, 휴대용 메모리 가능

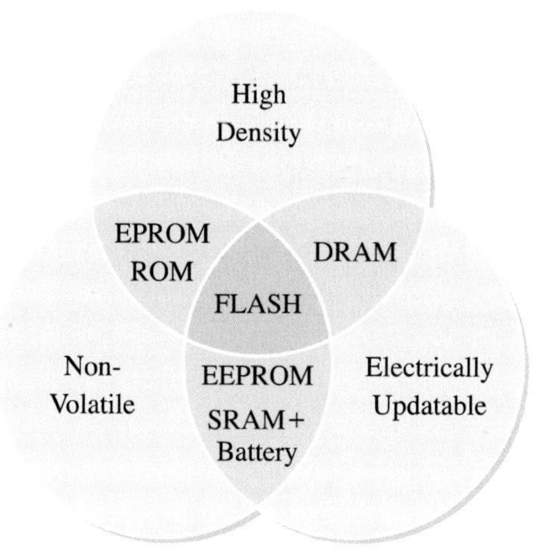

그림 7.4 주요 반도체 기억 소자의 특징

하는 주요한 특징을 제시하고 있다. 여기서 플래시 메모리는 반도체 메모리가 갖는 특성의 한계를 극복할 수 있는 차세대 기억 장치로서 앞으로 많은 분야에서 응용될 것이다.

미래의 기억 소자

M-램 앞으로 정보 저장장치는 더욱 작아지고 동작이 빨라지는 기술이 개발될 것이다. 현재 사용하고 있는 실리콘으로는 데이터를 저장하고 전송하며, 출력하는 데 한계에 도달할 것이다. 고성능의 휴대용 기기에 적용하기 위하여 차세대 비휘발성 메모리가 개발되어야 하는데, 그중의 하나가 M-램(magnetic-RAM)이다. 이것은 이름 그대로 자기적 성질을 이용하여 정보를 저장하는 기억 장치로, 엄청난 양의 데이터를 빠르고 선택적으로 처리할 수 있다.

단백질 메모리 생체칩이라는 것이 있다. 그 구조와 기능면에서 실리콘칩과는 현저한 차가 있다. 생체칩은 3차원의 구조를 가져 2차원의 실리콘칩과 대비된다. 회로 선폭을 1/10로 줄인다면 같은 면적에서 실리콘칩은 100배의 고집적화를 이룰 수 있으나, 생체칩은 1,000배의 집적이 가능하다. 이러한 특성을 이용한 단백질-메모리(protein-memory)라는 3차원 기억 소자를 미국 로버트 버지 박사가 개발하였다. 이것이 상용화되어 2005년 수준의 컴퓨터에 장착될 경우 크기를 1/50로 줄이면서 100배 빠른 속도를 자랑하게 될 것이다. 2015년경 이 메모리가 고성능 개인 휴대용 컴퓨터에 장착되면 커피에 들어가는 각설탕 크기의 기억 소자에 20GB에 해당하는 자료를 저장할 수 있을 것이다.

7.2 기억 소자의 구성

Semiconductor Device Engineering

1. 커패시터와 디지털 회로의 이해

앞에서 살펴본 MOS 소자 외에 메모리를 이해하는데 필요한 커패시터$_{capacitor}$와 디지털 회로의 기본적인 원리를 살펴보자.

(1) 커패시터

메모리를 구성하는 MOSFET는 커패시터의 원리를 이용하고 있다. 메모리의 동작 원리를 이해하기 위해서도 커패시터를 이해할 필요가 있다. 일반적으로 커패시터는 전기가 흐르지 낳는 절연체를 두 개의 금속판 사이에 끼어넣는 모양으로 만든다. 그림 7.5(a)에서 평행한 두 개의 금속판을 갖는 이상적인 커패시터를 나타내고, 두 금속판에는 정(正)의 전하 $+Q$, 부(負)의 전하 $-Q$가 존재하는 것으로 하고, 여기서 그림 (a)와 같이 가상적인 정의 전하를 절연체 속에 넣은 경우를 생각해 보자. 이 정의 전하는 금속판의 부의 전하로부터 인력을 받지만, 정의 전하로부터 반발력을 받기 때문에 부로 대전된 금속판 방향으로 힘을 받게 된다. 이것은 지구의 물체가 중력의 힘을 받아 지구의 중심을 향하여 힘을 받는 것과 같은 이치이다.

그림 (b)와 같이 산을 오를 때 중력을 되돌리는 것으로 에너지를 사용한다. 따라서 높은 위치의 쪽이 낮은 위치보다 에너지가 높은 상태에 있어 높은 산일수록 오르는데 에너지가 필요하다. 중력에 비하여 전기적인 산의 높이를 전위(電位)라 한다. 당연히 금속판 내의 전

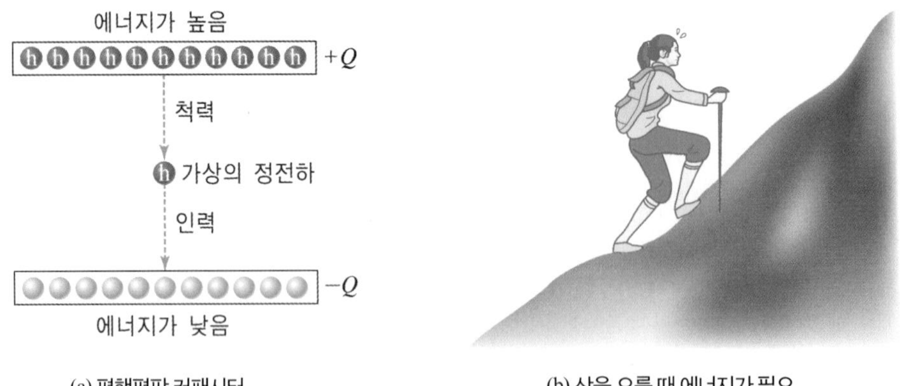

(a) 평행평판 커패시터 (b) 산을 오를 때 에너지가 필요

그림 7.5 전위의 개념

하량이 증가할수록 가상의 정의 전하가 가해지는 힘은 커지므로 가상의 정의 전하를 이동시키는 에너지, 즉 전위(V)도 증가하게 된다. 정확하게는 전하량이 2배, 3배, 4배, …로 되면 전위도 2배, 3배, 4배, …로 증가한다.

이와 같은 관계는 $Q = CV$이며, 비례상수 C는 커패시터라 하고, 극판 면적이 클수록 크다.

(2) 디지털 회로

디지털 회로에서는 높은 레벨을 논리 '1', 낮은 레벨을 논리 '0'이라 한다. 예를 들어, 5[V]를 논리 '1' 상태, 0[V]를 논리 '0' 상태로 대비하여 볼 수 있다.

디지털 회로에서 MOSFET는 간단한 스위치 소자로 볼 수 있다. 따라서 그림 7.6과 같이 게이트 전위(V_G)를 변화시키면 전구를 ON/OFF할 수 있게 된다. 전류가 흐르기 시작하는 게이트 전압을 임계 전압(V_T)이라 하고, 실리콘의 경우 0.7[V]fh 설정한다.

MOSFET를 스위치로 조합하여 논리 소자를 구성할 수 있다. 그림 7.7은 가장 기본적인 인버터라 하는 소자를 나타낸 것이다. '0'을 입력하면 '1'의 출력을 내고, '1'을 입력하면 '0'을 출력하게 된다. 이와 같이 입력 A와 반대의 극성 $\overline{A}$를 출력하는 것이다. 그림 (b)는

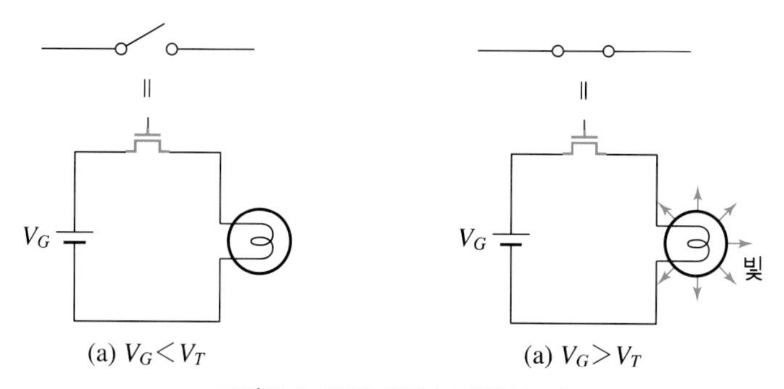

(a) $V_G < V_T$ (a) $V_G > V_T$

그림 7.6 MOSFET의 스위치 동작

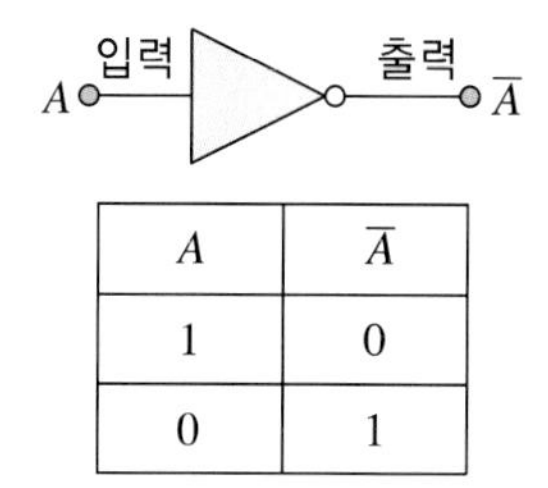

A	$\overline{A}$
1	0
0	1

A, B → C

A	B	C
0	0	0
0	1	0
1	0	0
1	1	1

그림 7.7 논리 소자의 기능

두 입력 AND 소자를 나타낸다. 이 소자는 두 입력 단자에 '1'이 들어올 때문 '1'의 출력을 내는 것이다.

2. 기억 소자의 핀pin

그림 7.8은 4Mbit DRAM의 핀pin 배치의 개략도를 나타내고 있다. 메모리는 인간의 뇌세포에 해당하는 기억의 최소 단위로 이루어지고, 각각의 최소 단위에는 보통 '1'이나 '0' 중 어느 하나가 기억된다. 4 Mbit DRAM에서는 전체적으로 4 M개(실제는 4,194,300개)의 상태가 기억된다.

V_{DD}와 V_{SS}는 메모리가 동작할 수 있도록 에너지의 제공을 위한 단자이다. 예를 들어, V_{DD}에는 3.3[V]의 전원 전압, V_{SS}에는 접지 전압 0[V]가 인가된다. $A_0 \sim A_{10}$까지는 기억하고자 하는 메모리의 번지를 지정하는 어드레스 단자이다. D_{IN}은 지정한 메모리의 번지에 기억시킬 데이터를 입력하는 단자이고, D_{OUT}은 지정된 메모리의 번지에 데이터를 읽어내는 단자이다. 보통 컴퓨터 시스템에서는 복수 메모리의 각각의 어드레스 단자와 각각의 데이터 단자 D_{IN}, D_{OUT}을 공통으로 접속하여 공간을 절약하고 있다.

지금은 복수의 칩을 동시에 읽기도 하고, 쓰기도 하므로 각각의 칩에는 칩의 선택 기호 $\overline{CS}$ 를 따로 준비하고 원하는 칩만 선택될 수 있도록 하고 있다. 신호 이름에 바(bar)를 붙이는 경우 바를 붙인 신호가 '0'인 때에 그 작용을 한다. 바가 없는 경우는 '1'인 때에 그 기능을 하게 된다. 따라서 시스템 내에서 $\overline{CS} = 0$인 칩만이 선택되고, $\overline{CS} = 1$인 칩은 선택되지 않는다. 결국 어드레스 단자와 데이터 단자의 수가 많으므로 이들의 배선을 공유하도록 하여 각각의 칩에 별개의 칩 선택 신호를 준비하는 것이 시스템 전체의 배선수를 감소시키게 된다. 보통 칩이 비선택 상태인 때는 칩 내부의 회로 동작은 정지하고, 전원 단자 V_{DD}에서 흐르는 소비 전류는 극히 작게 된다. 또 DRAM에서는 패키지의 크기를 작게 하기 위하여 칩 선택 신호를 $\overline{RAS}$, $\overline{CAS}$ 의 두 단자로 나누고, 본래의 칩 선택 기능에 어드레스 신호의 제어 기능을 추가한다.

$\overline{QRITE}$ 는 데이터의 쓰기나 읽기를 지정하는 신호 단자로, $\overline{WRITE}$ ='0'에서는 쓰기 모드이고 $\overline{WRITE}$ ='1'에서 읽기 모드로 된다. 이들의 단자는 그림 7.8의 V_{SS} 단자로 나타내기 위하여 패키지 속을 통하는 금속 배선과 이 배선과 칩을 연결하는 금선gold line으로 칩 위의 배선과 연결하고 있다. 이와 같이 4 Mbit DRAM은 불과 18개의 단자로 4M개의 상태를 기억할 수 있다.

다음에 이와 같이 작은 단자로 4 M개의 상태를 기억할 수 있는지를 살펴보자.

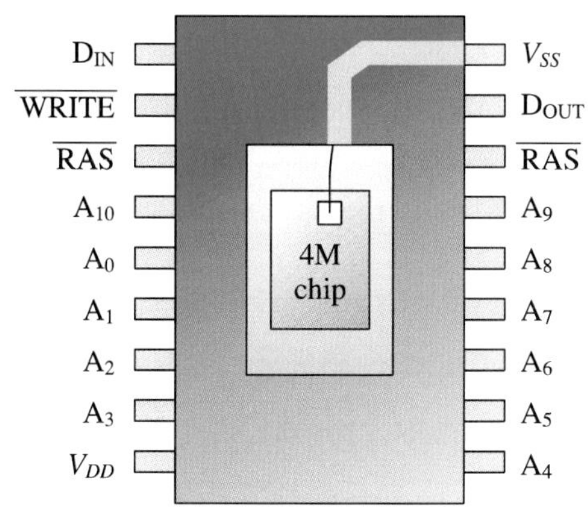

그림 7.8 4Mbit DRAM의 핀 배열

3. 기억 소자의 기본 구성

메모리에는 여러 가지 종류가 있으나 기본적인 구성은 공통의 구조를 갖고 있다. 그림 7.9는 어드레스 버퍼와 등가 회로도를 보여주고 있다. 그림에서 어드레스 단자가 두 개 (A_0, A_1)인 경우를 나타낸 것이지만 단자가 더 많이 있어도 같은 개념으로 생각할 수 있다. 그림에서 보는 바와 같이 어드레스 버퍼는 인버터로 극성을 반전시킨 신호 $\overline{AB}$와 다시 한 번 반전하여 어드레스 단자 A와 같은 극성의 출력 AB를 만든다. 어드레스 단자가 A_0='0'이면, 어드레스 버퍼의 출력은 AB_0='0', $\overline{AB_0}$='1', A_0='1'이면 AB_0='1', $\overline{AB_0}$='0'으로 된다. 디코더는 어드레스 버퍼의 출력 AB_0와 $\overline{AB_0}$의 어느 것인지, 또 AB_1과 $\overline{AB_1}$의 어느 것인지를 입력하는 AND 회로로 만들 수 있다.

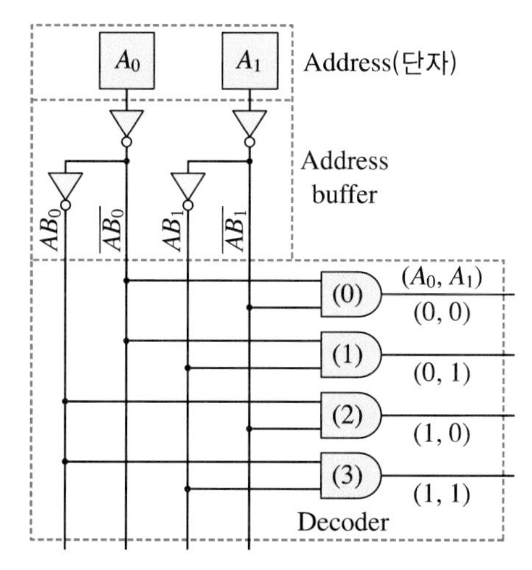

그림 7.9 디코더의 동작

예를 들어, AND 소자 (0)은 $\overline{AB_0}$와 $\overline{AB_1}$을 입력하므로 어드레스 단자 A_0와 A_1이 같이 '0'인 때문 '1'을 출력한다. AND 소자 (1)은 $\overline{AB_0}$와 AB_1을 입력하므로 A_0가 '0'이고, A_1이 '1'인 때만 '1'을 출력한다. AND 소자 (2), (3)도 같이 생각할 수 있다. 그 밖의 AND 소자도 모두 다른 조합이 입력되므로 출력이 '1' 이외의 AND 소자는 모두 '0'이 출력된다. 즉 어드레스 입력에 대응하여 디코더의 AND 소자 어느 쪽 하나만이 '1'을 출력한다. 이와 같이 어드레스 단자 A_0에서는 어드레스 버퍼에 AB_0와 $\overline{AB_0}$의 두 신호가 출력되고, 어드레스 단자 A_1에서는 어드레스 버퍼에 AB_1과 $\overline{AB_1}$의 두 신호를 출력한다. AND 소자의 입력단자에 이들 모두 다른 조합이 입력되므로 이 조합의 경우의 수는 $2 \times 2 = 2^2$로 된다. 어드레스 단자가 세 개인 경우는 $2 \times 2 \times 2 = 2^3$이 된다. 일반적으로 어드레스 단자가 m개인 경우 조합되는 경우의 수는 2^m으로 된다.

그림 7.10은 메모리의 기본적인 구성도를 나타낸 것이다. 그림에서 점선으로 나타낸 부분은 메모리의 최소 단위인 메모리 – 셀memory-cell을 나타낸 것이다. 메모리 – 셀은 디바이스device에 따라 다른 여러 가지 소자(그림에서 □로 표시한 곳)와 스위치 소자로서의 셀 – 선택 트랜지스터가 직렬로 접속된 구조를 하고 있다. 이들 □ 부분의 소자는 커패시터, 트랜지스터, 저항 등으로 구성한다. 디바이스에 따라서는 셀 – 선택 트랜지스터(이하 '셀 – 선택'이라 한다)만으로 구성되는 경우도 있다.

보통 메모리에서는 이 메모리 – 셀이 행렬 모양의 규칙적인 배열을 하고 있다. 이 행렬의 배열을 셀 – 어레이cell-array라 한다. 같은 행에 배치된 셀 – 선택의 게이트 단자를 공통 접속

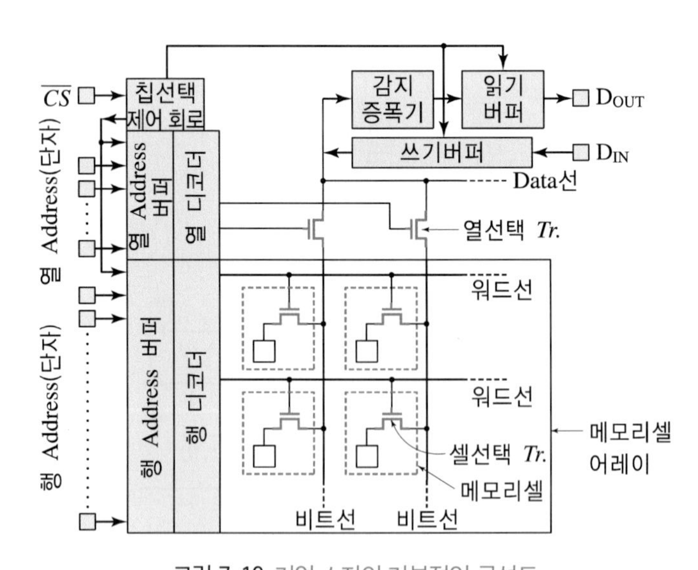

그림 7.10 기억 소자의 기본적인 구성도

한 배선을 워드 - 선word-line, 드레인 단자를 공통 접속한 배선을 비트 - 선bit-line 혹은 디지트 - 선digit-line이라 한다. 비트 - 선에는 각각 열(列) - 선택 트랜지스터(이하 '열 - 선택'이라 한다)의 소스 단자가 접속되고 드레인 단자를 공통 접속한다. 이 공통 배선을 데이터 - 선data-line이라 한다.

각각의 워드 - 선은 디코더의 출력에 접속되며, 이 선을 구동하는 디코더를 행(行) - 디코더, 행 - 디코더를 구동하는 어드레스 버퍼를 행 - 어드레스 버퍼, 행 - 어드레스 버퍼에 입력되는 어드레스를 행 - 어드레스라 한다. 똑같이 열 - 선택을 구동하는 디코더, 어드레스 버퍼, 어드레스를 각각 열 - 디코더, 열 - 어드레스 버퍼, 열 - 어드레스라 한다.

행-어드레스의 단자수를 m, 열 - 어드레스 단자수를 n이라 하면 행 - 디코더의 출력, 즉 워드 - 선의 본선은 2^m이고, 열 - 디코더의 출력, 즉 비트 - 선의 수는 2^n으로 된다. 결국 셀의 수는 2^{m+n}으로 되기 때문에 어드레스 단자의 수를 하나 증가할 때 셀의 수는 배로 되어 기하급수적으로 증가한다. 이러한 원리로 적은 단자수에서 많은 기억이 가능하다.

앞에서 기술한 바와 같이 어드레스 버퍼와 행 - 디코더에 따라 입력된 행 - 어드레스에 대응하는 원드 - 선만이 '1'로 되고, 그 밖은 '0'으로 된다. 똑같이 입력된 열 - 어드레스에 대응하는 열 - 선택의 게이트만이 '1'로 되고, 기타의 열 - 선택 게이트는 '0'으로 된다. 따라서 워드 - 선이 '1'에서 셀 - 선택은 ON 상태이고, 열 - 선택의 게이트가 '1'에서 열 - 선택이 ON하는 셀만이 데이터 - 선과 연결되면서 선택되는 것이다.

읽기 모드인 $\overline{WRITE}$ = '1'에서 셀 내용은 셀 - 선택, 비트 - 선, 열 - 선택, 데이터 - 선으로 전달된다. 보통 메모리 - 셀에서 읽어내는 비트 - 선 신호의 양은 전원 전압에 비하여 극히 작으므로 증폭기로 증폭할 필요가 있다. 읽기 버퍼는 증가한 신호를 D_{out}까지 전달하는 작용을 한다.

쓰기 모드인 $\overline{WRITE}$ = '0'에서 쓰기용 데이터 Din 쓰기 - 버퍼, 데이터 - 선, 열 - 선택, 비트 - 선, 셀 - 선택을 거쳐 메모리 - 셀로 전달된다.

지금까지는 메모리칩이 선택된 상태인 $\overline{CS}$ = '0'에서의 동작을 살펴보았다. 메모리칩이 비 선택의 상태인 $\overline{CS}$ = '1'인 경우 제어회로가 어드레스 단자와 쓰기용 단자의 데이터 Din이 칩 내부에 전달되지 않도록 하고, 메모리에 기억되어 있는 내용이 D_{out} 단자로 읽어내지 않도록 한다.

4. 패키지의 소형화

패키지의 크기는 메모리칩 그 자체보다도 그 단자의 수로 결정되는 경우가 많다.

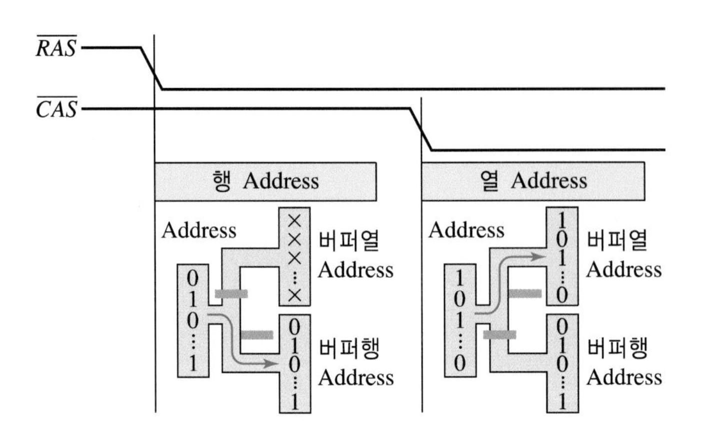

그림 7.11 어드레스 멀티플렉스의 구성도

DRAM과 같이 시스템 속에서 여러 개를 사용하는 메모리는 시스템을 소형화하기 위하여 가능한 한 단자수를 줄여야 한다. 이 때문에 DRAM에서는 어드레스-멀티플렉$_{\text{address-multiplex}}$라는 방법을 이용한다. 칩-선택 신호를 행-어드레스 제어용의 $\overline{RAS}$와 열-어드레스 제어용의 $\overline{CAS}$로 나누어 행과 열의 어드레스를 시간적으로 분할하여 입력하는 방법이다. 칩-선택 신호는 원래 칩 선택 기능을 담당하지만, 이 기능을 추가함에 따라 어드레스 단자수를 약 반으로 줄이고 있다.

이와 같은 내용을 그림 7.11에서 보여주고 있다. 형과 열 어드레스 버퍼의 입력에 각각 다른 울타리(그림의 어두운 부분)를 준비하고, 각각의 울타리는 $\overline{RAS}$와 CAS에 따라 제어된다. 우선 $\overline{RAS}$ 신호만이 '0'으로 되면 행의 울타리만이 열려 어드레스 신호가 행-디코더로 전달된다. 그 후 CAS가 '0'으로 되면 열의 울타리만이 열려 어드레스 신호가 열-어드레스로 전달된다. 최초의 어드레스는 행-디코더용(워드-선 선택용)에 준비하고, 다음 어드레스는 열-디코더용(비트-선 선택용)으로 준비하는 각각의 신호라는 것을 주의할 필요가 있다.

7.3 기억 소자의 동작

Semiconductor Device Engineering

1. 우리의 두뇌를 닮은 반도체

반도체 분야에서 쓰이고 있는 반도체 메모리$_{\text{memory}}$라는 말은 반도체 기억 소자라고 번역한다. 이것은 컴퓨터 등에서 정보와 명령을 저장하는 기능의 역할을 하는 반도체 소자이다. 반도체 메모리에는 몇 가지 종류가 있다. 기본적으로 $\text{DRAM}_{\text{Dynamic Random Assess Memory}}$[20]과 $\text{SRAM}_{\text{Static Random Access Memory}}$이 있다.

RAM[21]이란 컴퓨터, 휴대 진화 등의 정보 기기에 사용되는 메모리로 기기 속에 데이터를 기억시킬 수 있으며, 또 불러 낼 수 있는 기능이 있다. 즉, 정보 '1' 또는 '0'을 써 넣을 수 있고, 기억된 정보를 읽어서 불러올 수 있다. 이런 연유로 읽기/쓰기 메모리($\text{RWM}_{\text{Read/Write Memory}}$)라 부르기도 한다. SRAM[22]은 전원이 공급되는 동안은 기억된 정보를 그대로 유지하기 때문에 '정적(靜的, $_{\text{static}}$)'이라 하는 것이다. DRAM은 커패시터의 충·방전에 따라 정보를 기억하고 읽어 내는 기능의 소자로, 기억 세포$_{\text{memory cell}}$에 있는 커패시터에 전하가 저장되어 있으면 이 전하의 양은 시간이 지남에 따라 줄어들게 되어 있다. 왜냐하면 커패시터는 어떤 원인에 의하여 방전할 수 있기 때문이다. 그래서 '동적(動的, $_{\text{dynamic}}$)'이라는 말을 쓰게 된 것이다. DRAM의 경우 손톱만 한 면적에 수십 억 개의 작은 기억 세포$_{\text{memory cell}}$가 존재한다. 이 기억 세포 1개에 1비트의 정보가 저장된다.

그림 7.12(a)에서는 DRAM 메모리셀을 보여 주고 있는데, MOS형 트랜지스터와 커패시터 각 1개로 구성되어 있다. 그림 (b)는 비트선$_{\text{bit line}}$과 워드선$_{\text{word line}}$이 배선되어 있는 것을 나타낸 것이다. 워드선은 어떤 셀을 선택할 것인가의 기능을 가지며, 비트선은 정보를 공급하기 위한 것이거나 저장된 정보를 감지하는 기능을 갖는다. 그림 (c)에서는 메모리셀들

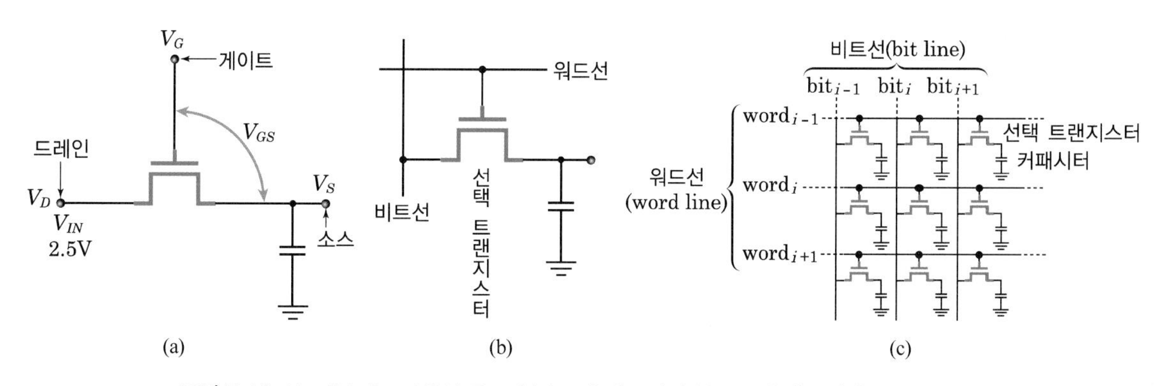

그림 7.12 (a) 기본 메모리셀의 구조 (b) 1_cell 메모리망 (c) 9_cell 메모리망

20 $\text{DRAM}_{\text{Dynamic Random Access Memory}}$ RAM의 한 종류로, 저장된 정보가 시간에 따라 소멸되기 때문에 주기적으로 재생시켜야 하는 특징을 가지고 있다. 구조가 간단해 집적이 용이하므로 대용량 임시 기억 장치로 사용된다. DRAM은 SRAM보다 구조가 간단하다. 한 비트를 구성하는데 SRAM은 여섯 개의 트랜지스터가 필요한 반면, DRAM은 한 개의 트랜지스터와 한 개의 축전지가 필요하다. 따라서 고밀도 집적에 유리하다. 또한 전력 소모가 적고, 가격이 낮아 대용량 기억 장치에 많이 사용된다. DRAM은 전원이 차단될 경우 저장되어 있는 자료가 소멸되는 특성이 있는 휘발성 기억 소자이다. DRAM은 우리나라 반도체 산업의 주류를 이루고 있는 것으로 반도체 사업 중에서 비중이 매우 큰 제품이다.

21 $\text{RAM}_{\text{Random Access Memory}}$ 기억된 정보를 읽어 내기도 하고 다른 정보를 기억시킬 수도 있는 메모리로, 전원이 끊어지면 휘발유처럼 기록된 정보도 날아가기 때문에 휘발성 메모리라고도 한다. 따라서 컴퓨터의 주기억 장치, 응용 프로그램의 일시적 로딩(loading), 데이터의 일시적 저장 등에 사용된다.

22 $\text{SRAM}_{\text{Dynamic Random Access Memory}}$ 플립플롭 방식의 메모리 장치를 가지고 있는 RAM의 하나이다. 전원이 공급되는 동안만 저장된 내용을 기억하고 있다.

의 집합체인 메모리망$_{\text{memory matrix}}$을 보여 주고 있는데, 구성되어 있는 망 속에 수많은 정보가 기억되는 것이다. 여기서 워드선은 게이트 단자를 공통 접속하고, 비트선은 드레인 단자를 공통 접속하였다.

보통 64 Mb DRAM의 경우, 메모리 매트릭스의 크기는 1[cm]×2[cm]의 면적에 6,400만 개의 메모리셀을 집적하여 사용하고 있다. 즉, 6,400만 개의 정보를 동시에 기억시킬 수 있는 것이다. 이 메모리셀의 수를 무한히 증가시킬 수 있다면 사람의 두뇌에 접근할 수 있을 것이다. 요즈음의 증가 추세라면 인간의 두뇌를 따라잡을 날이 그리 머지않아 보인다.

2. 메모리셀에 전하가 있는가 없는가에 따라

보통 컴퓨터 등 정보 기기의 기억 능력은 메가바이트(M byte)로 표현한다. 메모리셀 1개

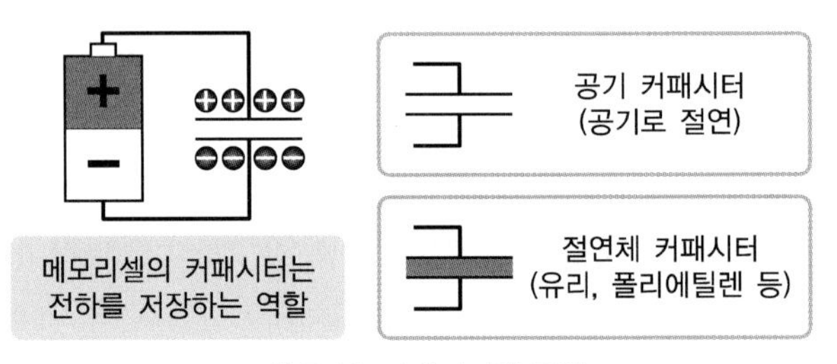

그림 7.13 커패시터의 전하

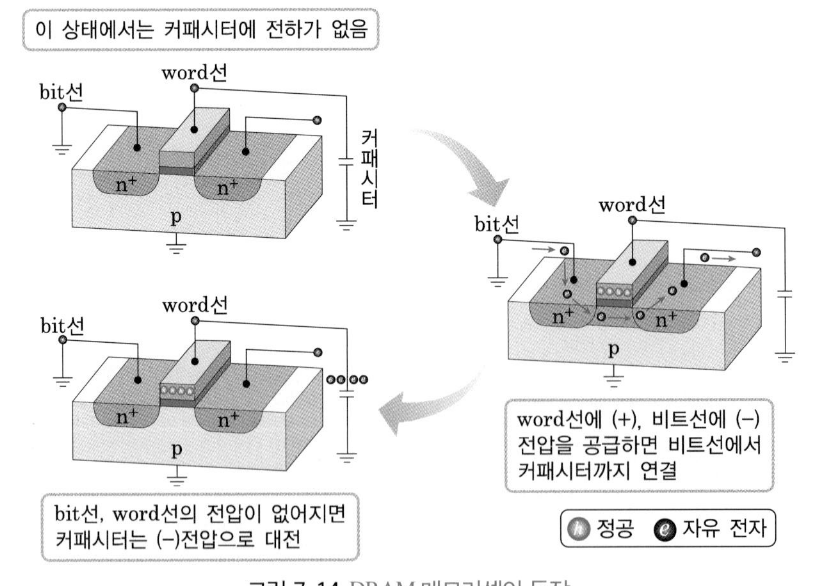

그림 7.14 DRAM 메모리셀의 동작

의 기억 능력이 1비트이다. 8비트가 1바이트이므로 4 M(4×210×210)바이트이면 4,194,304 비트이다. 즉, 4,194,304개의 메모리셀이 있다는 것이고, 4,194,304개의 정보를 동시에 저장할 수 있는 능력을 갖게 되는 것이다.

이 메모리셀에 있는 커패시터는 전하가 있는 경우와 없는 경우로 나눌 수 있는데, 전하가 있으면 '1'의 상태, 없으면 '0'의 상태가 되는 것이다. 그림 7.13에 커패시터에 전하가 저장되는 상태를 나타내었다. 메모리셀의 커패시터의 역할은 전기를 담아 두거나, 담겨져 있는 전하를 빼내는 것이다. 커패시터는 공기를 사용하거나 유리, 폴리에틸렌$_{\text{polyethylene}}$ 등의 절연체를 사용한다.

그림 7.14는 DRAM셀의 기본 동작을 나타낸 것이다. 그림 (a)와 같은 상태에서는 커패시터에 전하가 존재할 수 없다. 왜냐하면 MOS 트랜지스터의 게이트에 연결된 워드선에 전압이 공급되어 있지 않기 때문이다. 그러나 그림 (b)와 같이 워드선에 (+)전압, 비트선에 (−)전압을 공급하면 비트선에서 커패시터로 전자가 이동하여 전하를 축적한다. 그림 (c)에서는 비트선과 워드선의 전압을 없애면 커패시터에는 (−)전하가 대전하게 된다.

3. 메모리셀에서의 MOS 트랜지스터의 역할

결국 비트선은 전하를 감지하는 기능을 갖는 것이다. 비트선과 워드선 사이에 접속되어 있는 MOS 트랜지스터가 n 채널인 경우를 살펴보자.

이것을 일반적으로 엔모스(nMOS)라고 부른다. 그림 7.15(b)와 같이 게이트의 금속판에 워드선이 연결되어 있어 여기에 (+)전압을 인가한다. 그러면 전계효과가 일어나 채널이 만들어지고, 커패시터에서 비트선까지 연결 상태가 되니까 커패시터의 전하가 비트선으로 이동하게 된다. 그 결과 비트선에 (−)전기 신호가 출력된다. 반대로 데이터의 쓰기 기능은

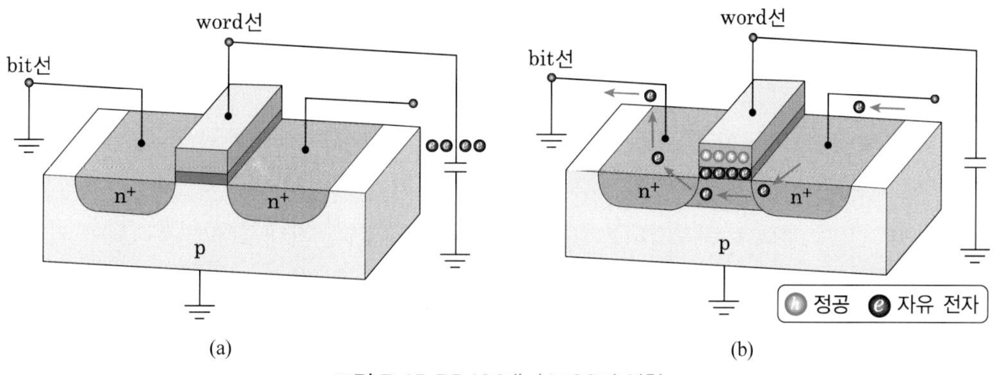

그림 7.15 DRAM에서 MOS의 역할

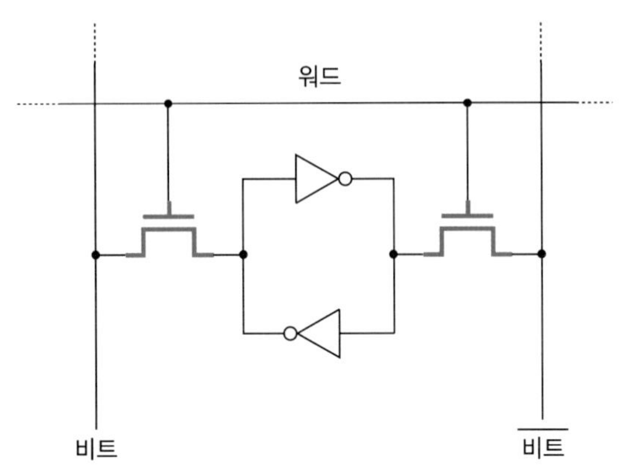

그림 7.16 SRAM의 구조

워드선에 (+) 전압을 걸면 비트선으로부터 커패시터까지 연결된다. 그래서 비트선에서 전자를 끌어와 커패시터에 전하가 저장되어 정보를 기억하는 것이다. 이것이 DRAM이다.

이제 SRAM을 살펴보자. DRAM의 경우는 1개의 메모리셀에 1개의 트랜지스터가 필요하였다. SRAM에서는 6개의 트랜지스터가 필요하다. DRAM에 비하여 비교적 복잡한 구조를 가지고 있다. 그림 7.16에서 기본적인 SRAM의 메모리셀을 보여 주고 있는데, 6개의 트랜지스터를 사용하나 커패시터는 사용하지 않는 특징이 있다.

4. 여러 가지 메모리의 동작

(1) DRAM의 동작 원리

셀(cell)에 논리 '1'을 쓰기 위하여 워드-선의 전압을 올린 상태에서 비트-선의 전압을 내리고, 선택된 트랜지스터를 통하여 커패시터를 충전시킨다. 또 논리 '0'을 쓰기 위하여 워드-선의 전압을 올린 상태에서 비트-선의 전압을 0[V]로 하고, 선택하는 트랜지스터를 통하여 커패시터의 전하를 방전시킨다. 트랜지스터를 통한 커패시터의 충 · 방전 특성을 이용한 데이터의 쓰기 동작을 그림 7.17에 나타내었다.

이렇게 하여 워드 -선과 비트-선의 전위를 'H', 'L'로 교차하면서 주사(走査)하는 것으로 전체 메모리-셀에 논리 '1'과 '0'의 필요한 데이터를 기억시키는 것이다. 여기서 워드-선이 'L'인 때 선택 트랜지스터는 OFF 상태로 비트-선과 커패시터가 분리되어 커패시터의 전하 축적 상태가 변화하지 않는 것에 유의하기 바란다.

메모리-셀의 기억된 정보를 읽어내는 것은 워드-선을 'H'로 하고, 비트-선의 전위 변화를 센서를 통한 검출로 이루어진다. 논리 '1'이 기억되어 있는 셀에서는 커패시터로부터 선택 트랜지스터를 통하여 방전 전류가 비트-선으로 들어가기 때문에 비트-선의 전위가 순간적으로 상승하지만, 논리 '0'을 기억하고 있는 셀에서는 비트-선의 전위 변화가 발생하지 않아 동작이 이루어진다. 이를 그림 7.18에서 보여주고 있다. 이렇게 하여 워드-선과 비트-선을 'H', 'L'로 교차하면서 메모리-셀 전체를 주사하는 것으로 논리 '1', '0'의 전체 기억 데이터가 읽어지는 것이다.

또 DRAM의 읽기에서 기억된 데이터가 파괴되므로 '다시 쓰기' 동작과 축적된 전하에 의한 누설 전류로 서서히 소실되므로, 일정 시간마다 동일한 데이터를 반복하여 써넣는 Reflash라 하는 기억의 유지 동작이 필요하게 된다.

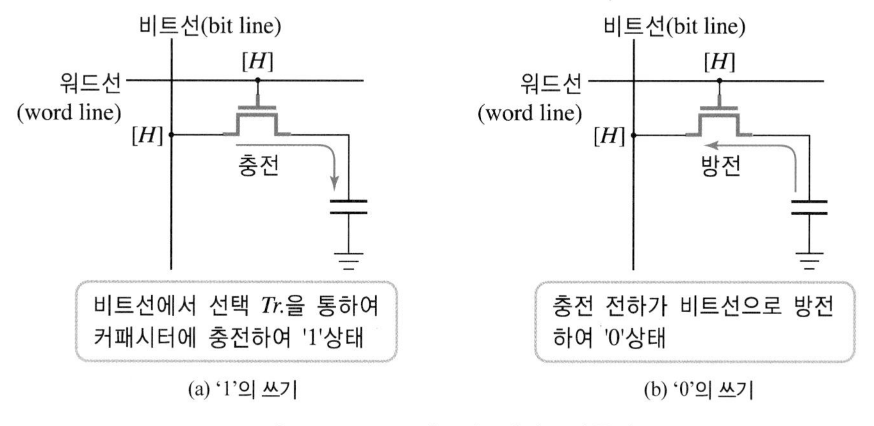

그림 7.17 DRAM 메모리-셀의 쓰기 동작

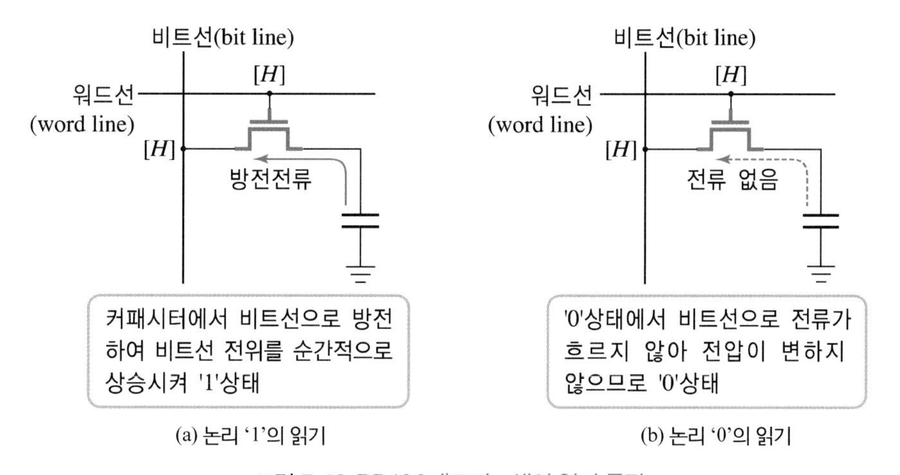

그림 7.18 DRAM 메모리-셀의 읽기 동작

(2) DRAM의 데이터 쓰기

그림 7.12(c)에서 보여 준 DRAM의 메모리망 중에서 4개의 메모리셀만 선택하여 그 동작을 살펴보자.

그림 7.19에서는 데이터 '1'을 기억시키기 위하여 4개의 메모리셀의 구성도를 보여 주고 있는데, 각 셀에는 nMOS와 커패시터가 각각 1개씩이고, nMOS의 게이트는 가로줄인 워드선 word_0와 word_1, nMOS의 드레인은 세로줄인 비트선 bit_0, bit_1에 각각 접속하여 구성하고 있다. 그리고 각 셀의 명칭은 00_cell, 01_cell, 10_cell, 11_cell로 부르기로 한다.

① 01_cell에 2진수인 데이터 '1' 기억

먼저, 00_cell에 2진수인 데이터 '0', 01_cell에 2진수인 데이터 '1'을 기억시키는 원리를 살펴보자.

이 경우에는 그림과 같이 워드선 word_0에 2진수 '1'(이것은 nMOS에 2.5[V]를 공급하면 된다)을 공급하여 nMOS를 SW-ON시키고, 워드선 word_1에 연결되어 있는 nMOS의 게이트에 2진수 '0'을 공급하여 10_cell과 11_cell을 OFF시킨다. 이 상태에서 bit_0에 2진수 '0', bit_1에 2진수 '1'을 넣어 주면 00_cell에는 커패시터에 충전되어 있던 전하가 방전하여 논리 '0'이 될 것이다. 반면, 01_cell에는 논리 '1'로 충전될 것이다. nMOS의 높은 전압 쪽이 드레인이 되고 낮은 전압 쪽이 소스가 되기 때문에 높은 쪽에서 낮은 쪽으로 전하가 흘러 커패시터에 충전되는 것이다.

여기서 '2진수'와 '논리'라는 말은 넓은 의미에서 같은 뜻으로 보아도 좋다. 그리고 논리 '0'과 '1'의 전기적 의미는 각각 0[V], 2.5[V]를 나타낸다.

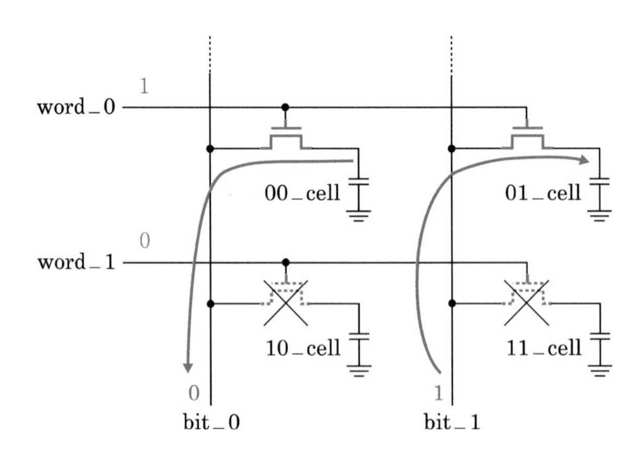

그림 7.19 4_셀 SRAM의 데이터 '1' 쓰기 동작(00_cell='0', 01_cell='1'의 경우)

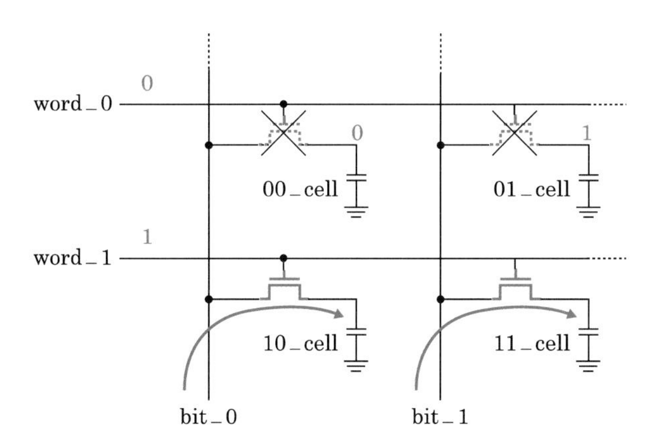

그림 7.20 4_셀 DRAM의 데이터 '1' 쓰기 동작(10_cell='1', 11_cell='1'의 경우)

② 10_cell, 11_cell의 번지에 논리 '1'을 기억시키는 경우

이제 10_cell과 11_cell의 두 곳에 논리 '1'을 기억하는 동작을 살펴보자. 그러자면 word_0='0', word_1='1'을 주어 00_cell와 01_cell을 SW-OFF시키고, 10_cell과 11_cell을 SW-ON시킨다. 이 상태에서 bit_0='1', bit_1='1'을 공급하면 00_cell과 01_cell의 커패시터에 전하가 충전하여 이 두 번지의 기억 셀에 논리 '1'이 기억되는 것이다. 이 동작을 그림 7.20에서 보여 주고 있다.

(3) DRAM의 데이터 읽기

■ 00_cell, 01_cell의 번지에 기억된 논리 '1'의 읽기

이번에는 DRAM에 기억된 논릿값을 읽어 보자.

그림 7.21과 같이 00_cell, 01_cell의 번지에 논리 '1'의 상태가 기억되어 있다고 하자. word_0='1', word_1='0'로 하여 00_cell, 01_cell의 nMOS가 SW-ON 상태가 된다. 그러면 커패시터에 저장되었던 데이터가 비트선 bit_0, bit_1으로 출력되어 저장된 값을 읽을 수 있게 된다. 여기서 생각하고 넘어갈 것이 있다. 바로 커패시터의 충전과 방전이다. 커패시터는 전하를 저장하는 기능과 방전하는 기능이 있다고 하였다. 커패시터에 저장되어 있던 전하의 양이 어느 정도 방전되면 이것이 논리 '1'인지 논리 '0'인지 구별하기 어렵게 된다. 그래서 주기적으로 전하를 보충해 주어야 하는데, 이것을 재충전이라고 한다. DRAM은 이런 재충전의 동작을 위한 회로와 방전을 지연시키는 회로 등이 추가되어 전체 회로가 다소 복잡한 특징이 있다.

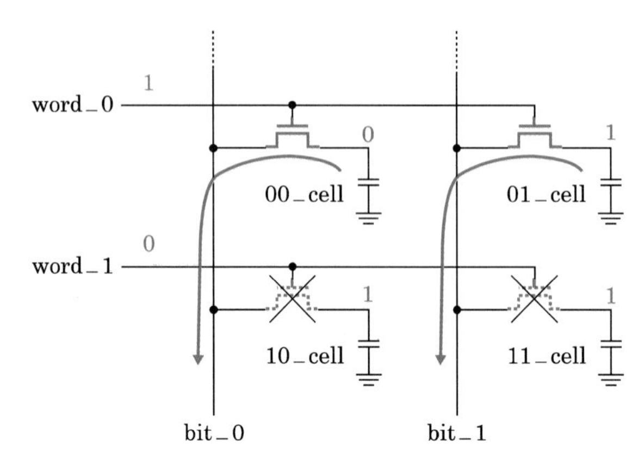

그림 7.21 00_cell, 01_cell의 번지에 기억된 논리 '1'의 읽기

(4) SRAM의 데이터 쓰기

SRAM(Static Random Access Memory)에 대한 동작을 살펴보자.

그림 7.22에서는 기본적인 SRAM의 회로도를 보여 주고 있는데, nMOS 2개, CMOS 인버터 2개로 구성되어 있다. CMOS는 nMOS와 pMOS로 구성되므로 결국 SRAM은 6개의 MOS 트랜지스터가 필요하다. 그림에서 보면 두 개의 nMOS의 게이트에 워드선, nMOS의 한쪽에 비트선, 다른 쪽에 비트선이 접속되어 있다. 비트선과 비트선은 서로 반대의 논릿값을 갖는다. 비트='1'이면, 비트='0'이 그것이다.

이제 SRAM에 논리 '1'을 써 보자. 논리 '1'을 기억시키기 위하여 그림 7.23을 살펴보자. 워드선의 값을 논리 '1'로 하면 두 개의 nMOS는 ON상태가 될 것이다. 이때, 비트='1', 비트='0'을 공급하면 이 두 값이 두 개의 nMOS를 지나게 되는데, 비트='1' 값이 인버터

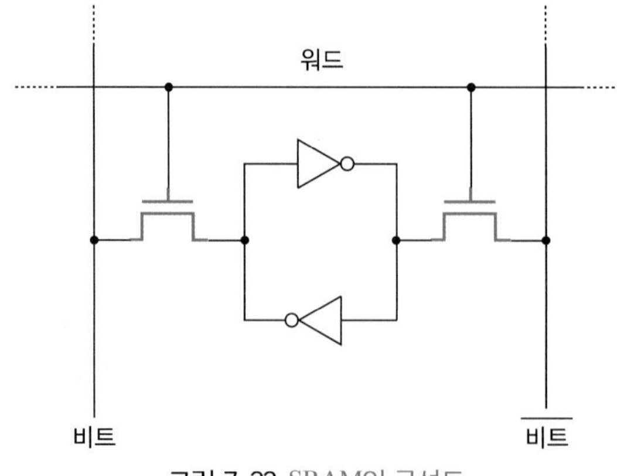

그림 7.22 SRAM의 구성도

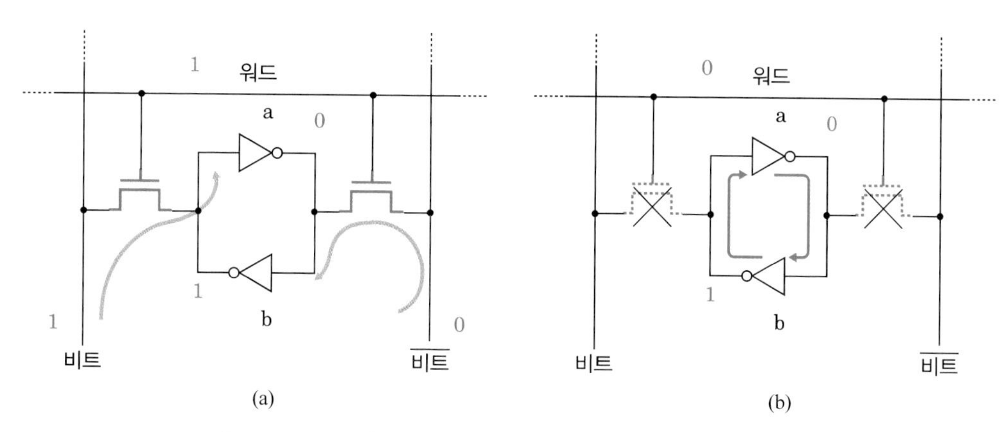

그림 7.23 SRAM의 (a) 논리 '1' 값의 입력 (b) 논리 '1' 값의 기억 유지

a의 입력으로 공급되어 논리 '0' 출력을 얻는다. 반면, 비트='0'의 값도 nMOS를 통과하여 인버터 b의 입력으로 들어가 논리 '1'의 출력을 얻을 수 있는 것이다.

논릿값을 기억시키고 난 후, 워드선의 값을 논리 '0'으로 하면 두 개의 nMOS는 SW-OFF 상태가 되므로 더 이상의 논릿값은 들어가지 못한다. 이러한 과정으로 서로 직렬로 연결된 두 개의 인버터가 계속 돌아 논릿값이 없어지지 않고 유지되는 동작으로 기억되는 것이다.

(5) SRAM의 데이터 읽기

이제 SRAM의 기억 내용을 읽어 내어 보자. 그림 7.24와 같이 워드선에 논리 '1'을 공급하자. 그러면 2개의 nMOS가 ON 상태가 될 것이고, 인버터 b의 출력이 왼쪽의 nMOS를 통하여 비트선으로 출력되고, 인버터 a의 출력이 오른쪽의 nMOS를 통하여 비트선으로 출력되어 읽혀지는 것이다.

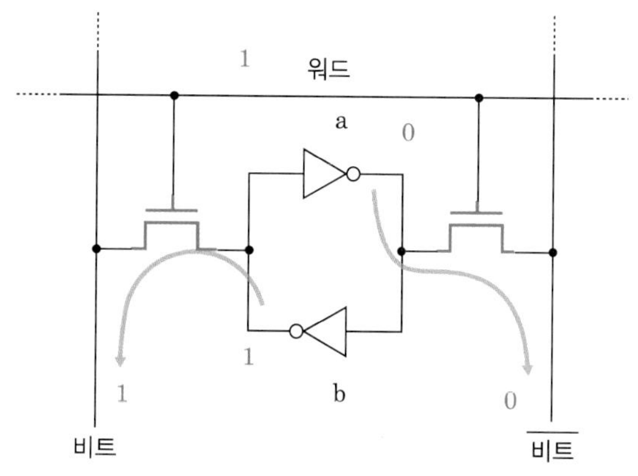

그림 7.24 SRAM의 논릿값 읽기(비트='1', 비트='0')

(6) ROM의 특성

일반적으로 ROM이라고 하면 마스크 ROM을 말한다. 이것은 불휘발성의 기본 구조로 웨이퍼를 제작하는 단계에서 미리 내용을 써 넣는 것이다. 그러므로 기억시킨 내용을 변경할 필요가 없는 고정적인 내용을 기억시키는 데 사용하는 소자이다. ROM에서 메모리셀을 하나의 MOS 트랜지스터로 구성할 수 있으므로 집적도를 높이는 데 효과적이며 낮은 비용으로 실현할 수 있는 특징이 있다. 보통 고집적화에는 NAND형이 우수하나, 주변 회로 구성의 용이성, 속도 등의 성능 면에서 NOR형이 장점을 가지고 있다.

ROM의 구성 방법으로는 트랜지스터를 직렬 접속하여 구성하는 NAND형과 병렬 접속하는 NOR형으로 구분된다. 이를 그림 7.25에 나타내었다. (a)는 MOS 트랜지스터 9개를 이용하여 직렬 접속한 구성도이며, (b)는 9개의 트랜지스터로 병렬 접속한 구성도이다.

(7) PROM의 동작

PROM$_{\text{Programmable ROM}}$은 말그대로 프로그램이 가능한 ROM으로, 부유(浮遊) 게이트 구조를 이용한 것이 많다. 현재에는 부유 게이트$_{\text{floting gate}}$ 구조 중에서도 제어 게이트$_{\text{control gate}}$를 설치하여 부유 게이트의 전위를 제어하는 방식이 많이 채택되고 있다. 이와 같은 구조를 2층 게이트 구조 혹은 적층 게이트 구조라 한다. 부유 게이트에 어떤 방법으로 전자를 내방출하고 끌어들이는 것에 의해 부유 게이트 전위를 제어하여 셀에 전류를 흘릴 것인가 혹은 흘리지 않을 것인가의 어느 쪽의 상태를 기억하는 것이다. 2층 게이트 구조에서는 부유 게이트가 높은 절연막이 SiO_2로 둘러싸여 있으므로, 일단 주입된 전자는 용이하게 부유 게이트를 빠져나갈 수 없게 된다. 이 때문에 2층 게이트 구조는 극히 높은 신뢰성을 나타낸다.

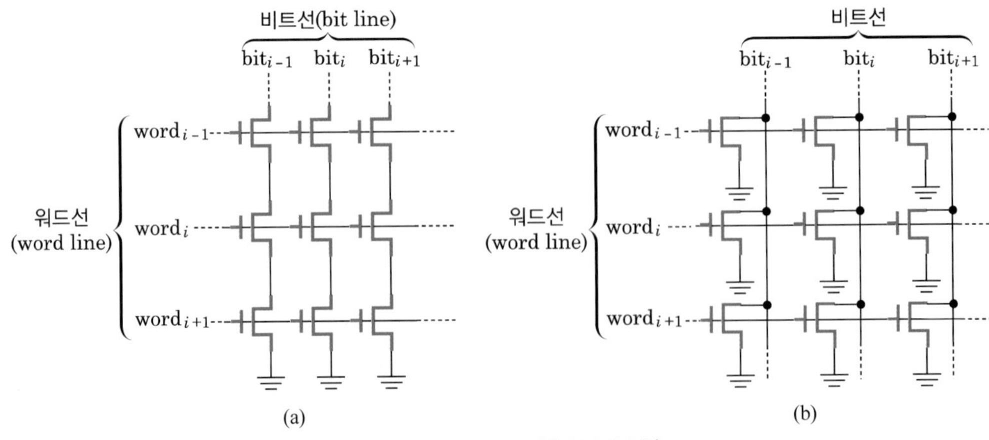

그림 7.25 (a) NAND형 (b) NOR형

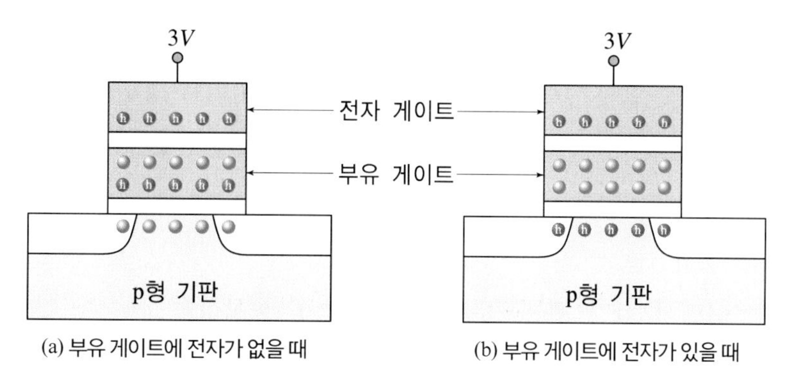

(a) 부유 게이트에 전자가 없을 때

(b) 부유 게이트에 전자가 있을 때

그림 7.26 부유 게이트를 이용한 ON/OFF 특성

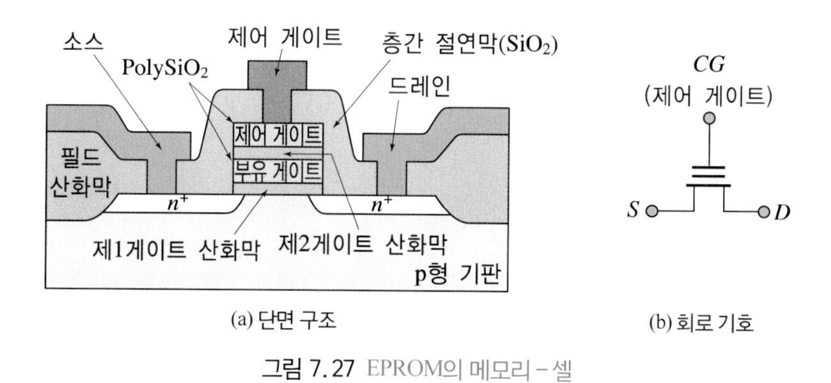

(a) 단면 구조

(b) 회로 기호

그림 7.27 EPROM의 메모리 – 셀

그림 7.26은 제어 게이트에 3[V]를 공급할 때 각 부유 게이트 속에 (a) 전하가 없는 경우와 (b)전자기 있는 경우를 나타낸 것이다. 제어 게이트에는 정의 게이트 전압이 인가되어 있으므로 제어 게이트측의 표면에 정공(그림에서 5개의 ⓗ)이 생긴다. 이 정공의 인력에 이끌려서 부유 게이트의 제어 게이트측 표면에는 같은 수의 전자가 생긴다. 그림 (a)의 경우 부유 게이트 전체에서는 전하가 0인 것에 주의하면 부유 게이트의 채널측에 정공이 생긴다. 이 정공의 인력에 이끌려서 채널에는 전자가 유기되므로 드레인과 소스 사이에 ON 상태가 된다.

이제 그림 (b)와 같이 부유 게이트에 전자(그림에서 전자가 10개)가 있는 경우를 생각해 보자.

제어 게이트에는 정의 전압이 인가되어 있으므로 제어 게이트의 표면에 정공이 발생한다. 이 정공의 인력에 이끌려서 부유 게이트의 제어 게이트측 표면에 전자가 생기게 된다. 부유 게이트 전체로는 전하(그림에서 10개의 전자)가 부(–)이므로 부유 게이트 전체로는 여분의 전자(10 – 5 = 5[개] 전자)가 발생하게 된다. 그러면 이 부유 게이트의 인력에 이끌려서 채널측에 정공이 유기되어 드레인과 소스 사이에 OFF 상태가 된다. 전자 주입에 의해 제어 게이트로부터 본 임계 전압이 증가하여 3[V]보다 높게 되어 채널이 OFF되는 것이다.

이상과 같이 제어 게이트에 정의 전위를 인가한 상태에서 부유 게이트 중의 전자의 유무에 따라 드레인과 소스 사이에 전류의 흐름을 제어할 수 있게 되는 것이다.

① EPROM의 동작

ROM 기능에 다시 쓰기 기능을 추가한 비휘발성 메모리의 하나로 소거가 가능한 PROM, 즉 EPROM erasable programmable ROM이 있다.

EPROM에서 사용되고 있는 메모리-셀 트랜지스터인 단위 메모리-셀의 단면 구조와 회로 기호를 그림 7.27(a), (b)에서 보여주고 있다.

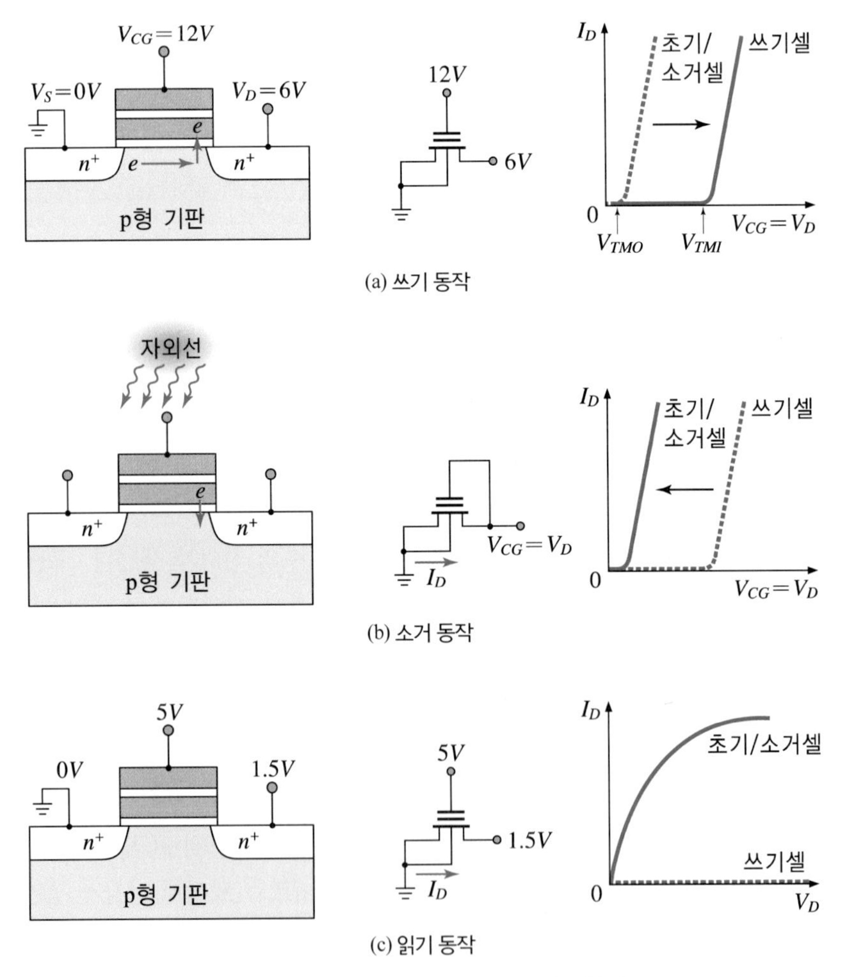

그림 7.28 EPROM 메모리-셀의 기본 동작

메모리–셀 트랜지스터는 보통 nMOS의 게이트 산화막 중에 부유 게이트가 묻혀 있다. 외부의 게이트 전극은 제어 게이트에 연결되어 사용한다.

그림 7.28은 EPROM의 메모리–셀 트랜지스터의 기본 동작을 나타낸다. 그림 (a)의 메모리–셀 소자에 쓰기 동작을 하는 것은 소스와 기판을 접지하고 드레인과 제어 게이트에 비교적 높은 전압을 공급한다. 소스에서 드레인으로 채널을 통하여 이동하는 전자는 드레인 근처의 역바이어스에 기인하는 높은 운동 에너지를 얻어 고온 전자$_{\text{hot carrier}}$로 되고, 그 일부가 게이트 산화막을 뛰어넘어 제어 게이트로 주입된다. 이때 주입된 전자가 부의 전하이므로 제어 게이트는 부의 전위를 갖게 되어 제어 게이트에서 본 메모리–셀 트랜지스터의 임계 전압 V_{TM1}은 초기 임계값 V_{TM0}보다 높게 된다. 그림 (c)의 읽기 동작에서 제어 게이트에 V_{TM1}과 V_{TM0}의 중간 전압을 공급하면 트랜지스터의 ON, OFF에 의해서 논리 '0', '1'을 식별할 수 있게 된다.

실제 EPROM에서는 메모리–셀 트랜지스터를 행렬 형태로 배치하여 놓고, X 방향으로 워드–선에 각 메모리–셀 트랜지스터의 제어 게이트를 접속하며, Y 방향으로 드레인에 비트–선을 접속한다. 이때 소스는 모두 접지하여 놓는다. 워드–선과 비트–선에 걸린 높은 전압의 조압에 의해서 메모리–셀 트랜지스터에서 논리 '1', '0'을 식별할 수 있게 되는 것이다.

기억된 내용을 소거하기 위하여 그림 (b)와 같이 자외선을 쪼여서 부유 게이트 내의 전자에 높은 에너지를 공급하여 전자가 게이트 산화막을 뛰어넘어 기판과 제어 게이트로 방출되므로 부유 게이트를 중성으로 하여 결국 V_{TM1}을 초기값 V_{TM0}로 되돌아오게 한다. 이때 전체 비트의 정보다 동시에 소멸되므로 이를 일괄 소거(一括消去)라 한다.

반도체인 실리콘 결정을 구성하는 원자는 자유롭게 움직일 수 없지만, 그 평균적인 위치 주변에서 미세하게 진동하고 있다. 전자는 이 진동으로 산란되어 에너지를 잃는다. 전자를 끄는 힘이 약할 때 이 산란으로 에너지의 대부분을 잃게 되므로 전자가 갖는 온도와 원자의 진동 온도는 거의 같게 된다. 전자를 끌어당기는 힘이 강하면 전체 에너지를 원자의 진동에 줄 수 없게 되어 전자의 온도만 상승한다. 이와 같이 상승한 온도의 영향을 받은 전자를 열전자$_{\text{hot electron}}$라 한다. 반도체는 저항이 높으므로 금속보다 높은 전압을 인가할 수 있어서 이와 같은 현상이 일어날 수 있게 된다.

MOS 소자에서 전자를 끄는 힘이 집중되는 영역의 길이는 극히 짧기 때문에 산란의 확률도 적어서 그만큼 높은 에너지를 얻기 쉽다. 게이트 산화막은 전기를 통하지 않는 절연체로서, 이것은 반도체와 SiO_2 사이에 장벽이 있다는 것을 의미한다. 산란을 피하여 높은 에너지를 갖는 전자는 에너지 장벽을 뛰어넘을 수 있게 된다.

지금까지의 설명으로 쓰기 동작의 실행을 살펴보자. 전자가 이동하는 채널이 형성될 때

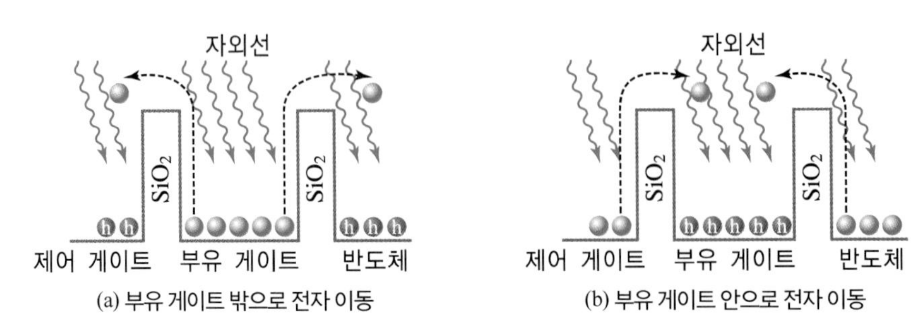

그림 7.29 자외선에 의한 전하의 이동

드레인에 높은 전압을 인가할 필요가 있다. 따라서 EPROM에서는 비트-선, 즉 드레인과 워드-선인 게이트의 양쪽에 높은 전압이 공급된 셀만이 쓰기 동작이 가능하다.

2층 게이트 구조에서는 부유 게이트가 높은 절연체인 산화막으로 둘러싸여 있으므로, 일단 주입된 전자는 용이하게 부유 게이트로부터 빠져나올 수 없게 된다. 이때 부유 게이트에 자외선을 쬐어 주면 전자는 자외선의 에너지를 흡수하여 산화막의 에너지 장벽을 타고 넘어서 부유 게이트의 밖으로 나올 수 있게 되는 것이다. 이를 그림 7.29(a)에서 보여주고 있다.

EPROM의 패키지에는 자외선을 칩 위에 조사할 수 있도록 창이 열려 있다. 만일 부유 게이트에서 전자가 나와 그림 (b)와 같이 부유 게이트에 정공이 축적되어 있다고 하자. 이때는 이 정공에 끌려서 제어 게이트와 반도체 표면의 전자가 부유 게이트로 들어오기 때문에 결국 부유 게이트에 전하가 없는 상태로 안정을 유지하게 된다. 즉, 원래의 비어 있는 상태로 되돌아가는 것이다.

② EEPROM의 동작

쓰기와 소거 모두 전기적으로 행하는 비휘발성 메모리가 $\text{EEPROM}_{\text{Electrically EPROM}}$이다.

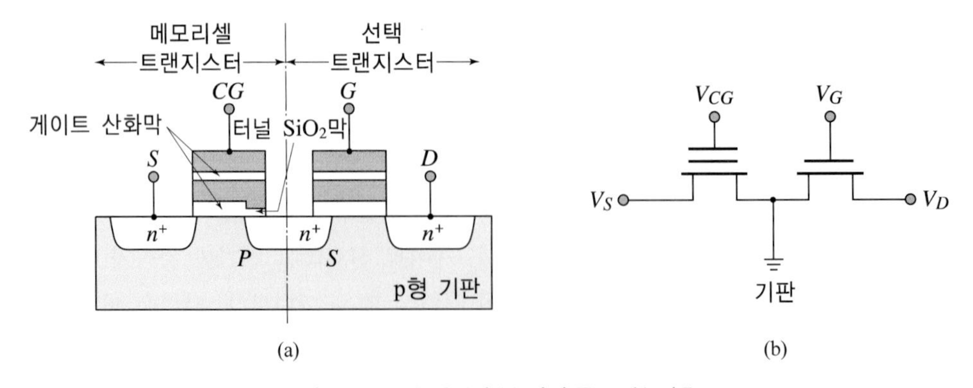

그림 7.30 FLOTOX의 (a) 단면 구조, (b) 기호

EEPROM에도 소자의 구조와 동작에 따라 종류가 몇 가지가 있다. 그림 7.30은 FLOTOX FLOating gate Tunnel OXide라 하는 대표적인 EEPROM의 메모리－셀 영역의 단면 구조와 기호를 보여주고 있다.

FLOTOX 셀은 적층 게이트stacked gate형 메모리－셀 트랜지스터와 이것과 직렬로 접속된 선택 트랜지스터로 구성되어 있다.

메모리－셀 트랜지스터의 게이트 산화막은 드레인 영역 위의 일부가 얇게 되어 있다. 이것을 터널 산화막(tunnel oxide)이라 한다. 메모리－셀 어레이 영역에는 비트-선과 워드-선이 종·횡으로 뻗쳐 있어 각 선택 트랜지스터의 드레인 비트-선, 게이트가 워드-선에 연결되어 있다.

이 메모리－셀 트랜지스터에 쓰기 동작을 수행하기 위해서 선택 트랜지스터의 게이트를 ‘H’, 드레인을 ‘L’로 하고, 메모리－셀 트랜지스터의 제어 게이트에 높은 전압을 공급한다. 그러면 선택 트랜지스터가 ON으로 되고, 메모리－셀 트랜지스터의 드레인이 ‘L’로 되므로, 부유 게이트와 드레인 사이의 얇은 터널 산화막에 높은 전계가 걸린다. 이때 전자가

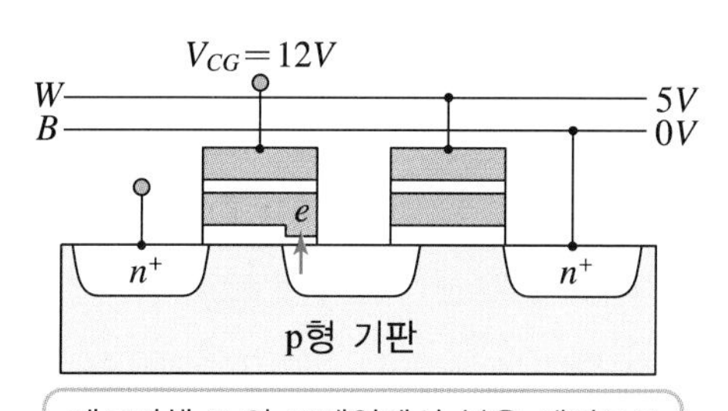

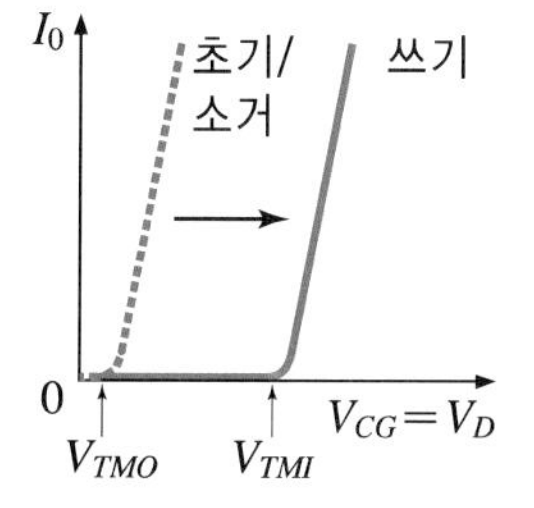

(a) 쓰기 동작

메모리셀 *Tr.*의 드레인에서 부유 게이트로 전자가 전계에 의하여 주입(터널 현상). 메모리셀 *Tr.*의 제어 제이트에서 본 문턱 전압은 V_{TMI}으로 상승

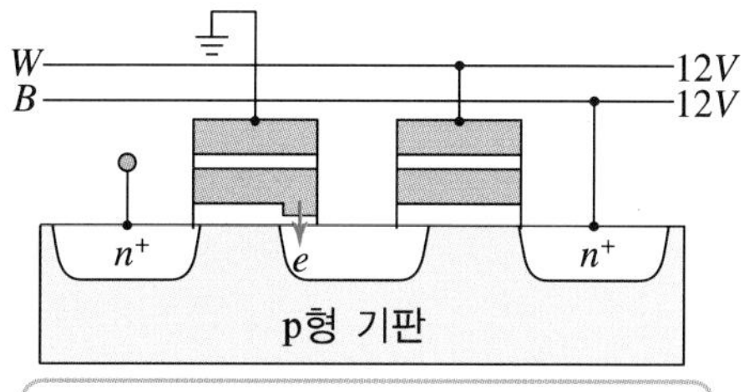

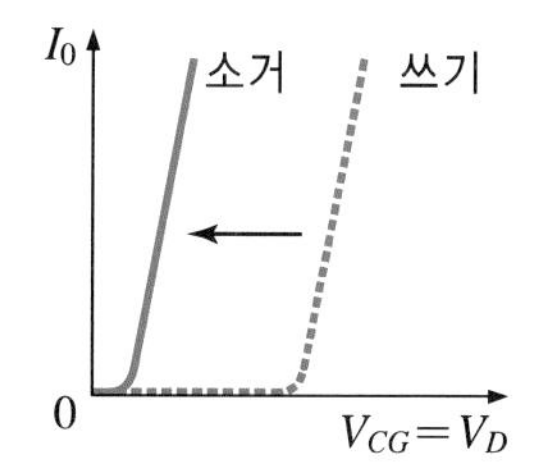

(b) 소거 동작

부유 게이트 속의 전자는 드레인 전압에 의해 터널 현상으로 드레인에 주입. 메모리셀 *Tr.*의 부유 게이트가 중성으로 되어 V_{TMO}로 하강

그림 7. 31 EEPROM의 기본 동작

드레인에서 부유 게이트로 주입되어 부유 게이트가 부(－)로 대전되기 때문에 메모리-셀 트랜지스터의 임계 전압 V_{TM}이 V_{TM0}에서 V_{TM1}으로 올라간다. 이를 그림 7.31에서 보여주고 있다.

- 쓰기 동작 : 메모리－셀 트랜지스터의 드레인에서 부유 게이트로 전자가 전계에 의하여 주입(터널 현상). 메모리－셀 트랜지스터의 제어 게이트에서 본 문턱 전압은 V_{TM1}으로 상승
- 소거 동작 : 부유 게이트 속의 전자는 드레인 전압에 의해 터널 현상으로 드레인에 주입. 메모리－셀 트랜지스터의 부유 게이트가 중성으로 되어 V_{TM0}으로 하강

한편 소거 동작에서는 제어 게이트를 접지로 한 상태에서 선택 트랜지스터의 게이트와 드레인에 높은 전압을 인가한다. 그러면 선택 트랜지스터가 ON으로 되어 메모리 트랜지스터의 드레인에 높은 전압이 걸린다. 이때 드레인과 부유 게이트 사이에 있는 터널 산화막의 높은 전계에 의해 부유 게이트에서 드레인으로 전자가 방출되어 메모리－셀 트랜지스터의 임계 전압이 V_{TM1}에서 V_{TM0}로 내려간다. 이를 그림 (b)에서 보여주고 있다. 읽기 동작은 메모리－셀 트랜지스터의 제어 게이트를 'H'로 하여 선택 트랜지스터의 게이트(원드－선)와 드레인(비트－선)을 'H'로 할 때 비트－선에 전류가 흐르면 논리 '1', 흐르지 않으면 논리 '0'으로 식별하게 된다.

지금까지의 내용을 좀 더 자세히 살펴보자. 그림 7.32에서 EEPROM에 대한 단면 구조와 전하의 이동을 보여주고 있는데, 제어 게이트에 높은 전압ㅇ르 인가하여 반도체 표면의 전자를 터널 현상으로 부유 게이트에 주입되고 있는 상황을 나타내고 있다.

EPROM에서 일단 주입된 전자를 뽑아내기 위해서는 터널 현상으로 실현한다. 그림 (b)와 같이 제어 게이트를 0[V]로 하여 부유 게이트의 전압을 낮게 억제하고, 드레인에 높은

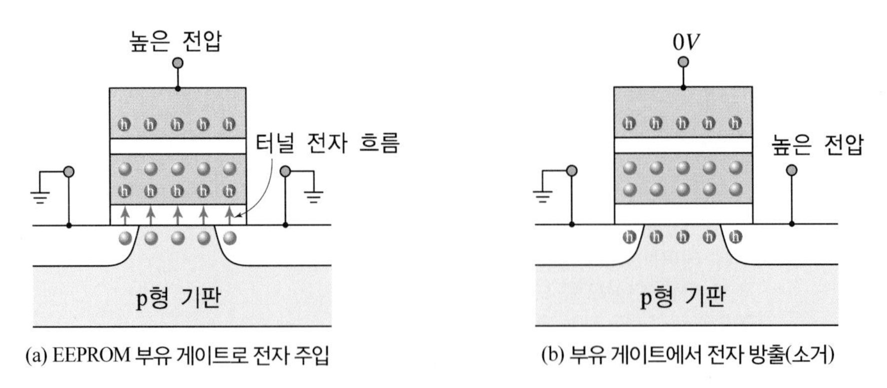

(a) EEPROM 부유 게이트로 전자 주입

(b) 부유 게이트에서 전자 방출(소거)

그림 7.32 부유 게이트의 전자 주입과 소거 동작

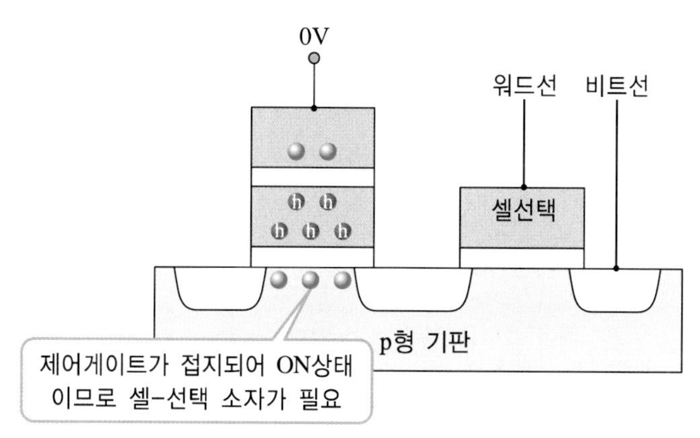

그림 7.33 EEPROM에서 셀-선택 소자의 필요성

전압을 인가하여 드레인과 부유 게이트가 겹치는 산화막에서 터널 현상으로 전자를 부유 게이트에서 뽑아낼 수 있게 되는 것이다.

EPROM에서는 자외선으로 뽑아내기 때문에 부유 게이트 내의 전자가 없는 것이 안정하다. 터널 현상의 경우는 전극에 전압이 인가되어 있는 사이는 전자의 방출이 일방적으로 계속되므로 부유 게이트의 전자가 계속 감소하여 정공이 나타나게 된다. 이를 과소거(過消去)라 하는데, 과소거의 셀이 있으면 읽기 동작을 할 때 제어 게이트의 전압을 0[V]로 하여도 부유 게이트의 정공에 끌려서 채널에는 전자가 나타나므로 드레인과 소스 사이가 ON 상태가 된다. 이런 상황을 그림 7.33에서 보여주고 있다.

따라서 EPROM과 같이 2층 게이트 구조의 제어 게이트를 워드-선에 연결하고, 드레인을 비트-선에 접속하면 0[V]의 비선택 워드-선에 연결되는 과소거 셀은 ON하기 때문에 읽어야 할 셀이 OFF한 경우에 데이터-선은 오동작하여 낮은 레벨로 될 가능성이 있다. 그러므로 EEPROM에서는 2층 게이트 구조에 셀-선택을 종(縱)으로 접속하는 것으로, 2층 게이트 구조가 ON하여도 셀-선택이 OFF하여 비선택-셀에는 전류가 흐르지 않게 하고 있다. 이것은 그림 7.33을 참조하여 이해하기 바란다.

터널 현상으로 전자가 주입하는 경우는 셀-어레이 구성을 그림 7.10과 같이 하여 선택하는 셀의 워드-선과 제어 게이트 모두에 높은 전압을 공급하면 비선택 열의 비트-선은 0[V]로 되므로 비선택 열에 연결되어 있는 부유 게이트에도 오동작한 전자가 주입되어 버린다. EEPROM에서 이와 같은 현상이 일어나지 않도록 하기 위하여 비선택 열의 셀에 연결되어 있는 제어 게이트는 0[V]가 되도록 하고 있다.

③ Flash 메모리

대표적인 메모리인 DRAM은 휘발성 메모리이다. 이에 대하여 전원이 꺼져도 반영구적으로 계속 기억할 수 있는 것이 비휘발성 메모리이다. 비휘발성 메모리의 하나인 플래시 메모리flash memory가 최근 주목을 끌고 있다.

플래시 메모리의 메모리-셀 트랜지스터는 nMOS의 게이트 산화막 속에 다결정 실리콘poly silicon으로 부유 게이트가 묻혀져서 제작한 것으로, 이 부유 게이트는 외부와는 전기적으로 절연되어 있다. 또 nMOS의 게이트 역할은 부유 게이트 위에 제작하는 제어 게이트

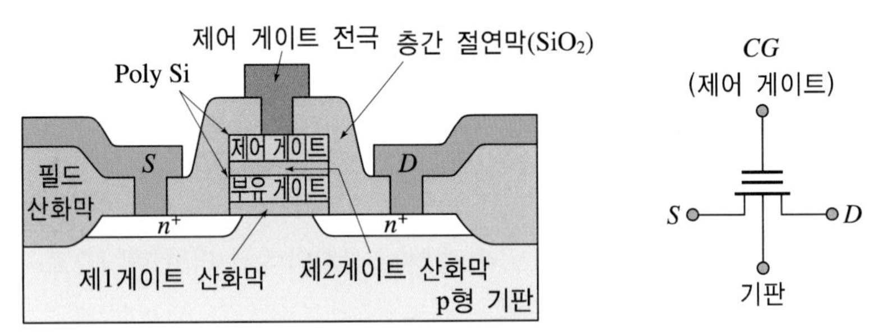

그림 7.34 플래시 기억 소자의 단면 구조

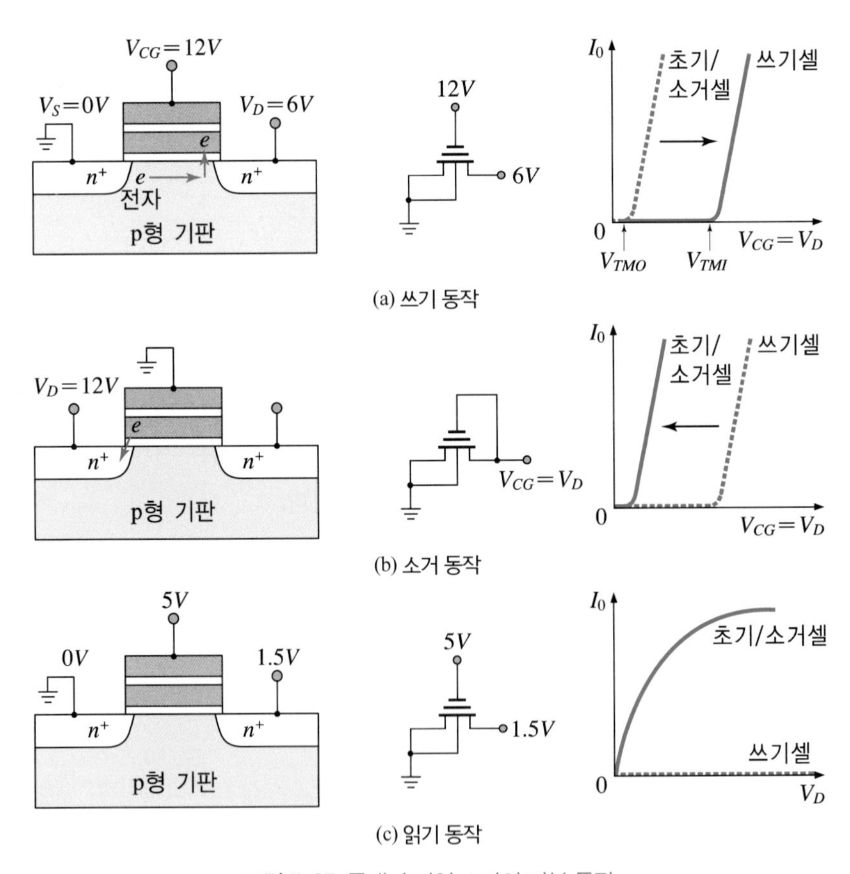

그림 7.35 플래시 기억 소자의 기본 동작

가 담당하고 있는 구조를 갖고 있다. 이를 그림 7.34에서 보여주고 있다.

이제 그림 7.35에서 보는 바와 같이 플래시 메모리의 동작에 관하여 살펴보자. 먼저 그림 (a)와 같이 메모리-셀 트랜지스터에 데이터의 쓰기 동작은 소스와 기판을 접지하고 드레인과 제어 게이트에 높은 전압을 인가한다. 그러면 소스에서 공급된 전자가 실리콘 표면의 채널을 통하여 드레인으로 고속 이동하여 드레인 근처에서 높은 에너지를 얻게 된다. 앞에서 이들 전자를 고온 전자 또는 열전자(hot electron)라 하였다. 이 열전자가 실리콘 결정 격자에 산란(散亂)되어 Gate-Si-O_2-Si으로 이어지는 경계면에 도달하면 게이트 산화막을 뛰어넘어 부유 게이트로 주입되는 열전자 주입 현상이 발생하게 된다. 이때 부유 게이트가 부(-)로 대전되기 때문에 제어 게이트에서 본 메모리-셀 트랜지스터의 임계 전압 V_{TM}은 상승한다.

이에 대하여 제어 게이트 또는 드레인 중 어느 한쪽의 전압이 낮은 경우 전자 주입이 일어나지 않아 임계 전압은 초기의 낮은 값인 V_{TM0}을 유지하게 된다.

한편 소거는 그림 (b)와 같이 기판과 제어 게이트를 접지하고, 드레인을 개방한 상태에서 소스에 높은 전압을 인가한다. 그러면 읽기 동작에서 부유 게이트로 주입되었던 전자가 전계에 의한 터널 현상으로 소스측으로 뽑아져 V_{TM}이 초기값인 V_{TM0}으로 되돌아오게 되어 소거 동작이 이루어지게 되는 것이다.

실제 플래시 메모리에서는 워드-선과 비트-선이 메모리-셀 어레이 영역에 행렬 형태로 배열하고, 각 메모리-셀의 제어 게이트는 워드-선, 드레인은 비트-선에 접속하고, 소스와 기판은 접지하여 제작한다.

그림 (c)는 읽기 동작에 대한 상태를 나타내고 있다.

플래시 메모리의 동작에 대하여 좀 더 살펴보다. 앞서의 설명과 같이 셀의 구조는 EPROM과 같이 2층 게이트 구조로 되어 있고, 열전자를 주입하여 쓰기 동작을 하게 된다. 따라서 EEPROM과 같이 하나의 셀마다 쓰기 동작을 행하지만, 터널 주입의 경우와 같이 특별한 셀 어레이 구성은 하지 않아도 된다.

소거 동작은 EEPROM과 같이 제어 게이트를 0[V]의 상태로 소스에 높은 전압을 인가하여 터널 현상을 이용하여 실행한다. 플래시 메모리는 하나의 셀마다 소거를 행하지 않고, 셀 어레이를 하나의 단위로 하여 일괄 소거 방식을 채택하고 있다. 따라서 EPROM과 같은 셀 어레이 그대로 전체 워드-선을 비선택으로 하여 공통의 소스에 높은 전압을 인가하면 소거할 수 있다.

플래시 메모리에서는 그림 7.36과 같이 소거용 전압을 작은 펄스로 인가하고, 이때 셀의 임계 전압을 조사하여 적정한 전압값 내에 들어있으면 소거를 종료한다. 구체적으로 선택하는 워드-선, 즉 제어 게이트의 전위를 예로 들면 1.5[V]에서 읽어내고, 셀이 OFF에서

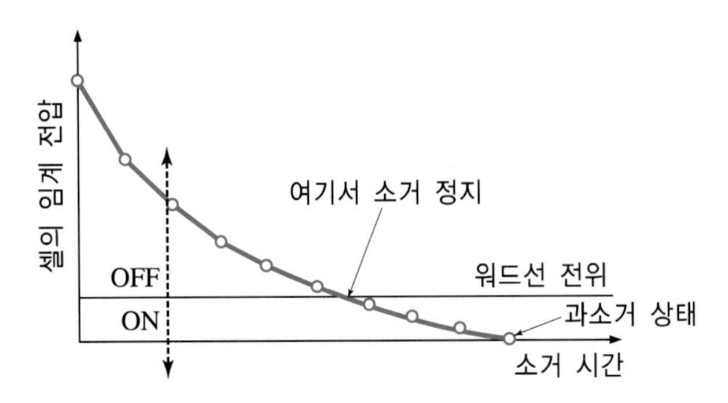

그림 7.36 과소거 방지의 임계 전압 검증 방식

ON으로 변하는 곳에서 소거를 종료한다.

이상과 같이 EEPROM에서 필요한 셀 선택 없이도 과소거의 셀은 발생시키지 않고 소거할 수 있다. 이와 같이 적층(stack)형 플래시 메모리에서는 EPROM과 완전히 같은 하나의 트랜지스터/셀로 메모리를 실현할 수 있게 되었다.

(8) NOR형 ROM의 읽기 동작

ROM은 읽기만 할 수 있는 메모리 소자이다. 그러므로 ROM의 읽기 동작을 살펴보기로 한다.

그림 7.37은 4개의 MOS 트랜지스터로 셀을 구성하여 병렬로 접속한 것이다. 00_cell, 01_cell, 10_cell, 11_cell이 그것이다. 워드선 word_0, word_1은 각 MOS의 게이트에 연결되고, 비트선 bit_0, bit_1은 드레인 단자에 접속되어 있으며 전원 전압 V_{DD}에 저항 R_0, R_1이 연결되어 NOR형 ROM을 구성하고 있다.

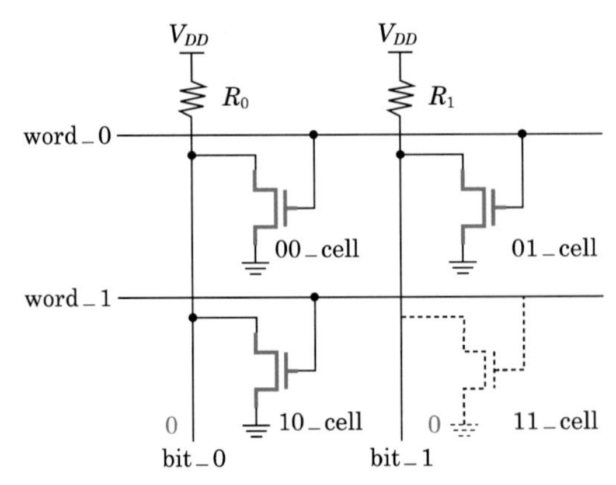

그림 7.37 NOR형 ROM의 구조(4_cell)

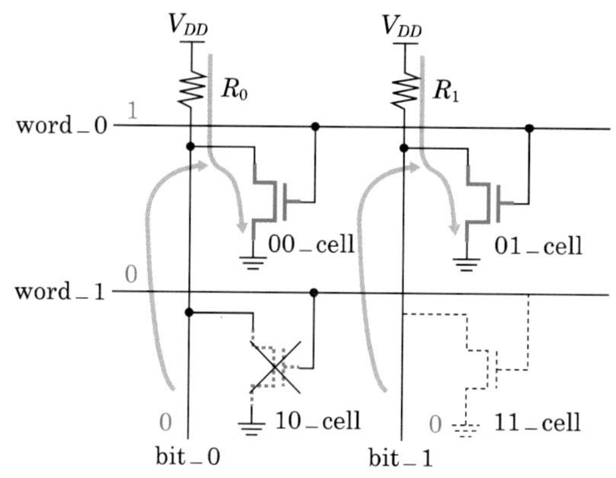

그림 7.38 NOR형 ROM의 데이터 읽기(word_0='1'의 경우)

① word_0 번지의 데이터 읽기

이것의 동작을 이해하기 위하여 그림 7.38을 보자. word_0='1', word_1='0'이므로 00_cell과 01_cell의 nMOS가 ON 상태를 유지하므로 전원 전압 V_{DD}로부터 저항 R_0, R_1을 통하여 흐르는 전류와 bit_0, bit_1에 있던 전하가 두 MOS를 통하여 접지 V_{SS}로 빠져나가 bit_0, bit_1에 논리 '0'의 값이 출력되어 데이터가 읽혀지는 것이다.

② word_1 번지의 데이터 읽기

word_1 번지의 내용을 읽어 내는 동작을 살펴보기 위하여 그림 7.39를 보자.

word_1='1'이므로 10_cell이 SW-ON상태가 되므로 VDD에서 저항 R0를 통하여 흐르는 전류와 bit_0에 있던 전하가 10_cell의 nMOS를 통해 빠져나가니 비트선 bit_0에 논리 '0'의 값이 출력되는 것이다. 여기서 11_cell은 가상의 셀로 구성되어 있다. 그래서 전원 VDD

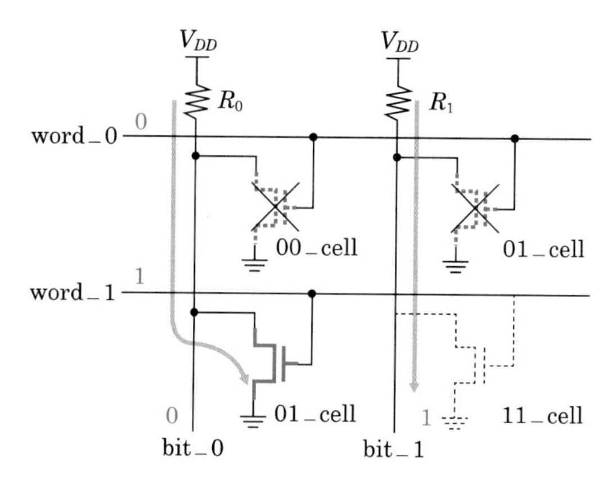

그림 7.39 NOR형 ROM의 데이터 읽기(word_1='1'의 경우)

로부터 저항 R1을 통하여 그대로 bit_1에 전달되어 논리 '1'의 값이 출력된다.

ROM은 읽기 전문 메모리 소자이어서 반도체 제조 회사에 미리 필요한 논릿값을 저장하여 놓는 것이다. 그러므로 새로 기억시키거나, 수정할 수 없고, 단지 읽기만 가능한 것이다. 그리고 구성 방식이 트랜지스터를 병렬로 접속하고 각 셀은 자신의 전원 전압과 접지를 갖는 독립적인 구조의 특징이 있다. 이것은 번지의 개수가 아무리 많아도 선택 번지에 연결되어 있는 트랜지스터는 항상 1개이다. 즉, 출력되는 논릿값은 1개의 트랜지스터를 통과하는 데 걸리는 시간밖에는 소모되지 않아 정보의 출력 속도가 빠른 특징을 가지고 있기도 하다.

(9) NAND형 ROM의 읽기 동작

이것의 동작을 이해하기 위하여 그림 7.40의 구조를 보자.

전원 전압 V_{DD}에서 이웃하고 있는 nMOS를 통하여 접지 V_{SS}로 연결되어 있는 구조이다. 그림에서 보면 6개의 셀이 수직 구조로 직렬 접속한 형태이다. 보통 nMOS의 문턱 전압 V_{TH}는 0.6[V] 정도이다. 그러나 그림에서 파란색 굵은선 표시의 nMOS인 00_cell과 11_cell은 미리 메모리 소자를 제조할 때, 0[V] 이하, 즉 (−)의 문턱 전압을 갖도록 만든다. 이 트랜지스터의 특징은 전원 전압 $V_{DD}=2.5$[V]가 들어오면 당연히 ON 상태가 되며, 접지 전압 $V_{SS}=0$[V]가 들어와도 ON 상태가 되는 것이다. 왜 그럴까? nMOS는 항상 문턱 전압보다 높은 게이트 전압이 있으면 ON되는 성질이 있기 때문이다.

문턱 전압이 $V_{TH}=-1.5$[V]라면 $V_{TH}=0.6$[V]는 상당히 높은 전압이다. 그러므로 전원이 있는 한 늘 nMOS가 ON 상태를 유지하는 것이다.

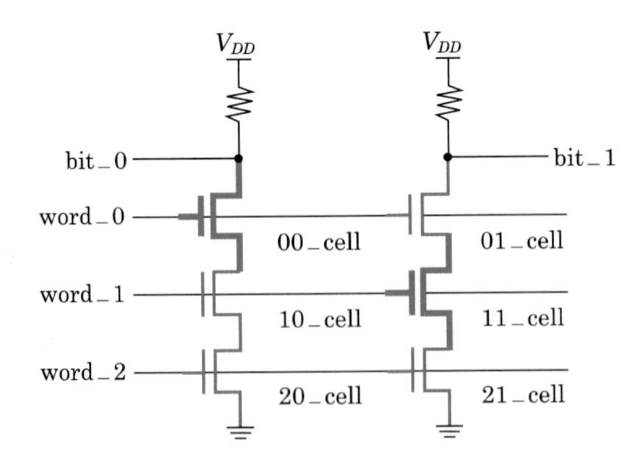

그림 7.40 NAND형 ROM의 구조(6_cell)

① word_0 번지의 데이터 읽기

그림 7.41에서는 워드선 word_0='0'의 경우, 6개의 cell로 구성되어 있는 NAND형 ROM의 읽기 동작을 보여 주고 있다. 선택된 번지의 워드선에는 논리 '0', 비선택 번지의 워드선에는 논리 '1'의 값을 준다.

그러니까 선택 번지인 word_0='0', 비선택 번지인 word_1='1', word_2='1'이 공급되었다. 이런 상태에서 비트선 bit_1을 보자. 11_cell과 21_cell은 ON 상태를 유지하나, 01_cell은 SW-OFF 상태이어서 전원 전압 V_{DD}에서 저항 R_1을 통하여 비트선 bit_1으로 논리 '1'의 값이 출력된다.

한편, 비트선 bit_0는 어떻게 작용할까?

비트선 word_1=word_2='1'이므로 10_cell과 20_cell은 ON 상태를 유지할 것이다. 물론 word_0='0'상태이기는 하나, 이 트랜지스터의 문턱 전압이 음(−)의 값을 가지므로 항상 SW-ON 상태에 있다. 그러므로 전원 전압에서 bit_0에 있던 전하들이 V_{DD} → 00_cell → 10_cell → 20_cell → V_{SS}의 경로로 빠져나가 비트선 bit_0에는 논리 '0'의 값을 읽어 내는 것이다.

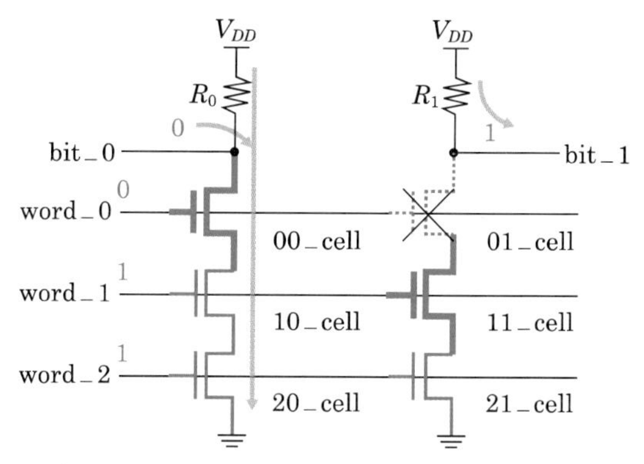

그림 7.41 NAND형 ROM의 동작(word_0='0'의 경우)

② word_1 번지의 데이터 읽기

이번에는 그림 7.42와 같이 6개의 셀 중 word_1만 논리 '0'이 공급된 경우를 살펴보자.

bit_0 쪽을 보자. word_1='0'이므로 10_cell이 OFF 상태이므로 전원에서 내려온 전류가 그대로 비트선 bit_0로 나와 읽혀지는 것이다. 이제 bit_1 쪽은 어떻게 동작할까?

word_1 ='0'가 공급되기는 하였으나, 이 트랜지스터는 음(−)의 문턱 전압을 가지고 있으므로 여전히 ON 상태를 유지한다. 그러므로 V_{DD} → 01_cell → 11_cell → 21_cell → V_{SS}의 경로를 따라 빠져나가므로 비트선 bit_1의 출력은 논리 '0'이다. 여기서 V_{DD}에 접

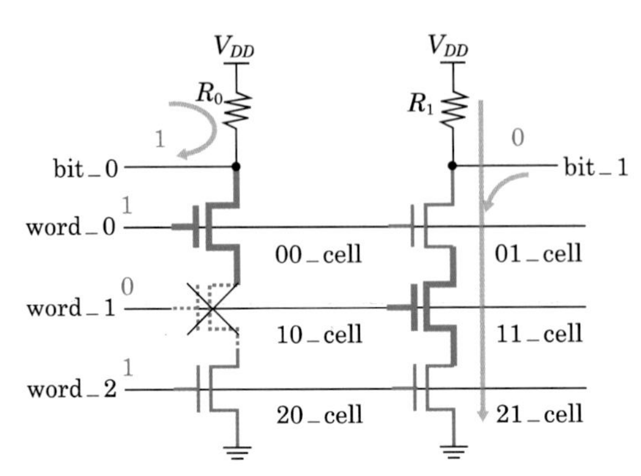

그림 7.42 NAND형 ROM의 동작(word_1='0'의 경우)

지인 V_{SS}까지 전류가 빠져나가기 위해서는 트랜지스터 3개를 거쳐야 한다. 이것은 워드선이 3개인 경우이지만, 수억 개의 워드선이 있는 경우는 반응 속도가 느리다. 이것이 단점이긴 하지만, NAND형은 셀들을 작게 집적시킬 수 있다. 즉, 집적도를 높일 수 있는 것이다. NAND형은 NOR형보다 제조 과정에서 영역과 영역 사이의 공간을 줄여서 만들 수 있기 때문이다.

5. DRAM 셀의 단면 구조

DRAM의 구조를 공정 단면과 연계하여 살펴보기 위해 그림 7.43에 나타내었다. 그림 (a)의 등가회로와 그림 (b)의 단면 구조를 비교해 보자.

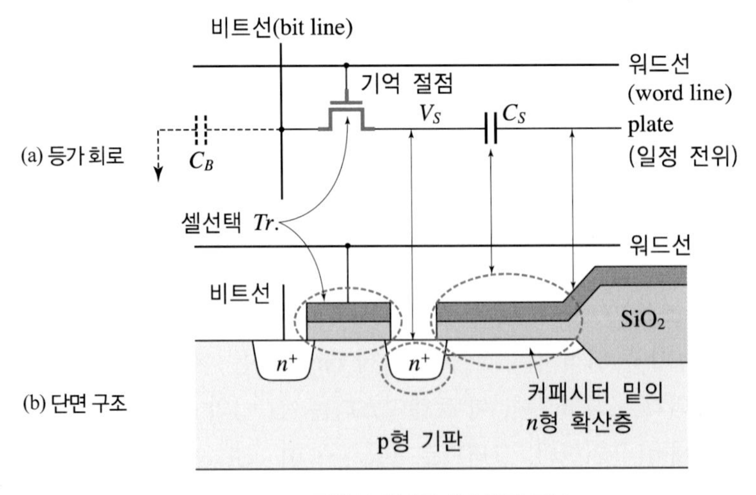

그림 7.43 DRAM 셀의 구조

6. 대용량 DRAM 셀의 구조

그림 7.44는 메모리 – 셀의 구조를 보여주고 있는데, 그림 (a)와 같이 원래 메모리 – 셀은 2차원적인 평면 구조로 제작한 평탄 셀$_{\text{planar cell}}$이었으나, 이 구조는 대용량의 메모리 – 셀 구형에는 한계가 있다. 대용량화의 메모리 – 셀은 결국 커패시터를 작게 할 필요가 있으나, 이렇게 하면 커패시터의 적극 면적이 충분하지 않게 되어 안정한 기억 동작에 필요한 용량 값을 확보할 수 없게 된다. 따라서 셀 구조의 3차원화를 통하여 해결하고 있다.

그 대표적인 방안 중 하나가 그림 (b)에 나타낸 작은 도랑$_{\text{trench}}$ 셀을 구성하는 것이다. 이 구조는 실리콘 기판 중에 깊은 구멍을 뚫어 커패시터 면적을 증가시켜서 C_S의 값을 크게 한다. 또 하나의 방법은 그림 (c)와 같이 적층$_{\text{stack}}$형 셀 구조로, 이는 실리콘 위에 높게 커패시터를 쌓아 올려 그 면적을 증가시키므로 C_S를 증가시킨다.

DRAM에서 기억 내용을 계속 유지하기 위하여 Reflash 동작이 필요하다. 이것은 메모리 – 셀의 커패시터에 축적되었던 전하가 pn접합의 미소한 누설에 의하여 서서히 소멸되기 때문이다. 그림 7.45는 평탄형 DRAM 메모리 – 셀을 이용한 미소한 누설이 발생하여 기억 내용이 소멸되는 원리를 나타낸 것이다.

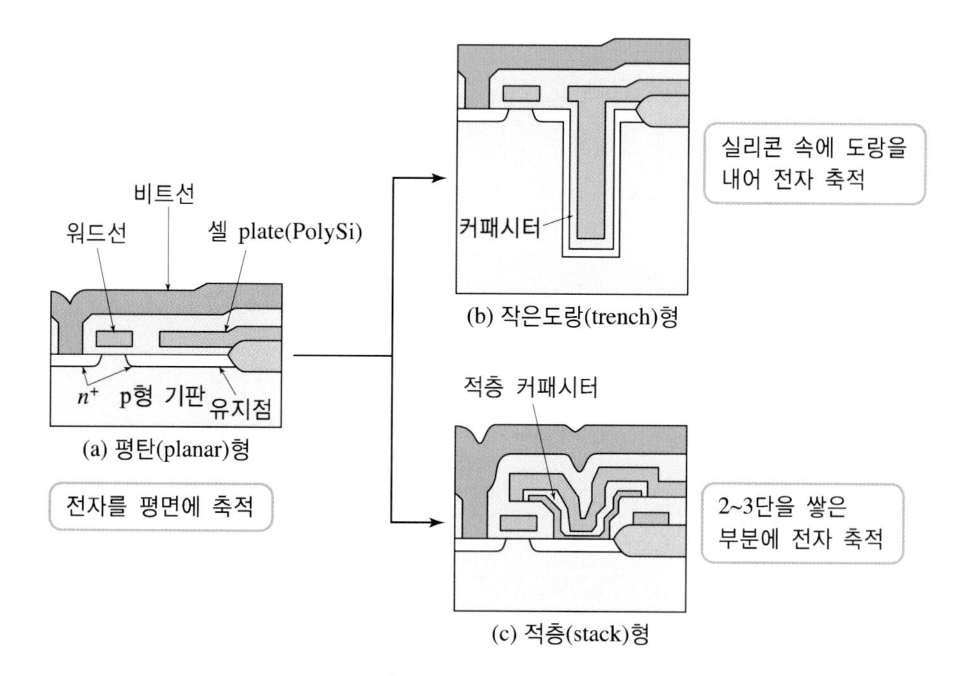

그림 7.44 DRAM 셀의 구조

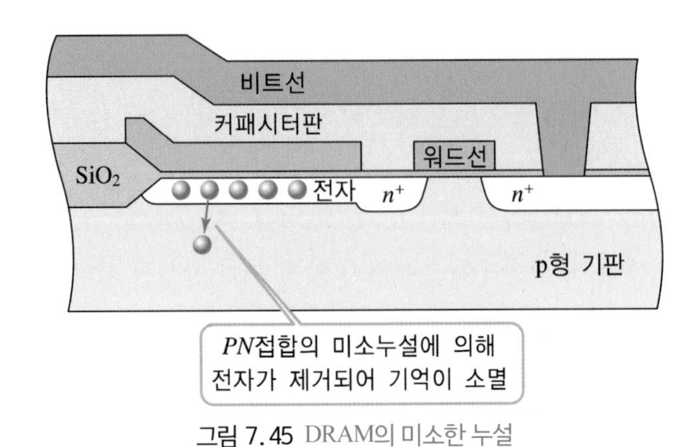

그림 7.45 DRAM의 미소한 누설

이러한 미소 누설 전하로 커패시터 전하가 일정 값 이하로 떨어지면 전하가 축적되어 있는 논리 '1' 상태의 식별이 어렵게 된다. 기억이 소멸되기 때문이다. 이와 같이 기억 내용의 쓰기에서 소멸까지의 시간을 유지 시간hold time이라 한다.

DRAM의 유지 시간은 내부에 포함되어 있는 전체 메모리-셀(예를 들어, 256 MDRAM의 경우 256×10^6개의 셀) 내의 가장 짧은 유지 시간에 의하여 결정된다. 유지 시간이 짧으면 DRAM의 Reflash 동작을 빈번히 수행해야 하고, 또 큰 기억 용량을 갖는 DRAM을 실현하는 데 큰 애로사항이 된다.

유지 시간을 길게 하기 위해서는 DRAM이 갖는 고유의 문제를 해결하고, 여기에 완전성이 높은 pn접합을 균일하게 형성하는 것, 즉 기판 재료로 쓰이는 결정의 완전성 확보, 소량의 오염 물질의 제거, 소자의 구조 및 프로세스 기술의 향상, 제조 라인의 클린clean화 기술 등이 해결되어야 한다.

7.4 기억 소자의 응용 분야

Semiconductor Device Engineering

1. 컴퓨터와 기억 소자의 관계

메모리는 주로 컴퓨터 시스템에서 사용된다. 컴퓨터 시스템은 중앙처리장치CPU, 기억장치, 입출력장치 등으로 구성되어 있다. 기억장치는 프로그램과 데이터를 저장하는 영역이다. 중앙처리장치는 직접 기억장치를 읽고 써서 주어진 데이터에 대하여 계산을 수행하며, 컴퓨터 전체를 제어하는 기능을 갖고 있다.

2. 반도체 기억 소자의 비교

DRAM과 SRAM은 전원의 에너지를 전하량 혹은 전위의 형태로 기억하므로 전원이 떨어지면 기억이 소멸되는 휘발성 기억 소자이다. ROM은 물리적으로 배선을 절단하기도 하고, 채널 위에 이온 주입을 하기도 하여 부유 게이트 속에 전자를 주입하여 기억하므로, 전원이 떨어져도 기억이 소멸되지 않는 비휘발성 기억 소자이다.

그림 7.46은 각 반도체 메모리를 비교한 것으로, X축에 다시 쓰기의 속도, Y축은 마스크 ROM의 셀 크기를 1로 하였을 때 셀 크기 비용을 나타낸 것이다.

EPROM은 자외선을 30분 정도 쬐어서 소거한다. 쓰기 동작 시간은 플래시 메모리의 다시 쓰기 속도와 거의 같다. ROM의 읽기 동작 속도는 DRAM과 거의 같지만, 그림에서 다시 쓰기 속도는 읽기 속도보다 늦음을 알 수 있다. 플래시 메모리의 다시 쓰기 속도가 EEPROM보다 빠른 것은 쓰기 동작에 열전자를 주입하고 있는 것과 시간이 걸리는 터널 현상에 의한 소거를 일괄 처리하기 때문이다.

SRAM은 어드레스에 신호가 입력된 후 데이터로 출력 신호가 나올 때까지 그대로 신호를 전달한다. DRAM은 내부에서 시간을 조정할 펄스를 주어서 신호를 전달하므로 SRAM보다 신호의 전달 속도가 늦게 된다. 마스크 ROM은 컨택$_{\text{contack}}$의 수가 적은 종형(縱形) 구조를 갖고 있으므로 셀의 크기가 작다.

EPROM과 플래시도 선택-셀 그 자체가 셀로 되는 극히 간소한 구조를 갖고 있어 마스크 ROM 다음으로 작은 셀 크기를 갖는다. EEPROM은 셀-선택을 여분으로 갖고 있어서 EPROM과 플래시 메모리보다 크다. SRAM은 저항 부하형 셀 방식을 주로 채택하고 있으나, 하나의 셀당 4개의 트랜지스터가 필요하여 그중에서 가장 큰 셀 크기로 된다.

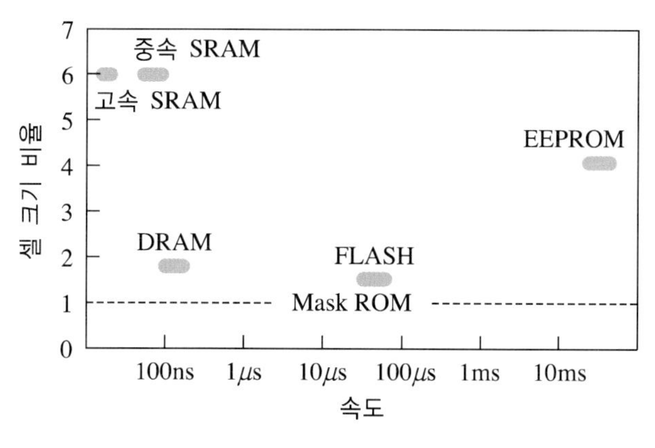

그림 7.46 반도체 기억 소자의 비교

3. 기억 소자의 응용

컴퓨터는 가전제품에서 고성능 컴퓨터에 이르기까지 여러 시스템에 사용되고 있어 생활에 꼭 필요한 기기가 되었다. 여기서는 개인용 컴퓨터와 전용 워드 프로세서를 중심으로 각 메모리가 어떻게 사용되는가를 살펴보기로 한다. 그림 7.47은 개인용 컴퓨터에서 메모리가 쓰이는 용도를 단층으로 나타낸 것이다.

기억장치는 프로그램과 데이터를 기억하는 장치로, 구성상 주기억장치와 보조기억장치로 나누어진다. 주기억장치는 중앙처리장치가 직접 읽고 쓰기 동작을 하는 것으로, 읽기와 쓰기 모두 고속의 대용량 메모리가 필요하다. 이 때문에 주기억장치로는 고속인 반도체 메모리인 RAM이 사용된다. DRAM의 셀 크기는 DRAM보다 작고 낮은 가격이므로 주기억장치에는 주로 DRAM이 사용되고 있다.

이와 같이 개인용 컴퓨터에서는 많은 대용량 DRAM이 필요하여 생산되는 DRAM의 총 기억 용량이 다른 메모리보다 크게 앞서고 있다. 현재 DRAM이 반도체 메모리의 주류로 되고 있는 이유이다.

RAM은 전원이 꺼지면 기억 내용이 소멸되는 단점을 갖고 있다. 보조기억장치는 주기억의 내용과 휘발성의 단점을 보완하는 것으로, 반도체 메모리보다 다시 쓰기 속도는 늦지만, 낮은 가격으로 보다 대용량의 자기 기록 장치인 HDD$_{\text{hard disk driver}}$와 FDD$_{\text{floppy disk driver}}$가 사용된다.

중앙처리장치는 주기억장치에 직접 읽고 쓰지만, 많은 경우 여기저기에 떨어져 있는 메모리의 어드레스에 걸쳐서 읽고 쓰는 것이 적고, 고정된 어드레스 내에서 실행되는 것이 많다. 따라서 주기억장치를 미리 몇 개의 블록$_{\text{block}}$마다 분할하여 놓고, 선택된 어드레스를 포함하는 블록을 주기억장치에서 읽어내어 저장 메모리인 캐시$_{\text{cache}}$ 메모리에 저장하고, 중앙처리장치는 캐시 메모리에 직접 읽고 쓰기 동작을 실행한다. 선택된 어드레스가 없을

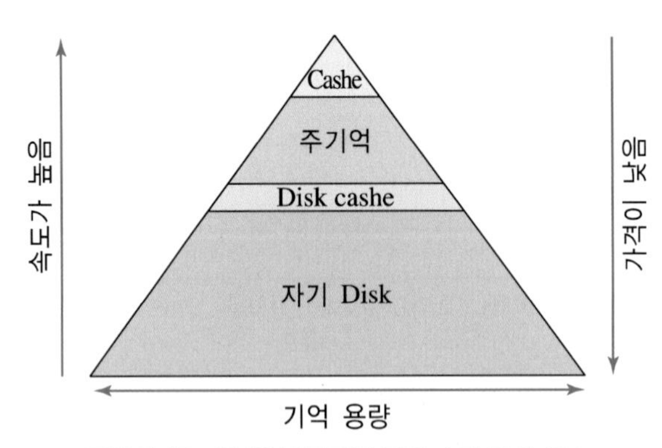

그림 7.47 개인용 컴퓨터의 기억 소자 단층 구소

때는 변경하여 지정된 어드레스를 포함하는 별도의 블록을 주기억장치에서 읽어내어 캐시 메모리에 저장하고 고쳐 실행한다. 이것을 그림 7.48에 나타내었다.

캐시 메모리는 DRAM보다 고속인 고속 SRAM이 사용된다. 디스크 캐시는 캐시 메모리와 주기억의 관계를 반도체 메모리와 자기 디스크의 관계로 치환하여 속초 차를 보충하고 있다. 디스크 캐시에는 DRAM과 SRAM이 이용되고 있다. 대형 컴퓨터와 EWS engineering work station의 주기억장치와 캐시 메모리에도 DRAM과 SRAM이 사용되고 있다.

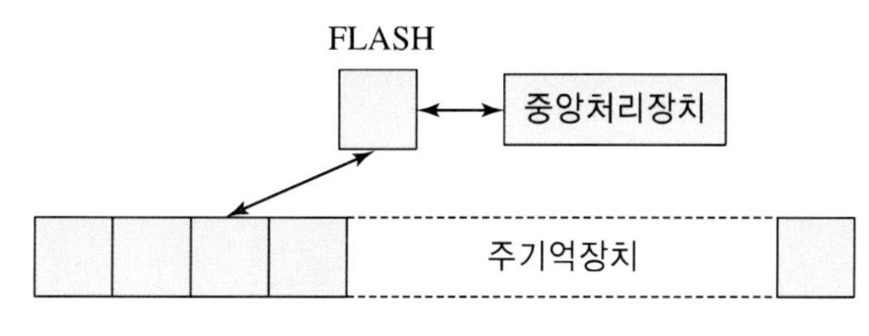

그림 7.48 캐시 기억 소자의 기능

| 연구문제 |

1. 반도체 기억 소자를 기능별로 구분하시오.

2. DRAM의 읽기와 쓰기 동작의 회로를 그려 기술하시오.

3. SRAM의 셀 구성법 세 가지를 그리고 각각의 동작을 기술하시오.

4. 미스크 ROM의 이온 주입법을 이용한 쓰기 동작을 그림과 함께 기술하시오.

5. EPROM의 쓰기와 소거의 동작을 그림과 함께 기술하시오.

6. EEPROM의 쓰기와 소거의 동작을 그림과 함께 기술하시오.

7. 플래시 기억 소자의 쓰기와 소거 동작을 그림과 함께 기술하시오.

8. 반도체 기억 소자에 관한 다음 기술에서 ( ) 속에 적당한 용어를 써 넣으시오.

   반도체 메모리는 (①)과 (②)로 크게 분류되며, 현재는 집적도가 우수한 (①)이 주류를 이루고 있다. (①)은 (③)과 (④)로 나눌 수 있다.

   (③)은 (⑤)와 (⑥)으로 나눌 수 있고, (⑤)는 (⑦)로 전하를 일시적으로 축적하여 기억을 수행한다. 하나의 (⑦)로 기억할 수 있으므로 (⑥)에 비하여 집적도가 높다. 이 때문에 칩 제작 비용의 저감이 용이하여 개인용 컴퓨터의 주기억 장치를 중심으로 넓게 활용하고 있다. (⑦)에 전하를 일시적으로 축적하기 위하여 셀 내에 극히 미소한 전류에 의해 기억되어 있던 전하를 소멸한다. 이 때문에 일정 시간마다 데이터의 (⑧)을 수행할 필요가 있다. 높은 집적도가 진전됨에 따라 (⑦) 할당되는 면적이 작게 되므로, 그 면적을 확보하기 위하여 (⑨) 혹은 (⑩)과 같은 구조가 채택되고 있다. (⑥)은 한쪽의 인버터 출력을 다른 쪽의 인버터 입력으로 피드백(feedback)하는 것으로 기억을 수행한다.

   (⑥)은 (⑤)에 비하여 셀 동작을 복잡한 클럭에 의해 제어할 필요가 없기 때문에 고속의 읽기를 실행할 수 있다. 이 때문에 컴퓨터 메모리의 계층 구조의 최상위에

있는 (⑪)로 사용된다. (⑤)와 (⑥)은 모두 전원이 꺼지면 축적된 기억을 소멸하는 (⑫)이다.

(⑥)은 (⑤)와 같이 (⑧)이 필요 없다. CMOS는 주변 회로의 (⑥)이 극히 낮은 소비 전류로 설계하는 것이 가능하여 전지로 백업(backup)하여 (⑬)으로도 사용한다. (④)에는 마스크 패턴을 사용하여 반도체 제조 회사가 기억을 수행하는 (⑭), 기억된 내용을 자외선을 쬐어서 소거를 행하는 (⑮), 바이트마다 전기적인 쓰기와 소거가 가능한 (⑯), 바이트 단위의 소거를 일괄 소거로 하여 셀 면적을 작게 하는 (⑰) 등이 있다. 이들의 (④)는 전원이 꺼진 후에도 기억한 내용을 소멸하지 않으므로 (⑬)이라 한다.

9. 다음 문장의 ( ) 속에 적당한 용어를 써 넣으시오.

EPROM의 쓰기는 (①)의 드레인과 제어 게이트에 높은 전압을 인가하여 드레인 근처에서 (②)를 발생시켜 (③)에 주입하여 행한다. FLOTOX형의 EEPROM은 쓰기도 소거도 (④)를 사용하여 행한다. 이 EEPROM은 과소거 문제를 (①)과 직렬로 (⑤)를 덧붙이는 것으로 해결한다. 이 상태에서 칩의 크기는 EPROM보다도 크게 된다. 적층형의 플래시 메모리에서 쓰기는 (②)를 (③)에 주입하여 행하고, 소거는 (①)의 제어 게이트를 0[V]로 한 상태에서 (⑥) 전체에 높은 전압을 인가하여 일괄하여 행한다. 플래시 메모리 소거용 전압을 작은 펄스로 하여 인가하고, 그때마다 (⑦)을 조사하여 적정한 전압값 내에 들어오면 소거를 완료한다. 이 때문에 EPROM과 같은 집적도를 실현할 수 있다.

10. 다음 문장의 ( ) 속에 용어를 선택하여 기호를 써 넣으시오.

(①)은 낮은 가격의 메모리이지만, 일단 데이터를 써 넣으면 사용자는 고쳐 쓰기가 어렵기 때문에 (②) 등의 고정된 데이터와 완성도가 높은 프로그램을 기억하는 데에 이용하고 있다. 개인용 컴퓨터의 (③)에는 문제가 있는 경우, 고쳐 쓸 수가 있고, 또 앞으로 (④)의 변경이 있는 경우에도 변경 가능한 것에서 (⑤)와 (⑥)가 이용되는 것이 많다. 배터리 백업용의 (⑦)은 (⑧)의 메시지와 가정용 게임기에서 이용하고 있다. (⑨)는 TV, 비디오, 휴대전화 등의 채널 주파수와 음량 등의 설정에 사용되고 있다.

용어			
	• BIOS	• 중속 SRAM	• EEPROM
	• 하드웨어	• 휴대전화	• 플래시 메모리
	• 마스크 ROM	• EPROM	• 사전

Chapter 8

정보 디스플레이

8.1 정보 디스플레이의 개요

1. 디스플레이의 구성 요소

정보 디스플레이information display는 각종 전자 제품으로부터 다양한 정보를 우리 인간에게 전달하는 장치를 말한다. 즉, 전자 기기와 인간 사이의 정보 교환을 위한 도구로서, 우리 주변의 수많은 정보와 인간을 연결하여 주는 역할을 하는 장치이다. 그림 8.1에서는 각종 정보 디스플레이 제품을 소개하고 있다.

동영상을 포함한 대량의 정보들은 인간의 눈을 통하여 전달되기 때문에 디스플레이 제품은 인간의 시각적인 감각을 만족하면서 기기로부터 얻어지는 정보의 전달 역할을 수행하게 된다. 따라서 정보 디스플레이 기술의 초점은 기기와 인간과의 시각적인 관점에서

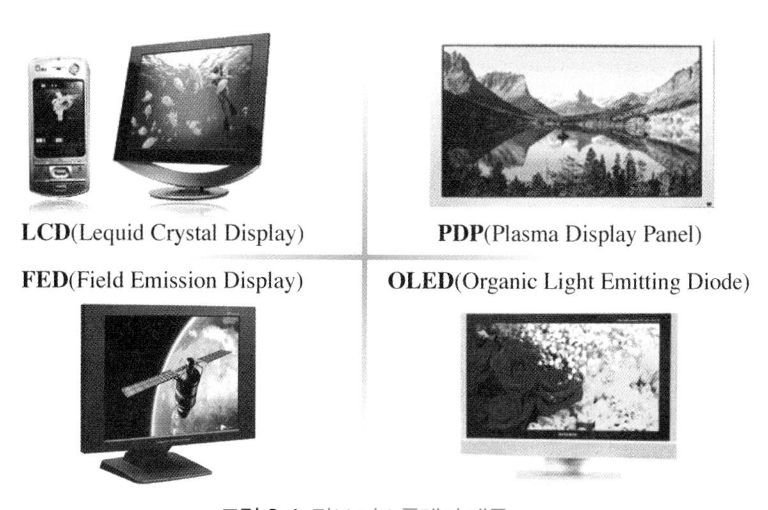

그림 8.1 정보 디스플레이 제품

그림 8.2 디스플레이 장치의 역할

연구·개발하는 것이다. 즉, 인간의 시각적인 체계의 범주에서 최상의 화상과 포근함을 목표로 개발되고 있어 영상정보의 원활한 전달을 위하여 정보의 특성에 맞는 디스플레이의 선택이

필요하다. 그림 8.2는 주변의 영상 정보를 디스플레이 장치를 통하여 우리 인간에게 정보를 전달하는 역할을 나타내고 있다.

영상 정보를 표시하는 디스플레이 장치는 그 표시화면 자체가 여러 개의 단위 화소$_{\text{unit pixel}}$로 구성되어 있으며, 최근에는 단색 표시 장치 대신 컬러 디스플레이$_{\text{color display}}$가 주류를 이루고 있다. 정보표시의 화면을 컬러로 하기 위하여 그림 8.3에서와 같이 컬러 화소$_{\text{color pixel}}$가 필요하며, 이 컬러 화소는 다시 빛의 삼원색에 해당하는 적색(R_{red}), 녹색(G_{green}) 및 청색(B_{blue})의 RGB 발광 소자가 있어야 한다. 이들 RGB 발광 소자는 표시 화면을 만들 때, 유기 또는 무기 화합물로 구성된 컬러 발광체$_{\text{color phosphor}}$를 표시 화면의 안쪽에 도포하거나 컬러 필터$_{\text{color filter}}$라 하는 것을 사용하여 백색광을 투과시켜 얻을 수 있다.

TV, 컴퓨터 등의 모니터에서 영상을 표시하는 디스플레이 화면의 화질을 평가하는 요소가 있다. 첫째, 표시 화면의 밝기를 나타내는 휘도$_{\text{brightness}}$가 있는데, 이는 단위 면적당 방출하는 광의 양을 나타내는 척도로 [Cd/m^2]의 단위를 쓴다. 둘째는, 디스플레이 화면의 정밀도를 나타내는 해상도$_{\text{resolution}}$ 즉 표시 화면을 구성하는 화소의 수를 픽셀$_{\text{pixel}}$ 수로 나타내는 것이 있다. 셋째, 표시 화면의 밝고 어두움을 나타내는 명암비$_{\text{contrast}}$가 있다. 이것은 하나의 화소에 대한 최대 밝기를 최저 밝기로 나눈 값이다. 마지막으로, 화면의 색깔을 얼마나 원색에 접근하고 있는가를 나타내는 색상$_{\text{color chromaticity}}$ 등이 있다.

디스플레이 장치의 휘도는 영상을 나타내는 표시 화면의 밝기를 표시하는데, 이 값은 장치 내부에 있는 광원$_{\text{light source}}$의 세기에 비례하며, 동일 광원을 사용할 경우, 방출되는 면적의 크기에 반비례하게 된다. 국제적으로 촛불 한 개의 밝기를 1 Cd_{candle}로 정하였기 때문에 광원의 세기는 사용하는 광원의 종류에 따라 수십 Cd에서 수만 Cd까지 다양하게

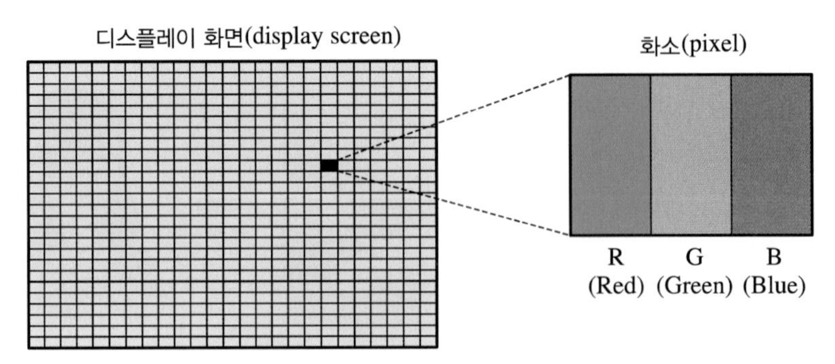

그림 8.3 디스플레이 화면과 화소의 구성

표 8.1 디스플레이 해상도의 규격과 화소 수

구 분	장 치	화소수(pixel)	종횡비(aspect ratio)
TV	NTSC(National TV System Committee)	640×480	4 : 3
	HDTV(High Definition TV)	1,920×1,080	16 : 9
컴퓨터	VGA(Video Graphics Array)	640×480	
	SVGA(Super VGA)	800×600	
	XGA(Extended VGA)	1,024×768	
	UXGA(Ultra Extended VGA)	1,280×1,024	
	SXGA(Super XGA)	1,600×1,200	
	Engineering Workstation	1,280×1,024	

사용하고 있다. 보통 우리가 사용하는 TV나 컴퓨터 모니터의 경우, 디스플레이 화면의 밝기가 대략 100[Cd/m^2]에서 1,000[Cd/m^2] 정도로, 적어도 500[Cd/m^2] 이상이 되어야 조명이 밝은 장소에서 화면을 볼 수 있게 된다. 표 8.1에서는 현재 국제적으로 규정하고 있는 디스플레이 화면 시스템의 해상도를 보여 주고 있다.

최근에 급속히 보급되고 있는 고화질 TV(HDTV$_{\text{High Definition TV}}$)는 디지털 신호 처리 기술을 활용한 최고급 영상 장치로 미세한 부분까지 표시가 가능하며, 화면의 종횡비(縱橫比$_{\text{aspect ratio}}$)가 16 : 9인 대형 화면의 경우 총 화소 수가 200만 개 이상에 달한다. 따라서 앞으로 디지털 신호 처리 시스템을 이용한 HDTV 디스플레이는 향후 3차원 영상 디스플레이 표시 장치로 각광받을 것으로 기대되고 있다.

한편 디스플레이 화면의 명암비$_{\text{contrast}}$는 화면의 질을 나타내는 것으로, 영상을 표시하는 화소의 최대 밝기와 어둡기의 비율로 그 크기를 나타내며, 이 값은 영상의 선명도와 관련이 있어 디스플레이의 화질을 결정하는 중요한 척도가 되고 있다.

디스플레이의 색상$_{\text{color chromaticity}}$은 표시 화면의 색깔이 인간의 눈에 익숙한 자연색에 얼마나 가까운가를 나타내는 것이다. 디스플레이 장치가 색을 표시하기 위하여 강도가 서로 다른 삼색광을 인간 눈의 공간 분해능이 미치지 못하는 좁은 영역에 동시에 나타내어서 빛이 섞여 보이도록 하거나, 한 공간에서 인간 눈의 시간 분해 능력보다 더 빠르게 삼색광을 순차적으로 나타내 빛이 보이도록 하여야 한다. 가장 이상적인 색의 표현을 위해서는 동일 시간에 동일 위치에서 삼색광이 동시에 중첩되어 인간의 눈에 감지되어야 한다.

2. 디스플레이의 개발

인간이 영상 정보를 표현하고자 개발한 장치는 음극선관$_{\text{CRT}}$으로서 1897년 독일의 과학자 Brown에 의하여 발명된 이래 현재까지도 일반 가정용 TV와 컴퓨터의 모니터에 표시 장치로 사용하고 있다. 이 음극선관은 디스플레이 장치로서 많은 장점을 갖고 있으나, 부피가 크고 무거운 유리관, 전자총, 고전압 열전자 가속 장치 등을 갖고 있어서 가벼우면서 대형화하기가 어려운 점 등으로 그 수요가 점점 떨어지고 있다.

한편, 1980년대 제품화에 성공하여 본격적으로 시장에 출시한 평판 디스플레이(FPD_{Flat Panel Display}) 장치는 음극선관의 결정적 결점을 해결하여 매우 얇고 가벼우며, 시력 장애 등에 유리한 영상 정보 표시 장치로서 각광을 받게 되었다.

평판 디스플레이의 대표적 제품인 액정 표시 장치(LCD Liquid Crystal Display)는 1888년 오스트리아의 Reinitzer가 액정 효과를 발견한 이후, 1973년 미국의 RCA사가 전자 시계에 디스플레이 소자로 응용하는 데 성공하였다. 그 후, 일본에서 LCD 기술을 보다 발전시켜 시계와 장난감, 전자 계산기 등에 사용하게 되었다.

그러나 당시의 LCD는 동작 속도가 느리고 주위 온도 변화에 민감한 특성을 갖고 있어 제품으로서 제약이 있었다. 1980년대 들어서 점차 구동 속도가 빠른 STN Super Twisted Nematic 형 액정이 개발되었다. 또한 제조 공정이 비교적 간단하고 가격이 저렴한 비정질 실리콘 amorphous silicon을 유리 기판 위에 형성하여 제작한 박막 트랜지스터(TFT Thin Film Transistor)가 개발되면서 능동형 메트릭스 구동 회로를 갖는 액정 표시 장치(AMLCD Active Matrix LCD)가 출현하였다.

이러한 TFT-LCD가 주로 채택하고 있는 AMLCD는 최근에 들어와 급속하게 기술의 진전이 이루어져 동작 속도, 화질과 화면 크기에서 크게 개선되었다.

또 투명 전극이 입혀진 유리 기판의 양산 체제에 따라 가격이 저렴하게 되었으며, 반도체 박막 공정의 발전과 부품 소재의 양산 기술에 힘입어 액정 디스플레이 소자의 가격도 떨어져, 1990년대에는 평판 디스플레이 시장 가운데 액정 표시 장치 비중이 90% 이상 점하게 되었다. 1998년 이후 TFT-LCD의 주요 시장이 모니터 시장으로 개편됨에 따라 제4세대 혹은 제5세대 유리 기판을 주로 사용하고 있으며, 2004년 이후는 그 주요 시장이 LCD-TV로 이동함에 따라 제6세대 혹은 제7세대 유리 기판이 주로 사용되고 있다.

그림 8.4에서는 TFT-LCD의 세대별 크기와 응용 제품을 보여 주고 있다.

이제 이 분야 연구 개발과 생산에 꾸준한 투자가 이어져 세계 최고의 생산국이 되었으며, 수출의 주종목으로 부상하고 있으며, 최근 57인치급 초대형 TV용 TFT-LCD 기술을 개발하는 등 세계적 기술을 선도하고 있다.

차세대 벽걸이 TV로 각광받고 있는 플라즈마 디스플레이(PDP Plasma Display Panel)의 경우, 1990년대 이전에는 주로 단색광의 소형 전광판 위주로 개발되었으나, 최근에 플라즈마 발생 기술과 발광체 기술의 발전으로 내부 방전의 에너지 변환 효율이 크게 향상되고 또 플

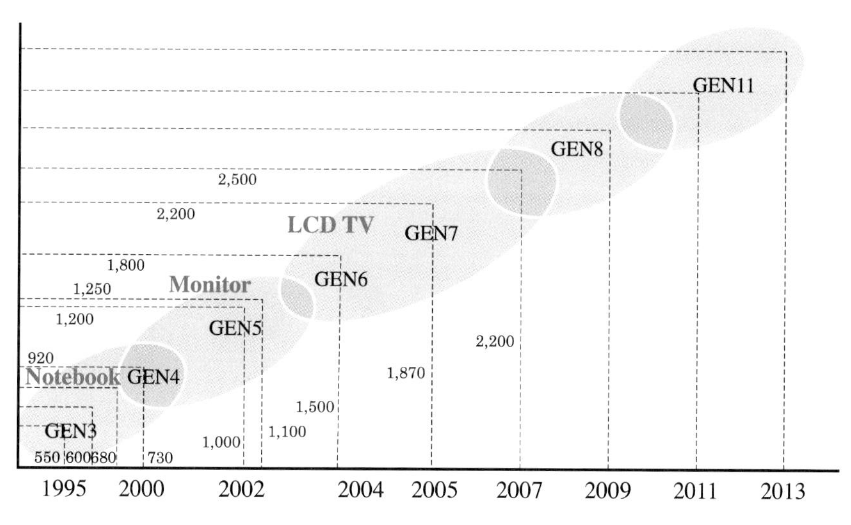

그림 8.4 TFT-LCD의 세대별 크기와 응용 제품

라즈마 디스플레이 소자의 전극 구조의 최적화와 방전 기술의 개발에 힘입어 특성이 크게 개선되었다. 또한 구동 회로의 집적화와 방열 특성의 향상으로 소모 전력이 감소되었으며, 제품의 고화질화와 대형화의 기술이 계속 진행되고 있다.

3. 디스플레이의 종류와 특성

(1) 디스플레이의 종류

정보 디스플레이를 분류하는 방법은 다음 몇 가지로 나누어 생각할 수 있다.

첫째, 화면의 크기로 분류하는 것이다. 화상이 표현되는 화면의 크기로 구분할 수 있는데, 화면의 대각선의 길이가 10인치$_{inch}$ 이하의 디스플레이는 소형, 10인치에서 40인치 미만은 중형, 40인치 이상은 대형 디스플레이로 분류할 수 있다.

둘째, 디스플레이를 직시(直視)형과 투사(透寫)형으로 구분하는데, 직시형 디스플레이는 회로 시스템에서 만들어진 화상을 인간이 직접 볼 수 있도록 하는 장치로 CRT$_{cathode\ Ray\ Tube}$, PDP, LCD 등이 이에 속한다. 투사형 디스플레이는 회로 시스템에서 만들어진 화상을 광학 장치를 거쳐 확대한 화면을 인간이 볼 수 있도록 한 것으로 프로젝션$_{projection}$이 대표적이다.

셋째, 자발광(自發光)과 비자발광(非自發光) 디스플레이로 나눌 수 있다. 장치 내에 화상을 구현하는 데 필요한 광원을 갖고 있는 경우 자발광 디스플레이라 하며, CRT나 PDP가 이에 해당한다. 비자발광 디스플레이는 스스로 빛을 낼 수 없는 것으로 후면광$_{back\ light}$ 등의

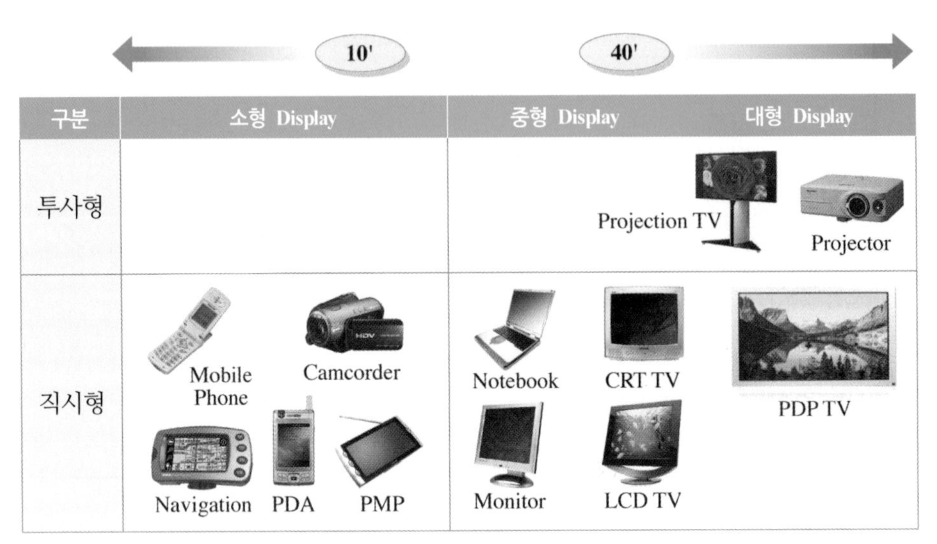

그림 8.5 정보 디스플레이의 종류

광원이 필요한 디스플레이를 말하며, LCD나 프로젝션은 이에 해당한다. 최근에는 화면 크기가 대형화하면서 화면의 평면화 여부에 따라 분류하기도 하는데, 예를 들어 평판 디스플레이$_{FPD}$와 같은 평판형과 비평판형으로 나눌 수 있다. 그림 8.5에서 디스플레이의 종류를 나타내고 있는데, 디스플레이의 특징에 따라 CRT, FPD, Projection으로 구분되고 있다. CRT의 경우, 최근 평면 CRT도 개발되어 있어 부분적으로 평판형 디스플레이로 분류할 수 있으나, 그 범용성을 고려하여 따로 분류하였다.

(2) 디스플레이의 특성

앞에서 기술한 여러 정보 디스플레이를 비교하였다. 지금까지 사용되어온 CRT의 경우, 화질, 명암비, 휘도 및 신뢰성 측면에서 우수한 특성을 보이고 있으나, 박막화 및 소비 전

표 8.2 정보 디스플레이의 특성 비교

종 류	특 성				박막화	소비 전력	신뢰성
	화면 크기 (size)	컬러 화질 (quality)	명암비 (contrast)	휘도 (brightness)			
CRT	~40인치	매우 우수	매우 우수	매우 우수	보통	보통	매우 우수
PDP	~102인치	매우 우수	우수	매우 우수	우수	우수	매우 우수
유기 EL	~21인치	우수	우수	우수	매우 우수	매우 우수	매우 우수
FED	~40인치	우수	우수	매우 우수	매우 우수	매우 우수	우수
TFT-LCD	~57인치	매우 우수	매우 우수	매우 우수	매우 우수	매우 우수	매우 우수

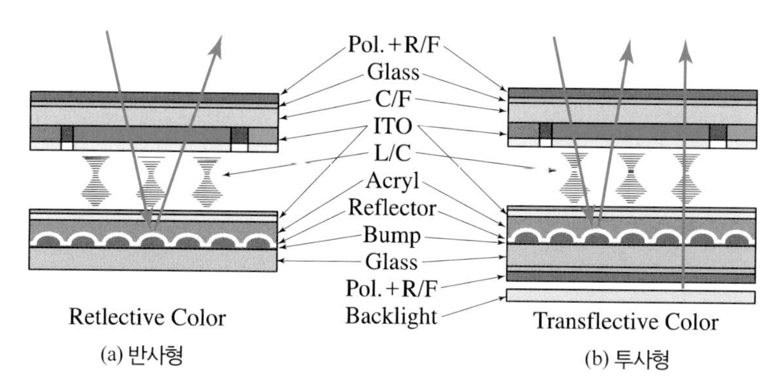

그림 8.6 LCD의 반사형과 투사형 구조

력 면에서는 열세에 있다. TFT-LCD의 경우, 화질, 명암비, 소비 전력 부문에서 기술적 개선이 요구되며, PDP는 명암비, 소비 전력 면에서 개선이 필요한 것으로 지적되고 있다. 표 8.2에서 정보 디스플레이 장치의 특성을 비교하고 있다.

현재 평판 디스플레이의 주종을 이루는 액정 표시 장치인 LCD는 비자발광형으로 화면 자체가 투사형$_{\text{projection type}}$과 반사형$_{\text{reflective type}}$으로 구분하며, 영상 표현을 하기 위하여 반드시 후면광 장치(BLU$_{\text{back Light Unit}}$)를 필요로 한다. 그림 8.6에서는 LCD의 (a) 반사형과 (b) 투사형을 각각 보여 주고 있다.

LCD는 초기에 응답 속도가 수백 ms 정도의 매우 느린 TN$_{\text{twisted nematic}}$형 액정으로부터 디스플레이에 실용화되기 시작하였으며, 곧이어 응답 속도가 빠른 STN$_{\text{super TN}}$형의 액정 디스플레이 기술을 거쳐 응답 속도가 매우 빠른 영상 표시 화면의 휘도 조절이 보다 용이한 박막 트랜지스터-액정 디스플레이$_{\text{TFT-LCD}}$가 출현하여 노트북 등의 컴퓨터 모니터와 LCD-TV에 적용하고 있다.

LCD는 외부에서 일정한 전압을 인가하여 액정이 일종의 광조절기로 이용되어 액정의 정렬 상태를 조정한 후, 후면광$_{\text{back light}}$에서 발사하는 광으로 패널에 영상이 표시되는 것이다. 후면광의 투과율이 디스플레이의 개별 화소$_{\text{pixel}}$ 하나하나의 휘도를 변화시킬 수 있으므로 LCD의 휘도는 후면광의 발광 세기와 확산판$_{\text{diffuser}}$ 및 도광판$_{\text{light wave guide}}$ 등의 광 부품 특성과 밀접한 관련이 있다. 또한 화질은 컬러 필터와 광마스크에 의하여 영향을 받으며 화면의 명암비는 액정의 제어 특성에 영향을 받는다.

LCD의 구동 방식은 능동 소자의 유무에 따라 수동 행렬$_{\text{passive matrix}}$ LCD와 능동 행렬$_{\text{active matrix}}$ LCD로 나눌 수 있다. 이를 그림 8.7에서 보여 주고 있는데, 그림 (a)와 같이 수동 행렬의 경우, 세로 방향의 전극과 가로 방향의 전극에 인가된 펄스에 의해 셀의 ON, OFF 상태가 결정되는 것으로, 그림 (b)와 같은 하나의 셀에 하나의 능동 소자가 배치되는 능동 행렬에 비하여 응답 시간 등의 단점을 갖고 있다. 반도체 제조 공정이 비교적 간단하고, 가격이 저렴한 비정질 실리콘$_{\text{amorphous silicon}}$ 재료를 유리 기판 위에 실현한 TFT가 사용되면서 새로운 능동형 메트릭스 구동 회로를 이용한 액정 표시 장치인 AMLCD가 등장하였다. 이는 하나의 TFT에 셀 하나의 전압을 조절하여 셀의 투과도를 변화시켜서 밝기를 조절하는 것이다.

한편, PDP$_{\text{Plasma Display Panel}}$는 차세대 벽걸이 TV용으로 각광받는 디스플레이로 화면의 휘도가 500[Cd/m^2] 이상으로 개선되어 화질, 명암비 및 소비 전력이 거의 CRT 수준으로 향상되고 있으나, 플라스마 발생 장치의 에너지 변환 효율이 2l[m/watt]로 비교적 낮고, 100[V]의 비교적 높은 구동 전압으로 소비 전력이 큰 결점은 앞으로 기술 개발을 통하여 해결해야 할 것이다.

PDP의 기본적인 동작은 수십 마이크로미터 크기의 형광등의 원리와 같다. 형광등은 형광 물질이 도포된 길쭉한 진공의 유리관 속에 수은과 아르곤 기체를 넣은 것이다. 유리관 양 끝의 금속 전극에 전압을 걸면 음전극에서 양전극으로 이동하는 전자가 수은 및 아르곤 기체와 부딪치면서 인간의 눈에 보이지 않는 자외선이 발생하게 되는데, 이 자외선이 유리관 내벽에 도포한 형광 물질에 부딪쳐 우리 눈에 잘 보이는 기시 광선으로 나오게 되는 것이다. 마찬가지 원리로 수십 마이크로미터의 미세한 방전 셀$_{\text{discharge cell}}$을 격벽$_{\text{isolation rib}}$으로 구성하고 내부에 플라스마를 발생시킬 수 있는 방전용인 아르곤(Ar)과 크세논(Xe$_{\text{xenon}}$)의 혼합 가스를 충전한 후, 양 전극 사이에 100[V] 이상의 전압을 인가하면 방전 가스가 이온화한다. 이들 이온화된 양이온이 다시 전자와의 재결합 작용을 통하여 자외선(UV$_{\text{Ultraviolet ray}}$)을 만들어 내고, 이 자외선들이 유리 내벽에 도포한 발광체$_{\text{phosphor}}$를 자극하여 인간의 눈에 보이는 가시 광선을 만들어 내는 것이다. 여기서 디스플레이 화소의 발광색은 발광체의 종류에 따라 차이가 나는데, 자연색을 만들기 위하여 적색$_{\text{R}}$, 녹색$_{\text{G}}$ 및 청색$_{\text{B}}$의 발광체를 사용하여야 한다.

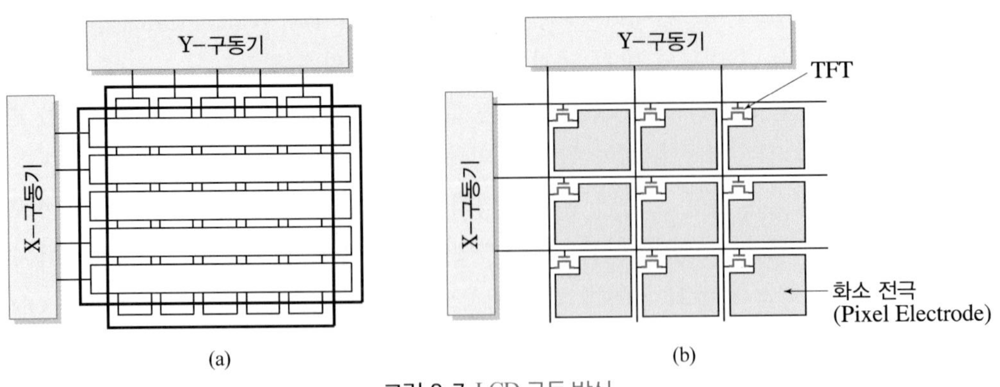

그림 8.7 LCD 구동 방식

유기 발광 다이오드(OLED Organic Light Emitting Diode)는 자체 발광형 디스플레이로, 발광의 원리는 보통의 발광 다이오드LED와 같다. 외부에서 전압을 인가하면 유기 반도체organic semiconductor 내부에서 발생되는 전자와 정공의 재결합에 의하여 발광하게 되는 것이다. 유기 발광 다이오드는 사용하는 재료에 따라서 저분자low molecular형과 고분자polymer형으로 나누어지며, 자체 발광 특성이 있으므로 LCD의 후면광이 필요 없다. 또한 가볍고 얇은 특징과 함께 넓은 광시야각, 유연성이 좋은 장점 등이 있어 미래의 정보 디스플레이 장치로 각광받을 것으로 기대되고 있다.

전계 방출 디스플레이(FED Field Emission Display)는 전계 방출field emission 현상을 이용한 것으로, 이 현상은 1897년 Wood가 진공 용기 내에서 두 개의 백금 전극 사이에 발생하는 아크arc를 연구하는 과정에서 처음 제안한 이래, 1960년대 미국 SRI Stanford Research Institute의 Shoulders가 전계 방출체 어레이(FEA Field Emitter Array)를 이용한 마이크로 진공 소자를 소개하였고, 1968년 SRI의 Spindt가 금속 팁tip을 이용한 FEA 소자의 제조를 실현하였다.

그림 8.8에서는 전계 발광 소자의 기본 구조를 보여 주고 있는데, 각각의 전계 방출체 어레이FEA 셀은 초소형 전자 발사체로 작용하며, 게이트와 팁tip 사이에 수십 V의 전압을 인가하면 전계 방출 현상에 의해 금속 표면의 전위 장벽이 얇아져 금속 내의 전자들이 터널 현상으로 방출하게 된다. 여기서 방출된 전자들은 수백 V~수 kV의 양극 전압이 작용하여 형광체가 있는 양극 쪽으로 가속되어 형광체에 충돌하게 되면, 이때의 에너지에 의해 형광체 내의 전자들이 여기되었다가 이완되면서 특정의 빛을 발산하는 것이다.

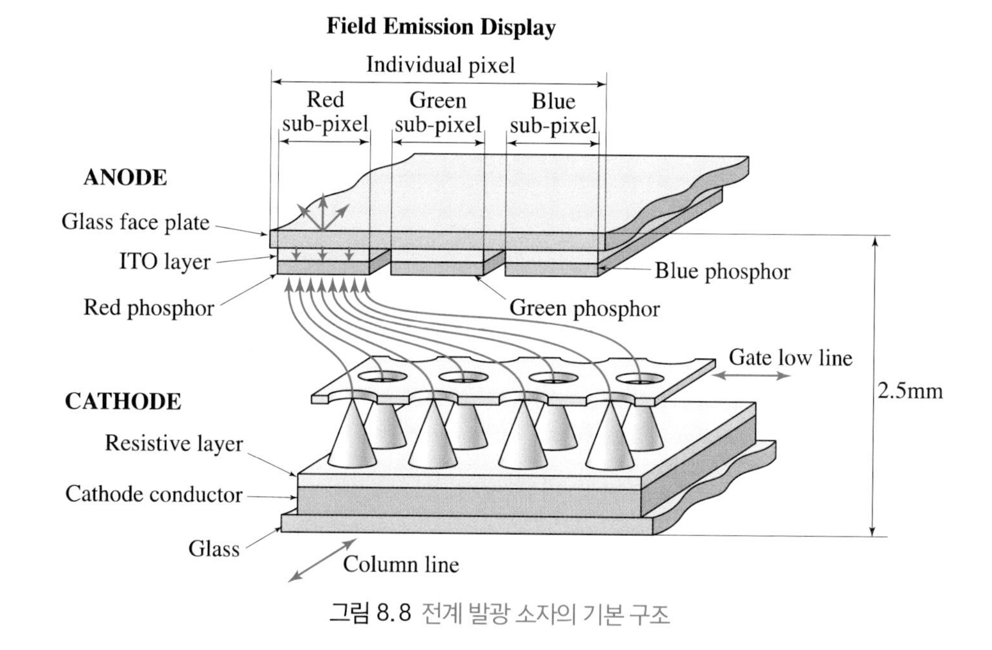

그림 8.8 전계 발광 소자의 기본 구조

FED의 특징은 음극선관이 갖는 평판 디스플레이의 모든 장점을 갖추고 있다. 즉, 음극선관과 마찬가지로 음극선 발광 현상을 이용하므로 자연색을 얻을 수 있는 동시에, 휘도가 높고, 시야각이 넓으며, 동작 속도가 빠르고, 환경 적응이 우수하다. 또 평판 디스플레이로서 얇고 가벼우며, 자기력과 X선의 발생이 없는 정점도 갖고 있다.

2000년대 접어들어 금속 팁 FEA가 갖는 기술 및 생산성 문제로 제품화가 지연되고 있으나, 금속 팁 대신 CNTcarbon nanotube, SEDsurface conduction electron emitter display, MIMmetal Insulator metal 형태의 방출체 개발 기술이 진행 중이다.

그림 8.9에서는 FED의 방출체 단면 구조를 보여 주고 있는데, 그림 (a)는 제1세대의 방출체 형태인 마이크로팁micro tip을 이용한 FED의 단면 구조이며, 그림 (b)는 평면planar 형태의 방출체를 갖는 제2세대 FED의 단면 구조이다.

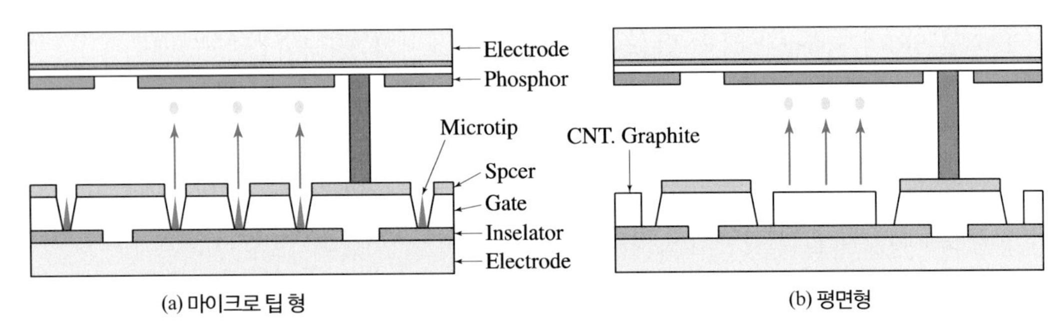

그림 8.9 전계 방출 소자의 방출체 단면 구조

8.2 액정Liquid crystal

Semiconductor Device Engineering

1. 액정liquid crystal의 종류

액정(液晶, liquid crystal)의 최초 발견자는 Reinitzer이며, 1889년 이를 실제 시료를 통하여 《흐르는 결정》 이라는 연구 논문을 발표한 Lehmann이 완성하게 되었다. 얼음을 녹이면 물이 되고, 여기에 온도를 상승시키면 증발해 버린다. 이와 같이 물질에는 고체(결정), 액체 및 기체의 세 가지의 상태로 나눌 수 있다.

액정은 이 세 가지로 분류할 수 없는 네 번째의 상태로, 이 액정의 상태는 유동성(流動性)이 있는데, 액체와는 분명히 차이가 있는 것이다. 물질이 액정의 상태를 갖기 위해서 물질의 형태를 구성하는 분자가 독특한 형태를 가질 필요가 있다.

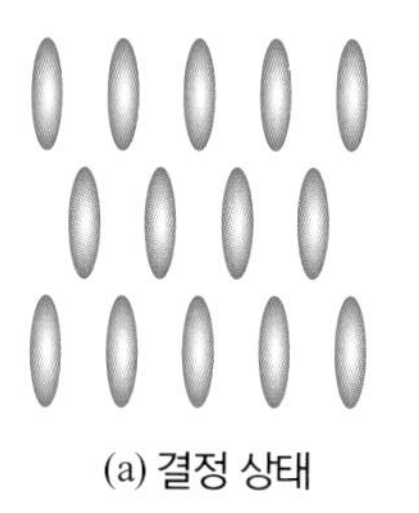

(a) 결정 상태

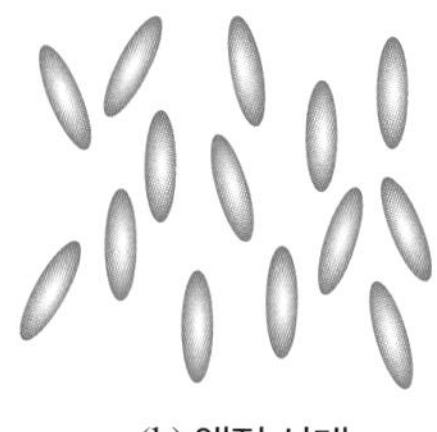

(b) 액정 상태

(c) 액체 상태

그림 8.10 상태에 따른 봉상 분자의 배열 상태

액정을 만드는 기본적인 분자는 봉상(棒狀)의 형태와 원반(圓盤)의 형태를 하고 있다. 봉상(棒狀) 분자의 결정이 분해될 때의 상태를 생각하여 보자. 결정(結晶, crystal) 상태에서 분자는 그 중심의 위치와 방향이 어느 규칙에 따라 배열된다. 그림 8.10(a)에서는 상태에 따른 봉상 분자의 결정 배열을 나타낸 것이다.

보통 물질이 분해되면 그 중심의 위치와 방향이 흩어지게 되는데, 중심의 위치만을 분해하고 분자의 방향은 분해되지 않는 규칙성을 대체로 유지하는 것이 액정의 상태이다. 그림 (b)에서 나타낸 바와 같이, 액정(液晶) 상태에서 분자는 그 중심 위치의 규칙성은 잃지만 방향의 규칙성은 대체로 유지하게 된다. 이것이 액체 상태와 다른 점이다. 온도를 올리면 방향의 규칙성도 잃어버려 흩어지는 것이 일반적으로 액체 상태이다. 그림 (c)에서 나타낸 바와 같이, 액체 상태에서는 중심 위치와 방향이 흩어져 있으므로 어느 방향에서 보아도 액체의 분자 배열은 똑같이 흩어져 보인다.

액정 상태를 정면에서 본 것과 밑에서 본 것은 분명히 다르다. 보는 방향에 따라서 물질이 다르게 보이는 것은 이방성(異方性)의 특성을 갖는 것이다. 결정에는 이방성이 있으나, 액체에는 이방성이 없다. 이와 같이 액정은 액체의 유동성과 결정의 이방성을 동시에 갖는 액체와 결정의 중간적 성질을 갖고 있다.

앞에서 기술한 바대로 액정을 이루는 분자는 봉상과 원반상이 있다. 그림 8.11(a)에서는 대표적인 봉상 분자의 화학적 배열을 보여 주고 있는데, 이것은 1973년 영국의 Gray가 합성한 것으로, 상온에서 액정 상태이며 화학적으로 안정하여 초기의 액정 재료로 디스플레이 응용 연구에 많은 기여를 한 화합물이다. 탄소$_{C}$, 질소$_{N}$, 수소$_{H}$로 연결되는 구조로 되어 있다.

원반(圓盤)상의 분자는 인도의 Chandrasekhar에 의하여 처음으로 발견된 액정 물질이다. 이것은 중앙에 원반 형태의 골격 부분을 구성하고, 그 주변에 6개의 유연한 고리 사슬을 갖고 있어 이것도 액정 분자의 조건을 만족하고 있다. 그림 (b)에서는 이의 구조를 보여 주고 있다.

(a)

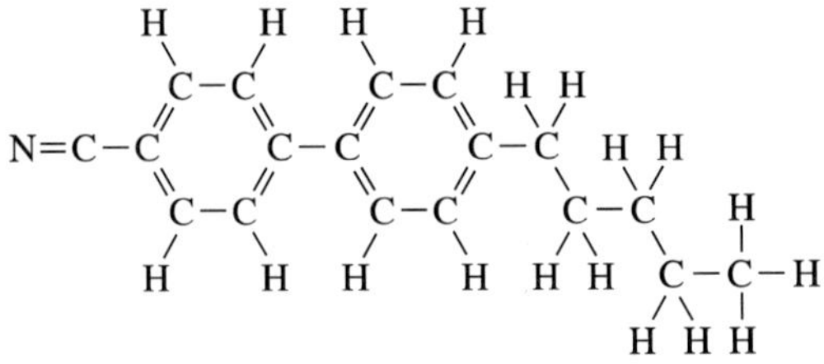

(b)

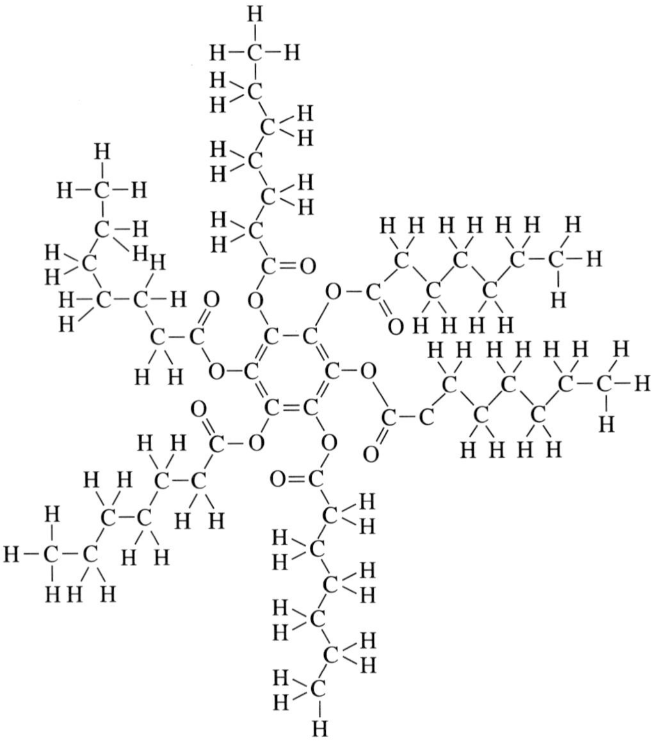

그림 8.11 (a) 봉상 분자와 (b) 원반상 분자의 구조

한편, 액정을 분류하는 방법에 대하여 살펴보자. 액정의 분류 방법은 배열 구조, 액정 상태의 유발, 액정 분자의 크기, 액정 분자의 기능 및 액정의 용도에 의하여 분류하고 있다.

(1) 배열 구조에 의한 분류

배열 구조에 의한 액정을 살펴보자. 앞 절에서 결정을 분해하여 위치 질서가 없어지고 방향 질서만 남은 액정 상태를 기술하였다. 위치 질서가 일제히 소멸되는 것이 아니라, 어느 방향의 위치 질서는 소멸되지만, 어느 방향의 위치 질서는 유지된 상태로 있을 수 있다.

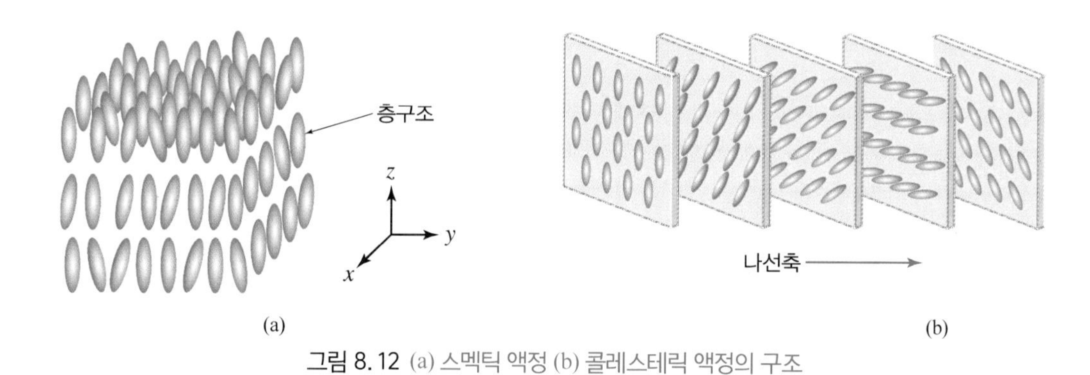

그림 8. 12 (a) 스멕틱 액정 (b) 콜레스테릭 액정의 구조

그림 8.12(a)에서는 z 방향의 위치 질서는 남은 채 xy면 내의 위치 질서가 소멸된 상태를 나타내고 있다. 이 상태는 z 방향으로의 1차원의 위치 질서 즉 층 구조를 갖고 있는 것으로, 그림 8.10(b)에서 나타낸 액정 상태와는 분명히 다르다. 이와 같이 위치 질서가 완전히 소멸한 액정 상태를 네마틱 액정$_{\text{nematic liquid crystal}}$이라 한다. 또한 그림 8.12(a)와 같이 층의 구조를 갖고 있으며, 층 내의 위치 질서가 소멸한 액정 상태를 스멕틱 액정$_{\text{smetic liquid crystal}}$이라 한다. 상태를 나타내는 상(相)이라는 말을 사용하여 네마틱 상, 스멕틱 상으로 불리고 있다.

액정 상태를 배열 구조로 나눌 때, 네마틱 상과 스멕틱 상 외에 콜레스테릭 액정$_{\text{cholesteric crystal}}$ 등 세 가지로 분류하고 있다. 어떤 분자에서는 배열이 자발적으로 뒤틀린 것이 있다. 이런 종류의 분자는 네마틱 상이 아니라 그림 8.12(b)와 같은 콜레스테릭 상을 갖는다. 뒤틀림은 연속적이므로 층 구조를 구분할 수 없다.

한편, 원반상(圓盤相) 분자의 액정 상은 두 가지로 분류할 수 있다. 봉상 분자의 네마틱 상에 대응하는 것이 디스코틱$_{\text{discotic}}$ 상이다. 이 상은 그림 8.13(a)에 나타낸 바와 같이, 분자의 위치 질서는 완전히 소멸되어 있으나, 전체 분자의 원반 면은 평균적으로 보면 어느 방향을 향하고 있다.

그런데, 원반상의 분자가 고체 상태에 가까운 액정상의 구조로 그림 (b)와 같은 원반 상 분자의 결정을 생각하여 보자. 분자는 규칙적으로 겹쳐져 유리통(筒) 상의 구조를 형성하고 있다. 이 통을 가득히 하나의 통으로 묶은 것은 통을 위에서 보면 마치 벌집과 같은 구조를 하고 있다. 이 결정이 분해될 때, 벌집 구조를 유지한 채로 분자가 겹쳐 쌓은 방향의 위치 질서가 소멸되면 어떻게 될 것인가? 봉상 분자의 스멕틱 상이 1차원의 위치 질서를 갖는 2차원 액체인 것에 대하여, 2차원 위치 질서를 갖는 1차원 액체라고 할 수 있다. 이를 그림 (c)에서 보여 주고 있다.

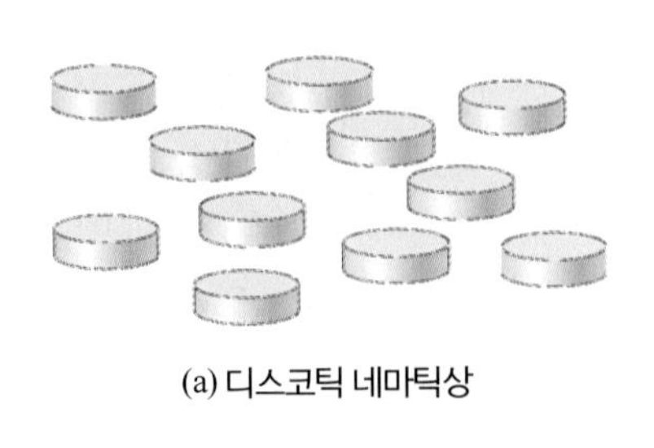

(a) 디스코틱 네마틱상

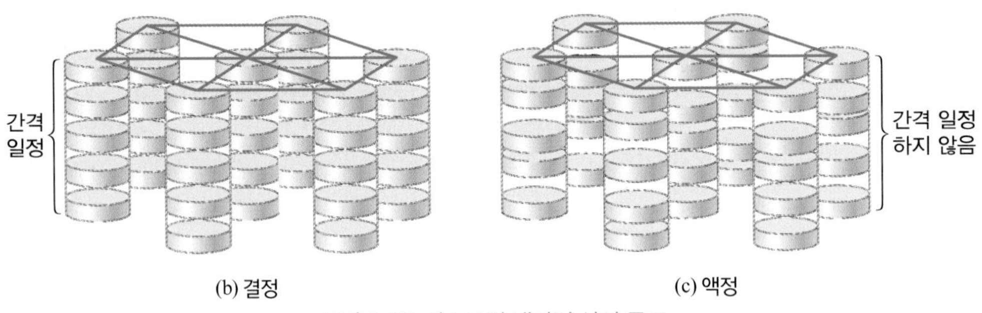

(b) 결정 (c) 액정

그림 8.13 디스코틱 네마틱 상의 구조

(2) 액정상의 유발에 의한 분류

고체 상태의 얼음은 분해되면 액체로 되고 온도를 올리면 기체 상태로 상태의 변화가 이루어진다.

액정 물질은 온도를 올려 감에 따라 고체(固體) 상, 스멕틱$_{\text{smectic}}$ 상, 네마틱$_{\text{nematic}}$ 상, 액$_{\text{liquid}}$ 상으로 변화하게 된다. 온도 변화에 의하여 상태를 변화시키는 것이다. 이와 같은 액정을 온도 전이형$_{\text{thermotropic}}$ 액정이라 한다.

액정 상태의 유발은 온도를 올릴 때와 내릴 때 다른 것도 있다. 예를 들어, 온도를 올릴 때는 고체에서 직접 액체로 되는 것과, 액체의 온도를 내리면 직접 고체로 되지 않고 액체 상태를 나타내는 것도 있다. 이와 같은 액정 상태를 모노트로픽$_{\text{monotropic}}$ 액정이라 한다.

현재, 액정 디스플레이에 사용되고 있는 것은 모두 온도 전이형 액정이다. 액정 상태로 사용하는 것이므로 디스플레이용 액정 재료는 디스플레이가 사용하는 온도 범위에서 액정 상태를 유지할 필요가 있다. 액정의 온도 범위를 넓히기 위하여 여러 액정을 혼합한 재료의 개발이 진행되고 있다.

(3) 액정 분자의 크기에 따른 분류

지금까지 살펴본 액정 분자는 원자의 수 측면에서 생각하여 보면, 수십 개에서 고작해야

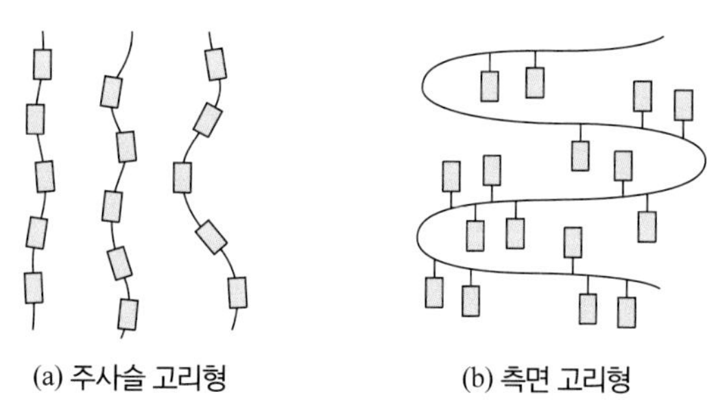

그림 8.14 고분자 액정의 구조

수백 개 정도의 원자로 구성되는 길이 3[nm] 정도의 작은 저분자(低分子)이다. 이에 대하여 원자의 수로 치면 수만 개에 이르는 고분자의 형태를 갖는 액정도 존재하고 있다. 이들을 보통 저분자 액정과 고분자 액정이라 부른다.

고분자는 어느 반복 단위인 주된 사슬 고리$_{\text{main chain}}$가 연결되어 구성하지만, 이 주된 사슬 고리 자체가 액정 구조를 이루는 것은 주사슬 고리형 고분자 액정과 주사슬 고리에서 옆으로 퍼진 측면 사슬 고리 부분이 액정 구조를 이루는 측면 고리형 고분자 액정의 두 가지가 있다. 이를 그림 8.14에서 보여 주고 있다. 여기서 주사슬 고리형은 네마틱 상, 측면 고리형은 스멕틱 상을 예로 하여 나타낸 것이다.

(4) 액정 분자의 기능에 따른 분류

액정의 기능과 용도에 따른 분류는 액정이 갖는 물리적인 성질에 의한 분류이다. 예를 들어, 스멕틱 액정의 어느 종류에는 강유전성(強誘電性)과 반강유전성을 나타내는 액정이 존재하여 강유전성 액정과 반강유전성 액정으로 불리고 있다.

2. 액정의 표시

(1) 액정 디스플레이의 기본 원리

액정 디스플레이에서 액정은 두 장의 유리$_{\text{glass}}$ 사이의 좁은 공간에 설치되며, 그 두께는 머리 굵기의 1/10 정도인 5[μm] 정도이다. 액정의 분자는 평균적으로 어느 방향을 향하고 있다. 이 어느 방향을 부여하는 것이 유리인데, 이 유리면을 포로 문지르면 액정은 그 문지른 방향을 향하게 된다. 액정의 위와 아래에 접하는 면을 같은 방향으로 문질러 놓으면 유리 사이에서 액정의 분자는 그 방향을 향하게 된다. 유리의 문지른 방향을 직각으로 하면, 각각의 유리 위에서 액정 분자는 서로 늘어서므로 두 장의 유리 사이에서 똑같이 뒤틀

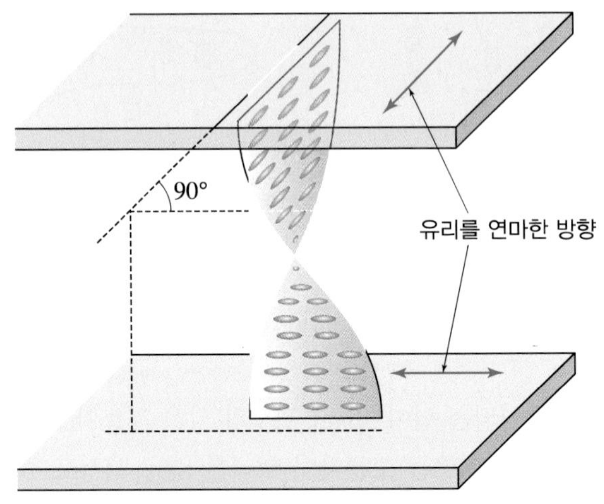

그림 8.15 액정 분자의 뒤틀림 상태

린 상태가 나타나며, 정확히 나선형 계단의 1/4 회전한 만큼 액정 분자가 늘어선 모양으로 된다. 이를 그림 8.15에서 나타내었다.

(2) 편광막의 작용

액정 디스플레이는 보통 편광(偏光)을 사용한다. 편광은 어느 방향으로만 진동하는 광파를 말한다. 이와 같은 광을 만들어 내는 편광막이 두 장의 유리에 붙여 놓는다. 이때 광의 진동 방향은 각 유리면의 액정 분자의 방향으로 맞추어진다. 앞서 기술한 액정의 뒤틀린 액정 분자의 배열은 광의 진동 방향을 회전하는 역할을 한다. 즉, 광의 진동 방향은 액정을 빠져나간 후에 90° 뒤틀리게 되는 것이다.

편광막은 유리면 위의 액정 분자의 방향에 맞추어 붙였으므로 광은 편광 막을 통과하여 밝은 표시가 만들어진다. 이를 그림 8.16(a)에서 보여 주고 있다.

투과하는 광을 변화하는 데에는 액정 분자의 배열을 변화시킬 필요가 있다. 액정은 유동성이 있고, 더구나 같은 방향으로 향하는 성질이 있으므로 작은 전압으로 간단히 액정의 분자 배열을 변화시킬 수 있다.

유리의 안쪽에 붙여진 투명 전극을 사용하여 수 V의 전압을 인가하면 액정 분자의 방향이 전압을 걸은 방향으로 배열된다. 이렇게 하여 늘어선 액정 분자의 배열이 뒤틀린 구조가 되지 않으므로 광은 그 진동 방향을 바꾸지 않고 액정 속을 통과한다. 그러면 반대 측의 편광막을 통과할 수 없으므로 어두운 표시를 할 수 있게 된다. 이를 그림 (b)에서 보여 주고 있다.

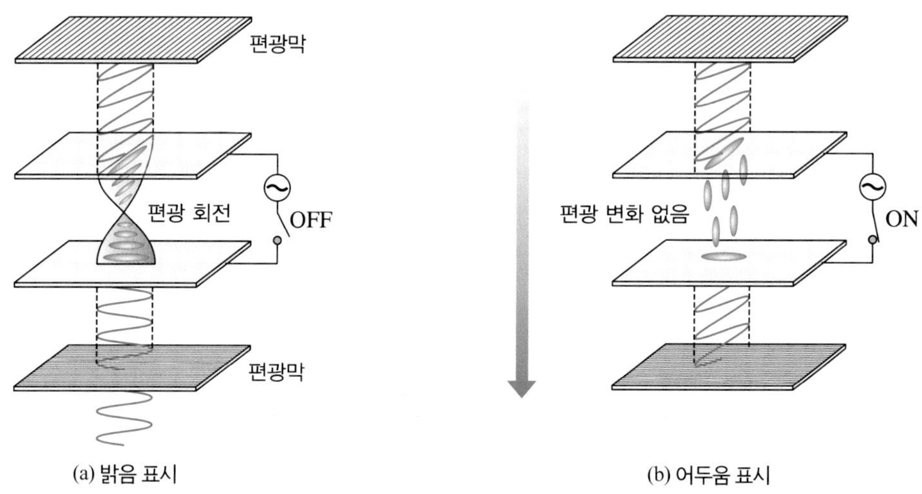

(a) 밝음 표시 (b) 어두움 표시

그림 8.16 편광 디스플레이의 기본 원리

(3) 숫자와 화상의 표시

뒤틀린 액정의 배열, 편광막, 전압의 ON, OFF로 광의 투과(밝음), 차단(어두움)을 제어할 수 있다. 즉, 액정 배열의 변화에 의한 광의 셔터라고 할 수 있다. 카메라의 셔터는 기계적으로 광의 통로를 차단하여 이루어지나, 액정 디스플레이에서는 액정이 그 역할을 하는 것이다. 이 원리를 사용하면 간단한 숫자 표시를 할 수 있다. 7개의 부분으로 만들어진 8자형의 전극을 준비하고 7개의 부분 중 전압을 공급한 부분을 적당히 선택하면 0에서부터 9까지의 숫자를 표시할 수 있다.

최근 노트북의 액정 화면은 완전한 컬러 그림을 낼 수 있다. 기본은 노트북의 화면에는 수백만 개의 액정 셔터가 배열되어 있는 것이다. 색을 내기 위해서 셔터는 적색, 청색, 녹색 기능을 가져야 한다. 하지만 수백만 개의 셔터 전극 하나하나에 전압을 걸기 위한 전선을 끌어낼 수는 없다. 그래서 유리의 위와 아래에 줄무늬$_{\text{stripe}}$ 형상의 전극을 서로 직교하도록 배치한다. 이를 메트릭스$_{\text{matrix}}$ 방식이라 한다.

8.3 액정 재료

Semiconductor Device Engineering

1. 액정 분자의 기본 구조

(1) 액정의 성질

액정은 앞에서 기술한 바와 같이 액체로서의 유동성과 고체로서의 이방성(異方性)의 성질을 갖고 있다. 이방성이라고 하는 것은 일종의 규칙성을 말하는데, 이는 방향에 의하여 규칙성이 다르게 된다는 것을 의미한다. 이 규칙성은 어디에서 오는 것일까? 이는 분자의 형태에 의존하는 경우가 많다는 것이다. 분자는 몇 개의 원자가 사슬 고리 모양의 가지로 결합하여 굳어진 것이다. 예를 들어 수소 원자 2개와 산소 원자가 1개가 가지로 결합되어 H_2O의 분자가 되는 것과 같다. 이들 분자가 많이 모여서 생긴 액체가 물인 것이다.

(2) 액정의 분자 구조

액정은 유기 화합물(有機化合物)의 일종으로, 분자를 구성하고 있는 원자는 주로 탄소(C), 수소(H), 산소(O) 및 질소(N) 등으로 구성하고 있으며, 그 외에 불소(F) 및 염소(Cl) 등이 포함되는 경우도 있다. 탄소는 가지가 4개, 수소는 1개, 산소는 2개가 있어서, 전체의 가지를 반드시 몇 개의 다른 원자의 가지와 묶어진 상태로 존재할 필요가 있다. 액정을 나타내는 분자를 그림 8.17에서 보여 주고 있는데, 봉상(棒狀) 혹은 원반상(圓盤狀)의 분자 형태로 존재하는 것이 많다.

여기서 일반적으로 디스플레이에 사용되는 것은 봉상 구조이나, 최근에는 원반상 구조도 사용되고 있다. 봉상 구조를 조금 더 살펴보면, 대체적으로 3개에서 5개의 부분으로 나눌 수 있음을 알 수 있다. 지금 그림 8.18에서 그림 8.17(a)를 다시 나타내었는데, 중심부의 말단 고리 및 공간 부분으로 나누어 생각할 수 있다. 중심부는 분자의 중심 부분으로 벤젠 고리(벌집과 같은 모양) 몇 개가 옆으로 이어서 결합된 것이다. 이는 분자 속에서 단단한 부분으로 되어 있다.

말단 부분은 탄소 1개에 수소 2개가 묶여져 있고, 그것이 고리 형상으로 배열되어 있는 유연한 부분이다. 공간 부분은 중심부와 말단 부분을 연결하여 주는 역할을 담당하는 곳이다.

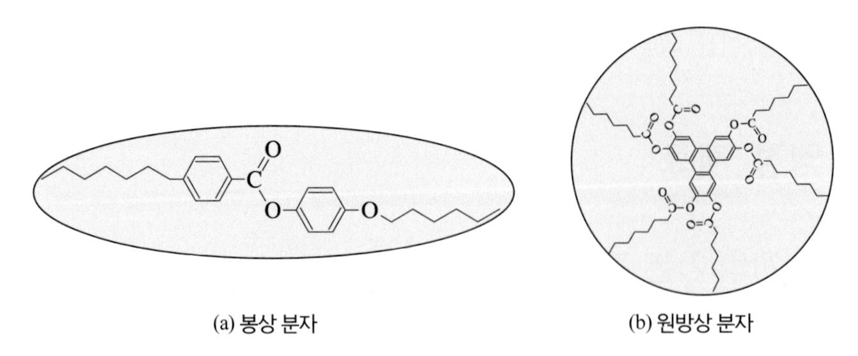

그림 8.17 액정 분자의 구조

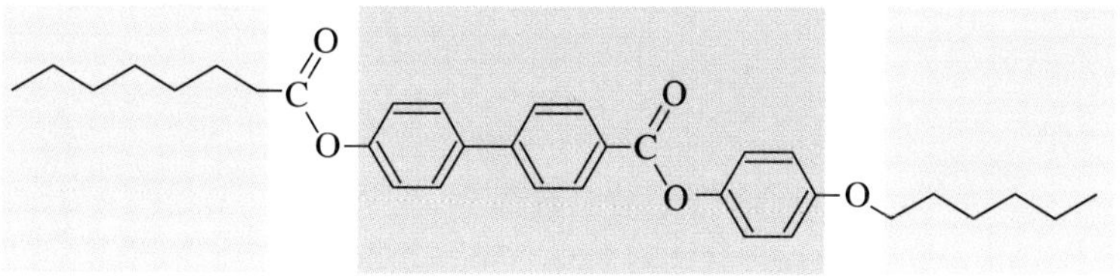

말단부 spacer부 core부 spacer부 말단부

그림 8. 18 봉상 분자의 구조

2. 디스플레이와 액정 재료

구체적으로 실제 디스플레이에 사용되고 있는 액정 재료는 어떤 것이 있는지에 대하여 살펴보자. 액정 디스플레이에서는 액정 분자에 전압을 걸어 분자를 움직여서 액정 스위치의 개/폐(開/閉, ON/OFF) 작용을 한다. 앞에서 기술한 90° 뒤틀림을 기본으로 하는 모드를 뒤틀린 네마틱(TN Twisted Nematic) 모드라 한다. 이외에도 많은 액정 디스플레이 종류가 있다.

각 모드의 원리는 다소 차이가 있으나, 전압을 걸어서 액정 분자의 배열이 변화를 일으켜, 그것을 명암(明暗) 표시의 작용으로 이용하고 있다는 의미에서 어느 모드도 공통이다.

전기를 사용하고 있는 것이므로 재료에 어떤 전기적 특성 즉 어느 정도의 전압으로 얼마만큼 크게 움직이는가, 어느 정도 빠르게 움직이는가 등이 중요한 요소로 작용한다. 또 그 움직임에 의해서 빛을 통과시키기도 하고 차단하기도 하는 것으로 표시 소자의 역할을 수행하는 것이므로, 빛에 대한 성질 즉 어느 정도의 빛을 통과할 것인가, 어떤 색의 파장으로 빛을 통과시킬 것인가 등이 중요한 요소이다.

이제 결정에 전압을 인가하면 어떠한 작용이 일어나는지를 살펴보자. 액정 분자에는 많은 전자가 있다. 전자는 외부에서 전압을 걸면 정(+)의 전극 방향으로 이동하는 경향이 있으므로 분자에서는 전기적인 편향을 일으키게 한다. 이런 편향 발생의 용이성을 유전율(誘電率)이라 한다.

분자는 완전히 둥근 형태가 아니므로 편향의 용이성 즉 유전율은 방향에 따라 다르게 된다. 이것이 유전율의 이방성인 것이다. 분자에 전압을 인가하면 분자는 전압의 편향이 전압 방향으로 될 수 있는 한 크게 되도록 한다. 지금 그림 8.19에서는 액정 분자에 전압을 인가하면 전압의 방향에 따라 분자가 편향되는 상태를 보여 주고 있다. 마치 금속 못을 자석 N극과 S극 사이에 놓고 못이 양극을 연결하는 방향으로 향하는 것과 유사하게 생각할 수 있다.

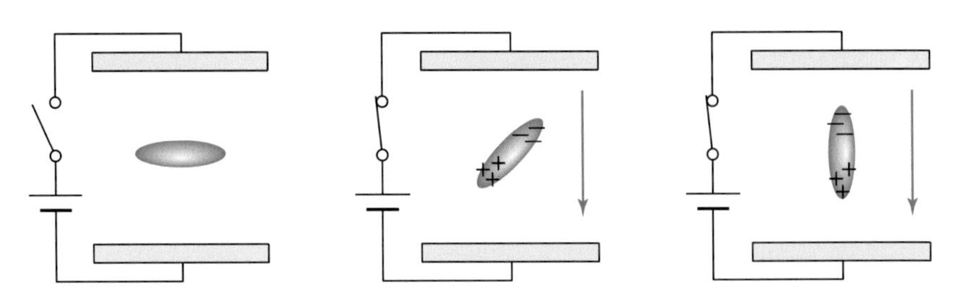

그림 8.19 전압에 의한 액정 분자의 배향

3. STN 액정 재료

뒤틀린 네마틱 즉 TN 모드의 액정을 개량한 초뒤틀린 네마틱(STN$_{\text{Super Twisted Nematic}}$) 모드가 있다. 이 액정에서는 급준한 투과율과 전압 특성을 얻기 위하여 탄성 계수(彈性係數)비가 큰 재료를 이용하는 것이 필요하다.

(1) 탄성 계수

일반적으로 탄성 계수는 물질의 왜곡 상태(歪曲狀態)와 견고성 등을 나타내는 척도로 사용한다. 예를 들어, 단단한 용수철은 탄성 계수가 크다고 알려져 있다. 앞에서 기술한 바와 같이 네마틱 액정에는 위치 질서가 없으므로 압축 등에 의한 탄성이 없다. 그러나 방향 질서는 있으므로 분자의 방위 변형에 대한 탄성은 존재한다.

네마틱 액정에는 크게 나누어 세 가지의 변형을 생각해 볼 수 있다. 계수 K33와 K11은 그림 8.20에서 보여 주는 것과 같이 액정의 구부러짐$_{\text{bend}}$ 변형과 퍼짐$_{\text{splay}}$ 변형에 대한 탄성 계수를 나타낸 것이다. 이외에도 뒤틀림$_{\text{twist}}$ 변형이라 하는 것이 있다.

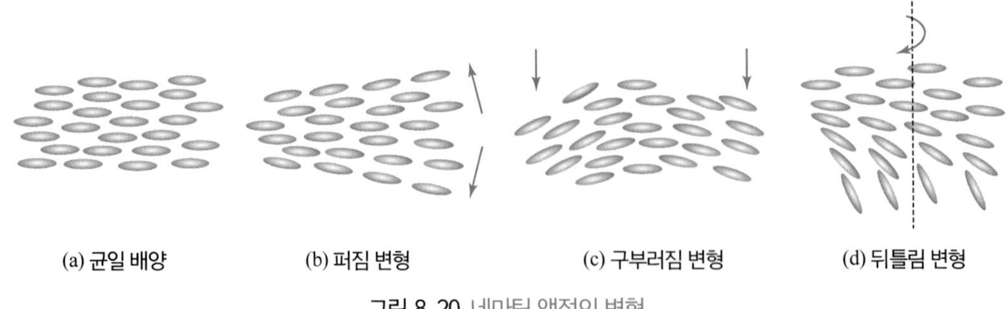

그림 8.20 네마틱 액정의 변형

(2) 광학 특성

네마틱 모드의 액정 분자 구조는 광학 특성에 있어서도 복굴절(複屈折)이 크게 이루어지는 특성도 갖고 있어 우수한 재료로 평가할 수 있다. 이 복굴절은 굴절률의 이방성이라고도 한다.

진공 중을 진행하는 광의 속도는 3×10^8[m/s]이지만, 유리, 물 등의 물질 속을 통과할 때는 광속보다 훨씬 느리게 된다. 굴절률은 이 속도가 지연되는 척도를 말한다. 여기서의 이방성이라 하는 것은 빛의 진행(또는 진동) 방향에 의하여 속도가 변한다는 것을 의미한다. 이것에 의하여 액정 속을 통과하는 편광의 상태가 변하는 특성으로 표시$_{\text{display}}$ 작용이 이루어지는 것이다. 이를 그림 8.21에서 나타내었다.

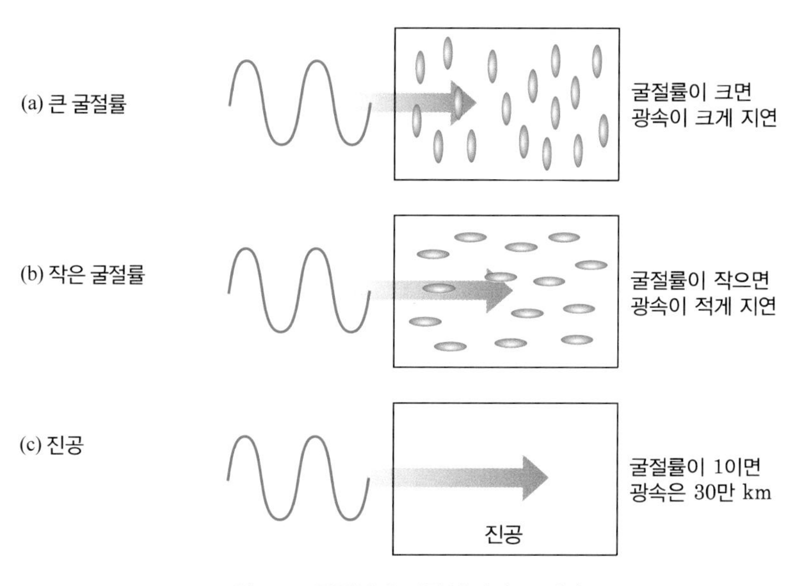

그림 8.21 굴절률에 의한 빛의 속도 변화

4. TFT 액정 재료

현재 가장 많이 사용하고 있는 디스플레이는 액정과 박막 트랜지스터$_{\text{TFT}}$를 조합시켜 구성한 액티브 메트릭스$_{\text{active matrix}}$형이다. 이 방식의 액정 재료에 요구되는 가장 중요한 점은 단위 길이당 저항값인 비저항이 커야 하며, 자외선에 대한 높은 안정성이다.

재료의 안정성도 전압의 유지율에 관계하므로, 열과 빛에 의한 분해가 일어나지 않는 것도 중요한 요소이다. 분해가 되면 액정 중에 이온이 발생하여 실제의 전압을 떨어뜨리는 원인이 되기 때문이다. 이러한 상태를 그림 8.22에서 보여 주고 있다.

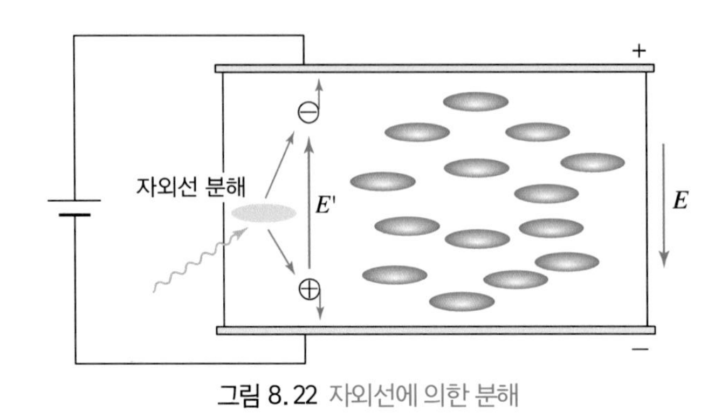

그림 8.22 자외선에 의한 분해

액정 디스플레이의 보기가 쉽도록 하기 위한 물성값이 중요한데, 이를 나타내는 척도가 복굴절(複屈折)값이다. 이 값이 너무 높으면 색의 반전 형상이 일어나기 쉽고, 낮으면 명암비$_{contrast}$가 떨어진다. 대략 0.08 정도가 적당한 값으로 되어 있다.

5. 강유전성과 반강유전성 액정 재료

(1) 스멕틱$_{smetic}$ 상

강유전성 액정(FLC$_{Ferroelectric\ Liquid\ Crystal}$)이 발견된 분자는 그림 8.23과 같은 분자이다. 강유전성과 반강유전성을 나타내는 액정상은 스멕틱 상이다. 강유전성을 나타내는 것은 그림에서와 같이 분자의 긴 방향이 층에 수직한 방향으로부터 어느 각도로 기울어져 있는 스멕틱 상이다. 이 분자의 특징은 4개의 방향에 전혀 다른 것이 붙어 있는 탄소가 존재한다는 점과 쌍극자라 하는 극성의 큰 부분이 분자의 긴 쪽 방향에 대하여 수직으로 향하고 있는 점 등이다.

(2) 쌍극자와 분극

그림 8.23(b)의 화살표 부분으로 나타낸 쌍극자는 분자 속의 전자 분포가 치우쳐 양전하와 음전하가 생겨 발생하는 것이다. 쌍극자는 외부에서 전압을 인가하면 그 방향을 향하는 성질이 있다. 마침 자석이 지구의 지자기(地磁氣)에 의하여 북극 방향에 N극을 향하는 것과 유사하다. 따라서 그림 8.24와 같이 셀 기판에 수직으로 전압을 인가하면 쌍극자는 그 방향을 향한다.

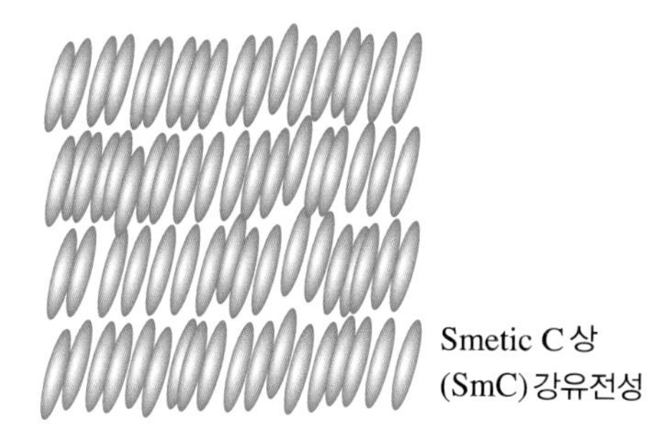

(a) 분자 배열

쌍극자

$$C_{10}H_{21}O-\langle\bigcirc\rangle-CH=N-\langle\bigcirc\rangle-CH=CH-\underset{\underset{O}{\|}}{C}-O-CH_2-\overset{*}{\underset{H}{\overset{H}{C}}}-C_2H_5$$

(b) 분자 구조

그림 8.23 스멕틱 상 강유전성

(3) 강유전성 액정 디스플레이의 표시

FLC 디스플레이는 쌍극자 방향과 분자의 경사 방향으로 운동하는 것을 이용하는 것이다. 그림 8.24와 같이 분극이 지면의 맞은편 지면을 뚫고 들어가는 방향으로 향하고 있을 때, 분자가 오른쪽으로 기울어져 있다고 하면, 분극이 지면에서 나오는 방향으로 향할 때는 분자는 왼쪽으로 기울게 된다. 이와 같이 전압을 걸어 분극의 방향을 변화하여 분자의 경사 방향을 변화시킬 수 있는 것이다. 여기서 분극은 대체로 같은 방향을 향하고 있는 쌍극자 모멘트의 단위 체적당 크기를 의미한다.

여기에 편광막을 설치하여 놓고, 분자 한 개가 편광막의 방향과 일치하고 있을 때, 빛은 어떤 변화도 받지 않고 투과하기 때문에 직교하고 있는 편광막 아래에서는 어두운 표시가

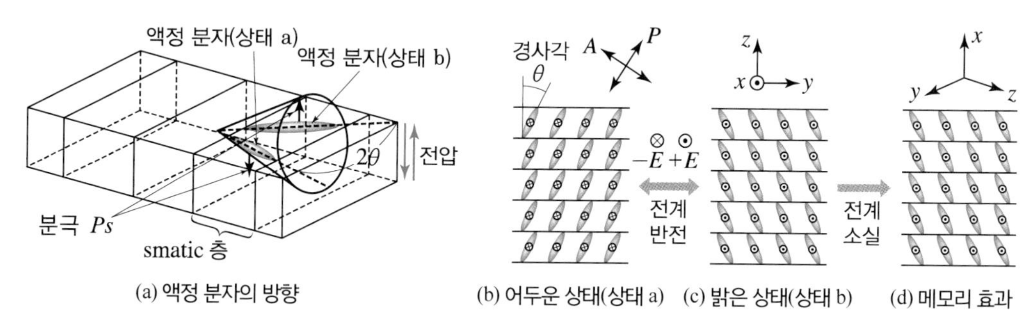

(a) 액정 분자의 방향 (b) 어두운 상태(상태 a) (c) 밝은 상태(상태 b) (d) 메모리 효과

그림 8.24 강유전성 디스플레이의 표시

얻어진다. 한편, 분자의 방향이 어느 편광막의 편광 방향과 일치하지 않을 때, 입사 편광이 변화하여 밝은 표시가 얻어진다. 이것이 강유전성 액정의 표시 원리이다. 이 경우, 네마틱 액정과 같이 직선 편광이 뒤틀려서 투과하는 것이 아니라, 복굴절 효과에 의하여 편광 상태가 타원(楕圓) 편광이라 하는 것으로 변화한다. 이 때문에 빛이 투과하는 것이다.

(4) 메모리 효과

강유전성 액정은 이와 같이 분자의 경사 방향과 그것에 대응한 쌍극자 방향이 대체로 일치하고 있는 상태이다. 여기에 외부에서 전압을 인가하면 그 방향으로 분극이 일치하는 것과 운동하여 분자가 움직이는 성질의 것을 말한다. 또 전압을 공급한 경우, 직전의 상태를 유지할 수 있게 되는데, 이것이 메모리 효과이다.

(5) 반강유전성 액정

반강유전성 액정은 분극이 하나의 층마다 반대 측을 향하여 있는 상태를 말한다. 위에서 기술한 바와 같이, 분자가 기울어져 있는 방향과 분극의 방향이라고 하는 것은 1 : 1 관계에 있어, 그림 8.25와 같은 분자에서는 액정이 우측으로 기울면 분극은 밑의 방향으로 향하고, 좌측이면 위의 방향으로 대응하여 향한다. 전압을 공급하면 그림과 같이 강유전성 액정의 상태로 분자를 움직인다.

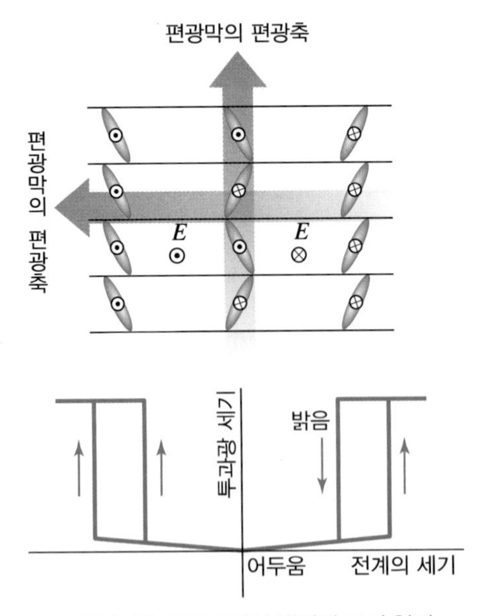

그림 8.25 반강유전성 액정의 표시 원리

반강유전성 액정에서는 전압을 공급한 방향에 의해서 분자는 세 가지 상태의 사이에서 스위칭하게 된다. 즉, 층에 대하여 두 장의 편광막을 그림과 같이 설치하면, 전압을 걸리지 않는 상태에서 어둡게 되고, 걸린 상태에서는 좌·우측으로 기울어져도 같은 양의 빛이 투과하여 밝게 된다.

6. 액정 디스플레이의 용도

현재 우리 주변에서 쓰이고 있는 액정 디스플레이의 용도를 표 8.3에서 나타내었다.

표 8.3 액정 디스플레이의 용도

분 야	기 기
휴대	시계, 휴대 전화, 전자수첩, 게임기, 만보기 등
OA	워드 프로세서, 노트북, PC 모니터, 복사기, 모사 전송기 등
가전	액정 TV, 비디오카메라, 디지털카메라, 다기능 전화, TV 전화, 가정 조작 표시기 등
차량	각종 미터기, 차량용 내비게이션, 액정 TV 등
기타	체온계, 혈압계, 자동판매기 등

8.4 액정의 동작

1. 액정 분자의 배열

(1) 네마틱 액정의 배열

액정 디스플레이의 대부분은 네마틱nematic 액정을 이용하고 있다. 이 네마틱 액정의 특징은 분자의 중심 위치는 흩어져 있으나, 긴 축 방향이 거의 한쪽 방향으로 향하고 있다는 것이다. 이를 그림 8.26에서 보여 주고 있다.

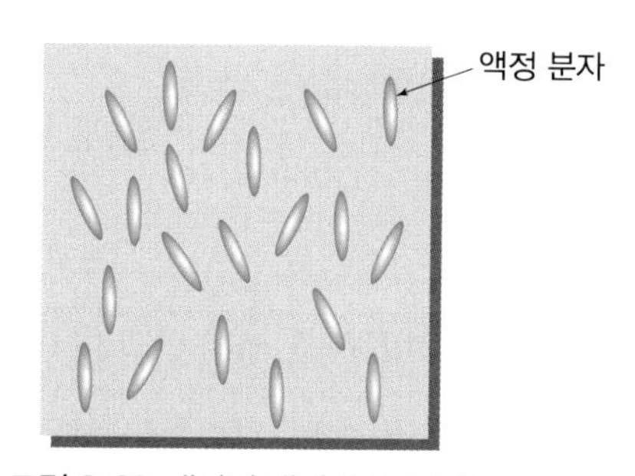

그림 8.26 네마틱 액정의 분자 배열

(2) 배향 처리

액정 디스플레이에서 이 네마틱 액정이 2장의 유리 기판이 마주보는 얇은 간격(약 5[μm]) 사이에 넣어져 있다. 여기서 5[μm]의 간격은 우리 머리카락 굵기의 1/10 정도로 얇은 공간을 말한다. 이 공간에 액정을 배열하는 것이다. 액정의 세계에서는 배향 처리(配向處理)라는 것이 있다.

네마틱 액정의 개개의 분자는 서로 같은 방향으로 향하고 싶어하는 성질을 갖고 있다. 그러나 그 방향으로 정렬한 분자의 집단을 전체로서 어느 쪽인가의 방향으로 향하게 하기 위해서는 어떠한 외부의 힘이 필요하다는 것이다.

현재 사용하고 있는 액정 디스플레이에서 외부의 힘을 가하고 있는 것이 배향막(配向膜)이다. 이 배향막은 0.1[μm] 정도의 두께를 갖는 고분자막으로 만들어져 있는데, 유리 기판 위에 인쇄하여 박막 형태로 형성하는 방법이 일반적이다.

그림 8.27에서 액정 분자의 배향하는 모양을 나타낸 단면을 보여 주고 있다. 유리 기판 위에 전압을 걸기 위한 투명 전극이 있고, 그 위에 배향막이 형성되어 있다. 배향막은 접하고 있는 액정 분자의 긴 방향을 거의 유리 기판 면과 평행하게 되도록 속박하는 힘을 갖고 있는 것이다.

액정 분자가 유리 기판에 거의 평행하게 배향하기 때문에 이 배향을 수평 배향(水平配向)이라 하기도 한다. 배향막의 종류를 변화시키면 액정 분자가 거의 유리 기판에 수직으로 세워진 수직 배향(垂直配向)을 얻을 수 있다. 액정 디스플레이의 대부분은 수평 배향을 채택하고 있으므로 수평 배향에 관하여 설명하기로 한다.

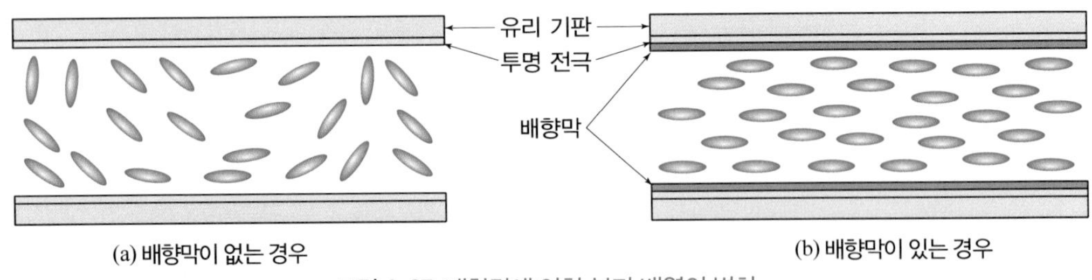

그림 8.27 배향막에 의한 분자 배열의 변화

(3) 연마(rubbing)

배향막의 존재에 의해 액정 분자를 유리 기판 위에 평행하게 고정하였다. 유리 기판 면에 액정 분자가 평행하게 되도록 속박되어 있어도 그 방향은 유리 기판 면내의 모든 방향

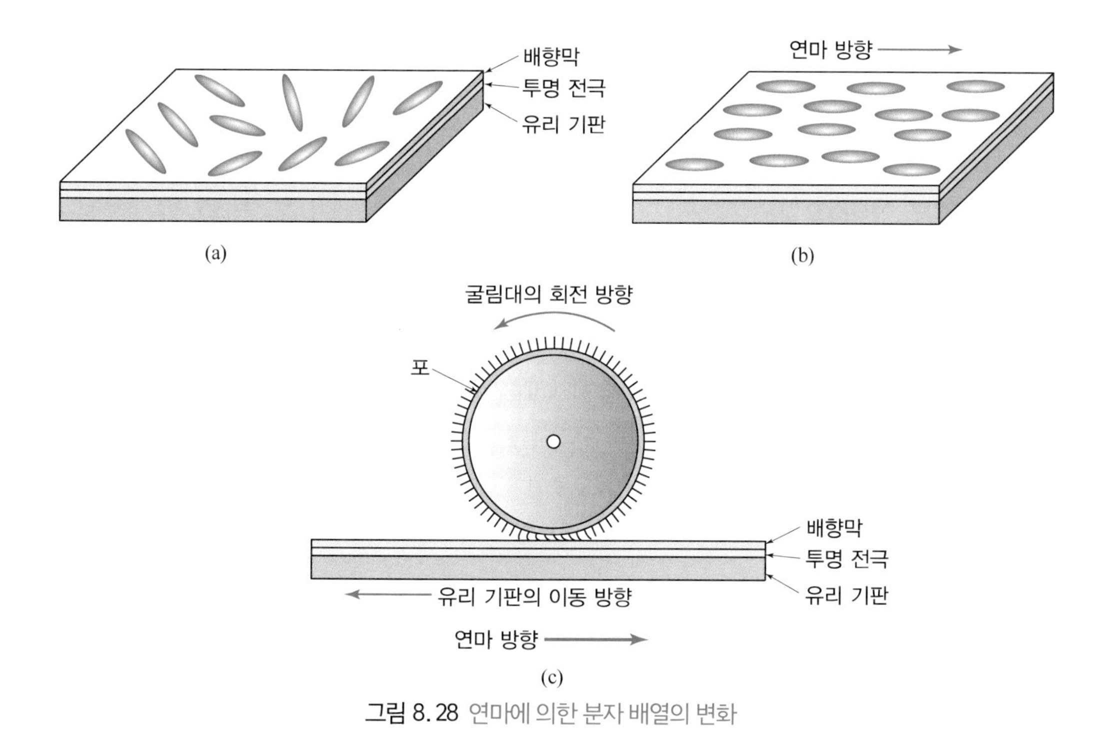

그림 8.28 연마에 의한 분자 배열의 변화

(360°)에 가능성이 있다. 그림 8.28에서 보여 주는 바와 같이, 액정 분자의 배향은 연마rubbing 처리가 필요하다. 이 연마는 "문지르기"라는 뜻이 있듯이 유연한 포(布)로 배향막을 한쪽 방향으로 문질러 준다. 일반적으로 그림 8.28(c)에서 나타낸 것과 같이, 굴림대roller에 포를 감아 붙이고 그것을 유리 기판 위에서 회전시켜 처리한다. 연마를 미리 수행한 배향막에 액정 분자가 접하면 간단히 그 방향으로 액정 분자가 배열되어 가는 것이다. 이를 그림 8.28(b)에서 보여 주고 있다.

연마에 의한 액정 분자의 배향을 살펴보자. 다음과 같은 배향 메커니즘에 의하여 이루어지고 있다.

① 포(布)로 배향막을 문질러 주면 배향막 표면이 상처가 생겨 대단히 미세한 도랑이 만들어진다. 액정 분자는 이 도랑에 꼭 끼어 들어가 한 방향으로 배향한다.
② 배향막에 손상이 없어도 연마에 의하여 액정 분자를 그 방향으로 배향하게 하는 전기적인 힘이 배향막에 주어진다.

방향에 의해서 물리적인 성질이 다른 것을 이방성(異方性)이라 한다. 여기에서는 연마에 의하여 유리 기판에 이방성이 부여된 것으로 된다. 그래서 이 배향막의 이방성과 액정 분자가 갖는 이방성이 서로 작용하여 액정 분자가 한 방향으로 배향한다. 현재 액정 디스플레이에 주로 이용되고 있는 액정 분자는 ②의 메커니즘으로 배향하고 하고 있다고 생각된다. 앞으로 이 분야에 더 많은 연구가 뒤따라야 할 것이다.

2. 액정의 전압 응답

(1) 투명 전극

액정 디스플레이에서 액정에 전압의 인가에 의하여 ON/OFF를 바꿀 수 있거나 혹은 액정 셔터의 개폐(開閉)를 행하는 것과 같다. 그림 8.27의 투명 전극은 전압을 ON/OFF하기 위하여 형성한 것으로, 인듐과 주석의 합금과 산화물로 구성하였으며, ITO$_{\text{Indium Tin Oxide}}$라 하기도 한다.

(2) 양각$_{\text{positive}}$형 네마틱 액정

액정의 전압에 대한 응답은 유전율에 이방성이 있기 때문에 발생한다. 액정 디스플레이로 널리 이용하고 있는 네마틱 액정은 정(正)의 유전 이방성(誘電 異方性)을 갖기 때문에 양각$_{\text{positive}}$형이라 한다. 분자의 긴 축 방향의 쪽이 짧은 축 방향보다 유전율이 크다. 이것이 큰 특징이 된다.

양각형 네마틱 액정에 전압을 인가하면 그림 8.29와 같이 누워 있던 액정 분자들이 전압과 같은 방향으로 변화하여 일어나게 된다. 미소한 전압에서 이런 특성이 일어나는 것은 액정이기 때문이다. 액정 분자는 모두 어느 방향으로 정렬되는 것이다. 전압에 대한 응답도 액정 분자 하나하나가 아니라 큰 집단이 방향을 변화시키기 때문에 큰 힘이 되어 작은 전압

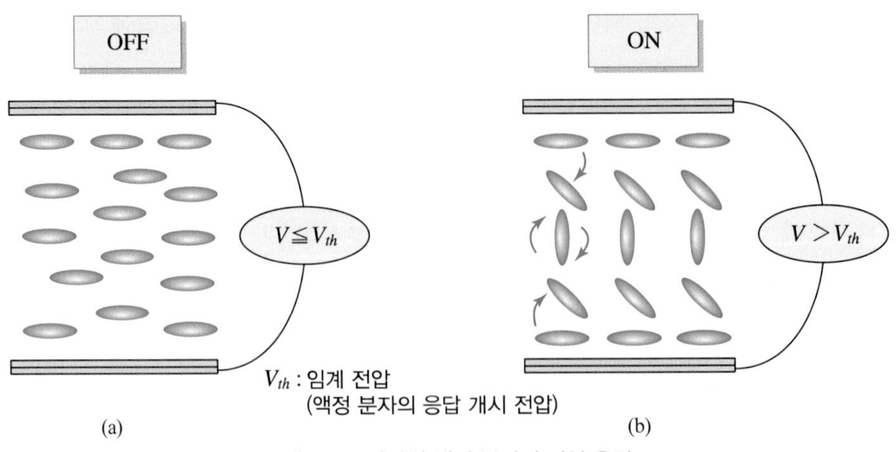

그림 8.29 양각형 액정 분자의 전압 응답

에서도 움직이는 것이다. 마치 지레의 원리와 같다고 할 수 있다. 지레를 사용하여 바위를 움직이고자 할 때, 지렛대가 짧으면 큰 힘이 필요하고 길면 작은 힘으로도 움직일 수 있는 것이다.

온도를 올려서 액정 상태에서 액체 상태로 되어 버리면, 사방으로 향해 있는 분자를 어느 방향으로 향하도록 하기 위해서는 큰 전압을 공급해야 한다. 액정 디스플레이에서 사용하고 있는 전압으로는 아무것도 일으키지 못한다.

(3) 음각$_{negative}$형 네마틱 액정

액정에는 분자의 긴 축(長軸) 방향보다 짧은 축(短軸) 방향의 유전율이 큰 음각$_{negative}$형의 것도 있다. 최근 일부의 액정 디스플레이에서 이 음각형 네마틱 액정을 사용하는 경우도 있는데, 이 음각형 액정에서는 전압을 인가하면 그림 8.30과 같이 액정 분자는 전압과 수직으로 되어 버린다. 결국 유리 기판과 같은 방향이 되는 것이다.

음각형 네마틱 액정은 전압을 공급하지 않을 때, 액정 분자의 초기 배향이 유리 기판과 수직 즉 수직 배향이 되고, 이와 같은 분자 배열을 얻기 위하여 특별한 배향막(수직 배향막)을 선택해야 한다. 음각형은 일부 액정 디스 플레이에서만 채택하고 있다.

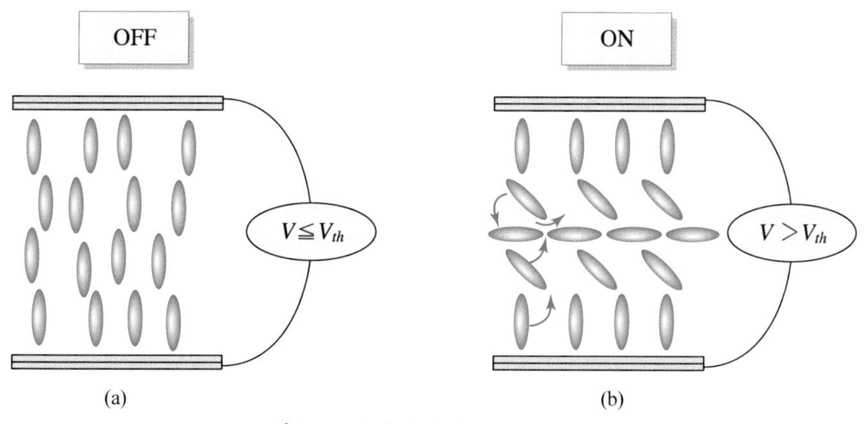

그림 8.30 음각형 액정 분자의 전압 응답

3. 프리틸트 각

액정 분자가 전압에 응답하는 모양을 더 상세하게 생각하여 보자. 그림 8.29와 같이 전압을 공급하였을 때 액정 분자가 응답한다. 하지만, 액정 분자가 일어나는 방향에는 두 가지 방법이 있다. 여기서 위와 아래의 유리 기판과 조합시켜 생각하여 보면, 결국은 그림 8.31과 같이 액정 분자의 응답은 네 가지가 존재하고 있음을 알 수 있다. 액정 디스플레이에 있어서 이 네 가지의 응답이 불규칙하게 혼재한다면 액정의 배향이 산란되어 액정 표시 소자로서의 품질이 떨어지게 된다.

그러나 실제 액정 디스플레이에서는 그러한 것이 일어나지 않는다. 왜냐하면 연마에 의하여 분자는 완전히 기판과 평행하지 않고, 기판에 대하여 약간의 각도를 유지하며 떠 있는 것이다. 그림 8.32와 같이 이 각도를 프리틸트 각이라 한다.

연마는 왕복 운동이 아니라 한쪽 방향으로 움직이므로 전압을 걸지 않을 때에도 연마 방향에 대하여 액정 분자는 유리 기판 면에서 미소하게 일어나 있다. 따라서 전압을 인가한 때의 액정 분자가 일어난 방향으로 네 가지가 있다고 하였으나, 실제는 프리틸트 각의 존재로 한 가지로 제한되고 있다.

프리틸트 각의 크기는 연마의 조건(롤러의 회전 속도, 포의 압력 등)과 배향막의 재료를 통하여 조절할 수 있다. 포로 표면을 마찰하는 연마 공정은 다른 여러 정밀 기기 제조 공정에 비하여 믿을 수 없을 만큼 조잡한 것일지 모르나, 현재 많은 액정 디스플레이의 제조 공정에서 대단히 중요한 공정 중의 하나이다.

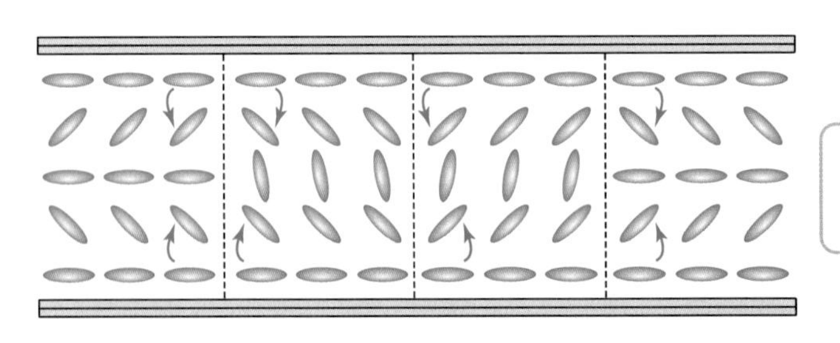

그림 8.31 전압에 의한 배향의 변화

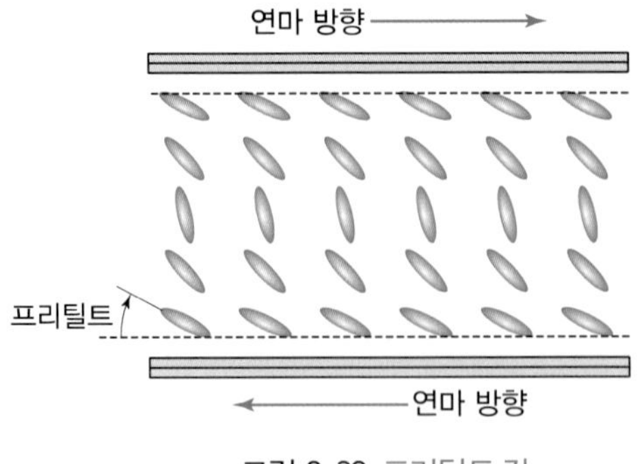

그림 8.32 프리틸트 각

4. TN 모드

(1) 배향 상태의 명칭

액정 디스플레이에는 여러 가지 방식이 있다. 이들을 모드$_{mode}$라 하고, 모드의 이름은 전압을 걸지 않은 상태에서의 액정 분자의 배열을 이용한 것이 몇 가지 있다. 액정 디스플레이 중에서도 가장 넓게 이용되고 있는 TN$_{twisted\ nematic}$ 모드도 그 중 하나이다. 이것은 뒤틀린 네마틱이라는 의미이다. 그 외에 배향 상태가 모드 이름으로 되어 있는 것은 STN 모드와 VA 모드가 있다. STN$_{Super\ TN}$은 초뒤틀린 네마틱이며, VA$_{vertical\ Alignment}$는 수직 배향의 의미를 갖는다.

(2) TN 모드

지금까지 액정 분자의 일반적인 배향 방법에 대하여 설명하였으나, 이번에는 실제 액정 디스플레이 중에서 액정 분자는 어떻게 배향되는가, 전압을 인가하면 어떻게 변화하는가를 생각해 본다. 특히 TN 모드에 대하여 살펴본다.

TN 모드는 현재 많은 액정 디스플레이에 채택되고 있는 가장 기본적인 방식으로, 액정 분자의 배향도를 그림 8.33에 나타내었다. 그림 (a)는 전압이 0[V], 또는 임계 전압 V_{th} 이하의 상태 즉 OFF 상태를 나타낸 것이다. 여기서 임계 전압$_{threshold\ voltage}$이란 이 전압의 값을 넘으면 액정 분자가 응답을 하기 시작하는 전압을 의미한다.

두 장의 유리 기판 위의 액정 분자의 배향 방향은 위·아래에서 90° 다른 방향을 향하고 있다. 그래서 유리 기판 안쪽의 액정 분자의 배향은 연속적으로 회전하고 있음을 알 수 있다. 즉, 액정 분자의 배향 방향이 유리 기판의 위에서 아래로 뒤틀려 있는 것이다. 이것이 뒤틀린 네마틱(TN)이라고 불리는 이유이다.

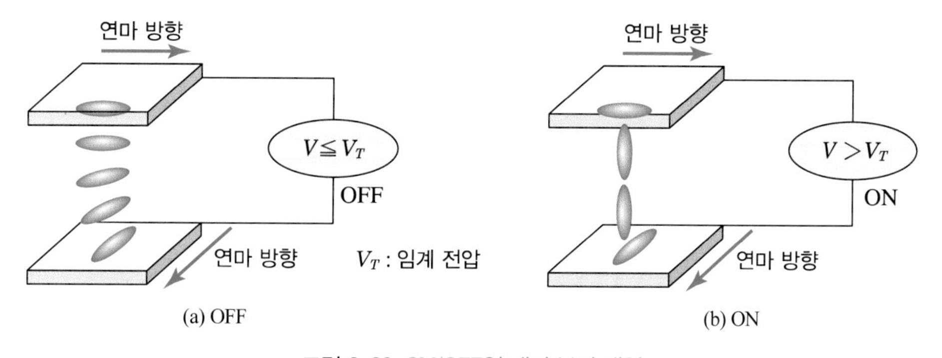

그림 8.33 ON/OFF일 때의 분자 배열

이와 같은 배향 상태는 연마rubbing 방향을 미리 위·아래 유리 기판에서 90° 각도를 이루는 방향으로 행하여 얻을 수 있다. 연마에 의하여 유리 기판 부근의 액정 분자는 연마 방향으로 배향하고, 각각의 액정 분자는 서로 같은 방향으로 향하게 하는 성질이 있다. 따라서 액정 분자의 배향 방향이 연속적으로 균일하게 뒤틀린 상태를 간단히 만들어 내는 것이다.

이 TN 모드에 임계 전압 이상의 전압을 인가하면 그림 (b)와 같이 액정 분자가 유리 기판 면에서 일어나게 된다. 그림 (a)와 같이 임계 전압 이하인 때는 90° 뒤틀리고, 그림 (b)와 같이 임계 전압 이상인 때는 액정 분자가 일어서서 뒤틀림이 소멸된다. 이 뒤틀림이 있는지 또는 없는지의 여부에 따라 액정 디스플레이 ON/OFF 표시가 되는 중요한 요소이다.

(3) 뒤틀림 방향

뒤틀림 방향에는 좌(左) 뒤틀림과 우(右) 뒤틀림의 두 가지 가능성이 있다. 두 장의 유리 기판의 연마 방향이 단지 직교하고 있는 경우에는 좌 뒤틀림 혹은 우 뒤틀림을 한정할 수 없다. 만일 좌 뒤틀림과 우 뒤틀림 현상이 동시에 존재한다면, 액정 분자의 배향이 흩어져 혼란스럽게 되어 표시 기능의 품질이 떨어지는 결과를 초래하게 된다. 액정은 좌·우 어느 쪽인가의 한 방향으로 뒤틀리는 성질을 갖고 있다.

5. 액정의 편광

(1) 편광의 개념

많은 액정 디스플레이에서 액정 분자가 뒤틀린 배향인 TN 모드가 이용되고 있으나, 어떻게 문자와 그림 등의 표시가 가능한 것인지를 살펴보자. 먼저 편광(偏光)과 편광막에 대하여 이해할 필요가 있다.

빛은 전자파라고 하는 파(波)의 일종이다. 이것은 수면에서 발생하는 파와 긴 줄을 움직여서 발생하는 파와 같은 것으로 횡파(橫波)이다. 이 횡파는 파가 진행 방향과 수직으로

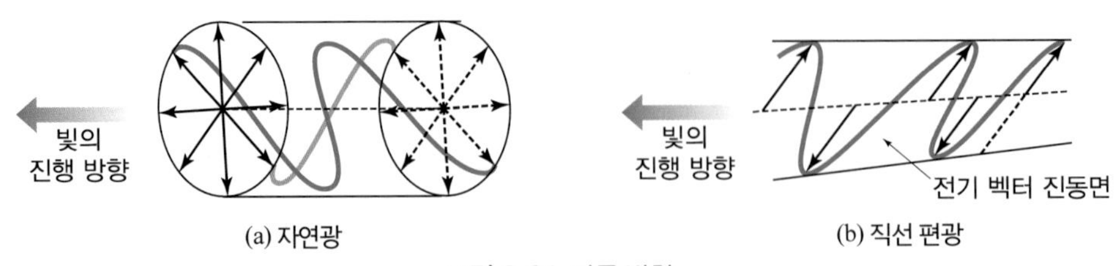

그림 8.34 진동 방향

진동한다. 이에 대하여 종파(縱波)의 대표적인 음파는 파의 진행 방향과 진동 방향이 같다. 보통 태양이나 형광등 등에서 나오는 빛은 모든 방향으로 진동하고 있어서 자연광이라고 한다. 지금 그림 8.34에서 자연광과 편광의 진동 방향을 보여 주고 있다.

(2) 편광막

많은 액정 모드에서 일정 방향만으로 진동하는 빛을 사용할 필요가 있다. 이러한 빛을 만들어 내는 것이 편광막이다. 그림 8.35에서 보여 주는 바와 같이, 이 편광막에 자연광이 들어오면 막은 특정 방향으로 진동하는 빛만을 투과하며, 이 투과된 광은 일정 방향으로만 진동하는 빛으로 이것을 직선 편광이라 한다. 이때 빛의 진동 방향을 편광축이라 하고, 이것에 직교하는 방향을 흡수축이라 한다.

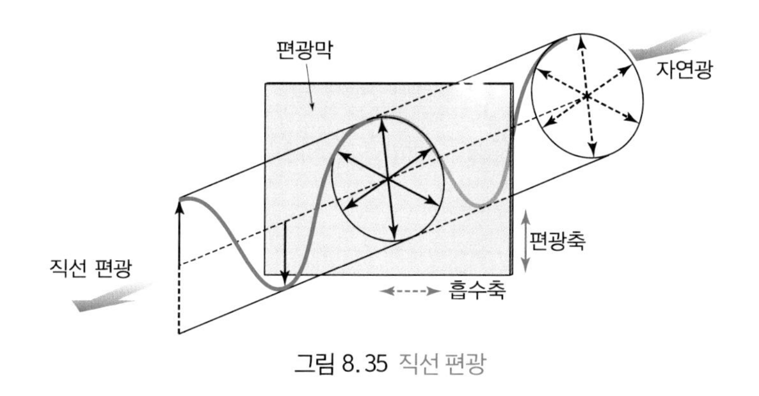

그림 8.35 직선 편광

(3) 편광 발생 방법

편광을 만드는 방법은 여러 가지가 있다. 그림 8.36과 같이 편광막을 두 장 중첩하면 어떻게 될까?

- 두 장의 편광막을 편광축과 평행하게 되도록 겹쳐 놓는다(그림 a).
- 첫 번째 편광막을 투과한 빛은 편광으로 된다.
- 두 번째 편광막을 이 편광이 투과할 수 있다.
- 두 장의 편광축을 서로 직교하도록 겹친다(그림 b).
- 첫 번째 편광막을 투과한 편광은 두 번째 막에 흡수된다.

이와 같이 두 장의 편광막을 겹쳐서 광이 투과하는 경우와 투과하지 않는 경우를 선택할 수 있는 것이다.

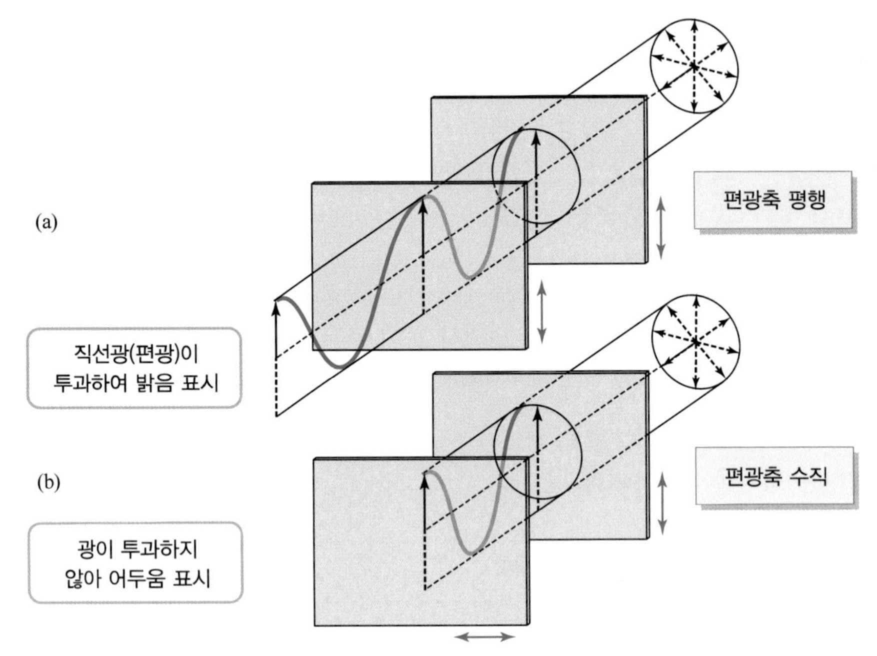

그림 8.36 (a) 광의 투과 (b) 흡수 과정

(4) 밝기와 어두움 표시

TN 모드를 이용한 액정 표시 소자의 구동을 그림 8.37에서 보여 주고 있다. 두 장의 유리 기판 표면에 편광막을 붙인다. 각 편광축 방향은 액정 분자의 배향 방향과 일치시켜 놓는다. 결국, 두 장의 편광축이 직교하고 있다. 만일 액정이 없으면 빛은 투과하지 않을 것이다. 그러나 뒤틀려 배향된 액정이 존재하면 다음과 같은 현상이 일어난다.

- 빛의 진동 방향이 액정 분자의 배향 방향에 따라서 회전한다(그림 a).
- 그 결과 빛의 진동 방향은 두 번째 편광막의 편광축과 일치한다.
- 빛이 투과한다.

이와 같이 액정이 존재하지 않으면 투과할 수 없었던 빛이 액정의 존재에 의하여 투과할 수 있게 되는 것이다. 이것이 TN 모드의 밝기(白) 표시의 상태이다.
여기서 이 액정 표시 소자에 전압을 인가하여 다음의 상태를 살펴보자.

- 액정 분자는 유리 기판으로부터 일어서게 된다(그림 b).
- 액정 분자의 뒤틀림 구조가 없어진다.
- 빛의 진동 방향이 회전할 수 없게 된다.

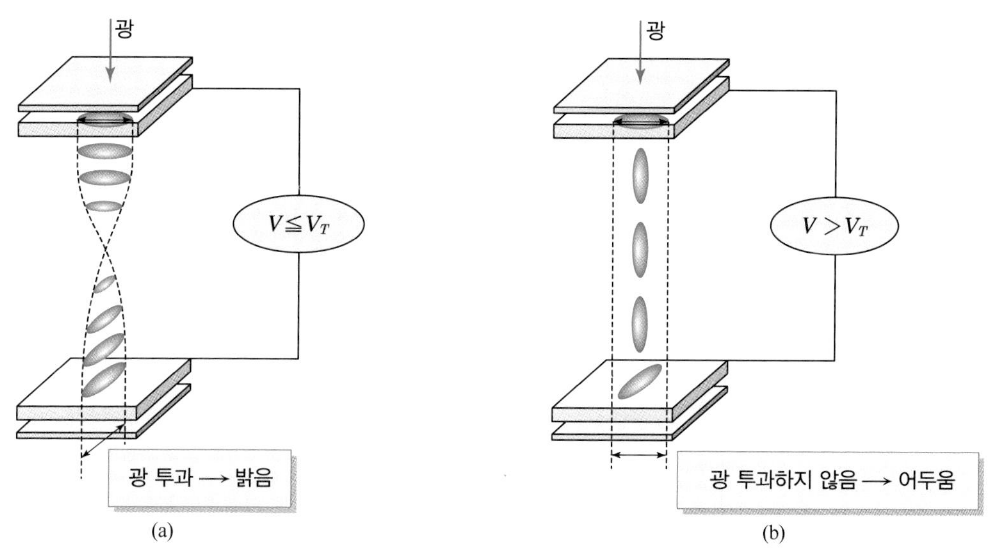

그림 8. 37 액정의 흑백 동작

- 그대로 반대 측의 편광막에 흡수되어 버린다.

이것이 TN 모드의 배향에 대한 어두움(黑) 표시 상태이다. 만일 편광막을 평행하게 한 경우, 전압을 인가하지 않으면 어둡고 인가하면 밝게 된다는 것을 알 수 있을 것이다.

전압을 인가하지 않은 때, 밝기 표시의 모드를 normally white 모드라 한다. 한편, 전압이 인가하지 않은 상태에서 어둡게 되므로 이 어두움 표시 모드를 normally black 모드라 한다. 일반적으로 TN 모드는 먼저 기술한 normally white 모드가 사용되고 있다. 두 번째 편광막에 의한 빛의 흡수가 있거나 혹은 없거나를 TN 배향한 액정의 전압에 의한 배향 변화로 제어하고, 흑/백 표시를 가능하게 하는 것이 TN 모드이다.

(5) 밝기의 조정

액정은 어떠한 광원이 없으면 표시할 수 없다. 이용되고 있는 광원은 태양빛이거나 액정 디스플레이에 내장한 형광등(후면광$_{\text{back light}}$)이다. 이 점은 TV의 음극선관이나 플라스마 디스플레이 등의 자발광형 즉 스스로 빛을 내는 것으로 흑/백을 표시하는 점에서 크게 다르다.

TN 모드의 배향에서 백과 흑의 중간의 밝기 표시는 액정에 가하는 전압의 크기를 조정하여 얻는다. 그림 8.38에서 TN 배향의 전압-투과율 특성 곡선을 나타내었다. 전압에 대하여 투과율이 완만하게 변화하고 있음을 알 수 있다. 용이하게 밝기 조정이 가능한 것도 TN 모드의 큰 특징이다.

6. 매트릭스 표시

(1) 매트릭스 표시

세그멘트segment 표시에도 한계가 있다. 숫자라면 좋지만, 임의의 그림을 나타내기 위하여 투명 전극의 형태를 어떻게 할 것인가를 고려하여 생각한 것이 매트릭스matrix 표시라 하는 것이다.

그림 8.38에서 매트릭스 전극의 개략도를 나타내었다. 기판 위쪽의 투명전극이 종(縱) 방향으로 줄무늬stripe 형상으로 패턴pattern이 되어 있고, 기판 밑쪽에는 횡(橫) 방향의 줄무늬 형상으로 패턴이 되어 있다. 그러므로 기판의 위와 아래의 줄무늬 형상의 전극을 조합하면 전극은 격자상(格子狀)으로 된다.

종·횡 방향의 줄무늬의 열수를 각각 X열, Y열이라 하면, 투명 전극이 교차하는 부분이 (X×Y)개가 되는 것이다. 이 교차하는 부분을 화소(畫素)라 한다. 이 화소의 각각에서 액정은 ON/OFF 작용이 제어되어, (X×Y)개의 화소에서 임의의 문자나 그림 등을 만들 수 있는 것이다.

여기서 세그멘트 표시에서는 (X×Y)개의 화소 표시를 하고자 하는 경우, (X×Y)개의 전극에 대한 전압을 하나하나 제어할 필요가 있으나, 메트릭스 표시에서는 (X×Y)개의 줄무늬 형상의 전극에 대해서만 전압을 제어하면 된다는 것이 중요한 점이다. 이러한 차이점은 대단히 큰 것이다. 임의의 그림을 그리고자 할 때, 메트릭스 표시는 대단히 유효한 방법이다. 복잡한 화상을 표시하는 경우, 이것으로 완전히 문제가 해결되는 것이 아니고, 다음의 두 가지 문제를 더 해결해야 한다. 첫째는 액정의 응답 시간 지연, 둘째는 cross talk 문제이다.

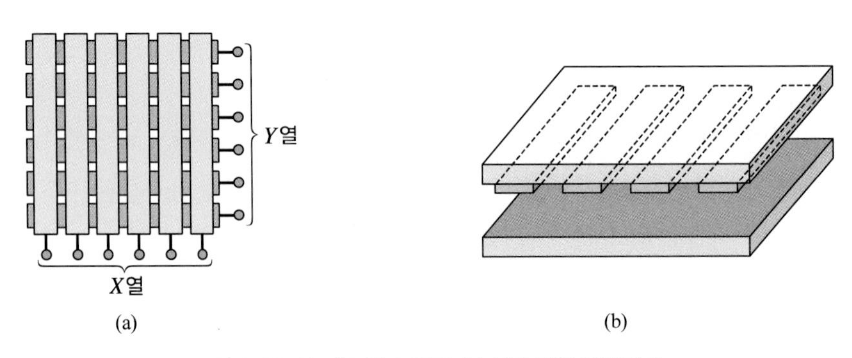

그림 8.38 (a) 메트릭스 전극 (b) 투명 전극의 격자상

(1) 액정의 응답 시간 지연

메트릭스 표시에서 전극은 위·아래 X열과 Y열만 존재한다. 이들에게 한 번에 전기적인 신호를 보내, 임의의 화상을 표시할 수는 없다. 종 방향의 X열에 들어온 신호에 대하여 횡 방향의 Y전극에 1열씩 순차로 신호를 넣어 1열, 1열 화상 정보를 입력하게 된다. 이것이 선순차(線順次) 방식이라 한다. 동화상(動畫像)을 표시한다고 하면, 1초에 60매 정도의 그림을 그릴 필요가 있으므로, 1매의 그림을 표시하는 데에 할당된 시간은 1/60 sec가 된다. 300열의 Y전극이 있다면 1열의 전극에 할당되는 시간은 1/300이므로 약 1/20,000[sec] (0.05×10^{-3}[sec])밖에 걸리지 않는다. 그러나 액정은 걸린 전압에 대하여 그렇게 빠르게 응답할 수 없다. 대략 10[ms] 정도이다. 전압이 걸린 전극은 0.05[ms] 후에 다음 행으로 이동하여 가기 때문에, 작은 움직임이라 하여도 다음 순번으로 돌아올 때까지 지연하게 된다. 이 문제의 근본적인 해결책은 TFT_{Thin Film Transistor}를 사용하는 것이다.

(2) cross-talk 문제

세그멘트 표시에서 할 수 없는 복잡한 표시 기능을 메트릭스 표시에서는 가능하다. 그러나 전극의 열수를 많이 배열하게 되면 cross-talk라 하는 문제가 발생하게 된다.

n번째 X 전극인 X_n과 m번째 Y 전극인 Y_m이 교차하는 화소에 전압을 걸었다고 하자. 그러나 X_n은 Y_m 이외의 Y전극과도 교차하고 있는 화소를 가지고 있다. 이 때문에 X_n 전극상의 전압을 걸리지 않는 화소에까지 작지만 전압이 걸리게 되는 것이다. Y_m에 대하여도 같은 원리이다.

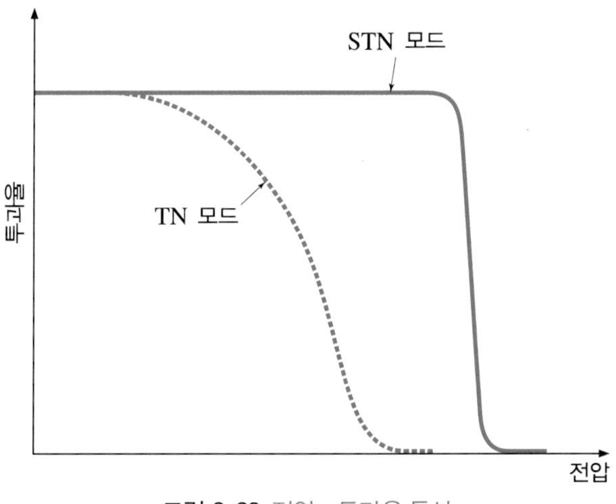

그림 8.39 전압-투과율 특성

전극 열수가 그다지 많지 않은 때는 이 전압도 작으므로 문제가 되지는 않으나, 전극 열수가 증가하게 되면 걸리지 않는 전압도 점점 크게 되어 무시할 수 없게 된다.

TN 모드를 이용하는 경우, 그림 8.39와 같이 전압-투과율 특성 곡선에서 전압에 대한 투과율이 완만하게 변화하고 있다. 이것은 전압을 조금만 걸어도 어느 정도의 투과율이 변화하는 것을 의미한다. 결국, X_n과 Y_m이 교차하는 화소에 전압을 걸면 그 화소만이 응답하는 것이 아니라 X_n상과 Y_m상의 화소도 응답하는 것이다. 이것을 cross-talk라 한다.

이것을 해결하기 위하여 메트릭스 표시에서는 TN 배향 대신에 초뒤틀린 네마틱(STN) 배향을 이용하는 것이다. TN 배향에서 액정 분자가 90° 뒤틀려 있는 것에 대하여 STN 배향은 180~230° 정도로 뒤틀려 있어서 이것으로 초뒤틀려 있다고 하는 것이다.

(2) cross-talk 대책

컴퓨터에 사용하는 디스플레이의 화소(畫素) 수 규격은 VGA나 XGA로 나타내는데, 예를 들어 VGA는 (640×480)열의 메트릭스로 구성되어 있다. 이와 같이 배선의 수가 많은 경우, 전압-투과율 특성 곡선이 TN 모드와 같이 완만한 것과 cross-talk에 의하여 백과 흑 표시의 차가 분명하지 않아 contrast가 낮은 표시를 하게 되는 것이다. 여기서 전압-투과율 특성 곡선이 급준하여 흑백 표시가 분명한 STN 배향이 개발된 것이다. 이 STN 배향의 전압-투과율 특성 곡선은 그림 8.39와 같이 TN 배향에 비하여 급준하게 변하는 특징이 있다. STN 배향은 연마 방향, 첨가재의 양, 프리틸트 각의 조정으로 얻어진다. STN 배향의 액정 디스플레이는 노트북 컴퓨터의 일부 등에 사용되고 있다.

7. 액정의 표시 방법

(1) 액정 디스플레이의 문제점

STN 모드를 이용한 액정 디스플레이는 노트북 컴퓨터 등에 폭넓게 이용되고 있으나, 다음과 같은 문제점이 있다.

- STN 모드의 전압에 대한 응답이 늦다(동화상의 경우, 잔상이 보이기 쉽다).
- 측면에서(비스듬히) 보면 표시 화면을 보기 어렵다(시야각(視野角)이 좁다).
- 배선 수가 증가하면 contrast(흑백비)가 낮다.

여기서 최근에는 박막 트랜지스터를 이용한 것 즉 TFT형이 주로 이용되고 있다. STN 모드를 이용한 것을 수동형 메트릭스($PM_{passive\ matrix}$) 표시라고 하는 것에 대하여 TFT형은 능동형 메트릭스(AM$_{\text{active matrix}}$)라고 한다. 이 능동형 메트릭스형 표시에는 TFT 외에 MIM$_{\text{metal insulator metal}}$이 있으나, 여기서는 현재 TFT형을 많이 이용하고 있으므로 이것에 대하여 기술하고자 한다.

수동형 메트릭스 표시와 능동형 메트릭스 표시의 차이점에 관하여 살펴보자.

(2) 수동형 메트릭스 표시

수동형 메트릭스 표시는 그림 8.40과 같이 유리 기판의 위와 아래에 각각 종·횡 줄무늬상의 투명 전극이 형성되어 있다. 각각의 교차점이 1화소라고 하는 의미이다. 따라서 종 방향의 X열과 횡 방향의 Y열의 전압을 제어하여 여러 가지 화상을 형성하게 되는 것이다.

(3) 능동형 메트릭스의 표시

그림 8.40(b)와 같은 능동형 메트릭스 표시에서 유리 기판 위쪽의 전극은 세그멘트$_{\text{segment}}$ 표시와 같아서 하나씩 배열되어 있다. 밑쪽의 전극은 $(X \times Y)$개가 존재하고 각각이 1화소가 된다. 이것이 큰 특징이나, 각각의 화소에 스위치가 하나씩 달려 있는데, 이 스위치는 각각의 화소를 신호선에 대하여 ON/OFF 선택을 하는 기능을 갖는 것이다. 이 스위치의 존재 때문에 능동형 메트릭스 표시에서는 STN 모드를 이용할 필요가 없고 TN 모드가 이용되는 것이다. 따라서 응답 속도, 시야각, contrast가 개선되어 현재의 노트북 컴퓨터, 자동차 네비게이션, 액정 TV 등에 폭넓게 이용되는 것이다.

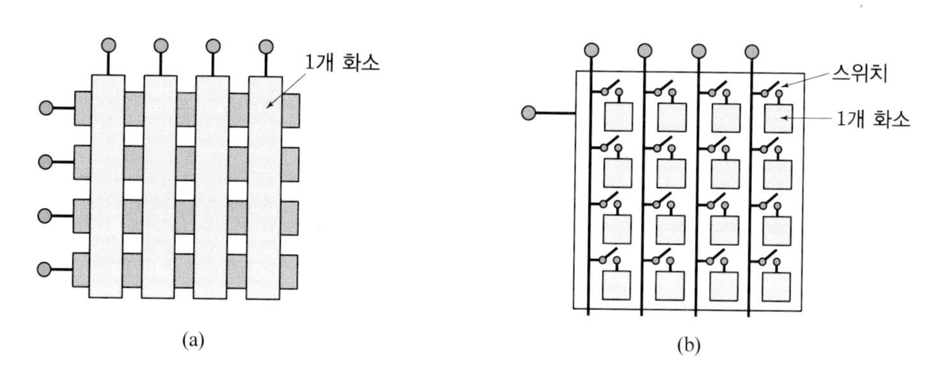

그림 8.40 (a) 수동형 메트릭스 (b) 능동형 메트릭스의 기본 구조

8. 능동형 메트릭스 표시의 구조

(1) 게이트와 소스 선

TFT를 사용한 능동형 메트릭스 표시의 원리를 살펴보자. TFT 그 자체는 스위치라고 생각하여도 좋다. 그림 8.41(a)에서 보여 주고 있는 바와 같이, 이 스위치는 하나의 화소에 하나씩 설치되어 있다. 신호 전압 V_s가 음(−)인 때는 전류의 방향이 거꾸로 되고, 충전된 전하의 양(+)과 음(−)이 거꾸로 된다. 전압이 음이라도 액정은 응답한다.

예를 들어, 그림 (b)와 같이 게이트(gate) 선에 15[V] 정도의 높은 전압을 유지하면 스위치가 ON 상태 즉 도통 상태로 작용하게 된다. 그러면 소스$_{\text{source}}$선에 의하여 신호 전압이 액정에 공급된다. ON 상태는 보통 수십 μs 정도로 곧 게이트 선은 −5[V] 정도의 낮은 전위로 내려간다. 그러면 스위치는 OFF 상태, 즉 비도통 상태로 된다. 이때 ON 상태에서 액정에 인가되어 있던 전압은 그대로 유지하게 된다. 이것은 그림 (c)와 같이 두 개의 전극 사이에 끼워진 액정이 커패시터$_{\text{capacitor}}$ 역할을 하고 있기 때문이다.

ON 상태일 때 커패시터에 전압을 인가하면 용량에 따른 전하가 충전되는 것이다. 다음, OFF 상태가 되어도 ON 상태일 때의 전하가 그대로 커패시터에 축적되어 있어 액정은 전압이 인가된 상태를 그대로 유지하게 되는 것이다. 결국, 수 μs 사이에 순간적으로 주어진 전압이 TFT를 사용함에 따라 그대로 유지된다는 의미이다.

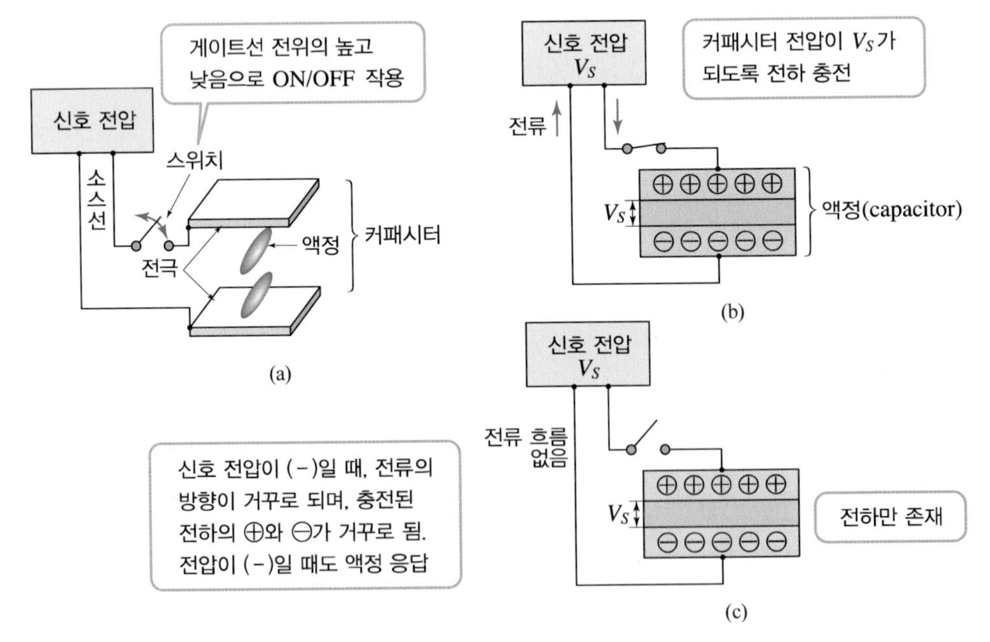

그림 8.41 (a) 스위치와 액정 (b) 액정의 전하 충전 (c) 전하의 유지

(2) 선순차 주사

다시 스위치가 ON 상태로 되기까지는 같은 표시를 유지한다. ON 상태로 되면 다음의 새로운 신호 전압이 인가되어 표시가 고쳐지게 된다. 그림 8.41 구조에 대한 실제 구조를 그림 8.42에서 보여 주고 있다. 그림과 같이 게이트 선과 소스 선이 메트릭스 상태로 되어 있다. 그래서 1열의 게이트 선이 높은 전위로 유지될 때, 그 게이트 선에 접속되어 있는 스위치만 모두 ON 상태로 된다. 이들 스위치를 매개로 하여 각 화소의 액정에 신호 전압이 공급되는 것이다.

한편, 기타의 게이트 선이 낮은 전위로 유지되면, 이들 게이트 선에 접속되어 있는 스위치는 모두 OFF 상태로 되어 각 화소는 이전에 인가된 전압을 그대로 유지하게 되는 것이다.

수십 μs 후, 높은 전위로 되었던 게이트 선이 낮은 전위로 되고, 곧 밑의 게이트 선이 높은 전위로 된다. 그러면 위의 화소에 인가된 신호 전압은 그대로 유지되고, 그 밑의 화소에는 다음의 새로운 신호 전압을 각 화소에 공급한다. 순차적으로 이것을 되풀이하여 높은 전위로 된 게이트 선이 제일 밑의 게이트 선까지 오면 하나의 화면이 만들어지는 것을 의미한다.

이 동작을 메트릭스 표시의 때와 같이 선순차 주사(線順次走查) 방식이라 한다. 이에 비하여 보통의 TV에서 이용하고 있는 브라운관(음극선관)에서는 점순차 주사(點順次走查) 방식

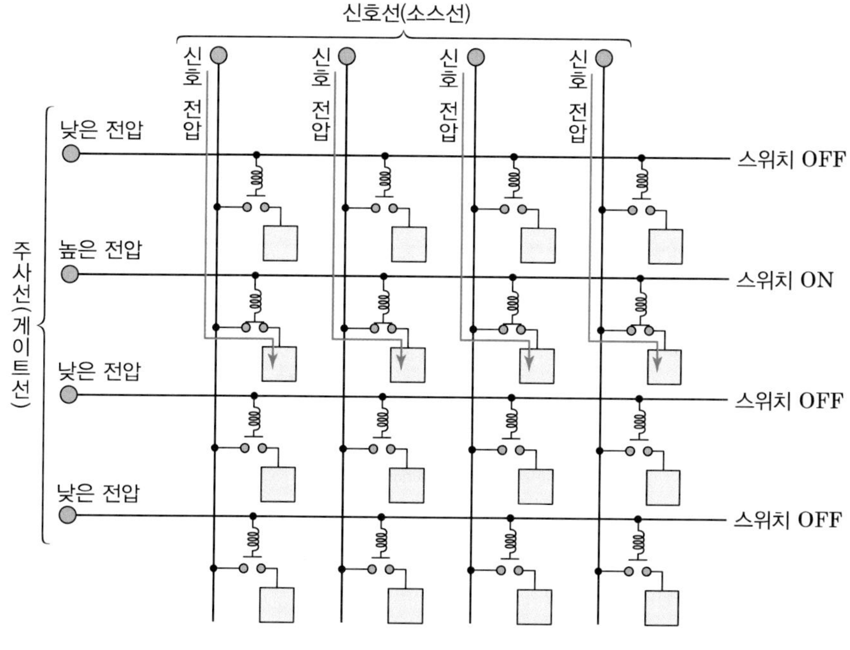

그림 8.42 선순차 주사용 메트릭스

으로 동작하는 것이다. 두 방식 모두 이 주사를 반복 수행하여 정지 화면과 움직이는 화면의 화상을 만들어내는 것이다.

9. TFT의 구조

(1) 액정 디스플레이의 단면

TFT는 게이트 선이 높은 전위일 때는 ON 상태, 낮은 전위일 때는 OFF 상태의 스위치 역할을 하게 된다. 지금 그림 8.43(a)에서는 액정 1화소의 구조를 보여 주고 있는데, 종$_{\text{column}}$ 방향의 배선이 소스$_{\text{source}}$ 선이고, 횡$_{\text{row}}$ 방향이 게이트 선이다. 교차점 부근에 TFT와 화소 전극이 존재하고 있다. 점선 *A*의 단면도를 그림 (b)에서 나타내었으며, 각 영역의 설명은 다음과 같다.

① 유리 기판

일반적으로 저열 팽창률이 있을 것, 평탄성이 우수할 것, 알카리 성분이 없을 것 등의 조건이 요구된다.

② 게이트 전극

금속 박막(Al, Ta, W 등)으로 만들어지는 게이트 배선을 TFT 소자의 가장 밑에 형성한다. 스위치 역할을 하는 TFT의 ON/OFF 작용은 게이트 영역의 높은 전위와 낮은 전위로 결정된다.

③ 절연막

게이트 전극과 기타의 영역을 전기적으로 절연하기 위하여 필요한 영역으로 산화막(SiO_2)과 질화막(Si_3N_4)으로 형성한다.

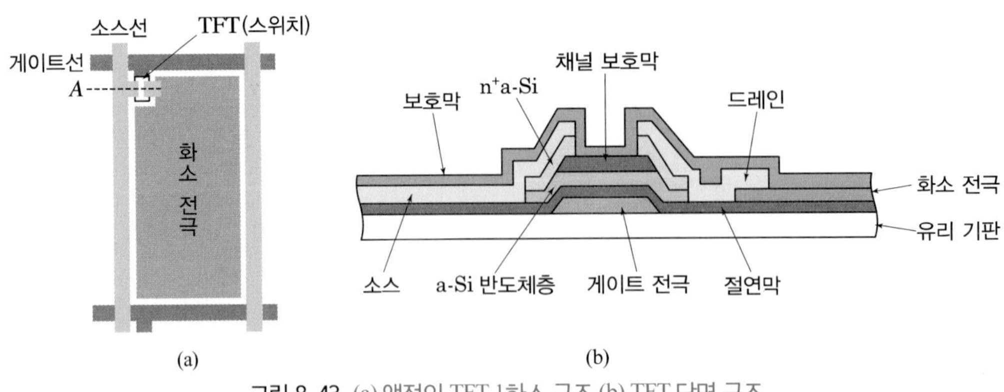

그림 8.43 (a) 액정의 TFT 1화소 구조 (b) TFT 단면 구조

④ 활성 반도체층

여기가 스위치의 심장부로 전류가 흐르는 영역이다. 비정질 실리콘(a-Si, amorphous-Si) 으로 만든다.

⑤ n^+ a-Si층

활성 반도체층과 소스, 드레인을 전기적으로 접속하는 영역이다.

⑥ 채널 보호막

이 채널 보호막이 있으면 TFT를 동작시킬 때 편리하지만, 최근에는 없는 것도 등장하고 있다.

⑦ 소스 전극

게이트와 같이 금속 박막으로 만들어지며, 소스 배선에서 신호 전압이 공급되는 곳이다.

⑧ 드레인drain

금속 박막으로 만들어지며, 이것을 매개로 화소 전극에 신호 전압이 공급된다.

⑨ 화소 전극

여기까지 몇 번이라도 나오고 들어갈 수 있는 투명 전극 영역이다. 보통 ITOIndium Tin Oxide로 만들어진다.

⑩ 보호막

TFT를 보호하기 위한 것으로 질화규소 등으로 만든다.

(2) TFT 스위치의 특성

게이트에 15[V] 정도의 높은 전위를 인가한 경우를 생각하여 보자. 그러면 반도체 게이트 부근으로 음의 전하인 전자를 끌어당긴다. 이때, 소스source와 드레인drain에 전위차가 존재하면 전자가 이동하여 결국 전류가 흐르는 것이다. 이 전류는 소스와 드레인이 같은 전위가 될 때까지 흐르게 된다.

게이트를 높은 전위로 하면, 소스에서 드레인을 거쳐 신호 전압이 화소 전극으로 주어져 결국 소스-드레인 사이가 도통(ON) 상태가 되어 TFT 스위치가 ON되는 것이다. 거꾸로 게이트에 -5[V] 정도의 낮은 전위를 인가하면, 전에 끌어당겨져 모여 있던 전자들이 없어지게 된다. 이 때문에 소스와 드레인에 전위차가 있어도 전류는 발생하지 않는다. 전류를 구성하는 전자가 없으므로 소스-드레인 사이가 비도통(OFF) 상태로 되어 TFT 스위치가

OFF되는 것이다.

이와 같은 TFT 스위치의 특성은 저항값의 OFF/ON비로 나타낸다. 여기서 TFT 스위치에서 OFF일 때의 저항값이 무한대라고 할 수 없다. 대개 저항 값의 OFF/ON비는 100,000~1,000,000 정도의 수준의 값을 갖는다.

예를 들어, ON 저항이 1[MΩ] 정도일 때 OFF 저항은 10^{11}~10^{12}[Ω]의 값을 갖게 되는 것이다. 우리가 알고 있는 이상적인 스위치 즉 OFF/ON비가 무한대인 것은 아니다. ON일 때도 어느 정도 큰 저항값을 갖고 있고, 또 OFF일 때도 저항값이 무한대가 아니기 때문에 미소하지만 전류가 흐르고 있다는 것이다. 이것은 화소 전극에 충전된 전하가 누설되는 것을 의미한다. 그러나 실제에는 새로운 신호가 60[Hz]로 반복하여 주기 때문에 이 정도의 OFF/ON비라면 충분히 스위치로서의 역할을 다할 수 있는 것이다.

현재 많은 TFT 액정 디스플레이의 각 화소에 보조 커패시터가 설치되어 액정 커패시터와 병렬로 접속되어 있다. 이 보조 커패시터는 화소 전극의 충전 전하를 보다 안정하게 유지하는 역할을 할 수 있으므로 거의 모든 TFT 제품에 설치하고 있다.

10. TFT의 제조 방법

앞에서 기술한 스위치 역할을 갖고 있는 TFT는 반도체 제조 공정 중의 하나인 광사진 식각photolithography 공정을 이용하여 만들 수 있다. 이 광사진 식각 공정은 기판에 고분자 막을 도포하고 거기에 광(자외선)을 쪼여서 패턴을 써 넣는 기술이다.

그림 8.44에서 광사진 식각 공정 과정을 보여 주고 있다.

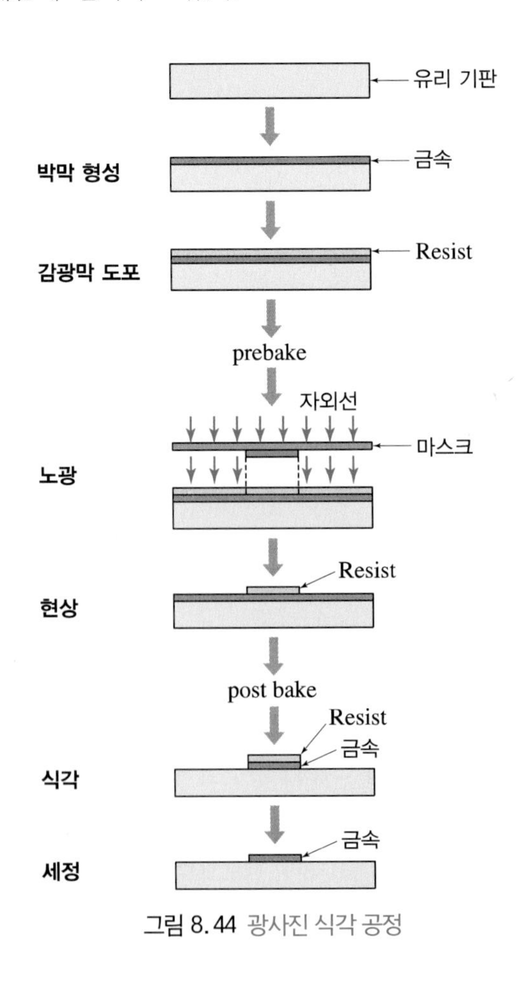

그림 8.44 광사진 식각 공정

(1) 막의 형성

plasma CVD, sputtering 기술을 이용하여 절연막, 반도체층, 금속층 등을 형성한다. 각 층의 두께는 층에 따라 다르나, 보통 0.1~0.4[μm] 정도의 범위이다.

(2) 감광막

자외선에 반응하는 감광막photoresist을 도포한다. 최근에 여러 가지 방법이 개발되고 있다. 일반적으로 유리 기판에 감광액을 떨어뜨리고 고속 회전시키면 기판 표면에 감광막이 균일하게 도포된다. 이를 스핀-코팅spin-coating법이라 한다.

(3) prebake

감광막을 굳게 하기 위하여 고온에서 굽는 과정이다.

(4) 노광

노광(露光)은 미리 목적에 맞게 그려진 마스크mask를 감광막 위에 겹쳐 놓고 그 위에서 자외선을 조사하는 것을 말한다.

(5) 현상

노광으로 자외선이 조사된 부분의 감광막을 현상액으로 제거하는 과정이다.

(6) postbake

다시 고온에서 굽는다.

(7) 식각

식각etching은 감광막으로 덮혀져 있지 않는 부분의 막 즉 절연막, 반도체층 또는 금속층 등을 식각액으로 제거하는 과정이다.

(8) 세척

마지막으로 남아 있는 감광막을 세정액으로 없애고 순수물로 세척한다. 목표하는 박막이 기판 표면에 남게 된다.

11. 컬러 표시의 구조

(1) 가법 혼색

최근 노트북 컴퓨터 등의 액정 디스플레이는 컬러color 표시 제품이 대부분이다. 어떤 방법으로 여러 가지 색이 표현되는지를 살펴보자. 색이 조합되는 구조를 간단히 기술한다.

모든 색은 단지 3색 즉 적색$_{red}$, 녹색$_{green}$, 청색$_{blue}$의 조합으로 만들어진다. 이들을 광의 3원색이라 한다. 3원색의 조합으로 여러 가지 색을 만드는 방법을 가법 혼색(加法混色)이라 하며, 그 원리를 그림 8.45에서 보여 주고 있다.

3원색에 추가하여 조합시킴에 따라 황색$_{yellow}$, 주황색, 청록색, 백색, 흑색 등이 만들어진다. 이것만으로 8가지 색이 되는데, 실제에는 3원색(적, 녹, 청)에서 각 원색의 밝기를 조정하여 모든 색을 재현하게 되는 것이다.

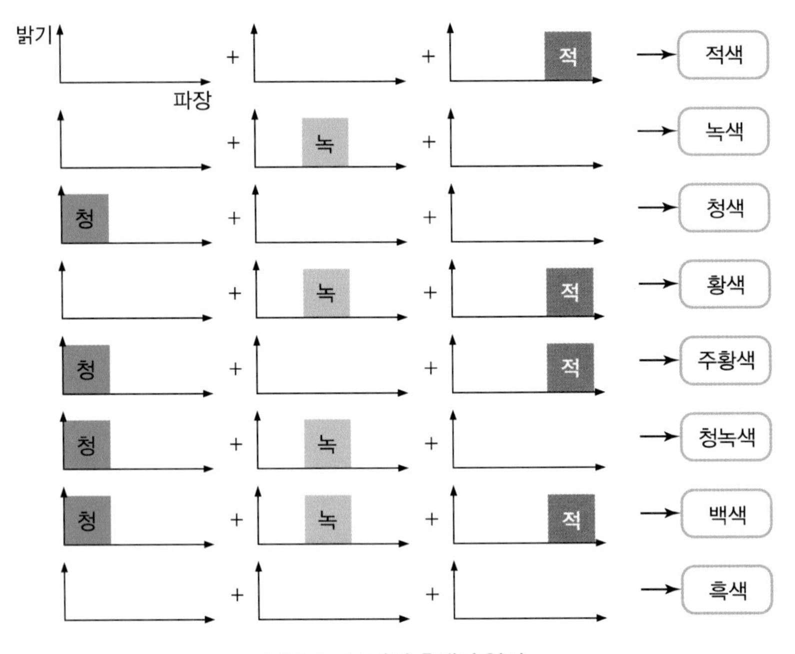

그림 8.45 가법 혼색의 원리

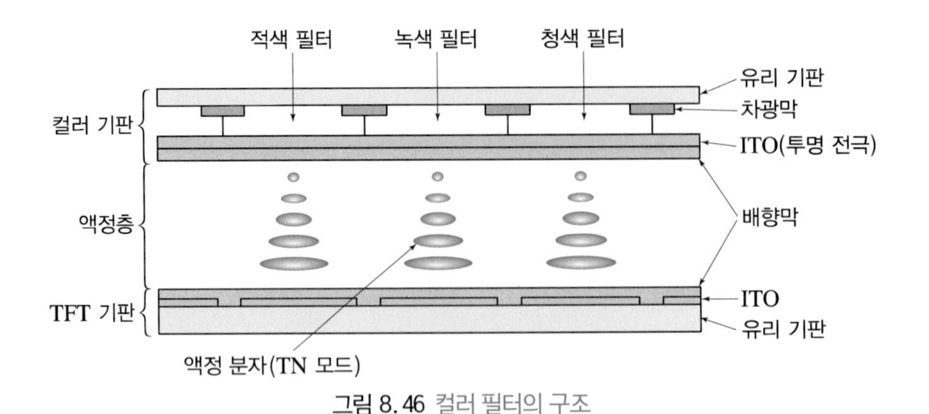

그림 8.46 컬러 필터의 구조

가법 혼색의 원리는 액정 디스플레이, 플라스마 디스플레이, 브라운관 등 대단히 많은 표시 제품에 채택되고 있다.

(2) 액정 디스플레이의 컬러 표시 방법

액정 디스플레이의 컬러 표시는 컬러 필터(CF$_{\text{color filter}}$)이다. 컬러 필터는 색이 붙어 있는 셀로판$_{\text{cellophane}}$과 같은 것으로 약 1[μm]의 얇은 막이다. 그림 8.46과 같이 컬러 유리 기판 안쪽에 형성되어 있다. 컬러 필터가 적(赤)이면 그 부분은 액정의 반응에 의하여 적~흑 사이의 색 표시를 행하고, 녹·청의 컬러 필터의 경우도 같다.

이 컬러 필터는 그림 8.47과 같이 패턴이 형성되어 있다. 여기서 각각의 색 사이에 블록 메트릭스$_{\text{block matrix}}$라 하는 차광막(遮光膜)이 있어 배선 근처에서 발생하는 광의 누광(漏光)

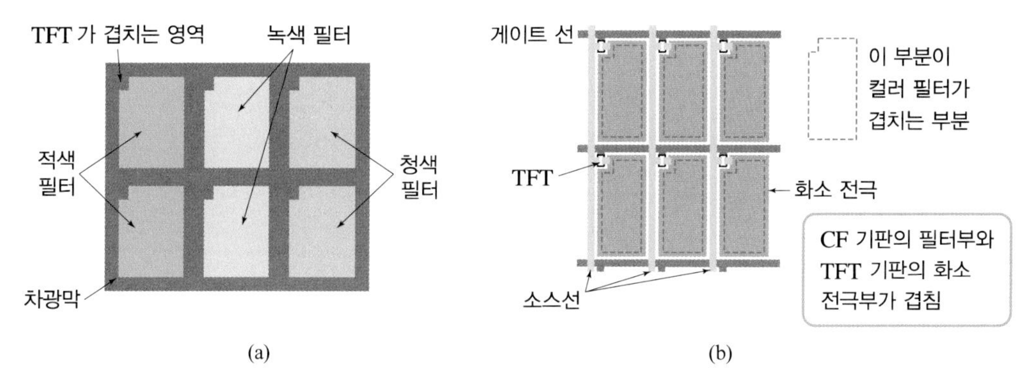

그림 8.47 (a) 컬러 필터의 기판 (b) TFT 기판의 컬러 필터의 위치

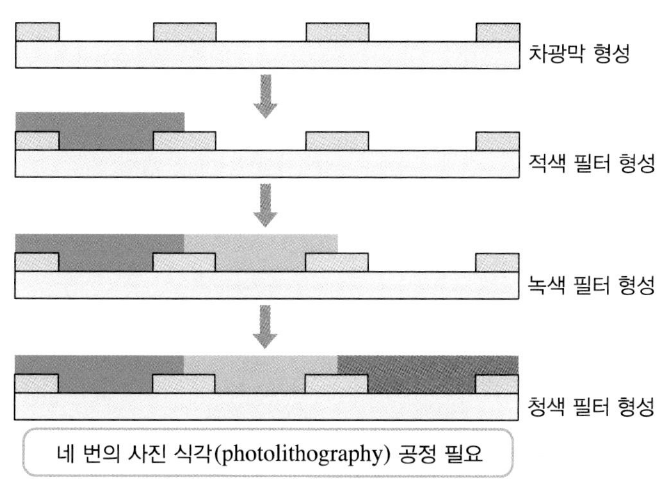

그림 8.48 컬러 필터 기판의 제작

을 방지하기도 하고, 바깥의 광이 TFT에 도달하는 것에 의한 OFF 저항의 감소를 방지하기도 한다.

컬러 필터를 만드는 방법도 TFT와 같이 광 사진 식각 공정 기술을 이용하고 있다. 그림 8.48에서 컬러 필터의 제조공정을 나타내고 있다. 4번에 걸친 광 사진 식각 공정이 필요하다.

12. 액정 패널

(1) 액정 패널의 제작

액정 디스플레이의 표시 부분을 액정 패널liquid crystal panel이라 한다. 액정 패널의 제조 방법을 살펴보자.

우선, 두 가지 흐름이 별개로 진행된다. TFT 소자가 형성되어 있는 측의 기판(TFT 기판)을 만드는 제조 공정과 컬러 필터가 형성되어 있는 측의 기판을 만드는 제조 공정이다. 이들 두 장의 기판을 준비한 후, 과정을 거쳐 점점 액정이 등장하는 공정으로 된다. 두 장의 기판에서 액정 패널을 만들기까지 공정의 흐름을 그림 8.49에서 나타내었다. 이들을 순서대로 살펴보자.

① 세척

TFT 기판, CFcolor filter 기판을 세척한다.

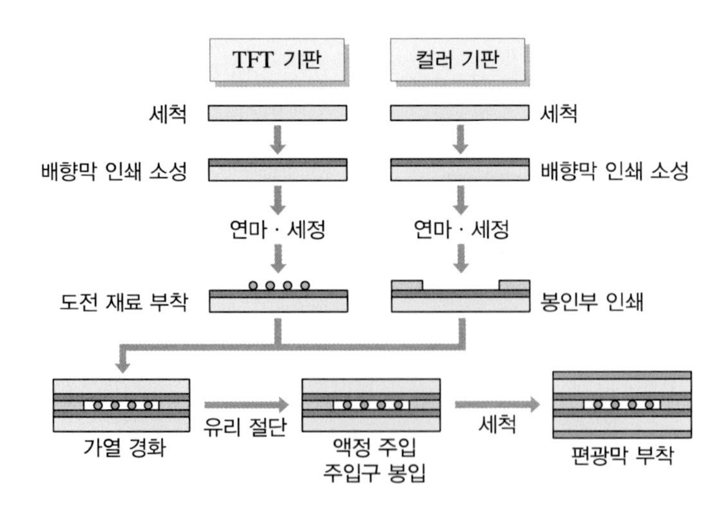

그림 8. 49 패널의 제조 공정

② 배향막의 인쇄 · 소성(燒成)

TFT 기판, CF 기판 양쪽에 배향막을 인쇄한다. 그 후, 양 기판을 200[℃] 정도의 고온에서 굽는다.

③ 연마 · 세척

롤러roller로 포를 감아 붙인 장치로 TFT 기판, CF 기판을 목표하는 방향으로 연마한다. 연마 후, 두 기판의 표면에 부착한 포의 털을 제거하기 위하여 다시 세척한다.

④ 봉인부의 인쇄

스크린screen 인쇄 방법을 이용하여 그림과 같이 액정을 가두어 놓는 부분을 형성한다. 이를 위하여 봉인 영역은 에폭시 접착제 등을 이용하여 봉인부의 두께를 일정하게 유지하기 위하여 크기가 균일한 유리 섬유를 섞어서 사용하고 있다. 인쇄하는 것은 TFT 기판 혹은 CF 기판 어느 한쪽이다.

⑤ 도전 재료의 부착

TFT 기판과 CF 기판을 부착시킬 때, CF 기판의 대향(對向) 전극을 TFT 기판의 특정 부분과 도통되도록 하기 위하여 도전 물질을 부착한다.

⑥ 부착 · 가열

TFT 기판과 CF 기판을 붙인다. 압력을 걸은 상태에서 봉인부를 가열하여 경화(硬化)시킨다.

⑦ 유리 절단

어떤 크기의 액정 디스플레이도 같은 크기의 유리 기판으로 만들어진다. 이 단계에서 각각의 액정 디스플레이의 패널 크기로 절단한다.

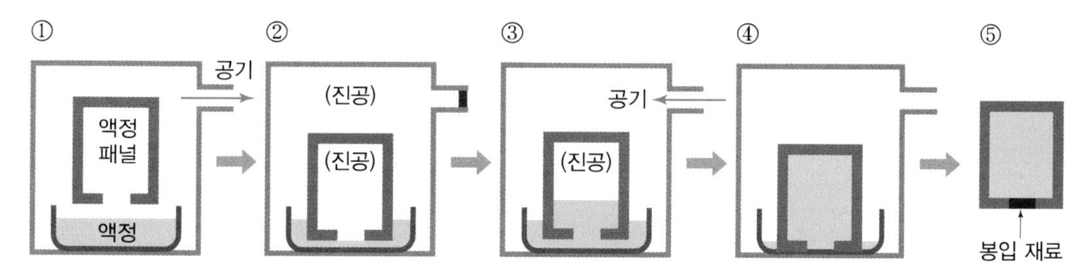

그림 8.50 액정의 주입 및 주입구의 봉쇄

⑧ **액정 주입, 주입구 봉입**

그림 8.50과 같은 진공 주입(眞空注入)이라 하는 방법으로 액정을 액정 패널의 유리 공간으로 주입시킨다. 주입이 끝나면 주입구 부분을 자외선을 쪼이면 굳는 접착제로 봉입한다.

⑨ **세척**

액정 패널을 세척하여 주변에 부착한 액정 등을 제거한다.

⑩ **편광막의 부착**

유리 표면에 편광막을 먼지 등이 들어가지 않도록 주의하여 부착한다.

(2) 액정 패널의 동작

액정 패널에 접속되는 회로 즉 액정 패널의 구동 회로에 대하여 살펴보자. 각 게이트 선의 TFT를, 게이트의 높은 전위로 ON하여 원하는 전압을 소스선을 통하여 액정에 공급하는 작업을 선순차(線順次)적으로 수행하여, 전체 화소로 수행한 액정 패널에서 화상이 만들어진다.

그림 8.51과 같은 회로가 액정 패널에 접속되어 있다. 그 중 하나가 게이트 구동 회로$_{\text{gate driver}}$이다. 게이트 구동 회로는 선택된 게이트 선만 높은 전위로 하고 나머지는 낮은 전위를 유지한다. 선택된 게이트 선이 1열씩 어긋나 있다. 1/60[sec]로 위에서 아래까지 선택된 게이트 선이 이동하여 간다.

그림 8.52 (a)에 게이트 구동 회로에서 출력되는 전압 파형을 보여 주고 있다. VGA 규격을 예로 하면 게이트 선은 480열이다. 따라서 게이트 선의 1열당 선택 시간은 대략 1[sec] / 60[Hz] / 480[열]=34.7[μs]로 된다.

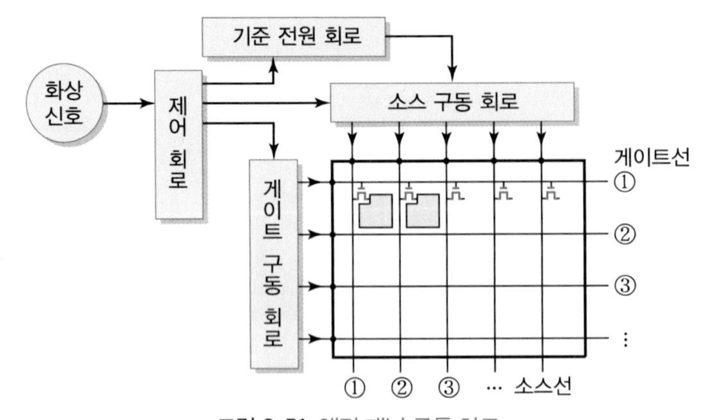

그림 8.51 액정 패널 구동 회로

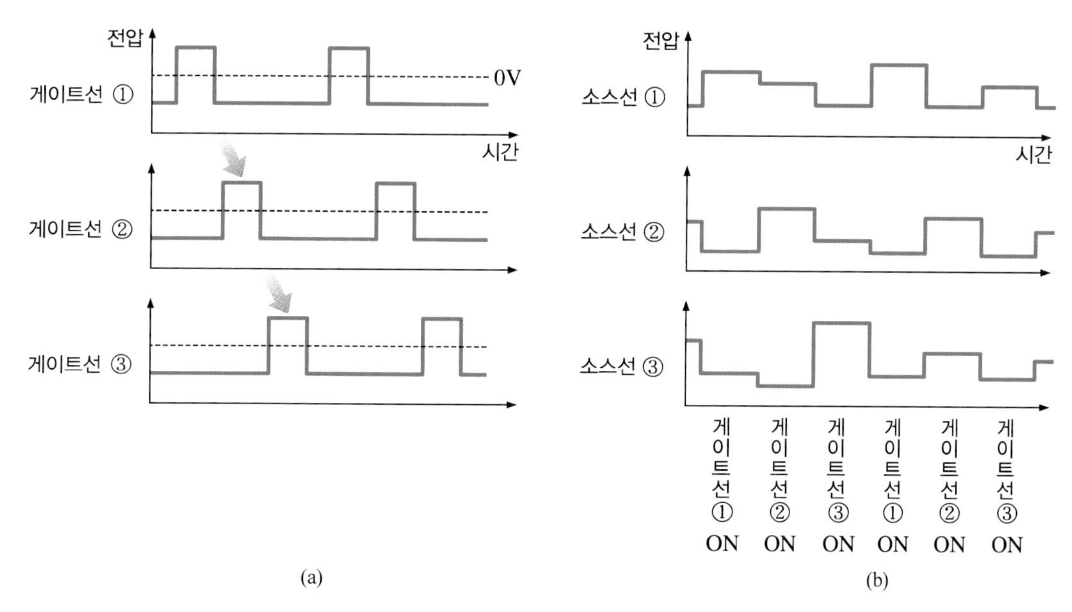

그림 8.52 출력 전압 파형 (a) 게이트 구동 회로 (b) 소스 구동 회로

또 액정 패널에는 소스 구동 회로도 접속되어 있다. 이 소스 구동 회로는 화상 데이터 신호를 받아 액정에 인가할 적절한 전압으로 변환한다. 그리고 신호 전압을 선택된 게이트 선에 접속하고 있는 화소 전극으로 공급하는 역할을 한다. 소스 구동 회로는 게이트 구동 회로와 시간을 맞추어 동작하게 된다. 그림 8.52(b)에서 소스 구동 회로에서 출력되는 전압 파형을 보여 주고 있다.

똑같이 VGA의 규격을 예로 하여 살펴보면, 소스 선은 640×3[RGB]=2400열을 갖게 된다. 그래서 34.7[μs]당 2400열의 소스 선에 신호 전압을 출력하는 것이다.

이들 두 개의 구동 회로는 하나의 전용 IC인 LCD 제어 회로에 접속되어 있다. 외부로부터 화상 신호를 받아서 소스 구동 회로로 출력하기도 하고, 시간을 맞추기 위하여 제어 신호를 양 구동 회로에 출력하는 역할을 한다.

13. 박형(薄型) 후면광(後面光)

(1) 후면광의 장점

액정 패널은 광의 셔터$_{\text{shutter}}$뿐만 아니라 이것을 표시 소자로 활용하는 데에는 광원이 필요하다. 광원으로는 태양, 형광등과 같은 자연광의 경우도 있으나, 본 절에서는 액정 패널의 후면에서 광을 조사하는 후면광$_{\text{back light}}$에 대하여 살펴보고자 한다. 후면광은 특히 현재 노트북 컴퓨터의 중요한 요소로 되어 있다. 이것의 중요한 장점은 다음의 세 가지이다.

- 밝기의 균일성 : 밝기의 균일성은 장소에 따라서 밝기가 다르면, 표시 품질이 떨어지는 액정 디스플레이가 되는 것이다.
- 박형화(薄型化) : 액정 디스플레이의 장점 중의 하나가 박형(薄型) 표시 장치라는 것이다. 액정 디스플레이를 탑재한 제품 즉 노트북 컴퓨터와 같이 얇은 형일 필요가 있다. 따라서 광원으로 쓰이는 것도 박형화가 필요한 것이다.
- 고휘도 및 고효율화 : 노트북 컴퓨터와 휴대 기기는 전지로 구동하기 때문에 가능한 한 사용 가능 시간을 길게 할 필요가 있다. 특히 액정 디스플레이에서는 back light의 소비 전력이 전체 소비 전력의 1/2 이상을 점하고 있으므로 back light의 고효율화와 고휘도화가 절대적으로 필요하다.

(2) 후면광의 구조

그림 8.53에서 후면광의 구조를 보여 주고 있다. 여러 부품이 적층 구조로 되어 있음을 알 수 있다. 각 부품의 역할을 살펴본다.

① 형광 램프(냉음극관)

형광을 발생하는 것으로, 광원의 중심적 역할을 하는 부품이다.

② 램프 반사경lamp reflector

냉음극관(형광 램프)의 광효율을 높여 도광판(導光板)으로 전도를 잘 하기 위하여 설치하는 부품이다.

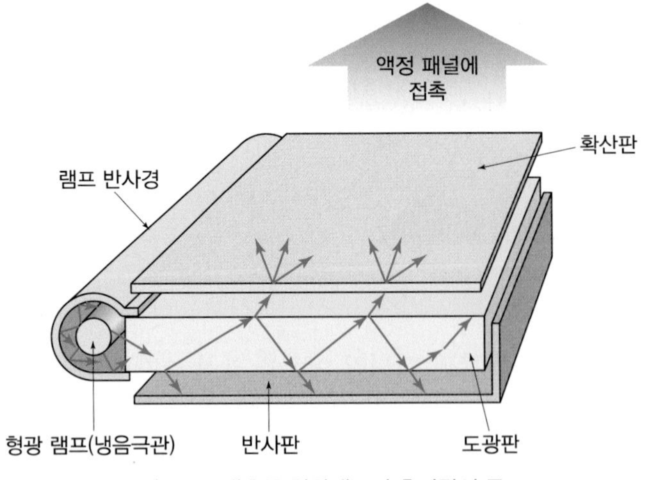

그림 8.53 냉음극 형광램프의 후면광의 구조

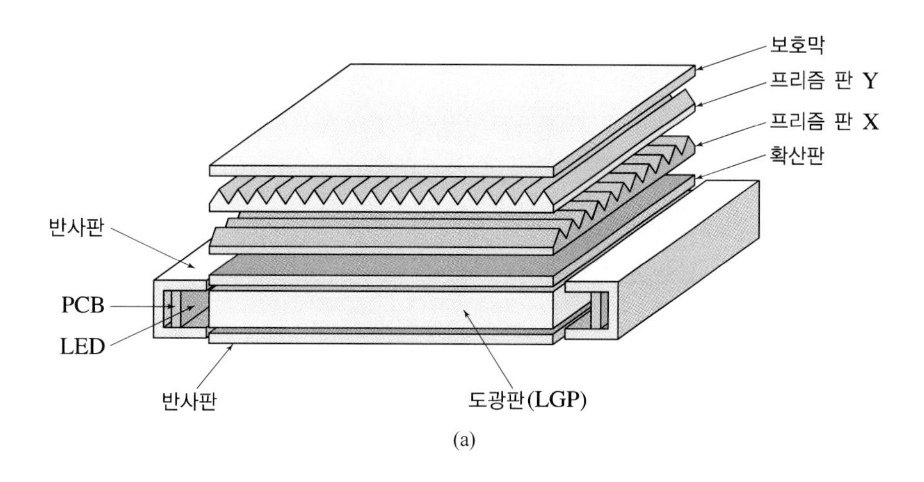

(a)

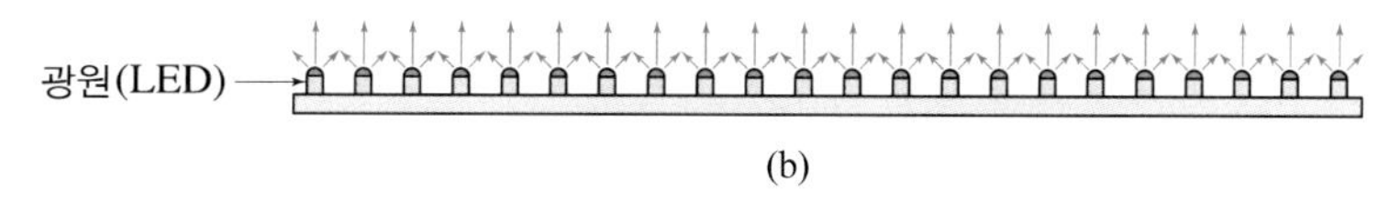

(b)

그림 8.54 (a) LED 후면광 구조 (b) LED 광원

③ 도광판

광이 도광판 속을 전반사하면서 전달하고, 액정 패널의 전체 면에 평면광을 조사하는 역할을 한다.

④ 확산판(擴散板)

밝기의 균일성을 높이기 위하여 설치하는 부품이다.

⑤ 반사판

도광판 밑으로 빠져나간 광을 다시 이용하기 위하여 설치하는 부품이다.

최근에는 냉음극 형광 램프의 광원 대신 발광다이오드를 사용한 LED 후면광 시스템이 개발되어 LCD TV 등에 응용되고 있다. 그림 8.54는 측면 발광$_{\text{side emitting}}$ LED 후면광 시스템의 한 예를 나타낸 것이다.

14. 액정 디스플레이의 전체 구성

지금까지의 기술로 액정 디스플레이에는 여러 가지 부품이 사용되고 있음을 알았다. 액정 디스플레이의 전체 구성도를 그림 8.55에서 나타내었다.

액정 디스플레이는 여러 가지의 부품으로 구성한 것이다. 액정 디스플레이라고 하면서

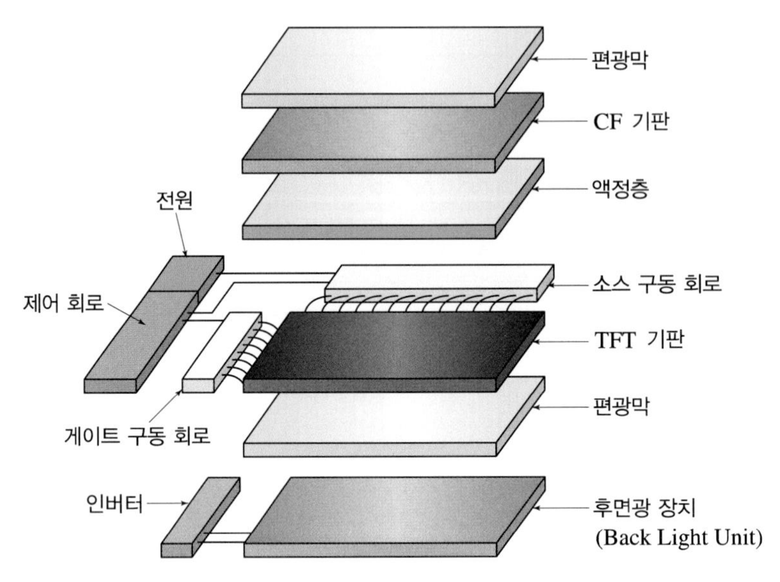

그림 8.55 액정 디스플레이의 전체 구성도

실제 사용한 액정은 미소한 양이다. 예를 들어, 노트북 컴퓨터의 12.1인치의 액정 디스플레이 속의 액정 양을 계산하여 보자. 우선 1인치$_{inch}$는 2.54[cm]이므로 30.7[cm]가 된다. 액정의 대각선이므로 "대각선 : 횡 : 종 = 5 : 4 : 3"을 이용하여 횡·종의 길이를 계산하면, 횡의 길이[(30.7[cm]×(4/5)) = 24.6[cm]], 종의 길이[(30.7[cm]×(3/5)) = 18.4[cm]]로 되고, 액정의 두께(5[μm] = 0.0005[cm])이므로 액정의 체적은 24.6[cm]×18.4[cm]×0.0005[cm] = 0.23[cm^3]로 된다. 액정의 밀도는 1[g/cm^3]이므로 1[g]이면 4개 정도의 액정 디스플레이를 만들 수 있다.

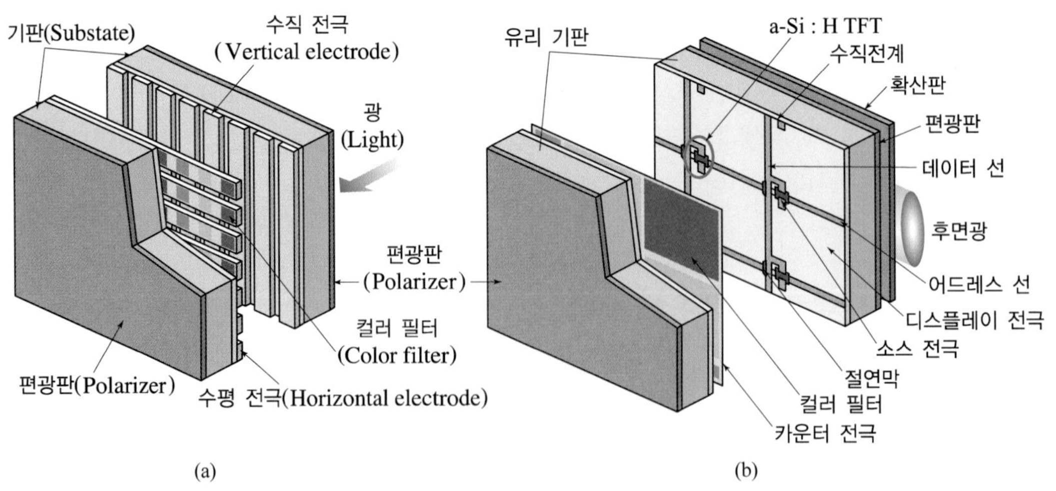

그림 8.56 (a) PM Matrix형과 (b) AM Matrix형 LCD의 구조

그림 8.56에서는 메트릭스 방식의 실제 구조를 보여 주고 있다. 그림 (a)는 $PM_{passive\ matrix}$ 방식, 그림 (b)는 $AM_{active\ matrix}$ 방식의 LCD 구조이다. PM 구동 방식은 $공통_{common}$ 전극과 $데이터_{data}$ 전극을 XY 형태로 배치하고 그 교차 부분에 순차적으로 호를 가하여 표시하는 방식이다. TN, STN LCD가 여기에 속하며, 표시량이 많은 용도에 STN, 시계, 계산기 등에 응용되고, 표시량이 간단한 용도에 TN이 사용된다. AM 구동 방식은 각 화소에 공급되는 전압을 조절하는 스위치로서 트랜지스터를 사용한다. 독립적으로 화소를 제어하기 때문에 라인 간섭에 의한 Crosstalk가 없고 화질이 깨끗하게 표시된다. 현재 모니터, 노트북 PC에 사용되는 대부분의 것이 이 방식에 속한다.

15. 표시 성능

표시 성능을 나타내는 용어를 살펴보자.

(1) 표시 크기

표시부의 크기는 $음극선관_{CRT}$과 같이 대각선의 길이를 inch로 표시하는 것이 일반적이다. 단, CRT에서는 표시에 기여하지 않는 주변 부분까지 포함하고 있는 것에 대하여 액정 디스플레이에서는 표시부만의 길이로 표현하고 있는 것이 특징이다. 그러므로 같은 inch의 크기라면 액정 모니터의 쪽이 CRT 모니터보다 약 2 inch 정도 크게 된다.

(2) 휘도

표시의 밝기를 나타내는 용어로 Cd/m^2의 단위로 표현된다. 이것이 클수록 밝으며, 최근에는 300[Cd/m^2] 이상의 제품이 개발되고 있다.

(3) 화소 수

화소 수에 대하여 종횡의 화소 수로 여러 가지 규격이 있다. 이들 규격을 살펴보면 다음과 같다.

VGA → 640×3(RGB)×480

SVGA → 800×3(RGB)×600

XGA → 1024×3(RGB)×768

SXGA → 1280×3(RGB)×1024

최근 개인용 컴퓨터에서 SVGA~XGA 급이 주류를 이루고 있다. 워크스테이션과 같은 화소 수가 많은 규격도 있다. 이들은 컴퓨터 모니터의 규격으로 채택되고 있으나, 그 외 TV, wide TV, HDTV, digital TV 등의 규격도 있어 이미 여러 규격의 액정 디스플레이가 제품화되어 있다.

(4) contrast

이것은 백(白) 표시의 휘도를 흑(黑) 표시의 휘도로 환산한 값이다. 이상적으로는 흑 표시의 휘도가 무한소의 것이 필하나, 실제는 미소하게 빛이 누광(漏光)되고 있다. 현재에는 contrast 300 정도가 일반적인 수준이다.

(5) 시야각(視野角)

이 항목은 액정 디스플레이의 결점이다. CRT와 같은 자발광형 디스플레이에서는 정면, 측면 등 어느 곳에서도 영상이 같게 보인다. 그러나 액정 디스플레이에서는 측면 방향에서는 밝기, 색조합, contrast가 변화하는 단점을 갖고 있다. 각 제조 회사에서 시야각을 넓히는 기술을 개발하고 있다.

(6) 응답 시간

액정 분자의 전계에 대한 응답 시간으로 표현되는 것으로, 현재 30[ms] 정도이다. 개인용 컴퓨터의 모니터, 자동차 네비게이션 용도에서는 거의 문제가 되지 않는다. 고속으로 움직이는 동화면의 표시에 잔상이 남는 현상이 일어나고 있으나, 이러한 응답 시간의 문제도 곧 해결될 것이다.

8.5 유기 발광 디스플레이 OELD

Semiconductor Device Engineering

1. 전계 발광의 개요

빛을 크게 두 가지로 분류하면 온도 방사 thermal radiation 와 발광 luminescence 으로 나눌 수 있다. 온도 방사는 물체를 고온으로 가열하면 빛을 방출하는 현상이다. 예로서, 백열전구의 필라멘트인 텅스텐에 전기를 가하면, 열이 발생하며 이러한 열의 방사로 인하여 빛을 만드

표 8.4 여러 종류의 발광 현상

분류	발광 현상	예
열방사	연소 발광	양초, 석유 램프
	백열 발광	백열전구
발광	형광 발광	형광등
	X선 발광	X선 변환기
	방사선 발광	방사선 검출기
	냉음극 발광	브라운관
	전계 발광	EL 소자, 발광 다이오드
	방전 발광	수은등, 아크등, 네온관
	화학 발광	케이컬 라이트
	레이저 발광	반도체 레이저

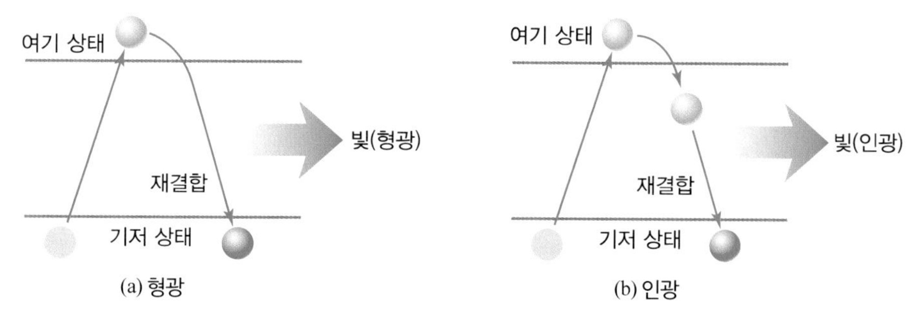

그림 8.57 형광과 인광의 생성 원리

는 것을 의미한다. 그리고 발광은 열방사 이외에 외부에서의 에너지원이 광 에너지로 변환하는 것을 의미하며, 자극의 종류에 따라 여러 종류로 나눌 수 있는데, 표 8.4는 발광의 종류를 나타낸 것이다.

발광은 다시 인광$_{phosphorescence}$과 형광$_{fluorescence}$으로 나누며, 발광체 내에서 전자를 여기시키는 외부 에너지의 주입 시간과 잔광 시간인 수명에 의해 구분하는데, 형광의 수명은 10^{-9}[sec]이고, 인광은 10^{-6}[sec]로 형광보다 약 1,000배 정도로 길다.

그림 8.57은 형광과 인광의 발광 현상에 대한 비교를 보여 주고 있다.

(1) 전계 발광의 원리

전계 발광은 크게 나누어 보면, 무기 전계 발광$_{inorganic\ EL}$과 유기 전계 발광$_{organic\ EL}$으로 구분하는데, 전계 발광의 원리를 이들 두 가지로 나누어 기술하고자 한다.

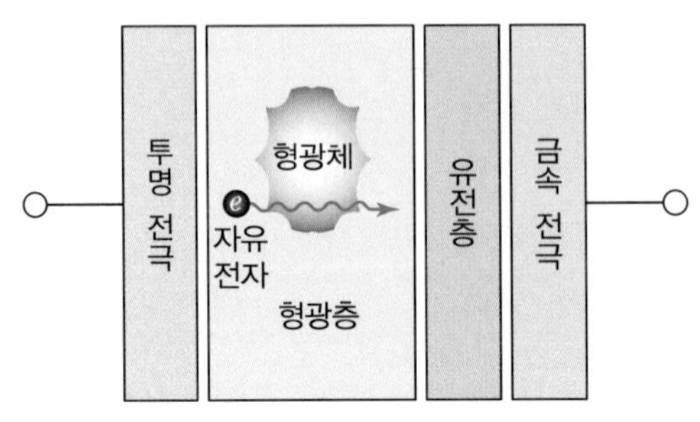

그림 8.58 무기 EL의 발광 및 구조

① 무기 EL의 원리

그림 8.58은 무기 EL의 발광 원리를 나타내는 구조로서, 형광체가 두 개의 전극 사이에 놓여진다. 입자의 크기가 10~20[μm]인 형광체를 분산시킨 고분자 결합재이다. 분산된 형광체의 내부에서는 ZnS와 Cu의 표면이 마치 금속과 반도체 사이의 접합면과 유사하게 Schottky 구조를 가진 전위 장벽이 형성된다. 그리고 두 개의 전극 사이에 외부에서 강한 전계를 걸어 주면 전자는 그림에서와 같이 발광층 안으로 가속되어 발광 중심에 충돌하며, 이때 발광 중심이 유도 방출하여 발광하게 된다. 마주 보는 유전층과 발광층 사이의 계면에는 전자 포획 중심$_{trap}$이 설치, 즉 도너$_{doner}$ 준위에 있던 전자가 터널$_{tunnel}$ 효과로 이동하여 발광 중심으로 천이하면서 빛을 발광하게 된다. 다음 역방향으로 전계를 걸어 주면 반대로 전자가 가속하여 반복하게 된다. 교류 펄스 전압으로 구동하여, 구동 전압은 200 V 정도이고, 전계는 약 2×10^6[V/cm]이다. 유전체의 유전율이 클수록 형광체에 강한 전계가 공급되어 밝은 빛을 나타낸다.

② 유기 EL의 원리

일반적으로 EL 현상은 무기 화합물인 ZnS계의 형광체에 AC 전압을 강하게 인가할 때에 발광하는 현상으로 알려져 왔다. 유기 EL은 발광 물질을 형광성 유기 화합물로 사용한 것이다. 유기 EL의 원리를 간단히 설명하면, 양극에서 주입된 정공과 음극에서 주입된 전자가 발광층에서 재결합하여 여기자$_{exciton}$를 생성하는데, 이러한 여기자는 안정된 상태로 되돌아오면서 방출되는 에너지가 특정 파장의 빛으로 바뀌어 발광하게 된다. 따라서 동작 기구$_{mechanism}$의 측면에서 전자와 정공에 의한 운반자 주입형$_{carrier\ injection\ type}$ EL이라 할 수 있다.

그림 8.59는 유기 EL 소자의 구조를 간단하게 나타낸 것인데, 각각 양극과 음극의 금속 전극에 이웃하여 정공과 전자의 수송층$_{transport\ layer}$이 놓이고, 전자와 정공이 재결합하여 발광하는 발광층이 중앙에 위치한다.

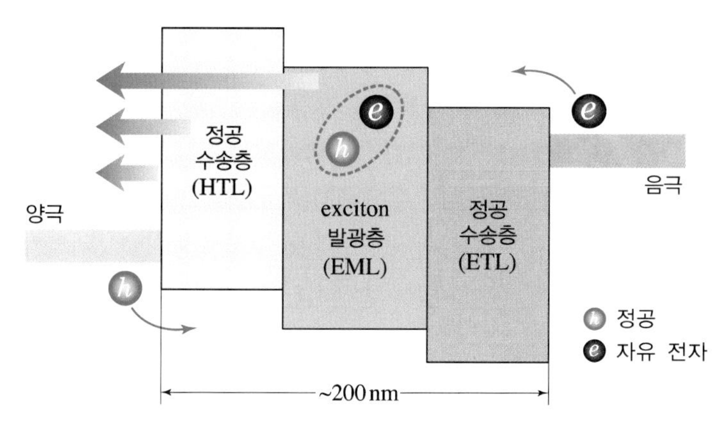

그림 8.59 유기 EL 소자의 기본 구조

일반적으로 기판은 유리를 사용하며 유연성을 가진 플라스틱이나 PET 필름이 사용되기도 한다. 양극은 투명 전극인 ITO$_{\text{Indium Tin Oxide}}$로 구성되고, 음극은 낮은 일함수를 가진 금속이 사용되며, 두 개의 전극 사이에 유기 박막층이 있다. 유기 박막층의 소재는 저분자 혹은 고분자 물질로 구분하는데, 저분자 재료는 진공 증착법으로 증착되고, 고분자 물질은 스핀 코팅법$_{\text{spin coating}}$으로 박막을 형성한다.

유기 EL 소자를 다층의 박막 구조로 만드는 이유는 유기물질의 경우에 전자와 정공의 이동도가 크게 다르기 때문에 전자 수송층(ETL$_{\text{Electron Transport Layer}}$)과 정공 수송층(HTL$_{\text{Hole Transport Layer}}$)을 사용하면 효과적으로 전자와 정공이 발광층(EML$_{\text{Emission Material Layer}}$)으로 이동할 수 있다. 이와 같이 전자와 정공의 밀도가 균형을 이루면 발광 효율을 높일 수 있다.

음극에서 발광층으로 주입된 전자는 발광층과 정공 수송층 사이에 존재하는 에너지 장벽으로 인하여 유기 발광층에 갇히게 되어 재결합 효율은 더욱 증가한다. 그리고 전자 수송층의 두께를 20[nm] 이상으로 형성하게 되면, 재결합 영역이 음극으로부터 여기자의 확산 거리(10~20[nm]) 이상 떨어지게 되어 여기자가 음극에 의해 소멸되지 않기 때문에 발광 효율을 개선할 수 있게 된다.

발광 효율을 한층 더 개선하기 위한 방법으로 양극과 정공 수송층 사이에 전도성 고분자 또는 Cu-PC 등의 정공 주입층(HIL$_{\text{Hole Injection Layer}}$)을 배치하여 에너지 장벽을 낮추어 정공 주입을 원활하게 하고, 또한 음극과 전자 수송층 사이에는 LiF 등의 전자 주입층(EIL$_{\text{Electron Injection Layer}}$)을 삽입하여 전자 주입의 에너지 장벽을 낮추어 발광 효율을 증대시킬 수 있으며, 구동 전압을 낮추는 효과를 얻을 수 있다.

(2) 유기 EL 소자의 전류 - 전압 특성

그림 8.60은 유기 EL 소자에서의 전하주입 과정을 나타낸 것이다. 유기 EL 소자의 전극 사이에 전압이 인가되면, 양극인 ITO 전극에서는 유기층인 $\text{HOMO}_{\text{Highest Occupied Molecular Orbital}}$ 준위로 정공이 주입되고, 음극에서는 유기층 $\text{LUMO}_{\text{Lowest Unoccupied Molecular Orbital}}$로 전자가 주입되어 발광층에서 $\text{여기자}_{\text{exciton}}$를 형성한다. 생성된 여기자는 재결합하면서 재료에 의존하여 특정한 파장의 빛을 발생시킨다. 이와 같은 과정에서 유기 EL 소자의 전류 - 전압 특성에 영향을 주는 중요한 요소는 전하의 주입, 수송 및 전자-정공의 재결합이다. 유기 EL 소자에서 사용하는 유기 박막의 에너지 갭은 매우 크고, 열평형 상태에서 전하밀도는 매우 낮으며, 발광 현상에 관여하는 전하는 인가되는 외부 전압으로부터 주입된 것이다.

유기 및 고분자 EL 소자의 전류 - 전압 특성에서 전하의 주입 과정을 설명하기 위한 이론으로는 $\text{열방출}_{\text{thermionic emisson}}$ 모델과 Fowler-Norheim(F-N) 이론에 의한 터널 모델이 가장 많이 적용되고 있다. 모델 식을 간단하게 정리한 H.A. Bethe에 의한 열방출 모델은 다음과 같다.

$$i = i_s\left(\exp\left(\frac{eV}{kT}\right) - 1\right) \tag{8.1}$$

$$i_s = A^* T^2 \exp\left(-\frac{\Phi}{kT}\right)$$

여기서, i_s는 포화 전류 밀도이고, A^*는 Richardson 상수, k는 Boltmann 상수, T는 절대 온도이고, Φ는 에너지 장벽의 높이를 나타낸다.

또한, F-N tunneling에 의한 전류 - 전압 특성은 다음과 같이 간략하게 정리한다.

$$i \propto E^2 \exp\left(-\frac{\chi}{E}\right) \tag{8.2}$$

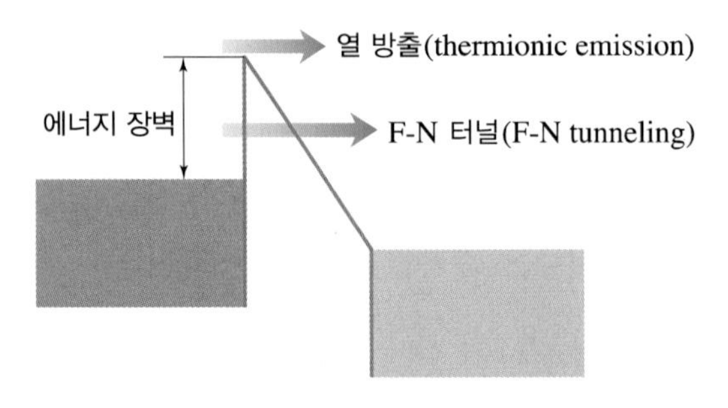

그림 8.60 유기층과 금속 사이의 전하 주입 과정

여기서, E는 전계이고, χ는 에너지 장벽의 모양에 따라 결정되는 상수이다. 주입되는 전하가 전극과 유기 박막 사이에 형성된 삼각형 모양의 에너지 장벽을 터널 작용으로 통과하면, 상수 χ는 다음과 같이 정리된다.

$$\chi = \frac{8\pi(2m^*)^{1/2}\Phi^{3/2}}{3eh} \tag{8.3}$$

여기서, m^*는 전자의 유효 질량이고, e는 전자의 전하량, h는 Plank 상수이다. 전압이 가해지지 않을 경우에 에너지 장벽의 높이 Φ_o를 구하기 위해서는 Schottky 효과에 의해 낮아지는 에너지 장벽을 고려하여야 한다. 여기서, Schottky 효과는 금속과 반도체 접합에서 금속에 유도되는 영상 전하 때문에 반도체 영역에서 에너지 장벽이 낮아지는 것을 의미하여, 유효 에너지 장벽의 높이는 전계에 의존하여 기술하면 다음과 같다.

$$\Phi = \Phi_o - e\sqrt{\frac{e}{4\pi\varepsilon_o\varepsilon_s}E^{1/2}} \tag{8.4}$$

여기에서 ε_s는 유기 박막의 비유전율이다.

유기층과 전극 사이가 옴 접촉$_{\text{ohmic contact}}$이라면, 낮은 전압에서는 열적으로 생성된 자유전하가 주입된 전하보다 크기 때문에 전류는 옴$_{\text{ohm}}$의 법칙에 따라 다음과 같다.

$$i = ep_o\mu_p\frac{V}{d} \tag{8.5}$$

만일, 유기 반도체의 경우 다수 캐리어는 정공이다. 여기서, p_o는 정공의 밀도이고, μ_p는 정공의 이동도이다.

그러나 전압이 증가하면 열적으로 생성된 자유전하보다 외부 전극에서 주입되는 전하가 많아지므로 유기 EL 소자는 공간 제한전류에 의한 전류-전압 특성을 나타낸다. 만일, 포획 중심$_{\text{trap}}$이 없다면, 유기 EL 소자의 전류-전압 특성은 Mott-Gurney 모델로 잘 알려진 공간 제한 전류로 나타낼 수 있다.

$$i = \frac{9}{8}\varepsilon_o\varepsilon_s\mu_p\frac{V^2}{d^3} \tag{8.6}$$

전류가 옴의 법칙에서 벗어나 공간 제한 전류의 형태로 변하는 전압 V_{ohm}에서는 식 (8.5)와 식 (8.6)이 일치하므로 V_{ohm}은 다음과 같다.

$$V_{ohm} = \frac{8}{9}\frac{ep_od^2}{\varepsilon_o\varepsilon_s} \tag{8.7}$$

온도가 증가하게 되면 열적으로 생성된 자유 전하가 증가하여 옴의 법칙을 만족하는 영역이 커짐으로 V_{ohm}도 커지게 된다. 만일, 포획 중심이 지수함수적인 분포를 갖는다면, 공간 제한 전류는 다음과 같은 식으로 표현할 수 있다.

$$i \propto \frac{V^{m+1}}{d^{2m+1}} \tag{8.8}$$

여기서, $m = E_t / kT$이고, E_f는 유리층의 HOMO와 LUMO 사이에 지수적으로 분포되어 있는 포획 중심 에너지를 의미한다.

2. ELD의 구조 및 동작

(1) IELD의 구조와 동작

그림 8.61은 박막형 IELD의 기본 구조를 나타낸 것이다. 그림에서와 같이 발광층의 상부와 하부에 절연층을 형성하고 있으며, 하부는 투명 전도막인 ITO와 유리 기판으로 구성되어 화면의 역할을 한다. 그리고 상부에는 알루미늄(Al) 전극이 연결되어 교류 전압이 인가된다. 이때, 화면색은 발광층의 소재와 첨가되는 첨가물에 따라 결정된다.

동작 원리를 살펴보면, IELD의 상·하 두 개의 전극에 외부의 교류 전압을 인가하여 절연층 사이에 수 MV/cm 이상의 강한 전계가 걸리면 절연층과 발광층 사이의 계면 준위에 포획되어 있던 전자들이 방출되어 발광층의 전도대로 터널$_{\text{tunnel}}$ 현상이 일어난다. 이와 같이 방출된 전자들은 외부 전계에 의해 가속되어 발광 중심을 여기시키기에 충분한 에너지를 얻어 발광 중심의 최외각 전자를 직접 충돌하여 여기시킨다. 여기 상태의 전자들이 다시 기저 상태로 완하되면서 에너지 차이만큼의 빛을 방출하게 된다.

이때 높은 에너지를 가진 전자의 일부는 발광 모체와 충돌하여 이온화시켜 2차 전자를

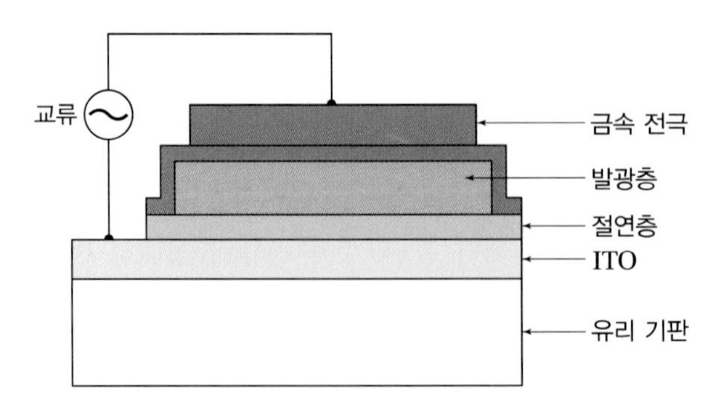

그림 8.61 박막 IELD의 기본 구조

표 8.5 IELD용 발광체 및 발광 특성

발광체	색상	휘도(cd/m^2)	효율(lm/W)
ZnS : Mn	황색	300	3~6
ZnS : Mn/filter	적색	65	0.8
CaS : Eu	적색	12	0.2
ZnS : Tb	녹색	100	0.6~1.3
SrS : Ce	청녹색	30	0.8~1.6
$SrGa_2S_4$: Ce	청색	5	0.02
$CaGa_2S_4$: Ce	청색	10	0.03
SrS : Pr, K	백색	30	0.1~0.2
SrS : Ce, K, Eu	백색	30	0.1~0.2

주) $\frac{lm}{W} = \frac{(\text{cd/m}^2)}{(\text{W/m}^2)}$

방출하기도 하며, 발광 중심과의 충돌과정에서 에너지를 잃은 전자들과 충돌하지 않은 일부 1차 전자 및 2차 전자들은 다시 높은 에너지를 갖게 되어 발광 중심을 여기시키고, 결국 양극의 계면 주위로 포획된다. 다시 외부의 전압이 반대로 극성이 바뀌면 같은 과정을 되풀이한다. IELD의 발광체로는 발광 모체에 인위적으로 첨가한 발광 중심으로부터 발광이 가능하여야 하고, 높은 전계를 견딜 수 있어야 한다.

표 8.5는 IELD용 발광 모체와 발광 중심으로 사용되는 대표적인 재료와 특성을 나타낸 것이다. 이와 같이 IELD의 발광층은 발광 모체와 발광 중심 재료의 결합으로 이루어진다. 즉, 발광 중심으로 첨가되는 천이 금속이나 희토류 원소들은 모체의 양이온 자리를 치환하여 들어가는 것으로 알려져 있다. 여기서 발광 모체의 내부에 효과적으로 첨가되기 위해서는 모체의 양이온과 발광 중심 이온의 화학적 특성이나 이온 반경의 정합이 중요하다.

발광 휘도를 개선하기 위해서는 발광층의 역할을 세분화하여 발광층과 전자 주입층 및 수송층 등으로 구분하여야 하는 방안이 모색 중이며, 발광 재료로서 고효율의 발광이 가능한 산화물이나 할로겐 화합물 등에 대한 연구가 요구된다. 또한, 발광층에서 생성된 빛의 일부는 발광층 내부나 절연층과 계면에서 전반사 등으로 소실되므로 이를 유효하게 외부로 방출하게 되면 발광 휘도를 개선할 수 있다.

(2) OELD의 구조와 동작

① 초기 OELD의 구조

그림 8.62는 OELD에 대한 연구의 획기적인 역할을 담당하였던 1986년에 제작한 OELD

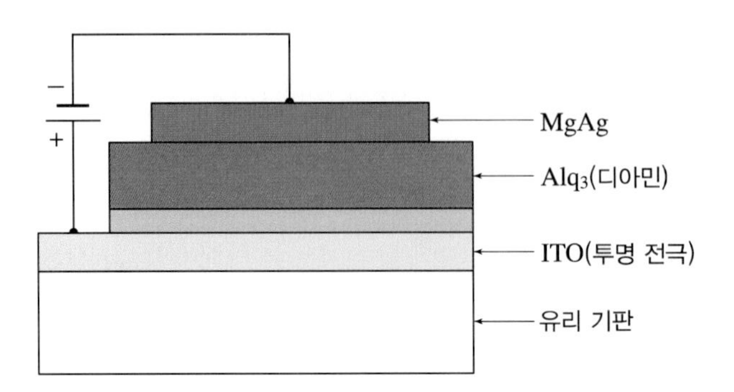

그림 8.62 기본적인 OELD의 구조(1986년 Kodak사)

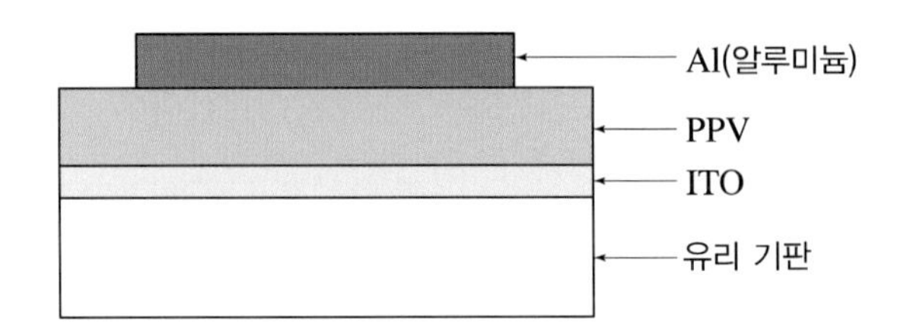

그림 8.63 PPV를 사용한 OELD 소자

의 기본 구조를 나타낸 것이다. 박막의 전체 두께가 약 100 nm 정도이고, 전자 주입 전극은 MgAg 합금을 사용하였다. 이와 같은 소자를 개발하여 저전압에서도 효율적으로 전자와 정공의 주입이 가능하게 되었고, 안정적인 발광을 얻을 수 있었다.

그림 8.63은 발광층을 폴리파라페닐렌비닐렌(PPV)의 단층 박막으로 제작한 구조로 PPV는 도전성 고분자 재료 및 비선형 광학 재료로 강한 형광 특성이 있다는 것을 알게 되어 OELD의 부품으로 쓰여지고 있다.

이후, 폴리페닐렌 혹은 폴리티오펜이나 이들이 공중합 고분자를 이용한 유기 EL에 대해 많은 연구가 활발하게 전개되었으며, 새로운 소자의 구조, 발광 재료 및 발광 기구 등에 관한 결과가 증가하였다. 한편, 1988년에는 그림 8.59에서 보여 주고 있는 바와 같이 전자 수송층과 정공 수송층을 끼워 만든 3층 구조가 제안되어, 여러 종류의 발광 재료를 사용하여 다양한 색을 구현하게 되었다.

OELD의 발광 효율을 향상하기 위해서는 적층 구조를 취하여야 한다는 연구 결과가 나오고 있는데, 이는 적층 구조를 가짐으로서 발광층으로 전자와 정공의 전달을 균형 있게 유지할 수 있으며, 또한 발광층에서 전자나 정공, 그리고 여기자를 잘 가두어 두어야 한다는 것이다. 특히, 소자의 내구성을 개선하기 위해 소자의 구조는 발광 재료의 안정성과 함께 매우 중요한 요소라는 것이다.

② 단분자 및 저분자 OELD의 구조

OELD 중에서 가장 먼저 연구되어온 소자가 단분자 OELD이며, 단일층이나 2중층의 구조로 빛을 발광할 수 있지만, 발광 효율, 밝기 및 안정성 등을 개선하기 위해 적층 구조가 바람직하다. 유기 단분자의 막 형성은 고진공(10^{-6}~10^{-7} torr)에서 저항 가열 방식의 열증착으로 연속적인 증착 방식으로 만들어진다.

단분자 혹은 저분자 OELD의 구조와 에너지대에 의한 동작을 그림 8.64에 나타내었다. 그림 (a)에서는 양극과 음극 사이에 정공 주입층, 정공 수송층, 발광층, 정공 저지층, 전자 수송층 및 전자 주입층으로 구성한다.

양극에서 정공 주입층(HIL$_{\text{Hole Infection Layer}}$)의 가전자대(혹은 HOMO)로 주입된 정공은 유기물 사이를 이동하여 정공 수송층(HTL)을 통과한 후, 발광층(EML)으로 진행하고, 동시에 전자는 음극에서 전자 주입층(EIL$_{\text{Electron Injection Layer}}$)으로 주입하여 전자 수송층(ETL)을 통과한 후에 발광층의 전도대(LUMO)로 전자가 이동한다.

따라서 발광층에서는 전자와 정공이 만나 결합하게 되는데, 이를 재결합$_{\text{recombination}}$이라 하며, 재결합한 전자와 정공쌍은 정전기력에 의해 재배열하여 여기자가 된다. 이러한 여기자는 안정된 상태로 되돌아오면서 방출되는 에너지가 빛으로 바뀌어 발광하게 된다.

양극 전극은 일반적으로 투명 전도막인 ITO나 IZO($_{\text{Indium Zinc Oxide}}$) 등의 금속 산화물을 사용하는데, 이는 일함수가 커서 정공 주입을 용이하게 하며, 투명하기 때문에 가시광선이 방출하게 된다. 그리고 음극 전극으로는 일함수가 낮은 세슘(Cs), 리튬(Li) 및 칼슘(Ca) 등과 같은 금속을 사용하며, 혹은 알루미늄(Al), 구리(Cu) 및 은(Ag) 등과 같이 일함수가 약간 높으나, 안정하고 증착이 용이한 금속을 사용하기도 한다.

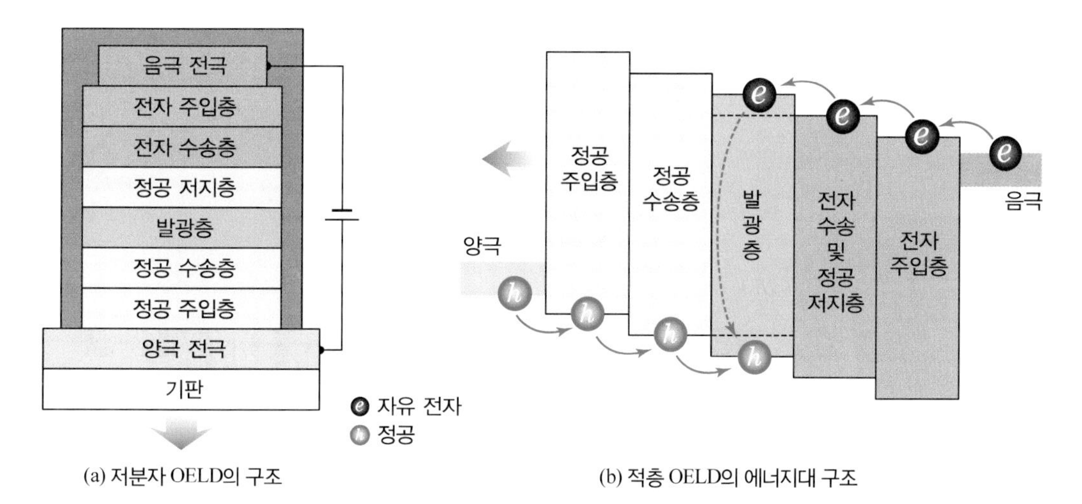

(a) 저분자 OELD의 구조　　(b) 적층 OELD의 에너지대 구조

그림 8.64 저분자 OELD의 구조와 동작

③ 고분자 OELD의 구조

그림 8.65는 고분자 OELD의 구조와 에너지대에 의한 발광 과정을 나타낸 것이다. 초기의 고분자 OELD는 발광층이 단층 구조로 투명 전극으로 코팅된 기판 위에 스핀 코팅$_{spin\ coating}$법으로 소자를 제조하였으나, 동작 전압, 발광 효율, 휘도 등을 최적화하기 위해 3층 이상의 구조로 향상하였다.

그림에서 완충층$_{buffer\ layer}$은 양극 전극과 발광층 사이의 접착력을 개선하고, 정공 주입층(HIL)의 역할을 하게 된다. 일반적으로 고분자는 단분자가 공유 결합하여 수백 개가 서로 연결된 구조를 하기 때문에 단분자에 비해 박막 형성이 쉽고, 내충격성이 크다는 장점을 가진다.

따라서 초박막 형성을 이용하는 전자 소자나 광학소자로서 가장 적합한 소재이다. 그러나 완충층 위에 형성되는 발광층은 발광 고분자를 담은 용액으로 코팅하게 되는데, 이러한 과정에서 완충층이 녹거나 미세하게 부풀어 오르는 경우가 발생할 수 있다. 이와 같은 현상을 방지하기 위해서는 완충층을 녹이지 않는 용매를 사용해야 한다. 완충층의 성분이 가교 결합에 의한 불용성 소재를 사용하지 않을 경우, 손상이 우려되기 때문에 OELD의 상용화에 있어 완충층의 선택은 매우 중요하다.

④ OELD의 적층 구조

OELD의 특성 중에 높은 발광 효율과 낮은 구동 전압을 갖도록 개선하기 위해서 적층 구조를 형성하게 되는데, 전자와 정공을 효율적으로 수송하여 발광층(EML)에서 재결합시키기 위해 전자 수송층과 정공 수송층을 구성하게 된다. 그러나 OELD의 성능을 더욱 높이기 위해서는 더 많은 전하의 주입과 수송층을 구성한다. 즉, 양극 쪽에는 정공 주입층

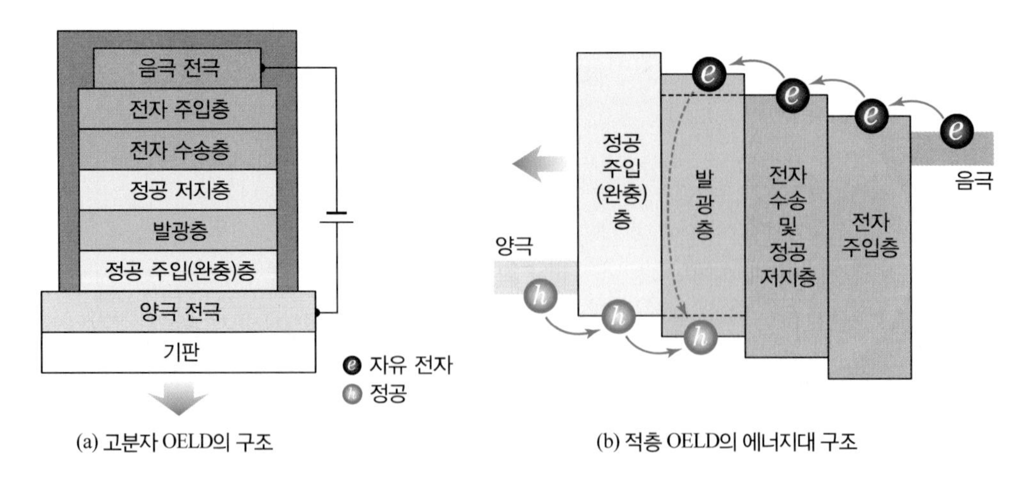

(a) 고분자 OELD의 구조 (b) 적층 OELD의 에너지대 구조

그림 8.65 고분자 OELD의 구조와 동작

(HIL)과 정공 수송층(HTL)을 만들게 되는데, 이는 양극에서의 에너지 장벽을 낮추어 정공 주입을 용이하게 하며, 따라서 양극 전극인 ITO의 일함수와 HIL의 에너지 준위 차이는 작아야 한다.

그리고 HTL은 발광층과 바로 접하기 때문에 HIL과는 다른 조건을 가져야 한다. 즉, HTL은 발광층과의 사이에 전하 이동 화합물charge transfer complex이나 여기 화합물exciplex 등과 같은 분자 간에 상호 작용을 하지 말아야 한다.

이미 그림 8.64와 그림 8.65 (b)에서 보여 주었듯이, 음극 전극과 발광층 사이에도 전자 주입층(EIL)과 전자 수송층(ETL)의 2층 구조가 삽입된다. 이와 같은 구조는 음극에서 발광층으로 전자의 주입을 원활하게 하기 위해 에너지 장벽을 완화하고, 동시에 발광층에서의 여기자를 가두어 두는 효과를 하게 된다.

전하의 수송/주입층과 발광층 사이에 역할의 차이가 있는데, 전하의 수송층이나 주입층은 전자 혹은 정공 중에 하나만을 수송하는 단극성unipolar인 반면에 발광층은 기본적으로 재결합하기 위해 전자와 정공이 모두 이동하는 양극성bipolar을 가지며, 강한 발광 기능을 가지게 된다. 이와 같은 전하의 주입 및 수송층을 도입함으로써 OELD의 발광 효율은 매우 개선되었다.

최근에는 소재에 대한 개발뿐만 아니라, 내구성을 갖춘 새로운 소자 구조로서 전하의 수송 재료와 발광 재료를 혼합한 구조가 제시되고 있다. OELD는 형광 재료를 사용하여 최대 5% 정도의 외부 양자 효율을 얻을 뿐이다. 그러므로 하나의 OELD 소자로는 양자 효율을 개선하기 어려우며, 적층 구조를 취함으로서 양자 효율을 높일 수 있다. 예를 들어, OELD 소자를 직렬로 구성하면 각 소자로 흐르는 전류는 동일하여 각 소자에는 일정한 값의 양자 효율을 발광하게 된다.

⑤ OELD의 백색 발광 구조

그림 8.66은 저분자 적층형과 고분자 분산형 백색 OELD의 구조를 나타낸다. 고분자 분산형 OELD의 경우, 폴리비닐카르바졸(PVK)을 모체host 재료로 사용하며, R · G · B 형광 재료를 소량으로 분산하여 백색을 구현하게 된다. 색소분산형은 전하가 선택적으로 HOMO나 LUMO 준위가 낮은 적색 요소에 의해 포획되기도 한다. 따라서 적색 불순물의 양을 청색이나 녹색의 불순물보다 적게 첨가하여 전하의 포획을 맞추게 된다. 전하의 포획에 의한 효과와 더불어 R·G·B 색소 간에 에너지 이동의 균형도 고려하여야 한다. 이와 같이 고분자 분산형 OELD는 색소의 양을 조절하여 비교적 용이하게 백색 발광을 구현할 수 있다.

한편 저분자 적층형의 OELD는 그림 (a)에서와 같이 발광층을 서로 보색 관계로 형성하

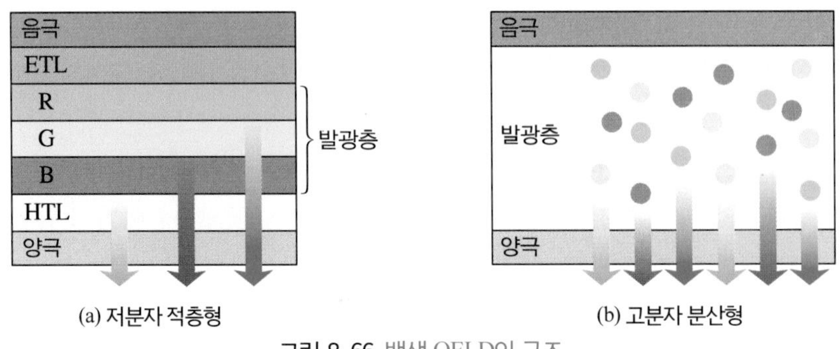

그림 8.66 백색 OELD의 구조

여 백색 발광을 실현하게 된다. 즉, 여러 층을 서로 균일하게 발광시키기 위해 전자나 정공의 이동도를 조절하여 여기자를 생성하도록 하는 것이 바람직하다. 백색 OELD는 LCD용 후면광이나 조명용 등으로 응용되며, R·G·B 발광을 얻기 위해 컬러 필터$_{\text{color filter}}$가 필요하고, 이로 인하여 발광 효율이 떨어지는 단점을 가진다.

3. OELD의 제조 공정

(1) 기본적인 OELD 제조 공정

기본적인 구조를 가진 OELD의 제조 공정은 순서에 따라 패턴$_{\text{pattern}}$ 형성 공정, 박막 증착 공정, 봉지 공정 및 모듈 조립 공정 등으로 크게 분류한다. 그림 8.67은 전형적인 기본 OELD 소자의 제조 과정을 나타낸 것이다.

먼저 그림에서의 제조 공정과 같이 기판 위에 양극 전극인 ITO를 증착한 후에 광식각 공정을 이용하여 패턴 형성을 하게 된다. 기판의 표면에 돌기나 이물질 등은 소자의 고장을 초래할 수 있기 때문에 반드시 제거되어야 한다. 보통 ITO의 면저항은 약 10 Ω/□ 정도이며, 일함수는 대략 5.0 eV 정도이다. 이후, 세정된 ITO/glass 기판은 약 100℃로 열처리하여 진공 증착을 하게 되는데, 이는 기판 상에 존재할 수 있는 수분을 제거하기 위한 것이다. 수분은 전극을 부식시키거나 화면의 흑점을 야기할 수 있어서 제거해야 한다.

다음 공정부터는 진공이나 질소 등의 기체 분위기 하에서 진행하게 되는데, 유기 발광층을 형성한 후에 음극 전극을 증착하고 matrix를 구성하기 위해 다시 전극을 패턴하게 된다.

일반적으로 유기물 증착은 다층 구조가 필요하므로 여러 개의 증착원이 필요하다. 음극 재료로는 MgAg 합금이 가장 많이 사용되는데, 이는 Li, Ca, Cs 등과 같은 알칼리 금속의 전극보다 재현성이 우수하고 부착력이 미흡한 Mg를 Ag가 첨가되어 개선할 수 있기 때문이다.

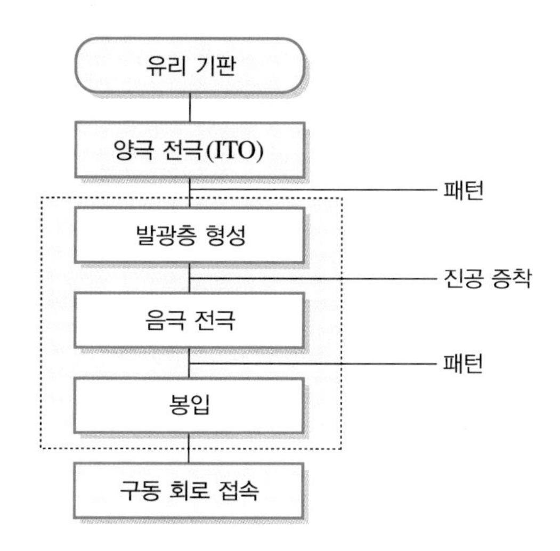

그림 8.67 기본적인 OELD 제조 공정

그리고 소자의 봉입 공정으로는 표면 보호 유리, 금속 케이스나 보호막을 이용하여 소자를 감싸게 되며, 미량의 수분이라도 침투하지 않도록 건조제로서 산화바륨(BaO_2)을 함께 봉입하게 된다. 다음 단계로 외부 구동 회로부와 접속하여 모듈 조립 공정으로 마무리한다. 이상과 같이 제조공정은 매우 간단하고, 공정 온도가 낮아 생산성 등에서 많은 장점을 가진다.

(2) 컬러 OELD 제조 기술

OELD의 궁극적인 목적은 완전 컬러$_{\text{full color}}$를 표현하는 디스플레이로의 응용이라 할 수 있다. 그림 8.68은 완전 컬러를 구현하기 위해 OELD의 기본 화소를 제조하기 위한 대표적인 4가지 기술을 보여 주고 있다.

그림 (a)에서는 3가지 R·G·B의 sub-pixel를 나란히 배열하는 측면 배열$_{\text{side-by-side}}$ 방식이다. 이와 같은 제조 방식은 3가지 R·G·B sub-pixel를 동일한 기판 상에 모두 형성해야 하는 제조 공정 기술의 어려움이 있다. 즉, 발광층에 각 R·G·B 형광체를 순서에 따라 3번의 공정 과정을 반복하여야 한다는 것이다. 또한, 발광층이나 수송층으로 사용하는 유기물이 유기 용매에 약하기 때문에 유기막을 미세하게 패턴화하는 과정이 쉽지 않다.

다음은 그림 (b)에서 보여 주는 색 변환층(CCM$_{\text{Color Changing Medium}}$) 방식으로 청색 형광체에서 발광하는 빛을 색 변환층을 이용하여 R·G·B 화소를 구현하는 것이다. 즉, 청색 발광 소자에 의해 높은 휘도로 발광하는 빛을 광 발광 효율이 매우 우수한 R·G·B의 색 변환층을 이용하여 완전 컬러를 형성하는 방법이다. 이와 같은 제조 방법은 유기 용매에

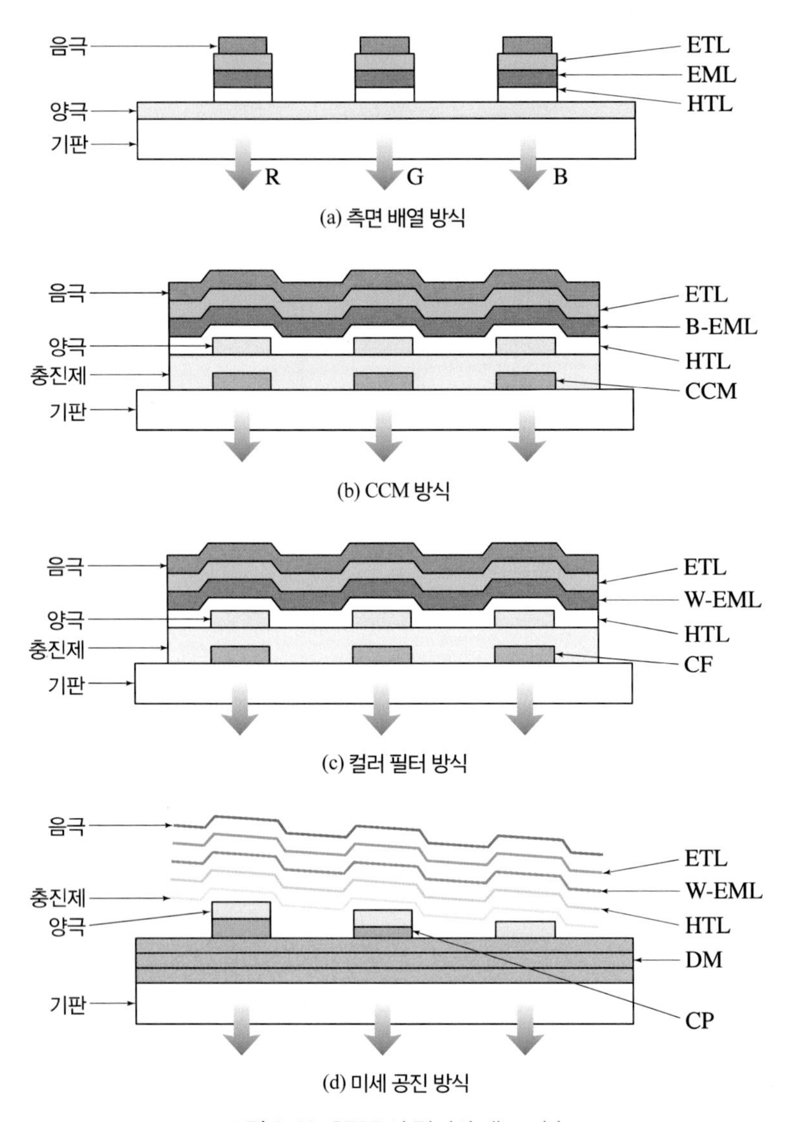

그림 8.68 OELD의 컬러화 제조 기술

약한 유기막을 가공하는 과정이 줄어들기 때문에 미세 패턴으로 가공할 수 있다는 장점을 가진다.

세 번째 방법인 컬러 필터(CF) 방식은 그림 (c)에서 보여 주며, 이는 컬러 LCD 패널에서 제조하는 기술과 흡사한 것으로, R·G·B를 포함하여 백색광을 방출하는 OELD에 컬러 필터를 이용하여 R·G·B 화소$_{\text{pixel}}$를 구현하는 방법이다. LCD에서와 같이 TFT와 AM$_{\text{Active Matrix}}$ 구동 방식을 이용하여 고해상도의 패널을 실현할 수 있다. 단점으로는 발광하는 백색광으로부터 R·G·B 화소를 얻기 위해 컬러 필터를 사용해야 하기 때문에 광원의 밝기가 다소 떨어지는 경향이 있다.

그림 (d)에서 나타나는 마지막 제조 기술은 백색광 OELD 소자로부터 나오는 빛을 미세 공진 구조$_{\text{microcavity}}$를 이용하여 R·G·B 화소로 구현하는 방식이다. 제조 기술의 방법은 컬러 필터를 이용하는 방식과 거의 유사한데, 컬러 필터 대신에 미세 공진을 사용하여 R·G·B 화소를 형성한다는 점이 다를 뿐이다. OELD에서 발광하는 백색광은 공간 영역$_{\text{spacer}}$의 두께와 DM$_{\text{Dielectric Mirror}}$를 이용하여 미세 공진의 길이를 조절하도록 하여 R·G·B 화소를 분리하게 된다.

이와 같은 방법을 사용하면, 발광 파장이 좁은 R·G·B를 얻을 수 있다는 장점을 가지며, 단점으로는 발광 효율이 낮고 방출되는 R·G·B가 방향성을 가지기 때문에 시야각이 좁아진다는 것이다. 따라서 이러한 제조 방식은 작은 크기의 화면을 갖는 개인용 디스플레이에 많이 응용하게 된다.

표 8.6에는 위에서 기술한 4가지 제조 방식의 특징을 비교하여 나타내었다.

표 8.6 OELD의 4가지 pixel 제조 기술에 대한 특징 비교

구분	측면 배열법	CCM법	컬러 필터법	미세공진법
색순도	활성층에 의존	○	○	◎
출력 효율	△	×	○	◎
제조 기술	매우 어려움	용이	용이	용이
가격	높음	낮음	낮음	중간
결점	RGB 열화 차이	낮은 효율	–	좁은 시야각
응용	대면적 FPD	저가 display	중간 크기	개인용 display

주) ◎ : 매우 우수, ○ : 우수, △ : 보통, × : 나쁨

| 연구문제 |

1. 디스플레이$_{display}$ 장치의 의미에 대하여 기술하시오.
2. 디스플레이 화면의 구성 요소와 평가 요소에 대하여 기술하시오.
3. 평판 디스플레이의 종류를 쓰고 기술하시오.
4. 유기 발광 다이오드$_{OLED}$에 대하여 기술하시오.
5. 전계 방출 디스플레이$_{FED}$에 대하여 기술하시오.
6. 액정$_{liquid\ crystal}$을 배열 구조로 분류할 때, 그 종류에 대하여 기술하시오.
7. 액정의 동작에서 배향 처리에 대하여 기술하시오.
8. 액정에서 능동형 매트릭스 표시의 구조에 대하여 기술하시오.
9. TFT$_{Thin\ Film\ Transistor}$의 의미에 대하여 기술하시오.
10. TFT의 구조에 대하여 기술하시오.
11. TFT의 제조 순서에 대하여 기술하시오.
12. LCD의 구성 부품인 액정 패널에 대하여 기술하시오.
13. LCD의 구성 부품인 후면광$_{back\ light}$에 대하여 기술하시오.
14. OLED의 기본적인 제조 공정을 기술하시오.
15. OLED의 기본 원리는 무엇인가?
16. 저분자 OLED의 구조를 그리고 동작을 기술하시오.
17. 유기 EL 소자의 기본 구조를 그리고 동작을 기술하시오.

찾아보기

반도체소자공학

2016년 4월 25일 제1판 1쇄 인쇄 | 2016년 4월 30일 제1판 1쇄 펴냄
지은이 류장렬 | **펴낸이** 류원식 | **펴낸곳** **청문각출판**

편집팀장 우종현 | **본문편집** 디자인이투이 | **표지디자인** 블루
제작 김선형 | **홍보** 김은주 | **영업** 함승형 · 이훈섭 | **인쇄** 영프린팅 | **제본** 한진제본
주소 (10881) 경기도 파주시 문발로 116(문발동 536-2) | **전화** 1644-0965(대표)
팩스 070-8650-0965 | **등록** 2012. 11. 26. 제406-2012-000127호
홈페이지 www.cmgpg.co.kr | **E-mail** webmaster@cmgpg.com
ISBN 978-89-6364-276-5 (93560) | **값** 27,000원

* 잘못된 책은 바꿔 드립니다. * 저자와의 협의 하에 인지를 생략합니다.